U0022654

Deepen Your Mind

前言

隨著電腦及網路技術的發展，資訊安全，特別是各行各業資訊系統的安全成為社會關注的焦點，直接影響國家的安全和社會的穩定。

資訊安全技術是核心技術中的核心。資訊安全，大到國防安全，小到個人銀行帳號，一出事對國家和個人都是大事。網路世界黑白難分，暗礁險灘出入相隨，保護資訊安全是每個 IT 人員必須重視的課題，一定要保證所開發的資訊系統是安全的，經得起攻擊。作為一個 IT 人，無論你是在 Linux 下開發，還是在 Windows 下開發，無論是用 C/C++ 開發，還是 Java 開發，或用 C# 開發，都應該掌握資訊安全技術，這項技術就像我們大學學習的資料結構、離散數學，是任何資訊系統的基礎。舉一個簡單的例子，你在開發一個資訊管理系統，總不能把使用者的登入密碼以明文的方式保存在資料庫中吧。

C/C++ 語言作為當今世界主流的開發語言，使用十分廣泛，而關於 C/C++ 加解密方面的圖書寥寥無幾，而且現有的只是對基本的函數介紹，並沒有深入演算法原理。也就是讀者看了，只知道這樣用，而不了解為何這樣用。學習資訊安全技術，不先從原理上來了解其本質，是開發不出安全的系統來的。

為何要寫一本密碼書？答案是市面上的密碼書實在太學院派或太工程派。本書不同於以往的密碼書，很多學院派的密碼書對許多常用或不常用的密碼演算法只是蜻蜓點水、淺嘗即止地介紹，而沒有進行上機的程式實現，讓學生看了似懂非懂。而實踐派的密碼書從頭到尾只是幾個業界演算法庫的函數介紹，然後呼叫，接著就結束了，讓學生看了只知其然，而不知其所以然。

本書來自擁有幾十年經驗的密碼開發工程師一手資料，知道哪些演算法是重要並且常用的，瞄準這幾個常用的演算法（本書全方面地從理論到實現介紹 SM2/SM3/SM4 演算法），循序漸進（甚至從小學數學講起），詳細地介紹其原理，到自主實現，再到業界函數庫的呼叫（工作中必定會碰到，一定要在找工作之前學習），對於有理解困難的地方會重點介紹。透過本書，讀者不僅能了解原理，還能自己上機實現，還可以熟練呼叫業界知名演算法庫，做到從理論到實踐的全線精通，這一點是市面上 99% 的密碼書都無法做到的。可以說，學完本書，立即就職，毫無壓力！

本書首先從各大主流加解密演算法的原理入手，然後用 C/C++ 語言手工實現該演算法（這是了解演算法理論的必要過程），最後從 C/C++ 提供的主流加解密框架和函數程式庫入手熟悉其使用。記住，會使用函數程式庫是最基本的技能，真正的專家是要會設計和實現演算法函數庫，因為很多場合，尤其是國防軍事領域，很多敏感的、需要高性能的地方都要自己實現加解密演算法，而不能照搬別人的函數程式庫，所以不了解原理是不可以的。C/C++ 作為資訊系統開發的主流語言，其資訊安全需求十分旺盛，在 C/C++ 開發的資訊系統中，熟練運用資訊安全技術迫在眉睫。

作者長期工作在資訊安全開發前線，具有較為豐富的密碼演算法使用經驗，經常使用各種演算法來保護資料安全，自己平時也累積了不少技術心得和開發經驗，但這些技術比較零散，系統性不強，借此機會，將這些內容整理成一個完整的系統，並且將所涉及的技巧和方法說明出來，是一件很榮幸的事。作者所做的工作來自長期的實踐，對於密碼安全的開發技巧都從基本的內容講起，然後稍微提升，所以本書可以說是「接近實戰」。軟體開發是一門需要實踐的技術，本書對理論儘量用簡單易懂的語言介紹，然後配合對應的實例，避免空洞的說教，對於其中的技術細節，都儘量講深講透，為讀者提供充實可靠的技術資料。

實踐反覆告訴我們，只有把關鍵核心技術掌握在自己手中，才能從根本上保障安全。作為一名資深工程師，真心希望每個 IT 從業者都能靜下心來學一學密碼學。

密碼學在資訊技術應用中佔有重要的地位，密碼技術成為開發者經常會碰到的問題。針對當前密碼學領域的書，不是理論太枯燥，就是太簡單籠統，無法應對第一線實戰開發的情況，因此就有了這麼一本面對初、中級程式設計師的密碼學開發方面的書。很多人學習密碼學主要是應用密碼演算法來保護資料安全，實際開發過程中也是如此，所以學習密碼學的度很有講究，太深沒必要，太淺沒什麼用。本書在學習深度方面也經過了仔細斟酌。

繁體中文出版說明：本書原作者為中國大陸人士，為維持全書之完整性，書中許多圖例均維持簡體中文介面，讀者閱讀時可比照前後文參考。

目錄

04 雜湊函數和 HMAC

05 密碼學中常見的編碼格式

06 非對稱演算法 RSA 的加解密

07 數位簽章技術

11 實戰 PKI

12 SSL-TLS 程式設計

13 SM2 演算法的數學基礎

14 SM2 演算法的實現

密碼學概述

密碼學的歷史極為久遠，其起源可以追溯到遠古時代，人類有記載的通訊密碼始於西元前 400 年。雖然密碼是一門古老的技術，但自密碼誕生直到第二次世界大戰結束，對於大多數人而言，密碼始終處於一種未知的黑暗中，常常與軍事、機要、間諜等工作連想在一起，讓人在感到神秘之餘，又有幾分畏懼。資訊技術的發展迅速改變了這一切。隨著電腦和通訊技術的迅速發展，大量的敏感資訊透過公共通訊設施或電腦網路進行交換，特別是 Internet 的廣泛應用、電子商務和電子政務的迅速發展，越來越多的個人資訊需要嚴格保密，如銀行帳號、個人隱私等。正是這種對資訊的秘密性與真實性的需求，密碼學才逐漸揭去了神秘的面紗，走進公眾的日常生活中。

1.1 瑪麗女王的密碼

密碼學是一門神秘而古老的學科，古今中外，刀光劍影，經常能看到密碼學的影子。1586 年 10 月 15 日上午，瑪麗女王走進佛斯林費堡擠滿人的法庭。由於多年囚禁與風濕病的折磨，她憔悴不堪，但她依舊高貴冷靜地展現著帝王風範，在醫生的協助下，緩緩走近位於這狹長審判室中間的御座。瑪麗以為這御座表示她贏得了應有的敬意。她錯了。這御座代表缺席的伊莉莎白女王—瑪麗的仇敵與起訴人。瑪麗被和緩地帶離御座，走到審判室另一邊的被告席上，那把猩紅色絲絨椅才是她的座位。

蘇格蘭的瑪麗女王在此接受叛逆罪的審判。她被控密謀行刺伊莉莎白女王以奪取英格蘭王位。伊莉莎白的國務大臣法蘭西斯・沃爾辛厄姆爵士已捕捉其他共犯，取得供詞，並將他們處決了。現在，他要證明瑪麗是這宗陰謀的核心人物，一樣罪當處死。

如圖 1-1 所示，上方人物是伊莉莎白一世，下方圖示是瑪麗女王。

圖 1-1

這宗叛逆陰謀是一群年輕的英格蘭天主教貴族策劃的。他們意圖除掉伊莉莎白這個新教徒，讓同為天主教徒的瑪麗取而代之。法庭認為，瑪麗顯然是這群叛匪的名義領袖，但不確定她是否承認這項罪責。事實上，瑪麗的確授意了此次行動。沃爾辛厄姆面臨的挑戰是：他必須證實瑪麗和這群叛匪之間確有關係。

審判日當天，瑪麗獨坐在被告席上。被控叛逆罪的嫌犯不得請辯護律師，也不准傳喚證人。不過，瑪麗還未身陷絕境一當初她很謹慎地用密碼與叛匪通訊，她用密碼系統把資訊轉換成一串無意義的符號。瑪麗相信，就算沃爾辛厄姆搜出這些信件，也讀不出什麼名堂來。這些信件的內容既然無解，也就不能成為呈堂證據。

不幸的是，沃爾辛厄姆不僅攔截到瑪麗送給叛匪的信件，還知道誰能破解這些密碼。湯瑪斯·菲力浦是英格蘭破解密碼的第一高手。他若能破解瑪麗授意叛匪謀逆的資訊，她就難逃一死了。

1542 年 11 月 24 日，亨利八世於索維莫斯一役擊潰蘇格蘭大軍。亨利八世征服蘇格蘭、奪取詹姆斯五世王位的野心，眼看就要實現了。經過這場戰役，深受打擊的蘇格蘭國王身心完全崩潰，退居在福克蘭的宮殿裡。就連兩周之後，女兒瑪麗的誕生，也無法使這位病快快的國王振作起來。他似乎就等著繼承人誕生，確定責任已了，即可平靜地離開人世。瑪麗誕生一個星期後，年僅 30 歲的詹姆斯五世隨即駕崩。1543 年 9 月 9 日，9 個月大的瑪麗在斯特靈城堡的禮拜堂接受加冕。正因瑪麗女王太過年幼，英格蘭反而暫緩侵犯蘇格蘭。亨利八世顧慮，若於此刻出兵進犯一個新王只是女嬰的國家，會被譏為沒有騎士風度。因此，英格蘭國王改用懷柔政策，想安排瑪麗與他的兒子愛德華成親，借此將蘇格蘭納入都鐸王室的統治之下。

可是，蘇格蘭拒絕了亨利八世的提議。他們寧願讓瑪麗和法國皇太子法蘭西斯締結婚約。1548 年 8 月 7 日，6 歲的瑪麗前往法國。16 歲時，瑪麗與法蘭西斯完婚，並在 1559 年成為法國王后。至此事事順遂，瑪麗似乎可以意氣風發地返回蘇格蘭了。沒想到，一向孱弱的法蘭西斯病倒了。他在兒時感染的耳疾忽然惡化，發炎的部位擴散到腦部，引發膿瘡。1560 年，登基未滿一年的法蘭西斯撒手人寰，瑪麗成為寡婦。

從此，瑪麗陷入一場又一場的悲劇。1561 年，她回到蘇格蘭。在接下來的兩場失敗婚姻中，瑪麗女王被捲進衰敗的旋渦。1567 年，蘇格蘭的新教貴族對他們的天主教女王不再抱任何希望，於是囚禁瑪麗，強迫她讓位給 14 個月大的兒子詹姆斯六世。1568 年，瑪麗逃出囚房，向南朝英格蘭走去，寄望於她的表姑伊莉莎白一世能提供庇護。

瑪麗做了一個可怕的錯誤判斷。伊莉莎白提供給她的不過是另一座監牢。瑪麗遭受囚禁的原因是她對伊莉莎白構成了威脅。瑪麗的祖母瑪格麗特·

都鐸是亨利八世的姐姐，所以她有權繼承英格蘭王位，只不過亨利八世僅存的子嗣伊莉莎白的順位排在她之前。但是英格蘭的天主教徒認為，英格蘭的國君應該是信奉天主教的瑪麗。

1586 年 1 月 6 日，被囚禁了 18 年的瑪麗驚愕地收到一批信。

這些信來自瑪麗的支持者，是吉伯特・基弗偷運進來的。基弗是天主教徒，1577 年離開英格蘭，在羅馬接受神學教育。他於 1585 年回到英格蘭，急於為瑪麗效勞。他來到位於倫敦的法國大使館，那裡積放了一大批寄給瑪麗的書信。基弗宣稱他有辦法把這些信件偷運進囚禁瑪麗的查特里宅邸，而他也真的辦到了。這只是一個開始。基弗開始擔任秘密信差，送信給瑪麗，並帶出她的回信。他用皮革把信裹起來，再把包裹藏在封塞啤酒桶的空心木塞裡。釀酒商把酒送進查特里宅邸，瑪麗的僕人打開木塞，取出藏在裡面的信交給瑪麗。將資訊帶出查特里宅邸也是用同樣的方法。

此時，一項營救瑪麗女王的計畫正在倫敦的酒館裡醞釀著。該計畫的中心人物是天主教貴族青年安東尼・貝平頓。這些謀逆分子一致認為，這項後來被稱為「貝平頓陰謀」的計畫需要瑪麗的首肯才能進行下去。問題是，他們找不到與她通訊的途徑。1586 年 7 月 6 日，基弗來到貝平頓的門前。他送來一封瑪麗的信，說她在巴黎的支持者提到貝平頓，她很期待貝平頓的來信。貝平頓隨即寫了一封長信，描述計畫的輪廓。

一如既往，基弗把這封信放進啤酒桶的木塞裡，蒙混過看守瑪麗的人。貝平頓還採取了額外的措施，把信轉換成密碼一萬一密函被瑪麗的看守人攔截，他也無法解讀內容。他所用的密碼如圖 1-2 所示。他用了 23 個符號來代替英文字母（不包括 j、v、w），另有 36 個符號來代替單字或片語。此外，還有 4 個虛元（不代表任何字母，像空格一樣不具備任何意義的符號），以及一個重複符號，這個重複符號表示下一個符號代表兩個相同的字母。

雖然基弗是一個小夥子，比貝平頓還年輕，這件傳遞資訊的差事卻做得從容自在、遊刃有餘。可是，每趟來回查特里宅邸的途中，他都會多拐一個彎。表面上他是瑪麗的特務,事實上他是雙面間諜。且回到 1585 年,基弗在回到英格蘭之前,寫了一封信給沃爾辛厄姆爵士,向他毛遂自薦。基弗意識到,他的天主教背景是打進反伊莉莎白女王密謀核心的最佳面具。

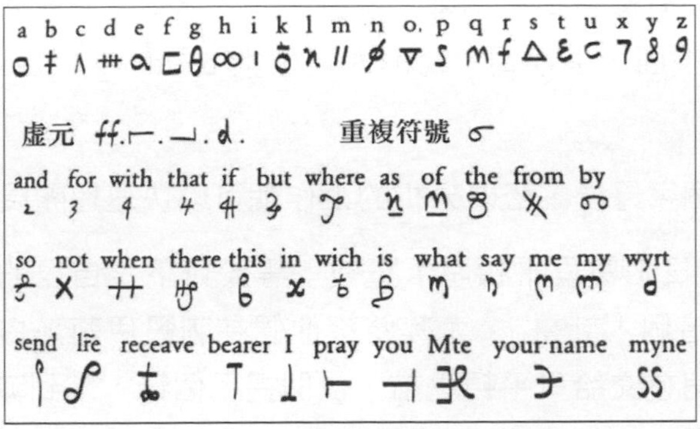

圖 1-2

得到貝平頓與瑪麗的往來密函後,沃爾辛厄姆的第一目標就是解譯它們的內容。全然了解密碼學價值的他,曾在倫敦設立了一所密碼學校,並聘任湯瑪斯·菲力浦當他的密碼秘書。菲力浦是語言學家,通曉法語、義大利語、西班牙語、德語,更重要的是,他是歐洲優秀的密碼分析家之一。寄給或出自瑪麗之手的信函,都被菲力浦一一掌握。他是頻率分析法大師,破解密碼是遲早的事。

所謂頻率分析法,以英文為例,首先,我們必須分析一長篇甚至數篇普通的英文文章,以確立每個英文字母的出現頻率。據統計,英文字母中出現頻率最高的是 e,接下來是 t,然後是 a……然後,檢視我們要處理的密碼文,並把每個字母的出現頻率整理出來。假設密碼文內出現頻率最高的字母是 O,那麼它很可能就是 e 的替身;如果密碼文內出現頻率次高的字母是 X,那它可能就是 t 的替身;如果密碼文內出現頻率第三高的字母是 P,那它可能就是 a 的替身。

在此情況下,我們需要一種更精細的頻率分析法,才能有把握地繼續下去,判別出這 3 個常用的字母 O、X、P 的真實身份。我們可以把觀察焦點轉向它們跟其他字母相鄰的頻率上。舉例來說,字母 O 是否出現在許多字母之前或之後？還是它只出現在某些特定的字母旁邊？這些問題的答案可以進一步告訴我們 O 所替代的字母是母音還是子音。如果 O 所替代的字母是母音，跟它相鄰的字母應該很多；如果它所替代的字母是子音，有很多字母可能沒有機會跟它相鄰。舉例來說，字母 e 幾乎可以出現在任何字母的前面或後面，但字母 t 就不太可能與 b、d、g、j、k、m、q、v 相鄰。

一旦破譯出幾個字母後，密碼分析的工作就可以快速地開展下去了。

瑪麗在 7 月 17 日函覆貝平頓時，實質上等於簽下了自己的死刑判決書。她於信中提到這個「計畫」，尤其希望他們在刺殺伊莉莎白時，能先派人救出她。這封信在交給貝平頓之前，依例拐了個彎，來到菲力浦手上。他很快就破譯出這封信的內容。讀畢，菲力浦在信上標了一個絞刑架的符號。

8 月 11 日，瑪麗女王和她的侍從被特許在查特里宅邸的屬地騎馬。當瑪麗來到一片荒野上時，瞥見一群人騎著馬過來。她的第一個念頭是，必定是貝平頓的人來救她了。但她很快就明白，這些人是來帶她去接受審判的。瑪麗女王如圖 1-3 所示。

圖 1-3

審判在 10 月 15 日開庭，現場有兩位首席法官、4 位陪審人員、法務大臣、財政大臣以及沃爾辛厄姆爵士等。菲力浦坐在旁聽席，靜靜看著他們呈示他從加密信函中挖掘出的證據。

審判延續到次日。審判結束時，瑪麗把命運交給法官。10 天后，皇室法庭在威斯敏斯特聚會，認定瑪麗「圖謀、設想各種能致使英格蘭女王死亡、毀滅的事件」，因此判決有罪。他們建議處以死刑。伊莉莎白一世簽署了死刑判決書。

從這個歷史事件可以看出，密碼學非常重要，關乎生死。至於在戰爭年代，密碼學就更加重要了。情報永遠要在密碼的保護下發送出去。

1.2 密碼學簡史

密碼學是研究通訊安全保密的科學，其目的是保護資訊在通道上傳輸的過程中不被他人竊取、解讀和利用，它主要包括密碼編碼學和密碼分析學兩個相互獨立又相互促進的分支。前者研究將發送的資訊（明文）變換成沒有金鑰不能解或很難解的加密的方法，而後者則研究分析破譯密碼的方法。其發展經歷了相當長的時期。第一次世界大戰之前，密碼學的重要進展根本是不為人知的，很少有文獻揭露這方面的資訊。直到 1918 年，由 W.F. Friendnmn 論述了重合指數及其在密碼學中的應用以及轉輪機專利的發表才引起了人們的重視，但僅由軍事和秘密部門所控制。

第一次世界大戰之後到 20 世紀 40 年代末期，密碼學家們將資訊理論、密碼學和數學結合起來研究，使資訊理論成為研究密碼編碼學和密碼分析學的重要理論基礎。完全處於秘密工作狀態的研究機構，開始在密碼學方面取得根本性的進展，具有代表性的有 Shannon（香農）的論文一《保密系統的通訊理論》和《通訊的數學理論》，他將安全保密的研究引入了科學的軌道，從而創立了資訊理論的新學科。

從 20 世紀 50 年代初期到 60 年代末期的 20 年中，在密碼學的研究方面公開發表的論文極少，但 David Kahn 於 1967 年出版的著作一《破譯者》使密碼學的研究涉及了相當廣泛的領域，使不知道密碼學的人了解了密碼學，因此密碼學的研究有了新的進展。

自 20 世紀 70 年代初期到現在，隨著電腦科學與技術的發展，促進了密碼學研究的興起和發展，人們使用密碼學技術來保護電腦系統中資訊的安全。因此，在密碼學的研究和應用等方面獲得了許多驚人的成果和理論。具有代表性的有：

（1）Diffie 和 Hellman 於 1976 年發表的「密碼學的新方向」一文提出了公開金鑰密碼學（公開金鑰或雙金鑰體制），打破了長期沿用單金鑰體制的束縛，提出了一種新的密碼體制。公開金鑰體制可使收、發資訊的雙方無須事先交換金鑰就可以秘密通訊。

（2）Horst Festal 研究小組於 20 世紀 70 年代初著手研究美國資料加密標準（Data Encryption Standard，DES），並於 1973 年發表了「密碼學與電腦保密」等有價值的論文，該文論述了他們的研究成果並被美國標準局（National Bureau of Standards，NBS）採納，於 1977 年正式公佈實施為美國資料加密標準，並被簡稱為 DES 標準。

上述密碼學的發展可粗略地劃分為三個階段：第一階段（1949 年之前）的密碼學可以說不是什麼學科，僅為一門藝術；第二階段（1949 年到 1975 年）可以說是密碼學研究的「冬天」，成果和論文少且為單金鑰體制，但在這一階段有如 Shaman 的理論和 David Kahn 的著作並為密碼學奠定了堅實的理論基礎；第三階段（1976 年到現在）可以說是密碼學研究的「春天」，密碼學的各種理論和觀點百花齊放，應用碩果累累。

我們也可以看一下密碼歷史長河中的年份流水表：

西元前 400 年，希臘人發明了置換密碼。

1881 年，世界上第一個電話保密專利出現。

二戰期間，德國軍方啟用「恩尼格瑪」密碼機。

1976 年，由於對稱加密演算法已經不能滿足需要，Diffie 和 Hellman 發表了一篇叫《密碼學新動向》的文章，介紹了公開金鑰加密的概念，由 Rivet、Shamir、Adelman 提出了 RSA 演算法。

1985 年，N.Koblitz 和 Miller 提出將橢圓曲線用於密碼演算法，根據是有限域上的點群中的離散對數問題 ECDLP，它比因數分解更難（指數級）。

ECC 產生背景：隨著分解大整數方法的進步和完善、電腦速度的提升以及電腦網路的發展，RSA 的金鑰需要不斷增加長度才能保證資料安全。但是，這導致了 RSA 加密速度大為降低，對使用 RSA 的應用帶來了很大的負擔，需要一種新的演算法來替代 RSA。

1993 年，美國國家標準和技術協會（National Institute of Standards and Technology，NIST）提出安全雜湊演算法（SHA）。

1995 年，又發佈了修訂版 FIPS PUB 180-1，通常稱之為 SHA-1。

1997 年，美國國家標準局公佈實施了美國資料加密標準（DES）。

1997 年，利用各國 7 萬台電腦歷時 96 天破解了 DES 的金鑰。

1998 年，電子邊境基金會（Electronic Frontier Foundation，EFF）用 25 萬美金製造的專用電腦花費 56 小時破解了 DES 的金鑰。

1999 年，EFF 用 22 小時 15 分完成了 DES 的破解工作。

1999 年年底，有人把 512 位元的整數分解因數，512 位元的 RSA 金鑰被破解。

2000 年 10 月，美國國家標準和技術協會（NIST）宣佈選擇 Rijndael 作為將來的 AES。（註：Rijndael 是在 1999 年由研究員 Joan Daemen 和 Vincent Rijmen 創建的。）

2004 年，在國際密碼學會議（Crypto' 2004）上，來自山東大學的王小雲教授的報告介紹了破譯 MD5、HAVAL-128、MD4 和 RIPEMD 演算法。隨後 SHA-1 也被宣告破解。

2009 年年底，768 位元的整數也被成功分解，威脅到了現在流行的 1024 位元金鑰的安全性。

1.3 密碼學的基本概念

1.3.1 基本概念

密碼學作為數學的分支，是研究資訊系統安全保密的科學，是密碼編碼學和密碼分析學的統稱。

密碼編碼學是關於訊息保密的技術和科學。密碼編碼學是密碼體制的設計學，即怎樣編碼，採用什麼樣的密碼體制保證資訊被安全地加密。從事此產業的人員被稱為密碼編碼者（Cryptographer）。

密碼分析學是與密碼編碼學相對應的技術和科學，即研究如何破譯加密的科學和技術。密碼分析學是在未知金鑰的情況下從加密推演出明文或金鑰的技術。密碼分析者（Cryptanalyst）是從事密碼分析的專業人員。

1.3.2 密碼學要解決的 5 大問題

密碼學主要是為了解決資訊安全的 5 大問題，即機密性、可用性、完整性、認證性、不可否認性。

機密性指保密資訊不會透露給非授權使用者或實體，確保儲存的資訊或傳輸的資訊僅能被授權使用者獲取到，而非授權使用者獲取到也無法知曉資訊內容。解決方案是使用密碼演算法對需要保密的資訊進行加密。

可用性指保障資訊資源隨時可提供服務的能力特性。

完整性指資訊在生成、傳輸、儲存和使用過程中，發生的人為或非人為的非授權篡改均可以被檢測到。解決方案是利用密碼函數生成資訊「指紋」，實現完整性檢驗。

認證性指一個訊息的來源和訊息本身被正確地標識，同時確保該標識沒有被偽造。解決方案是利用金鑰和認證函數相結合來確定資訊的來源。

不可否認性是指使用者無法在事後否認曾經進行資訊的生成、簽發、接收行為。解決方案是對資訊進行數位簽章。

1.3.3 密碼學中的五元組

在密碼學中，有一個五元組：明文（Plaintext）、加密（Ciphertext）、金鑰（Key）、加密演算法（Encryption Algorithm）、解密演算法（Decryption Algorithm）。對應的加密方案稱為密碼體制。

明文是作為加密輸入的原始資訊，即訊息的原始形式，通常用 m 或 p 表示。所有可能的明文組成的有限集稱為明文空間，通常用 M 或 P 來表示。

加密是明文經加密變換後的結果，即訊息被加密處理後的形式，通常用 c 表示。所有可能的加密組成的有限集稱為加密空間，通常用 C 來表示。

金鑰是參與密碼變換的參數，通常用 k 表示。一切可能的金鑰組成的有限集稱為金鑰空間，通常用 K 表示。

加密演算法是將明文變換為加密的變換函數，對應的變換過程稱為加密，即編碼的過程，通常用 E 表示，即 c=Ek(p)。

解密演算法是將加密恢復為明文的變換函數，對應的變換過程稱為解密，即解碼的過程，通常用 D 表示，即 p=Dk(c)。

對於有實用意義的密碼體制而言，總是要求它滿足：p=Dk(Ek (p))，即用加密演算法得到的加密。同樣，總是能用一定的解密演算法恢復出原始的明文來。

1.3.4 加解密演算法的分類

通常可以將加解密演算法分為對稱演算法和非對稱演算法。

對稱演算法使用的金鑰必須完全保密,且加密金鑰和解密金鑰相同。對稱演算法的優點:(1)運算速度快,具有較高的吞吐量;(2)對稱密碼體制中的金鑰相對較短;(3)對稱保密體制的加密長度往往和明文長度相同,或擴張較小。對稱演算法的缺點:(1)金鑰分發需要秘密頻道;(2)金鑰量大,難以管理;(3)難以解決不可否認問題。

非對稱演算法又稱為公開金鑰演算法,它有兩個金鑰,一個是對外公開的公開金鑰,可以像電話號碼一樣註冊;另一個是必須保密的私密金鑰,只有擁有者才知道。非對稱加密是為了解決對稱加密體制的缺陷而提出的,一個是金鑰的分發和管理問題;另一個是不可否認問題。非對稱演算法的優點是:(1)金鑰分發相對容易;(2)金鑰管理簡單;(3)可以有效地實現數位簽章。非對稱演算法的缺點是:(1)運算速度較慢;(2)同等安全強度下,非對稱密碼體制要求的金鑰位元數要多些;(3)非對稱保密體制中,加密的長度往往大於明文的長度。

架設 C 和 C++ 密碼開發環境

2.1 密碼程式設計的兩個重要的國際函數庫

密碼程式設計如果所有事情都要從頭開始寫，那結果將是災難性的。幸虧國際開放原始碼界已經為我們提供了兩個密碼學相關的函數程式庫：OpenSSL 和 Crypto++。從功能上來講，OpenSSL 更為強大，不但提供了程式設計用的 API 函數，還提供了強大的命令列工具，可以透過命令來進行常用的加解密、簽名驗簽、證書操作等功能。Crypto++ 純粹是用 C++ 寫的，適合 C++ 潔癖患者，OpenSSL 是用 C 語言寫的，也可以在 C++ 程式中呼叫。

友情提醒，第一線密碼應用程式開發中，OpenSSL 用得多些，建議掌握。

2.2 C/C++ 密碼函數庫 OpenSSL

Crypto++ 雖好，但功能不如 OpenSSL。第一線開發中，用得更多的是OpenSSL。雖然 OpenSSL 是用 C 語言寫的，但在 C++ 程式中使用完全沒有問題。何況，OpenSSL 很多地方利用了物件導向的設計方法與多形來支援多種加密演算法。所以，學好 OpenSSL，甚至分析其原始程式，對我們提升物件導向的設計能力大有幫助。很多著名的開放原始碼軟體，比如核心 XFRM 框架、VPN 軟體 StrongSwan 等都是用 C 語言來實現物件導向設計的。因此，我們會對 OpenSSL 敘述的更為詳細些，因為第一線實踐開發中，經常會碰到這個函數庫的使用（很多 C# 開發的軟體，底層的安全連接也會用 VC 封裝 OpenSSL 為控制項後供 C# 介面使用，更不要說 Linux 的第一線開發了），希望大家能預先掌握好。

隨著 Internet 的迅速發展和廣泛應用，網路與資訊安全的重要性和緊迫性日益突出。Netscape 公司提出了安全套接層協定（Secure Socket Layer，SSL），該協定基於公開金鑰技術，可保證兩個實體間通訊的保密性和可靠性，是目前 Internet 上保密通訊的工業標準。

Eric A.Young 和 Tim J. Hudson 自 1995 年開始編寫後來具有巨大影響力的 OpenSSL 軟體套件，這是一個沒有太多限制的開放原始程式碼的軟體套件，可以利用這個軟體套件做很多事情。1998 年，OpenSSL 專案小組接管了 OpenSSL 的開發工作，並推出了 OpenSSL 的 0.9.1 版，到目前為止，OpenSSL 的演算法已經非常完善，對 SSL 2.0、SSL 3.0 以及 TLS 1.0 都支持。OpenSSL 目前新的版本是 1.1.1 版。

OpenSSL 採用 C 語言作為開發語言，使得 OpenSSL 具有優秀的跨平台性能，可以在不同的平台使用。OpenSSL 支持 Linux、Windows、BSD、Mac 等平台，OpenSSL 具有廣泛的適用性。OpenSSL 實現了 8 種對稱加密演算法，如 AES、DES、Blowfish、CAST、IDEA、RC2、RC4、RC5，實現了 4 種非對稱加密演算法，如 DH、RSA、DSA 和 ECC，實現了 5 種資訊摘要演算法，如 MD2、MD5、MDC2、SHA1 和 RIPEMD。此外，OpenSSL 還實現了金鑰和證書的管理。

OpenSSL 的 License（許可證）是 SSLeay License 和 OpenSSL License 的結合，這兩種許可證實際上都是 BSD 類型的許可證，依照許可證裡面的說明，OpenSSL 可以被用作各種商業、非商業的用途，但是需要對應地遵守一些協定，其實這都是為了保護自由軟體作者及其作品的權利。

2.2.1　OpenSSL 原始程式碼模組結構

OpenSSL 整個軟體套件大概可以分成三個主要的功能部分：密碼演算法函數庫、SSL 協定函數庫以及應用程式。OpenSSL 的目錄結構也是圍繞這三個功能部分進行規劃的，具體可見表 2-1。

⬇ 表 2-1 OpenSSL 的目錄結構及功能

目錄名稱	功能描述
Crypto	所有加密演算法原始程式檔案和相關標準（如 X.509 原始程式檔案）是 OpenSSL 中重要的目錄，包含 OpenSSL 密碼演算法函數庫的所有內容
SSL	SSL 存放 OpenSSL 中 SSL 協定各個版本和 TLS 1.0 協定的原始程式檔案，包含 OpenSSL 協定函數庫的所有內容
Apps	存放 OpenSSL 中所有應用程式的原始程式檔案，如 CA、X509 等應用程式的原始程式檔案就存放在這裡
Docs	存放 OpenSSL 中所有的使用說明文件，包含三個部分：應用程式說明文件、加密演算法函數庫 API 說明文件以及 SSL 協定 API 說明文件
Demos	存放一些基於 OpenSSL 的應用程式例子，這些例子一般都很簡單，演示怎麼使用 OpenSSL 中的功能
Include	存放使用 OpenSSL 的函數庫時需要的標頭檔
Test	存放 OpenSSL 自身功能測試程式的原始程式檔案

OpenSSL 的演算法目錄 Crypto 目錄包含 OpenSSL 密碼演算法函數庫的所有原始程式碼檔案，是 OpenSSL 中重要的目錄之一。OpenSSL 的密碼演算法函數庫包含 OpenSSL 中所有密碼演算法、金鑰管理和證書管理相關標準的實現。

2.2.2 OpenSSL 加密函數庫呼叫方式

OpenSSL 是全開放的和開放原始程式碼的工具套件，實現安全套接層協定（SSL v2/v3）和傳輸層安全協定（TLS v1）以及形成一個功能完整的、通用目的的加密函數庫 SSLeay。應用程式可以透過三種方式呼叫 SSLeay，如圖 2-1 所示。

一是直接呼叫，二是透過 OpenSSL 加密函數庫介面呼叫，三是透過 Engine 平台和 OpenSSL 物件呼叫。除了 SSLeay 外，使用者還可以透過 Engine 安全平台存取 CSP。

使用 Engine 技術的 OpenSSL 已經不僅是一個密碼演算法函數庫，而是一個提供通用加解密接口的安全框架，在使用時只要載入了使用者的 Engine

模組，應用程式中所呼叫的 OpenSSL 加解密函數就會自動呼叫使用者自己開發的加解密函數來完成實際的加解密工作。這種方法將底層硬體的複雜多樣性與上層應用分隔開，大大降低了應用程式開發的難度。

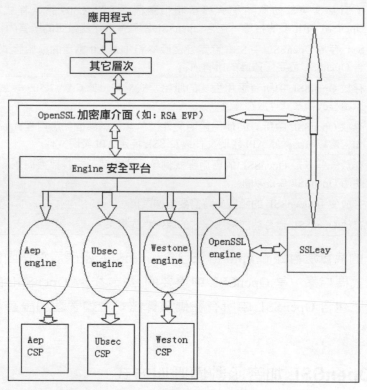

圖 2-1

2.2.3 OpenSSL 支援的對稱加密演算法

OpenSSL 一共提供了 8 種對稱加密演算法，其中 7 種是分組加密演算法，僅有一種串流加密演算法是 RC4。這 7 種分組加密演算法分別是 AES、DES、Blowfish、CAST、IDEA、RC2、RC5，都支援電子密碼本模式（ECB）、加密分組連結模式（CBC）、加密回饋模式（CFB）和輸出回饋模式（OFB）4 種常用的區塊編碼器加密模式。其中，AES 使用的加密回饋模式（CFB）和輸出回饋模式（OFB）分組長度是 128 位元，其他演算法使用的則是 64 位元。事實上，DES 演算法裡面不僅是常用的 DES 演算法，還支援三個金鑰和兩個金鑰 3DES 演算法。OpenSSL 還使用 EVP 封裝了所有的對稱加密演算法，使得各種對稱加密演算法能夠使用統一的 API 介面 EVP_Encrypt 和 EVP_Decrypt 進行資料的加密和解密，大大提升了程式的再使用性能。

2.2.4　OpenSSL 支援的非對稱加密演算法

OpenSSL 實現了 4 種非對稱加密演算法，包括 DH 演算法、RSA 演算法、DSA 演算法和 ECC 演算法。DH 演算法一般用於金鑰交換。RSA 演算法和 ECC 演算法既可以用於金鑰交換，又可以用於數位簽章，當然，如果你能夠忍受其緩慢的速度，那麼也可以用於資料加解密。DSA 演算法則一般只用於數位簽章。

跟對稱加密演算法相似，OpenSSL 也使用 EVP 技術對不同功能的非對稱加密演算法進行封裝，提供了統一的 API 介面。若使用非對稱加密演算法進行金鑰交換或金鑰加密，則使用 EVPSeal 和 EVPOpen 進行加密和解密；若使用非對稱加密演算法進行數位簽章，則使用 EVP_Sign 和 EVP_Verify 進行簽名和驗證。

2.2.5　OpenSSL 支援的資訊摘要演算法

OpenSSL 實現了 5 種資訊摘要演算法，分別是 MD2、MD5、MDC2、SHA（SHA1）和 RIPEMD。SHA 演算法事實上包括 SHA 和 SHA1 兩種資訊摘要演算法，此外，OpenSSL 還實現了 DSS 標準中規定的兩種資訊摘要演算法：DSS 和 DSS1。

OpenSSL 採用 EVPDigest 介面作為資訊摘要演算法統一的 EVP 介面，對所有資訊摘要演算法進行了封裝，提供了程式的重用性。當然，跟對稱加密演算法和非對稱加密演算法不一樣，資訊摘要演算法是不可逆的，不需要一個解密的逆函數。

2.2.6 OpenSSL 金鑰和證書管理

OpenSSL 實現了 ASN.1 的證書和金鑰相關標準，提供了對證書、公開金鑰、私密金鑰、證書請求以及 CRL 等資料物件的 DER、PEM 和 BASE64 的編解碼功能。OpenSSL 提供了產生各種公開金鑰對和對稱金鑰的方法、函數和應用程式，同時提供了對公開金鑰和私密金鑰的 DER 編解碼功能，並實現了私密金鑰的 PKCS#12 和 PKCS#8 的編解碼功能。OpenSSL 在標準中提供了對私密金鑰的加密保護功能，使得金鑰可以安全地進行儲存和分發。

在此基礎上，OpenSSL 實現了對證書的 X.509 標準編解碼、PKCS#12 格式的編解碼以及 PKCS#7 格式的編解碼功能，並提供了一種文字資料庫，支援證書的管理功能，包括證書金鑰產生、請求產生、證書簽發、吊銷和驗證等功能。

事實上，OpenSSL 提供的 CA 應用程式就是一個小型的證書管理中心（CA），實現了證書簽發的整個流程和證書管理的大部分機制。

2.2.7 物件導向與 OpenSSL

OpenSSL 支援常見的密碼演算法。OpenSSL 成功地運用了物件導向的方法與技術，才使得它能支援許多演算法並能實現 SSL 協定。OpenSSL 的可貴之處在於它利用針對過程的 C 語言去實現物件導向的思維。

物件導向方法是一種運用物件、類別、繼承、封裝、聚合、訊息傳遞、多形性等概念來構造系統的軟體開發方法。

物件導向方法與技術起源於物件導向的程式語言（Object-Oriented Programming Language，OOPL）。但是，物件導向不僅是一些具體的軟體開發技術與策略，而且是一整套關於如何看待軟體系統與現實世界的關係、以什麼觀點來研究問題並進行求解，以及如何進行系統構造的軟體方法學。概括地說，物件導向方法的基本思維是，從現實世界中客觀存在的事物（物件）出發來構造軟體系統，並在系統構造中盡可能運用人類的自然思維方式。物件導向方法強調直接以問題域（現實世界）中的事物為中心來思考問題、認識問題，並根據這些事物的本質特徵，把它們抽象地表示為系統中的物件，作為系統的基本組成單位。這可以使系統直接地映射問題域，保持問題域中的事物及其相互關係的本來面貌。

結構化方法採用了許多符合人類思維習慣的原則與策略（如自頂向下、逐步求精）。物件導向方法則更加強調運用人類在日常的邏輯思維中經常採用的思維方法與原則，例如抽象、分類、繼承、聚合、封裝等。這使得軟體開發者能夠更有效地思考問題，並以其他人也能看得懂的方式把自己的認識表達出來。具體地講，物件導向方法有以下一些主要特點：

（1）從問題域中客觀存在的事物出發來構造軟體系統，用物件作為這些事物的抽象表示，並以此作為系統的基本組成單位。

（2）事物的靜態特徵（可以用一些資料來表達的特徵）用物件的屬性工作表示，事物的動態特徵（事物的行為）用物件的服務表示。

（3）物件的屬性與服務結合成一體，成為一個獨立的實體，對外隱藏其內部細節（稱作封裝）。

（4）對事物進行分類。把具有相同屬性和相同服務的物件歸為一類，類別是這些物件的抽象描述，每個物件是它的類別的實例。

（5）透過在不同程度上運用抽象的原則（較多或較少地忽略事物之間的差異），可以得到較一般的類別和較特殊的類別。子類別繼承超類別的屬性與服務，物件導向方法支援對這種繼承關係的描述與實現，從而簡化系統的構造過程及其文件。

（6）複雜的物件可以用簡單的物件作為其組成部分（稱作聚合）。

（7）物件之間透過訊息進行通訊，以實現物件之間的動態聯繫。

（8）透過連結表達物件之間的靜態關係。

概括以上幾點可以看到，在使用物件導向方法開發的系統中，以類別的形式進行描述並透過對類別的引用而創建的物件是系統的基本組成單位。這些物件對應著問題域中的各個事物，它們內部的屬性與服務刻畫了事物的靜態特徵和動態特徵。物件類別之間的繼承關係、聚合關係、訊息和連結,如實地表達了問題域中事物之間實際存在的各種關係。因此,無論是系統的組成成分,還是透過這些成分之間的關係而表現的系統結構,都可以直接地映射問題域。

物件導向方法代表了一種接近自然的思維方式,它強調運用人類在日常的邏輯思維中經常採用的思維方法與原則。物件導向方法中的抽象、分類、繼承、聚合、封裝等思維方法和分析手段,能有效地反映客觀世界中事物的特點和相互的關係。而物件導向方法中的繼承、多形等特點可以提升過程模型的靈活性、再使用性。因此,應用物件導向的方法將降低工作流分析和建模的複雜性,並使工作流模型具有較好的靈活性,可以較好地反映客觀事物。

在 OpenSSL 原始程式碼中,將檔案及網路操作封裝成 BIO。BIO 幾乎封裝了除了證書處理外的 OpenSSL 所有的功能,包括加密函數庫以及 SSL/TLS 協定。當然,它們都只是在 OpenSSL 其他功能之上封裝架設起來的,但卻方便了不少。OpenSSL 對各種加密演算法封裝,就可以使用相同的程式但採用不同的加密演算法進行資料的加密和解密。

2.2.8 BIO 介面

在 OpenSSL 原始程式碼中,I/O 操作主要有網路操作和磁碟操作。為了方便呼叫者實現其 I/O 操作,OpenSSL 原始程式碼中將所有的與 I/O 操作有關的函數進行統一封裝,即無論是網路還是磁碟操作,其介面是一樣的。對函數呼叫者來說,以統一的介面函數去實現其真正的 I/O 操作。

為了達到此目的,OpenSSL 採用 BIO 抽象介面。BIO 是在底層覆蓋了許多類型 I/O 介面細節的一種應用介面,如果在程式中使用 BIO,就可以和 SSL 連接、非加密的網路連接以及檔案 I/O 進行透明的連接。BIO 介面的定義如下:

```
struct bio_st
{
    ...
```

```
    BIO_METHOD *method;
    ...
};
```

其中，BIO_METHOD 結構是各種函數的介面定義。如果是檔案操作，此結構如下：

```
static BIO_METHOD methods_filep=
{
    BIO_TYPE_FILE,
    "FILE pointer",
    file_write,
    file_read,
    file_puts,
    file_gets,
    file_ctrl,
    file_new,
    file_free,
    NULL,
};
```

以上定義了 7 個檔案操作的介面函數的入口。這 7 個檔案操作函數的具體實體與作業系統提供的 API 有關。BIO_METHOD 結構如果用於網路操作，其結構如下：

```
staitc BIO_METHOD methods_sockp=
{
    BIO_TYPE_SOCKET,
    "socket",
    sock_write,
    sock_read,
    sock_puts,
    sock_ctrl,
    sock_new,
    sock_free,
    NULL,
};
```

它跟檔案類型 BIO 在實現的動作上基本上是一樣的。只不過是字首名和類型欄位的名稱不一樣。其實在像 Linux 這樣的系統中，Socket 類型跟 fd

類型是一樣的，它們是可以通用的，但是，為什麼要分開來實現呢？那是因為有些系統（如 Windows 系統）的 Socket 跟檔案描述符號是不一樣的，所以，為了平台的相容性，OpenSSL 就將這兩類分開來了。

2.2.9 EVP 介面

EVP 系列的函數定義包含在 evp.h 裡面，這是一系列封裝了 OpenSSL 加密函數庫裡面所有演算法的函數。透過這樣統一的封裝，使得只需要在初始化參數的時候做很少的改變，就可以使用相同的程式但採用不同的加解密演算法進行資料的加密和解密。

EVP 系列函數主要封裝了三大類型的演算法，即公開金鑰演算法（也稱非對稱加密演算法）、數位簽章演算法和對稱加密演算法（業內一般講加密演算法就是指加解密演算法），要支援這些演算法，需要呼叫 OpenSSL_addall_algorithms 函數。

1. 公開金鑰演算法

函數名稱：EVPSeal*...*、EVPOpen*...*。

功能描述：該系列函數封裝提供了公開金鑰演算法的加密和解密功能，實現了電子信封的功能。

相關檔案：p_seal、p_open.c。

2. 數位簽章演算法

函數名稱：EVP_Sign*...*、EVP_Verify*...*。

功能描述：該系列函數封裝提供了數位簽章演算法的功能。

相關檔案：p_sign.c、p_verify.c。

3. 對稱加密演算法

函數名稱：EVP_Encrypt*...*。

功能描述：該系列函數封裝提供了對稱加密演算法的功能。

相關檔案：evp_enc.c、p_enc.c、p_dec.c、e_*.c。

4. 資訊摘要演算法

函數名稱：EVPDigest*...*。

功能描述：該系列函數封裝實現了多種資訊摘要演算法。

相關檔案：digest.c、m_*.c。

5. 資訊編碼演算法

函數名稱：EVPEncode*...*。

功能描述：該系列函數封裝實現了 ASCII 碼與二進位碼之間的轉換函數的功能。

2.2.10 關於版本和作業系統

本書既要照顧舊專案維護者，又要照顧新專案開發者。因此，筆者會選擇目前新的版本和較舊但使用較多且穩定的版本同時介紹，兩個版本各有千秋，新版本會引進不少新技術和新演算法，比如在新版本中加入了國密演算法 SM2/3/4，舊版本主要用來相容舊專案，建議開發新專案還是用新版的 OpenSSL。目前新的版本是 OpenSSL 1.1.1b，它是在 2019 年 2 月 26 日發佈的。我們選擇的舊版本是 OpenSSL-1.0.2m。另外要注意的是，OpenSSL 官方現在已停止對 0.9.8 和 1.0.0 兩個版本的升級維護，所以大家選擇的舊版本也別太舊了。

至於作業系統的選擇，當前密碼應用程式開發在 Linux 和 Windows 下都開展得如火如荼，因此也會介紹在這兩個系統下的安裝和使用。筆者選擇的作業系統是 Windows 7 和 CentOS 7。

2.2.11 在 WIndows 下編譯 OpenSSL 1.1.1

OpenSSL 是一個開放原始碼的第三方函數庫，它實現了 SSL（Secure Socket Layer，安全套接層）和 TLS（Transport Layer Security，安全傳輸層）協定，被企業應用廣泛採用。對於一般的開發人員而言，在 Win32 OpenSSL 上下載已經編譯好的 OpenSSL 函數庫是省力省事的好辦法。對於進階的開發使用者，可能需要適當地修改或裁剪 OpenSSL，那麼編譯它就成為一個關鍵問題。考慮到我們早晚要成為進階開發使用者，所以掌握 OpenSSL 的編譯是早晚的事。下面主要說明如何在 Windows 上編譯 OpenSSL 函數庫。

前面講了不少理論知識，雖然枯燥，但可以從巨觀層面上對 OpenSSL 進行全面徹底地了解，這樣以後走迷宮時不至於迷路。下面即將進入實戰環節。廢話不多說，打開官網下載原始程式。OpenSSL 的官網位址是 https://www.openssl.org。這裡使用的是新版本 OpenSSL 1.1.1，在學習的時候我們要勇於嘗試新版本。另外要注意的是，OpenSSL 官方現在已停止對 0.9.8 和 1.0.0 兩個版本的升級維護，還在維護舊程式的讀者要注意了，升級是早晚的事情。這裡會下載兩個版本進行演示，為了照顧喜歡嘗鮮的讀者，先下載目前新的版本 1.1.1，下載下來的壓縮檔是 openssl-1.1.1.tar.gz。後面會下載一個推薦用於實際開發的版本，即 1.0.2m，下載下來的壓縮檔是 openssl-1.0.2m.tar.gz，不求最新，但求穩定，這是第一線開發的原則。另外，本書也涉及一些 CentOS 7 下 OpenSSL 的使用，使用的版本是 CentOS 7 附帶的，也是為了穩定。

1. 安裝 ActivePerl 解譯器

因為編譯 OpenSSL 原始程式的過程中會用到 Perl 解譯器，所以在編譯 OpenSSL 函數庫之前，還需要下載一個 Perl 指令稿解譯器，這裡選用大名鼎鼎的 ActivePerl，我們可以從其官方網站（https://www.activestate.com/）下載。這裡下載後的檔案為 ActivePerl-5.26.1.2601-MSWin32-x64-404865.exe。

下載完畢後，就可以開始安裝了。直接雙擊即可開始安裝，安裝時間有點長，要有點耐心，最終會提示安裝成功。安裝完成的介面如圖 2-2 所示。

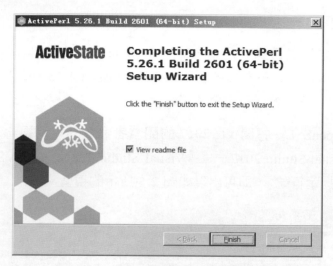

圖 2-2

2. 下載 OpenSSL 1.1.1

目前，OpenSSL 1.1.1b 是新的版本，我們可以去官方網站下載，下載網址為 https://www.openssl.org/source/。下載下來的檔案名稱是 openssl-1.1.1b.tar.gz。

下面開始我們的編譯之旅。為什麼要編譯？因為編譯後會生成函數庫，這個函數庫可以放到專案環境中使用。

3. 安裝 VC

在 Windows 平台上，用微軟 Visual Studio 中的 C 編譯器生成 OpenSSL 的靜態程式庫或動態函數庫。我們要在 VC 命令列下編譯，所以需要先安裝 VC，至少要 VC 2008，本書採用的是 VC 2017，建議大家使用這個版本，以後看書的過程中有問題方便聯合作者一起排除。

4. 編譯出 32 位元的 Debug 版本的靜態程式庫

安裝完 ActivePerl 後，就可以正式編譯安裝 OpenSSL 了。我們下載下來的 openssl-1.1.1.tar.gz 是一個原始程式壓縮檔，需要解壓，然後編譯出開發所需要的靜態程式庫或動態函數庫。

具體安裝步驟如下：

（1）解壓原始程式目錄。把 openssl-1.1.1b.tar.gz 複製到某個目錄下，比如 D:，然後解壓縮，解壓後的目錄為 D:\openssl-1.1.1b，進入 D:\openssl-1.1.1b，就可以看到各個子資料夾了。

（2）設定 OpenSSL。打開 VC 2017 的開發者命令列提示視窗，點擊「開始」→「Visual Studio 2017」→「Visual Studio Tools」→「VS 2017 的開發人員命令提示符號」，即可出現如圖 2-3 所示的視窗。

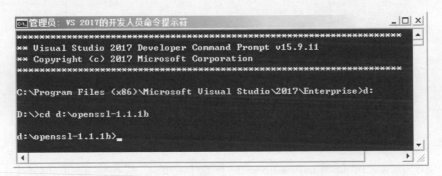

圖 2-3

然後在圖 2-3 所示的命令列視窗中輸入 cd d:\openssl-1.1.1b，然後輸入命令：

```
perl Configure debug-VC-WIN32 no-shared no-asm --prefix="d:/openssl-1.1.1b/
win32-debug" --openssldir="d:/openssl-1.1.1b/win32-debug/ssl"
```

其中，debug-VC-WIN32 表示 32 位元偵錯模式，no-asm 表示不用組合語言。

接著按確認鍵，然後開始自動設定，如圖 2-4 所示。

其中，VC-WIN32 表示我們要編譯出 32 位元的版本，若要編譯出 Debug 版本，則使用 debug-VC-WIN32，若要使用 Release 版本的 OpenSSL 函數庫，則不要加 debug-。no-shared 表示我們要編譯出靜態程式庫，若要編譯出動態函數庫，則不要加 no，用 -shared 即可，這個很好了解，靜態程式庫是不共用的，動態函數庫是用來共用的。參數 --prefix 是 OpenSSL 編

譯完後所生成的命令程式、函數庫、標頭檔等的存放路徑。--openssldir 是
OpenSSL 編譯完後生成的設定檔的存放路徑。

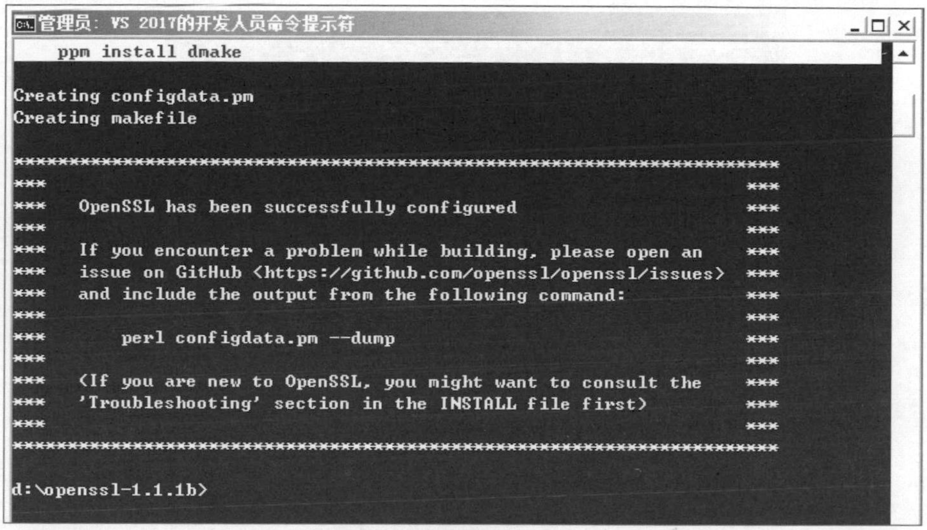

圖 2-4

（3）編譯 OpenSSL。設定完成後，我們可以繼續用 nmake 命令開始編
譯，在命令列視窗中輸入 nmake 後按確認鍵即可開始編譯，nmake 程式是
VC 附帶的命令列編譯工具。這一步時間稍長，大家可以喝杯茶。編譯成
功後如圖 2-5 所示。

圖 2-5

（4）測試編譯。這一步不是必需的，但最好檢查一下上一步的編譯是否正
確。在命令列視窗中輸入命令：

```
nmake test
```

這一步時間也稍長，其實可以不用做，但筆者做了，測試全部成功，如圖 2-6 所示。

圖 2-6

（5）安裝。繼續輸入命令 nmake install，執行成功後如圖 2-7 所示。

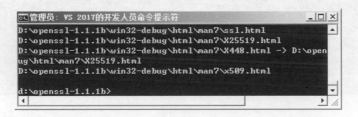

圖 2-7

（6）清理。主要是刪除一些中間檔案。繼續輸入命令 nmake clean。

此時，進入 D:\openssl-1.1.1b\win32-debug，可以看到一些子資料夾，如圖 2-8 所示。

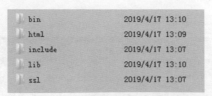

圖 2-8

其中，bin 目錄下存放 OpenSSL 的命令列程式，利用該程式我們可以在命令列下執行一些加解密任務、證書操作任務。在 lib 目錄下存放的就是我們編譯出來的 32 位元的靜態程式庫 libcrypto.lib 和 libssl.lib，一般的加解密程式使用 libcrypto.lib 即可。include 目錄就是我們開發所需要的 OpenSSL 標頭檔。

現在，趁熱打鐵，馬上來開發一個使用 OpenSSL 靜態程式庫的程式，以
此檢驗我們生成的靜態程式庫是否正確。

【例 2.1】使用 32 位元 OpenSSL 1.1.1 的 Debug 靜態程式庫

（1）打開 VC 2017，新建一個主控台程式 test。

（2）在 test.cpp 中輸入程式如下：

```
#include "pch.h"
#include "openssl/evp.h"

int main()
{
    openssl_add_all_algorithms();   //使用openssl函數庫前，必須呼叫該函數
printf("openssl ok\n");
return 0;
}
```

（3）包含 include 目錄。打開「test 屬性頁」對話方塊，在介面左邊選擇
「C/C++」→「正常」，在右邊的「其它 Include 目錄」旁輸入 OpenSSL 標
頭檔所在的路徑 D:\openssl-1.1.1b\win32-debug\include，如圖 2-9 所示。

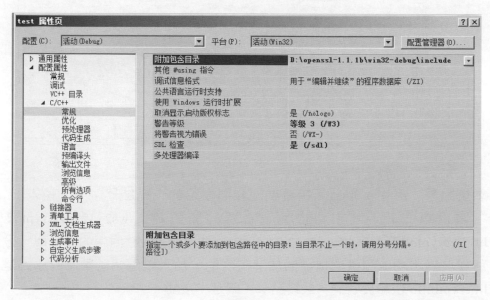

圖 2-9

然後點擊「確定」按鈕。這樣我們的程式中包含 openssl/evp.h 的時候就不會出錯了，因為 include 目錄下有 OpenSSL 子目錄。

順便說一句，其實把 include 資料夾複製到自己的專案目錄下也可以，但考慮到很多程式都要用到標頭檔，所以沒必要每個專案都去複製一份 include 資料夾，建議放在一個公共路徑下（比如 D:\openssl-1.1.1b\win64-debug\include），各個開發者自己包含這個公共路徑即可。

（4）增加靜態程式庫。在「test 屬性頁」對話方塊中，在介面左邊選擇「連結器」→「正常」，在右邊的「附加函數庫目錄」旁輸入 OpenSSL 靜態程式庫所在的路徑 D:\openssl-1.1.1b\win32-debug\lib，如圖 2-10 所示。

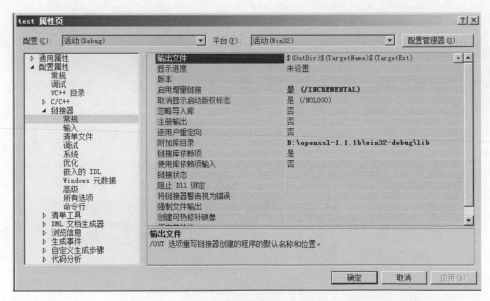

圖 2-10

然後點擊「應用」按鈕。接著展開介面左邊的「連結器」→「輸入」，在右邊第一行「其它相依性」右邊的開頭輸入 ws2_32.lib;Crypt32.lib;libcrypto.lib;，其中 ws2_32.lib 和 Crypt32.lib 是 VC 附帶的函數庫，分別實現網路功能和微軟提供的加解密功能，加入這兩個函數庫的原因是 libcrypto.lib 依賴於它們。最後點擊「確定」按鈕。

（5）保存專案並運行，運行結果如圖 2-11 所示。

圖 2-11

至此，説明 32 位元的 Debug 版本的 OpenSSL 1.1.1b 靜態程式庫使用起來了。

5. 編譯出 32 位元的 Release 版本的靜態程式庫

（1）解壓原始程式目錄（若已經存在原始程式目錄 openssl-1.1.1b，則可以不必再解壓）。把 openssl-1.1.1b.tar.gz 複製到某個目錄下，比如 D:，然後解壓縮，解壓後的目錄為 D:\openssl-1.1.1b，進入 D:\openssl-1.1.1b，就可以看到各個子資料夾了。

（2）設定 OpenSSL。打開 VC 2017 的開發者命令列提示視窗，點擊「開始」→「Visual Studio 2017」→「Visual Studio Tools」→「VS 2017 的開發人員命令提示符號」，輸入命令 cd d:\openssl-1.1.1b，然後輸入 Perl 命令如下：

```
perl Configure VC-WIN32 no-shared no-asm --prefix="d:/openssl-1.1.1b/win32-
release" --openssldir="d:/openssl-1.1.1b/win32-release/ssl"
```

其實就是把 no-shard 改為 shared，後面的步驟都一樣，分別是：

```
nmake
nmake test
nmake install
nmake clean
```

完畢後，我們到 D:\openssl-1.1.1b\win32-release 下去看，可以看到生成的各個子目錄。

【例 2.2】測試 32 位元 Release 版本的函數庫

（1）把例子 2.1 的專案複製一份，然後使用 VC 2017 打開專案。

（2）在工具列選擇解決方案設定為 Release，如圖 2-12 所示。

圖 2-12

（3）打開「test 屬性頁」對話方塊，確保介面左上角的「設定」是 Release，意思是我們要生成的程式是 Release 版本的程式，即程式中不帶偵錯資訊了。然後在介面左邊選擇「C/C++」→「正常」，在右邊增加其它 Include 目錄為 D:\openssl-1.1.1b\win32-release\include。

（4）增加靜態程式庫。在「test 屬性頁」對話方塊中，在介面左邊選擇「連結器」→「正常」，在右邊的「附加函數庫目錄」旁輸入 OpenSSL 靜態程式庫所在路徑 D:\openssl-1.1.1b\win32-release\lib，然後點擊「應用」按鈕。接著展開左邊的「連結器」→「輸入」，在右邊第一行「其它相依性」右邊的開頭輸入 ws2_32.lib;Crypt32.lib;libcrypto.lib;，其中 ws2_32.lib 和 Crypt32.lib 是 VC 附帶的函數庫，分別實現網路功能和微軟提供的加解密功能，加入這兩個函數庫的原因是 libcrypto.lib 依賴於它們。最後點擊「確定」按鈕。

（5）保存專案並運行，運行結果如圖 2-13 所示。

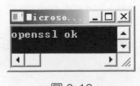

圖 2-13

至此，說明 32 位元的 Release 版本的靜態程式庫使用起來了。

6. 編譯出 32 位元的 Debug 版本的動態函數庫

（1）解壓原始程式目錄（如果前面解壓過了，就不必再解壓）。把 openssl-1.1.1b.tar.gz 複製到某個目錄下，比如 D:，然後解壓縮，解壓後的目錄為 D:\openssl-1.1.1b，進入 D:\openssl-1.1.1b，就可以看到各個子資料夾了。

（2）設定 OpenSSL。打開 VC 2017 的開發者命令列提示視窗，點擊「開始」→「Visual Studio 2017」→「Visual Studio Tools」→「VS 2017 的開發人員命令提示符號」，輸入命令 cd d:\openssl-1.1.1b，然後輸入 Perl 命令如下：

```
perl Configure debug-VC-WIN32 shared no-asm --prefix="d:/openssl-1.1.1b/win32-
shared-debug" --openssldir="d:/openssl-1.1.1b/win32-shared-debug/ssl"
```

後面的步驟都一樣，分別是：

```
nmake
nmake test
nmake install
nmake clean
```

完畢後，我們到 D:\openssl-1.1.1b\win32-shared-debug 下查看，可以看到生成的各個子目錄。

【例 2.3】使用 32 位元的 Debug 版本的動態函數庫

（1）打開 VC 2017，新建一個主控台程式 test。

（2）在 test.cpp 中輸入程式如下：

```
#include "pch.h"
#include "openssl/evp.h"
int main()
{
openssl_add_all_algorithms();
    printf("openssl win32-debug-shard-lib ok\n");
return 0;
}
```

（3）包含 include 目錄。打開「test 屬性頁」對話方塊，在介面左邊選擇「C/C++」→「正常」，在右邊的「其它 Include 目錄」旁輸入 OpenSSL 標頭檔所在的路徑 D:\openssl-1.1.1b\win32-shared-debug\include。

（4）增加連結符號函數庫。在「test 屬性頁」對話方塊中，在介面左邊選擇「連結器」→「正常」，在右邊的「附加函數庫目錄」旁輸入 OpenSSL 引用函數庫（注意雖然名字和靜態程式庫一樣，但動態函數庫中叫引用函數庫，用於編譯時的符號引用）所在的路徑 D:\openssl-1.1.1b\win32-shared-debug\lib，然後點擊「應用」按鈕。接著展開介面左邊的「連結器」→「輸入」，在右邊第一行「其它相依性」右邊的開頭輸入 ws2_32.lib;Crypt32.lib;libcrypto.lib;，其中 ws2_32.lib 和 Crypt32.lib 是 VC 附帶的函數庫，分別實現網路功能和微軟提供的加解密功能，加入這兩個函數庫的原因是 libcrypto.lib 依賴於它們。最後點擊「確定」按鈕。

（5）把 D:\openssl-1.1.1b\win32-shared-debug\bin 下的 libcrypto-1_1.dll 複製到我們的解決方案的 debug 目錄下，即和 test.exe 同一個目錄下。

（6）保存專案並運行，運行結果如圖 2-14 所示。

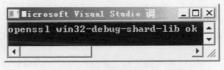

圖 2-14

7. 編譯出 32 位元的 Release 版本的動態函數庫

（1）解壓原始程式目錄。把 openssl-1.1.1b.tar.gz 複製到某個目錄下，比如 D:，然後解壓縮，解壓後的目錄為 D:\openssl-1.1.1b，進入 D:\openssl-1.1.1b，就可以看到各個子資料夾了。

（2）設定 OpenSSL。打開 VC 2017 的開發者命令列提示視窗，點擊「開始」→「Visual Studio 2017」→「Visual Studio Tools」→「VS 2017 開發人員命令提示符號」，輸入命令 cd d:\openssl-1.1.1b，然後輸入 Perl 命令如下：

```
perl Configure VC-WIN32 shared no-asm --prefix="d:/openssl-1.1.1b/win32-
shared-release" --openssldir="d:/openssl-1.1.1b/win32-shared-release/ssl"
```

其實就是把 no-shard 改為 shared，後面的步驟都一樣，分別是：

```
nmake
nmake test
nmake install
nmake clean
```

完畢後，我們到 D:\openssl-1.1.1b\win32-shared-release 下去看，可以看到生成的各個子目錄。

【例 2.4】使用 32 位元的 release 版本的動態函數庫

（1）打開 VC 2017，新建一個主控台程式 test。

（2）在 test.cpp 中輸入程式如下：

```
#include "pch.h"
#include "openssl/evp.h"
int main()
{
openssl_add_all_algorithms();
    printf("openssl win32-release-shard-lib ok\n");
    return 0;
}
```

（3）將介面左上角工具列上的選擇解決方案設定為 Release，意思是我們要生成的程式是 Release 版本的程式，即程式中不帶偵錯資訊了。在介面左邊選擇「C/C++」→「正常」，在右邊的「其它 Include 目錄」旁輸入 OpenSSL 標頭檔所在的路徑 D:\openssl-1.1.1b\win32-shared-release\include。

（4）增加連結符號函數庫。在「test 屬性頁」對話方塊中，在介面左邊選擇「連結器」→「正常」，在右邊的「附加函數庫目錄」旁輸入 OpenSSL 引用函數庫所在的路徑 D:\openssl-1.1.1b\win32-shared-release\lib，然後點擊「應用」按鈕。接著展開左邊的「連結器」→「輸入」，在右邊第一行「其它相依性」右邊的開頭輸入 ws2_32.lib;Crypt32.lib;libcrypto.lib;，其中 ws2_32.lib 和 Crypt32.lib 是 VC 附帶的函數庫，分別實現網路功能和微軟提供的加解密功能，加入這兩個函數庫的原因是 libcrypto.lib 依賴於它們。最後點擊「確定」按鈕。

（5）把 D:\openssl-1.1.1b\win32-shared-release\bin 下的 libcrypto-1_1.dll 複製到解決方案的 release 目錄下，即和 test.exe 同一個目錄下。

（6）在工具列切換解決方案設定為 Release，保存專案並運行，運行結果如圖 2-15 所示。

圖 2-15

8. 編譯出 64 位元的 Debug 版本的靜態程式庫

（1）解壓原始程式目錄。把 openssl-1.1.1b.tar.gz 複製到某個目錄下，比如 D:，然後解壓縮，解壓後的目錄為 D:\openssl-1.1.1b，進入 D:\openssl-1.1.1b，就可以看到各個子資料夾了。

（2）設定 OpenSSL。打開 VC 2017 的開發者命令列提示視窗，點擊「開始」→「Visual Studio 2017」→「Visual Studio Tools」→「VS 2017 的開發人員命令提示符號」，輸入命令 cd d:\openssl-1.1.1b，然後輸入 Perl 命令如下：

```
perl Configure debug-VC-WIN64A  no-shared no-asm --prefix="d:/openssl-1.1.1b/
win64-debug" --openssldir="d:/openssl-1.1.1b/win64-debug/ssl"
```

debug-VC-WIN64A 表示 64 位元偵錯模式。

後面的步驟都一樣，分別是：

```
nmake
nmake test
nmake install
nmake clean
```

完畢後，我們到 D:\openssl-1.1.1b\win64-debug 下去看，可以看到生成的各個子目錄，如果我們進入 lib 子目錄下去看，可以發現 libcrypto.lib 的檔案尺寸比 32 位元的版本大了 2MB 多，如圖 2-16 所示。

| 🔳🔳🔳 libcrypto.lib | 2019/8/22 16:49 | Object File Li... | 15,631 KB |

圖 2-16

【例 2.5】驗證 64 位元 Debug 版本的 OpenSSL 靜態程式庫

（1）打開 VC 2017，新建一個主控台程式 test。

（2）在 test.cpp 中輸入程式如下：

```
#include "pch.h"
#include "openssl/evp.h"
int main()
{
    openssl_add_all_algorithms();
 printf("openssl win64-debug-staticlib ok\n");
    return 0;
}
```

（3）在工具列上的解決方案平台選擇 "x64"，意思是我們要生成的程式是 64 位元的程式，如圖 2-17 所示。

圖 2-17

打開「test 屬性頁」對話方塊，在左邊選擇「C/C++」→「正常」，在右邊的「其它 Include 目錄」旁輸入 OpenSSL 標頭檔所在的路徑 D:\openssl-1.1.1b\win64-debug\include。

（4）增加連結符號函數庫。在「test 屬性頁」對話方塊中，在左邊選擇「連結器」→「正常」，在右邊的「附加函數庫目錄」旁輸入 OpenSSL 靜態程式庫所在的路徑 D:\openssl-1.1.1b\win64-debug\lib，然後點擊「應用」按鈕。接著展開左邊的「連結器」→「輸入」，在右邊第一行「其它相依性」右邊的開頭輸入 ws2_32.lib;Crypt32.lib;libcrypto.lib;，其中 ws2_32.lib 和 Crypt32.lib 是 VC 附帶的函數庫，分別實現網路功能和微軟提供的加解密功能，加入這兩個函數庫的原因是 libcrypto.lib 依賴於它們。最後點擊「確定」按鈕。

（5）保存專案並運行，運行結果如圖 2-18 所示。

圖 2-18

9. 編譯出 64 位元的 Release 版本的靜態程式庫

（1）解壓原始程式目錄。把 openssl-1.1.1b.tar.gz 複製到某個目錄下，比如 D:，然後解壓縮，解壓後的目錄為 D:\openssl-1.1.1b，進入 D:\openssl-1.1.1b，就可以看到各個子資料夾了。

（2）設定 OpenSSL。打開 VC 2017 的開發者命令列提示視窗，點擊「開始」→「Visual Studio 2017」→「Visual Studio Tools」→「VS 2017 的開發人員命令提示符號」，輸入命令 cd d:\openssl-1.1.1b，然後輸入 Perl 命令如下：

```
perl Configure VC-WIN64A  no-shared no-asm --prefix="d:/openssl-1.1.1b/win64-
release" --openssldir="d:/openssl-1.1.1b/win64-release/ssl"
```

後面的步驟都一樣，分別是：

```
nmake
nmake test
nmake install
nmake clean
```

完畢後，我們到 D:\openssl-1.1.1b\win64-release 下去看，可以看到生成的各個子目錄。

【例 2.6】驗證 64 位元 Release 版本的 OpenSSL 靜態程式庫

（1）打開 VC 2017，新建一個主控台程式 test。
（2）在 test.cpp 中輸入程式如下：

```
#include "stdafx.h"
#include "openssl/evp.h"

#pragma comment(lib, "libcrypto.lib")
```

```
#pragma comment(lib, "ws2_32.lib")
#pragma comment(lib, "crypt32.lib")

int main()
{
    openssl_add_all_algorithms();
    printf("openssl win64-release-staticlib ok\n");
    return 0;
}
```

#pragma comment 表示以程式方式引用函數庫。這樣就不用在專案屬性中設定了。

（3）打開「test 屬性頁」對話方塊，新建一個 x64 平台，在專案屬性中切換到 Release 模式，然後增加標頭檔包含路徑：D:\openssl-1.1.1b\win64-release\include，以及靜態程式庫路徑：D:\openssl-1.1.1b\win64-release\lib。這裡講的簡略了，路徑具體在哪個位置增加，前面已經介紹過了。

（4）保存專案，然後在工具列上選擇解決方案平台為 x64，解決方案設定為 Release，然後運行專案，運行結果如圖 2-19 所示。

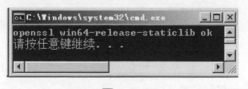

圖 2-19

10. 編譯出 64 位元的 Debug 版本的動態函數庫

（1）解壓原始程式目錄。把 openssl-1.1.1b.tar.gz 複製到某個目錄下，比如 D:，然後解壓縮，解壓後的目錄為 D:\openssl-1.1.1b，進入 D:\openssl-1.1.1b，就可以看到各個子資料夾了。

（2）設定 OpenSSL。打開 VC 2017 的開發者命令列提示視窗，點擊「開始」→「Visual Studio 2017」→「Visual Studio Tools」→「VS 2017 的開發人員命令提示符號」（注意是 x64 本機工具命令提示，不要選擇其他的），輸入命令 cd d:\openssl-1.1.1b，然後輸入 Perl 命令如下：

```
perl Configure debug-VC-WIN64A  shared no-asm --prefix="d:/openssl-1.1.1b/\
win64-shared-debug" --openssldir="d:/openssl-1.1.1b/win64-shared-debug/ssl"
```

後面的步驟都一樣，分別是：

```
nmake
nmake test
nmake install
nmake clean
```

完畢後，我們到 D:\openssl-1.1.1b\win64-shared-debug 下去看，可以看到生成的各個子目錄。

【例 2.7】驗證 64 位元 Debug 版本的 OpenSSL 動態函數庫

（1）打開 VC 2017，新建一個主控台程式 test。

（2）在 test.cpp 中輸入程式如下：

```
#include "stdafx.h"
#include "openssl/evp.h"

#pragma comment(lib, "libcrypto.lib")
#pragma comment(lib, "ws2_32.lib")
#pragma comment(lib, "crypt32.lib")

int main()
{
    openssl_add_all_algorithms();
    printf("openssl win64-debug-shared-lib ok\n");
    return 0;
}
```

#pragma comment 表示以程式方式引用符號函數庫。這樣就不用在專案屬性中設定了。

（3）打開「test 屬性頁」對話方塊，新建一個 x64 平台，然後增加標頭檔包含路徑：D:\openssl-1.1.1b\win64-shared-debug\include，以及符號函數庫路徑：D:\openssl-1.1.1b\win64-shared-debug\lib。這裡講的簡略了，路徑具體在哪個位置增加，前面已經介紹過了。

把 D:\openssl-1.1.1b\win64-shared-debug\bin 下 的 libcrypto-1_1-x64.dll 複製到解決方案路徑下的 x64 資料夾下的 Debug 子目錄下。

（4）保存專案，然後在工具列上選擇解決方案平台為 x64，然後運行專案，運行結果如圖 2-20 所示。

圖 2-20

11. 編譯出 64 位元的 Release 版本的動態函數庫

（1）解壓原始程式目錄。把 openssl-1.1.1b.tar.gz 複製到某個目錄下，比如 D:，然後解壓縮，解壓後的目錄為 D:\openssl-1.1.1b，進入 D:\openssl-1.1.1b，就可以看到各個子資料夾了。

（2）設定 OpenSSL。打開 VC 2017 的開發者命令列提示視窗，點擊「開始」→「Visual Studio 2017」→「Visual Studio Tools」→「VS 2017 的開發人員命令提示符號」（注意是 x64 本機工具命令提示，不要選擇其他的），輸入命令 cd d:\openssl-1.1.1b，然後輸入 Perl 命令如下：

```
pcrl Configure VC-WIN64A  shared no-asm --prefix="d:/openssl-1.1.1b/win64-
shared-release" --openssldir="d:/openssl-1.1.1b/win64-shared-release/ssl"
```

後面的步驟都一樣，分別是：

```
nmake
nmake test
nmake install
nmake clean
```

完畢後，我們到 D:\openssl-1.1.1b\win64-shared-release 下去看，可以看到生成的各個子目錄。

【例 2.8】驗證 64 位元 Release 版本的 OpenSSL 動態函數庫

（1）打開 VC 2017，新建一個主控台程式 test。

（2）在 test.cpp 中輸入程式如下：

```cpp
#include "stdafx.h"
#include "openssl/evp.h"

#pragma comment(lib, "libcrypto.lib")
#pragma comment(lib, "ws2_32.lib")
#pragma comment(lib, "crypt32.lib")

int main()
{
    openssl_add_all_algorithms();
    printf("openssl win64-release-shared-lib ok\n");
    return 0;
}
```

#pragma comment 表示以程式方式引用符號函數庫。這樣就不用在專案屬
性中設定了。

（3）打開「test 屬性頁」對話方塊，新建一個 x64 平台，在專案屬性中切
換到 Release 模式，然後增加標頭檔包含路徑：D:\openssl-1.1.1b\win64-
shared-release\include，以及靜態程式庫路徑：D:\openssl-1.1.1b\win64-
shared-release\lib。這裡講的簡略了，路徑具體在哪個位置增加，前面已
經介紹過了。

（4）保存專案，然後在工具列上選擇解決方案平台為 x64，解決方案
設定為 Release，並把 D:\openssl-1.1.1b\win64-shared-release\bin 下的
libcrypto-1_1-x64.dll 複製到解決方案的 x64 資料夾下的 Release 資料夾
下，然後運行專案，運行結果如圖 2-21 所示。

圖 2-21

以上我們對新版本的 OpenSSL 的各種函數庫都進行了編譯和測試,雖然略顯煩瑣,但也是必要的,尤其是在實際專案中使用之前,建議大家都測試一下,函數庫好才用。

2.2.12 在 Windows 下編譯 OpenSSL 1.0.2m

這個 1.0.2 版本屬於當前主流使用的版本,無論是維護舊專案,還是開發新專案,這個版本都用得比較多,因為其成熟、穩定。尤其對於資訊安全相關的專案,建議大家不要直接使用很新的演算法函數庫,因為可能有潛在的 Bug 沒有被發現。該版本下載網址:https://www.openssl.org/source/old/。

這裡我們下載 openssl-1.0.2m.tar.gz,把它複製到 C:(也可以是其他目錄),然後按照下面的步驟開始編譯和安裝。這裡我們編譯 32 位元的 Debug 版本的動態函數庫。

(1)安裝 ActivePerl。這個軟體我們前面已經介紹過了,這裡不再贅述。

(2)安裝 NASM。可到 https://www.nasm.us/ 下載新版安裝套件,這裡下載的是 nasm-2.14-installer-x64.exe,下載下來後直接雙擊安裝。安裝完畢後,要在系統變數 Path 中設定 NASM 程式所在路徑,這裡採用預設安裝路徑,所以 NASM 的路徑是:C:\Program Files\NASM,把它增加到 Path 系統變數中,如圖 2-22 所示。

圖 2-22

點擊「確定」按鈕。然後打開一個命令列視窗,輸入命令 nasm,此時介面顯示如圖 2-23 所示。

```
管理員: C:\Windows\system32\cmd.exe
Microsoft Windows [版本 6.1.7601]
版权所有 (c) 2009 Microsoft Corporation. 保留所有

C:\Users\Administrator>nasm
nasm:fatal: no input file specified
type 'nasm -h' for help

C:\Users\Administrator>_
```

圖 2-23

這説明 NASM 安裝並設定成功了。準備工作完成,可以正式開始編譯 OpenSSL 了。為了讓大家知道不指定目錄 OpenSSL 會把生成的檔案放在哪裡,我們先在不指定路徑的情況下進行編譯。

1. 不指定生成目錄的 32 位元 Release 版本動態函數庫的編譯

(1) 解壓 OpenSSL 原始程式目錄。把 openssl-1.0.2m.tar.gz 複製到某個目錄下,比如 C:,然後解壓縮,解壓後的目錄為 C:\openssl-1.0.2m,進入 C:\openssl-1.0.2m,就可以看到各個子資料夾了。

(2) 設定 OpenSSL。打開 VC 2017 的「VS 2017 的開發人員命令提示符號」提示視窗,點擊「開始」→「所有程式」→「Visual Studio 2017」→「Visual Studio Tools」→「VS 2017 的開發人員命令提示符號」,輸入命令如下:

```
cd C:\openssl-1.0.2m
perl Configure VC-WIN32
ms\do_nasm
nmake -f ms\ntdll.mak
```

VC-WIN32 表示生成 Release 版本的 32 位元的函數庫,如果需要 Debug 版本,就使用 debug-VC-WIN32。ntdll.mak 表示即將生成動態連結程式庫。執行完畢後,我們可以在 C:\openssl-1.0.2m\out32dll\ 下看到生成的動態連結程式庫,比如 libeay32.dll,如圖 2-24 所示。

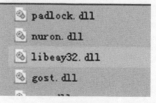

圖 2-24

該資料夾除了包括動態函數庫外，相關的匯入函數庫檔案（比如 libeay32.lib 和 ssleay32.lib）和一些可執行的工具（.exe）程式也在該目錄下。匯入函數庫檔案在開發中需要引用，所以我們需要知道它的路徑。

標頭檔資料夾所在的路徑是 C:\openssl-1.0.2m\inc32\，開發的時候我們可以把 inc32 下的 OpenSSL 資料夾複製到專案目錄，再在 VC 專案設定中增加引用，就可以使用標頭檔了。當然，不複製到專案目錄也可以，只要在 VC 中引用到這裡的路徑即可。稍後我們會透過實例來演示如何使用這裡編譯出來的動態函數庫。如果大家覺得在 OpenSSL 目錄下去找這個子目錄很麻煩，也可以執行安裝命令：nmake -f ms\ntdll.mak install，執行該命令後，將把 include 資料夾、lib 資料夾、和 bin 資料夾複製到在 C:\usr\local\ssl 下，有興趣的讀者可以試試。

重要提示：如果編譯過程中出錯，建議把 C:\openssl-1.0.2m 這個資料夾刪除，然後重新解壓，再按上面的步驟執行。

下面我們進行指定生成目錄下的編譯。一般這種方式用得多，這樣可以和 OpenSSL 原始程式目錄分離開來。

2. 指定生成目錄的 32 位元 Release 版本動態函數庫的編譯

（1）如果 C 磁碟已經有 openssl-1.0.2m 資料夾，就解壓 OpenSSL 原始程式目錄。把 openssl-1.0.2m.tar.gz 複製到 C:，然後解壓縮，解壓後的目錄為 C:\openssl-1.0.2m，進入 C:\openssl-1.0.2m，就可以看到各個子資料夾了。如果 C 磁碟已經有 openssl-1.0.2m 資料夾，可以不用再解壓。

（2）設定 OpenSSL。打開 VC 2017 的「VS 2017 的開發人員命令提示符號」提示視窗，點擊「開始」→「所有程式」→「Visual Studio 2017」→「Visual Studio Tools」→「VS 2017 的開發人員命令提示符號」，輸入命令如下：

```
cd C:\openssl-1.0.2m
perl Configure VC-WIN32 --prefix=c:/myOpensllout
ms\do_nasm
nmake -f ms\ntdll.mak
```

--prefix 用於指定安裝目錄，就是生成的檔案存放的目錄；VC-WIN32 表示生成 Release 版本的 32 位元的函數庫，如果需要 Debug 版本，就使用 debug-VC-WIN32。稍等片刻，編譯完成，如圖 2-25 所示。

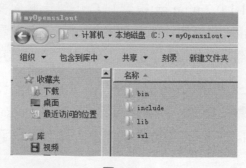

圖 2-25

此時可以看到 C 磁碟下並沒有 myOpensslout，因為我們還沒有執行安裝命令，但可以在 C:\openssl-1.0.2m\out32dll\ 下看到生成的動態連結程式庫，比如 libeay32.dll。標頭檔資料夾 OpenSSL 所在的路徑為 C:\openssl-1.0.2m\inc32\。下面執行安裝命令：

```
nmake -f ms\ntdll.mak install
```

執行完畢後，我們看到 C 磁碟下有 myOpensslout 了，如圖 2-26 所示。

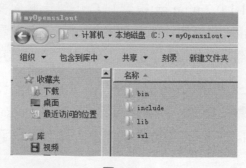

圖 2-26

如果喜歡乾淨，可以用 nmake -f ms\ntdll.mak clean 命令清理一下。

至此，32 位元動態函數庫編譯安裝完成。下面進入驗證環節。

【例 2.9】驗證 32 位元動態函數庫

（1）新建一個主控台專案 test。

（2）打開 test.cpp，輸入程式如下：

```
#include "stdafx.h"

#include "openssl/evp.h"
#pragma comment(lib, "libeay32.lib")
int _tmain(int argc, _TCHAR* argv[])
{
    openssl_add_all_algorithms();   //載入所有SSL演算法，這個函數是OpenSSL
                                    函數庫中的函數
    printf("win32 openssl1.0.2m-shared-lib ok\n");
        return 0;
}
```

（3）打開專案屬性對話方塊，然後增加標頭檔包含路徑：C:\myopensslout\
include，以及匯入函數庫路徑：C:\myopensslout\lib。如果此時運行程
式，系統乾淨的朋友是無法運行的，會提示缺少動態函數庫，如圖 2-27
所示。

圖 2-27

但有些朋友發現可以直接運行，難道上面生成的 lib 檔案是靜態程式庫，
而非匯入函數庫。其實是匯入函數庫，我們可以驗證一下。打開 VC 2017
的「VS 2017 的開發人員命令提示符號」提示視窗，即點擊「開始」→
「所有程式」→「Visual Studio 2017」→「Visual Studio Tools」→「VS
2017 的開發人員命令提示符號」，輸入命令如下：

```
lib /list C:\myopensslout\lib\libeay32.lib
```

如果輸出的是 LIBEAY32.dll，就說明 libeay32.lib 是一個匯入函數庫，如
果輸出的是 .obj，就說明是靜態程式庫。既然不是靜態程式庫，為何能運

行起來呢？說明系統路徑肯定存在 libeay32.dll。大家可以去 C:\Windows\
SysWOW64 或 C:\Windows\System32 等常見系統路徑下搜索，如果刪掉
或重新命名後還能運行 test.exe，就說明安裝了某些軟體導致 test.exe 依然
能找到 libeay32.dll，比如安裝了 ice3.7.2 這個通訊函數庫。或許有朋友到
這裡有點懷疑 test.exe 是否真的依賴 libeay32.dll，大家可以驗證一下，如
果有 Dependency Walker 工具就查看一下依賴項，如圖 2-28 所示。

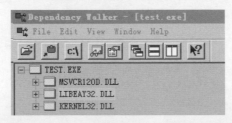

圖 2-28

如果沒有 Dependency Walker 工具，也可以使用 VC 2017 的 dumpbin 程
式，把 test.exe 複製到 C 磁碟下，然後 VC 2017 的「VS 2017 的開發人
員命令提示符號」提示視窗，然後輸入命令 dumpbin /dependents c:\test.
exe，如圖 2-29 所示。

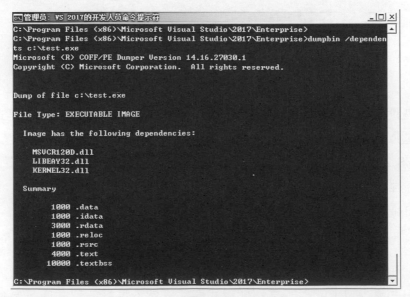

圖 2-29

可以看到的確依賴 libeay32.dll。另外，可以發現把 test.exe 放到一個乾淨
的作業系統上，就運行不起來了。如果一定要知道 libeay32.dll 在哪裡，
也不是沒有可能。大招就是使用 Dependency Walker，這個依賴項查看工
具自 VC 6 開始就附帶了，後來新版本的 VC 雖然不帶它了，但可以從官
網（www.dependencywalker.com）上下載。這裡還是使用 VC 6 附帶的
1.0 版。我們把 test.exe 拖進 Dependency walker 工具，然後點擊工具列上
的 c:\ 按鈕，它用於顯示全路徑，如圖 2-30 所示。

圖 2-30

可以看到，test.exe 依賴的 libeay32.dll 位於 system32 下，終於找到元兇
了，把它刪除再運行 test.exe 會發現無法運行。

繞了一大圈，讓系統乾淨的朋友久等了，繼續把 C:\myopensslout\bin 下的
libeay32.dll 複製到解決方案路徑下的 Debug 子目錄下，即和 test.exe 同一
資料夾下。

（4）保存專案並運行，運行結果如圖 2-31 所示。

圖 2-31

這裡測試專案 test 用了 Debug 模式，而函數庫 libeay32.dll 是 Release 版
本的，這是沒問題的。

3. 編譯 64 位元 Release 版本的動態函數庫

首先把 C 磁碟下的 openssl-1.0.2m 資料夾刪除（如果有的話），然後按照下面的步驟進行：

（1）解壓 OpenSSL 原始程式目錄。把 openssl-1.0.2m.tar.gz 複製到某個目錄下，比如 C:，然後解壓縮，解壓後的目錄為 C:\openssl-1.0.2m，進入 C:\openssl-1.0.2m，就可以看到各個子資料夾了。

（2）設定 OpenSSL。點擊「開始」→「Visual Studio 2017」→「Visual Studio Tools」→「VS 2017 的開發人員命令提示符號」，打開 VC 2017 的「VS 2017 的開發人員命令提示符號」視窗，輸入命令如下：

```
cd C:\openssl-1.0.2m
perl Configure VC-WIN64A no-asm --prefix=c:/myopensslstout64
ms\do_win64A
nmake -f ms\ntdll.mak
```

--prefix 用於指定安裝目錄，就是生成的檔案存放的目錄。VC-WIN64A 表示生成 Release 版本的 64 位元的函數庫，如果需要 Debug 版本，就使用 debug-VC-WIN64A。稍等片刻，編譯完成，如圖 2-32 所示。

圖 2-32

此時我們看到 C 磁碟下並沒有資料夾 myopensslout64，這是因為還沒有執行安裝命令，但可以在 C:\openssl-1.0.2m\out32dll\ 下看到生成的動態連結程式庫，比如 libeay32.dll。標頭檔資料夾 OpenSSL 所在的路徑為 C:\openssl-1.0.2m\inc32\，有些多疑的讀者可能會疑惑，為何 64 位元的 .dll 檔案會生成在名字是 out32dll 的資料夾下，看名字 out32dll 像是存放 32 位元的函數庫。筆者認為這是 OpenSSL 官方偷懶的地方，這樣的資料夾名字的確容易引起問題，為了消除讀者的疑惑，我們可以驗證一下生成的 libeay32.dll 到底是 32 位元還是 64 位元的，方法有多種：

（1）在「VS 2017 的開發人員命令提示符號」視窗的提示符號下輸入命令：

```
dumpbin /headers c:\openssl-1.0.2m\out32dll\libeay32.dll
```

如果出現 machine（x64）字樣，就說明該函數庫是 64 位元函數庫，如圖 2-33 所示。

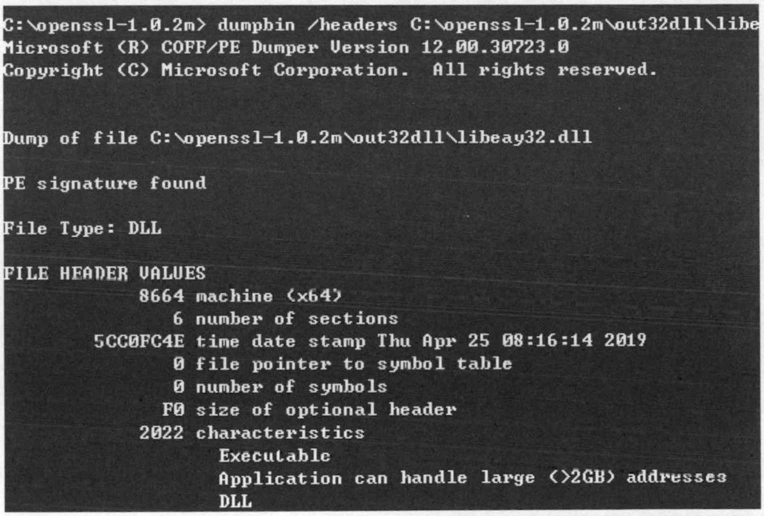

```
C:\openssl-1.0.2m> dumpbin /headers C:\openssl-1.0.2m\out32dll\libe
Microsoft (R) COFF/PE Dumper Version 12.00.30723.0
Copyright (C) Microsoft Corporation.  All rights reserved.


Dump of file C:\openssl-1.0.2m\out32dll\libeay32.dll

PE signature found

File Type: DLL

FILE HEADER VALUES
            8664 machine (x64)
               6 number of sections
        5CC0FC4E time date stamp Thu Apr 25 08:16:14 2019
               0 file pointer to symbol table
               0 number of symbols
              F0 size of optional header
            2022 characteristics
                   Executable
                   Application can handle large (>2GB) addresses
                   DLL
```

圖 2-33

（2）如果安裝的是 VC 6，可以用 VC 6 附帶的 Dependency Walker 工具來查看，因為 VC 6 附帶的該工具（版本是 1.0）只能查看 32 位元的動態函數庫，所以 64 位元的函數庫拖進去是看不到資訊的，如圖 2-34 所示。

當然，現在新版本的 Dependency Walker 工具已經可以同時查看 32 位元和 64 位元的函數庫了。不過，VC 2017 不附帶這個小工具，如果讀者需要的話可以去官網（http://www.dependencywalker.com/）下載。

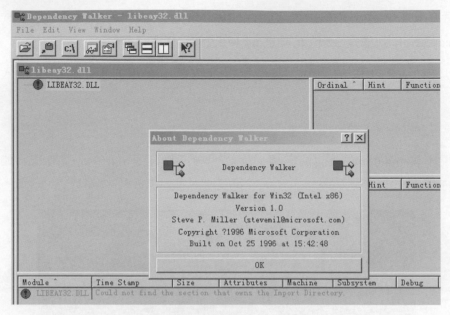

圖 2-34

只有執行了安裝命令才會把生成的函數庫、標頭檔等放到我們指定的目錄
myOpenSSLout64 下。下面執行安裝命令:

```
nmake -f ms\ntdll.mak install
```

執行完畢後,如圖 2-35 所示。

```
Copying: out32dll/libeay32.lib to c:/myOpensslout64/lib/libeay32.lib
        perl util/mkdir-p.pl "c:\myOpensslout64\lib\engines"
created directory `c:/myOpensslout64/lib/engines'
        perl util/copy.pl out32dll/4758cca.dll  out32dll\aep.dll out32dll\ata
.dll out32dll\cswift.dll  out32dll\gmp.dll out32dll\chil.dll out32dll\nuron.d
 out32dll\sureware.dll out32dll\ubsec.dll out32dll\padlock.dll  out32dll\capi
l out32dll\gost.dll "c:\myOpensslout64\lib\engines"
Copying: out32dll/4758cca.dll to c:/myOpensslout64/lib/engines/4758cca.dll
Copying: out32dll/aep.dll to c:/myOpensslout64/lib/engines/aep.dll
Copying: out32dll/atalla.dll to c:/myOpensslout64/lib/engines/atalla.dll
Copying: out32dll/cswift.dll to c:/myOpensslout64/lib/engines/cswift.dll
Copying: out32dll/gmp.dll to c:/myOpensslout64/lib/engines/gmp.dll
```

圖 2-35

仔細看圖 2-35,我們發現其實就是把 out32dll 下的內容複製到 C:/
myopensslout64 下。此時我們看到 C 磁碟下有 myopensslout64 了。至
此,64 位元的動態函數庫編譯安裝完成。下面進入驗證階段。

【例 2.10】驗證 64 位元動態函數庫

（1）新建一個主控台專案 test。

（2）打開 test.cpp，輸入程式如下：

```
#include "stdafx.h"
#include "openssl/evp.h"
#pragma comment(lib, "libeay32.lib")
int _tmain(int argc, _TCHAR* argv[])
{
    openssl_add_all_algorithms();   //載入所有SSL演算法，這個函數是OpenSSL
                                       函數庫中的函數
    printf("win64 openssl1.0.2m-release-shared-lib ok\n");
        return 0;
}
```

（3）打開專案屬性對話方塊，新建一個 x64 平台，在專案屬性中切換到 Release 模式，然後增加標頭檔包含路徑：C:\myopensslout64\include，以及匯入函數庫路徑：C:\myopensslout64\lib。

（4）保存專案，然後在工具列上選擇解決方案平台為 x64，解決方案設定為 Release，並把 C:\myopensslout64\bin 下的 libeay32.dll 複製到解決方案的 x64 資料夾下的 Release 資料夾下，然後運行專案，運行結果如圖 2-36 所示。

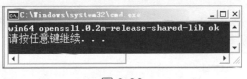

圖 2-36

4. 編譯 64 位元 Debug 版本的靜態程式庫

本來編譯完動態函數庫想結束本節的講解，但考慮有朋友喜歡靜態程式庫，所以筆者再演示一下靜態程式庫的編譯過程。首先把 C 磁碟下的 openssl-1.0.2m 資料夾刪除（如果有的話），然後按下面的步驟進行：

（1）解壓 OpenSSL 原始程式目錄。把 openssl-1.0.2m.tar.gz 複製到某個目錄下，比如 C:，然後解壓縮，解壓後的目錄為 C:\openssl-1.0.2m，進入 C:\openssl-1.0.2m，就可以看到各個子資料夾了。

（2）設定 OpenSSL。點擊「開始」→「所有程式」→「Visual Studio 2017」
→「Visual Studio Tools」→「VS 2017 的開發人員命令提示符號」，打開
VC 2017 的「VS 2017 的開發人員命令提示符號」視窗，輸入命令如下：

```
cd C:\openssl-1.0.2m
perl Configure debug-VC-WIN64A --prefix=c:/myopensslout64
ms\do_win64A
nmake -f ms\ntdll.mak
```

--prefix 用於指定安裝目錄，就是生成的檔案存放的目錄。VC-WIN64A 表
示生成 Release 版本的 64 位元的函數庫，如果需要 Debug 版本，就使用
debug-VC-WIN64A。稍等片刻，編譯完成。

2.2.13 在 Linux 下編譯安裝 OpenSSL 1.0.2

打開官網下載原始程式。OpenSSL 的官網位址是 https://www.openssl.
org。這裡使用的版本是 1.0.2m，不求最新，但求穩定，這是第一線開發
者的原則。另外要注意的是，OpenSSL 官方現在已停止對 0.9.8 和 1.0.0
兩個版本的升級維護。這裡下載下來的是一個壓縮檔：openssl-1.0.2m.tar。

1. 移除當前已有的版本

剛下載下來不能馬上安裝，先要看看現在的作業系統是否已經安裝
OpenSSL 了，可以用以下命令進行查看：

```
[root@localhost ~]# rpm -ql openssl
```

或直接查詢 OpenSSL 版本：

```
[root@localhost ~]# openssl version
openssl 1.0.1e-fips 11 feb 2013
```

可以看出，在筆者的 CentOS 7 上已經預先安裝了 OpenSSL 1.0.1e 版本，
如果要查看這個版本更為詳細的資訊，可以輸入命令：

```
[root@localhost ~]# openssl version -a
openssl 1.0.1e-fips 11 Feb 2013
built on: Mon Jun 29 12:45:07 UTC 2015
```

```
platform: linux-x86_64
options:  bn(64,64) md2(int) rc4(16x,int) des(idx,cisc,16,int) idea(int)
blowfish(idx)
compiler: gcc -fPIC -DOPENSSL_PIC -DZLIB -DOPENSSL_THREADS -D_REENTRANT
-DDSO_DLFCN -DHAVE_DLFCN_H -DKRB5_MIT -m64 -DL_ENDIAN -DTERMIO -Wall -O2 -g
-pipe -Wall -Wp,-D_FORTIFY_SOURCE=2 -fexceptions -fstack-protector-strong
--param=ssp-buffer-size=4 -grecord-gcc-switches   -m64 -mtune=generic -Wa,
--noexecstack -DPURIFY -DOPENSSL_IA32_SSE2 -DOPENSSL_BN_ASM_MONT -DOPENSSL_
BN_ASM_MONT5 -DOPENSSL_BN_ASM_GF2m -DSHA1_ASM -DSHA256_ASM -DSHA512_ASM
-DMD5_ASM -DAES_ASM -DVPAES_ASM -DBSAES_ASM -DWHIRLPOOL_ASM -DGHASH_ASM
OPENSSLDIR: "/etc/pki/tls"
engines:  rdrand dynamic
```

其實，也就是加了 -a 選項。如果要查看 OpenSSL 所在的路徑，可以使用
whereis openssl 命令，比如：

```
[root@localhost bin]# whereis openssl
openssl: /usr/bin/openssl /usr/lib64/openssl /usr/include/openssl /usr/share/
man/man1/openssl.1ssl.gz
```

其中，/usr/bin/ 下的 openssl 是一個程式；/usr/lib64/openssl 是一個目錄；
/usr/include/openssl 也是一個目錄，裡面存放的是開發所用的標頭檔。

因為我們要用 OpenSSL 1.0.2m，所以要先移除這個附帶的舊版本，移除
命令如下：

```
[root@localhost soft]# rpm -e --nodeps openssl
```

然後再次查看：

```
[root@localhost soft]# rpm -qa openssl
[root@localhost soft]#
```

或再次查看其版本：

```
[root@localhost 桌面]# openssl version
bash: /usr/bin/openssl: 沒有那個檔案或目錄
```

可以看到 /usr/bin 下的程式 OpenSSL 沒有了，說明移除成功了。但要注
意，有些目錄並沒有刪除，我們可以用 whereis 查看一下：

```
[root@localhost openssl-1.0.2m]# whereis openssl
openssl: /usr/lib64/openssl /usr/include/openssl
```

我們可以進入 /usr/include/openssl/ 下查看，標頭檔依舊存在，當我們用 ll
命令查看時，可以發現是 2015 年生成的：

```
[root@localhost openssl]# cd /usr/include/openssl
[root@localhost openssl]# ll
總用量 1580
-rw-r--r--. 1 root root   5507 6月   29 2015 aes.h
-rw-r--r--. 1 root root  52252 6月   29 2015 asn1.h
-rw-r--r--. 1 root root  19143 6月   29 2015 asn1_mac.h
-rw-r--r--. 1 root root  30092 6月   29 2015 asn1t.h
-rw-r--r--. 1 root root  32987 6月   29 2015 bio.h
...
```

注意，我們後面裝新版的 OpenSSL 時，是不會覆蓋這些檔案的。另外，/
usr/lib64 下的共用函數庫依舊存在 libcrypto.so.1.0.1e：

```
[root@localhost lib64]# cd /usr/lib64/
[root@localhost lib64]# ll libcry*
-rwxr-xr-x. 1 root root   40816 11月 20 2015 libcrypt-2.17.so
lrwxrwxrwx. 1 root root      19 10月 16 2018 libcrypto.so -> libcrypto.so.1.0.1e
lrwxrwxrwx. 1 root root      19 10月 16 2018 libcrypto.so.10 -> libcrypto.so.1.0.1e
-rwxr-xr-x. 1 root root 2012880 6月   29 2015 libcrypto.so.1.0.1e
lrwxrwxrwx. 1 root root      22 10月 16 2018 libcryptsetup.so.4 -> libcryptsetup.
so.4.7.0
-rwxr-xr-x. 1 root root  166640 11月 21 2015 libcryptsetup.so.4.7.0
lrwxrwxrwx. 1 root root      25 10月 16 2018 libcrypt.so -> ../../lib64/libcrypt.so.1
lrwxrwxrwx. 1 root root      16 10月 16 2018 libcrypt.so.1 -> libcrypt-2.17.so
```

這裡，我們可以直接把目錄 /usr/include/openssl、動態函數庫檔案 /usr/
lib64/libcrypto.so.1.0.1e 和符號連結檔案 /usr/lib64/libcrypto.so 刪除。
當然，以後這 3 樣都要在安裝新版本 OpenSSL 時手工恢復成新版本
OpenSSL 對應的內容。為了怕大家遺忘，這裡先不刪，在下一節安裝後再
刪除也可以。

當然，用到 1.0.2m 的例子，其實用 1.0.1e 也是可以的。這裡主要是為了
讓大家學會移除和重新安裝。

2. 不指定安裝目錄安裝 OpenSSL

假設舊版本已經移除。把下載下來的壓縮檔放到 Linux 中，這裡存放的路徑是 /root/soft，大家可以自訂路徑，然後進入這個路徑後解壓縮：

```
[root@localhost ~]# cd /root/soft
[root@localhost soft]# tar zxf openssl-1.0.2m.tar.gz
```

進入解壓後的資料夾，開始設定、編譯和安裝：

```
[root@localhost soft]# cd openssl-1.0.2m/
[root@localhost openssl-1.0.2m]# ./config shared zlib
```

shared 表示除了生成靜態程式庫外，還要生成共用函數庫，如果僅想生成靜態程式庫，可以不用這個選項，或使用 no-shared；zlib 表示編譯時使用 zlib 這個壓縮函數庫。更多設定選項可以參考原始程式目錄下的 configure 檔案。

下面開始編譯：

```
[root@localhost openssl-1.0.2m]# make
```

稍等片刻，編譯結束。編譯完成並不會複製新的檔案到預設目錄，我們可以使用 whereis 看一下：

```
[root@localhost openssl-1.0.2m]# whereis openssl
openssl: /usr/lib64/openssl /usr/include/openssl
```

依舊是這兩個目錄，我們進入 /usr/include/openssl/ 看看裡面的檔案有沒有被更新：

```
[root@localhost openssl-1.0.2m]# cd /usr/include/openssl/
[root@localhost openssl]# ll
總用量 1580
-rw-r--r--. 1 root root   5507 6月  29 2015 aes.h
-rw-r--r--. 1 root root  52252 6月  29 2015 asn1.h
-rw-r--r--. 1 root root  19143 6月  29 2015 asn1_mac.h
```

可以看出，沒有被更新。而且我們用 make install 安裝新版本的 OpenSSL 後，也不會被更新。這一點要注意，開發時不要去引用這個目錄下的標頭檔。

```
[root@localhost openssl-1.0.2m]# make install
```

稍等片刻，安裝完成。透過查看 make install 的過程可以發現新建了幾個
目錄，如圖 2-37 所示。

圖 2-37

從圖 2-37 可以看出，安裝程式創建了目錄 /usr/local/ssl，這個目錄就是不
指定安裝目錄時安裝程式所採用的預設安裝目錄。我們可以進入這個目錄
下查看：

```
[root@localhost openssl]# cd /usr/local/ssl
[root@localhost ssl]# ls
bin  certs  include  lib  man  misc  openssl.cnf  private
```

其中，子目錄 bin 存放 OpenSSL 程式，該程式可以在命令列下使用
OpenSSL 功能；include 子目錄存放開發所需的標頭檔；lib 子目錄存放開
發所需的靜態程式庫和共用函數庫。值得注意的是，/usr/include/openssl/
下的標頭檔依然是舊的，如圖 2-38 所示。

圖 2-38

但要注意的是，/usr/lib64/ 下依然有 libcrypto.so.1.0.1e：

```
[root@localhost openssl-1.0.2m]# find / -name  libcrypto.so.1.0.1e
/usr/lib64/libcrypto.so.1.0.1e
```

我們開發時不需要引用這個目錄下的標頭檔，而要引用 /usr/local/ssl/include 下的標頭檔。為了防止以後誤用，我們可以直接刪除舊的標頭檔，Include 目錄 /usr/include/openssl/：

```
[root@localhost include]# rm -rf /usr/include/openssl
```

再創建新的標頭檔，Include 目錄的軟連結：

```
ln -s /usr/local/ssl/include/openssl /usr/include/openssl
```

下面再創建可執行檔的軟連結，這樣就可以在命令列下使用 openssl 命令了：

```
ln -s /usr/local/ssl/bin/openssl /usr/bin/openssl
```

這樣執行 /usr/bin 下的 OpenSSL 實際就是執行 /usr/local/ssl/bin 下的 OpenSSL 程式。引用 /usr/include/openssl 下的標頭檔就是引用 /usr/local/ssl/include/openssl 下的標頭檔。不放心的話，我們可到 /usr/include/openssl 下查看一下：

```
[root@localhost include]# cd openssl/
[root@localhost openssl]# ll
總用量 1856
-rw-r--r--. 1 root root   6146 5月  15 10:14 aes.h
-rw-r--r--. 1 root root  63142 5月  15 10:14 asn1.h
-rw-r--r--. 1 root root  24435 5月  15 10:14 asn1_mac.h
-rw-r--r--. 1 root root  34475 5月  15 10:14 asn1t.h
-rw-r--r--. 1 root root  38742 5月  15 10:14 bio.h
...
```

終於不是 2015 年的了。最後增加動態函數庫路徑到動態函數庫設定檔並更新：

```
echo "/usr/local/ssl/lib" >> /etc/ld.so.conf
ldconfig -v
```

至此，升級安裝工作完成了。我們可以看一下現在 OpenSSL 的版本編號：

```
[root@localhost bin]# openssl version
openssl 1.0.2m  2 nov 2017
```

版本升級成功了。如果要以命令方式使用 OpenSSL，可以在終端下輸入
openssl，然後就會出現 OpenSSL 提示，如圖 2-39 所示。

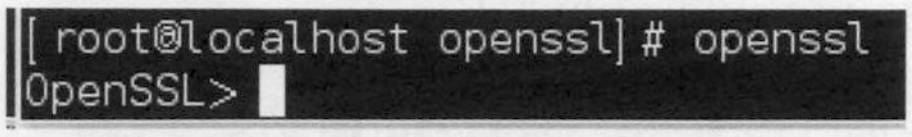

```
[ root@localhost openssl] # openssl
OpenSSL> █
```

圖 2-39

具體的 OpenSSL 命令我們會在後面的章節說明，這裡暫且不表。

值得注意的是，/usr/local/ssl/bin/ 下的程式 OpenSSL 依賴於共用函數
庫 libcrypto.so.1.0.0。例如把 /usr/local/ssl/lib 目錄改個名字，再運行
OpenSSL，可以發現出錯了：

```
[root@localhost libbk]# openssl
openssl: error while loading shared libraries: libssl.so.1.0.0: cannot open
shared object file: No such file or directory
```

這也說明，openssl 程式和 /usr/lib64/libcrypto.so.1.0.1e 沒什麼關係。但我
們依舊需要刪除 /usr/lib64/libcrypto.so.1.0.1e，因為編譯自己寫的 C/C++
程式的時候，需要到 /usr/lib64 下找 libcrypto.so，而 /usr/lib64/ 下有一個
libcrypto.so 是一個軟連結，它測試指向的是 /usr/lib64/libcrypto.so.1.0.1e
這個共用函數庫，如果此時編譯我們的程式，那麼使用的共用函數庫是 /
usr/lib64/libcrypto.so.1.0.1e，而非新版的 OpenSSL 的共用函數庫。

為了讓自己的 C/C++ 程式能連結到新版 OpenSSL 的共用函數庫 libcrypto.
so.1.0.0，我們需要重新做一個軟連結。先刪除舊的共用函數庫 /usr/lib64/
libcrypto.so.1.0.1e：

```
rm -f /usr/lib64/libcrypto.so.1.0.1e
```

如果此時我們寫一個 C++ 程式，比如例 2.11，然後在命令列下編譯：

```
g++ test.cpp -o test  -lcrypto
```

就會發現顯示出錯了：

```
[root@localhost ex]#  g++ test.cpp -o test  -lcrypto
/usr/bin/ld: cannot find -lcrypto
```

```
collect2: 錯誤:ld 返回 1
```

這說明我們把舊版共用函數庫刪除後，雖然軟連結依舊存在，但還是無法編譯成功。下面我們需要把 /usr/lib64/ 下的軟連結 libcrypto.so 指向新版 OpenSSL 的共用函數庫 /usr/local/ssl/lib/libcrypto.so.1.0.0。因為原來已經有軟連結，需要先刪除才能再創建：

```
[root@localhost lib64]# ln -s /usr/local/ssl/lib/libcrypto.so.1.0.0 /usr/
lib64/libcrypto.so
ln: 無法創建符號連結"/usr/lib64/libcrypto.so": 檔案已存在
[root@localhost lib64]# rm /usr/lib64/libcrypto.so
rm:是否刪除符號連結 "/usr/lib64/libcrypto.so"？y
[root@localhost lib64]# ln -s /usr/local/ssl/lib/libcrypto.so.1.0.0 /usr/
lib64/libcrypto.so
```

此時如果編譯我們的程式，會發現可以編譯，但運行顯示出錯：

```
[root@localhost ex]# g++ test.cpp -o test  -lcrypto
[root@localhost ex]# ./test
./test: error while loading shared libraries: libcrypto.so.1.0.0: cannot open
shared object file: No such file or directory
```

我們需要把 libcrypto.so.1.0.0 複製一份到 /usr/lib64/。

```
[root@localhost ex]# cp /usr/local/ssl/lib/libcrypto.so.1.0.0 /usr/lib64
```

此時如果運行 test，會發現可以運行了：

```
[root@localhost ex]# ./test
Hello, OpenSSL!
```

有朋友說了，既然 /usr/lib64 下有 libcrypto.so.1.0.0 了，那麼是否可以讓符號連結 libcrypto.so 指向同目錄下的 libcrypto.so.1.0.0？這樣完全可以，而且做法和原來舊版本的情況是一樣的，舊版本時的 libcrypto.so 就是指向同目錄下的 libcrypto.so.1.0.1e。下面先刪除符號連結，再新建：

```
[root@localhost ex]# cd /usr/lib64
[root@localhost lib64]# rm -f libcrypto.so
[root@localhost lib64]#  ln -s libcrypto.so.1.0.0 libcrypto.so
```

此時，我們編譯 test.cpp，然後運行：

```
[root@localhost ex]#  g++ test.cpp -o test  -lcrypto
[root@localhost ex]# ./test
Hello, OpenSSL!
```

一氣呵成！而且此時連結的動態函數庫是新的 OpenSSL 的動態函數庫，不信可以用 ldd 命令查看一下：

```
[root@localhost ex]# ldd test
    linux-vdso.so.1 =>  (0x00007ffdaa7b8000)
    libcrypto.so.1.0.0 => /lib64/libcrypto.so.1.0.0 (0x00007f3862796000)
    libstdc++.so.6 => /lib64/libstdc++.so.6 (0x00007f386248e000)
    libm.so.6 => /lib64/libm.so.6 (0x00007f386218b000)
    libgcc_s.so.1 => /lib64/libgcc_s.so.1 (0x00007f3861f75000)
    libc.so.6 => /lib64/libc.so.6 (0x00007f3861bb4000)
    libdl.so.2 => /lib64/libdl.so.2 (0x00007f38619af000)
    libz.so.1 => /lib64/libz.so.1 (0x00007f3861799000)
    /lib64/ld-linux-x86-64.so.2 (0x00007f3862c0d000)
```

我們可以看到粗體部分就是新的共用函數庫。

是不是感覺有點麻煩？升級就是這樣的，不徹底把舊的刪除，那以後用了許久，說不定使用的還是舊版的共用函數庫。

順便說一句，如果不想複製共用函數庫也可以，只要在 /usr/lib64 下做一個符號連結，指向 /usr/local/ssl/lib/libcrypto.so.1.0.0，比如：

```
ln -s /usr/local/ssl/lib/libcrypto.so.1.0.0 /usr/lib64/
```

這 樣 也 可 以 運 行 test。反 正 一 句 話，/usr/lib64 下 要 有 libcrypto.so 和 libcrypto.so.1.0.0，無論是符號連結還是真正的共用函數庫。

之所以講這些，就是為了讓大家知道運行下面的例子時背後的故事，別編譯運行了半天，連結的還是舊版的共用函數庫。下面我們詳細說明自己的 OpenSSL 程式的建立過程。

【例 2.11】第一個 OpenSSL 的 C++ 程式

（1）在 Windows 下打開 UltraEdit 或其他編輯軟體，輸入程式如下：

```
#include <iostream>
using namespace std;
#include "openssl/evp.h"  //包含相關Openssl標頭檔，實際位於/usr/local/ssl/
include/openssl/evp.h
int main(int argc, char *argv[])
{
    char sz[] = "Hello, openssl!";
    cout << sz << endl;
    openssl_add_all_algorithms();   //載入所有SSL演算法，這個函數是OpenSSL
                                      函數庫中的函數
    return 0;
}
```

程式很簡單，就呼叫了一個 OpenSSL 的函數庫函數 openssl_add_all_
algorithms，該函數的作用是載入所有 SSL 演算法，我們這裡呼叫就是看
看能否呼叫得起來。

evp.h 的路徑是 /usr/local/ssl/include/openssl/evp.h，它包含常用密碼演算
法的宣告。

（2）保存為 test.cpp，上傳到 Linux，在命令列下編譯運行：

```
[root@localhost test]# g++ test.cpp -o test  -lcrypto
[root@localhost test]# ./test
Hello, OpenSSL!
```

運行成功了。編譯的時候要注意連結 OpenSSL 的動態函數庫 crypto，這
個函數庫檔案位於 /usr/lib64/libcrypto.so，是一個符號連結，我們前面
讓它指向了 /usr/local/ssl/lib 下的共用函數庫 /usr/local/ssl/lib/libcrypto.
so.1.0.0。

有讀者或許會問，evp.h 的存放路徑是 /usr/local/ssl/include/openssl/evp.
h，編譯的時候為何不用 -I 包含標頭檔的路徑呢？答案是雙引號包含標頭
檔時，如果當前工作目錄沒有找到所需的標頭檔，就到 -I 所包含的路徑下
去找；如果編譯時沒有用 -I 指定 Include 目錄，就去 /usr/local/include 下
找；如果 /usr/local/include 下也沒有，再到 /usr/include 下去找，再找不到
就顯示出錯了。而 /usr/include 下是有 OpenSSL 的，因為前面我們做了軟

連結，軟連結指向的實際目錄是 /usr/local/ssl/include/openssl/，因此我們
使用的 evp.h 就是 /usr/local/ssl/include/openssl/evp.h。

3. 在指定安裝目錄安裝 OpenSSL

前面因為要講不少原理，所以比較囉唆，這裡將進行簡化，直接用步驟說
明。

（1）移除舊版 OpenSSL

這一步前面的章節已經講過，這裡不再贅述。

（2）解壓和編譯

把下載下來的壓縮檔放到 Linux 中，這裡存放的路徑是 /root/soft，大家可
以自訂路徑，然後進入這個路徑後解壓縮：

```
[root@localhost ~]# cd /root/soft
[root@localhost soft]# tar zxf openssl-1.0.2m.tar.gz
```

進入解壓後的資料夾，開始設定、編譯和安裝：

```
[root@localhost soft]# cd openssl-1.0.2m/
[root@localhost openssl-1.0.2m]#./config --prefix=/usr/local/openssl shared
```

其中，--prefix 表示安裝到指定的目錄中，這裡的指定目錄是 /usr/local/
openssl，這個目錄不必手工預先建立，安裝（make install）的過程會自動
新建；shared 表示除了生成靜態程式庫外，還要生成共用函數庫，如果僅
想生成靜態程式庫，可以不用這個選項，或用 no-shared。

下面開始編譯：

```
[root@localhost openssl-1.0.2m]# make
```

此時，如果到 /usr/local 下查看，發現並沒有 openssl 資料夾，這說明還沒
建立。而且 /usr/include/openssl 下的標頭檔依舊是舊版本 OpenSSL 遺留
下來的。

（3）安裝 OpenSSL

```
[root@localhost openssl-1.0.2m]# make install
```

細心的朋友可以看到，安裝過程中有如圖 2-40 所示的這幾步。

```
make[1]: 对 "all"无需做任何事。
make[1]: 离开目录 "/root/soft/openssl-1.0.2m/tools"
created directory '/usr/local/openssl'
created directory '/usr/local/openssl/ssl'
created directory '/usr/local/openssl/ssl/man'
created directory '/usr/local/openssl/ssl/man/man1'
created directory '/usr/local/openssl/ssl/man/man3'
created directory '/usr/local/openssl/ssl/man/man5'
created directory '/usr/local/openssl/ssl/man/man7'
installing man1/asn1parse.1
openssl-asn1parse.1 => asn1parse.1
installing man1/CA.pl.1
installing man1/ca.1
```

圖 2-40

created directory 表示目錄創建完成，所以 /usr/local/openssl 建立了。

稍等片刻，安裝完成。此時如果到 /usr/local 下查看，發現有 openssl 資料夾了，而且在該目錄下可以看到其子資料夾，如圖 2-41 所示。

```
[root@localhost openssl-1.0.2m]# cd /usr/local/openssl
[root@localhost openssl]# ls
bin  include  lib  ssl
```

圖 2-41

其中，bin 裡面存放 OpenSSL 命令程式，include 存放開發所需要的標頭檔，lib 存放靜態程式庫檔案，ssl 存放設定檔等。

（4）更新標頭檔包含的目錄和命令程式

刪除舊的標頭檔包含的目錄 /usr/include/openssl/：

```
[root@localhost include]# rm -rf /usr/include/openssl/openssl
```

再創建新的標頭檔 Include 目錄的軟連結：

```
ln -s /usr/local/openssl/include/openssl /usr/include/openssl
```

下面再創建可執行檔的軟連結，這樣就可以在命令列下使用 openssl 命令：

```
ln -s /usr/local/openssl/bin/openssl /usr/bin/openssl
```

這樣執行 /usr/bin 下的 openssl 實際就是執行 /usr/local/openssl/bin 下的 openssl 程式。引用 /usr/include/openssl 下的標頭檔就是引用 /usr/local/ openssl/include/openssl 下的標頭檔。此時，我們可以在任意目錄下運行 openssl 命令。我們可以看一下現在 openssl 的版本編號：

```
[root@localhost bin]# openssl version
openssl 1.0.2m  2 nov 2017
```

如果要以命令方式使用 OpenSSL，可以在終端下輸入 openssl，然後就會出現 OpenSSL 提示，如圖 2-42 所示。

```
[ root@localhost openssl] # openssl
OpenSSL>
```

圖 2-42

（5）更新共用函數庫

刪除舊的共用函數庫 /usr/lib64/libcrypto.so.1.0.1e：

```
rm -f /usr/lib64/libcrypto.so.1.0.1e
```

我們需要把 libcrypto.so.1.0.0 複製一份到 /usr/lib64/：

```
[root@localhost ex]# cp /usr/local/openssl/lib/libcrypto.so.1.0.0 /usr/lib64
```

（6）更新符號連結

刪除舊的符號連結才能再創建新的：

```
[root@localhost lib64]# rm -f /usr/lib64/libcrypto.so
[root@localhost lib64]# ln -s /usr/local/openssl/lib/libcrypto.so.1.0.0 /usr/
lib64/libcrypto.so
```

（7）驗證

我們對上例的 test.cpp 進行編譯，然後運行：

```
[root@localhost ex]#  g++ test.cpp -o test  -lcrypto
[root@localhost ex]# ./test
Hello, OpenSSL!
```

一氣呵成！而且此時連接的動態函數庫是新的 OpenSSL 的動態函數庫，不信可以用 ldd 命令查看一下：

```
[root@localhost ex]# ldd test
    linux-vdso.so.1 =>  (0x00007ffdaa7b8000)
    libcrypto.so.1.0.0 => /lib64/libcrypto.so.1.0.0 (0x00007f3862796000)
    libstdc++.so.6 => /lib64/libstdc++.so.6 (0x00007f386248e000)
    libm.so.6 => /lib64/libm.so.6 (0x00007f386218b000)
    libgcc_s.so.1 => /lib64/libgcc_s.so.1 (0x00007f3861f75000)
    libc.so.6 => /lib64/libc.so.6 (0x00007f3861bb4000)
    libdl.so.2 => /lib64/libdl.so.2 (0x00007f38619af000)
    libz.so.1 => /lib64/libz.so.1 (0x00007f3861799000)
    /lib64/ld-linux-x86-64.so.2 (0x00007f3862c0d000)
```

我們可以看到粗體部分就是新的共用函數庫。

2.2.14 測試使用 openssl 命令

OpenSSL 的命令列程式為 openssl.exe。本節的命令用 32 位元的 1.1.1b 版本的 openssl.exe 來說明。其他版本的 openssl.exe 的用法類似。openssl 命令程式位於 apps 目錄下，編譯這些原始程式最終會生成一個可執行程式，在 Linux 下為 opessl，在 Windows 下為 openssl.exe，生成的 openssl.exe 位於 D:\openssl-1.1.1b\win32-debug\bin。使用者可運行 openssl 命令來進行各種操作。

打開作業系統的命令列視窗，然後進入 D:\openssl-1.1.1b\win32-debug\bin\，輸入 openssl.exe，按確認鍵運行。雖然也可以在 Windows 資源管理器中雙擊 openssl.exe，但此時出現的 OpenSSL 命令列視窗中居然不能貼上，這對懶惰的「藍領程式設計師」來說是不可接受的。但很幸運，可以從作業系統的命令列視窗中啟動 openssl.exe。

1. 查看版本編號

在 OpenSSL 命令列提示符號後輸入 version 可以查看版本編號，如圖 2-43 所示。

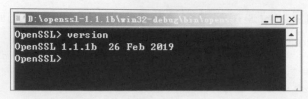

圖 2-43

這是我們學到的 OpenSSL 的第一個命令。如果要查看詳細的版本資訊，可以加 -a，如圖 2-44 所示。

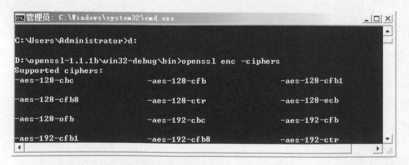

圖 2-44

2. 查看支援的加解密演算法

定位到 bin 資料夾路徑，然後輸入命令：openssl enc –ciphers，如圖 2-45 所示。

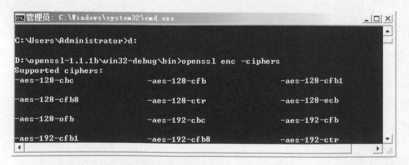

圖 2-45

支援好多演算法，包括中國的演算法，比如 SM4。我們可以往下拖曳捲軸，可以看到 SM4 了，如圖 2-46 所示。

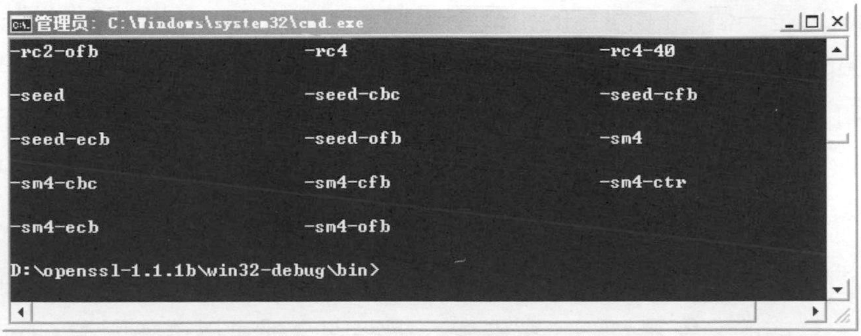

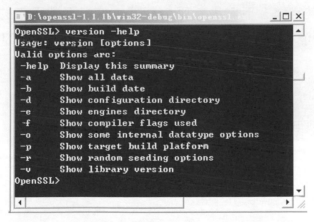

圖 2-46

3. 查看某個命令的說明資訊

查看某個命令的說明資訊使用命令 -help。比如我們要查看 version 命令的說明資訊，如圖 2-47 所示。

圖 2-47

透過幾個簡單命令的使用，我們知道安裝成功了。

2.3 純 C++ 密碼開發 Crypto++ 函數庫

每種強大的語言都有對應的密碼安全方面的函數庫，比如 Java 附帶了加解密函數庫。那麼 C++ 有沒有這樣的函數庫呢？答案是肯定的，那就是 Crypto++。

Crypto++ 是一個 C++ 編寫的密碼學函數庫。Crypto++ 是一個非常強大的密碼學函數庫，在密碼學界也很受歡迎。雖然網路上有很多密碼學相關的程式和函數庫，但是 Crypto++ 有其明顯的優點。主要是功能全、統一性好，例如橢圓曲線加密演算法和 AES 在 OpenSSL 的 Crypto 函數庫中就還沒最終完成，而在 Crypto++ 中就支持得比較好。

基本上密碼學中需要的主要功能都可以在裡面找得到。Crypto++ 是由標準的 C++ 寫成的，學習 C++、密碼學、網路安全都可以透過閱讀 Crypto++ 的原始程式碼得到啟發和提升。

Crypto++ 是一個開放原始碼函數庫，其官方網站是 www.cryptopp.com。

2.3.1 Crypto++ 的編譯

我們可以從其官網上下載最新原始程式，這裡下載下來的檔案名稱是 cryptopp610.zip，是一個 ZIP 壓縮檔，我們可以把它放到 Linux 下解壓縮：

```
[root@localhost soft]# unzip cryptopp610.zip -d cryptopp610
```

加 -d 是解壓到目錄 cryptopp610 下，這個目錄會自動建立。

解壓完畢後，進入目錄 cryptopp610，然後用 make 進行編譯：

```
[root@localhost soft]# cd cryptocpp610/
[root@localhost cryptocpp610]# make
```

稍等片刻，編譯完成，此時會在資料夾 cryptocpp610 下生成一個靜態程式庫 libcryptopp.a。有了這個靜態程式庫，我們就可以在應用程式中使用 Crypto++ 提供的加解密函數了。

2.3.2 使用 Cypto++ 進行 AES 加解密

前面我們透過 Crypto++ 原始程式編譯出來了一個靜態程式庫 libcryptopp.a，現在開始使用它。

首先看一個例子，這個例子是直接用 AES 加密一個區塊，AES 的資料區塊（分組）大小為 128 位元，金鑰長度可選擇 128 位元、192 位元或 256 位元。直接用 AES 加密一個區塊很少用，因為我們平時都是加密任意長度的資料，需要選擇 CFB 等加密模式。但是直接的區塊加密是對稱加密的基礎。

【例 2.12】一個使用 Crypto++ 函數庫的例子

（1）在 Windows 下打開 UE（或其他編輯器），然後輸入程式如下：

```cpp
#include <iostream>
using namespace std;

#include <aes.h>
using namespace CryptoPP;

int main()
{

    //AES中使用的固定參數是以類別AES中定義的Enum資料類型出現的，而非成員函數
    //或變數因此需要用::符號來索引
    cout << "AES Parameters: " << endl;
    cout << "Algorithm name : " << AES::StaticAlgorithmName() << endl;
    //Crypto++函數庫中一般用位元組數來表示長度，而非常用的位元組數
    cout << "Block size     : " << AES::BLOCKSIZE * 8 << endl;
    cout << "Min key length : " << AES::MIN_KEYLENGTH * 8 << endl;
    cout << "Max key length : " << AES::MAX_KEYLENGTH * 8 << endl;
    //AES中只包含一些固定的資料，而加密解密功能由AESEncryption和AESDecryption
    //來完成加密過程
    AESEncryption aesEncryptor;                              //加密器
    unsigned char aesKey[AES::DEFAULT_KEYLENGTH];            //金鑰
    unsigned char inBlock[AES::BLOCKSIZE] = "123456789";     //要加密的資料區塊
    unsigned char outBlock[AES::BLOCKSIZE];                  //加密後的加密區塊
    unsigned char xorBlock[AES::BLOCKSIZE];                  //必須設定為全零
    memset( xorBlock, 0, AES::BLOCKSIZE );                   //置零


    aesEncryptor.SetKey( aesKey, AES::DEFAULT_KEYLENGTH );   //設定加密金鑰
```

```
aesEncryptor.ProcessAndXorBlock( inBlock, xorBlock, outBlock );  //加密
//以16進位顯示加密後的資料
for( int i=0; i<16; i++ ) {
    cout << hex << (int)outBlock[i] << " ";
}
cout << endl;
//解密
AESDecryption aesDecryptor;
unsigned char plainText[AES::BLOCKSIZE];
aesDecryptor.SetKey( aesKey, AES::DEFAULT_KEYLENGTH );
aesDecryptor.ProcessAndXorBlock( outBlock, xorBlock, plainText );
for( int i=0; i<16; i++ )
     cout << plainText[i];
cout << endl;
return 0;
}
```

程式中有幾個地方需要注意一下：

AES 並不是一個類別，而是類別 Rijndael 的 typedef。

Rijndael 雖然是一個類別，但是其用法和 Namespace 很像，本身沒有什麼成員函數和成員變數，只是在類別體裡面定義了一系列的類別和資料類型，真正能夠進行加密解密的 AESEncryption 和 AESDecryption 都是定義在這個類別內部的類別。

AESEncryption 和 AESDecryption 除了可以用 SetKey() 這個函數設定金鑰外，在建構元數中也能設定金鑰，參數和 SetKey() 是一樣的。

ProcessAndXorBlock() 可能會讓人比較疑惑，函數名稱的意思是 ProcessBlock 和 XorBlock，ProcessBlock 就是對區塊進行加密或解密，XorBlock 在各種加密模式中使用，這裡我們不需要使用加密模式，因此把用來 Xor 操作的 XorBlock 設定為 0，那麼 Xor 操作就不起作用了。

（2）保存程式為 test.cpp，上傳到 Linux，在命令列下編譯並運行：

```
[root@localhost test]# g++ test.cpp -o test -I/root/soft/cryptopp610 -L/root/
soft/cryptopp610 -lcryptopp
```

```
[root@localhost test]# ./test
AES Parameters:
Algorithm name : AES
Block size     : 128
Min key length : 128
Max key length : 256
77 6e 2c a5 2 17 7a 5b 19 e4 28 65 26 f3 7e 14
123456789
```

注意：目錄名稱 cryptopp610 不要寫成 cryptoapp610。

2.4 密碼開發函數庫 GmSSL

功能強大的 GmSSL，作為後起之秀，GmSSL 絲毫不遜於國際密碼演算法函數庫，而且更加適用於開發國產密碼應用系統，因為它對於國密演算法的支援更完善。如果以後要在中文地區開發密碼應用系統，建議學習GmSSL。

GmSSL 是一個開放原始碼的密碼工具箱，支援 SM2/SM3/SM4/SM9/ZUC 等國密（國家商用密碼）演算法、SM2 國密數位憑證及基於 SM2 證書的 SSL/TLS 安全通訊協定，支援國密硬體密碼裝置，提供符合國密規範的程式設計介面與命令列工具，可以用於建構 PKI/CA、安全通訊、資料加密等符合國密標準的安全應用。GmSSL 專案是 OpenSSL 專案的分支，並與 OpenSSL 保持介面相容。因此，GmSSL 可以替代應用中的 OpenSSL 元件，並使應用自動具備基於國密的安全能力。GmSSL 專案採用對商業應用友善的類 BSD 開放原始碼許可證，開放原始碼且可以用於閉源的商業應用。

GmSSL 專案由北京大學關志副研究員的密碼學研究組開發維護，專案原始程式託管於 GitHub。自 2014 年發佈以來，GmSSL 已經在多個專案和產品中獲得部署與應用，GmSSL 專案的核心目標是透過開放原始碼的密碼技術推動網路空間的安全建設。

2.4.1 GmSSL 的特點

GmSSL 在功能和性能上具有自己的特點：

（1）支持 SM2/SM3/SM4/SM9/ZUC 等已公開的演算法。

（2）支援 SM2 雙證書 SSL 封包和 SM9 標識密碼封包。

（3）高效實現，在主流處理器上可完成 4.5 萬次 SM2 簽名。

（4）支援動態連線具備 SKF/SDF 介面的硬體密碼模組（SKF 是 USBKEY/
　　　TF 卡的應用介面規範，SDF 是密碼裝置的應用介面規範）。

（5）支持門限簽名、秘密共用和白盒密碼等進階安全特性。

（6）支援 Java、Go、PHP 等多語言介面綁定和 REST 服務介面。

2.4.2 GmSSL 的一些歷史

2018 年 12 月 18 日，GmSSL 已部署 Travis 和 AppVeyor 持續整合工具，
用以測試 Linux 和 Windows 環境下的編譯和安裝。

2018 年 10 月 13 日，GmSSL-2.4.0 發佈，支持國密 256 位元 Barreto-Naehrig
曲線參數（sm9bn256v1）上的 SM9 演算法。

2018 年 6 月 27 日，密碼業界標準化技術委員會公佈了所有密碼產業的標
準文字。

2018 年 5 月 27 日，GmSSL 增加 SM4 演算法的 Bitslice 實現。

2018 年 3 月 21 日，IESG 工作群組批准 TLS1.3 協定作為建議標準。

2018 年 3 月 13 日，增加 GmSSL PHP 語言 API。

2017 年 11 月 11 日，中國可信雲端運算社區暨中國開放原始碼雲聯盟安
全討論區在北京大學舉辦。

2017 年 5 月 15 日，發佈 GmSSL-1.3.0 二進位套件下載（5.4MB）。

2017 年 4 月 30 日，增加 GmSSL Go 語言 API。

2017 年 3 月 2 日，GmSSL 專案註冊了 OID {iso(1) identified-organization(3) dod(6) internet(1) private(4) enterprise(1) GmSSL(49549)}。

2017 年 2 月 12 日，支援完整的密碼函數庫 Java 語言封裝 GmSSL-Java-Wrapper。

2017 年 1 月 18 日，更新了專案首頁。

2.4.3 什麼是國密演算法

GmSSL 最大的特點是對國密演算法的強大支援，可以説，它就是為國密演算法而生的。那什麼是國密演算法呢？國密演算法是國家商用密碼演算法的簡稱 (中國大陸)。自 2012 年以來，國家密碼管理局以《中華人民共和國密碼業界標準》的方式陸續公佈了 SM2/SM3/SM4 等密碼演算法標準及其應用規範。其中，SM 代表「商密」，即商用的、不涉及國家秘密的密碼技術。SM2 為基於橢圓曲線密碼的公開金鑰密碼演算法標準，包含數位簽章、金鑰交換和公開金鑰加密，用於替換 RSA/Diffie-Hellman/ECDSA/ECDH 等國際演算法；SM3 為密碼雜湊演算法，用於替代 MD5/SHA-1/SHA-256 等國際演算法；SM4 為區塊編碼器演算法，用於替代 DES/AES 等國際演算法；SM9 為基於身份的密碼演算法，可以替代基於數位憑證的 PKI/CA 系統。透過部署國密演算法，可以降低由弱密碼和錯誤實現帶來的安全風險和部署 PKI/CA 帶來的負擔。

由於密碼在國民經濟中的敏感性，因此涉密的系統採用國密演算法是大勢所趨。學習和使用國密演算法也是每個密碼產業開發者的基本功。

2.4.4 GmSSL 的下載

我們可到 GitHub 網站上下載原始程式，網址是 https://github.com/guanzhi/GmSSL。打開網頁後，點擊右方的 Code 下拉按鈕，然後在下拉清單中點擊 Download ZIP 按鈕，就可以下載了，如圖 2-48 所示。

下載下來後是一個 ZIP 檔案，檔案名稱是 GmSSL-master.zip。當前下載的新版本是 2.5.4。

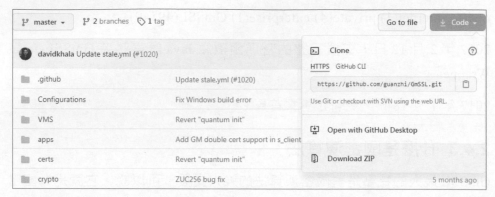

圖 2-48

2.4.5 在 Windows 下編譯安裝 GmSSL

我們把下載下來的 GmSSL-master.zip 放到 D 磁碟（也可以放到其他碟）
並解壓。

在 Windows 下編譯 GmSSL 需要先安裝 ActivePerl 和 Visual Studio 2017，
相信讀者編譯 OpenSSL 的時候已經安裝過這兩個工具了，這裡不再贅
述。然後以管理員身份打開 Visual Studio Tools 下的「VS 2017 的開發人
員命令提示符號」，並定位到 D:\GmSSL-master，接著運行：perl Configure
VC-WIN32，運行後如圖 2-49 所示。

然後輸入編譯命令：nmake，稍等片刻，編譯完畢，如圖 2-50 所示。

圖 2-49　　　　　　　　　　　　　　圖 2-50

接著輸入安裝命令：nmake install，再次稍等片刻，安裝完畢，如圖 2-51 所示。

安裝成功，可在 C:\Program Files (x86)\GmSSL 下找到 bin、html、include、lib 等資料夾，如圖 2-52 所示。

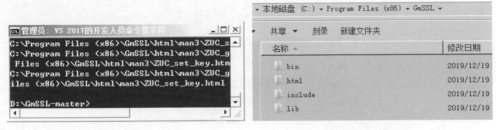

圖 2-51　　　　　　　　　　　　　　　　圖 2-52

其中，目錄 bin 存放 GmSSL 命令列工具程式，目錄 html 存放一些說明檔案，目錄 include 存放開發所需要的標頭檔，目錄 lib 存放開發所需的函數庫檔案，這些都和 OpenSSL 類似。

下面是一些常見的編譯錯誤及原因。

（1）安裝的 Visual C++ 版本較低，比如使用 Visual C++ 6、Visual Studio 2008。

（2）原始程式不乾淨或並非最新，建議從一份乾淨的（沒有已經編譯出來的目的檔或組合語言檔案）最新的 Master 分支原始程式碼開始編譯。

（3）編譯系統沒有找到 nmake。實際上 nmake 是 Visual Studio 附帶的工具，不需要單獨安裝。編譯系統無法找到 nmake 的原因是沒有在 Visual Studio 的命令列環境下執行編譯指令。

（4）無法執行 nmake install。這個命令需要以管理員身份執行。

（5）目的檔（.obj）和目標平台不一致，通常是由於在 Visual Studio 的 32 位元主控台下執行 Perl Configure VC-WIN64A，或在 Visual Studio 的 64 位元主控台下執行 Perl Configure VC-WIN32 導致的。

1. 驗證命令列工具

為了方便在命令列下使用 gmssl 命令，可以把命令程式所在的路徑加入系統的 Path 變數中，在桌面上對「電腦」按右鍵，選擇「屬性」→「進階系統設定」→「進階」→「環境變數」，選中系統變數下的 Path，然後點擊「編輯」按鈕，並在其尾端加入路徑「C:\Program Files (x86)\GmSSL\bin」，注意前面要用分號隔開，如圖 2-53 所示。

圖 2-53

點擊「確定」按鈕關閉對話方塊。然後重新打開一個新的命令列視窗，並輸入命令 gmssl，可以發現出現提示符號 > 了，此時可以輸入 gmssl 的子命令，比如 help，如圖 2-54 所示。

圖 2-54

也可以輸入 version 查看版本編號，如圖 2-55 所示。

圖 2-55

如果要退出 GmSSL 命令列，可以輸入 quit。

下面我們用 SM3 命令來計算一個 Hash 值。首先在 D 磁碟下新建一個文字檔，檔案名稱是 my.txt，並輸入 3 個字元 abc，然後保存。接著在命令列下輸入命令：sm3 D:\my.txt，運算結果如下：

```
GmSSL> sm3 d:\my.txt
SM3(d:\my.txt)= 66c7f0f462eeedd9d1f2d46bdc10e4e24167c4875cf2f7a2297da02b8f4ba8e0
```

其實，GmSSL 的命令列操作和 OpenSSL 大同小異。至此，命令列驗證正確。下面開始程式驗證。

2. 程式驗證 GmSSL

GmSSL 提供了 EVP（Envelop 的簡稱）系列 API 供開發者使用。EVP API 是 GmSSL 的密碼服務介面，它隱藏了具體演算法的細節，為上層應用提供統一、抽象的介面。該介面的標頭檔為 openssl/evp.h，所對應的函數程式庫為 libcrypto。

【例 2.13】用程式驗證 GmSSL

（1）打開 VC 2017，新建一個主控台專案，專案名是 test。

（2）在 test.cpp 中輸入程式如下：

```
#include "pch.h"
#include <openssl/conf.h>
#include <openssl/evp.h>
#include <openssl/err.h>

int main(int arc, char *argv[])
{
    /* Load the human readable error strings for libcrypto */
    ERR_load_crypto_strings();

    /* Load all digest and cipher algorithms */
    OpenSSL_add_all_algorithms();

    /* Load config file, and other important initialisation */
    OPENSSL_config(NULL);
```

```
    /* ... Do some crypto stuff here ... */
    printf("call GmSSL lib ok\n");
    /* Clean up */

    /* Removes all digests and ciphers */
    EVP_cleanup();

    /* if you omit the next, a small leak may be left when you make use of the
BIO (low level API) for e.g. base64 transformations */
    CRYPTO_cleanup_all_ex_data();

    /* Remove error strings */
    ERR_free_strings();

    return 0;
}
```

程式很簡單，我們只是載入了所有密碼函數並釋放空間，並沒有做實際的
運算，但用來測試 GmSSL 函數庫已經夠用了。

然後，打開專案屬性，在左邊選中 "C/C++"，然後在右邊的「其它 Include
目錄」旁輸入 "D:\gmssl-master\include"。接著，在右邊選中「連接器」
→「正常」，在右邊的「附加函數庫目錄」旁輸入 "D:\gmssl-master"，在
右邊選中「輸入」，在左邊的「附加依賴性」旁邊輸入 "libcrypto.lib;"，最
後點擊「確定」按鈕。這樣標頭檔路徑、函數庫路徑和函數庫名稱都設定
好了。

D:\gmssl-master 下的 libcrypto.lib 是我們編譯生成的靜態程式庫。

（3）保存專案並按 Ctrl+F5 鍵運行，運行結果如圖 2-56 所示。

圖 2-56

2.4.6 在 Linux 下編譯安裝 GmSSL

這裡使用的是 CentOS 7（也可以使用其他版本的 Linux）。以 root 帳戶登入 Linux，把下載下來的 GmSSL 壓縮檔 GmSSL-master.zip 放到 Linux 下，然後解壓：

```
unzip GmSSL-master.zip
```

接著進入資料夾 GmSSL-master，開始設定：

```
[root@localhost soft]# cd GmSSL-master/
[root@localhost GmSSL-master]# ./config --prefix=/usr/local/mygmssl
```

其中，--prefix 用來指定安裝目錄。也可以不用 --prefix，那麼將採用預設路徑，即命令程式會安裝在 /usr/local/bin 下，標頭檔會安裝到 /usr/local/include 下，函數庫檔案會存放到 /usr/local/lib 下。這裡為了安裝後簡潔，我們採用 --prefix，這樣安裝後的可執行程式、標頭檔和函數庫檔案分別會放到 mygmssl 目錄下的 bin、include 和 lib 中。目錄 mygmssl 會自動建立，不需要預先手工建好。

設定完畢後，開始漫長的編譯：

```
[root@localhost GmSSL-master]# make
```

這個過程有點長，讀者可以去泡壺茶。編譯完畢，開始安裝：

```
[root@localhost GmSSL-master]# make install
```

這個過程也稍長，安裝完畢後，我們可以進入 /usr/local/mygmssl，使用 ls 查看可以發現所有東西都在：

```
[root@localhost local]# cd mygmssl/
[root@localhost mygmssl]# ls
bin  include  lib  share  ssl
[root@localhost mygmssl]#
```

其中，bin 存放命令工具程式，include 存放標頭檔，lib 存放函數庫檔案，這都是開發所需要的。而 /usr/local/bin、/usr/local/include 和 /usr/local/lib

依舊為空：

```
[root@localhost /]# cd /usr/local/lib
[root@localhost lib]# ls
[root@localhost lib]# cd ../include
[root@localhost include]# ls
[root@localhost include]# cd ../bin
[root@localhost bin]# ls
[root@localhost bin]#
```

如果我們不指定安裝目錄，採用預設安裝目錄，這 3 個資料夾下都會有東西，多疑的讀者可以嘗試一下。

1. 驗證命令列工具

安裝完畢後，驗證是否能正常執行。前面我們透過指定安裝目錄的方式來安裝，其實這樣也有不便的地方，就是運行命令程式 gmssl 的時候，要到 /usr/local/mygmssl/bin 下執行。如果預設安裝，存放到 /usr/locl/bin 下，那麼可以在任意目錄運行 gmssl。怎麼辦呢？可以做一個連結：

```
[root@localhost bin]# ln -s /usr/local/mygmssl/bin/gmssl /usr/local/bin/gmssl
```

這樣，/usr/local/bin/ 下有一個軟連結 gmssl 指向 /usr/local/mygmssl/bin 下的程式 gmssl。此時，可以在任意目錄下執行 gmssl，操作後卻失敗了：

```
[root@localhost ~]# gmssl
gmssl: error while loading shared libraries: libssl.so.1.1: cannot open shared
object file: No such file or directory
```

gmssl 運行需要動態函數庫 libssl.so.1.1，但是沒找到。透過搜索發現，該函數庫位於 /usr/local/mygmssl/lib/ 下：

```
[root@localhost GmSSL-master]# find / -name libssl.so.1.1
/usr/local/mygmssl/lib/libssl.so.1.1
```

再查看其大小：

```
[root@localhost GmSSL-master]# du /usr/local/mygmssl/lib/libssl.so.1.1
548     /usr/local/mygmssl/lib/libssl.so.1.1
```

可以看到有 548 位元組，確實是一個檔案，而非連結。du 用於查看檔案大小的命令。

如何讓 gmssl 找到 libssl.so.1.1 呢？我們知道，在 CentOS 7 下，可執行程式會自動到系統路徑（比如 /usr/lib64/ 下）去搜索所需的函數庫。那 libssl.so.1.1 放到 /usr/lib64 下，不就可以了。其實不需要實際複製函數庫檔案過去，只需要做一個軟連結，即在 /usr/lib64/ 下新建一個軟連結，使其指向 /usr/local/mygmssl/lib/libssl.so.1.1 即可，這樣可以節省磁碟空間。在命令列下輸入：

```
[root@localhost GmSSL-master]# ln -s /usr/local/mygmssl/lib/libssl.so.1.1
/usr/lib64/libssl.so.1.1
```

再次運行 gmssl：

```
[root@localhost GmSSL-master]# gmssl
gmssl: error while loading shared libraries: libcrypto.so.1.1: cannot open
shared object file: No such file or directory
```

可以發現錯誤訊息變了，找不到另一個共用函數庫 libcrypto.so.1.1 了，這說明 libssl.so.1.1 找到了。我們繼續搜索 libcrypto.so.1.1，憑經驗應該也在 /usr/local/mygmssl/lib/ 下。果然：

```
[root@localhost GmSSL-master]# cd /usr/local/mygmssl/lib/
[root@localhost lib]# ls
engines-1.1  libcrypto.a  libcrypto.so  libcrypto.so.1.1  libssl.a  libssl.so
libssl.so.1.1  pkgconfig
```

找到就好辦了，繼續在 /usr/lib64/ 下建立軟連結指向 /usr/local/mygmssl/lib/libcrypto.so.1.1：

```
[root@localhost lib]# ln -s /usr/local/mygmssl/lib/libcrypto.so.1.1  /usr/
lib64/libcrypto.so.1.1
```

再次運行 gmssl，發現出現提示符號了，說明終於成功了：

```
[root@localhost lib]# gmssl
GmSSL>
```

我們可以輸入 version 和 help 命令來測試一下：

```
GmSSL> version
GmSSL 2.5.4 - OpenSSL 1.1.0d  3 Sep 2019
GmSSL> help

Standard commands
asn1parse       ca              ciphers         cms
crl             crl2pkcs7       dgst            dhparam
dsa             dsaparam        ec              ecparam
...
```

發現都成功了。下面準備運算 abc 的 SM3 雜湊值，我們在 /root 下用 vi 新建一個檔案 my.txt，輸入 abc 三個字元，然後保存。再回到 GmSSL> 下，再輸入一個 SM3 運算命令：

```
GmSSL> sm3 /root/my.txt
SM3(/root/my.txt)= 12d4e804e1fcfdc181ed383aa07ba76cc69d8aedcbb7742d6e28ff4
fb7776c34
```

可以發現，正確輸出 SM3 雜湊值了。細心的讀者可能會發現，怎麼同樣是內容為 abc 的文字檔，結果卻和 Windows 下的不同？這是因為，所有的 linux 會自動加上一個檔案結束符號 0a（即 LF），這樣導致 my.txt 的實際內容（16 進位）是 6162630a，我們可以用 xxd 命令查看一下：

```
[root@localhost ~]# xxd my.txt
0000000: 6162 630a                              abc.
```

xxd 命令以 16 進位顯示檔案內容。因此，這裡的 SM3 其實是對 4 個字元進行 SM3 運算，而 Windows 下的 SM3 是對 3 個字元進行運算，結果自然不同了。

此外，也可以不在 GmSSL 提示符號下測試 SM3，可以在普通 Linux 命令列下直接測試 sm3：

```
[root@localhost test]# echo -n "abc" | gmssl sm3
(stdin)= 66c7f0f462eeedd9d1f2d46bdc10e4e24167c4875cf2f7a2297da02b8f4ba8e0
```

至此，SM3 命令測試成功。下面進入程式測試驗證階段。

2. 程式驗證 GmSSL

GmSSL 提供了 EVP（Envelop 的簡稱）系列 API 供開發者使用。EVP API 是 GmSSL 密碼服務介面，它隱藏了具體演算法的細節，為上層應用提供統一、抽象的介面。該介面的標頭檔為 openssl/evp.h。所對應的函數程式庫為 libcrypto。

【例 2.14】在 CentOS 7 下用程式驗證 GmSSL

（1）在 Windows 下打開 UE（或其他編輯器），然後輸入程式如下：

```c
#include <openssl/conf.h>
#include <openssl/evp.h>
#include <openssl/err.h>

int main(int arc, char *argv[])
{
    /* Load the human readable error strings for libcrypto */
    ERR_load_crypto_strings();

    /* Load all digest and cipher algorithms */
    OpenSSL_add_all_algorithms();

    /* Load config file, and other important initialisation */
    OPENSSL_config(NULL);

    /* ... Do some crypto stuff here ... */
    printf("Under Linux,call GmSSL lib ok\n");
    /* Clean up */

    /* Removes all digests and ciphers */
    EVP_cleanup();

    /* if you omit the next, a small leak may be left when you make use of
the BIO (low level API) for e.g. base64 transformations */
    CRYPTO_cleanup_all_ex_data();

    /* Remove error strings */
    ERR_free_strings();

    return 0;
}
```

（2）保存程式為 test.cpp，上傳到 CentOS 7 下，在命令列下編譯並運行：

```
[root@localhost test]# g++ test.cpp -o test -I/usr/local/mygmssl/include -L/
usr/local/mygmssl/lib -lcrypto
[root@localhost test]# ./test
Under Linux,call GmSSL lib ok
```

至此，在 Linux 下用程式驗證 GmSSL 成功。

2.4.7 預設編譯安裝 GmSSL

考慮到不少朋友或許更喜歡在預設路徑下安裝 GmSSL，因此我們進行預設設定、編譯和安裝。這裡使用的是 CentOS 7（也可以使用其他版本的 Linux）。以 root 帳戶登入 Linux，把下載下來的 GmSSL 壓縮檔 GmSSL-master.zip 放到 Linux 下，然後解壓：

```
unzip GmSSL-master.zip
```

接著進入資料夾 GmSSL-master，開始設定：

```
[root@localhost soft]# cd GmSSL-master/
[root@localhost GmSSL-master]# ./config
Operating system: x86_64-whatever-linux2
Configuring for linux-x86_64
Configuring GmSSL version 2.5.4 (0x1010004fL)
    no-asan         [default]  OPENSSL_NO_ASAN
    no-crypto-mdebug [default]  OPENSSL_NO_CRYPTO_MDEBUG
    no-crypto-mdebug-backtrace [default]  OPENSSL_NO_CRYPTO_MDEBUG_BACKTRACE
    no-ec_nistp_64_gcc_128 [default]  OPENSSL_NO_EC_NISTP_64_GCC_128
    no-egd          [default]  OPENSSL_NO_EGD
    no-fuzz-afl     [default]  OPENSSL_NO_FUZZ_AFL
    no-fuzz-libfuzzer [default]  OPENSSL_NO_FUZZ_LIBFUZZER
    no-gmieng       [default]  OPENSSL_NO_GMIENG
    no-heartbeats   [default]  OPENSSL_NO_HEARTBEATS
    no-md2          [default]  OPENSSL_NO_MD2 (skip dir)
    no-msan         [default]  OPENSSL_NO_MSAN
    no-rc5          [default]  OPENSSL_NO_RC5 (skip dir)
    no-sctp         [default]  OPENSSL_NO_SCTP
    no-sdfeng       [default]  OPENSSL_NO_SDFENG
    no-skfeng       [default]  OPENSSL_NO_SKFENG
    no-ssl-trace    [default]  OPENSSL_NO_SSL_TRACE
```

```
    no-ssl3         [default]  OPENSSL_NO_SSL3
    no-ssl3-method  [default]  OPENSSL_NO_SSL3_METHOD
    no-ubsan        [default]  OPENSSL_NO_UBSAN
    no-unit-test    [default]  OPENSSL_NO_UNIT_TEST
    no-weak-ssl-ciphers [default]  OPENSSL_NO_WEAK_SSL_CIPHERS
    no-zlib         [default]
    no-zlib-dynamic [default]
Configuring for linux-x86_64
CC             =gcc
CFLAG          =-Wall -O3 -pthread -m64 -DL_ENDIAN  -Wa,--noexecstack
SHARED_CFLAG   =-fPIC -DOPENSSL_USE_NODELETE
DEFINES        =DSO_DLFCN HAVE_DLFCN_H NDEBUG OPENSSL_THREADS OPENSSL_NO_
STATIC_ENGINE OPENSSL_PIC OPENSSL_IA32_SSE2 OPENSSL_BN_ASM_MONT OPENSSL_BN_
ASM_MONT5 OPENSSL_BN_ASM_GF2m SHA1_ASM SHA256_ASM SHA512_ASM RC4_ASM MD5_ASM
AES_ASM VPAES_ASM BSAES_ASM GHASH_ASM ECP_NISTZ256_ASM PADLOCK_ASM GMI_ASM
POLY1305_ASM
LFLAG          =
PLIB_LFLAG     =
EX_LIBS        =-ldl
APPS_OBJ       =
CPUID_OBJ      =x86_64cpuid.o
UPLINK_OBJ     =
BN_ASM         =asm/x86_64-gcc.o x86_64-mont.o x86_64-mont5.o x86_64-gf2m.o
rsaz_exp.o rsaz-x86_64.o rsaz-avx2.o
EC_ASM         =ecp_nistz256.o ecp_nistz256-x86_64.o ecp_sm2z256.o
ecp_sm2z256-x86_64.o
DES_ENC        =des_enc.o fcrypt_b.o
AES_ENC        =aes-x86_64.o vpaes-x86_64.o bsaes-x86_64.o aesni-x86_64.o
aesni-sha1-x86_64.o aesni-sha256-x86_64.o aesni-mb-x86_64.o
BF_ENC         =bf_enc.o
CAST_ENC       =c_enc.o
RC4_ENC        =rc4-x86_64.o rc4-md5-x86_64.o
RC5_ENC        =rc5_enc.o
MD5_OBJ_ASM    =md5-x86_64.o
SHA1_OBJ_ASM   =sha1-x86_64.o sha256-x86_64.o sha512-x86_64.o sha1-mb-x86_64.o
sha256-mb-x86_64.o
RMD160_OBJ_ASM=
CMLL_ENC       =cmll-x86_64.o cmll_misc.o
MODES_OBJ      =ghash-x86_64.o aesni-gcm-x86_64.o
PADLOCK_OBJ    =e_padlock-x86_64.o
GMI_OBJ        =e_gmi-x86_64.o
CHACHA_ENC     =chacha-x86_64.o
POLY1305_OBJ   =poly1305-x86_64.o
```

```
BLAKE2_OBJ     =
PROCESSOR      =
RANLIB         =ranlib
ARFLAGS        =
PERL           =/usr/bin/perl

SIXTY_FOUR_BIT_LONG mode
```

設定完畢後，開始漫長的編譯：

```
[root@localhost GmSSL-master]# make
```

這個過程有點長，讀者可以去泡壺茶。編譯完畢，開始安裝：

```
[root@localhost GmSSL-master]# make install
```

這個過程也稍長，安裝完畢後，我們可以進入 /usr/local/include，使用 ls
查看可以發現多了 openssl 目錄。在 /usr/local/lib64/ 下也多了靜態程式庫
（libcrypto.a 和 libssl.a）和共用函數庫（libcrypto.soh 和 libssl.so），如圖
2-57 所示。

圖 2-57

下面做兩個軟連結，讓 gmssl 程式可以找到 libcrypto.so.1.1. 和 libssl.
so.1.1：

```
[root@localhost local]#  ln -s /usr/local/lib64/libcrypto.so.1.1  /usr/lib64/
libcrypto.so.1.1
[root@localhost local]#  ln -s /usr/local/lib64/libssl.so.1.1  /usr/lib64/
libssl.so.1.1
```

ln 是建立軟連結的命令，用法為「ln -s 原始檔案 目的檔案」。來源：實際
存放檔案的位置。

再執行 gmssl，發現可以運行了：

```
[root@localhost local]# gmssl
GmSSL> version
GmSSL 2.5.4 - OpenSSL 1.1.0d  3 Sep 2019
GmSSL> quit
[root@localhost local]#
```

下面在普通 Linux 命令列下直接測試 SM3：

```
[root@localhost test]# echo -n "abc" | gmssl sm3
(stdin)= 66c7f0f462eeedd9d1f2d46bdc10e4e24167c4875cf2f7a2297da02b8f4ba8e0
```

命令列驗證結束，下面再用程式來驗證。

【例 2.15】在 CentOS 7 下用程式驗證預設安裝的 GmSSL

（1）在 Windows 下打開 UE（或其他編輯器），然後輸入程式如下：

```
#include <openssl/conf.h>
#include <openssl/evp.h>
#includc <openssl/err.h>

int main(int arc, char *argv[])
{
      /* Load the human readable error strings for libcrypto */
      ERR_load_crypto_strings();

      /* Load all digest and cipher algorithms */
      OpenSSL_add_all_algorithms();

      /* Load config file, and other important initialisation */
      OPENSSL_config(NULL);

      /* ... Do some crypto stuff here ... */
      printf("Under Linux,call GmSSL lib ok\n");
      /* Clean up */

      /* Removes all digests and ciphers */
      EVP_cleanup();

      /* if you omit the next, a small leak may be left when you make use of
the BIO (low level API) for e.g. base64 transformations */
```

```
        CRYPTO_cleanup_all_ex_data();

        /* Remove error strings */
        ERR_free_strings();

        return 0;
}
```

（2）保存程式為 test.cpp，上傳到 CentOS 7 下，在命令列下編譯並運行：

```
[root@localhost test]# g++ test.cpp -o test -I/usr/local/include -L/usr/local/
lib64/ -lcrypto
[root@localhost test]# ./test
Under Linux,call GmSSL lib ok
```

至此，在 Linux 下用程式驗證預設安裝的 GmSSL 成功。

2.4.8 在舊版本的 Linux 下編譯安裝 GmSSL

考慮到一些舊專案所在的平台是舊核心版本的 Linux，但也想用一下 GmSSL，因此我們在 Linux 核心 2.6 的一些作業系統下編譯、安裝和測試 GmSSL。

1. 編譯、安裝 Perl

這裡採用核心是 2.6 的舊版本 Linux，通常會提示少了 Perl：

```
[root@localhost GmSSL-master]# ./config
Operating system: x86_64-whatever-linux2
Perl v5.10.0 required--this is only v5.8.8, stopped at ./Configure line 13.
Perl v5.10.0 required--this is only v5.8.8, stopped at ./Configure line 13.
This system (linux-x86_64) is not supported. See file INSTALL for details.
```

提示現在系統中只有版本為 5.8.8 的 Perl，而 GmSSL 需要 5.10.0 版本。所以需要先裝 5.10.0 版本的 Perl。

我們也可以透過 perl -v 來查看現有版本：

```
[root@localhost perl-5.10.0]# perl -v

This is perl, v5.8.8 built for x86_64-linux-thread-multi
```

```
Copyright 1987-2006, Larry Wall

Perl may be copied only under the terms of either the Artistic License or the
GNU General Public License, which may be found in the Perl 5 source kit.

Complete documentation for Perl, including FAQ lists, should be found on
this system using "man perl" or "perldoc perl".  If you have access to the
Internet, point your browser at http://www.perl.org/, the Perl Home Page.
```

並且系統附帶的 Perl 程式位於 /usr/bin/ 下，我們可以用命令 ll 查看：

```
[root@localhost perl-5.10.0]# ll /usr/bin/perl
-rwxr-xr-x 2 root root 19360 2007-10-19 01:35 /usr/bin/perl
```

下面開始編譯安裝 Perl 5.10，並將舊版本替換掉。首先是設定：

```
[root@localhost perl-5.10.0]# ./Configure -des -Dprefix=/usr/local/perl
```

參數 -Dprefix 指定安裝目錄為 /usr/local/perl。

然後就是 make 和 make install：

```
[root@localhost perl-5.10.0]#make
```

稍等片刻，編譯完畢，開始安裝：

```
[root@localhost perl-5.10.0]#make install
```

如果這個過程沒有錯誤的話，那麼恭喜你安裝完成了，是不是很簡單？接下來替換系統原有的 Perl，有新的就使用新的。

```
#mv /usr/bin/perl /usr/bin/perl.bak
#ln -s /usr/local/perl/bin/perl /uor/bin/perl
```

此時，如果使用 perl -v 查看版本，對於有些舊系統會提示沒有這個檔案，必須重新啟動作業系統，然後就可以看到新版本提示了：

```
[root@localhost ~]# perl -v

This is perl, v5.10.0 built for x86_64-linux
```

```
Copyright 1987-2007, Larry Wall

Perl may be copied only under the terms of either the Artistic License or the
GNU General Public License, which may be found in the Perl 5 source kit.

Complete documentation for Perl, including FAQ lists, should be found on
this system using "man perl" or "perldoc perl".  If you have access to the
Internet, point your browser at http://www.perl.org/, the Perl Home Page.
```

2. 編譯安裝 GmSSL

Perl 5.10.0 安裝升級成功後，就開始安裝 GmSSL。安裝 GmSSL 的步驟和前面一樣。最好先設定目錄下所有的檔案為最高許可權：

```
chmod -R 777 GmSSL-master
```

其中，-R 表示串聯應用到目錄裡的所有子目錄和檔案，777 表示所有使用者都擁有最高許可權（可自定許可權碼）。

然後進入 GmSSL-master，開始三部曲：config、make 和 make install：

```
[root@localhost GmSSL-master]# ./config
[root@localhost GmSSL-master]# ./make
[root@localhost GmSSL-master]# ./make install
```

稍等片刻，安裝完畢後，將在 /usr/local/lib64/ 下生成函數庫檔案：

```
[root@localhost lib64]# ls
engines-1.1 libcrypto.a libcrypto.so libcrypto.so.1.1 libssl.a libssl.so
libssl.so.1.1 pkgconfig
[root@localhost lib64]# pwd
/usr/local/lib64
```

並且，將在 /usr/local/include/ 下生成標頭檔所在的目錄 openssl：

```
[root@localhost include]# ls
ansidecl.h bfd.h bfdlink.h dis-asm.h gdb openssl plugin-api.h symcat.h
[root@localhost include]# pwd
/usr/local/include
```

此時若執行 gmssl 程式，則會發現是執行不了的，提示少了函數庫。下面做兩個軟連結，讓 gmssl 程式可以找到 libcrypto.so.1.1. 和 libssl.so.1.1：

```
[root@localhost local]#  ln -s /usr/local/lib64/libcrypto.so.1.1  /usr/lib64/
libcrypto.so.1.1
[root@localhost local]#  ln -s /usr/local/lib64/libssl.so.1.1  /usr/lib64/
libssl.so.1.1
```

ln 是建立軟連結的命令，用法為「ln -s 原始檔案 目的檔案」。來源：實際存放檔案的位置。

再執行 gmssl，發現可以運行了：

```
[root@localhost include]# gmssl
GmSSL> version
GmSSL 2.5.4 - OpenSSL 1.1.0d  3 Sep 2019
GmSSL>
```

最後用程式驗證一下。

【例 2.16】在 CentOS 7 下用程式驗證預設安裝的 GmSSL

（1）在 Windows 下打開 UE（或其他編輯器），然後輸入程式如下：

```c
#include <openssl/conf.h>
#include <openssl/evp.h>
#include <openssl/err.h>

int main(int arc, char *argv[])
{
    /* Load the human readable error strings for libcrypto */
    ERR_load_crypto_strings();

    /* Load all digest and cipher algorithms */
    OpenSSL_add_all_algorithms();

    /* Load config file, and other important initialisation */
    OPENSSL_config(NULL);

    /* ... Do some crypto stuff here ... */
    printf("Under Linux,call GmSSL lib ok\n");
    /* Clean up */

    /* Removes all digests and ciphers */
    EVP_cleanup();
```

```
    /* if you omit the next, a small leak may be left when you make use of the
BIO (low level API) for e.g. base64 transformations */
    CRYPTO_cleanup_all_ex_data();

    /* Remove error strings */
    ERR_free_strings();

    return 0;
}
```

（2）保存程式為 test.cpp，上傳到 CentOS 7 下，在命令列下編譯並運行：

```
[root@localhost test]# g++ test.cpp -o test -I/usr/local/include -L/usr/local/
lib64/ -lcrypto
[root@localhost test]# ./test
Under Linux,call GmSSL lib ok
```

至此，在舊版本的 Linux 下用程式驗證預設安裝的 GmSSL 成功。

對稱密碼演算法

按照現代密碼學的觀點，可將密碼體制分為兩大類：對稱密碼體制和非對稱密碼體制。本章將說明對稱密碼演算法，簡稱對稱演算法。

3.1 基本概念

加密和解密使用相同金鑰的密碼演算法叫對稱加解密演算法，簡稱對稱演算法。由於其速度快，對稱演算法通常在需要加密大量資料時使用。所謂對稱，就是採用這種密碼方法的雙方使用同樣的金鑰進行加密和解密。

對稱演算法的優點是演算法公開、計算量小、加密速度快、加密效率高。對稱演算法的缺點是產生的金鑰過多和金鑰分發困難。

常用的對稱演算法有 DES、3DES、TDEA、Blowfish、RC2、RC4、RC5、IDEA、SKIPJACK、AES 以及國家密碼局頒佈的 SM1 和 SM4 演算法。這些演算法我們不必每個都精通，有些只需了解即可，但國密的兩個演算法建議詳細掌握，因為使用場合較多。

對稱演算法概念簡單，我們用一張圖來演示一下，如圖 3-1 所示。

圖 3-1 中，發送方也就是加密的一方，接收方也就是解密的一方，雙方使用的金鑰是相同的，都是圖 3-1 中所示的「金鑰 1」。發送方用金鑰 1 對明文進行加密後形成加密，然後透過網路傳遞到接收方，接收方透過金鑰 1 解開加密得到明文。這就是對稱演算法的基本使用過程。

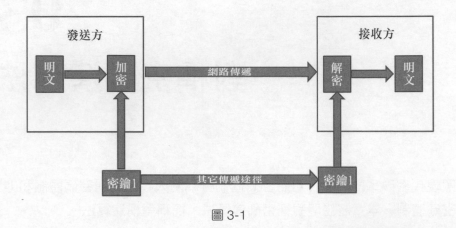

圖 3-1

從圖 3-1 中可以發現，雙方使用相同的金鑰（金鑰 1），那麼這個金鑰如何安全高效率地傳遞給對方，這是一個很重要的問題，規模小或許問題不大，一旦規模大了，那對稱演算法的金鑰分發可是一個大問題了。

3.2 對稱加解密演算法的分類

對稱加解密演算法可以分為串流加解密演算法和分組加解密演算法。對於串流加密，加密和解密雙方使用相同的偽隨機加密資料流，一般都是逐位元互斥或隨機置換資料內容，常見的串流加密演算法如 RC4。分組加密也叫區塊加密，將明文分成多個等長的模組，使用確定的演算法和對稱金鑰對每組分別加密解密，常見的分組加密演算法有 DES、3DES、SM4、AES 等。相對來講，分組加密演算法用得比較多。

3.3 串流加密演算法

3.3.1 基本概念

串流加密又稱序列加密，是對稱加密演算法的一種，加密和解密雙方使用相同虛擬亂數串流（Pseudo-Randomstream）作為金鑰（因此這個金鑰也稱為偽隨機金鑰串流，簡稱金鑰串流），明文資料每次與金鑰資料流程順次對應加密，得到加密資料流程。實踐中，資料通常是一個位元（Bit）並用互斥（XOR）操作加密。

最早出現的類串流密碼形式是 Veram 密碼。直到 1949 年，資訊理論創始人 Shannon 發表的兩篇劃時代論文《通訊的數學理論》和《保密系統的資訊理論》證明了只有「一次一密」的密碼體制才是理論上不可破譯的、絕對安全的，由此奠定了串流密碼技術的發展基礎。串流密碼長度可靈活變化，且具有運算速度快、加密傳輸中沒有差錯或只有有限的錯誤傳播等優點。目前，串流密碼成為國際密碼應用的主流，而基於偽隨機序列的串流密碼成為當今通用的密碼系統，串流密碼的演算法也成為各種系統廣泛採用的加密演算法。目前，比較常見的串流密碼加密演算法包括 RC4 演算法、B-M 演算法、A5 演算法、SEAL 演算法等。

在串流加密中，金鑰的長度和明文的長度是一致的。假設明文的長度是 n 位元，那麼金鑰也為 n 位元。串流密碼的關鍵技術在於設計一個良好的金鑰串流生成器，即由種子金鑰透過金鑰串流生成器生成偽隨機串流，通訊雙方交換種子金鑰即可（已擁有相同的金鑰串流生成器），具體如圖 3-2 所示。

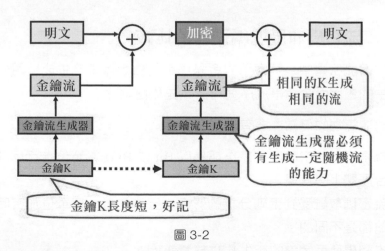

圖 3-2

偽隨機金鑰串流（Pseudo-Random-Keystream）由一個隨機的種子（Seed）透過演算法 PRG（Pseudo-Random Generator）得到，若 k 作為種子，則

G(k) 作為實際使用的金鑰進行加密解密工作。為了保證串流加密的安全性，PRG 必須是不可預測的。

設計串流密碼的重要目標就是設計金鑰串流生成器，使得金鑰串流生成器輸出的金鑰串流具有類似「擲骰子」一樣的完全隨機特性。但實際上金鑰串流不可能是完全隨機的，通常從週期性、隨機統計性和不可預測性等角度來衡量一個金鑰串流的安全性。

鑑於串流密碼在軍事和外交保密通訊中有重要價值，因此串流密碼演算法多關係到國家的安全，而作為各國核心部門使用的串流密碼，都是在各國封閉地進行演算法的標準化的，規範化情況都不公開，所以各國政府基本都把串流密碼演算法的出口作為軍事產品的出口加以限制。允許出口的加密產品對其他國家來說已不再安全。這使得學術界對於串流密碼的研究成果遠遠落後於各個政府的密碼機構，從而限制了串流密碼技術的發展速度。幸運的是，雖然目前還沒有制定串流密碼的標準，但是串流密碼的標準化、規範化、晶片化問題已經引起政府和密碼學家的高度重視，並開始著手改善這個問題，以便能為贏得高技術條件下的競爭提供資訊安全保障。像目前公開的對稱演算法更多的是分組演算法，比如 SM1 和 SM4 等。

3.3.2 串流密碼和區塊編碼器的比較

在通常的串流密碼中，解密用的金鑰序列是由金鑰串流生成器用確定性演算法產生的，因而金鑰串流序列可認為是偽隨機序列。

串流密碼演算法的優點主要有：

（1）串流密碼的加密和解密每次都是以 Bit 或 Byte 為單位進行處理的，更符合硬體上的實現。

（2）串流密碼較難受到密碼分析的影響，因為它每一個單位加密時使用的金鑰都是不同的。

（3）串流密碼所用金鑰的產生獨立於資訊流。

（4）硬體實現電路更簡單。

（5）對於字元資料的處理都是即時的。

（6）轉換速度快，低錯誤傳播。

串流密碼演算法的缺點主要有：

（1）某一位元發生錯誤時會影響到其他位元。

（2）不太適用於軟體。

（3）低擴散、插入、刪除的不敏感性。

區塊編碼器演算法的優點主要有：

（1）可以重複使用金鑰。

（2）在某些工作模式下，如果某個區塊的處理發生了錯誤，並不會影響之後的區塊的運算。

（3）區塊編碼器在軟體上更容易實現，即容易被移植，成本也較低。

（4）在現實生活中，區塊編碼器更常見，它有 4 種工作模式，包括 ECB 模式、CBC 模式、OFB 模式、CFB 模式。

（5）易於標準化，當今資訊大多是按區塊進行傳輸處理的。

（6）擴散性好，插入敏感。

區塊編碼器演算法的缺點主要有：

（1）相同的明文產生相同的加密。

（2）加解密處理速度慢。

（3）分組加密更容易受到密碼分析的影響。

（4）存在錯誤傳播。

3.3.3 RC4 演算法

1. RC4 演算法概述

RC4 演算法是著名的串流加密演算法。RC4 演算法是大名鼎鼎的 RSA 三人組中的頭號人物 Ron Rivest 在 1987 年設計的一種串流密碼。當時，該演算法作為 RSA 公司的商業機密並沒有公開，直到 1994 年 9 月，RC4 演算法才通過 Cypherpunks 置名郵寄清單匿名地公開在 Internet 上。洩露出來的 RC4 演算法通常稱為 ARC4（Assumed RC4），雖然它的功能經證實相等於 RC4，但 RSA 從未正式承認洩露的演算法就是 RC4。目前，真正的 RC4 要求從 RSA 購買許可證，但基於開放原始程式碼的 RC4 產品使用的是當初洩露的 ARC4 演算法。它是以位元組流的方式依次加密明文中的每個位元組。解密的時候也是依次對加密中的每個位元組進行解密。

RC4 演算法的特點是演算法簡單、執行速度快。RC4 演算法的金鑰長度是可變的，可變範圍為 1~256 位元組（8~2048 位元），在現在技術支援的前提下，當金鑰長度為 128 位元時，用暴力法搜索金鑰已經比較吃力了，所以能夠預見 RC4 的金鑰範圍依然能夠在今後相當長的時間裡抵禦暴力搜索金鑰的攻擊。實際上，現在也沒有找到對於 128 位元金鑰長度的 RC4 加密演算法的有效攻擊方法。

由於 RC4 演算法具有良好的隨機性和抵抗各種分析的能力，該演算法在許多領域的安全模組獲得了廣泛的應用。在國際著名的安全協定標準 SSL/TLS（安全通訊端協定 / 傳輸層安全協定）中，利用 RC4 演算法保護網際網路傳輸中的保密性。在作為 IEEE802.11 無線區域網標準的 WEP 協定中，利用 RC4 演算法進行資料間的加密。同時，RC4 演算法也被整合於 Microsoft Windows、Lotus Notes、Apple AOCE、Oracle Secure SQL、Adobe Acrobat 等應用軟體中，還包括 TLS（傳輸層協定），其他很多應用領域也使用該演算法。

2. RC4 演算法的特點

RC4 演算法主要有兩個特點：

（1）演算法簡潔，易於軟體實現，加密速度快，安全性比較高。
（2）金鑰串流長度可變，一般用 256 個位元組。

3. RC4 演算法的原理

前面提過，串流密碼就是使用較短的一串數字（稱為金鑰）來生成無限長的偽隨機金鑰串流（事實上只需要生成和明文長度一樣的密串流速度就夠了），然後將金鑰串流和明文互斥就得到加密了，解密就是將這個金鑰串流和加密進行互斥。

用較短的金鑰產生無限長的密串流速度的方法非常多，其中有一種就叫作 RC4。RC4 是針對位元組的序列密碼演算法，一個明文的位元組（8 位元）與一個金鑰的位元組進行互斥就生成了一個加密的位元組。

RC4 演算法中的金鑰長度為 1~256 位元組。注意，金鑰的長度與明文長度、金鑰串流的長度沒有必然關係。通常金鑰的長度取 16 位元組（128 位元）。

RC4 演算法的關鍵是依據金鑰生成對應的金鑰串流，金鑰串流的長度和明文的長度是對應的。也就是説，假如明文的長度是 500 位元組，那麼金鑰串流也是 500 位元組。當然，加密生成的加密也是 500 位元組。加密第 i 位元組 = 明文第 i 位元組 ^ 金鑰串流第 i 位元組，^ 是互斥的意思。RC4 用三步驟米生成金鑰串流：

步驟一，初始化向量 S，S 也稱 S 盒，也就是一個陣列 S[256]。指定一個短的金鑰，儲存在 key[MAX] 陣列裡，令 S[i]=i。

```
for i from 0 to 255   //初始化
    S[i] := i
endfor
```

步驟二，排列 S 盒。利用金鑰陣列 key 來對陣列 S 進行置換，也就是對 S 陣列裡的數重新排列，排列演算法的虛擬程式碼為：

```
j := 0
for i from 0 to 255   //排列S
    j := (j + S[i] + key[i mod keylength]) mod 256    // keylength是金鑰長度
    swap values of S[i] and S[j]
endfor
```

步驟三，產生金鑰串流。利用上面重新排列的陣列 S 來產生任意長度的金鑰串流，演算法為：

```
for r=0 to plainlen do  // plainlen為明文長度
{
    i=(i+1) mod 256;
    j=(j+S[i])mod 256;
    swap(S[i],S[j]);
    t=(S[i]+S[j])mod 256;
    k[r]=S[t];
}
```

一次產生一字元長度（8 Bit）的金鑰串流資料，繼續迴圈，直到密串流速度和明文長度一樣為止。陣列 S 通常稱為狀態向量，長度為 256，其每一個單元都是一個位元組。無論演算法執行到什麼時候，S 都包含 0~255 的 8 位元數的排列組合，僅只是值的位置發生了變換。

產生金鑰串流之後，對資訊進行加密和解密就只是做一個互斥運算。

4. 實現 RC4 演算法

我們將分別用 C 語言、C++ 語言和 OpenSSL 函數庫來實現 RC4 演算法。

【例 3.1】RC4 演算法的實現（C 語言版）

（1）打開 VC 2017，新建一個主控台專案，專案名是 test。

（2）在專案中打開 test.cpp，並輸入程式如下：

```
#include "pch.h"
#include <iostream>

//RC4演算法對資料的加密和解密

#include <stdio.h>
#define MAX_CHAR_LEN 10000

void produceKeystream(int textlength, unsigned char key[],
    int keylength, unsigned char keystream[])
{
    unsigned int S[256];
    int i, j = 0, k;
    unsigned char tmp;

    for (i = 0; i < 256; i++)
```

```
        S[i] = i;
    for (i = 0; i < 256; i++) {
        j = (j + S[i] + key[i % keylength]) % 256;
        tmp = S[i];
        S[i] = S[j];
        S[j] = tmp;
    }

    i = j = k = 0;
    while (k < textlength) {
        i = (i + 1) % 256;
        j = (j + S[i]) % 256;
        tmp = S[i];
        S[i] = S[j];
        S[j] = tmp;
        keystream[k++] = S[(S[i] + S[j]) % 256];
    }
}
//該函數既可以進行加密又可以進行解密
void rc4encdec(int textlength, unsigned char plaintext[],
    unsigned char keystream[],
    unsigned char ciphertext[])
{
    int i;
    for (i = 0; i < textlength; i++)
        ciphertext[i] = keystream[i] ^ plaintext[i];
}

int main(int argc, char *argv[])
{
    unsigned char plaintext[MAX_CHAR_LEN];     //存放來源明文
    unsigned char chktext[MAX_CHAR_LEN];       //存放解密後的明文，用於驗證
    unsigned char key[32];                     //存放使用者輸入的金鑰
    unsigned char keystream[MAX_CHAR_LEN];     //存放生成的金鑰串流
    unsigned char ciphertext[MAX_CHAR_LEN];    //存放加密後的加密
    unsigned c;
    int i = 0, textlength, keylength;
    FILE *fp;

    if ((fp = fopen("明文.txt", "r")) == NULL) {
        printf("file \"%s\" not found!\n", *argv);
        return 0;
    }
```

```
while ((c = getc(fp)) != EOF)
    plaintext[i++] = c;
textlength = i;
fclose(fp);

/* input a key */
printf("passwd: ");
for (i = 0; (c = getchar()) != '\n'; i++)
    key[i] = c;
key[i] = '\0';
keylength = i;

/*使用key生成一個keystream */
produceKeystream(textlength, key, keylength, keystream);

/*使用金鑰串流和明文生成加密*/
rc4encdec(textlength, plaintext, keystream, ciphertext);

fp = fopen("加密.txt", "w");
for (int i = 0; i < textlength; i++)
    putc(ciphertext[i], fp);
fclose(fp);

rc4encdec(textlength, ciphertext, keystream, chktext);
if (memcmp(chktext, plaintext, textlength) == 0)
    puts("來源明文和解密後的明文內容相同！加解密成功！！\n");

fp = fopen("解密後的明文.txt", "w");
for (int i = 0; i < textlength; i++)
    putc(chktext[i], fp);
fclose(fp);

    return 0;
}
```

（3）保存專案，如果在 VC 中直接運行專案，就要把「明文 .txt」新建在專案目錄下，如果是在解決方案的 Debug 目錄下直接運行可執行程式，就要在解決方案的 Debug 目錄下新建一個「明文 .txt」檔案。運行結果如圖 3-3 所示。

圖 3-3

下面再來看一個 C++ 版本的，稍微不同的是金鑰 key 是程式隨機生成的，然後把生成的金鑰串流保存在檔案中，以供解密時使用，這樣加密和解密就可以使用同一個金鑰串流了。

【例 3.2】RC4 演算法的實現（C++ 版）

（1）打開 VC 2017，新建一個主控台專案，專案名是 test。

（2）在專案中新建一個 rc4.h 檔案，該檔案定義 RC4 演算法的加密類別和解密類別，輸入程式如下：

```cpp
#pragma once

#include <time.h>
#include <iostream>
#include <fstream>
#include<vector>
using namespace std;

//加密類別
class RC4Enc{
public:
    //建構元數，參數為金鑰長度
    RC4Enc(int kl) :keylen(kl) {
        srand((unsigned)time(NULL));
        for (int i = 0; i < kl; ++i) {   //隨機生成長度為keylen位元組的金鑰
            int tmp = rand() % 256;
            K.push_back(char(tmp));
        }
    }
    //由明文產生加密
    int encryption(const string &, const string &, const string &);

private:
    unsigned char S[256];              //狀態向量，共256位元組
    unsigned char T[256];              //臨時向量，共256位元組
```

```cpp
    int keylen;              //金鑰長度，keylen位元組，設定值範圍為1~256
    vector<char> K;          //可變長度金鑰
    vector<char> k;          //金鑰串流


//初始化狀態向量S和臨時向量T，供keyStream方法呼叫
    void initial() {
        for (int i = 0; i < 256; ++i) {
            S[i] = i;
            T[i] = K[i%keylen]; //為了讓程式更整潔，我們把K[i%keylen]存在T[i]中
        }
    }

//初始排列狀態向量S，供keyStream方法呼叫
    void rangeS() {
        int j = 0;
        for (int i = 0; i < 256; ++i) {
            j = (j + S[i] + T[i]) % 256;
            S[i] = S[i] + S[j];
            S[j] = S[i] - S[j];
            S[i] = S[i] - S[j];
        }
    }
    /*
        生成金鑰串流
        len:明文為len位元組
    */
    void keyStream(int len);

};

//解密類別
class RC4Dec {
public:
    //建構元數，參數為金鑰串流檔案和加密檔案
    RC4Dec(const string ks, const string ct) :keystream(ks), ciphertext(ct) {}

    //解密方法，參數為解密檔案名稱
    void decryption(const string &);

private:
    string ciphertext, keystream;//
};
```

再在專案中新建一個 rc4.cpp 檔案，然後輸入程式如下：

```cpp
#include "pch.h"
#include "rc4.h"
#include <time.h>
#include <iostream>
#include <string>

void RC4Enc::keyStream(int len) {
    initial();
    rangeS();

    int i = 0, j = 0, t;
    while (len--) {
        i = (i + 1) % 256;
        j = (j + S[i]) % 256;

        S[i] = S[i] + S[j];
        S[j] = S[i] - S[j];
        S[i] = S[i] - S[j];

        t = (S[i] + S[j]) % 256;
        k.push_back(S[t]);
    }
}
int RC4Enc::encryption(const string &plaintext, const string &ks, const string
&ciphertext) {
    ifstream in;
    ofstream out, outks;

    in.open(plaintext);
    if (!in)
    {
        cout<<plaintext<<"  沒有被創建\n";
        return -1;
    }

    //獲取輸入串流的長度
    in.seekg(0, ios::end);
    int lenFile = in.tellg();
    in.seekg(0, ios::beg);

    //生產金鑰串流
    keyStream(lenFile);
    outks.open(ks);
```

```cpp
    for (int i = 0; i < lenFile; ++i) {
        outks << (k[i]);
    }
    outks.close();

    //明文內容讀取bits中
    unsigned char *bits = new unsigned char[lenFile];
    in.read((char *)bits, lenFile);
    in.close();

    out.open(ciphertext);
    //將明文逐位元組依次與金鑰串流互斥後輸出到加密檔案中
    for (int i = 0; i < lenFile; ++i) {
        out << (unsigned char)(bits[i] ^ k[i]);
    }
    out.close();

    delete[]bits;
    return 0;
}

void RC4Dec::decryption(const string &res)      //res是保存解密後的明文所存檔案
                                                //  的檔案名稱
{
    ifstream inks, incp;
    ofstream out;

    inks.open(keystream);
    incp.open(ciphertext);

    //計算加密長度
    inks.seekg(0, ios::end);
    const int lenFile = inks.tellg();
    inks.seekg(0, ios::beg);
    //讀取金鑰串流
    unsigned char *bitKey = new unsigned char[lenFile];
    inks.read((char *)bitKey, lenFile);
    inks.close();
    //讀取加密
    unsigned char *bitCip = new unsigned char[lenFile];
    incp.read((char *)bitCip, lenFile);
    incp.close();
```

```
    //解密後結果輸出到解密檔案中
    out.open(res);
    for (int i = 0; i < lenFile; ++i)
        out << (unsigned char)(bitKey[i] ^ bitCip[i]);

    out.close();
}
```

類別 RC4Enc 的成員函數 encryption 用於 RC4 的加密，加密時需要一個文字檔作為資料來源的輸入，生成的金鑰串流和加密都會存放在檔案中。類別 RC4Dec 的成員函數 decryption 用於 RC4 的解密，解密時會把生成的解密後的明文保存在檔案中。

至此，RC4 演算法的加密和解密類別實現完畢。下面開始使用該類別。

（3）在檔案 test.cpp 輸入程式如下：

```
#include "pch.h"
#include "rc4.h"

int main()
{
    RC4Enc rc4enc(16);  //金鑰長16位元組
    if (rc4enc.encryption("明文.txt", "金鑰串流.txt", "加密.txt"))
        return -1;

    RC4Dec  rc4dec("金鑰串流.txt", "加密.txt");
    rc4dec.decryption("解密檔案.txt");

    cout << "rc4 加解密成功\n";
}
```

注意要在檔案開頭包含標頭檔 rc4.h。在 main 函數中，我們定義了加密類別 RC4Enc 的物件 rc4enc，解密類別 RC4Dec 的物件 rc4dec。另外，運行程式前，需要在專案目錄下新建文字檔「明文 .txt」，可以隨便輸入一些文字資料。

（4）保存專案，如果在 VC 中直接運行專案，就要把「明文 .txt」新建在專案目錄下，如果是在解決方案的 Debug 目錄下直接運行可執行程式，就要在解決方案的 Debug 目錄下新建一個「明文 .txt」檔案。運行結果如圖 3-4 所示。

圖 3-4

值得注意的是，金鑰串流 .txt 和加密 .txt 都是二進位檔案，直接打開都 是亂碼的，如果要查看詳細資料，可以使用 UltraEdit 等專業文字工具查 看，這類工具有二進位查看方式。加密的內容如圖 3-5 所示。

圖 3-5

上面我們親自實現了 RC4 演算法，但在實際開發中，有時候沒必要重複 造輪子，因為已經有現成的輪子可供使用，比如 OpenSSL 函數庫裡提供 了 RC4 演算法的呼叫。透過 OpenSSL 來使用 RC4 演算法非常簡單，通常 有以下幾步：

（1）定義金鑰串流結構 RC4_KEY。

（2）生成金鑰串流。

透過函數 RC4_set_key 來生成金鑰串流，函數 RC4_set_key 宣告如下：

```
void RC4_set_key(RC4_KEY *key, int len, const unsigned char *data);
```

其中，key 是輸出參數，用來保存生成的金鑰串流；len 是輸入參數，表 示 data 的長度；data 是輸入參數，表示使用者設定的金鑰。

（3）加密或解密。

透過函數 RC4 來實現加密或解密，該函數宣告如下：

```
void RC4(RC4_KEY *key, unsigned long len, const unsigned char *indata,
unsigned char *outdata);
```

其中，輸入參數 key 表示金鑰串流；輸入參數 len 表示 indata 的長度；輸入參數 indata 表示輸入的資料，當加密時，表示明文資料，當解密時，表示加密資料；輸出參數 outdata 存放加密或解密的結果。

【例 3.3】RC4 演算法的實現（OpenSSL 版）

（1）打開 VC 2017，新建一個主控台專案，專案名是 test。

（2）打開專案屬性，在「C/C++」→「其它 Include 目錄」旁輸入標頭檔路徑：D:\openssl-1.1.1b\win32-debug\include，然後在「連結器」→「正常」→「附加函數庫目錄」旁輸入靜態程式庫路徑：D:\openssl-1.1.1b\win32-debug\lib，再在「連結器」→「輸入」→「其它相依性」旁增加 3 個函數庫名：ws2_32.lib;Crypt32.lib;libcrypto.lib;，注意每個函數庫名之間用英文分號隔開。點擊「確定」按鈕關閉對話方塊。

（3）下面開始增加程式，在專案中打開 test.cpp，輸入程式如下：

```cpp
#include "pch.h"
#include <stdlib.h>
#include <stdio.h>
#include <string.h>
#include <openssl/rc4.h>
int main(int argc, char* argv[])
{
    RC4_KEY key;   //定義金鑰串流結構
    const char *data = "Hello,World!!";                //使用者指定的金鑰
    int length = strlen(data);
    RC4_set_key(&key, length, (unsigned char*)data);    //透過金鑰生成金鑰串流
    const char *indata = "This is plain text !!!!";
    int len = strlen(indata);
    printf("strlen(indata)=%d\n",len);
    char *outdata;                                      //分配加密空間
    outdata = (  char *)malloc(sizeof(unsigned char)*(len + 1));
    memset(outdata, 0, len + 1);                        //初始化為0
    printf("\tindata=%s\n", indata);
    RC4(&key, strlen(indata), (unsigned char*)indata,(unsigned char*)outdata);
    //加密明文
    printf("\toutdata=%s\n", outdata);
    printf("strlen(outdata)=%d\n",strlen(outdata));
```

```
char *plain;                                          //分配明文空間
plain = ( char *)malloc(sizeof(unsigned char)*(len + 1));
memset(plain, 0, len + 1);                            //初始化為0
RC4_set_key(&key, length, (unsigned char*)data);     //重新設定金鑰
RC4(&key, strlen(outdata), (unsigned char*)outdata,(unsigned char*)plain);
//解密加密
printf("\tplain=%s\n", plain);
printf("strlen(plain)=%d\n",strlen(plain));
return 0;
}
```

（4）保存專案並運行，運行結果如圖 3-6 所示。

圖 3-6

3.4 分組加密演算法

分組加密演算法又稱區塊加密演算法，顧名思義，是一組一組進行加解密的。它將明文分成多個等長的區塊（Block，或稱分組），使用確定的演算法和對稱金鑰對每組分別加解密。通俗地講，就是一組一組地進行加解密，而且每組資料長度相同。

3.4.1 工作模式

有人或許會想，既然是一組一組地進行加解密的，那程式是否可以設計成平行加解密呢？比如多核心電腦上開 n 個執行緒同時對 n 個分組進行加解密。這個想法不完全正確。因為分組和分組之間可能存在連結。這就引出了分組演算法的工作模式概念。分組演算法的工作模式就是用來確定分組之間是否有連結以及如何連結的。不同的工作模式（也稱加密模式）使得每個加密區塊（分組）之間的關係不同。

一般來說分組演算法有 5 種工作模式，如表 3-1 所示。

▼ 表 3-1 分組演算法的 5 種工作模式

加密模式	特　點
ECB（Electronic Code Book，電子密碼本模式）	分組之間沒連結，簡單快速，可平行計算
CBC（Cipher Block Chaining，密碼分組連結模式）	僅解密支持平行計算
CFB（Cipher Feedback Mode，加密回饋模式）	僅解密支持平行計算
OFB（Output Feedback Mode，輸出回饋模式）	不支援平行運算
CTR（Counter，計算機模式）	支持平行計算

1. ECB 模式

ECB 模式是最早採用的簡單模式，它將加密的資料分成許多組，每組的大小跟加密金鑰長度相同，然後每組都用相同的金鑰進行加密。相同的明文會產生相同的加密。其缺點是：電子密碼本模式用一個金鑰加密訊息的所有區塊，如果原訊息中重複明文區塊，那麼加密訊息中的對應加密區塊也會重複。因此，電子密碼本模式適合加密小訊息。ECB 模式的具體過程如圖 3-7 所示。

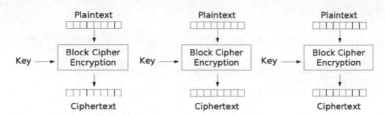

Electronic Codebook (ECB) mode encryption 加密

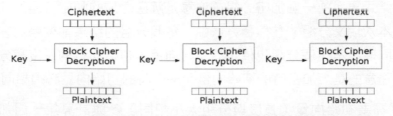

Electronic Codebook (ECB) mode decryption 解密

圖 3-7

圖 3-7 中，每個分組的運算（加密或解密）都是獨立的，每個分組加密只需要金鑰和明文分組即可，每個分組解密也只需要金鑰和加密分組即可。這就產生了一個問題，即加密時相同內容的明文區塊將得到相同的加密區塊（金鑰是相同的，輸入也是相同的，得到的結果也就相同），這樣就難以抵抗統計分析攻擊了。當然，ECB 每組沒關係也是其優點，比如有利於平行計算，誤差不會被傳送，運算簡單，不需要初始向量（Initialization Vector，IV）。

該模式的特點：簡單、快速，加密和解密過程支持平行計算；明文中的重複排列會反映在加密中；透過刪除、替換加密分組可以對明文操作（可攻擊），無法抵禦重放攻擊；對包含某些位元錯誤的加密進行解密時，對應的分組會出錯。

2. CBC 模式

首先認識一下初始向量。初始向量（或稱初向量）是一個固定長度的位元串。一般使用時會要求它是隨機數或虛擬亂數。使用隨機數產生的初始向量，使得同一個金鑰加密的結果每次都不同，這樣攻擊者難以對同一把金鑰的加密進行破解。

CBC 模式由 IBM 於 1976 年發明。加密時，第一個明文區塊和初始向量進行互斥後，再用 key 進行加密，以後每個明文區塊與前一個分組結果（加密）區塊進行互斥後，再用 key 進行加密。解密時，第一個加密區塊先用 key 解密，得到的中間結果再與初始向量進行互斥後得到第一個明文分組（第一個分組的最終明文結果），後面每個加密區塊也是先用 key 解密，得到的中間結果再與前一個加密分組（注意是解密之前的加密分組）進行互斥後得到本次明文分組。在這種方法中，每個分組的結果都依賴於它前面的分組。同時，第一個分組也依賴於初始向量，初始向量的長度和分組相同。但要注意的是，加密時的初始向量和解密時的初始向量必須相同。

CBC 模式需要初始向量（長度與分組大小相同）參與計算第一組加密，第一組加密當作向量與第二組資料一起計算後再進行加密，產生第二組加密，後面依此類推，如圖 3-8 所示。

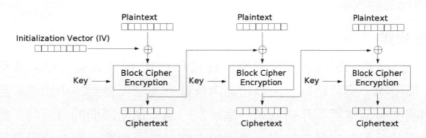

Cipher Block Chaining (CBC) mode encryption 加密

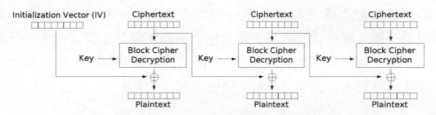

Cipher Block Chaining (CBC) mode decryption 解密

圖 3-8

CBC 是常用的工作模式。它的主要缺點在於加密過程是串列的，無法被平行化（因為後一個運算要等到前一個運算的結束後才能開始）。另外，明文中的微小改變會導致其後的全部加密區塊發生改變，這是其又一個缺點：加密時可能會有誤差傳遞。

而在解密時，因為是把前一個加密分組作為當前向量，因此不必等前一個分組運算完畢，所以解密時可以平行化，解密時加密中一位元的改變只會導致其對應的明文區塊發生改變以及下一個明文區塊中的對應位元（因為是互斥運算）發生改變，不會影響其他明文的內容，所以解密時不會產生誤差傳遞。

該模式的特點：明文的重複排列不會反映在加密中；只有解密過程可以平行計算，加密過程由於需要前一個加密組，因此無法進行平行計算；能夠解密任意加密分組；對包含某些錯誤位元的加密進行解密，第一個分組的全部位元（「全部」是由於加密參與了解密演算法）和後一個分組的對應位元會出錯（「對應」是由於出錯的加密在後一組中只參與了 XOR 運算）；填充提示攻擊。

3. CFB 模式

CFB（Cipher Feedback，加密回饋）模式和 CBC 模式類似，也需要初始向量。加密第一個分組時，先對初始向量進行加密，得到的中間結果再與第一個明文分組進行互斥得到第一個加密分組；加密後面的分組時，把前一個加密分組作為向量先加密，得到的中間結果再與當前明文分組進行互斥得到加密分組。解密第一個分組時，先對初始向量進行加密運算（注意，用的是加密演算法），得到的中間結果再與第一個加密分組進行互斥得到明文分組；解密後面的分組時，把上一個加密分組當作向量進行加密運算（注意，用的還是加密演算法），得到的中間結果再與本次的加密分組進行互斥得到本次的明文分組。過程如圖 3-9 所示。

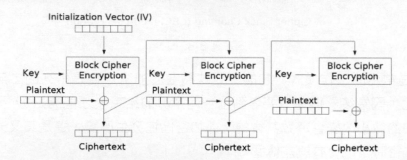

Cipher Feedback (CFB) mode encryption

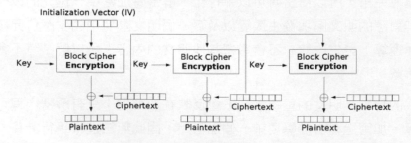

Cipher Feedback (CFB) mode decryption

圖 3-9

同 CBC 模式一樣，加密時因為要等前一次的結果，所以只能串列，無法平行計算。解密時因為不用等前一次的結果，所以可以平行計算。

該模式的特點：不需要填充；僅解密過程支援平行計算，加密過程由於需要前一個加密組參與，無法進行平行計算；能夠解密任意加密分組；對包含某些錯誤位元的加密進行解密，第一個分組的部分位元和後一個分組的全部位元會出錯；不能抵禦重放攻擊。

4. OFB 模式

OFB（Output Feedback，輸出回饋）模式也需要初始向量。加密第一個分組時，先對初始向量進行加密，得到的中間結果再與第一個明文分組進行互斥得到第一個加密分組；加密後面的分組時，把前一個中間結果（前一個分組的向量的加密）作為向量先加密，得到的中間結果再與當前明文分組進行互斥得到加密分組。解密第一個分組時，先對初始向量進行加密運算（注意用的是加密演算法），得到的中間結果再與第一個加密分組進行互斥得到明文分組；解密後面的分組時，把上一個中間結果（前一個分組的向量的加密，因為用的依然是加密演算法）當作向量進行加密運算（注意用的是加密演算法），得到的中間結果再與本次的加密分組進行互斥得到本次的明文分組。過程如圖 3-10 和圖 3-11 所示。

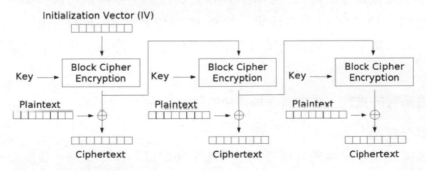

Output Feedback (OFB) mode encryption

圖 3-10

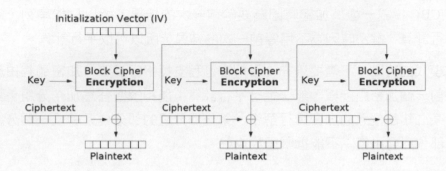

Output Feedback (OFB) mode decryption

圖 3-11

該模式的特點:不需要填充;可事先進行加密、解密準備;加密、解密使用相同的結構(加密和解密演算法過程相同);對包含某些錯誤位元的加密進行解密時,只有明文中對應位元會出錯;不支持平行計算。

3.4.2 短區塊加密

區塊編碼器一次只能對一個固定長度的明文(加密)區塊進行加(解)密。當最後一次要處理的資料小於分組長度時,我們就要進行特殊處理。這裡把長度小於分組長度的資料稱為短區塊。短區塊因為不足一個分組,因此不能直接進行加解密,必須採用合適的技術手段解決短區塊加解密問題。比如,要加密 33 個位元組,前面 32 個位元組是 16 的整數倍,可以直接加密,剩下的 1 個位元組就不能直接加密了,因為不足一個分組長度了。

對於短區塊的處理,通常有 3 種技術方法:

(1)填充技術

填充技術就是用無用的資料填充短區塊,使之成為標準區塊(長度為一個分組的資料區塊)。填充的方式可以自訂,比如填充 0、填充資料的長度值和隨機數等。嚴格來講,為了確保加密強度,填充的資料應是隨機數。但是收信者如何知道哪些數字是填充的呢?這就需要增加指示資訊,通常用最後 8 位元作為填充指示符號，比如最後一個位元組存放填充的資料的長度。

值得注意的是，填充可能引起記憶體溢位，因而可能不適合檔案和資料區塊加密。填充加密後，加密長度跟明文長度不一樣。

（2）加密挪用技術

這種技術不需要引入新資料，只需把短區塊和前面分組的部分加密組成一個分組後進行加密。加密挪用法也需要指示挪用位元數的指示符號，否則收信者不知道挪用了多少位元，從而不能正確解密。加密挪用法的優點是不引起資料擴充，也就是加密長度同明文長度是一致的。缺點是控制稍複雜。

（3）序列加密

對於最後一區塊短區塊資料，直接使用金鑰 K 與短區區塊資料模 2 相加。序列加密技術的優點是簡單，但若短區塊太短，則加密強度不高。

3.4.3 DES 和 3DES 演算法

1. DES 概述

DES 是 IBM 公司研製的一種對稱演算法，也就是說它使用同一個金鑰來加密和解密資料，並且加密和解密使用的是同一種演算法。美國國家標準局於 1977 年公佈把它作為非機要部門使用的資料加密標準。DES 還是一種分組加密演算法，該演算法每次處理固定長度的資料段，稱之為分組。DES 分組的大小是 64 位元（8 位元組），如果加密的資料長度不是 64 位元的倍數，可以按照某種具體的規則來填充位元。DES 演算法的保密性依賴於金鑰，保護金鑰非常重要。

DES 加密技術是一種常用的對稱加密技術，該技術演算法公開，加密強度大，運算速度快，在各產業甚至軍事領域獲得了廣泛的應用。DES 演算法從 1977 年公佈到現在已有 40 多年的歷史，雖然有些人對它的加密強度持懷疑態度，但現在還沒有發現實用的破譯 DES 演算法的方法。並且人們在應用中不斷提出新的方法增強 DES 演算法的加密強度，如 3 重 DES 演算法、帶有交換 S 盒的 DES 演算法等。因此，DES 演算法在資訊安全領域仍廣泛地應用。

2. DES 演算法的金鑰

嚴格來講，DES 演算法的金鑰長度為 56 位元，但通常用一個 64 位元的數來表示金鑰，然後經過轉換得到 56 位元的金鑰，而第 8、16、24、32、40、48、56、64 位元是驗證位元，不參與 DES 加解密運算，所以這些位元上的數值不能算金鑰。為了方便區分，我們把 64 位元的數稱為從使用者處取得的使用者金鑰，而 56 位元的數稱為初始金鑰、工作金鑰或有效輸入金鑰。

DES 演算法的安全性首先取決於金鑰的長度。金鑰越長，破譯者利用窮舉法搜索金鑰的難度就越大。目前，根據當今電腦的處理速度和能力，56 位元長度的金鑰已經能夠被破解，而 128 位元的金鑰則被認為是安全的，但隨著時間的演進，這個數字也遲早會被突破。

具體加解密運算前，DES 演算法的金鑰還要透過等距、移位、選取、疊代形成 16 個子金鑰，分別供每一輪運算使用，每個長 48 位元。計算出子金鑰是進行 DES 加密的前提條件。生成子金鑰的基本步驟如下：

（1）等距

等距金鑰就是從使用者處取得一個 64 位元長的初始金鑰變為 56 位元的工作金鑰。方法很簡單，根據一個固定「站位表」讓 64 位元初始金鑰中的對應位置的值出列，並「站」到表中去。圖 3-12 所示的表格中的數字表示初始金鑰的每一位元的位置，比如 57 表示初始金鑰中第 57 位元的位元值要站到該表的第 1 個位置上（初始金鑰的第 57 位元成為新金鑰的第 1 位元），49 表示初始金鑰中第 49 位元的位元值要站到該表的第 2 個位置上（初始金鑰的第 49 位元成為新金鑰的第 2 位元），從左到右、從上到下依次進行，直到初始金鑰的第 4 位元成為新金鑰的最後一位元。

57	49	41	33	25	17	9
1	58	50	42	34	26	18
10	2	59	51	43	35	27
19	11	3	60	50	44	36
65	55	47	39	31	23	15
7	62	54	46	38	30	22
14	6	61	53	45	37	29
21	13	5	28	20	12	4

圖 3-12

比如，我們現在有一個 64 位元的初始金鑰：K=133457799BBCDFF1，轉化成二進位：

```
K = 00010011 00110100 01010111 01111001 10011011 10111100 11011111 11110001
```

根據圖 3-12，我們將得到 56 位元的工作金鑰：

```
Kw = 1111000 0110011 0010101 0101111 0101010 1011001 1001111 0001111
```

K_w 一共 56 位元。細心的朋友會發現，圖 3-12 中沒有數字 8、16、24、32、40、48、56、64。的確如此，這些位置去掉了，所以工作金鑰 K_w 是 56 位元。等距工作結束，進入下一步。

（2）移位

我們透過上一步的等距工作獲得了一個工作金鑰：

```
Kw = 1111000 0110011 0010101 0101111 0101010 1011001 1001111 0001111
```

將這個金鑰拆分為左右兩部分：C_0 和 D_0，每半邊都有 28 位元。

比如，對於 K_w，我們得到：

```
C0 = 1111000 0110011 0010101 0101111
D0 = 0101010 1011001 1001111 0001111
```

對相同定義的 C_0 和 D_0，我們現在創建 16 個區塊 C_n 和 D_n，$1 \leqslant n \leqslant 16$。每一對 C_n 和 D_n 都是由前一對 C_{n-1} 和 D_{n-1} 移位而來的。具體來說，對於 n = 1, 2, …, 16，在前一輪移位的結果上，使用表 3-2 進行一些次數的左移操作。什麼叫左移？左移指的是將除第一位元外的所有位元往左移一位元，將第一位移動至最後一位元。

⬇ 表 3-2 進行左移操作

疊代序號 n（1≤n≤16）	左移次數
1	1
2	1
3	2
4	2
5	2
6	2
7	2
8	2
9	1
10	2
11	2
12	2
13	2
14	2
15	2
16	1

也就是說，C_3 和 D_3 是 C_2 和 D_2 移位而來的；C_{16} 和 D_{16} 則是由 C_{15} 和 D_{15} 透過一次左移得到的。在所有情況下，一次左移就是將所有位元往左移動一位元，使得移位後的位元的位置相較於變換前成為 2, 3,⋯, 28, 1。比如，對於原始子金鑰 C_0 和 D_0，我們得到：

```
C₀ = 1111000011001100101010101111
D₀ = 0101010101100110011110001111
C₁ = 1110000110011001010101011111
D₁ = 1010101011001100111100011110
C₂ = 1100001100110010101010111111
D₂ = 0101011001100111100011110
C₃ = 0000110011001010101011111111
D₃ = 0101011001100111100011110101
C₄ = 0011001100101010101111111100
```

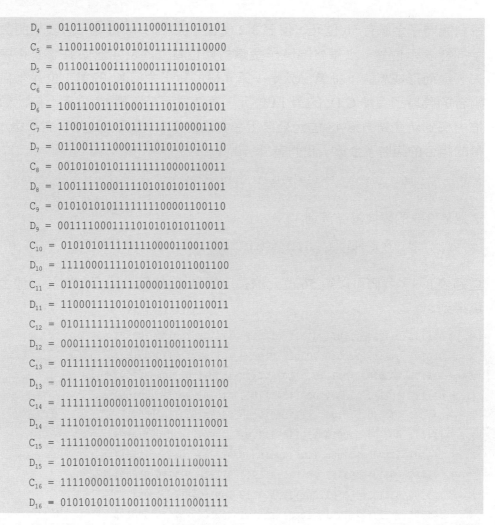

```
D₄  = 0101100110011110001111010101
C₅  = 1100110010101010111111110000
D₅  = 0110011001111000111101010101
C₆  = 0011001010101011111111000011
D₆  = 1001100111100011110101010101
C₇  = 1100101010101111111100001100
D₇  = 0110011110001110101010101010
C₈  = 0010101010111111110000110011
D₈  = 1001111000111101010101011001
C₉  = 0101010101111111100001100110
D₉  = 0011110001110101010101011011
C₁₀ = 0101010111111110000110011001
D₁₀ = 1111000111101010101011001100
C₁₁ = 0101011111111000011001100101
D₁₁ = 1100011110101010101011001100 11
C₁₂ = 0101111111100001100110010101
D₁₂ = 0001111010101010110011001111
C₁₃ = 0111111110000110011001010101
D₁₃ = 0111101010101011001100111100
C₁₄ = 1111111000011001100101010101
D₁₄ = 1110101010101100110011110001
C₁₅ = 1111100001100110010101010111
D₁₅ = 1010101010110011001111000111
C₁₆ = 1111000011001100101010101111
D₁₆ = 0101010101100110011110001111
```

現在就可以得到第 n 輪的新金鑰 K_n（1≤n≤16）了。具體做法是，對每對拼合後的臨時子金鑰 C_nD_n 按表 3-3 執行變換。

⬇ 表 3-3 對每對拼合後的臨時子金鑰 C_nD_n 執行變換順序

14	17	11	24	1	5
3	28	15	6	21	10
23	19	12	4	26	8
16	7	27	20	13	2
41	52	31	37	47	55
30	40	51	45	33	48

每對臨時子金鑰有 56 位元，但表 3-2 僅使用其中的 48 位元。該表格的數字同樣表示位置，讓每對臨時子金鑰對應位置上的位元值站到該表格中去，從而形成新的子金鑰。於是，第 n 輪的新子金鑰 K_n 的第 1 位元來自組合的臨時子金鑰 C_nD_n 的第 14 位元，第 2 位元來自第 17 位元，依此類推，直到新金鑰的第 48 位元來自組合金鑰的第 32 位元。比如，對於第 1 輪的組合的臨時子金鑰，我們有：

C_1D_1 = 1110000 1100110 0101010 1011111 1010101 0110011 0011110 0011110

透過表 3-3 的變換後，得到：

K_1 = 000110 110000 001011 101111 111111 000111 000001 110010

透過表 3-3，我們可以讓 56 位元的長度變為 48 位元。同理，對於其他金鑰得到：

K_2 = 011110 011010 111011 011001 110110 111100 100111 100101
K_3 = 010101 011111 110010 001010 010000 101100 111110 011001
K_4 = 011100 101010 110111 010110 110110 110011 010100 011101
K_5 = 011111 001110 110000 000111 111010 110101 001110 101000
K_6 = 011000 111010 010100 111110 010100 000111 101100 101111
K_7 = 111011 001000 010010 110111 111101 100001 100010 111100
K_8 = 111101 111000 101000 111010 110000 010011 101111 111011
K_9 = 111000 001101 101111 101011 111011 011110 011110 000001
K_{10} = 101100 011111 001101 000111 101110 100100 011001 001111
K_{11} = 001100 010101 111111 010011 110111 101101 001110 000110
K_{12} = 011101 010111 000111 110101 100101 000110 011111 101001
K_{13} = 100101 111100 010111 010001 111110 101011 101001 000001
K_{14} = 010111 110100 001110 110111 111100 101010 011100 111010
K_{15} = 101111 111001 000110 001101 001111 010011 111100 001010
K_{16} = 110010 110011 110110 001011 000011 100001 011111 110101

16 組子金鑰全部生成完畢，它們整裝待發，可以進入實際加解密運算了。為了更具體地展示上述子金鑰的生成過程，我們畫了一張圖來幫助大家了解，如圖 3-13 所示。

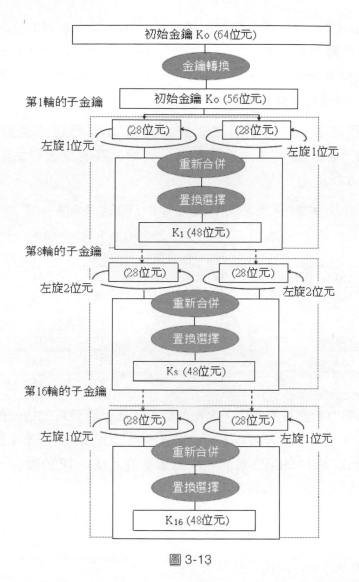

圖 3-13

左旋 1 位元的意思就是迴圈左移 1 位元。

3. DES 演算法的原理

16 個子金鑰已經全部生成完畢，下面正式進行加解密。DES 演算法是分組演算法，每組 8 位元組，加密時一組一組進行加密，解密時也是一組一組進行解密。

要加密一組明文，每個子金鑰按照順序（1~16）以一系列的位元操作施加於資料上，每個子金鑰一次，一共重複 16 次。每一次疊代稱為一輪。要對加密進行解密可以採用同樣的步驟，只是子金鑰是按照逆向的順序（16~1）對加密進行處理的。

我們先來看加密，首先要對某個明文分組 M 進行初始變換（Initial Permutation，IP），變換依然是透過一張表格，讓明文出列站到表格上去，如表 3-4 所示。

⬇ 表 3-4 對某個明文分組 M 進行初始變換順序

58	50	42	34	26	18	10	2
60	52	44	36	28	20	12	4
62	54	46	38	30	22	14	6
64	56	48	40	32	24	16	8
57	49	41	33	25	17	9	1
59	51	43	35	27	19	11	3
61	53	45	37	29	21	13	5
63	55	47	39	31	23	15	7

表格的索引對應新資料的索引，表格的數值 x 表示新資料的這一位元來自舊資料的第 x 位元。參照表 3-3，M 的第 58 位元成為 IP 的第 1 位元，M 的第 50 位元成為 IP 的第 2 位元，M 的第 7 位元成為 IP 的最後一位元。比如，假設明文分組 M 資料為：

```
M = 0000 0001 0010 0011 0100 0101 0110 0111 1000 1001 1010 1011 1100 1101 1110
1111
```

對 M 的區塊執行初始變換，得到新資料：

```
IP = 1100 1100 0000 0000 1100 1100 1111 1111 1111 0000 1010 1010 1111 0000
1010 1010
```

這裡 M 的第 58 位元是 1，變成了 IP 的第 1 位元。M 的第 50 位元是 1，變成了 IP 的第 2 位元。M 的第 7 位元是 0，變成了 IP 的最後一位元。初始變換完成。

接著把初始變換後的新資料 IP 分為 32 位元的左半邊 L_0 和 32 位元的右半邊 R_0：

```
L₀ = 1100 1100 0000 0000 1100 1100 1111 1111
R₀ = 1111 0000 1010 1010 1111 0000 1010 1010
```

我們接著執行 16 個疊代，疊代過程就是：對於 $1 \leqslant n \leqslant 16$，使用函數 f，函數 f 輸入兩個區塊，一個 32 位元的資料區塊和一個 48 位元的金鑰區塊 K_n，輸出一個 32 位元的區塊。定義符號 $\oplus$ 表示互斥運算。那麼讓 n 從 1 迴圈到 16，我們計算：

```
Lₙ = Rₙ₋₁
Rₙ = Lₙ₋₁⊕f(Rₙ₋₁,Kₙ)
```

這樣就獲得了最終區塊，也就是 n=16 的 $L_{16}R_{16}$。這個過程就是拿前一個疊代結果的右邊 32 位元作為當前疊代左邊 32 位元。對於當前疊代的右邊 32 位元，將它和上一個疊代的 f 函數的輸出執行 XOR 運算。

比如，對於 n=1，我們有：

```
K₁ = 000110 110000 001011 101111 111111 000111 000001 110010
L₁ = R₀ = 1111 0000 1010 1010 1111 0000 1010 1010
R₁ = L₀⊕f(R₀,K₁)
```

剩下的就是 f 函數的工作了。為了計算 f，我們首先拓展每個 R_{n-1}，將其從 32 位元拓展到 48 位元。這是透過一張表來重複 R_{n-1} 中的一些位元來實現的。這張表如圖 3-14 所示。

32	1	2	3	4	5
4	5	6	7	8	9
8	9	10	11	12	13
12	13	14	15	16	17
16	17	18	19	20	21
20	21	22	23	24	25
24	25	26	27	28	29
28	29	30	31	32	1

圖 3-14

我們用一個函數 E 來表示這個過程。也就是説,函數 $E(R_{n-1})$ 輸入 32 位元,輸出 48 位元。比如,指定 R_0,我們可以計算出 $E(R_0)$:

```
R₀ = 1111 0000 1010 1010 1111 0000 1010 1010
E(R₀) = 011110 100001 010101 010101 011110 100001 010101 010101
```

注意,輸入的每 4 位元一個分組被拓展為輸出的每 6 位元一個分組。接著在 f 函數中,對輸出的 $E(R_{n-1})$ 和金鑰 K_n 執行 XOR 運算:

```
Kₙ⊕E(Rₙ₋₁)
```

比如,對於 $K_1 \oplus E(R_0)$,我們有:

```
K₁ = 000110 110000 001011 101111 111111 000111 000001 110010
E(R₀) = 011110 100001 010101 010101 011110 100001 010101 010101
K₁⊕E(R₀) = 011000 010001 011110 111010 100001 100110 010100 100111
```

到這裡,還沒有完成 f 函數的運算,我們僅使用一張表將 R_{n-1} 從 32 位元拓展為 48 位元,並且對這個結果和金鑰 K_n 執行了互斥運算。現在有了 48 位元的結果,或説 8 組 6 位元資料。我們現在要對每組的 6 位元執行一些奇怪的操作:將它作為一張被稱為「S 盒」的表格的位址。每組 6 位元都將給我們一個位於不同 S 盒中的位址,在那個位址裡存放著一個 4 位元的資料,這個 4 位元的資料將替換掉原來的 6 位元。最終結果就是,8 組 6 位元的資料被轉為 8 組 4 位元(一共 32 位元)的資料。

將上一步的 48 位元的結果寫成以下形式:

```
Kₙ⊕E(Rₙ₋₁) =B₁B₂B₃B₄B₅B₆B₇B₈
```

每個 B_i 都是一個 6 位元的分組,我們現在計算 $S_1(B_1)S_2(B_2)S_3(B_3)S_4(B_4)$ $S_5(B_5)S_6(B_6)S_7(B_7)S_8(B_8)$,其中,$S_i(B_i)$ 指的是第 i 個 S 盒的輸出。為了計算每個 S 函數 $S_1, S_2, \cdots, S_8$,取一個 6 位元的區塊作為輸入,輸出一個 4 位元的區塊。決定 S_1 的表格如圖 3-15 所示。

行 \ 列	0	1	2	3	4	5	6	7	8	9	10	11	12	13	14	15
S_1 0	14	4	13	1	2	15	11	8	3	10	6	12	5	9	0	7
1	0	15	7	4	14	2	13	1	10	6	12	11	9	5	3	8
2	4	1	14	8	13	6	2	11	15	12	9	7	3	10	5	0
3	15	12	8	2	4	9	1	7	5	11	3	14	10	0	6	13

圖 3-15

如果 S_1 是定義在這張表上的函數，B 是一個 6 位元的區塊，那麼計算 $S_1(B)$ 的方法是：B 的第一位元和最後一位元組合起來的二進位數字決定一個介於 0 和 3 之間的十進位數字（或二進位數字 00 到 11 之間），設這個數為 i。B 的中間 4 位元二進位數字代表一個介於 0 到 15 之間的十進位數字（二進位數字 0000 到 1111），設這個數為 j。查表找到第 i 行第 j 列的那個數，這是一個介於 0 和 15 之間的數，並且它能由一個唯一的 4 位元區塊表示。這個區塊就是函數 S_1 輸入 B 得到的輸出 $S_1(B)$。比如，輸入 B=011011，第一位元是 0，最後一位元是 1，決定了行號是 01，也就是十進位的 1。中間 4 位元是 1101，也就是十進位的 13，所以列號是 13。查表第 1 行第 13 列得到數字 5。這決定了輸出，5 是二進位 0101，所以輸出就是 0101，即 S1(011011) = 0101。

同理，定義這 8 個函數 $S_1,\cdots,S_8$ 的表格如圖 3-16 所示。

對於第一輪，我們得到這 8 個 S 盒的輸出：

```
K₁ +E(R₀) = 011000 010001 011110 111010 100001 100110 010100 100111
S₁(B₁)S₂(B₂)S₃(B₃)S₄(B₄)S₅(B₅)S₆(B₆)S₇(B₇)S₈(B₈) = 0101 1100 1000 0010 1011 0101
1001 0111
```

函數 f 的最後一步就是對 S 盒的輸出進行一個變換來產生最終值：

```
f = P(S₁(B₁)S₂(B₂)⋯S₈(B₈))
```

行\列	0	1	2	3	4	5	6	7	8	9	10	11	12	13	14	15
S_1 0	14	4	13	1	2	15	11	8	3	10	6	12	5	9	0	7
1	0	15	7	4	14	2	13	1	10	6	12	11	9	5	3	8
2	4	1	14	8	13	6	2	11	15	12	9	7	3	10	5	0
3	15	12	8	2	4	9	1	7	5	11	3	14	10	0	6	13
S_2 0	15	1	8	14	6	11	3	4	9	7	2	13	12	0	5	10
1	3	13	4	7	15	2	8	14	12	0	1	10	6	9	11	5
2	0	14	7	11	10	4	13	1	5	8	12	6	9	3	2	15
3	13	8	10	1	3	15	4	2	11	6	7	12	0	5	14	9
S_3 0	10	0	9	14	6	3	15	5	1	13	12	7	11	4	2	8
1	13	7	0	9	3	4	6	10	2	8	5	14	12	11	15	1
2	13	6	4	9	8	15	3	0	11	1	2	12	5	10	14	7
3	1	10	13	0	6	9	8	7	4	15	14	3	11	5	2	12
S_4 0	7	13	14	3	0	6	9	10	1	2	8	5	11	12	4	15
1	13	8	11	5	6	15	0	3	4	7	2	12	1	10	14	9
2	10	6	9	0	12	11	7	13	15	1	3	14	5	2	8	4
3	3	15	0	6	10	1	13	8	9	4	5	11	12	7	2	14
S_5 0	2	12	4	1	7	10	11	6	8	5	3	15	13	0	14	9
1	14	11	2	12	4	7	13	1	5	0	15	10	3	9	8	6
2	4	2	1	11	10	13	7	8	15	9	12	5	6	3	0	14
3	11	8	12	7	1	14	2	13	6	15	0	9	10	4	5	3
S_6 0	12	1	10	15	9	2	6	8	0	13	3	4	14	7	5	11
1	10	15	4	2	7	12	9	5	6	1	13	14	0	11	3	8
2	9	14	15	5	2	8	12	3	7	0	4	10	1	13	11	6
3	4	3	2	12	9	5	15	10	11	14	1	7	6	0	8	13
S_7 0	4	11	2	14	15	0	8	13	3	12	9	7	5	10	6	1
1	13	0	11	7	4	9	1	10	14	3	5	12	2	15	8	6
2	1	4	11	13	12	3	7	14	10	15	6	8	0	5	9	2
3	6	11	13	8	1	4	10	7	9	5	0	15	14	2	3	12
S_8 0	13	2	8	4	6	15	11	1	10	9	3	14	5	0	12	7
1	1	15	13	8	10	3	7	4	12	5	6	11	0	14	9	2
2	7	11	4	1	9	12	14	2	0	6	10	13	15	3	5	8
3	2	1	14	7	4	10	8	13	15	12	9	0	3	5	6	11

圖 3-16

其中，變換 P 由表 3-5 定義。P 輸入 32 位元資料，透過索引產生 32 位元輸出。

⬇ 表 3-5　變換 P 的定義

	位置	位置	位置	位置
第 1 組 4 位元位置	16	7	20	21
第 2 組 4 位元位置	29	12	28	17
第 3 組 4 位元位置	1	15	23	26
第 4 組 4 位元位置	5	18	31	10
第 5 組 4 位元位置	2	8	24	14
第 6 組 4 位元位置	32	27	3	9
第 7 組 4 位元位置	19	13	30	6
第 8 組 4 位元位置	22	11	4	25

比如，對於 8 個 S 盒的輸出：

```
S₁(B₁)S₂(B₂)S₃(B₃)S₄(B₄)S₅(B₅)S₆(B₆)S₇(B₇)S₈(B₈) = 0101 1100 1000 0010 1011 0101 1001
0111
```

我們得到：

```
f = 0010 0011 0100 1010 1010 1001 1011 1011
```

那麼：

```
R₁ = L₀⊕f(R₀ , K₁)
  = 1100 1100 0000 0000 1100 1100 1111 1111 ⊕ 0010 0011 0100 1010 1010 1001
    1011 1011
  = 1110 1111 0100 1010 0110 0101 0100 0100
```

在下一輪疊代中，$L_2 = R_1$，這就是我們剛剛計算的結果。之後必須計算 $R_2 = L_1 + f(R_1, K_2)$，一直完成 16 個疊代。在第 16 個疊代之後，我們有了區塊 L_{16} 和 R_{16}。接著逆轉兩個區塊的順序得到一個 64 位元的區塊：$R_{16}L_{16}$，然後對其執行一個最終的變換 IP-1，其定義如表 3-6 所示。

⬇ 表 3-6 最終的變換定義表

40	8	48	16	56	24	64	32
39	7	47	15	55	23	63	31
38	6	46	14	54	22	62	30
37	5	45	13	53	21	61	29
36	4	44	12	52	20	60	28
35	3	43	11	51	19	59	27
34	2	42	10	50	18	58	26
33	1	41	9	49	17	57	25

也就是說，該變換輸出的第 1 位元是輸入的第 40 位元，輸出的第 2 位元是輸入的第 8 位元，一直到將輸入的第 25 位元作為輸出的最後一位元。

比如，如果使用上述方法獲得了第 16 輪的左右兩個區塊：

```
L₁₆ = 0100 0011 0100 0010 0011 0010 0011 0100
R₁₆ = 0000 1010 0100 1100 1101 1001 1001 0101
```

我們將這兩個區塊調換位置，然後執行最終變換：

```
R₁₆L₁₆ = 00001010 01001100 11011001 10010101 01000011 01000010 00110010 00110100
IP-1 = 10000101 11101000 00010011 01010100 00001111 00001010 10110100 00000101
```

寫成 16 進位得到：85E813540F0AB405。

這就是明文 M = 0123456789ABCDEF 的加密形式 C = 85E813540F0AB405。

解密就是加密的反過程。執行上述步驟，只不過在 16 輪疊代中，調轉左右子金鑰的位置而已。

4. 3DES

DES 是一個經典的對稱加密演算法，但缺陷也很明顯，即 56 位元的金鑰安全性不足，已被證實可以在短時間內破解。為了解決此問題，出現了 3DES（也稱 Triple DES）。3DES 為 DES 向 AES 過渡的加密演算法，它使用 3 筆 56 位元的金鑰對資料進行三次加解密。為了相容普通的 DES，3DES 加密並沒有直接使用「加密→加密→加密」的方式，而是採用了

「加密→解密→加密」的方式。當三重金鑰均相同時，前兩步相互抵消，相當於僅實現了一次加密，因此可實現對普通 DES 加密演算法的相容。

3DES 解密過程與加密過程相反，即反向使用金鑰，以金鑰 3、金鑰 2、金鑰 1 的循序執行「解密→加密→解密」。

設 $E_k()$ 和 $D_k()$ 代表 DES 演算法的加密和解密過程，k_1、k_2、k_3 代表 DES 演算法使用的金鑰，P 代表明文，C 代表加密。這樣，3DES 加密過程為：$C=Ek_3(Dk_2(Ek_1(P)))$，即先用金鑰 k_1 做 DES 加密，再用 k_2 做 DES 解密，再用 k_3 做 DES 加密。3DES 解密過程為：$P=Dk_1((Ek_2(Dk_3(C)))$，即先用 k_3 加密，再用 k_2 做 DES 加密，再用 k_1 做 DES 解密。這裡可以 $k_1=k_3$，但不能 $k_1=k_2=k_3$（如果相等的話就成了 DES 演算法，因為三次裡面有兩次 DES 使用相同的金鑰進行加解密，從而抵消掉了，等於沒做，只有最後一次 DES 起了作用）。3DES 演算法如圖 3-17 所示。

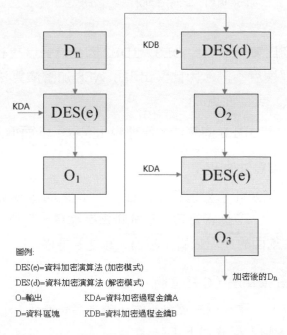

圖 3-17

這裡，我們列出 3DES 加密的虛擬程式碼：

```
void 3DES_ENCRYPT()
{
        DES(Out, In, &SubKey[0], ENCRYPT);      //DES加密
        DES(Out, Out, &SubKey[1], DECRYPT);     //DES解密
        DES(Out, Out, &SubKey[0], ENCRYPT);     //DES加密
}
```

其中，SubKey 是 16 圈子金鑰，全域定義如下：

```
bool SubKey[2][16][48];
```

3DES 的解密虛擬程式碼如下：

```
void 3DES_DECRYPT ()
{
        DES(Out, In, &SubKey[0], DECRYPT);      //DES解密
        DES(Out, Out, &SubKey[1], ENCRYPT);     //DES加密
        DES(Out, Out, &SubKey[0], DECRYPT);     //DES解密
}
```

具體實現稍後會列出實例。相比 DES，3DES 因金鑰長度變長，安全性有所提升，但其處理速度不高。因此又出現了 AES 加密演算法，AES 相較於 3DES 速度更快、安全性更高。

至此，我們對 DES 和 3DES 演算法的原理説明完畢，下面進入實戰。

5. DES 和 3DES 演算法實現

紙上得來終覺淺，絕知此事要躬行。前面講了不少 DES 演算法的原理，現在我們將在 VC 2017 下進行實現。程式稍微有點長，但筆者對關鍵程式都做了註釋，結合前面的原理來看，相信大家能看得懂。

【例 3.4】實現 DES 演算法（C 語言版）

（1）打開 VC 2017，新建一個主控台專案，專案名是 test。

（2）打開 test.cpp，輸入程式如下：

```
#include <pch.h>
#include <stdio.h>
```

```
#include <memory.h>
#include <string.h>

typedef bool(*PSubKey)[16][48];
enum { ENCRYPT, DECRYPT };                    //選擇：加密、解密
static bool SubKey[2][16][48];                //16圈子金鑰
static bool Is3DES;                           //3次DES標示
static char Tmp[256], deskey[16];             //暫存字串、金鑰串

static void DES(char Out[8], char In[8], const PSubKey pSubKey, bool Type);
//標準DES加/解密
static void SetKey(const char* Key, int len);              //設定金鑰
static void SetSubKey(PSubKey pSubKey, const char Key[8]);  //設定子金鑰
static void F_func(bool In[32], const bool Ki[48]);         //f函數
static void S_func(bool Out[32], const bool In[48]);        //S盒代替
static void Transform(bool *Out, bool *In, const char *Table, int len);//變換
static void Xor(bool *InA, const bool *InB, int len);       //互斥
static void RotateL(bool *In, int len, int loop);           //迴圈左移
static void ByteToBit(bool *Out, const char *In, int bits); //位元組轉換成位元組
static void BitToByte(char *Out, const bool *In, int bits); //位元組轉換成位元組

// Type（選擇）—ENCRYPT：加密，DECRYPT：解密
// 輸出緩衝區（Out）的長度≥((datalen|7)/0)*8，即比datalen大且是8的倍數的最小止
   整數
// In = Out時，加/解密後將覆蓋輸入緩衝區（In）的內容
// 當keylen>8時，系統自動使用3次DES加/解密，否則使用標準DES加/解密，超過16位元
   組後只取前16位元組

//加密解密函數
bool DES_Act(char *Out, char *In, long datalen, const char *Key, int keylen,
bool Type = ENCRYPT);
int main()
{
    char plain_text[100] = { 0 };                 // 設定明文

    char key[100] = { 0 };                        // 金鑰設定
    printf("請輸入明文：\n");
    gets_s(plain_text);
    printf("\n 請輸入金鑰：\n");
    gets_s(key);
    char encrypt_text[255];                       // 加密
    char decrypt_text[255];                       // 解加密
    //memset(a,b,c)函數，從a的位址開始到c的長度的位元組都初始化為b
```

```
    memset(encrypt_text, 0, sizeof(encrypt_text));
    memset(decrypt_text, 0, sizeof(decrypt_text));
    // 進行DES加密
    DES_Act(encrypt_text, plain_text, sizeof(plain_text), key, sizeof(key),
ENCRYPT);
    printf("\nDES加密後的加密:\n");
    printf("%s\n\n", encrypt_text);
    // 進行DES解密
    DES_Act(decrypt_text, encrypt_text, sizeof(plain_text), key, sizeof(key),
DECRYPT);
    printf("\n解密後的輸出:\n");
    printf("%s", decrypt_text);
    printf("\n\n");
    getchar();
    return 0;
}
//下面是DES演算法中用到的各種表
// 初始置換IP表
const static char IP_Table[64] =
{
    58, 50, 42, 34, 26, 18, 10, 2, 60, 52, 44, 36, 28, 20, 12, 4,
    62, 54, 46, 38, 30, 22, 14, 6, 64, 56, 48, 40, 32, 24, 16, 8,
    57, 49, 41, 33, 25, 17,  9, 1, 59, 51, 43, 35, 27, 19, 11, 3,
    61, 53, 45, 37, 29, 21, 13, 5, 63, 55, 47, 39, 31, 23, 15, 7
};
// 逆初始置換IP1表
const static char IP1_Table[64] =
{
    40, 8, 48, 16, 56, 24, 64, 32, 39, 7, 47, 15, 55, 23, 63, 31,
    38, 6, 46, 14, 54, 22, 62, 30, 37, 5, 45, 13, 53, 21, 61, 29,
    36, 4, 44, 12, 52, 20, 60, 28, 35, 3, 43, 11, 51, 19, 59, 27,
    34, 2, 42, 10, 50, 18, 58, 26, 33, 1, 41,  9, 49, 17, 57, 25
};
// 擴充置換E表
static const char Extension_Table[48] =
{
    32,  1,  2,  3,  4,  5,  4,  5,  6,  7,  8,  9,
    8,  9, 10, 11, 12, 13, 12, 13, 14, 15, 16, 17,
    16, 17, 18, 19, 20, 21, 20, 21, 22, 23, 24, 25,
    24, 25, 26, 27, 28, 29, 28, 29, 30, 31, 32,  1
};
// P盒置換表
const static char P_Table[32] =
```

```
{
    16, 7, 20, 21, 29, 12, 28, 17, 1,  15, 23, 26, 5,  18, 31, 10,
    2,  8, 24, 14, 32, 27, 3,  9,  19, 13, 30, 6,  22, 11, 4,  25
};
// 金鑰置換表
const static char PC1_Table[56] =
{
    57, 49, 41, 33, 25, 17, 9,  1, 58, 50, 42, 34, 26, 18,
    10, 2, 59, 51, 43, 35, 27, 19, 11, 3, 60, 52, 44, 36,
    63, 55, 47, 39, 31, 23, 15, 7, 62, 54, 46, 38, 30, 22,
    14, 6, 61, 53, 45, 37, 29, 21, 13, 5, 28, 20, 12, 4
};
// 壓縮置換表
const static char PC2_Table[48] =
{
    14, 17, 11, 24, 1,  5,  3, 28, 15, 6, 21, 10,
    23, 19, 12, 4, 26, 8, 16, 7, 27, 20, 13, 2,
    41, 52, 31, 37, 47, 55, 30, 40, 51, 45, 33, 48,
    44, 49, 39, 56, 34, 53, 46, 42, 50, 36, 29, 32
};
// 每輪移動的位數
const static char LOOP_Table[16] =
{
    1,1,2,2,2,2,2,2,1,2,2,2,2,2,2,1
};
// S盒設計
const static char S_Box[8][4][16] =
{
    // S盒1
    14, 4, 13, 1, 2, 15, 11, 8, 3, 10, 6, 12, 5, 9, 0, 7,
    0, 15, 7, 4, 14, 2, 13, 1, 10, 6, 12, 11, 9, 5, 3, 8,
    4, 1, 14, 8, 13, 6, 2, 11, 15, 12, 9, 7, 3, 10, 5, 0,
    15, 12, 8, 2, 4, 9, 1, 7, 5, 11, 3, 14, 10, 0, 6, 13,
    // S盒2
    15, 1, 8, 14, 6, 11, 3, 4, 9, 7, 2, 13, 12, 0, 5, 10,
    3, 13, 4, 7, 15, 2, 8, 14, 12, 0, 1, 10, 6, 9, 11, 5,
    0, 14, 7, 11, 10, 4, 13, 1, 5, 8, 12, 6, 9, 3, 2, 15,
    13, 8, 10, 1, 3, 15, 4, 2, 11, 6, 7, 12, 0, 5, 14, 9,
    // S盒3
    10, 0, 9, 14, 6, 3, 15, 5, 1, 13, 12, 7, 11, 4, 2, 8,
    13, 7, 0, 9, 3, 4, 6, 10, 2, 8, 5, 14, 12, 11, 15, 1,
    13, 6, 4, 9, 8, 15, 3, 0, 11, 1, 2, 12, 5, 10, 14, 7,
    1, 10, 13, 0, 6, 9, 8, 7, 4, 15, 14, 3, 11, 5, 2, 12,
```

```
    // S盒4
    7, 13, 14,  3,  0,  6,  9, 10,  1,  2,  8,  5, 11, 12,  4, 15,
   13,  8, 11,  5,  6, 15,  0,  3,  4,  7,  2, 12,  1, 10, 14,  9,
   10,  6,  9,  0, 12, 11,  7, 13, 15,  1,  3, 14,  5,  2,  8,  4,
    3, 15,  0,  6, 10,  1, 13,  8,  9,  4,  5, 11, 12,  7,  2, 14,
    // S盒5
    2, 12,  4,  1,  7, 10, 11,  6,  8,  5,  3, 15, 13,  0, 14,  9,
   14, 11,  2, 12,  4,  7, 13,  1,  5,  0, 15, 10,  3,  9,  8,  6,
    4,  2,  1, 11, 10, 13,  7,  8, 15,  9, 12,  5,  6,  3,  0, 14,
   11,  8, 12,  7,  1, 14,  2, 13,  6, 15,  0,  9, 10,  4,  5,  3,
    // S盒6
   12,  1, 10, 15,  9,  2,  6,  8,  0, 13,  3,  4, 14,  7,  5, 11,
   10, 15,  4,  2,  7, 12,  9,  5,  6,  1, 13, 14,  0, 11,  3,  8,
    9, 14, 15,  5,  2,  8, 12,  3,  7,  0,  4, 10,  1, 13, 11,  6,
    4,  3,  2, 12,  9,  5, 15, 10, 11, 14,  1,  7,  6,  0,  8, 13,
    // S盒7
    4, 11,  2, 14, 15,  0,  8, 13,  3, 12,  9,  7,  5, 10,  6,  1,
   13,  0, 11,  7,  4,  9,  1, 10, 14,  3,  5, 12,  2, 15,  8,  6,
    1,  4, 11, 13, 12,  3,  7, 14, 10, 15,  6,  8,  0,  5,  9,  2,
    6, 11, 13,  8,  1,  4, 10,  7,  9,  5,  0, 15, 14,  2,  3, 12,
    // S盒8
   13,  2,  8,  4,  6, 15, 11,  1, 10,  9,  3, 14,  5,  0, 12,  7,
    1, 15, 13,  8, 10,  3,  7,  4, 12,  5,  6, 11,  0, 14,  9,  2,
    7, 11,  4,  1,  9, 12, 14,  2,  0,  6, 10, 13, 15,  3,  5,  8,
    2,  1, 14,  7,  4, 10,  8, 13, 15, 12,  9,  0,  3,  5,  6, 11
};

//下面是DES演算法中呼叫的函數
// 位元組轉換函數
void ByteToBit(bool *Out, const char *In, int bits)
{
    for (int i = 0; i < bits; ++i)
        Out[i] = (In[i >> 3] >> (i & 7)) & 1;   //In[i>>3]的作用是取出1個位元
組：i=0~7的時候就取出In[0]，i=8~15的時候就取出In[1]，…
//In[i>>3]>> (&7)是把取出來的1位元組右移0~7位元，也就是依次取出那個位元組的每
一個Bit
//整個函數的作用是：把In裡面的每位元組依次轉為8個Bit，最後的結果存到Out裡
}

// 位元轉換函數
void BitToByte(char *Out, const bool *In, int bits)
{
    memset(Out, 0, bits >> 3);    //把每個位元組都初始化為0
```

```
    for (int i = 0; i < bits; ++i)
        Out[i >> 3] |= In[i] << (i & 7); //i>>3位元運算，逐位元右移三位元等
於i除以8，i&7逐位元與運算等於i求餘8
}


// 變換函數
void Transform(bool *Out, bool *In, const char *Table, int len)
{
    for (int i = 0; i < len; ++i)
        Tmp[i] = In[Table[i] - 1];
    memcpy(Out, Tmp, len);
}


// 互斥函數的實現
void Xor(bool *InA, const bool *InB, int len)
{
    for (int i = 0; i < len; ++i)
        InA[i] ^= InB[i];              //互斥運算，相同為0，不同為1
}


// 輪轉函數
void RotateL(bool *In, int len, int loop)
{
    memcpy(Tmp, In, loop);            //Tmp接受左移除的loop個位元組
    memcpy(In, In + loop, len - loop); //In更新，即剩下的位元組向前移動loop個
                                        位元組
    memcpy(In + len - loop, Tmp, loop); //左移除的位元組增加到In的len-loop的位置
}


// S函數的實現
void S_func(bool Out[32], const bool In[48])   //將8組、每組6 bits的串轉化為8
組、每組4 bits的串
{
    for (char i = 0, j, k; i < 8; ++i, In += 6, Out += 4)
    {
        j = (In[0] << 1) + In[5];    //取第一位元和第六位元組成的二進位數字為
                                        S盒的垂直座標
        k = (In[1] << 3) + (In[2] << 2) + (In[3] << 1) + In[4];
        //取第二、三、四、五位元組成的二進位數字為S盒的水平座標
        ByteToBit(Out, &S_Box[i][j][k], 4);
    }
}
```

```
// F函數的實現
void F_func(bool In[32], const bool Ki[48])
{
    static bool MR[48];
    Transform(MR, In, Extension_Table, 48);    //先進行E擴充
    Xor(MR, Ki, 48);                           //再互斥
    S_func(In, MR);                            //各組字串分別經過各自的S盒
    Transform(In, In, P_Table, 32);            //最後P變換
}


// 設定子金鑰
void SetSubKey(PSubKey pSubKey, const char Key[8])
{
    static bool K[64], *KL = &K[0], *KR = &K[28]; //將64位元金鑰串去掉8位元交
                                                    錯位後，分成兩份
    ByteToBit(K, Key, 64);                      //轉換格式
    Transform(K, K, PC1_Table, 56);

    for (int i = 0; i < 16; ++i)                //由56位元金鑰產生48位元子金鑰
    {
        RotateL(KL, 28, LOOP_Table[i]);         //兩份子金鑰分別進行左移轉換
        RotateL(KR, 28, LOOP_Table[i]);
        Transform((*pSubKey)[i], K, PC2_Table, 48);
    }
}


// 設定金鑰
void SetKey(const char* Key, int len)
{
    memset(deskey, 0, 16);
    memcpy(deskey, Key, len > 16 ? 16 : len);
    //memcpy(a,b,c)函數，將從b位址開始到c長度的位元組的內容複製到a
    SetSubKey(&SubKey[0], &deskey[0]); //設定子金鑰
    Is3DES = len > 8 ? (SetSubKey(&SubKey[1], &deskey[8]), true) : false;
}


// DES加解密函數
void DES(char Out[8], char In[8], const PSubKey pSubKey, bool Type)
{
    static bool M[64], tmp[32], *Li = &M[0], *Ri = &M[32];
    //64 bits明文經過IP置換後，分成左右兩份
    ByteToBit(M, In, 64);
    Transform(M, M, IP_Table, 64);
```

```
    if (Type == ENCRYPT)                    //加密
    {
        for (int i = 0; i < 16; ++i)        //加密時，子金鑰K₀~K₁₅
        {
            memcpy(tmp, Ri, 32);
            F_func(Ri, (*pSubKey)[i]);      //呼叫F函數
            Xor(Ri, Li, 32);                //Lᵢ與Rᵢ互斥
            memcpy(Li, tmp, 32);
        }
    }
    else                                    //解密
    {
        for (int i = 15; i >= 0; --i)       //解密時：Kᵢ的順序與加密相反
        {
            memcpy(tmp, Li, 32);
            F_func(Li, (*pSubKey)[i]);
            Xor(Li, Ri, 32);
            memcpy(Ri, tmp, 32);
        }
    }
    Transform(M, M, IP1_Table, 64);         //最後經過逆初始置換IP-1，得到加密/明文
    BitToByte(Out, M, 64);
}

// DES和3DES加解密函數（可以對長明文分段加密，並且支援DES和3DES）
bool DES_Act(char *Out, char *In, long datalen, const char *Key, int keylen,
bool Type)
{
    if (!(Out && In && Key && (datalen = (datalen + 7) & 0xfffffff8)))
        return false;
    SetKey(Key, keylen);
    if (!Is3DES)        // 全域Bool類型的變數，用於標記是否進行3DES演算法
    {               // 1次DES
        for (long i = 0, j = datalen >> 3; i < j; ++i, Out |= 8, In |= 8)
            DES(Out, In, &SubKey[0], Type);
    }
    else
    {   // 3次DES 加密：加(key0)-解(key1)-加(key0)，解密：解(key0)-加(key1)
-解(key0)
        for (long i = 0, j = datalen >> 3; i < j; ++i, Out += 8, In += 8) {
            DES(Out, In, &SubKey[0], Type);
            DES(Out, Out, &SubKey[1], !Type);
```

```
            DES(Out, Out, &SubKey[0], Type);
        }
    }
    return true;
}
```

（3）保存專案並運行，運行結果如圖 3-18 所示。

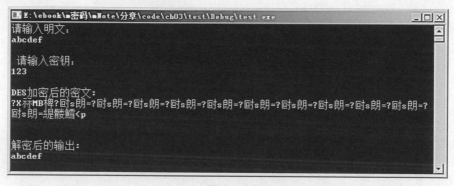

圖 3-18

以上是我們從零開始實現的 DES 演算法，這對學習了解來講是非常重要的過程。但第一線工作中，很多時候是不需要重複造輪子的，比如可以使用現成的函數庫。下面我們用 OpenSSL 來實現 DES 演算法。該例子中，我們用 ECB 工作模式，所以不需要初始向量。OpenSSL 中提供了函數 DES_ecb_encrypt 來實現 ECB 模式的 DES 演算法，該函數宣告如下：

```
void DES_ecb_encrypt(const DES_cblock *input, DES_cblock *output,
                     DES_key_schedule *ks, int enc);
```

其中，參數 input 指向輸入緩衝區，加密時表示明文，解密時表示加密；output 表示輸出緩衝區，加密時表示加密，解密時表示明文；ks 指向金鑰緩衝區；enc 表示加密還是解密。

這個金鑰結構 ks 看起來有點怪，其實它是透過其他函數轉換而來的，比以下面的程式片段：

```
DES_cblock key;                    //DES金鑰結構
DES_random_key(&key);              //生成隨機金鑰
```

```
DES_key_schedule schedule;
DES_set_key_checked(&key, &schedule);  //轉換成schedule
```

下面我們來看具體例子。

【例 3.5】實現 DES 演算法（OpenSSL 版）

（1）打開 VC 2017，新建一個主控台專案，專案名是 test。

（2）打開專案屬性，在「C/C++」→「其它 Include 目錄」旁輸入標頭檔路徑：D:\openssl-1.1.1b\win32-debug\include，然後在「連結器」→「正常」→「附加函數庫目錄」旁輸入靜態程式庫路徑：D:\openssl-1.1.1b\win32-debug\lib，再在「連結器」→「輸入」→「其它相依性」旁增加三個函數庫名：ws2_32.lib;Crypt32.lib;libcrypto.lib;，注意每個函數庫名之間用英文分號隔開。點擊「確定」按鈕關閉對話方塊。

（3）下面開始增加程式，在專案中打開 test.cpp，輸入程式如下：

```cpp
#include "pch.h"
#include <stdio.h>
#include <openssl/des.h>

int main(int argc, char **argv)
{
    DES_cblock key;
    //隨機金鑰
    DES_random_key(&key);

    DES_key_schedule schedule;
    //轉換成schedule
    DES_set_key_checked(&key, &schedule);

    const_DES_cblock input = "abc";
    DES_cblock output;

    printf("cleartext: %s\n", input);

    //加密
    DES_ecb_encrypt(&input, &output, &schedule, DES_ENCRYPT);
    printf("Encrypted!\n");
```

```
    printf("ciphertext: ");
    int i;
    for (i = 0; i < sizeof(input); i++)
        printf("%02x", output[i]);
    printf("\n");

    //解密
    DES_ecb_encrypt(&output, &input, &schedule, DES_DECRYPT);
    printf("Decrypted!\n");
    printf("cleartext:%s\n", input);

    return 0;
}
```

（4）保存專案並運行，運行結果如圖 3-19 所示。

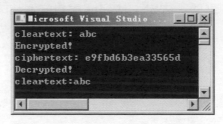

圖 3-19

3.4.4 SM4 演算法

1. 概述

隨著密碼標準的制定活動在國際上熱烈開展，中國對密碼演算法的設計與分析也越來越關注，因此中國國家密碼管理局公佈了國密演算法 SM4。SM4 演算法的全稱為 SM4 區塊編碼器演算法，是中國國家密碼管理局於 2012 年 3 月發佈的第 23 號公告中公佈的密碼業界標準。該演算法適用於無線區域網的安全領域。SM4 演算法的優點是軟體和硬體實現容易，運算速度快。

SM4 區塊編碼器演算法是一個疊代區塊編碼器演算法，由加解密演算法和金鑰擴充演算法組成。SM4 區塊編碼器演算法採用非平衡 Feistel 結構，明文分組長度為 128 位元，金鑰長度為 128 位元。加密演算法與金鑰擴充演算法都採用 32 輪非線性疊代結構。解密演算法與加密演算法的結構相同，只是輪金鑰的使用順序相反，解密輪金鑰是加密輪金鑰的反向。

與 DES 類似，SM4 演算法是一種區塊編碼器演算法。其分組長度為 128 位元，金鑰長度也為 128 位元。這裡要解釋一下分組長度和金鑰長度。所謂分組長度，就是一個資訊分組的位元位數。而金鑰長度是金鑰的位元位數。可以看出，這兩個長度都是位元位數。當然，我們平時說 16 位元組也可以。但如果看到分組長度是 128，沒有帶單位，那麼應該預設是位元。

SM4 加密演算法與金鑰擴充演算法均採用 32 輪非線性疊代結構，以字（32 位元）為單位進行加密運算，每一次疊代運算均為一輪變換函數 F。

SM4 區塊編碼器演算法在使用上表現出了安全高效的特點，與其他區塊編碼器相比較有以下優勢：

（1）演算法資源使用率高，表現為金鑰擴充演算法與加密演算法可共用。
（2）加密演算法流程和解密演算法流程一樣，只是輪金鑰順序相反，因此無論是軟體實現還是硬體實現都非常方便。
（3）演算法中包含互斥運算、資料的輸入輸出、線性置換等模組，這些模組都是按 8 位元來進行運算的，現有的處理器完全能處理。

SM4 區塊編碼器演算法主要包括加密演算法、解密演算法以及金鑰的擴充演算法三部分。其基本演算法結構如圖 3-20 所示。

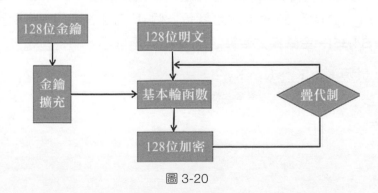

圖 3-20

可見，其最初輸入的 128 位元金鑰還要進行金鑰擴充，變成輪金鑰後才能用於演算法（輪函數）。

2. 金鑰

SM4 演算法中的加密金鑰和解密金鑰長度相同，一般定為 128 位元，即 16 位元組，在演算法中表示為 $MK=(MK_0, MK_1, MK_2, MK_3)$，其中 $MK_i(i=0,1,2,3)$ 為 32 位元。而演算法中的輪金鑰是由加密演算法的金鑰生成的，主要表示為 $(rk_0, rk_1, \cdots, rk_{31})$，其中 $rk_i(i=0,1,\cdots,31)$ 為 32 位元。

$FK=(FK_1, FK_2, FK_3, FK_4)$ 為系統參數，$CK=(CK_0, CK_1, \cdots, CK_{31})$ 為固定參數，這兩個參數主要在金鑰擴充演算法中使用，其中 $FK_i(i=0,1,\cdots,31)$，$CK_i(i=0,1,\cdots,31)$，均為 32 位元，也就是說一個 FK_i 和一個 CK_i 都是 4 位元組。

3. 金鑰擴充演算法

SM4 區塊編碼器演算法使用 128 位元的加密金鑰，加密演算法與金鑰擴充演算法都採用 32 輪非線性疊代結構，每一輪加密使用一個 32 位元的輪金鑰，共使用 32 個輪金鑰。因此，需要使用金鑰擴充演算法從加密金鑰中產生出 32 個輪金鑰。輪金鑰由加密金鑰透過金鑰擴充演算法生成。輪金鑰生成方法為：

設輸入加密金鑰為 $MK= (MK_0, MK_1, MK_2, MK_3)$，其中 $MK_i(i=0,1,2,3)$ 為 32 位元，也就是一個 MK_i 有 4 位元組。輸出輪金鑰為 $(rk_0, rk_1, \cdots, rk_{31})$，其中 $rk_i(i=0,1,\cdots,31)$ 為 32 位元，也就是一個 rk_i 有 4 位元組。中間資料為 K_i $(i=0,1,\cdots,34,35)$。金鑰擴充演算法可描述如下：

第一步，計算 K_0、K_1、K_2、K_3：

```
K₀=MK₀⊕FK₀
K₁= MK₁⊕FK₁
K₂= MK₂⊕FK₂
K₃= MK₃⊕FK₃
```

也就是加密金鑰分量和固定參數分量進行互斥。

第二步，計算後續 K_i 和每個輪金鑰 rk_i：

```
for(i=0;i<31;i++)
{
    Kᵢ₊₄= Kᵢ⊕T'(Kᵢ₊₁⊕Kᵢ₊₂⊕Kᵢ₊₃⊕Kᵢ); //計算後續Kᵢ
    rkᵢ = Kᵢ₊₄;   //得到輪金鑰
}
```

說明：

（1）T' 變換與加密演算法輪函數（後面會講到）中的 T 大致相同，只是將其中的線性變換 L 修改為以下的 L'；

```
L'(B)=B⊕(B<<<13)⊕(B<<<23)
```

（2）系統參數 FK 的設定值為：

```
FK₀=(A3B1BAC6)，FK₁=(56AA3350)，FK₂=(677D9197)，FK₃=(B27022DC)
```

（3）固定參數 CK 的設定值方法為：

設 $ck_{i,j}$ 為 CK_i 的第 j 位元組（i=0,1,…,31,j=0,1,2,3），即 $CK_i=(ck_{i,0},ck_{i,1},ck_{i,2},ck_{i,3})$，則 $ck_{i,j}=(4i+j)\times 7(mod\ 256)$。

固定參數 $CK_i(i=0,1,2,…,31)$ 的具體值為：

```
00070E15, 1C232A31, 383F464D, 545B6269,
70777E85, 8C939AA1, A8AFB6BD, C4CBD2D9,
E0E7EEF5, FC030A11, 181F262D, 343B4249,
50575E65, 6C737A81, 888F969D, A4ABB2B9,
C0C7CED5, DCE3EAF1, F8FF060D, 141B2229,
30373E45, 4C535A61, 686F767D, 848B9299,
A0A7AEB5, BCC3CAD1, D8DFE6ED, F4FB0209,
10171E25, 2C333A41, 484F565D, 646B7279。
```

4. 輪函數

在具體介紹 SM4 加密演算法之前，要先介紹一下輪函數，也就是加密演算法中每輪所使用的函數。

設輸入為 $(X_0, X_1, X_2, X_3) \in (Z_2^{32})^4$，$(Z_2^{32})^4$ 表示所屬資料是二進位形式的，每部分是 32 位元，一共 4 部分。輪金鑰為 $rk \in Z_2^{32}$，則輪函數 F 為：

```
F(X₀, X₁, X₂, X₃,rk)= X₀⊕T(X₁⊕X₂⊕X₃⊕rk)
```

這就是輪函數的結構，其中 T 叫作合成置換，它是可逆變換（$T : Z_2^{32} \to Z_2^{32}$），由非線性變換 τ 和線性變換 L 複合而成，即 $T(\,\cdot\,)=L(\tau(\,\cdot\,))$。我們分別來看一下 τ 和 L。

（1）非線性變換 τ

非線性變換 τ 由 4 個 S 盒平行組成。假設輸入的內容為 $A=(a_0,a_1,a_2,a_3) \in (Z_2^8)^4$，透過進行非線性變換，最後演算法的輸出結果為 $B=(b_0,b_1,b_2,b_3) \in (Z_2^8)^4$，即：

```
B=(b₀,b₁,b₂,b₃)= τ(A)= (Sbox(a₀),Sbox(a₁),Sbox(a₂),Sbox(a₃))
```

其中，Sbox 資料定義如下：

```
unsigned int Sbox[16][16] =
{
    0xd6, 0x90, 0xe9, 0xfe, 0xcc, 0xe1, 0x3d, 0xb7, 0x16, 0xb6, 0x14, 0xc2,
        0x28, 0xfb, 0x2c, 0x05, 0x2b, 0x67, 0x9a, 0x76, 0x2a, 0xbe, 0x04, 0xc3,
        0xaa, 0x44, 0x13, 0x26, 0x49, 0x86, 0x06, 0x99, 0x9c, 0x42, 0x50, 0xf4,
        0x91, 0xef, 0x98, 0x7a, 0x33, 0x54, 0x0b, 0x43, 0xed, 0xcf, 0xac, 0x62,
        0xe4, 0xb3, 0x1c, 0xa9, 0xc9, 0x08, 0xe8, 0x95, 0x80, 0xdf, 0x94, 0xfa,
        0x75, 0x8f, 0x3f, 0xa6, 0x47, 0x07, 0xa7, 0xfc, 0xf3, 0x73, 0x17, 0xba,
        0x83, 0x59, 0x3c, 0x19, 0xe6, 0x85, 0x4f, 0xa8, 0x68, 0x6b, 0x81, 0xb2,
        0x71, 0x64, 0xda, 0x8b, 0xf8, 0xeb, 0x0f, 0x4b, 0x70, 0x56, 0x9d, 0x35,
        0x1e, 0x24, 0x0e, 0x5e, 0x63, 0x58, 0xd1, 0xa2, 0x25, 0x22, 0x7c, 0x3b,
        0x01, 0x21, 0x78, 0x87, 0xd4, 0x00, 0x46, 0x57, 0x9f, 0xd3, 0x27, 0x52,
        0x4c, 0x36, 0x02, 0xe7, 0xa0, 0xc4, 0xc8, 0x9e, 0xea, 0xbf, 0x8a, 0xd2,
        0x40, 0xc7, 0x38, 0xb5, 0xa3, 0xf7, 0xf2, 0xce, 0xf9, 0x61, 0x15, 0xa1,
        0xe0, 0xae, 0x5d, 0xa4, 0x9b, 0x34, 0x1a, 0x55, 0xad, 0x93, 0x32, 0x30,
        0xf5, 0x8c, 0xb1, 0xe3, 0x1d, 0xf6, 0xe2, 0x2e, 0x82, 0x66, 0xca, 0x60,
        0xc0, 0x29, 0x23, 0xab, 0x0d, 0x53, 0x4e, 0x6f, 0xd5, 0xdb, 0x37, 0x45,
        0xde, 0xfd, 0x8e, 0x2f, 0x03, 0xff, 0x6a, 0x72, 0x6d, 0x6c, 0x5b, 0x51,
        0x8d, 0x1b, 0xaf, 0x92, 0xbb, 0xdd, 0xbc, 0x7f, 0x11, 0xd9, 0x5c, 0x41,
        0x1f, 0x10, 0x5a, 0xd8, 0x0a, 0xc1, 0x31, 0x88, 0xa5, 0xcd, 0x7b, 0xbd,
        0x2d, 0x74, 0xd0, 0x12, 0xb8, 0xe5, 0xb4, 0xb0, 0x89, 0x69, 0x97, 0x4a,
```

```
        0x0c, 0x96, 0x77, 0x7e, 0x65, 0xb9, 0xf1, 0x09, 0xc5, 0x6e, 0xc6, 0x84,
        0x18, 0xf0, 0x7d, 0xec, 0x3a, 0xdc, 0x4d, 0x20, 0x79, 0xee, 0x5f, 0x3e,
        0xd7, 0xcb, 0x39, 0x48
};
```

一共 256 個資料，也可以定義為 int s[256];。若輸 EF，則經 S 盒後的值為
第 E 行和第 F 列的值，Sbox[0xE][0xF]=84。

（2）線性變換 L

非線性變換 τ 的輸出是線性變換 L 的輸入。設輸入為 $B \in z^2$（這裡的 B 就
是上面（1）中的 B），輸出為 $C \in Z2$，則定義 L 的計算如下：

```
C=L(B)=B⊕(B<<<2)⊕(B<<<10)⊕(B<<<18)⊕(B<<<24)
```

⊕ 表示互斥，<<< 表示迴圈左移。至此，輪函數 F 已經計算成功。

5. 加密演算法

SM4 區塊編碼器演算法的加密演算法流程包含 32 次疊代運算以及一次反
序變換，用 R 來表示反序變換。

假設明文輸入為 $(X_0,X_1,X_2,X_3) \in (Z_2^{32})^4$，$(Z_2^{32})^4$ 表示所屬資料是二進位形式
的，每部分是 32 位元，一共 4 部分。加密輸出為 $(Y_0,Y_1,Y_2,Y_3) \in (Z_2^{32})^4$，
輪金鑰為 $rk_i \in (Z_2^{32})^4$，i=0,1,…,31。加密演算法的運算過程如下：

（1）32 次疊代運算：$X_{i+4}=F(X_i,X_{i+1},X_{i+2},X_{i+3},rk_i)$,i=0,1,…,31。其中，F 是輪
函數，前面介紹過了。

（2）反序變換：$(Y_0,Y_1,Y_2,Y_3)=R(X_{32},X_{33},X_{34},X_{35})=(X_{35},X_{34},X_{33},X_{32})$。對最
後一輪資料進行反序變換並得到加密輸出。

SM4 演算法的整體結構如圖 3-21 所示。

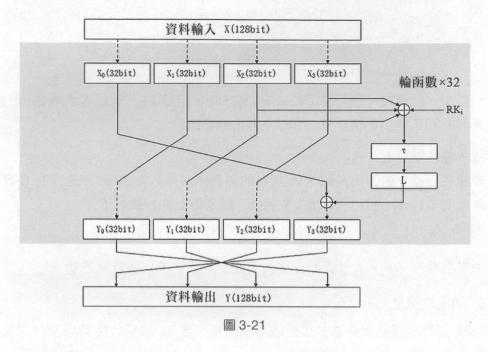

圖 3-21

6. 解密演算法

SM4 區塊編碼器演算法的解密演算法和加密演算法一致,不同的僅是輪金鑰的使用順序。在解密演算法中所使用的輪金鑰為 $(rk_{31},rk_{30},\cdots,rk_0)$。

7. SM4 演算法的實現

前面說明了 SM4 演算法的理論知識,現在我們要上機實現了。

【例 3.6】實現 SM4 演算法(16 位元組版)

(1)為什麼叫 16 位元組版呢?這是因為本例只能對 16 位元組資料進行加解密。為什麼不直接列出能對任意長度資料進行加解密的版本呢?這是因為任意長度加解密的版本也是以 16 位元組版為基礎的。別忘記了,SM4 的分組長度是 16 位元組,SM4 是分組加解密的,任何長度的明文都會劃分為 16 位元組一組,然後一組一組地進行加解密。下例將演示任意長度的版本。

打開 VC 2017,新建一個主控台專案,專案名是 test。

（2）首先來宣告幾個函數。在專案中增加一個 sm4.h，輸入程式如下：

```
#pragma once

void SM4_KeySchedule(unsigned char MK[], unsigned int rk[]); //生成輪金鑰
void SM4_Encrypt(unsigned char MK[], unsigned char PlainText[], unsigned char
CipherText[]);
void SM4_Decrypt(unsigned char MK[], unsigned char CipherText[], unsigned char
PlainText[]);
int SM4_SelfCheck();
```

其中，#pragma once 是一個比較常用的 C/C++ 前置處理指令，只要在標頭檔的最開始加入這個前置處理指令，就能夠保證標頭檔只被編譯一次。

函數 SM4_KeySchedule 用來生成輪金鑰，參數 MK 是輸入參數，存放主金鑰（也就是加密金鑰）；rk 是輸出參數，存放生成的輪金鑰。

函數 SM4_Encrypt 是 SM4 加密函數，輸入參數 MK 存放主金鑰；輸入參數 PlainText 存放要加密的明文；輸出參數 CipherText 存放加密的結果，即加密。

函數 SM4_Decrypt 是 SM4 解密函數，輸入參數 MK 存放主金鑰，這個金鑰和加密時的主金鑰必須一樣；輸入參數 CipherText 存放要解密的加密；輸出參數 PlainText 存放解密的結果，即明文。

函數 SM4_SelfCheck 是 SM4 自檢函數，它用標準資料作為輸入，那麼輸出也是一個標準結果，如果輸出和標準結果不同，就說明發生錯誤了。若函數返回 0，則表示自檢成功，否則失敗。

（3）開始實現這幾個函數。首先定義一些固定資料。在專案中新建檔案 sm4.cpp，並定義兩個全域陣列 SM4_CK 和 SM4_FK：

```
unsigned int SM4_CK[32] = { 0x00070e15, 0x1c232a31, 0x383f464d, 0x545b6269,
0x70777e85, 0x8c939aa1, 0xa8afb6bd, 0xc4cbd2d9,
0xe0e7eef5, 0xfc030a11, 0x181f262d, 0x343b4249,
0x50575e65, 0x6c737a81, 0x888f969d, 0xa4abb2b9,
0xc0c7ced5, 0xdce3eaf1, 0xf8ff060d, 0x141b2229,
0x30373e45, 0x4c535a61, 0x686f767d, 0x848b9299,
```

```
0xa0a7aeb5, 0xbcc3cad1, 0xd8dfe6ed, 0xf4fb0209,
0x10171e25, 0x2c333a41, 0x484f565d, 0x646b7279 };


unsigned int SM4_FK[4] = { 0xA3B1BAC6, 0x56AA3350, 0x677D9197, 0xB27022DC };
```

其中，SM4_CK 用來存放固定參數，SM4_FK 用來存放系統參數，這兩個參數都用於金鑰擴充演算法，也就是在 SM4_KeySchedule 中會用到。

然後增加一個全域陣列作為 S 盒：

```
unsigned char SM4_Sbox[256] =
{ 0xd6,0x90,0xe9,0xfe,0xcc,0xe1,0x3d,0xb7,0x16,0xb6,0x14,0xc2,0x28,0xfb,0x2c,
0x05,0x2b,0x67,0x9a,0x76,0x2a,0xbe,0x04,0xc3,0xaa,0x44,0x13,0x26,0x49,0x86,0x06,
0x99,0x9c,0x42,0x50,0xf4,0x91,0xef,0x98,0x7a,0x33,0x54,0x0b,0x43,0xed,0xcf,0xac,
0x62,0xe4,0xb3,0x1c,0xa9,0xc9,0x08,0xe8,0x95,0x80,0xdf,0x94,0xfa,0x75,0x8f,0x3f,
0xa6,0x47,0x07,0xa7,0xfc,0xf3,0x73,0x17,0xba,0x83,0x59,0x3c,0x19,0xe6,0x85,0x4f,
0xa8,0x68,0x6b,0x81,0xb2,0x71,0x64,0xda,0x8b,0xf8,0xeb,0x0f,0x4b,0x70,0x56,0x9d,
0x35,0x1e,0x24,0x0e,0x5e,0x63,0x58,0xd1,0xa2,0x25,0x22,0x7c,0x3b,0x01,0x21,0x78,
0x87,0xd4,0x00,0x46,0x57,0x9f,0xd3,0x27,0x52,0x4c,0x36,0x02,0xe7,0xa0,0xc4,0xc8,
0x9e,0xea,0xbf,0x8a,0xd2,0x40,0xc7,0x38,0xb5,0xa3,0xf7,0xf2,0xce,0xf9,0x61,0x15,
0xa1,0xe0,0xae,0x5d,0xa4,0x9b,0x34,0x1a,0x55,0xad,0x93,0x32,0x30,0xf5,0x8c,0xb1,
0xe3,0x1d,0xf6,0xe2,0x2e,0x82,0x66,0xca,0x60,0xc0,0x29,0x23,0xab,0x0d,0x53,0x4e,
0x6f,0xd5,0xdb,0x37,0x45,0xde,0xfd,0x8e,0x2f,0x03,0xff,0x6a,0x72,0x6d,0x6c,0x5b,
0x51,0x8d,0x1b,0xaf,0x92,0xbb,0xdd,0xbc,0x7f,0x11,0xd9,0x5c,0x41,0x1f,0x10,0x5a,
0xd8,0x0a,0xc1,0x31,0x88,0xa5,0xcd,0x7b,0xbd,0x2d,0x74,0xd0,0x12,0xb8,0xe5,0xb4,
0xb0,0x89,0x69,0x97,0x4a,0x0c,0x96,0x77,0x7e,0x65,0xb9,0xf1,0x09,0xc5,0x6e,0xc6,
0x84,0x18,0xf0,0x7d,0xec,0x3a,0xdc,0x4d,0x20,0x79,0xee,0x5f,0x3e,0xd7,0xcb,0x39,
0x48 };
```

至此，全域變數增加完畢。下面增加函數定義，首先增加生成輪金鑰的函數：

```
void SM4_KeySchedule(unsigned char MK[], unsigned int rk[])
{
    unsigned int tmp, buf, K[36];
    int i;

    //第一步，計算K₀、K₁、K₂、K₃
    for (i = 0; i < 4; i++)
    {
        K[i] = SM4_FK[i] ^ ((MK[4 * i] << 24) | (MK[4 * i + 1] << 16)
            | (MK[4 * i + 2] << 8) | (MK[4 * i + 3]));
```

```
    }

//第二步，計算後續Kᵢ和每個輪金鑰rkᵢ
    for (i = 0; i < 32; i++)
    {
        tmp = K[i + 1] ^ K[i + 2] ^ K[i + 3] ^ SM4_CK[i];
        //nonlinear operation
        buf = (SM4_Sbox[(tmp >> 24) & 0xFF]) << 24
            | (SM4_Sbox[(tmp >> 16) & 0xFF]) << 16
            | (SM4_Sbox[(tmp >> 8) & 0xFF]) << 8
            | (SM4_Sbox[tmp & 0xFF]);
        //linear operation
        K[i + 4] = K[i] ^ ((buf) ^ (SM4_Rotl32((buf), 13)) ^ (SM4_Rotl32
((buf), 23)));
        rk[i] = K[i + 4];
    }
}
```

該函數輸入加密金鑰，輸出輪金鑰。函數實現過程和前面的金鑰擴充演算
法描述完全一致，對照著看完全能看懂。其實就是兩步驟，步驟一，計算
K_0、K_1、K_2、K_3；步驟二，計算後續 K_i 和每個輪金鑰 rk_i。

下面再增加 SM4 加密函數：

```
void SM4_Encrypt(unsigned char MK[], unsigned char PlainText[], unsigned char
CipherText[])
{
    unsigned int rk[32], X[36], tmp, buf;
    int i, j;
    SM4_KeySchedule(MK, rk);           //透過加密金鑰計算輪金鑰
    for (j = 0; j < 4; j++)            //把明文位元組陣列轉成字形式
    {
        X[j] = (PlainText[j * 4] << 24) | (PlainText[j * 4 + 1] << 16)
            | (PlainText[j * 4 + 2] << 8) | (PlainText[j * 4 + 3]);
    }
    for (i = 0; i < 32; i++)           //32次疊代運算
    {
        tmp = X[i + 1] ^ X[i + 2] ^ X[i + 3] ^ rk[i];
        //nonlinear operation
        buf = (SM4_Sbox[(tmp >> 24) & 0xFF]) << 24
            | (SM4_Sbox[(tmp >> 16) & 0xFF]) << 16
            | (SM4_Sbox[(tmp >> 8) & 0xFF]) << 8
```

```
                | (SM4_Sbox[tmp & 0xFF]);
        //linear operation
        X[i + 4] = X[i] ^ (buf^SM4_Rotl32((buf), 2) ^ SM4_Rotl32((buf), 10)
            ^ SM4_Rotl32((buf), 18) ^ SM4_Rotl32((buf), 24));
    }
    for (j = 0; j < 4; j++)    //對最後一輪資料進行反序變換並得到加密輸出
    {
        CipherText[4 * j] = (X[35 - j] >> 24) & 0xFF;
        CipherText[4 * j + 1] = (X[35 - j] >> 16) & 0xFF;
        CipherText[4 * j + 2] = (X[35 - j] >> 8) & 0xFF;
        CipherText[4 * j + 3] = (X[35 - j]) & 0xFF;
    }
}
```

該函數傳入 16 位元組的加密金鑰 MK 和 16 位元組的明文 PlainText，得到 16 位元組的加密 CipherText。在函數中，首先呼叫 SM4_KeySchedule 來生成輪金鑰，然後做 32 次疊代運算，最後一個 for 迴圈就是對最後一輪資料進行反序變換並得到加密輸出。

下面再增加 SM4 解密函數：

```
void SM4_Decrypt(unsigned char MK[], unsigned char CipherText[], unsigned char
PlainText[])
{
    unsigned int rk[32], X[36], tmp, buf;
    int i, j;
    SM4_KeySchedule(MK, rk);          //透過加密金鑰計算輪金鑰
    for (j = 0; j < 4; j++)           //把加密位元組陣列存入int變數，大端模式
    {
        X[j] = (CipherText[j * 4] << 24) | (CipherText[j * 4 + 1] << 16) |
            (CipherText[j * 4 + 2] << 8) | (CipherText[j * 4 + 3]);
    }
    for (i = 0; i < 32; i++)          //32次疊代運算
    {
        tmp = X[i + 1] ^ X[i + 2] ^ X[i + 3] ^ rk[31 - i];
        //這裡和加密不同，輪金鑰倒著開始用
        //nonlinear operation
        buf = (SM4_Sbox[(tmp >> 24) & 0xFF]) << 24
            | (SM4_Sbox[(tmp >> 16) & 0xFF]) << 16
            | (SM4_Sbox[(tmp >> 8) & 0xFF]) << 8
            | (SM4_Sbox[tmp & 0xFF]);
```

```
        //linear operation
        X[i + 4] = X[i] ^ (buf^SM4_Rotl32((buf), 2) ^ SM4_Rotl32((buf), 10)
            ^ SM4_Rotl32((buf), 18) ^ SM4_Rotl32((buf), 24));
    }
    for (j = 0; j < 4; j++)     //對最後一輪資料進行反序變換並得到明文輸出
    {
        PlainText[4 * j] = (X[35 - j] >> 24) & 0xFF;
        PlainText[4 * j + 1] = (X[35 - j] >> 16) & 0xFF;
        PlainText[4 * j + 2] = (X[35 - j] >> 8) & 0xFF;
        PlainText[4 * j + 3] = (X[35 - j]) & 0xFF;
    }
}
```

該函數傳入 16 位元組的加密金鑰 MK 和 16 位元組的加密 CipherText，得到 16 位元組的明文 PlainText。我們可以看出，解密過程和加密過程幾乎一樣，區別就在於在 32 次疊代運算中，輪金鑰倒著開始用。

下面再增加 SM4 自檢函數：

```
int SM4_SelfCheck()
{
    int i;
    //Standard data
    unsigned char key[16] = { 0x01,0x23,0x45,0x67,0x89,0xab,0xcd,0xef,0xfe,
0xdc,0xba,0x98,0x76,0x54,0x32,0x10 };
    unsigned char plain[16] = { 0x01,0x23,0x45,0x67,0x89,0xab,0xcd,0xef,0xfe,
0xdc,0xba,0x98,0x76,0x54,0x32,0x10 };
    unsigned char cipher[16] = { 0x68,0x1e,0xdf,0x34,0xd2,0x06,0x96,0x5e,0x86,
0xb3,0xe9,0x4f,0x53,0x6e,0x42,0x46 };
    unsigned char En_output[16];
    unsigned char De_output[16];
    SM4_Encrypt(key, plain, En_output);
    SM4_Decrypt(key, cipher, De_output);
//進行判斷
    for (i = 0; i < 16; i++)
    {
//第一個判斷是判斷加密結果是否和標準加密資料相同，第二個判斷是判斷解密結果是否
和明文相同
        if ((En_output[i] != cipher[i]) | (De_output[i] != plain[i]))
        {
            printf("Self-check error");
            return 1;
```

```
        }
    }
    printf("Self-check success");
    return 0;
}
```

自檢函數通常用標準明文資料、標準加密金鑰資料作為輸入，然後看運算結果是否和標準加密資料一致，如果一致就說明演算法過程是正確的，否則表示出錯。

最後打開 test.cpp，增加 main 函數程式如下：

```
#include "pch.h"
#include "sm4.h"
int main()
{
    SM4_SelfCheck();
}
```

（4）保存專案並運行，運行結果如圖 3-22 所示。

圖 3-22

至此，16 位元組的 SM4 加解密函數實現成功了。但該例子無法用於第一線開發，因為第一線開發中，不可能只有 16 位元組資料需要處理。所以下面來實現一個支持任意長度的 SM4 加解密函數，並且實現 4 個分組模式（ECB、CBC、CFB 和 OFB），分組模式的概念在 3.4 節已經介紹過了，這裡不再贅述。

【例 3.7】實現 SM4-ECB/CBC/CFB/OFB 演算法（巨量資料版）

（1）我們將在上例的基礎上增加內容，使得本例能支持巨量資料的加解密。把上例複製一份，用 VC 2017 打開。

（2）在專案中打開 sm4.h，增加 3 個巨集定義：

```
#define SM4_ENCRYPT    1    //表示要進行加密運算的標記
#define SM4_DECRYPT    0    //表示要進行解密運算的標記
#define SM4_BLOCK_SIZE 16   //表示每個分組的位元組大小
```

再打開 sm4.cpp，增加 ECB 模式的 SM4 演算法如下：

```
void sm4ecb( unsigned char *in, unsigned char *out,  unsigned int length,
unsigned char *key,  unsigned int enc)
{
    unsigned int n,len = length;

//判斷參數是否為空，以及判斷長度是否為16的倍數
    if ((in == NULL) || (out == NULL) || (key == NULL)||(length% SM4_BLOCK_
SIZE!=0))
    return;

    if ((SM4_ENCRYPT != enc) && (SM4_DECRYPT != enc)) //判斷要進行加密還是解密
        return;

    //判斷資料長度是否大於分組大小（16位元組），如果是就一組一組運算
    while (len >= SM4_BLOCK_SIZE)
{
        if (SM4_ENCRYPT == enc)
            SM4_Encrypt(key,in, out);
        else
            SM4_Decrypt(key,in, out);

        len -= SM4_BLOCK_SIZE;       //每處理完一個分組，長度就要減去16
        in += SM4_BLOCK_SIZE;        //原文資料指標偏移16位元組，即指向新的未
                                       處理的資料
        out += SM4_BLOCK_SIZE;       //結果資料指標也要偏移16位元組
    }
}
```

SM4 加解密的分組大小為 128Bit，故對訊息進行加解密時，若訊息長度過長，則需要進行迴圈分組加解密。程式清楚明瞭，而且對程式進行了註釋，相信能看懂。

再在 sm4.cpp 中增加 CBC 模式的 SM4 演算法如下：

```
void sm4cbc(unsigned char *in, unsigned char *out,unsigned int length,
unsigned char *key,unsigned char *ivec,  unsigned int enc)
{
    unsigned int n;
    unsigned int len = length;
    unsigned char tmp[SM4_BLOCK_SIZE];
    const unsigned char *iv = ivec;
    unsigned char iv_tmp[SM4_BLOCK_SIZE];

//判斷參數是否為空以及長度是否為16的倍數
    if ((in == NULL) || (out == NULL) || (key == NULL) || (ivec == NULL)||
(length% SM4_BLOCK_SIZE!=0))
        return;

    if ((SM4_ENCRYPT != enc) && (SM4_DECRYPT != enc)) //判斷要進行加密還是解密
        return;

    if (SM4_ENCRYPT == enc) //如果是加密
    {
        while (len >= SM4_BLOCK_SIZE) //對大於16位元組的資料進行迴圈分組運算
        {
            //加密時，第一個明文區塊和初始向量（IV）進行互斥後，再用key進行加密
            //以後每個明文區塊與前一個分組結果（加密）區塊進行互斥後，再用key
             進行加密
            //前一個分組結果（加密）區塊當作本次iv
            for (n = 0; n < SM4_BLOCK_SIZE; ++n)
                out[n] = in[n] ^ iv[n];
            SM4_Encrypt(key,out, out);    //用key進行加密
            iv = out; //保存當前結果，以便下一次迴圈中和明文進行互斥運算
            len -= SM4_BLOCK_SIZE; //減去已經完成的位元組數
            in += SM4_BLOCK_SIZE;   //偏移明文資料指標，指向還未加密的資料開頭
            out += SM4_BLOCK_SIZE; //偏移加密資料指標，以便存放新的結果
        }
    }
    else if (in != out)                    //in和out指向不同的緩衝區
    {
        while (len >= SM4_BLOCK_SIZE)    //開始迴圈分組處理
        {
            SM4_Decrypt(key,in, out);
            for (n = 0; n < SM4_BLOCK_SIZE; ++n)
                out[n] ^= iv[n];
            iv = in;
            len -= SM4_BLOCK_SIZE;        //減去已經完成的位元組數
```

```
             in += SM4_BLOCK_SIZE; //偏移原文（加密）資料指標，指向還未解密的
                                         資料開頭
             out += SM4_BLOCK_SIZE; //偏移結果（明文）資料指標，以便存放新的結果
        }
    }
    else      //當in和out指向同一緩衝區時
    {
        memcpy(iv_tmp, ivec, SM4_BLOCK_SIZE);
        while (len >= SM4_BLOCK_SIZE)
        {
            memcpy(tmp, in, SM4_BLOCK_SIZE); //暫存本次分組加密，因為in要存放
                                                 結果明文
            SM4_Decrypt(key,in, out);
            for (n = 0; n < SM4_BLOCK_SIZE; ++n)
                out[n] ^= iv_tmp[n];
            memcpy(iv_tmp, tmp, SM4_BLOCK_SIZE);
            len -= SM4_BLOCK_SIZE;
            in += SM4_BLOCK_SIZE;
            out += SM4_BLOCK_SIZE;
        }
    }
}
```

我們這個演算法支援 in 和 out 指向同一個緩衝區（稱為原地加解密），根據 CBC 模式的原理，加密時不必區分 in 和 out 是否相同，而解密時需要區分。

再在 sm4.cpp 中增加 CFB 模式的 SM4 演算法如下：

```
void sm4cfb(const unsigned char *in, unsigned char *out,const unsigned int
length, unsigned char *key,
    const unsigned char *ivec, const unsigned int enc)
{
    unsigned int n = 0;
    unsigned int l = length;
    unsigned char c;
    unsigned char iv[SM4_BLOCK_SIZE];

    if ((in == NULL) || (out == NULL) || (key == NULL) || (ivec == NULL))
        return;

    if ((SM4_ENCRYPT != enc) && (SM4_DECRYPT != enc))
```

```
        return;

    memcpy(iv, ivec, SM4_BLOCK_SIZE);

    if (enc == SM4_ENCRYPT)
    {
        while (l--)
        {
            if (n == 0)
            {
                SM4_Encrypt(key,iv, iv);
            }
            iv[n] = *(out++) = *(in++) ^ iv[n];
            n = (n + 1) % SM4_BLOCK_SIZE;
        }
    }
    else
    {
        while (l--)
        {
            if (n == 0)
            {
                SM4_Encrypt(key,iv, iv);
            }
            c = *(in);
            *(out++) = *(in++) ^ iv[n];
            iv[n] = c;
            n = (n + 1) % SM4_BLOCK_SIZE;
        }
    }
}
```

注意，CFB 模式和 CBC 類似，也需要 IV。

再在 sm4.cpp 中增加 OFB 模式的 SM4 演算法如下：

```
void sm4ofb(const unsigned char *in, unsigned char *out,const unsigned int
length, unsigned char *key,const unsigned char *ivec)
{
    unsigned int n = 0;
    unsigned int l = length;
    unsigned char iv[SM4_BLOCK_SIZE];
```

```
    if ((in == NULL) || (out == NULL) || (key == NULL) || (ivec == NULL))
        return;
    memcpy(iv, ivec, SM4_BLOCK_SIZE);

    while (l--)
    {
        if (n == 0)
        {
            SM4_Encrypt(key,iv, iv);
        }
        *(out++) = *(in++) ^ iv[n];
        n = (n + 1) % SM4_BLOCK_SIZE;
    }
}
```

OFB 模式的加密和解密是一致的。

4 個工作模式的 SM4 演算法實現完畢。為了讓其他函數呼叫，我們在
sm4.h 中增加這 4 個函數的宣告：

```
void sm4ecb(unsigned char *in, unsigned char *out, unsigned int length,
unsigned char *key, unsigned int enc);
void sm4cbc(unsigned char *in, unsigned char *out, unsigned int length,
unsigned char *key, unsigned char *ivec, unsigned int enc);
void sm4cfb(const unsigned char *in, unsigned char *out, const unsigned int
length, unsigned char *key, const unsigned char *ivec, const unsigned int enc);
void sm4ofb(const unsigned char *in, unsigned char *out, const unsigned int
length, unsigned char *key, const unsigned char *ivec);
```

（3）在專案中新建一個 C++ 原始檔案 sm4check.cpp，我們將在該檔案中
增加 SM4 的檢測函數，也就是呼叫前面實現的 SM4 加解密函數。首先增
加 sm4ecbcheck 函數，程式如下：

```
int sm4ecbcheck()
{
    int i,len,ret = 0;
    unsigned char key[16] = { 0x01,0x23,0x45,0x67,0x89,0xab,0xcd,0xef,0xfe,
0xdc,0xba,0x98,0x76,0x54,0x32,0x10 };
    unsigned char plain[16] = { 0x01,0x23,0x45,0x67,0x89,0xab,0xcd,0xef,0xfe,
0xdc,0xba,0x98,0x76,0x54,0x32,0x10 };
    unsigned char cipher[16] = { 0x68,0x1e,0xdf,0x34,0xd2,0x06,0x96,0x5e,0x86,
0xb3,0xe9,0x4f,0x53,0x6e,0x42,0x46 };
```

```
    unsigned char En_output[16];
    unsigned char De_output[16];
    unsigned char in[4096], out[4096], chk[4096];

    sm4ecb(plain, En_output, 16, key, SM4_ENCRYPT);
    if (memcmp(En_output, cipher, 16)) puts("ecb enc(len=16) memcmp failed");
    else puts("ecb enc(len=16) memcmp ok");

    sm4ecb(cipher, De_output, SM4_BLOCK_SIZE, key, SM4_DECRYPT);
    if (memcmp(De_output, plain, SM4_BLOCK_SIZE)) puts("ecb dec(len=16) memcmp
failed");
    else puts("ecb dec(len=16) memcmp ok");

    len = 32;
    for (i = 0; i < 8; i++)
    {
        memset(in, i, len);
        sm4ecb(in, out, len, key, SM4_ENCRYPT);
        sm4ecb(out, chk, len, key, SM4_DECRYPT);
        if (memcmp(in, chk, len))  printf("ecb enc/dec(len=%d) memcmp failed\
n", len);
        else printf("ecb enc/dec(len=%d) memcmp ok\n", len);
        len = 2 * len;
    }
    return 0;
}
```

程式中，我們首先用 16 位元組的標準資料來測試 sm4ecb，標準資料分別定義在 key、plain 和 cipher 中，key 表示輸入的加解密金鑰，plain 表示要加密的明文，cipher 表示加密後的加密。我們透過呼叫 sm4ecb 加密後，把輸出的加密結果標準資料 cipher 進行比較，如果一致，就説明加密正確。在 16 位元組驗證無誤後，我們又用長度為 32、64、128、256、512、1024、2048 和 4096 的資料進行了加解密測試，先加密，再解密，然後比較解密結果和明文是否一致。

再在 sm4check.cpp 中增加 CBC 模式的檢測函數，程式如下：

```
int sm4cbccheck()
{
    int i, len, ret = 0;
```

```
    unsigned char key[16] = { 0x01,0x23,0x45,0x67,0x89,0xab,0xcd,0xef,0xfe,
0xdc,0xba,0x98,0x76,0x54,0x32,0x10 };//金鑰
    unsigned char iv[16] = { 0xeb,0xee,0xc5,0x68,0x58,0xe6,0x04,0xd8,0x32,
0x7b,0x9b,0x3c,0x10,0xc9,0x0c,0xa7 }; //初始化向量
    unsigned char plain[32] = { 0x01,0x23,0x45,0x67,0x89,0xab,0xcd,0xef,0xfe,
0xdc,0xba,0x98,0x76,0x54,0x32,0x10,0x29,0xbe,0xe1,0xd6,0x52,0x49,0xf1,0xe9,
0xb3,0xdb,0x87,0x3e,0x24,0x0d,0x06,0x47 }; //明文
    unsigned char cipher[32] = { 0x3f,0x1e,0x73,0xc3,0xdf,0xd5,0xa1,0x32,0x88,
0x2f,0xe6,0x9d,0x99,0x6c,0xde,0x93,0x54,0x99,0x09,0x5d,0xde,0x68,0x99,0x5b,
0x4d,0x70,0xf2,0x30,0x9f,0x2e,0xf1,0xb7 }; //加密

    unsigned char En_output[32];
    unsigned char De_output[32];
    unsigned char in[4096], out[4096], chk[4096];

    sm4cbc(plain, En_output, sizeof(plain), key,iv, SM4_ENCRYPT);
    if (memcmp(En_output, cipher, 16)) puts("cbc enc(len=32) memcmp failed");
    else puts("cbc enc(len=32) memcmp ok");

    sm4cbc(cipher, De_output, SM4_BLOCK_SIZE, key,iv, SM4_DECRYPT);
    if (memcmp(De_output, plain, SM4_BLOCK_SIZE)) puts("cbc dec(len=32) memcmp
failed");
    else puts("cbc dec(len=32) memcmp ok");


    len = 32;
    for (i = 0; i < 8; i++)
    {
        memset(in, i, len);
        sm4cbc(in, out, len, key,iv, SM4_ENCRYPT);
        sm4cbc(out, chk, len, key,iv, SM4_DECRYPT);
        if (memcmp(in, chk, len))  printf("cbc enc/dec(len=%d) memcmp failed\
n", len);
        else printf("cbc enc/dec(len=%d) memcmp ok\n", len);
        len = 2 * len;
    }
    return 0;
}
```

在程式中，先用 32 位元組的標準資料進行測試，標準資料分別定義在 key、plain 和 cipher 中，key 表示輸入的加解密金鑰，plain 表示要加密的明文，cipher 表示加密後的加密。我們透過呼叫 sm4cbc 加密後，把輸出

的加密結果與標準資料 cipher 進行比較，如果一致，就說明加密正確。在 32 位元組的標準資料驗證無誤後，我們又用長度為 32、64、128、256、512、1024、2048 和 4096 的資料進行了加解密測試，先加密，再解密，然後比較解密結果和明文是否一致。

再在 sm4check.cpp 中增加 CFC 模式的檢測函數，程式如下：

```
int sm4cfbcheck()
{
    int i, len, ret = 0;
    unsigned char key[16] = { 0x01,0x23,0x45,0x67,0x89,0xab,0xcd,0xef,0xfe,
0xdc,0xba,0x98,0x76,0x54,0x32,0x10 };//金鑰
    unsigned char iv[16] = { 0xeb,0xee,0xc5,0x68,0x58,0xe6,0x04,0xd8,0x32,
0x7b,0x9b,0x3c,0x10,0xc9,0x0c,0xa7 }; //初始化向量
    unsigned char in[4096], out[4096], chk[4096];
    len = 16;
    for (i = 0; i < 9; i++)
    {
        memset(in, i, len);
        sm4cfb(in, out, len, key, iv, SM4_ENCRYPT);
        sm4cfb(out, chk, len, key, iv, SM4_DECRYPT);
        if (memcmp(in, chk, len))  printf("cfb enc/dec(len=%d) memcmp failed\
n", len);
        else printf("cfb enc/dec(len=%d) memcmp ok\n", len);
        len = 2 * len;
    }
    return 0;
}
```

我們用長度為 16、32、64、128、256、512、1024、2048 和 4096 的資料進行了 CFB 模式的加解密測試，先加密，再解密，然後比較解密結果和明文是否一致。

再在 sm4check.cpp 中增加 OFB 模式的檢測函數，程式如下：

```
int sm4ofbcheck()
{
    int i, len, ret = 0;
    unsigned char key[16] = { 0x01,0x23,0x45,0x67,0x89,0xab,0xcd,0xef,0xfe,
    0xdc,0xba,0x98,0x76,0x54,0x32,0x10 };//金鑰
```

```
    unsigned char iv[16] = { 0xeb,0xee,0xc5,0x68,0x58,0xe6,0x04,0xd8,0x32,
    0x7b,0x9b,0x3c,0x10,0xc9,0x0c,0xa7 }; //初始化向量
    unsigned char in[4096], out[4096], chk[4096];
    len = 16;
    for (i = 0; i < 9; i++)
    {
        memset(in, i, len);
        sm4ofb(in, out, len, key, iv);
        sm4ofb(out, chk, len, key, iv);
        if (memcmp(in, chk, len))  printf("ofb enc/dec(len=%d) memcmp failed\
n", len);
        else printf("ofb enc/dec(len=%d) memcmp ok\n", len);
        len = 2 * len;
    }
    return 0;
}
```

我們用長度為 16、32、64、128、256、512、1024、2048 和 4096 的資料進行了 OFB 模式的加解密測試，先加密，再解密，然後比較解密結果和明文是否一致。

至此，加解密的檢測函數增加完畢。我們可以在 main 函數中直接呼叫它們了。

（4）在專案中打開 test.cpp，增加檢測函數宣告：

```
extern int sm4ecbcheck();
extern int sm4cbccheck();
extern int sm4cfbcheck();
extern int sm4ofbcheck();
```

然後在 main 函數中增加呼叫程式如下：

```
int main()
{
    sm4ecbcheck();
    sm4cbccheck();
    sm4cfbcheck();
    sm4ofbcheck();
}
```

（5）保存專案並運行，運行結果如圖 3-23 所示。

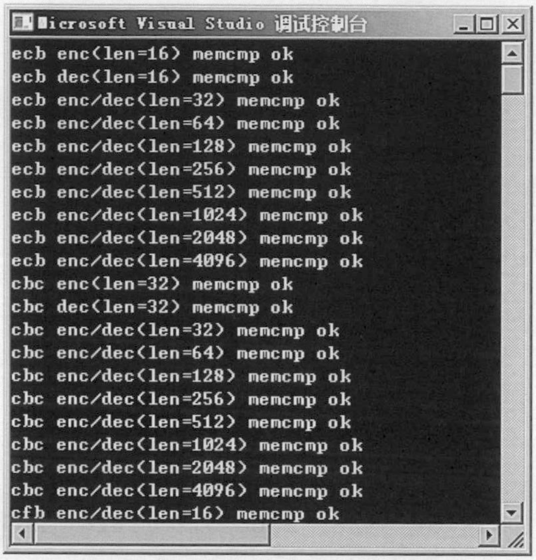

圖 3-23

有沒有發現上面的 SM4 加解密函數輸入的資料長度要求是 16 的倍數，那如果不是 16 的倍數該如何處理呢？這涉及短區塊加密的問題，短區塊加密的話題我們前面介紹過了，限於篇幅這裡就不再實現了。

3.5 利用 OpenSSL 進行對稱加解密

加密技術是常用的安全保密手段，利用技術手段把重要的資料變為亂碼（加密）傳送，到達目的地後再用相同或不同的手段還原（解密）。

加密技術可以分為兩類，即對稱加密和非對稱加密。對稱加密的加密金鑰和解密金鑰相同，常見的對稱加密演算法有 DES、AES、SM1、SM4 等。非對稱加密又稱為公開金鑰加密，它使用一對金鑰分別進行加密和解密操作，其中一個是公開金鑰（Public-Key），另一個是由使用者自己保存（不能公開）的私有金鑰（Private-Key），通常以 RSA、ECC 演算法為代表。OpenSSL 對這兩種加密技術都支援。這裡先介紹對稱加解密。

3.5.1 基本概念

加密技術是常用的安全保密手段，利用技術手段把重要的資料變為亂碼（加密）傳送，到達目的地後再用相同或不同的手段還原（解密）。

加密技術可以分為兩類，即對稱加密技術和非對稱加密技術。對稱加密的加密金鑰和解密金鑰相同，常見的對稱加密演算法有 DES、AES、SM1、SM4 等；非對稱加密又稱為公開金鑰加密，它使用一對金鑰分別進行加密和解密操作，其中一個是公開金鑰（Public-Key），另一個是由使用者自己保存（不能公開）的私有金鑰（Private-Key），通常以 RSA、ECC 演算法為代表。OpenSSL 對這兩種加密技術都支援。這裡先介紹對稱加解密。

3.5.2 對稱加解密相關函數

1. 上下文初始化函數 EVP_CLPHER_CTX_init

該函數用於初始化密碼演算法上下文結構，即 EVP_CIPHER_CTX 結構，只有經過初始化的 EVP_CIPHER_CTX 結構才能在後續函數中使用。該函數宣告如下：

```
void EVP_CIPHER_CTX_init(EVP_CIPHER_CTX *a);
```

其中，參數 a 是要初始化的密碼演算法上下文結構指標，該結構定義如下：

```
struct evp_cipher_ctx_st {
    const EVP_CIPHER *cipher;                   //密碼演算法上下文結構指標
    ENGINE *engine;                             //密碼演算法引擎
    int encrypt;                                //標記加密或解密
    int buf_len;                                //運算剩餘的資料長度
    unsigned char oiv[EVP_MAX_IV_LENGTH];       //初始iv
    unsigned char iv[EVP_MAX_IV_LENGTH];        //運算中的iv，即當前iv
    unsigned char buf[EVP_MAX_BLOCK_LENGTH]     //*保存的部分區塊*/
    int num;                                    //* cfb/ofb/ctr模式的使用*/
    void *app_data;                             //*應用資料*/
    int key_len;                                //*可能會更改為可變長度密碼*/
    unsigned long flags;                        //*各種標記*/
    void *cipher_data;                          //* EVP 資料*/
```

```
    int final_used;
    int block_mask;
    unsigned char final[EVP_MAX_BLOCK_LENGTH]; /* possible final block */
} /* EVP_CIPHER_CTX */ ;
```

2. 加密初始化函數 EVP_EncryptInit_ex

該函數用於加密初始化,設定具體加密演算法、加密引擎、金鑰、初始向量等參數。該函數宣告如下:

```
int EVP_EncryptInit_ex(EVP_CIPHER_CTX *ctx, const EVP_CIPHER *cipher, ENGINE
*impl, const unsigned char *key, const unsigned char *iv)
```

參數說明:

- ctx[in] 是已經被函數 EVP_CIPHER_CTX_init 初始化過的演算法上下文結構指標。
- cipher[in] 表示具體的加密函數,它是一個指向 EVP_CIPHER 結構的指標,指向一個 EVP_CIPHER* 類型的函數。在 OpenSSL 中,對稱加密演算法的格式都以函數形式提供,其實該函數返回一個該演算法的結構,其形式一般如下:

```
EVP_CIPHER*   EVP_*(void)
```

常用的加密演算法如表 3-7 所示。

⬇ 表 3-7 常用的加密演算法

函　數	說　明
NULL 演算法函數	
const EVP_CIPHER *　EVP_enc_null(void);	該演算法不做任何事情,也就是沒有進行加密處理
DES 演算法函數	
const EVP_CIPHER *　EVP_des_cbc(void);	CBC 方式的 DES 演算法
const EVP_CIPHER *　EVP_des_ecb(void);	ECB 方式的 DES 演算法
const EVP_CIPHER *　EVP_des_cfb(void);	CFB 方式的 DES 演算法
const EVP_CIPHER *　EVP_des_ofb(void);	OFB 方式的 DES 演算法
使用兩個金鑰的 3DES 演算法	

函　數	說　明
const EVP_CIPHER *EVP_des_ede_cbc(void);	CBC 方式的 3DES 演算法，演算法的第一個金鑰和最後一個金鑰相同，這樣實際上就只需要兩個金鑰
const EVP_CIPHER *EVP_des_ede_ecb(void);	ECB 方式的 3DES 演算法，演算法的第一個金鑰和最後一個金鑰相同，這樣實際上就只需要兩個金鑰
const EVP_CIPHER *EVP_des_ede_ofb(void)；	OFB 方式的 3DES 演算法，演算法的第一個金鑰和最後一個金鑰相同，這樣實際上就只需要兩個金鑰
const EVP_CIPHER * EVP_des_ede_cfb(void);	CFB 方式的 3DES 演算法，演算法的第一個金鑰和最後一個金鑰相同，這樣實際上就只需要兩個金鑰
使用三個金鑰的 3DES 演算法	
const EVP_CIPHER * EVP_des_ede3_cbc(void);	CBC 方式的 3DES 演算法，演算法的三個金鑰都不相同
const EVP_CIPHER * EVP_des_ede3_ecb(void);	ECB 方式的 3DES 演算法，演算法的三個金鑰都不相同
const EVP_CIPHER * EVP_des_cde3_ofb(void);	OFB 方式的 3DES 演算法，演算法的三個金鑰都不相同
const EVP_CIPHER * EVP_des_ede3_cfb(void);	CFB 方式的 3DES 演算法，演算法的三個金鑰都不相同
DESX 演算法	
const EVP_CIPHER * EVP_desx_cbc(void);	CBC 方式的 DESX 演算法
RC4 演算法	
const EVP_CIPHER * EVP_rc4(void);	RC4 串流加密演算法。該演算法的金鑰長度可以改變，預設是 128 位
40 位元 RC4 演算法	
const EVP_CIPHER * EVP_rc4_40(void);	金鑰長度 40 位元的 RC4 串流加密演算法。該函數可以使用 EVP_rc4 和 EVP_CIPHER_CTX_set_key_length 函數代替
IDEA 演算法	
const EVP_CIPHER * EVP_idea_cbc(void);	CBC 方式的 IDEA 演算法
const EVP_CIPHER * EVP_idea_ecb(void);	ECB 方式的 IDEA 演算法
const EVP_CIPHER * EVP_idea_cfb(void);	CFB 方式的 IDEA 演算法

函　數	說　明
const EVP_CIPHER * EVP_idea_ofb(void);	OFB 方式的 IDEA 演算法
RC2 演算法	
const EVP_CIPHER * EVP_rc2_cbc(void);	CBC 方式的 RC2 演算法，該演算法的金鑰長度是可變的，可以透過有效金鑰長度或有效金鑰位元設定參數來改變，預設預設的是 128 位
const EVP_CIPHER * EVP_rc2_ecb(void);	ECB 方式的 RC2 演算法，該演算法的金鑰長度是可變的，可以透過有效金鑰長度或有效金鑰位元設定參數來改變，預設的是 128 位
const EVP_CIPHER * EVP_rc2_cfb(void);	CFB 方式的 RC2 演算法，該演算法的金鑰長度是可變的，可以透過有效金鑰長度或有效金鑰位元設定參數來改變，預設的是 128 位
const EVP_CIPHER * EVP_rc2_ofb(void);	OFB 方式的 RC2 演算法，該演算法的金鑰長度是可變的，可以透過有效金鑰長度或有效金鑰位元設定參數來改變，預設的是 128 位
定長的兩種 RC2 演算法	
const EVP_CIPHER * EVP_rc2_40_cbc(void);	40 位元 CBC 模式的 RC2 演算法
const EVP_CIPHER * EVP_rc2_64_cbc(void);	64 位元 CBC 模式的 RC2 演算法
Blowfish 演算法	
const EVP_CIPHER * EVP_bf_cbc(void);	CBC 方式的 Blowfish 演算法，該演算法的金鑰長度是可變的
const EVP_CIPHER * EVP_bf_ecb(void);	ECB 方式的 Blowfish 演算法，該演算法的金鑰長度是可變的
const EVP_CIPHER * EVP_bf_cfb(void);	CFB 方式的 Blowfish 演算法，該演算法的金鑰長度是可變的
const EVP_CIPHER * EVP_bf_ofb(void);	OFB 方式的 Blowfish 演算法，該演算法的金鑰長度是可變的
CAST 演算法	
const EVP_CIPHER *EVP_cast5_cbc(void);	CBC 方式的 CAST 演算法，該演算法的金鑰長度是可變的
const EVP_CIPHER *EVP_cast5_ecb(void);	ECB 方式的 CAST 演算法，該演算法的金鑰長度是可變的

函　數	說　明
const EVP_CIPHER *EVP_cast5_cfb(void);	CFB 方式的 CAST 演算法，該演算法的金鑰長度是可變的
const EVP_CIPHER *EVP_cast5_ofb(void);	OFB 方式的 CAST 演算法，該演算法的金鑰長度是可變的
RC5 演算法	
const EVP_CIPHER * EVP_rc5_32_12_16_cbc(void);	CBC 方式的 RC5 演算法，該演算法的金鑰長度可以根據參數 number of rounds（演算法中一個資料區塊被加密的次數）來設定，預設的是 128 位元金鑰，加密次數為 12 次。目前來說，由於 RC5 演算法本身實現程式的限制，加密次數只能設定為 8、12 或 16
const EVP_CIPHER * EVP_rc5_32_12_16_ecb(void);	ECB 方式的 RC5 演算法，該演算法的金鑰長度可以根據參數 number of rounds（演算法中一個資料區塊被加密的次數）來設定，預設的是 128 位元金鑰，加密次數為 12 次。目前來說，由於 RC5 演算法本身實現程式的限制，加密次數只能設定為 8、12 或 16
const EVP_CIPHER * EVP_rc5_32_12_16_cfb(void);	CFB 方式的 RC5 演算法，該演算法的金鑰長度可以根據參數 number of rounds（演算法中一個資料區塊被加密的次數）來設定，預設的是 128 位元金鑰，加密次數為 12 次。目前來說，由於 RC5 演算法本身實現程式的限制，加密次數只能設定為 8、12 或 16
const EVP_CIPHER * EVP_rc5_32_12_16_ofb(void);	OFB 方式的 RC5 演算法，該演算法的金鑰長度可以根據參數 number of rounds（演算法中一個資料區塊被加密的次數）來設定，預設的是 128 位元金鑰，加密次數為 12 次。目前來說，由於 RC5 演算法本身實現程式的限制，加密次數只能設定為 8、12 或 16
128 位元 AES 演算法	
const EVP_CIPHER *EVP_aes_128_cbc(void);	CBC 方式的 128 位元 AES 演算法
const EVP_CIPHER *EVP_aes_128_ecb(void);	ECB 方式的 128 位元 AES 演算法

函　數	說　明
const EVP_CIPHER *EVP_aes_128_cfb(void);	CFB 方式的 128 位元 AES 演算法
const EVP_CIPHER *EVP_aes_128_ofb(void);	OFB 方式的 128 位元 AES 演算法
192 位元 AES 演算法	
const EVP_CIPHER *EVP_aes_192_cbc(void);	CBC 方式的 192 位元 AES 演算法
const EVP_CIPHER *EVP_aes_192_ecb(void);	ECB 方式的 192 位元 AES 演算法
const EVP_CIPHER *EVP_aes_192_cfb(void);	CFB 方式的 192 位元 AES 演算法
const EVP_CIPHER *EVP_aes_192_ofb(void);	OFB 方式的 192 位元 AES 演算法
256 位元 AES 演算法	
const EVP_CIPHER *EVP_aes_256_cbc(void);	CBC 方式的 256 位元 AES 演算法
const EVP_CIPHER *EVP_aes_256_ecb(void);	ECB 方式的 256 位元 AES 演算法
const EVP_CIPHER *EVP_aes_256_cfb(void);	CFB 方式的 256 位元 AES 演算法
const EVP_CIPHER *EVP_aes_256_ofb(void);	OFB 方式的 256 位元 AES 演算法

cipher 可以設定值上面的函數名稱。

- impl：[in] 指向 ENGINE 結構的指標，表示加密演算法的引擎，可以視為加密演算法的提供者，比如是硬體加密卡提供者、軟體演算法提供者等，如果設定值為 NULL，就使用預設引擎。
- key：表示加密金鑰，長度根據不同的加密演算法而定。
- iv：初始向量，當 cipher 所指的演算法為 CBC 模式的演算法才有效，因為 CBC 模式需要初始向量的輸入，長度是對稱演算法分組長度。
- 返回值：如果函數執行成功就返回 1，否則返回 0。

值得注意的是，key 和 iv 的長度都是根據不同演算法而有預設值的，比如 DES 演算法的 key 和 iv 都是 8 位元組長度；3DES 演算法的 key 的長度是 24 位元組，iv 是 8 位元組；128 位元的 AES 演算法的 key 和 iv 都是 16 位元組。使用時要先根據演算法分配好 key 和 iv 的長度空間。

3. 加密 update 函數 EVP_EncryptUpdate

該函數執行對資料的加密。該函數加密從參數 in 輸入的長度為 inl 的資料，並將加密好的資料寫入參數 out 中。可以透過反覆呼叫該函數來處理一個連續的資料區塊（也就是所謂的分組加密，一組一組地加密）。寫入 out 的資料數量是由已經加密的資料的對齊關係決定的，理論上來說，從 0 到 (inl+cipher_block_size-1) 的任何一個數字都有可能（單位是位元組），所以輸出的參數 out 要有足夠的空間儲存資料。函數宣告如下：

```
int EVP_EncryptUpdate(EVP_CIPHER_CTX *ctx, unsigned char *out, int *outl,
const unsigned char *in, int inl);
```

參數說明：

- ctx：[in] 指向 EVP_CIPHER_CTX 的指標，應該已經初始化過了。
- outm：[out] 指向存放輸出加密的緩衝區指標。
- outl：[out] 輸出加密的長度。
- in：[in] 指向存放明文的緩衝區指標。
- inl：[in] 要加密的明文長度。
- 返回值：如果函數執行成功就返回 1，否則返回 0。

4. 加密結束函數 EVP_EncryptFinal_ex

函數 EVP_EncyptFinal_ex 用於結束資料加密，並輸出最後剩餘的加密。由於分組對稱演算法是對資料區塊（分組）操作的，原文資料（明文）的長度不一定為分組長度的倍數，因此存在資料補齊（就是在原文資料的基礎上進行填充，填充到整個資料長度為分組的倍數），那麼最後輸出的加密就是補齊後的分組加密。比如使用 DES 演算法加密 10 位元組長度的資料，由於 DES 演算法的分組長度是 8 位元組，因此原文將補齊到 16 位元組。當呼叫 EVP_EncryptUpdate 函數時返回 8 位元組加密，EVP_EncryptFinal_ex 函數返回最後剩餘的 8 位元組加密。函數 EVP_EncryptFinal_ex 宣告如下：

```
int EVP_EncryptFinal_ex(EVP_CIPHER_CTX *ctx, unsigned char *out, int *outl);
```

參數說明：

- ctx：[in] EVP_CIPHER_CTX 結構。

- out：[out] 指向輸出加密緩衝區的指標。
- outl：[out] 指向一個整數變數，該變數儲存輸出的加密資料長度。
- 返回值：如果函數執行成功就返回 1，否則返回 0。

5. 解密初始化函數 EVP_DecryptInit_ex

和加密一樣，解密時也要先初始化，用於設定密碼演算法、加密引擎、金鑰、初始向量等參數。函數 EVP_DecryptInit_ex 宣告如下：

```
int EVP_DecryptInit_ex(EVP_CIPHER_CTX *ctx,const EVP_CIPHER *cipher, ENGINE
*impl,const unsigned char *key,const unsigned char *iv);
```

參數說明：

- ctx：[in] EVP_CIPHER_CTX 結構。
- cipher：[in] 指向 EVP_CIPHER，表示要使用的解密演算法。
- impl：[in] 指向 ENGINE，表示解密演算法使用的加密引擎。應用程式可以使用自訂的加密引擎，如硬體加密演算法等。如果設定值為 NULL，就使用預設引擎。
- key：[in] 解密金鑰，其長度根據解密演算法的不同而不同。
- iv：初始向量，根據演算法的模式而確定是否需要，比如 CBC 模式是需要 iv 的。長度同分組長度。
- 返回值：如果函數執行成功就返回 1，否則返回 0。

6. 解密 update 函數 EVP_DecryptUpdate

該函數執行對資料的解密。函數宣告如下：

```
int EVP_DecryptUpdate(EVP_CIPHER_CTX *ctx,unsigned char *out,int *outl, const
unsigned char *in,int inl);
```

參數說明：

- ctx：[in] EVP_CIPHER_CTX 結構。
- out：[out] 指向解密後存放明文的緩衝區。
- outl：[out] 指向存放明文長度的整數變數。

- in：[in] 指向存放加密的緩衝區的指標。
- inl：[in] 指向存放加密的整數變數。
- 返回值：如果函數執行成功就返回 1，否則返回 0。

7. 解密結束函數 EVP_DecryptFinal_ex

該函數用於結束解密，輸出最後剩餘的明文。函數宣告如下：

```
int EVP_DecryptFinal_ex(EVP_CIPHER_CTX *ctx,unsigned char *outm,int *outl);
```

參數說明：

- ctx：[in] EVP_CIPHER_CTX 結構。
- outm：[out] 指向輸出的明文緩衝區指標。
- outl：[out] 指向儲存明文長度的整數變數。

這些函數都可以在 evp.h 中看到原型，另外還有一套沒有 _ex 結尾的加解密函數，如 EVP_EncryptInit、EVP_DecryptInit 等函數，它們是舊版本 OpenSSL 的函數，現在已經不推薦使用了，而使用上述帶有 _ex 結尾的函數。舊版的函數不支援外部加密引擎，使用的都是預設的演算法。EVP_EncryptInit 相當於 EVP_EncryptInit_ex 第 3 個參數為 NULL。

上面我們說明了 EVP 的加解密函數。具體使用時，一般按照以下流程進行：

（1）EVP_CIPHER_CTX_init：初始化對稱計算上下文。

（2）EVP_des_ede3_ecb：返回一個 EVP_CIPHER，假設現在使用 DES 演算法。

（3）EVP_EncryptInit_ex：加密初始化函數，本函數呼叫具體演算法的 init 回呼函數，將外送金鑰 key 轉為內部金鑰形式，將初始化向量 iv 複製到 CTX 結構中。

（4）EVP_EncryptUpdate：加密函數，用於多次計算，它呼叫了具體演算法的 do_cipher 回呼函數。

（5）EVP_EncryptFinal_ex：獲取加密結果，函數可能涉及填充，它呼叫了具體演算法的 do_cipher 回呼函數。

（6）EVP_DecryptInit_ex：解密初始化函數。

（7）EVP_DecryptUpdate：解密函數，用於多次計算，它呼叫了具體演算法的 do_cipher 回呼函數。

（8）EVP_DecryptFinal 和 EVP_DecryptFinal_ex：獲取解密結果，函數可能涉及填充，它呼叫了具體演算法的 do_cipher 回呼函數。

（9）EVP_CIPHER_CTX_cleanup：清除對稱演算法上下文資料，它呼叫使用者提供的銷毀函數清除記憶體中的內部金鑰以及其他資料。

下面我們來看一個加解密實例。

【例 3.8】對稱加解密的綜合例子

（1）打開 VC 2017，新建一個主控台專案 test。

（2）打開 test.cpp，輸入程式如下：

```cpp
#include <openssl/evp.h>
#include <string.h>
#define FAILURE -1
#define SUCCESS 0

int do_encrypt(const EVP_CIPHER *type, const char *ctype)
{
    unsigned char outbuf[1024];
    int outlen, tmplen;
    unsigned char key[] = { 0, 1, 2, 3, 4, 5, 6, 7, 8, 9, 10, 11, 12, 13, 14,
15, 16, 17, 18, 19, 20, 21, 22, 23 };
    unsigned char iv[] = { 1, 2, 3, 4, 5, 6, 7, 8 };
    char intext[] = "Helloworld";
    EVP_CIPHER_CTX ctx;
    FILE *out;
    EVP_CIPHER_CTX_init(&ctx);
    EVP_EncryptInit_ex(&ctx, type, NULL, key, iv);

    if (!EVP_EncryptUpdate(&ctx, outbuf, &outlen, (unsigned char*)intext,
(int)strlen(intext))) {
        printf("EVP_EncryptUpdate\n");
```

```
        return FAILURE;
    }

    if (!EVP_EncryptFinal_ex(&ctx, outbuf + outlen, &tmplen)) {
        printf("EVP_EncryptFinal_ex\n");
        return FAILURE;
    }

    outlen += tmplen;
    EVP_CIPHER_CTX_cleanup(&ctx);

    out = fopen("./cipher.dat", "wb+");
    fwrite(outbuf, 1, outlen, out);
    fflush(out);
    fclose(out);
    return SUCCESS;
}

int do_decrypt(const EVP_CIPHER *type, const char *ctype)
{
    unsigned char inbuf[1024] = { 0 };
    unsigned char outbuf[1024] = { 0 };
    int outlen, inlen, tmplen;
    unsigned char key[] = { 0, 1, 2, 3, 4, 5, 6, 7, 8, 9, 10, 11, 12, 13, 14,
15, 16, 17, 18, 19, 20, 21, 22, 23 };
    unsigned char iv[] = { 1, 2, 3, 4, 5, 6, 7, 8 };

    EVP_CIPHER_CTX ctx;
    FILE *in = NULL;
    EVP_CIPHER_CTX_init(&ctx);
    EVP_DecryptInit_ex(&ctx, type, NULL, key, iv);

    in = fopen("cipher.dat", "r");
    inlen = fread(inbuf, 1, sizeof(inbuf), in);
    fclose(in);

    printf("Readlen: %d\n", inlen);
    if (!EVP_DecryptUpdate(&ctx, outbuf, &outlen, inbuf, inlen)) {
        printf("EVP_DecryptUpdate\n");
        return FAILURE;
    }

    if (!EVP_DecryptFinal_ex(&ctx, outbuf + outlen, &tmplen)) {
```

```
        printf("EVP_DecryptFinal_ex\n");
        return FAILURE;
    }

    outlen += tmplen;
    EVP_CIPHER_CTX_cleanup(&ctx);

    printf("Result: \n%s\n", outbuf);

    return SUCCESS;
}

int main(int argc, char *argv[])
{
    do_encrypt(EVP_des_cbc(), "des-cbc");
    do_decrypt(EVP_des_cbc(), "des-cbc");

    do_encrypt(EVP_des_ede_cbc(), "des-ede-cbc");
    do_decrypt(EVP_des_ede_cbc(), "des-ede-cbc");

    do_encrypt(EVP_des_ede3_cbc(), "des-ede3-cbc");
    do_decrypt(EVP_des_ede3_cbc(), "des-ede3-cbc");

    return 0;
}
```

在程式中，我們使用 DES 和 3DES 演算法的 CBC 模式來進行加密和解密。我們對字串 "Helloworld" 進行加密後存入檔案 cifpher.dat，解密時從該檔案中讀取加密並解密，然後輸出明文。

打開 C:\openssl-1.0.2m，然後把資料夾 inc32 複製到專案目錄下，並把 C:\openssl-1.0.2m\out32dll\ 下的 libeay32.lib 放到專案目錄下。接著，打開 VC 專案設定，增加標頭檔 Include 目錄 inc32，如圖 3-24 所示。

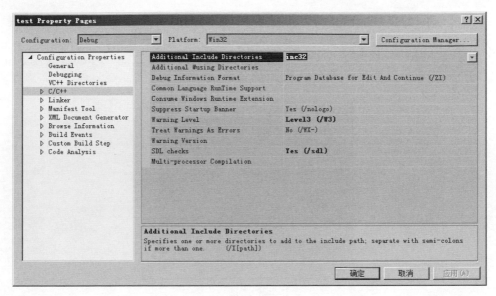

圖 3-24

再增加 lib 依賴函數庫 libeay32.lib 和 Ws2_32.lib，Ws2_32.lib 是系統關於 winsock 的函數庫，我們要用到裡面的函數，因此也需要增加進去（注意函數庫名之間要用分號隔開），如圖 3-25 所示。

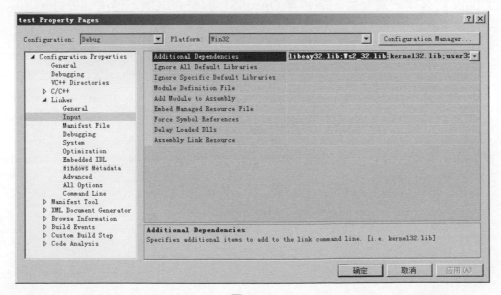

圖 3-25

再把 C:\openssl-1.0.2m\out32dll\ 下的動態函數庫 libeay32.dll 複製到解決方案的 Debug 目錄下。

（3）保存專案並運行，運行結果如圖 3-26 所示。

圖 3-26

這個例子使用 DES 演算法實現，對於其他演算法，使用步驟類似，這就是使用現成密碼演算法函數庫的方便之處。而且，本例和前面例 3.5 直接使用 DES 演算法不同，本例的呼叫方法更加通用，相當於在具體演算法上面又封裝了一層介面，這也是 OpenSSL 的優秀之處，通用性更好。

雜湊函數和 HMAC

4.1 雜湊函數概述

4.1.1 什麼是雜湊函數

雜湊函數（又叫哈希（Hash）函數、訊息摘要函數）就是把任意長的輸入訊息串變化成固定長的輸出串的一種函數。雜湊函數是資訊安全中一個非常重要的工具，它對一個任意長度的訊息 m 施加運算，返回一個固定長度的雜湊值 h(m)，雜湊函數 h 是公開的，對處理過程不用保密。雜湊值被稱為哈希值、訊息摘要等。

雜湊函數的過程是單向的，逆向操作難以完成，而且碰撞（兩個不同的輸入產生相同的雜湊值）發生的機率非常小。雜湊函數的訊息輸入中，單一位元的變化將導致輸出位元串中大約一半的位元發生變化。

一個安全的雜湊函數應該至少滿足以下幾個條件：

（1）輸入長度是任意的。

（2）輸出長度是固定的，根據目前的計算技術應至少取 128 比特長，以便抵抗生日攻擊。

（3）對每一個指定的輸入，計算輸出（雜湊值）是很容易的。

（4）指定雜湊函數的描述，找到兩個不同的輸入訊息雜湊到同一個值在計算上是不可行的，或指定雜湊函數的描述和一個隨機選擇的訊息，找到另一個與該訊息不同的訊息使得它們雜湊到同一個值在計算上是不可行的。

Hash 函數主要用於完整性校正碼提升數位簽章的有效性，目前已有很多方案。雜湊函數最初是為了訊息的認證性。但是在合理的假設下，雜湊函數還有很多其他的應用，比如保護密碼的安全、構造有效的數位簽章方案、構造更加安全高效的加密演算法等。

4.1.2 密碼學和雜湊函數

隨著資訊化的發展，資訊技術在社會發展的各個領域發揮著越來越重要的作用，不斷推動著人類文明的進步。然而，當資訊技術的不斷發展使人們的日常生活越來越方便的時候，資訊安全問題卻變得日益突出，各種針對訊息保密性和資料完整性的攻擊日益頻繁。特別在開放式的網路環境中，保障訊息的完整性和不可否認性已逐漸成為網路通訊不可或缺的一部分，如何防止訊息篡改和身份假冒是資訊安全的重要研究內容。

密碼技術是一門古老的技術，早期的密碼技術主要用於軍事、政治、外交等重要領域，使得在密碼領域的研究成果難以公開發表。

1949 年，Shannon 發表了「保密系統的資訊理論」，為現代密碼學研究與發展奠定了理論基礎，把已有數千年歷史的密碼技術推向了科學的軌道，使密碼學成為一門真正的學科。

1977 年，美國國家標準局正式公佈實施了美國的資料加密標準（DES），標誌著密碼學理論與技術劃時代的革命性變革，同時也宣告了近代密碼學的開始。更具有意義的是 DES 密碼演算法開創了公開全部密碼演算法的先例，大大推動了區塊編碼器理論的發展和技術的應用。

另一個具有里程碑意義的事件是 20 世紀 70 年代中期公開金鑰密碼體制的出現。1976 年，著名密碼學家 Diffie 和 Hellman 在《密碼學的新方向》中第一次提出了公開金鑰密碼體制的概念和設計思維。1978 年，Rivest、Shamir 和 Adleman 提出了第一個較完整的公開金鑰密碼體制—RSA 演算法，成為公開金鑰密碼的傑出代表。公開金鑰密碼體制為資訊認證提供了一種解決途徑。但由於 RSA 演算法使用的是模冪運算，對檔案簽名的執行效率難以恭維，必須提出一種有效的方案來提升簽名的效率。雜湊函數在這個方面的優越特性為這一問題提供了很好的解決方案。

雜湊函數於 20 世紀 70 年代末被引入密碼學，早期的雜湊函數主要被用於訊息認證。雜湊函數具有壓縮性、簡易性、單向性、抗原根、抗第二原根、抗碰撞等性質，在資訊安全和密碼學領域應用得非常廣泛。它是資料完整性檢測、構造數位簽章和認證方案等不可缺少的工具。比如，雜湊函數的重要用途之一是用於數位簽章，通常用公開金鑰密碼演算法進行數位簽章時，不是直接對訊息進行簽名，而是對訊息的雜湊值進行簽名，這樣既可以減少計算量、提升效率，又可以不破壞數位簽章演算法的某些代數結構。因此，雜湊函數在現代資訊安全領域具有非常高的使用價值和研究價值。

常見的雜湊函數有 MD4、MD5、SHA-1、SHA-256 和國產 SM1/SM3 等。近些年出現了對於這些標準的雜湊演算法的許多攻擊方法，因此複習雜湊函數的攻擊方法、設計新型的雜湊函數已成為當前密碼學研究的熱點課題。

4.1.3 雜湊函數的發展

雜湊函數是現代密碼學中相對較新的研究領域。最初的雜湊函數並非用於密碼學，直到 20 世紀 70 年代末，雜湊函數才被引入密碼學。從這個時期開始，雜湊函數的研究就成了密碼學一個十分重要的部分。

4.1.4 雜湊函數的設計

目前，雜湊函數主要有基於區塊編碼器演算法的雜湊函數和直接構造的雜湊函數，並且都是疊代型的雜湊函數。其中，基於區塊編碼器演算法的雜湊函數是 Rabin 提出的，它是透過對區塊編碼器輸入輸出模式進行組合構造雜湊函數。這裡主要介紹基於區塊編碼器演算法的雜湊函數，也就是分組疊代單向雜湊演算法。

要想將不限定長度的輸入資料壓縮成定長輸出的雜湊值不可能設計一種邏輯電路使其一次合格。實際使用時，總是先將輸入的數字字串劃分成固定長的段，如 m 位元段，而後將此 m 位元映射成 n 位元，將完成此映射的函數稱為疊代函數。我們採用類似於分組加密回饋的模式對一段 m bit 輸入進行類似映射，依此類推，直到輸入的全部數字字串完全映射完，以最後的輸出值作為整個輸入的雜湊值。類似於區塊編碼器，當輸入的數字字串不是 m 的整數倍時，可採用填充等方法處理。

目前很多雜湊演算法都是疊代型雜湊演算法，比如 SM3。

4.1.5 雜湊函數的分類

雜湊函數可以按其是否有金鑰參與運算分為兩大類：不帶金鑰的雜湊函數和帶金鑰的雜湊函數。

（1）不帶金鑰的雜湊函數

不帶金鑰的雜湊函數在運算過程中沒有金鑰參與。不帶金鑰的雜湊函數的雜湊值只是訊息輸入的函數，無須金鑰就可以計算。因此，這種類型的雜湊函數不具有身份認證功能，它僅提供資料完整性檢驗，如篡改檢測碼（MDC）。按照所具有的性質，MDC 又可分為弱單向雜湊函數（OWHF）和強單向雜湊函數（CRHF）。SM3 就是不帶金鑰的雜湊函數。

（2）帶金鑰的雜湊函數

帶金鑰的雜湊函數在訊息運算過程中有金鑰參與。這類雜湊函數需要滿足各種安全性要求，其雜湊值同時與金鑰和訊息輸入相關，只有擁有金鑰的人才能計算出對應的雜湊值。不帶金鑰的雜湊函數不僅能夠檢驗資料完整性，還能提供身份認證功能，被稱為訊息認證碼（MAC）。訊息認證碼的性質保證了只有擁有秘密金鑰雜湊函數才能產生正確的訊息：MAC 對。後面 4.3 節將重點說明。

4.1.6 雜湊函數的碰撞

雜湊演算法的重要功能是產生獨特的雜湊，當兩個不同的值或檔案產生相同的雜湊時，就稱為碰撞。保證數位簽章的安全性，在不發生碰撞時才行。碰撞對雜湊演算法來說是極其危險的，因為碰撞允許兩個檔案產生相同的簽名。當電腦檢查簽名時，即使該檔案未真正簽署，也會被電腦辨識為有效。

一個雜湊位元有 0 和 1 兩個可能值，則對於 SHA-256，有 2 的 256 次方種組合，這是一個龐大的數值。雜湊值越大，碰撞的機率就越小。每個雜湊演算法（包括安全演算法）都會發生碰撞。而 SHA-1 的大小結構發生碰撞的機率比較大，所以 SHA-1 被認為是不安全的。

4.2 SM3 雜湊演算法

SM3 密碼雜湊演算法是中國國家密碼管理局 2010 年公佈的中國商用密碼雜湊演算法標準。該演算法由王小雲等人設計，訊息分組 512 位元，輸出雜湊值 256 位元（32 位元組），採用 Merkle-Damgard 結構。SM3 密碼雜湊演算法的壓縮函數與 SHA-256 的壓縮函數具有相似的結構，但是 SM3 密碼雜湊演算法的壓縮函數的結構和訊息拓展過程的設計都更加複雜，比如壓縮函數的每一輪都使用兩個訊息字，訊息拓展過程的每一輪都使用 5 個訊息字等。

對長度為 l（l<264）位元的訊息 m，SM3 雜湊演算法經過填充和疊代壓縮生成雜湊值，雜湊值長度為 256 位元（32 位元組）。

4.2.1 常數和函數

常數和函數都是演算法中要用到的，我們統一在此定義。

1. 初值

IV =7380166f 4914b2b9 172442d7 da8a0600 a96f30bc 163138aa e38dee4d b0fb0e4e

2. 常數（見圖 4-1）

$$T_j = \begin{cases} 79cc4519 & 0 \leqslant j \leqslant 15 \\ 7a879d8a & 16 \leqslant j \leqslant 63 \end{cases}$$

圖 4-1

3. 布林函數（見圖 4-2）

$$FF_j(X,Y,Z) = \begin{cases} X \oplus Y \oplus Z & 0 \leqslant j \leqslant 15 \\ (X \wedge Y) \vee (X \wedge Z) \vee (Y \wedge Z) & 16 \leqslant j \leqslant 63 \end{cases}$$

$$GG_j(X,Y,Z) = \begin{cases} X \oplus Y \oplus Z & 0 \leqslant j \leqslant 15 \\ (X \wedge Y) \vee (\neg X \wedge Z) & 16 \leqslant j \leqslant 63 \end{cases}$$

圖 4-2

其中，X、Y、Z 為字。字就是長度為 32 位元組的位元串。

4. 置換函數（見圖 4-3）

$$P_0(X) = X \oplus (X <<< 9) \oplus (X <<< 17)$$
$$P_1(X) = X \oplus (X <<< 15) \oplus (X <<< 23)$$

圖 4-3

其中，X 為字。

4.2.2 填充

假設訊息 m 的長度為 l 位元。首先將位元 "1" 增加到訊息的尾端，再增加 k 個 "0"，k 是滿足 l+1+k ≡ 448 mod 512 的最小非負整數。然後增加一個 64 位元的位元串，該位元串以長度為 l 的二進位表示。填充後的訊息 m′ 的位元長度為 512 的倍數。其中，l+1+k ≡ 448mod512 中的≡表示同餘的意思，表示（l+1+k）mod 512=448，相當於（l+1+k）被 512 整除，餘數為 448。

舉例來說，對於訊息 01100001 01100010 01100011，其長度 l=24，經填充得到的位元串如圖 4-4 所示。

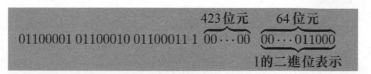

圖 4-4

4.2.3 疊代壓縮

1. 疊代過程

將填充後的訊息 m 按 512 位元進行分組：m'=$B^{(0)}B^{(1)}$ ... $B^{(n-1)}$。

其中，n=(l+k+65)/512。

對 m 按下列方式疊代：

```
FOR i=0 TO n-1
    V (i+1) = CF(V(i) , B(i))
ENDFOR
```

其中，CF 是壓縮函數，$V^{(0)}$ 為 256 位元的初值 IV，$B^{(i)}$ 為填充後的訊息分組，疊代壓縮的結果為 $V^{(n)}$。

初值 IV 是一個常數，其值為：

```
IV =7380166f 4914b2b9 172442d7 da8a0600 a96f30bc 163138aa e38dee4d b0fb0e4e
```

2. 訊息擴充

將訊息分組 $B^{(i)}$ 按以下方法擴充生成 132 個字 W_0、W_1、...、W_{67}、W_0'、W_1'、...、W_{63}'，用於壓縮函數 CF：

（1）將訊息分組 $B^{(i)}$ 劃分為 16 個字 W_0、W_1、...、W_{15}。

（2）計算（見圖 4-5）：

$$\begin{aligned}
&\text{FOR } j = 16 \text{ TO } 67\\
&\quad W_j \leftarrow P_1(W_{j-16} \oplus W_{j-9} \oplus (W_{j-3} <\!<\!< 15)) \oplus (W_{j-13} <\!<\!< 7) \oplus W_{j-6}\\
&\text{ENDFOR}
\end{aligned}$$

圖 4-5

（3）計算（見圖 4-6）：

$$\begin{aligned}
&\text{FOR } j = 0 \text{ TO } 63\\
&\quad W_j' = W_j \oplus W_{j+4}\\
&\text{ENDFOR}
\end{aligned}$$

圖 4-6

注意：字的意思是長度為 32 位元組的位元串。

3. 壓縮函數

令 A、B、C、D、E、F、G、H 為字暫存器，SS1、SS2、TT1、TT2 為中間變數，壓縮函數 $V^{i+1} = CF(V^{(i)};B^{(i)})$，$0 \leqslant i \leqslant n-1$。計算過程如圖 4-7 所示。

$$\begin{aligned}
&ABCDEFGH \leftarrow V^{(i)}\\
&\text{FOP } j = 0 \text{ TO } 63\\
&\quad SS1 \leftarrow ((A <\!<\!< 12) + E + (T_j <\!<\!< j)) \ll 7\\
&\quad SS2 \leftarrow SS1 \oplus (A <\!<\!< 12)\\
&\quad TT1 \leftarrow FF_j(A,B,C) + D + SS2 + W_j'\\
&\quad TT2 \leftarrow GG_j(E,F,G) + H + SS1W_j\\
&\quad D \leftarrow C\\
&\quad C \leftarrow B <\!<\!< 9\\
&\quad B \leftarrow A\\
&\quad A \leftarrow TT1\\
&\quad H \leftarrow G\\
&\quad G \leftarrow F <\!<\!< 19\\
&\quad F \leftarrow E\\
&\quad E \leftarrow P_0(TT2)\\
&\text{ENDFOR}\\
&V^{(i+1)} \leftarrow ABCDEFGH \oplus V^{(i)}
\end{aligned}$$

圖 4-7

其中，字的儲存為大端（Big-Endian）格式。所謂大端，就是資料在記憶體中的一種表示格式，規定左邊為高有效位元，右邊為低有效位元，數的高階位元組放在記憶體的低位址，數的低階位元組放在記憶體的高位址。

4.2.4 雜湊值

ABCDEFGH ← $V^{(n)}$
輸出 256 位元的雜湊值 y = ABCDEFGH。

4.2.5 一段式 SM3 演算法的實現

演算法的原理說明完畢後，相信大家已經有了一定的了解，但真正掌握演算法還需要上機實踐。現在我們將按照前面的演算法描述過程用程式實現演算法。筆者盡可能原汁原味地實現 SM3 密碼雜湊演算法。程式裡的函數、變數名稱都儘量使用演算法描述中的名稱，儘量遵循演算法描述的原始步驟，不使用演算法技巧進行處理，以利於初學者的了解。

一段式 SM3 演算法只向外提供一個函數，輸入全部訊息，得到全部訊息的雜湊值。

【例 4.1】實現 SM3 演算法

（1）打開 VC 2017，新建一個主控台專案，專案名是 test。
（2）打開 test.cpp，輸入程式如下：

```
#include "pch.h"
#include <stdio.h>
#include <memory>
//定義初值IV
unsigned char IV[256 / 8] =
{ 0x73,0x80,0x16,0x6f,0x49,0x14,0xb2,0xb9,0x17,0x24,0x42,0xd7,0xda,0x8a,0x06,
0x00,0xa9,0x6f,0x30,0xbc,0x16,0x31,0x38,0xaa,0xe3,0x8d,0xee,0x4d,0xb0,0xfb,
0x0e,0x4e };

// 迴圈左移
unsigned long SL(unsigned long X, int n)
{
```

```
    unsigned __int64 x = X;
    x = x << (n % 32);
    unsigned long l = (unsigned long)(x >> 32);
    return x | l;
}

//常數
unsigned long Tj(int j)
{
    if (j <= 15)
    {
        return 0x79cc4519;
    }
    else
    {
        return 0x7a879d8a;
    }
}

//布林函數
unsigned long FFj(int j, unsigned long X, unsigned long Y, unsigned long Z)
{
    if (j <= 15)
    {
        return X ^ Y ^ Z;
    }
    else
    {
        return (X & Y) | (X & Z) | (Y & Z);
    }
}

//置換函數
unsigned long GGj(int j, unsigned long X, unsigned long Y, unsigned long Z)
{
    if (j <= 15)
    {
        return X ^ Y ^ Z;
    }
    else
    {
        return (X & Y) | (~X & Z);
    }
```

```
}

unsigned long P0(unsigned long X)
{
     return X ^ SL(X, 9) ^ SL(X, 17);
}

unsigned long P1(unsigned long X)
{
     return X ^ SL(X, 15) ^ SL(X, 23);
}

// 擴充
void EB(unsigned char Bi[512 / 8], unsigned long W[68], unsigned long W1[64])
{
    // Bi 分為W0~W15
    for (int i = 0; i < 16; ++i)
    {
        W[i] = Bi[i * 4] << 24 | Bi[i * 4 + 1] << 16 | Bi[i * 4 + 2] << 8 |
Bi[i * 4 + 3];
    }

    for (int j = 16; j <= 67; ++j)
    {
        W[j] = P1(W[j - 16] ^ W[j - 9] ^ SL(W[j - 3], 15)) ^ SL(W[j - 13],
7) ^ W[j - 6];
    }

    for (int j = 0; j <= 63; ++j)
    {
        W1[j] = W[j] ^ W[j + 4];
    }
}

// 壓縮函數
void CF(unsigned char Vi[256 / 8], unsigned char Bi[512 / 8], unsigned char
Vi1[256 / 8])
{
    // Bi 擴充為132個字
    unsigned long W[68] = { 0 };
    unsigned long W1[64] = { 0 };

    EB(Bi, W, W1);
```

```
    // 串聯 ABCDEFGH = Vi
    unsigned long R[8] = { 0 };
    for (int i = 0; i < 8; ++i)
    {
        R[i] = ((unsigned long)Vi[i * 4]) << 24 | ((unsigned long)Vi[i * 4 + 1])
<< 16 | ((unsigned long)Vi[i * 4 + 2]) << 8 | ((unsigned long)Vi[i * 4 + 3]);
    }

    unsigned long A = R[0], B = R[1], C = R[2], D = R[3], E = R[4], F = R[5],
G = R[6], H = R[7];

    unsigned long SS1, SS2, TT1, TT2;
    for (int j = 0; j <= 63; ++j)
    {
        SS1 = SL(SL(A, 12) + E + SL(Tj(j), j), 7);
        SS2 = SS1 ^ SL(A, 12);
        TT1 = FFj(j, A, B, C) + D + SS2 + W1[j];
        TT2 = GGj(j, E, F, G) + H + SS1 + W[j];
        D = C;
        C = SL(B, 9);
        B = A;
        A = TT1;
        H = G;
        G = SL(F, 19);
        F = E;
        E = P0(TT2);
    }

        // Vi1 = ABCDEFGH 串聯
        R[0] = A, R[1] = B, R[2] = C, R[3] = D, R[4] = E, R[5] = F, R[6] = G,
R[7] = H;
        for (int i = 0; i < 8; ++i)
        {
        Vi1[i * 4] = (R[i] >> 24) & 0xFF;
        Vi1[i * 4 + 1] = (R[i] >> 16) & 0xFF;
        Vi1[i * 4 + 2] = (R[i] >> 8) & 0xFF;
        Vi1[i * 4 + 3] = (R[i]) & 0xFF;
    }
    // Vi1 = ABCDEFGH ^ Vi
    for (int i = 0; i < 256 / 8; ++i)
    {
        Vi1[i] ^= Vi[i];
```

```
    }
}

//計算SM3雜湊值的函數，參數 m 是原始資料，ml 是資料長度，r 是輸出參數，存放雜湊
結果
void SM3Hash(unsigned char* m, int ml, unsigned char r[32])
{
    int l = ml * 8;
    int k = 448 - 1 - l % 512; //增加k個0，k 是滿足l+1+k≡448mod512的最小非負整數
    if (k <= 0)
    {
        k += 512;
    }

    int n = (l + k + 65) / 512;

    int mll = n * 512 / 8;        //填充後的長度，512位元的倍數
    unsigned char* m1 = new unsigned char[mll];
    memset(m1, 0, mll);
    memcpy(m1, m, l / 8);

    m1[l / 8] = 0x80;             //訊息後補1

    //再增加一個64位元位元串，該位元串是長度l的二進位表示
    unsigned long ll = l;
    for (int i = 0; i < 64 / 8 && ll > 0; ++i)
    {
        m1[mll - 1 - i] = ll & 0xFF;
        ll = ll >> 8;
    }

    //將填充後的訊息m'按512位元進行分組：m'= B(0)B(1)…B(n-1)，其中n=(l+k+65)/512
    unsigned char** B = new unsigned char*[n];
    for (int i = 0; i < n; ++i)
    {
        B[i] = new unsigned char[512 / 8];
        memcpy(B[i], m1 + (512 / 8)*i, 512 / 8);
    }

    delete[] m1;

    unsigned char** V = new unsigned char*[n + 1];
    for (int i = 0; i <= n; ++i)
```

```
    {
        V[i] = new unsigned char[256 / 8];
        memset(V[i], 0, 256 / 8);
    }

    // 初始化V[0]
    memcpy(V[0], IV, 256 / 8);

    // 壓縮函數，V 與擴充的B
    for (int i = 0; i < n; ++i)
    {
        CF(V[i], B[i], V[i + 1]);
    }

    for (int i = 0; i < n; ++i)
    {
        delete[] B[i];
    }
    delete[] B;

    // V[n]是結果
    memcpy(r, V[n], 32);

    for (int i = 0; i < n + 1; ++i)
    {
        delete[] V[i];
    }
    delete[] V;
}
void dumpbuf(unsigned char* buf, int len)   //列印位元組陣列
{
    int i, line = 32;
    printf("len=%d\n", len);
    for (i = 0; i < len; i++) {
        printf("%02x ", buf[i]);
        if (i>0&&(1+i) % 16 == 0)
            putchar('\n');
    }
    return;
}


void main()
{
```

```
    unsigned char    data[] = "abc",r[32];
    printf("訊息：%s\nHash結果：\n", data);
    SM3Hash(data, 3, r);

    dumpbuf(r, 32);
}
```

（3）保存專案並運行，運行結果如圖 4-8 所示。

圖 4-8

4.2.6 三段式 SM3 雜湊的實現

在實際應用中，比如 Linux 核心的 IPsec 處理中，有時進行雜湊運算的訊息原文不會全部得到，通常會先給一部分，再給一部分，而實際場合也沒有那麼大的儲存空間儲存所有訊息原文，等到全部湊齊再進行雜湊運算，所以通常需要先對部分訊息原文進行雜湊運算，但這個結果是一個中間值，等到下一次訊息原文到來後，再和上一次運算的中間值一起參與運算，如此反覆，一直到最後訊息原文到來後，再進行最後一次運算。再比如，A、B、C 三方通訊，A 透過 B 這個中轉站向 C 發送大檔案，如果 B 要計算整個檔案的雜湊值，只能分段進行，因為 B 無法快取全部檔案資料後再呼叫雜湊函數。針對這些場景，人們又設計了三步式雜湊函數，即提供 3 個函數，一個初始化函數（Init），一個中間函數（Update），還有一個結束函數（Final），其中，第二個函數可以多次呼叫。三段式雜湊形式也可以實現單套件的效果，因此實用性更好。

【例 4.2】手工實現三段式 SM3 演算法

（1）打開 VC 2017，新建一個主控台專案，專案名是 test。

（2）在專案中增加檔案 sm3.h，該檔案用來宣告 SM3 演算法，輸入程式如下：

```
#pragma once

typedef struct
{
    unsigned long total[2];     /*!< number of bytes processed  */
    unsigned long state[8];     /*!< intermediate digest state  */
    unsigned char buffer[64];   /*!< data block being processed */

    unsigned char ipad[64];     /*!< HMAC: inner padding        */
    unsigned char opad[64];     /*!< HMAC: outer padding        */

}
sm3_context;

#ifdef __cplusplus
extern "C" {
#endif

    /**
    * \brief          SM3 context setup
    *
    * \param ctx      context to be initialized
    */
    void sm3_starts(sm3_context *ctx);

    /**
    * \brief          SM3 process buffer
    *
    * \param ctx      SM3 context
    * \param input    buffer holding the  data
    * \param ilen     length of the input data
    */
    void sm3_update(sm3_context *ctx, unsigned char *input, int ilen);

    /**
    * \brief          SM3 final digest
    *
    * \param ctx      SM3 context
    */
```

```
    void sm3_finish(sm3_context *ctx, unsigned char output[32]);

    /**
     * \brief          Output = SM3( input buffer )
     *
     * \param input    buffer holding the  data
     * \param ilen     length of the input data
     * \param output   SM3 checksum result
     */
    void sm3(unsigned char *input, int ilen,
        unsigned char output[32]);

    /**
     * \brief          Output = SM3( file contents )
     *
     * \param path     input file name
     * \param output   SM3 checksum result
     *
     * \return         0 if successful, 1 if fopen failed,
     *                 or 2 if fread failed
     */
    int sm3_file(char *path, unsigned char output[32]);
#ifdef __cplusplus
}
#endif
```

除了三段式的 3 個函數外，我們還宣告了對磁碟檔案進行雜湊運算的函數 sm3_file，方便讀者今後在專案中直接使用。

接著在專案中增加檔案 sm3.cpp，該檔案用來實現 SM3 演算法，輸入程式如下：

```
#include "pch.h"
#include "sm3.h"
#include <string.h>
#include <stdio.h>

/*
 * 32-bit integer manipulation macros (big endian)
 */
#ifndef GET_ULONG_BE
#define GET_ULONG_BE(n,b,i)                                    \
```

```
    {                                                          \
        (n) = ( (unsigned long) (b)[(i)    ] << 24 )          \
            | ( (unsigned long) (b)[(i) + 1] << 16 )          \
            | ( (unsigned long) (b)[(i) + 2] <<  8 )          \
            | ( (unsigned long) (b)[(i) + 3]        );        \
    }
#endif

#ifndef PUT_ULONG_BE
#define PUT_ULONG_BE(n,b,i)                                   \
    {                                                          \
        (b)[(i)    ] = (unsigned char) ( (n) >> 24 );         \
        (b)[(i) + 1] = (unsigned char) ( (n) >> 16 );         \
        (b)[(i) + 2] = (unsigned char) ( (n) >>  8 );         \
        (b)[(i) + 3] = (unsigned char) ( (n)       );         \
    }
#endif

 /*
  * SM3 context setup
  */
void sm3_starts(sm3_context *ctx)
{
    ctx->total[0] = 0;
    ctx->total[1] = 0;

    ctx->state[0] = 0x7380166F;
    ctx->state[1] = 0x4914B2B9;
    ctx->state[2] = 0x172442D7;
    ctx->state[3] = 0xDA8A0600;
    ctx->state[4] = 0xA96F30BC;
    ctx->state[5] = 0x163138AA;
    ctx->state[6] = 0xE38DEE4D;
    ctx->state[7] = 0xB0FB0E4E;

}

static void sm3_process(sm3_context *ctx, unsigned char data[64])
{
    unsigned long SS1, SS2, TT1, TT2, W[68], W1[64];
    unsigned long A, B, C, D, E, F, G, H;
    unsigned long T[64];
    unsigned long Temp1, Temp2, Temp3, Temp4, Temp5;
```

```
    int j;
#ifdef _DEBUG
    int i;
#endif

    //    for(j=0; j < 68; j++)
    //        W[j] = 0;
    //    for(j=0; j < 64; j++)
    //        W1[j] = 0;

    for (j = 0; j < 16; j++)
        T[j] = 0x79CC4519;
    for (j = 16; j < 64; j++)
        T[j] = 0x7A879D8A;

    GET_ULONG_BE(W[0], data, 0);
    GET_ULONG_BE(W[1], data, 4);
    GET_ULONG_BE(W[2], data, 8);
    GET_ULONG_BE(W[3], data, 12);
    GET_ULONG_BE(W[4], data, 16);
    GET_ULONG_BE(W[5], data, 20);
    GET_ULONG_BE(W[6], data, 24);
    GET_ULONG_BE(W[7], data, 20);
    GET_ULONG_BE(W[8], data, 32);
    GET_ULONG_BE(W[9], data, 36);
    GET_ULONG_BE(W[10], data, 40);
    GET_ULONG_BE(W[11], data, 44);
    GET_ULONG_BE(W[12], data, 48);
    GET_ULONG_BE(W[13], data, 52);
    GET_ULONG_BE(W[14], data, 56);
    GET_ULONG_BE(W[15], data, 60);

#ifdef _DEBUG
    printf("Message with padding:\n");
    for (i = 0; i < 8; i++)
        printf("%08x ", W[i]);
    printf("\n");
    for (i = 8; i < 16; i++)
        printf("%08x ", W[i]);
    printf("\n");
#endif

#define FF0(x,y,z) ( (x) ^ (y) ^ (z))
```

```
#define FF1(x,y,z) (((x) & (y)) | ( (x) & (z)) | ( (y) & (z)))

#define GG0(x,y,z) ( (x) ^ (y) ^ (z))
#define GG1(x,y,z) (((x) & (y)) | ( (~(x)) & (z)) )

#define  SHL(x,n) (((x) & 0xFFFFFFFF) << n)
#define ROTL(x,n) (SHL((x),n) | ((x) >> (32 - n)))

#define P0(x) ((x) ^  ROTL((x),9) ^ ROTL((x),17))
#define P1(x) ((x) ^  ROTL((x),15) ^ ROTL((x),23))

    for (j = 16; j < 68; j++)
    {
        //W[j] = P1( W[j-16] ^ W[j-9] ^ ROTL(W[j-3],15)) ^ ROTL(W[j - 13],
7 ) ^ W[j-6];
        //Why thd release's result is different with the debug's ?
        //Below is okay. Interesting, Perhaps VC6 has a bug of Optimizaiton.

        Temp1 = W[j - 16] ^ W[j - 9];
        Temp2 = ROTL(W[j - 3], 15);
        Temp3 = Temp1 ^ Temp2;
        Temp4 = P1(Temp3);
        Temp5 = ROTL(W[j - 13], 7) ^ W[j - 6];
        W[j] = Temp4 ^ Temp5;
    }

#ifdef _DEBUG
    printf("Expanding message W0-67:\n");
    for (i = 0; i < 68; i++)
    {
        printf("%08x ", W[i]);
        if (((i + 1) % 8) == 0) printf("\n");
    }
    printf("\n");
#endif

    for (j = 0; j < 64; j++)
    {
        W1[j] = W[j] ^ W[j + 4];
    }

#ifdef _DEBUG
    printf("Expanding message W'0-63:\n");
```

```
    for (i = 0; i < 64; i++)
    {
        printf("%08x ", W1[i]);
        if (((i + 1) % 8) == 0) printf("\n");
    }
    printf("\n");
#endif

    A = ctx->state[0];
    B = ctx->state[1];
    C = ctx->state[2];
    D = ctx->state[3];
    E = ctx->state[4];
    F = ctx->state[5];
    G = ctx->state[6];
    H = ctx->state[7];
#ifdef _DEBUG
    printf("j    A       B       C       D       E       F       G       H\n");
    printf("  %08x %08x %08x %08x %08x %08x %08x %08x\n", A, B, C, D, E, F, G, H);
#endif

    for (j = 0; j < 16; j++)
    {
        SS1 = ROTL((ROTL(A, 12) + E + ROTL(T[j], j)), 7);
        SS2 = SS1 ^ ROTL(A, 12);
        TT1 = FF0(A, B, C) + D + SS2 + W1[j];
        TT2 = GG0(E, F, G) + H + SS1 + W[j];
        D = C;
        C = ROTL(B, 9);
        B = A;
        A = TT1;
        H = G;
        G = ROTL(F, 19);
        F = E;
        E = D0(TT2);
#ifdef _DEBUG
        printf("%02d %08x %08x %08x %08x %08x %08x %08x %08x\n", j, A, B, C,
D, E, F, G, H);
#endif
    }

    for (j = 16; j < 64; j++)
    {
```

```
        SS1 = ROTL((ROTL(A, 12) + E + ROTL(T[j], j)), 7);
        SS2 = SS1 ^ ROTL(A, 12);
        TT1 = FF1(A, B, C) + D + SS2 + W1[j];
        TT2 = GG1(E, F, G) + H + SS1 + W[j];
        D = C;
        C = ROTL(B, 9);
        B = A;
        A = TT1;
        H = G;
        G = ROTL(F, 19);
        F = E;
        E = P0(TT2);
#ifdef _DEBUG
        printf("%02d %08x %08x %08x %08x %08x %08x %08x %08x\n", j, A, B, C,
D, E, F, G, H);
#endif
    }

    ctx->state[0] ^= A;
    ctx->state[1] ^= B;
    ctx->state[2] ^= C;
    ctx->state[3] ^= D;
    ctx->state[4] ^= E;
    ctx->state[5] ^= F;
    ctx->state[6] ^= G;
    ctx->state[7] ^= H;
#ifdef _DEBUG
    printf("  %08x %08x %08x %08x %08x %08x %08x %08x\n", ctx->state[0],
ctx->state[1], ctx->state[2],
        ctx->state[3], ctx->state[4], ctx->state[5], ctx->state[6],
ctx->state[7]);
#endif
}

/*
 * SM3 process buffer
 */
void sm3_update(sm3_context *ctx, unsigned char *input, int ilen)
{
    int fill;
    unsigned long left;

    if (ilen <= 0)
```

```
        return;

    left = ctx->total[0] & 0x3F;
    fill = 64 - left;

    ctx->total[0] += ilen;
    ctx->total[0] &= 0xFFFFFFFF;

    if (ctx->total[0] < (unsigned long)ilen)
        ctx->total[1]++;

    if (left && ilen >= fill)
    {
        memcpy((void *)(ctx->buffer + left),
            (void *)input, fill);
        sm3_process(ctx, ctx->buffer);
        input += fill;
        ilen -= fill;
        left = 0;
    }

    while (ilen >= 64)
    {
        sm3_process(ctx, input);
        input += 64;
        ilen -= 64;
    }

    if (ilen > 0)
    {
        memcpy((void *)(ctx->buffer + left),
            (void *)input, ilen);
    }
}

static const unsigned char sm3_padding[64] =
{
 0x80, 0, 0, 0, 0, 0, 0, 0, 0, 0, 0, 0, 0, 0, 0, 0,
    0, 0, 0, 0, 0, 0, 0, 0, 0, 0, 0, 0, 0, 0, 0, 0,
    0, 0, 0, 0, 0, 0, 0, 0, 0, 0, 0, 0, 0, 0, 0, 0,
    0, 0, 0, 0, 0, 0, 0, 0, 0, 0, 0, 0, 0, 0, 0, 0
};
```

```
/*
 * SM3 final digest
 */
void sm3_finish(sm3_context *ctx, unsigned char output[32])
{
    unsigned long last, padn;
    unsigned long high, low;
    unsigned char msglen[8];

    high = (ctx->total[0] >> 29)
         | (ctx->total[1] << 3);
    low = (ctx->total[0] << 3);

    PUT_ULONG_BE(high, msglen, 0);
    PUT_ULONG_BE(low, msglen, 4);

    last = ctx->total[0] & 0x3F;
    padn = (last < 56) ? (56 - last) : (120 - last);

    sm3_update(ctx, (unsigned char *)sm3_padding, padn);
    sm3_update(ctx, msglen, 8);

    PUT_ULONG_BE(ctx->state[0], output, 0);
    PUT_ULONG_BE(ctx->state[1], output, 4);
    PUT_ULONG_BE(ctx->state[2], output, 8);
    PUT_ULONG_BE(ctx->state[3], output, 12);
    PUT_ULONG_BE(ctx->state[4], output, 16);
    PUT_ULONG_BE(ctx->state[5], output, 20);
    PUT_ULONG_BE(ctx->state[6], output, 24);
    PUT_ULONG_BE(ctx->state[7], output, 28);
}

/*
 * output = SM3( input buffer )
 */
void sm3(unsigned char *input, int ilen,
    unsigned char output[32])
{
    sm3_context ctx;

    sm3_starts(&ctx);
    sm3_update(&ctx, input, ilen);
    sm3_finish(&ctx, output);
```

```
    memset(&ctx, 0, sizeof(sm3_context));
}

/*
 * output = SM3( file contents )
 */
int sm3_file(char *path, unsigned char output[32])
{
    FILE *f;
    size_t n;
    sm3_context ctx;
    unsigned char buf[1024];

    if ((f = fopen(path, "rb")) == NULL)
        return(1);

    sm3_starts(&ctx);

    while ((n = fread(buf, 1, sizeof(buf), f)) > 0)
        sm3_update(&ctx, buf, (int)n);

    sm3_finish(&ctx, output);

    memset(&ctx, 0, sizeof(sm3_context));

    if (ferror(f) != 0)
    {
        fclose(f);
        return(2);
    }

    fclose(f);
    return(0);
}
```

三段式 SM3 演算法完成了。下面加入測試程式，打開 test.cpp，輸入程式
如下：

```
#include "pch.h"
#include <string.h>
#include <stdio.h>
```

```
#include "sm3.h"

int main(int argc, char *argv[])
{
    unsigned char *input = (unsigned char*)"abc";
    int ilen = 3;
    unsigned char output[32];
    int i;
    sm3_context ctx;

    printf("Message: ");
    printf("%s\n", input);

    sm3(input, ilen, output);
    printf("Hash:   ");
    for (i = 0; i < 32; i++)
    {
        printf("%02x", output[i]);
        if (((i + 1) % 4) == 0) printf(" ");
    }
    printf("\n");

    printf("Message: ");
    for (i = 0; i < 16; i++)
        printf("abcd");
    printf("\n");

    sm3_starts(&ctx);
    for (i = 0; i < 16; i++)
        sm3_update(&ctx, (unsigned char*)"abcd", 4);
    sm3_finish(&ctx, output);
    memset(&ctx, 0, sizeof(sm3_context));

    printf("Hash:   ");
    for (i = 0; i < 32; i++)
    {
        printf("%02x", output[i]);
        if (((i + 1) % 4) == 0) printf(" ");
    }
    printf("\n");
    //getch();
}
```

（3）保存專案並運行，運行結果如圖 4-9 所示。

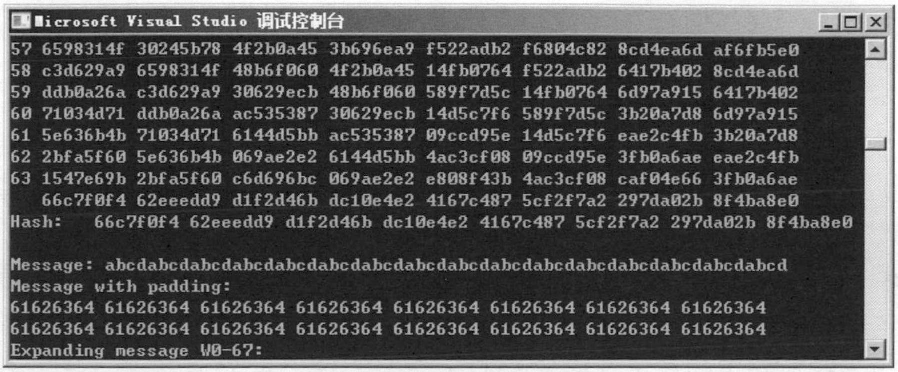

圖 4-9

為了方便讀者對照演算法原理逐步了解，特意把中間過程列印出來。

4.2.7 OpenSSL 實現 SM3 演算法

前面我們從零開始實現了 SM3 演算法，在實際開發中也可以基於現有的密碼演算法函數庫來實現，這樣可以避免重複造輪子。目前，新版的 OpenSSL 函數庫已經提供了 SM3 演算法，因此我們可以透過呼叫 OpenSSL 函數庫函數來實現 SM3，過程簡單得多。

【例 4.3】OpenSSL 實現 SM3

（1）打開 VC 2017，新建一個主控台專案 test。

（2）在專案中新建一個 C++ 檔案，檔案名稱是 sm3hash.cpp，然後輸入程式如下：

```cpp
#include <pch.h>
#include "openssl/evp.h"
#include "sm3hash.h"

int sm3_hash(const unsigned char *message, size_t len, unsigned char *hash,
unsigned int *hash_len)
{
    EVP_MD_CTX *md_ctx;
    const EVP_MD *md;
```

```
    md = EVP_sm3();                              //使用的雜湊演算法是SM3
    md_ctx = EVP_MD_CTX_new();                   //開闢摘要上下文結構需要的空間
    EVP_DigestInit_ex(md_ctx, md, NULL);         //初始化摘要結構上下文結構
    EVP_DigestUpdate(md_ctx, message, len);      //對資料進行摘要計算
    EVP_DigestFinal_ex(md_ctx, hash, hash_len);  //結尾工作，輸出摘要結果
    EVP_MD_CTX_free(md_ctx);                      //釋放空間
    return 0;
}
```

我們定義了一個函數 sm3_hash，其中參數 message 是要做雜湊的來源資料，len 是來源資料的長度，這兩個參數都是輸入參數。參數 hash 是輸出參數，存放雜湊的結果，對於 SM3，雜湊的結果是 32 位元組，因此參數 hash 要指向一個 32 位元組的緩衝區。hash_len 也是輸出參數，存放雜湊的結果長度。

OpenSSL 1.1.1 並沒有對外部提供單獨計算 SM3 雜湊值的函數。如果要計算各種雜湊函數，就需要透過呼叫 EVP 相關函數來完成。如此看來，OpenSSL 封裝得不錯。最後，呼叫函數 EVP_MD_CTX_free 釋放空間。

接著，在專案中新建一個標頭檔案，檔案名稱是 sm3hash.h，然後輸入程式如下：

```
#ifndef HEADER_C_FILE_SM3_HASH_H
#define HEADER_C_FILE_SM3_HASH_H
#ifdef __cplusplus
extern "C" {
#endif

    int sm3_hash(const unsigned char *message, size_t len, unsigned char
*hash, unsigned int *hash_len);

#ifdef __cplusplus
}
#endif

#endif
```

該檔案中就宣告了一個函數 sm3_hash，以方便其他程式呼叫。

在 VC 中打開「test 屬性頁」對話方塊，然後設定「其它 Include 目錄」為
D:\openssl-1.1.1b\win32-debug\include，如圖 4-10 所示。

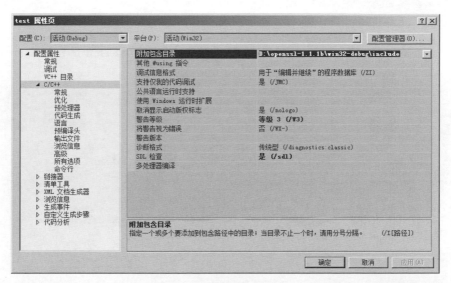

圖 4-10

這個例子的程式是 32 位元的，所以使用 32 位元的標頭檔和函數庫。再設定
「附加函數庫目錄」為 D:\openssl-1.1.1b\win32-debug\lib，如圖 4-11 所示。

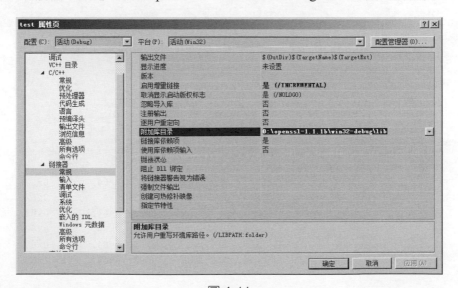

圖 4-11

最後增加三個函數庫（ws2_32.lib;Crypt32.lib;libcrypto.lib;）到「其它相依性」，注意用分號隔開，如圖 4-12 所示。

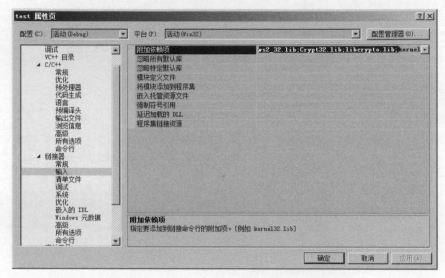

圖 4-12

（3）現在可以編寫測試程式了，具體呼叫 sm3_hash 函數。打開 test.cpp，在其中輸入程式如下：

```cpp
#include "pch.h"
#include <stdio.h>
#include <string.h>
#include "sm3hash.h"

int main(void)
{
    const unsigned char sample1[] = { 'a', 'b', 'c', 0 };
    unsigned int sample1_len = strlen((char *)sample1);
    const unsigned char sample2[] = { 0x61, 0x62, 0x63, 0x64, 0x61, 0x62,
                         0x63, 0x64, 0x61, 0x62, 0x63, 0x64, 0x61, 0x62,
                         0x63, 0x64, 0x61, 0x62, 0x63, 0x64, 0x61, 0x62,
                         0x63, 0x64, 0x61, 0x62, 0x63, 0x64, 0x61, 0x62,
                         0x63, 0x64, 0x61, 0x62, 0x63, 0x64, 0x61, 0x62,
                         0x63, 0x64, 0x61, 0x62, 0x63, 0x64, 0x61, 0x62,
                         0x63, 0x64, 0x61, 0x62, 0x63, 0x64, 0x61, 0x62,
```

```
                        0x63, 0x64, 0x61, 0x62, 0x63, 0x64, 0x61, 0x62,
                        0x63, 0x64 };
    unsigned int sample2_len = sizeof(sample2);
    unsigned char hash_value[64];
    unsigned int i, hash_len;

    sm3_hash(sample1, sample1_len, hash_value, &hash_len);
    printf("raw data: %s\n", sample1);
    printf("hash length: %d bytes.\n", hash_len);
    printf("hash value:\n");
    for (i = 0; i < hash_len; i++)
    {
        printf("0x%x  ", hash_value[i]);
    }
    printf("\n\n");

    sm3_hash(sample2, sample2_len, hash_value, &hash_len);
    printf("raw data:\n");
    for (i = 0; i < sample2_len; i++)
    {
        printf("0x%x  ", sample2[i]);
    }
    printf("\n");
    printf("hash length: %d bytes.\n", hash_len);
    printf("hash value:\n");
    for (i = 0; i < hash_len; i++)
    {
        printf("0x%x  ", hash_value[i]);
    }
    printf("\n");
    return 0;
}
```

在程式中，我們分別對位元組陣列 sample1 和 sample2 進行了 sm3_hash 運算。最後把結果都列印出來了。

（4）保存專案並運行，運行結果如圖 4-13 所示。

圖 4-13

4.3 HMAC

4.3.1 什麼是 HMAC

HMAC（Hash-Based Message Authentication Code，金鑰相關的雜湊運算訊息認證碼）是由 H.Krawezyk、M.Bellare、R.Canetti 三人於 1996 年提出的一種基於雜湊函數和金鑰進行訊息認證的方法，於 1997 年作為 RFC2104 被公佈，並在 IPSec 和其他網路通訊協定（如 SSL）中獲得了廣泛應用，現在已經成為事實上的 Internet 安全標準。它可以與任何疊代型雜湊函數綁定使用。

HMAC 是一種使用單向雜湊函數來構造訊息認證碼的方法，其中 HMAC 中的 H 就是 Hash 的意思。

HMAC 中所使用的單向雜湊函數並不僅限於一種，任何高強度的單向雜湊函數都可以被用於 HMAC，將來設計出的新的單向雜湊函數同樣可以使用。使用 SM3-HMAC、SHA-1、SHA-224、SHA-256、SHA-384、SHA-512 所構造的 HMAC 分別稱為 HMAC-SM3、HMAC-SHA1、HMAC-SHA-224、HMAC-SHA-256、HMAC-SHA-384、HMAC-SHA-512。

4.3.2 產生背景

隨著 Internet 的不斷發展，網路安全問題日益突出。為了確保接收方所接收到的封包資料的完整性，人們採用訊息認證來驗證上述性質。目前，用來對訊息進行認證的主要方式有三種：訊息認證碼、雜湊函數和訊息加密。

- 訊息認證碼：它是一個需要金鑰的演算法，可以對可變長度的訊息進行認證，把輸出的結果作為認證符。
- 雜湊函數：它是將任意長度的訊息映射成為定長的雜湊值的函數，以該雜湊值訊息摘要作為認證符。
- 訊息加密：它將整個訊息的加密作為認證符。

近年來，人們對利用雜湊函數來設計 MAC 越來越感興趣，原因有兩個：

（1）一般的雜湊函數的軟體執行速度比區塊編碼器要快。
（2）密碼雜湊函數的函數庫程式來源廣泛。

因此，HMAC 應運而生，HMAC 是一種利用密碼學中的雜湊函數來進行訊息認證的機制，所能提供的訊息認證包括兩方面內容：

（1）訊息完整性認證：能夠證明訊息內容在傳送過程中沒有被修改。
（2）信源身份認證：因為通訊雙方共用了認證的金鑰，接收方能夠認證發送該資料的信源與所宣稱的一致，即能夠可靠地確認接收的訊息與發送的一致。

HMAC 是當前許多安全協定所選用的提供認證服務的方式，應用十分廣泛，並且經受住了多種形式攻擊的考驗。

4.3.3 設計目標

在 HMAC 規劃之初，就有以下設計目標：

（1）不必修改而直接套用已知的雜湊函數，並且很容易得到軟體上執行速度較快的雜湊函數及其程式。

（2）若找到或需要更快或更安全的雜湊函數，則能夠很容易地代替原來嵌入的雜湊函數。

（3）應保持雜湊函數原來的性能，不能因為嵌入在 HMAC 中而過分降低其性能。

（4）對金鑰的使用和處理比較簡單。

（5）如果已知嵌入的雜湊函數的強度，就完全可以推斷出認證機制抵抗密碼分析的強度。

4.3.4 演算法描述

HMAC 演算法本身並不複雜，其需要有一個雜湊函數，我們記為 H。同時還需要有一個金鑰，我們記為 K。每種資訊摘要函數都對資訊進行分組，每個區塊的長度是固定的，我們記為 B（如 SHA1 為 512 位元，即 64 位元組；SM3 也是以 64 位元組為分組大小）。每種資訊摘要演算法都會輸出一個固定長度的資訊摘要，我們將資訊摘要的長度記為 L（如 MD5 為 16 位元組，SHA-1 為 20 位元組）。正如前面所述，K 的長度理論上是任意的，一般為了安全強度考慮，選取不小於 L 的長度。

HMAC 演算法其實就是利用金鑰和明文進行兩輪雜湊運算，以公式可以表示如下：

HMAC(K,M)=H(K $\oplus$ opad ｜ H(K $\oplus$ ipad ｜ M))

其中，ipad 為 0x36 重複 B 次，opad 為 0x5c 重複 B 次，m 代表一個訊息輸入。

根據上面的演算法表示公式，我們可以描述 HMAC 演算法的運算步驟：

（1）檢查金鑰 K 的長度。如果 K 的長度大於 B，就先使用摘要演算法計算出一個長度為 L 的新金鑰。如果 K 的長度小於 B，就在其後面追加 0 來使其長度達到 B。

（2）將上一步生成的 B 位元組長度的金鑰字串與 ipad 做互斥運算。

（3）將需要處理的資料流程 text 填充至第二步的結果字串中。

（4）使用雜湊函數 H 計算上一步中生成的資料流程的資訊摘要值。

（5）將第一步生成的 B 位元組長度金鑰字串與 opad 做互斥運算。

（6）再將第四步得到的結果填充到第五步的結果之後。

（7）使用雜湊函數 H 計算上一步中生成的資料流程的資訊摘要值，輸出結果就是最終的 HMAC 值。

由上述描述過程，我們知道 HMAC 演算法的計算過程實際是對原文做了兩次類似於加鹽處理的雜湊過程（關於鹽，在應用中，出於安全的考慮和資料的保密，需要使用到加密演算法，有時為了讓加密的結果更加撲朔迷離一些，常常會給被加密的資料加點「鹽」。說穿了，鹽就是一串數字，完全是自己定義的）。

4.3.5 獨立自主實現 HMAC-SM3

在了解了 HMAC 的演算法描述後，下面我們透過程式實現來加深了解 HMAC 演算法。這是一種非天才式的學習方法（天才一般是看到演算法描述直接得出程式實現）。

【例 4.4】實現 HMAC-SM3 演算法

（1）把例 4.2 的專案複製一份，然後用 VC 2017 打開專案。

（2）在專案中打開 sm3.cpp，在檔案尾端處增加函數程式如下：

```
// SM3 HMAC context setup
void sm3_hmac_starts(sm3_context *ctx, unsigned char *key, int keylen)
{
    int i;
    unsigned char sum[32];

    if (keylen > 64)
    {
        sm3(key, keylen, sum);
        keylen = 32;
        //keylen = ( is224 ) ? 28 : 32;
        key = sum;
    }
```

```
     memset(ctx->ipad, 0x36, 64);
    memset(ctx->opad, 0x5C, 64);

    for (i = 0; i < keylen; i++)
    {
        ctx->ipad[i] = (unsigned char)(ctx->ipad[i] ^ key[i]);
        ctx->opad[i] = (unsigned char)(ctx->opad[i] ^ key[i]);
    }

    sm3_starts(ctx);
    sm3_update(ctx, ctx->ipad, 64);

    memset(sum, 0, sizeof(sum));
}

/*
 * SM3 HMAC process buffer
 */
void sm3_hmac_update(sm3_context *ctx, unsigned char *input, int ilen)
{
    sm3_update(ctx, input, ilen);
}

/*
 * SM3 HMAC final digest
 */
void sm3_hmac_finish(sm3_context *ctx, unsigned char output[32])
{
    int hlen;
    unsigned char tmpbuf[32];

    //is224 = ctx->is224;
    hlen = 32;

    sm3_finish(ctx, tmpbuf);
    sm3_starts(ctx);
    sm3_update(ctx, ctx->opad, 64);
    sm3_update(ctx, tmpbuf, hlen);
    sm3_finish(ctx, output);

    memset(tmpbuf, 0, sizeof(tmpbuf));
}
```

```
/*
 * output = HMAC-SM#( hmac key, input buffer )
 */
void sm3_hmac(unsigned char *key, int keylen,unsigned char *input, int ilen,
unsigned char output[32])
{
    sm3_context ctx;

    sm3_hmac_starts(&ctx, key, keylen);
    sm3_hmac_update(&ctx, input, ilen);
    sm3_hmac_finish(&ctx, output);

    memset(&ctx, 0, sizeof(sm3_context));
}
```

和 SM3 雜湊函數一樣,我們也提供了三段式 HMAC-SM3,這樣可以適用
於更多的應用場合,而且提供了僅透過一個函數就可以得到 HMAC 值的
函數 sm3_hmac,它其實是三段式函數的組合。

然後在 sm3.h 中增加函數宣告:

```
/**
 * \brief        SM3 HMAC context setup
 *
 * \param ctx    HMAC context to be initialized
 * \param key    HMAC secret key
 * \param keylen length of the HMAC key
 */
void sm3_hmac_starts(sm3_context *ctx, unsigned char *key, int keylen);

/**
 * \brief        SM3 HMAC process buffer
 *
 * \param ctx    HMAC context
 * \param input  buffer holding the  data
 * \param ilen   length of the input data
 */
void sm3_hmac_update(sm3_context *ctx, unsigned char *input, int ilen);

/**
 * \brief        SM3 HMAC final digest
```

```
 *
 * \param ctx        HMAC context
 * \param output     SM3 HMAC checksum result
 */
void sm3_hmac_finish(sm3_context *ctx, unsigned char output[32]);

/**
 * \brief            Output = HMAC-SM3( hmac key, input buffer )
 *
 * \param key        HMAC secret key
 * \param keylen     length of the HMAC key
 * \param input      buffer holding the  data
 * \param ilen       length of the input data
 * \param output     HMAC-SM3 result
 */
 void sm3_hmac(unsigned char *key, int keylen,unsigned char *input, int ilen,
unsigned char output[32]);
```

每個函數的參數都增加了英文註釋，讀者可以參考。

最後，在 test.cpp 中替換程式如下：

```
#include "pch.h"
#include <string.h>
#include <stdio.h>
#include "sm3.h"

int main(int argc, char *argv[])
{
    unsigned char *input = (unsigned char*)"abc";
    unsigned char *key = (unsigned char*)"123456";
    int ilen = 3;
    unsigned char output[32];
    int i;
    sm3_context ctx;

    printf("Message: ");
    printf("%s\n", input);

    sm3_hmac(key, 6, input, 3, output);
    printf("HMAC:    ");
    for (i = 0; i < 32; i++)
    {
```

```
        printf("%02x", output[i]);
        if (((i + 1) % 4) == 0) printf(" ");
    }
    printf("\n");
}
```

（3）保存專案並運行，運行結果如圖 4-14 所示。

圖 4-14

4.4 SHA 系列雜湊演算法

4.4.1 SHA 演算法概述

SHA 演算法即安全雜湊演算法（Security Hash Algorithm），是美國的 NIST（National Institute of Standards and Technology，美國國家標準與技術研究院）和 NSA（National Security Agency，美國國家安全局）設計的一種標準雜湊演算法，是安全性很高的一種雜湊演算法。SHA 演算法經過密碼學專家多年來的改進已日益完善，現在已成為公認安全的雜湊演算法之一，並被廣泛使用。

SHA 是一系列的雜湊演算法，有 SHA-1、SHA-2、SHA-3 三大類，而 SHA-1 已經被破解，SHA-3 應用得較少。SHA-1 是第一代 SHA 演算法標準，後來的 SHA-224、SHA-256、SHA-384 和 SHA-512 被統稱為 SHA-2。目前應用廣泛且相對安全的是 SHA-2 演算法。

SHA 演算法是 FIPS（Federal Information Processing Standards，聯邦資訊處理標準）所認證的安全雜湊演算法。同 SM3 一樣，SHA 演算法能對輸入的訊息計算出長度固定的字串（又稱為訊息摘要）。各種 SHA 演算法的資料比較如圖 4-15 所示，其中的長度單位均為位元。

類別	SHA-1	SHA-224	SHA-256	SHA-384	SHA-512
訊息摘要長度	160	224	256	384	512
訊息長度	小於2^{64}位元	小於2^{64}位元	小於2^{64}位元	小於2^{128}位元	小於2^{128}位元
分組長度	512	512	512	1024	1024
計算字長度	32	32	32	64	64
計算步驟數	80	64	64	80	80

圖 4-15

從圖 4-15 中不難發現，SHA-224 和 SHA-256、SHA-384 和 SHA-512 在訊息長度、分組長度、計算位元組長度以及計算步驟方面都是一致的。事實上，通常認為 SHA-224 是 SHA-256 的縮減版，而 SHA-384 是 SHA-512 的縮減版。

4.4.2 SHA 的發展史

SHA 由 NIST 設計並於 1993 年發表，該版本稱為 SHA-0，由於很快被發現存在安全隱憂，1995 年又發佈了 SHA-1。

2002 年，NIST 分別發佈了 SHA-256、SHA-384、SHA-512，這些演算法統稱為 SHA-2。2008 年又新增了 SHA-224。

由於 SHA-1 已經不太安全，目前 SHA-2 各版本已經成為主流。

4.4.3 SHA 系列演算法的核心思維和特點

該演算法的思維是接收一段明文，然後以一種不可逆的方式將它轉換成一段加密，也可以簡單地了解為取一串輸入碼，並把它們轉化為長度較短、位數固定的輸出序列（雜湊值）。

4.4.4 單向性

單向雜湊函數的安全性在於其產生雜湊值的操作過程具有較強的單向性。如果在輸入序列中嵌入密碼，那麼任何人在不知道密碼的情況下都不能產生正確的雜湊值，從而保證了其安全性。

4.4.5 主要用途

透過雜湊演算法可以實現數位簽章，數位簽章的原理是將要傳送的明文透過一種函數運算（Hash）轉換成封包摘要，封包摘要加密後與明文一起傳送給接受方，接受方將接受的明文產生新的封包摘要與發送方發來的封包摘要比較，如果比較結果一致就表示明文未被改動，如果不一致就表示明文已被篡改。

4.4.6 SHA256 演算法原了解析

為了更進一步地了解 SHA256 的原理，這裡首先分別介紹演算法中可以單獨抽出的模組，包括常數的初始化、資訊前置處理、使用到的邏輯運算，然後一起來探索 SHA256 演算法的主體部分，即訊息摘要是如何計算的。

1. 常數的初始化

常數的作用是和資料來源進行計算，增加資料的加密性。那麼可以想一下，如果常數是一些如 1、2、3 之類的整數，是不是就沒什麼加密性可言了？所以需要這些常數很複雜，生成的規則是：對自然數中前 8 個（或 64 個）質數（2、3、5、7、11、13、17、19）的平方根的小數部分取前 32 位元（在後面的映射過程中會用到這些常數）。

SHA256 中用到兩種常數：8 個雜湊初值和 64 個雜湊常數。

（1）8 個雜湊初值

SHA256 演算法的 8 個雜湊初值如下：

```
h0 := 0x6a09e667
h1 := 0xbb67ae85
h2 := 0x3c6ef372
h3 := 0xa54ff53a
h4 := 0x510e527f
h5 := 0x9b05688c
h6 := 0x1f83d9ab
h7 := 0x5be0cd19
```

這些初值是對自然數中前 8 個質數（2、3、5、7、11、13、17、19）的平方根的小數部分取前 32 位元而來的。舉一個例子，2 的平方根的小數部分約為 0.414213562373095048，然後 0.414213562373095048 ≈ 6*16^-1+a*16^-2+0*16^-3+...。

所以質數 2 的平方根的小數部分取前 32 位元就得到 0x6a09e667。

（2）64 個雜湊常數

在 SHA256 演算法中，用到的 64 個常數如下：

```
428a2f98 71374491 b5c0fbcf e9b5dba5
3956c25b 59f111f1 923f82a4 ab1c5ed5
d807aa98 12835b01 243185be 550c7dc3
72be5d74 80deb1fe 9bdc06a7 c19bf174
e49b69c1 efbe4786 0fc19dc6 240ca1cc
2de92c6f 4a7484aa 5cb0a9dc 76f988da
983e5152 a831c66d b00327c8 bf597fc7
c6e00bf3 d5a79147 06ca6351 14292967
27b70a85 2e1b2138 4d2c6dfc 53380d13
650a7354 766a0abb 81c2c92e 92722c85
a2bfe8a1 a81a664b c24b8b70 c76c51a3
d192e819 d6990624 f40e3585 106aa070
19a4c116 1e376c08 2748774c 34b0bcb5
391c0cb3 4ed8aa4a 5b9cca4f 682e6ff3
748f82ee 78a5636f 84c87814 8cc70208
90befffa a4506ceb bef9a3f7 c67178f2
```

與 8 個雜湊初值類似，這些常數是對自然數中前 64 個質數（2、3、5、7、11、13、17、19、23、29、31、37、41、43、47、53、59、61、67、71、73、79、83、89、97、…）的立方根的小數部分取前 32 位元而來的。

2. 資訊前置處理

前置處理分為兩部分，第一部分是附加填充位元，第二部分是附加長度，目的是讓整個訊息滿足指定的結構，從而處理起來可以統一化、格式化。這是電腦的基本思維方式，就是把複雜的資料轉化為特定的格式，化繁為簡，「去偽存真」。

（1）附加填充位元

在封包尾端進行填充，使封包長度在對 512 取模以後的餘數是 448。具體是：先補第一個位元為 1，然後都補 0，直到長度滿足對 512 取模後餘數是 448。需要注意的是，即使長度已經滿足對 512 取模後餘數是 448，補位也必須進行，這時要填充 512 位元。所以，填充時至少補一位元，最多補 512 位元。例如 abc 補位的過程如下：

① a、b、c 對應的 ASCII 分碼別是 97、98、99。

② 對應的二進位編碼為 01100001 01100010 01100011。

③ 首先補一個 1，即 01100001 01100010 01100011 1。

④ 然後補 423 個 0，即 01100001 01100010 01100011 10000000 00000000 … 00000000。補位完成後的資料如下：

```
61626380 00000000 00000000 00000000
00000000 00000000 00000000 00000000
00000000 00000000 00000000 00000000
00000000 00000000
```

為什麼是 448 ？

因為在第一步的前置處理後，第二步會再附加上一個 64Bit 的資料，用來表示原始封包的長度資訊。而 448+64=512 正好拼成了一個完整的結構。

（2）附加長度

是將原始資料的長度資訊補到已經進行了填充操作的訊息後面（就是第一步前置處理後的資訊），SHA256 用一個 64 位元的資料來表示原始訊息的長度。所以 SHA256 加密的原始資訊長度最大是 2^{64}。

用上面的訊息 abc 來操作，3 個字元佔用 24Bit，在進行了補長度的操作以後，整個訊息就變成：

```
61626380 00000000 00000000 00000000 00000000 00000000 00000000 00000000
00000000 00000000 00000000 00000000 00000000 00000000 00000000 00000018
```

3. 邏輯運算

SHA256 雜湊函數中涉及的操作全部是邏輯的位元運算，包括以下的邏輯函數：

```
Ch(x,y,z)=(x y)⊕(¬x z)
Ma(x,y,z)=(x y)⊕(x z)⊕(y z)Ma(x,y,z)=(x y)⊕(x z)⊕(y z)
Σ0(x)=S2(x)⊕S13(x)⊕S22(x)Σ0(x)=S2(x)⊕S13(x)⊕S22(x)
Σ1(x)=S6(x)⊕S11(x)⊕S25(x)Σ1(x)=S6(x)⊕S11(x)⊕S25(x)
σ0(x)=S7(x)⊕S18(x)⊕R3(x)σ0(x)=S7(x)⊕S18(x)⊕R3(x)
σ1(x)=S17(x)⊕S19(x)⊕R10(x)σ1(x)=S17(x)⊕S19(x)⊕R10(x)
```

其中， 表示逐位元「與」；¬ 表示逐位元「補」；⊕ 表示逐位元「互斥」；S_n 表示迴圈右移 nBit；R_n 表示右移 nBit。

4. SHA256 演算法的核心思維

現在來介紹 SHA256 演算法的主體部分，即訊息摘要是如何計算的。

首先將訊息分解成 n 個大小為 512Bit 的區塊，如圖 4-16 所示。

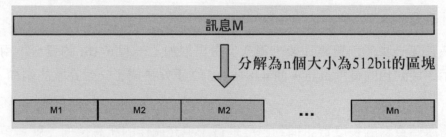

圖 4-16

假設訊息 M 可以被分解為 n 個區塊，於是整個演算法需要完成 n 次疊代，n 次疊代的結果就是最終的雜湊值，即 256Bit 的數字摘要。

一個 256Bit 的摘要的初值 H0，經過第一個資料區塊進行運算得到 H1，即完成了第一次疊代。H1 經過第二個資料區塊得到 H2，依此類推，最後得到 Hn，Hn 即為最終的 256Bit 訊息摘要。將每次疊代進行的映射用 $ Map(H_{i-1}) = H_{i} $ 表示，於是疊代可以更具體地展示出來，如圖 4-17 所示。

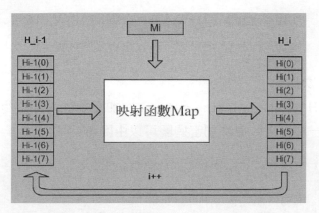

圖 4-17

圖 4-17 中 256Bit 的 Hi 被描述為 8 個小區塊，這是因為 SHA256 演算法中的最小運算單元稱為「字」（Word），一個字是 32 位元。

此外，第一次疊代中，映射的初值設定為前面介紹的 8 個雜湊初值，如圖 4-18 所示。

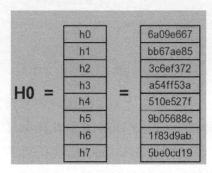

圖 4-18

下面開始介紹每一次疊代的內容，即映射 $Map(H_{i-1}) = H_{i}$ 的貝體演算法。

（1）構造 64 個字

對於每一區塊，將區塊分解為 16 個 32Bit 的大端的字，記為 w[0],⋯,w[15]。也就是說，前 16 個字直接由訊息的第 i 個區塊分解得到。其餘的字由以下疊代公式得到：

$$W_t = \sigma 1(W_t-2)+W_t-7+\sigma 0(W_t-15)+W_t-16$$

$$W_t = \sigma 1(W_t-2)+W_t-7+\sigma 0(W_t-15)+W_t-16$$

（2）進行 64 次迴圈

映射 $ Map(H_{i-1}) = H_{i} $ 包含 64 次加密迴圈，即進行 64 次加密迴圈即可完成一次疊代。每次加密迴圈可以由圖 4-19 描述。

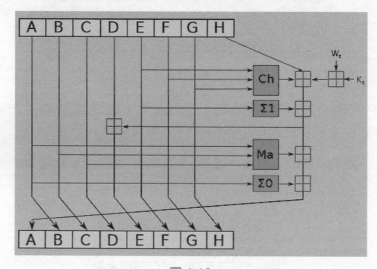

圖 4-19

圖 4-19 中，A、B、C、D、E、F、G、H 這 8 個字按照一定的規則進行更新，其中深色方塊是事先定義好的非線性邏輯函數，上文已經做過鋪陳。田字方塊代表 mod $ 2^{32} $ addition，即將兩個數字加在一起，如果結果大於 2^{32}，就必須除以 2^{32} $ 並找到餘數。

A、B、C、D、E、F、G、H 一開始的初值分別為 $ H_{i-1}(0),H_{i-1}(1),\cdots,H_{i-1}(7)$。

K$_t$ 是第 t 個金鑰，對應上文提到的 64 個常數。

W$_t$ 是本區塊產生的第 t 個字。原訊息被切成固定長度 512Bit 的區塊，對每一個區塊產生 64 個字，透過重複運行迴圈 n 次對 ABCDEFGH 這 8 個字迴圈加密。

最後一次迴圈所產生的 8 個字合起來就是第 i 個區塊對應的雜湊字串 H_{i}。

由此便完成了 SHA256 演算法的所有介紹。

5. SHA256 演算法的虛擬程式碼

現在我們可以結合 SHA256 演算法的虛擬程式碼，對上述所有步驟進行梳理整合：

```
Note: All variables are unsigned 32 bits and wrap modulo 232 when calculating
Initialize variables
(first 32 bits of the fractional parts of the square roots of the first 8
primes 2..19):
h0 := 0x6a09e667
h1 := 0xbb67ae85
h2 := 0x3c6ef372
h3 := 0xa54ff53a
h4 := 0x510e527f
h5 := 0x9b05688c
h6 := 0x1f83d9ab
h7 := 0x5be0cd19

Initialize table of round constants
(first 32 bits of the fractional parts of the cube roots of the first 64
primes 2..311):
k[0..63] :=
    0x428a2f98, 0x71374491, 0xb5c0fbcf, 0xe9b5dba5, 0x3956c25b, 0x59f111f1,
    0x923f82a4, 0xab1c5ed5, 0xd807aa98, 0x12835b01, 0x243185be, 0x550c7dc3,
    0x72be5d74, 0x80deb1fe, 0x9bdc06a7, 0xc19bf174, 0xe49b69c1, 0xefbe4786,
    0x0fc19dc6, 0x240ca1cc, 0x2de92c6f, 0x4a7484aa, 0x5cb0a9dc, 0x76f988da,
    0x983e5152, 0xa831c66d, 0xb00327c8, 0xbf597fc7, 0xc6e00bf3, 0xd5a79147,
    0x06ca6351, 0x14292967, 0x27b70a85, 0x2e1b2138, 0x4d2c6dfc, 0x53380d13,
    0x650a7354, 0x766a0abb, 0x81c2c92e, 0x92722c85, 0xa2bfe8a1, 0xa81a664b,
    0xc24b8b70, 0xc76c51a3, 0xd192e819, 0xd6990624, 0xf40e3585, 0x106aa070,
    0x19a4c116, 0x1e376c08, 0x2748774c, 0x34b0bcb5, 0x391c0cb3, 0x4ed8aa4a,
    0x5b9cca4f, 0x682e6ff3, 0x748f82ee, 0x78a5636f, 0x84c87814, 0x8cc70208,
    0x90befffa, 0xa4506ceb, 0xbef9a3f7, 0xc67178f2

Pre-processing:
append the bit '1' to the message
append k bits '0', where k is the minimum number >= 0 such that the resulting
```

```
message
    length (in bits) is congruent to 448(mod 512)
append length of message (before pre-processing), in bits, as 64-bit big-
endian integer

Process the message in successive 512-bit chunks:
break message into 512-bit chunks
for each chunk
    break chunk into sixteen 32-bit big-endian words w[0..15]

    Extend the sixteen 32-bit words into sixty-four 32-bit words:
    for i from 16 to 63
        s0 := (w[i-15] rightrotate 7) xor (w[i-15] rightrotate 18) xor(w[i-15]
rightshift 3)
        s1 := (w[i-2] rightrotate 17) xor (w[i-2] rightrotate 19) xor(w[i-2]
rightshift 10)
        w[i] := w[i-16] + s0 + w[i-7] + s1

    Initialize hash value for this chunk:
    a := h0
    b := h1
    c := h2
    d := h3
    e := h4
    f := h5
    g := h6
    h := h7

    Main loop:
    for i from 0 to 63
        s0 := (a rightrotate 2) xor (a rightrotate 13) xor(a rightrotate 22)
        maj := (a and b) xor (a and c) xor(b and c)
        t2 := s0 + maj
        s1 := (e rightrotate 6) xor (e rightrotate 11) xor(e rightrotate 25)
        ch := (e and f) xor ((not e) and g)
        t1 := h + s1 + ch + k[i] + w[i]
        h := g
        g := f
        f := e
        e := d + t1
        d := c
        c := b
        b := a
```

```
    a := t1 + t2

Add this chunk's hash to result so far:
h0 := h0 + a
h1 := h1 + b
h2 := h2 + c
h3 := h3 + d
h4 := h4 + e
h5 := h5 + f
h6 := h6 + g
h7 := h7 + h

Produce the final hash value (big-endian):
digest = hash = h0 append h1 append h2 append h3 append h4 append h5 append h6
append h7
```

6. 溫故知新：大端和小端

對於整數、長整數等資料類型，都存在位元組排列的高低位元順序問題。

大端認為第一個位元組是最高位元位元組（按照從低位址到高位址的循序串列放資料的高位元位元組到低位元位元組）。而小端相反，認為第一個位元組是最低位元位元組（按照從低位址到高位址的循序串列放資料的低位元位元組到高位元位元組）。

舉例來說，假設從記憶體位址 0x0000 開始有表 4-1 所示的資料。

⬇ 表 4-1 從記憶體位址 0x0000 開始存放的資料

位 址	資 料
...	...
0x0000	0x12
0x0001	0x34
0x0002	0xab
0x0003	0xcd
...	...

假設我們要讀取一個位址為 0x0000 的 4 位元組變數，若位元組序為大端，則讀出的結果為 0x1234abcd；若位元組序為小端，則讀出的結果為 0xcdab3412。

如果我們將 0x1234abcd 寫入以 0x0000 開始的記憶體中，則大端和小端模
式的存放結果如表 4-2 所示。

⬇ 表 4-2 大端和小端模式的存放結果

位址	0x0000	0x0001	0x0002
大端	0x12	0x34	0xab
小端	0xcd	0xab	0x34

7. SHA256 演算法的實現

演算法的原理說明完畢後，相信讀者已經有了一定的了解，但真正掌握演
算法還需要上機實踐。現在我們將按照前面的演算法描述過程用程式實現
演算法。筆者盡可能原汁原味地實現 SM3 密碼雜湊演算法。程式裡的函
數、變數名稱都儘量使用演算法描述中的名稱，儘量遵循演算法描述的原
始步驟，不使用演算法技巧進行處理，以利於初學者的了解。

老規矩，這裡的實現既有基於原來的從零開始的「手工蛋糕」，又有基於
演算法函數庫（OpenSSL）的「機器蛋糕」。

【例 4.5】手工實現 SHA256 演算法

（1）打開 VC 2017，新建一個主控台專案 test。

（2）在專案中新建一個標頭檔案 sha256.h，並輸入程式如下：

```
#ifndef SHA256_H
#define SHA256_H

/*************************** HEADER FILES ***************************/
#include <stddef.h>

/**************************** MACROS ****************************/
#define SHA256_BLOCK_SIZE 32        // SHA256 輸出32位元組的摘要

/*************************** DATA TYPES ***************************/
typedef unsigned char BYTE;       // 定義位元組類型
typedef unsigned int  WORD;       // 定義32位元的字類型

typedef struct {
```

```
    BYTE data[64];                // 定義64位元組的訊息資料區塊緩衝區
    WORD datalen;                 // 簽名當前區塊的資料長度
    unsigned long long bitlen;    // 總訊息的位元長度
    WORD state[8];                // 儲存雜湊摘要的中間狀態
} SHA256_CTX;

/*********************** FUNCTION DECLARATIONS **********************/
void sha256_init(SHA256_CTX *ctx);
void sha256_update(SHA256_CTX *ctx, const BYTE data[], size_t len);
void sha256_final(SHA256_CTX *ctx, BYTE hash[]);

#endif   // SHA256_H
```

同 SM3 一樣，SHA256 也有一個上下文結構 SHA256_CTX，這樣可以支援三段式的函數介面，分別是 sha256_init、sha256_update 和 sha256_final。其中 sha256_init 必須首先呼叫，而且只能呼叫一次，其實是呼叫 sha256_update，該函數可以呼叫一次或多次，sha256_update 全部呼叫完畢後，最後還需要呼叫一次 sha256_final，該函數也只能呼叫一次，其輸出參數 hash 存放最終得到的結果，為 32 位元組。

（3）在專案中新建一個原始檔案 sha256.cpp，並輸入程式如下：

```
/*************************** HEADER FILES ***************************/
#include <pch.h>
#include <stdlib.h>
#include <memory.h>
#include "sha256.h"

/****************************** MACROS *****************************/
#define ROTLEFT(a,b) (((a) << (b)) | ((a) >> (32-(b))))
#define ROTRIGHT(a,b) (((a) >> (b)) | ((a) << (32-(b))))

#define CH(x,y,z) (((x) & (y)) ^ (~(x) & (z)))
#define MAJ(x,y,z) (((x) & (y)) ^ ((x) & (z)) ^ ((y) & (z)))
#define EP0(x) (ROTRIGHT(x,2) ^ ROTRIGHT(x,13) ^ ROTRIGHT(x,22))
#define EP1(x) (ROTRIGHT(x,6) ^ ROTRIGHT(x,11) ^ ROTRIGHT(x,25))
#define SIG0(x) (ROTRIGHT(x,7) ^ ROTRIGHT(x,18) ^ ((x) >> 3))
#define SIG1(x) (ROTRIGHT(x,17) ^ ROTRIGHT(x,19) ^ ((x) >> 10))

/**************************** VARIABLES ****************************/
static const WORD k[64] = {
```

```
    0x428a2f98, 0x71374491, 0xb5c0fbcf, 0xe9b5dba5, 0x3956c25b, 0x59f111f1,
    0x923f82a4, 0xab1c5ed5, 0xd807aa98, 0x12835b01, 0x243185be, 0x550c7dc3,
    0x72be5d74, 0x80deb1fe, 0x9bdc06a7, 0xc19bf174, 0xe49b69c1, 0xefbe4786,
    0x0fc19dc6, 0x240ca1cc, 0x2de92c6f, 0x4a7484aa, 0x5cb0a9dc, 0x76f988da,
    0x983e5152, 0xa831c66d, 0xb00327c8, 0xbf597fc7, 0xc6e00bf3, 0xd5a79147,
    0x06ca6351, 0x14292967, 0x27b70a85, 0x2e1b2138, 0x4d2c6dfc, 0x53380d13,
    0x650a7354, 0x766a0abb, 0x81c2c92e, 0x92722c85, 0xa2bfe8a1, 0xa81a664b,
    0xc24b8b70, 0xc76c51a3, 0xd192e819, 0xd6990624, 0xf40e3585, 0x106aa070,
    0x19a4c116, 0x1e376c08, 0x2748774c, 0x34b0bcb5, 0x391c0cb3, 0x4ed8aa4a,
    0x5b9cca4f, 0x682e6ff3, 0x748f82ee, 0x78a5636f, 0x84c87814, 0x8cc70208,
    0x90befffa, 0xa4506ceb, 0xbef9a3f7, 0xc67178f2
};

/*********************** FUNCTION DEFINITIONS ***********************/
void sha256_transform(SHA256_CTX *ctx, const BYTE data[])
{
    WORD a, b, c, d, e, f, g, h, i, j, t1, t2, m[64];

    // 初始化
    for (i = 0, j = 0; i < 16; ++i, j += 4)
        m[i] = (data[j] << 24) | (data[j + 1] << 16) | (data[j + 2] << 8) |
(data[j + 3]);
    for (; i < 64; ++i)
        m[i] = SIG1(m[i - 2]) + m[i - 7] + SIG0(m[i - 15]) + m[i - 16];

    a = ctx->state[0];
    b = ctx->state[1];
    c = ctx->state[2];
    d = ctx->state[3];
    e = ctx->state[4];
    f = ctx->state[5];
    g = ctx->state[6];
    h = ctx->state[7];

    for (i = 0; i < 64; ++i) {
        t1 = h + EP1(e) + CH(e, f, g) + k[i] + m[i];
        t2 = EP0(a) + MAJ(a, b, c);
        h = g;
        g = f;
        f = e;
        e = d + t1;
        d = c;
        c = b;
```

```
        b = a;
        a = t1 + t2;
    }

    ctx->state[0] += a;
    ctx->state[1] += b;
    ctx->state[2] += c;
    ctx->state[3] += d;
    ctx->state[4] += e;
    ctx->state[5] += f;
    ctx->state[6] += g;
    ctx->state[7] += h;
}

void sha256_init(SHA256_CTX *ctx)
{
    ctx->datalen = 0;
    ctx->bitlen = 0;
    ctx->state[0] = 0x6a09e667;
    ctx->state[1] = 0xbb67ae85;
    ctx->state[2] = 0x3c6ef372;
    ctx->state[3] = 0xa54ff53a;
    ctx->state[4] = 0x510e527f;
    ctx->state[5] = 0x9b05688c;
    ctx->state[6] = 0x1f83d9ab;
    ctx->state[7] = 0x5be0cd19;
}

void sha256_update(SHA256_CTX *ctx, const BYTE data[], size_t len)
{
    WORD i;

    for (i = 0; i < len; ++i) {
        ctx->data[ctx->datalen] = data[i];
        ctx->datalen++;
        if (ctx->datalen == 64) {
            // 64位元組為512位元
            // 對當前區塊執行SHA256雜湊映射
            sha256_transform(ctx, ctx->data);
            ctx->bitlen += 512;
            ctx->datalen = 0;
        }
    }
```

```
}

void sha256_final(SHA256_CTX *ctx, BYTE hash[])
{
    WORD i;

    i = ctx->datalen;

    // 填充緩衝區中剩餘的任何資料
    if (ctx->datalen < 56) {
        ctx->data[i++] = 0x80;  // pad 10000000 = 0x80
        while (i < 56)
            ctx->data[i++] = 0x00;
    }
    else {
        ctx->data[i++] = 0x80;
        while (i < 64)
            ctx->data[i++] = 0x00;
        sha256_transform(ctx, ctx->data);
        memset(ctx->data, 0, 56);
    }

    // 將訊息的總長度（以位元為單位）附加到填充中，然後進行轉換
    ctx->bitlen += ctx->datalen * 8;
    ctx->data[63] = ctx->bitlen;
    ctx->data[62] = ctx->bitlen >> 8;
    ctx->data[61] = ctx->bitlen >> 16;
    ctx->data[60] = ctx->bitlen >> 24;
    ctx->data[59] = ctx->bitlen >> 32;
    ctx->data[58] = ctx->bitlen >> 40;
    ctx->data[57] = ctx->bitlen >> 48;
    ctx->data[56] = ctx->bitlen >> 56;
    sha256_transform(ctx, ctx->data);

    // 將最終狀態複製到輸出雜湊（使用大端）
    for (i = 0; i < 4; ++i) {
        hash[i] = (ctx->state[0] >> (24 - i * 8)) & 0x000000ff;
        hash[i + 4] = (ctx->state[1] >> (24 - i * 8)) & 0x000000ff;
        hash[i + 8] = (ctx->state[2] >> (24 - i * 8)) & 0x000000ff;
        hash[i + 12] = (ctx->state[3] >> (24 - i * 8)) & 0x000000ff;
        hash[i + 16] = (ctx->state[4] >> (24 - i * 8)) & 0x000000ff;
        hash[i + 20] = (ctx->state[5] >> (24 - i * 8)) & 0x000000ff;
        hash[i + 24] = (ctx->state[6] >> (24 - i * 8)) & 0x000000ff;
```

```
        hash[i + 28] = (ctx->state[7] >> (24 - i * 8)) & 0x000000ff;
    }
}
```

程式完全按照演算法的原理進行實現，和演算法的原理對照著一起看，應
該能看懂。

（4）下面開始寫測試程式。在專案中打開 test.cpp，並輸入程式如下：

```
#include "pch.h"
/*********************** HEADER FILES ***********************/
#include <stdio.h>
#include <memory.h>
#include <string.h>
#include "sha256.h"

/********************* FUNCTION DEFINITIONS *********************/
int sha256_test()
{
    //定義測試資料
    BYTE text2[] = { "abcdbcdecdefdefgefghfghighijhijkijkljklmklmnlmnomnopnopq" };
    BYTE text3[] = { "aaaaaaaaaa" };
    //定義測試資料的SHA256的正確結果，用以結果比較

    BYTE hash2[SHA256_BLOCK_SIZE] = { 0x24,0x8d,0x6a,0x61,0xd2,0x06,0x38,0xb8,
0xe5,0xc0,0x26,0x93,0x0c,0x3e,0x60,0x39,0xa3,0x3c,0xe4,0x59,0x64,0xff,0x21,
0x67,0xf6,0xec,0xed,0xd4,0x19,0xdb,0x06,0xc1 };
    BYTE hash3[SHA256_BLOCK_SIZE] = { 0xcd,0xc7,0x6e,0x5c,0x99,0x14,0xfb,0x92,
0x81,0xa1,0xc7,0xe2,0x84,0xd7,0x3e,0x67,0xf1,0x80,0x9a,0x48,0xa4,0x97,0x20,
0x0e,0x04,0x6d,0x39,0xcc,0xc7,0x11,0x2c,0xd0};
    BYTE buf[SHA256_BLOCK_SIZE];
    SHA256_CTX ctx;
    int idx,len;
    int pass = 1;

    ;

    sha256_init(&ctx);
    sha256_update(&ctx, text2, strlen((char*)text2));
    sha256_final(&ctx, buf);
    pass = pass && !memcmp(hash2, buf, SHA256_BLOCK_SIZE);

    sha256_init(&ctx);
```

```
    for (idx = 0; idx < 100000; ++idx)
        sha256_update(&ctx, text3, strlen((char*)text3));
    sha256_final(&ctx, buf);
    pass = pass && !memcmp(hash3, buf, SHA256_BLOCK_SIZE);

    return(pass);
}

int main()
{
    printf("SHA-256 tests: %s\n", sha256_test() ? "SUCCEEDED" : "FAILED");

    return(0);
}
```

在測試函數 sha256_test 中，我們對位元組陣列 text2 和 text3 進行了 SHA256 運算，比較生成的結果和理論結果（hash2 和 hash3），如果一致，就説明運算正確。最後在 main 中列印出資訊。

（5）保存專案並運行，運行結果如圖 4-20 所示。

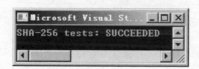

圖 4-20

SHA256 的「手工蛋糕」做完了。下面嘗試「機器蛋糕」的製作。我們依舊基於 OpenSSL 函數庫來實現 SHA256 演算法，並且使用 EVP 程式設計方式。

【例 4.6】基於 OpenSSL 1.1.1b 實現 SHA256

（1）打開 VC 2017，新建一個主控台專案 test。

（2）在專案中新建一個 C++ 檔案，檔案名稱是 sha256.cpp，然後輸入程式如下：

```
#include <pch.h>
#include "openssl/evp.h"
```

```
#include "sha256.h"

int sha256_hash(const unsigned char *message, size_t len, unsigned char *hash,
unsigned int *hash_len)
{
    EVP_MD_CTX *md_ctx;
    const EVP_MD *md;

    md = EVP_sha256();                          //使用的雜湊演算法是SHA256
    md_ctx = EVP_MD_CTX_new();                  //開闢摘要上下文結構需要的空間
    EVP_DigestInit_ex(md_ctx, md, NULL);        //初始化摘要結構上下文結構
    EVP_DigestUpdate(md_ctx, message, len);     //對資料進行摘要計算
    EVP_DigestFinal_ex(md_ctx, hash, hash_len); //結尾工作，輸出摘要結果
    EVP_MD_CTX_free(md_ctx);                     //釋放空間
    return 0;
}
```

我們定義了一個函數 sha256_hash，其中參數 message 是要做雜湊的來源資料，len 是來源資料的長度，這兩個參數都是輸入參數。參數 hash 是輸出參數，存放雜湊的結果，對於 SHA256，雜湊結果是 32 位元組，因此參數 hash 要指向一個 32 位元組的緩衝區。hash_len 也是輸出參數，存放雜湊結果的長度。

接著，在專案中新建一個標頭檔案，檔案名稱是 sha256.h，然後輸入程式如下：

```
#ifndef HEADER_C_FILE_SHA256_HASH_H
#define HEADER_C_FILE_SHA256_HASH_H

#ifdef __cplusplus
extern "C" {
#endif

    int sha256_hash(const unsigned char *message, size_t len, unsigned char
*hash, unsigned int *hash_len);

#ifdef __cplusplus
}
#endif
#endif
```

在該檔案中，我們宣告了一個函數 sha256_hash，以方便其他程式呼叫。

在 VC 中打開「test 屬性頁」對話方塊，然後設定「其它 Include 目錄」為 D:\openssl-1.1.1b\win32-debug\include。我們這個例子的程式是 32 位元的，所以使用 32 位元的標頭檔和函數庫。接著設定「附加函數庫目錄」為 D:\openssl-1.1.1b\win32-debug\lib。最後，增加三個函數庫（ws2_32.lib;Crypt32.lib;libcrypto.lib;）到「其它相依性」，注意用分號隔開。這些設定和 OpenSSL 實現 SM3 的設定一樣，這裡就不再贅述了。

（3）現在可以編寫測試程式了，來具體呼叫 SHA256 函數。打開 test.cpp，在其中輸入程式如下：

```
#include "pch.h"
#include <stdio.h>
#include <string.h>
#include "sha256.h"

int main(void)
{
    const unsigned char sample1[] = { 'a', 'b', 'c', 0 };
    unsigned int sample1_len = strlen((char *)sample1);
    const unsigned char sample2[] = {0x61, 0x62, 0x63, 0x64, 0x61, 0x62, 0x63,
                       0x64, 0x61, 0x62, 0x63, 0x64, 0x61, 0x62, 0x63, 0x64,
                       0x61, 0x62, 0x63, 0x64, 0x61, 0x62, 0x63, 0x64,
                       0x61, 0x62, 0x63, 0x64, 0x61, 0x62, 0x63, 0x64,
                       0x61, 0x62, 0x63, 0x64, 0x61, 0x62, 0x63, 0x64,
                       0x61, 0x62, 0x63, 0x64, 0x61, 0x62, 0x63, 0x64,
                       0x61, 0x62, 0x63, 0x64, 0x61, 0x62, 0x63, 0x64,
                       0x61, 0x62, 0x63, 0x64, 0x61, 0x62, 0x63, 0x64 };
    unsigned int sample2_len = sizeof(sample2);
    unsigned char hash_value[64];
    unsigned int i, hash_len;

    sha256_hash(sample1, sample1_len, hash_value, &hash_len);
    printf("raw data: %s\n", sample1);
    printf("hash length: %d bytes.\n", hash_len);
    printf("hash value:\n");
    for (i = 0; i < hash_len; i++)
    {
        printf("0x%x  ", hash_value[i]);
```

```
}
printf("\n\n");

sha256_hash(sample2, sample2_len, hash_value, &hash_len);
printf("raw data:\n");
for (i = 0; i < sample2_len; i++)
{
    printf("0x%x  ", sample2[i]);
}
printf("\n");
printf("hash length: %d bytes.\n", hash_len);
printf("hash value:\n");
for (i = 0; i < hash_len; i++)
{
    printf("0x%x  ", hash_value[i]);
}
printf("\n");

return 0;
}
```

我們分別對位元組陣列 sample1 和 sample2 進行了 SHA256 計算，最後列印出了結果。

（4）保存專案並運行，運行結果如圖 4-21 所示。

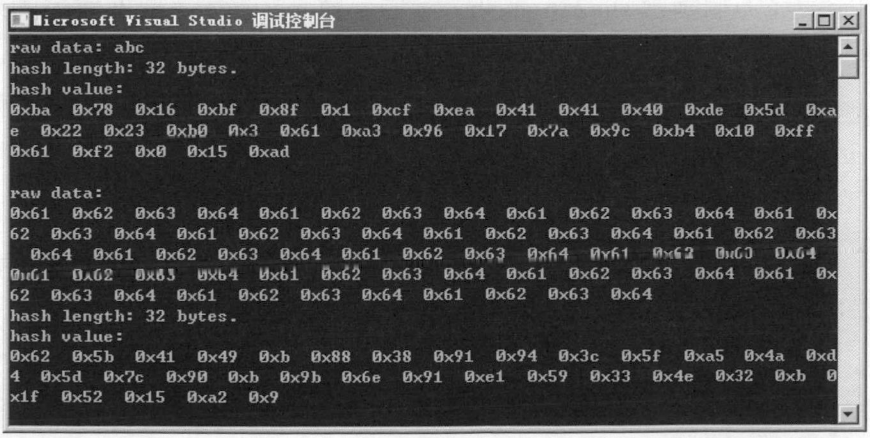

圖 4-21

【例 4.7】基於 OpenSSL 1.0.2m 實現 SHA256

（1）打開 VC 2017，新建一個主控台專案 test。

（2）在專案中新建一個 C++ 檔案，檔案名稱是 sha256.cpp，然後輸入程式如下：

```
#include <pch.h>
#include "openssl/evp.h"
#include "sha256.h"

int sha256_hash(const unsigned char *message, size_t len, unsigned char *hash,
unsigned int *hash_len)
{
    EVP_MD_CTX *md_ctx;
    const EVP_MD *md;

    md = EVP_sha256();                     //表明要使用的雜湊演算法是SHA256
    md_ctx = EVP_MD_CTX_create();          //開闢SHA256所需的上下文資料結構的空間
    EVP_DigestInit_ex(md_ctx, md, NULL);   //初始化摘要結構上下文結構
    EVP_DigestUpdate(md_ctx, message, len);  //對資料進行摘要計算
    EVP_DigestFinal_ex(md_ctx, hash, hash_len);  //結尾工作，輸出摘要結果
    EVP_MD_CTX_destroy(md_ctx);            //釋放空間
    return 0;
}
```

我們定義了一個函數 sha256_hash，其中參數 message 是要做雜湊的來源資料，len 是來源資料的長度，這兩個參數都是輸入參數。參數 hash 是輸出參數，存放雜湊的結果，對於 SHA256，雜湊結果的長度是 32 位元組，因此參數 hash 要指向一個 32 位元組的緩衝區。hash_len 也是輸出參數，存放雜湊結果的長度。

接著，在專案中新建一個標頭檔案，檔案名稱是 sha256.h，然後輸入程式如下：

```
#ifndef HEADER_C_FILE_SHA256_HASH_H
#define HEADER_C_FILE_SHA256_HASH_H
#ifdef __cplusplus
extern "C" {
#endif
    int sha256_hash(const unsigned char *message, size_t len, unsigned char
```

```
*hash, unsigned int *hash_len);
#ifdef __cplusplus
}
#endif
#endif
```

在該檔案中，我們宣告了一個函數 sha256_hash，以方便其他程式呼叫。

在 VC 中打開「test 屬性頁」對話方塊，然後設定「其它 Include 目錄」為 C:\openssl-1.0.2m\inc32。我們這個例子的程式是 32 位元的，所以使用 32 位元的標頭檔和函數庫。接著設定「附加函數庫目錄」為 C:\openssl-1.0.2m\out32dll。最後，增加一個函數庫（libeay32.lib）到「其它相依性」的開頭，注意用分號隔開。這些設定和上例的設定一樣，這裡就不再贅述了。

（3）現在可以編寫測試程式了。測試程式和上例一樣，把上例 test.cpp 中的內容複製到本例的 test.cpp 中即可。最後運行專案，運行結果也和上例一樣，如圖 4-22 所示。

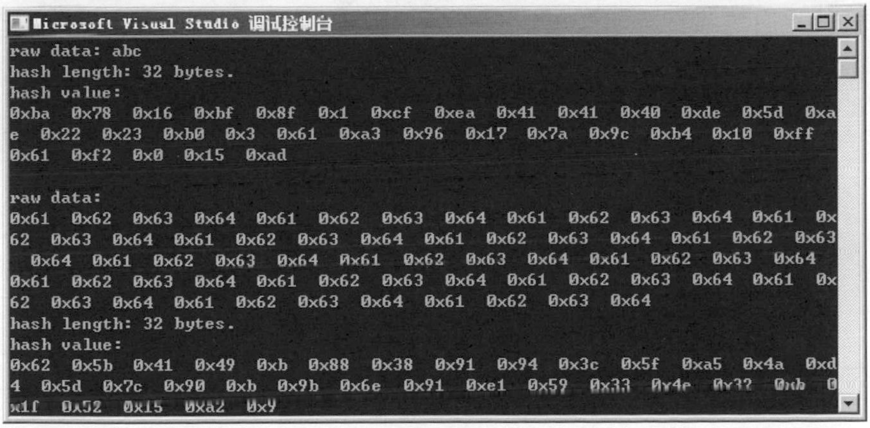

圖 4-22

4.4.7 SHA384 和 SHA512 演算法

SHA384 和 SHA512 這兩者的原理及實現是一樣的，只是輸出和初始化的向量不一樣。這裡我們僅介紹 SHA512。SHA512 的輸出是長度為 512

位元（64 位元組）的雜湊值，SHA384 的輸出長度為 384 位元（48 位元組）的雜湊值。它們輸入的訊息長度範圍是 0~2^{128} 位元，即訊息最長不超過 2^{128} 位元。

1. 基本原理

SHA512 首先會填充 message 到 1024 位元的整數倍。然後將 message 分成許多個 1024 位元的區塊（Block）。迴圈對每一個區塊（Block）進行處理，最終得到雜湊值。在演算法開始有一個 512 位元的初始向量 IV=H0，然後與一個區塊進行運算得到 H1，接著 H1 會與第二個區塊進行運算得到 H2，經過 len(message) / 1024 次的疊代運算後，最終得到 512 位元的雜湊碼。SHA512 生成訊息摘要如圖 4-23 所示。

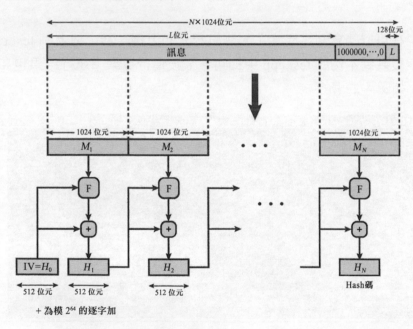

圖 4-23

2. 填充訊息

填充分兩步驟：填充附加位元和填充附加長度。

填充附加位元即對原始訊息進行填充，使填充後的長度與 896 模 1024 同餘。填充內容為一個 1 加後續全部為 0。若用 unsigned char 讀取資料，則為增加一個 128 和許多個 0。填充數字數為 1~1024。這裡需要注意的是，即使 message 已經是 1024 位元的整數倍，比如一個 message 的長度正好是 1024 位元，還是需要繼續填充的。

填充附加長度即增加訊息長度資訊，在填充後的訊息後增加一個 128 位元的區塊，用來說明填充前訊息的長度。這步填充是以大端模式，即最高有效位元組在前。至此，產生了一個長度為 1024 整數倍的擴充訊息，比如第一步填充後的新訊息長度是 896 位元，再加上第二步填充的 128 位元，一共是 896+128=1024 位元，即兩步填充後的擴充訊息長度變為 1024 位元了，是 1024 的一倍。

下面舉三個例子，如表 4-3 所示。

⬇ 表 4-3　三個填充訊息的例子

message	原始長度	第一步填充後的長度	第二步填充後的長度
123456	48 位元	896 位元	1024 位元
0123456789abcdef0123456789abcdef 0123456789abcdcf0123456789abcdef 0123456789abcdef0123456789abcdef 0123456789abcdef0123456789abcdef	1024 位元	1920 位元	2048 位元
0123456789abcdef0123456789abcdef 0123456789abcdef0123456789abcdef 0123456789abcdef0123456789abcdef 0123456789abcdef0123456789abcdef 123456	1030 位元	1920 位元	2048 位元

前兩步的結果是產生了一個長度為 1024 整數倍的訊息，以便分組。

3. 設定初值

SHA512/SHA 以 1024 位元作為一個區塊，SHA512 和 SHA384 的初始向量不同，其他的流程都是一樣的，這裡只看 SHA512 的初始向量，一共是 512 位元，這個是固定不變的。

```
A = 0x6a09e667f3bcc908ULL;
B = 0xbb67ae8584caa73bULL;
```

```
C = 0x3c6ef372fe94f82bULL;
D = 0xa54ff53a5f1d36f1ULL;
E = 0x510e527fade682d1ULL;
F = 0x9b05688c2b3e6c1fULL;
G = 0x1f83d9abfb41bd6bULL;
H = 0x5be0cd19137e2179ULL;
```

4. 迴圈運算

每次運算的中間結果 H[n] 都由 H[n-1] 和 block[n] 進行運算得到。每一次疊代運算都要經過 80 輪的加工。假設現在進行第一輪運算,那麼 ABCDEFGH 就是 H[n-1],經過一輪運算後得到 temp1[ABCDEFGH],然後 temp1 進行第二輪加工得到 temp2,如此進行 80 輪之後,最終 ABCDEFGH 就是我們要得到的 H[n]。注意,最終的 ABCDEFGH 的具體值和開始的 ABCDEFGH 的具體值是不同的。圖 4-24 所示是一輪加工的過程。

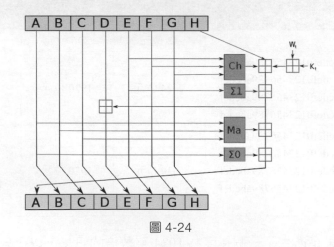

圖 4-24

從圖 4-24 可以看出,輪函數有兩個特點:

(1)輪函數輸出的 8 個字中的 6 個是透過簡單的輪置換實現的,如圖 4-24 的田字格所示。

(2)輸出中只有兩個字是透過替代操作產生的。字母 E 是將輸入變數 (d,e,f,g,h) 以及輪常數 K_t 和輪訊息 W_t 作為輸入的函數。字母 A 是將除 D 之外的輸入變數以及輪常數 K_t 和輪訊息 Wt 作為輸入的函數。

圖 4-24 中，+ 為模 2^{64} 位元加。圖 4-24 中的 W_t 和 K_t，t 代表該輪的輪數。K_t 是輪常數，每一輪的輪常數均不相同，用來使每輪的計算不同。這些常數獲得的方法為：對前 80 個質數開立方根，取小數部分前 64 位元。這些常數提供了 64 位元隨機串集合，可以初步消除輸入資料中的統計規律。我們可以把 K 定義為一個固定的 5120 位元的陣列，定義如下：

```
static const uint64_t  K[80] =
{
    0x428A2F98D728AE22ULL, 0x7137449123EF65CDULL, 0xB5C0FBCFEC4D3B2FULL,
    0xE9B5DBA58189DBBCULL, 0x3956C25BF348B538ULL, 0x59F111F1B605D019ULL,
    0x923F82A4AF194F9BULL, 0xAB1C5ED5DA6D8118ULL, 0xD807AA98A3030242ULL,
    0x12835B0145706FBEULL, 0x243185BE4EE4B28CULL, 0x550C7DC3D5FFB4E2ULL,
    0x72BE5D74F27B896FULL, 0x80DEB1FE3B1696B1ULL, 0x9BDC06A725C71235ULL,
    0xC19BF174CF692694ULL, 0xE49B69C19EF14AD2ULL, 0xEFBE4786384F25E3ULL,
    0x0FC19DC68B8CD5B5ULL, 0x240CA1CC77AC9C65ULL, 0x2DE92C6F592B0275ULL,
    0x4A7484AA6EA6E483ULL, 0x5CB0A9DCBD41FBD4ULL, 0x76F988DA831153B5ULL,
    0x983E5152EE66DFABULL, 0xA831C66D2DB43210ULL, 0xB00327C898FB213FULL,
    0xBF597FC7BEEF0EE4ULL, 0xC6E00BF33DA88FC2ULL, 0xD5A79147930AA725ULL,
    0x06CA6351E003826FULL, 0x142929670A0E6E70ULL, 0x27B70A8546D22FFCULL,
    0x2E1B21385C26C926ULL, 0x4D2C6DFC5AC42AEDULL, 0x53380D139D95B3DFULL,
    0x650A73548BAF63DEULL, 0x766A0ABB3C77B2A8ULL, 0x81C2C92E47EDAEE6ULL,
    0x92722C851482353BULL, 0xA2BFE8A14CF10364ULL, 0xA81A664BBC423001ULL,
    0xC24B8B70D0F89791ULL, 0xC76C51A30654BE30ULL, 0xD192E819D6EF5218ULL,
    0xD69906245565A910ULL, 0xF40E35855771202AULL, 0x106AA07032BBD1B8ULL,
    0x19A4C116B8D2D0C8ULL, 0x1E376C085141AB53ULL, 0x2748774CDF8EEB99ULL,
    0x34B0BCB5E19B48A8ULL, 0x391C0CB3C5C95A63ULL, 0x4ED8AA4AE3418ACBULL,
    0x5B9CCA4F7763E373ULL, 0x682E6FF3D6B2B8A3ULL, 0x748F82EE5DEFB2FCULL,
    0x78A5636F43172F60ULL, 0x84C87814A1F0AB72ULL, 0x8CC702081A6439ECULL,
    0x90BEFFFA23631E28ULL, 0xA4506CEBDE82BDE9ULL, 0xBEF9A3F7B2C67915ULL,
    0xC67178F2E372532BULL, 0xCA273ECEEA26619CULL, 0xD186B8C721C0C207ULL,
    0xEADA7DD6CDE0EB1EULL, 0xF57D4F7FEE6ED178ULL, 0x06F067AA72176FBAULL,
    0x0A637DC5A2C898A6ULL, 0x113F9804BEF90DAEULL, 0x1B710B35131C471BULL,
    0x28DB77F523047D84ULL, 0x32CAAB7B40C72493ULL, 0x3C9EBE0A15C9BEBCULL,
    0x431D67C49C100D4CULL, 0x4CC5D4BECB3E42B6ULL, 0x597F299CFC657E2AULL,
    0x5FCB6FAB3AD6FAECULL, 0x6C44198C4A475817ULL
};
```

W 是一個 5120 位元的向量，它的值是由每一個區塊（1024 位元）計算而來的，這個計算關係是固定的，範例程式如下：

```
uint64_t W[80];
```

```
/* 1. Calculate the W[80] */
for(i = 0; i < 16; i++) {
    sha512_decode(&W[i], block, i << 3 );
}

for(; i < 80; i++) {
    W[i] = GAMMA1(W[i - 2]) + W[i - 7] + GAMMA0(W[i - 15]) + W[i - 16];
}
```

知道了 W 和 K 之後，我們來看一下圖 4-24 中的 Ch、Ma、∑0 和 ∑1 的定義。折合成 C 語言，程式如下：

```
#define LSR(x,n) (x >> n)
#define ROR(x,n) (LSR(x,n) | (x << (64 - n)))

#define MA(x,y,z) ((x & y) | (z & (x | y)))
#define CH(x,y,z) (z ^ (x & (y ^ z)))
#define GAMMA0(x) (ROR(x, 1) ^ ROR(x, 8) ^ LSR(x, 7))
#define GAMMA1(x) (ROR(x,19) ^ ROR(x,61) ^ LSR(x, 6))
#define SIGMA0(x) (ROR(x,28) ^ ROR(x,34) ^ ROR(x,39))
#define SIGMA1(x) (ROR(x,14) ^ ROR(x,18) ^ ROR(x,41))
```

知道這些之後再來看每一輪運算的程式就非常簡單了。

```
#define COMPRESS( a,  b,  c, d,  e,  f,  g,  h, x,  k)   \
tmp0 = h + SIGMA1(e) + CH(e,f,g) + k + x;                \
tmp1 = SIGMA0(a) + MA(a,b,c); d += tmp0; h = tmp0 + tmp1;
```

5. 保存運算結果

完成疊代運算後，雜湊碼保存到了最終的 ABCDEFGH 中，然後將這些向量按照大端模式輸出。

6. SHA512 演算法的實現

下面我們先對手工程式碼實現 SHA384 和 SHA512 演算法，然後基於演算法函數庫實現。在使用程式實現演算法之前，我們先看一個手算的例子。

假設原始輸入訊息為 abc，填充後的訊息如下：

| 0x61 | 0x62 | 0x63 | 0x80 | 0x00 | 0x00 | 0x00 | 0x00 |
| 0x00 | 0x00 | 0x00 | 0x00 | 0x00 | 0x00 | 0x00 | 0x00 |

0x00	0x00	0x00	0x00	0x00	0x00	0x00	0x00
0x00	0x00	0x00	0x00	0x00	0x00	0x00	0x00
0x00	0x00	0x00	0x00	0x00	0x00	0x00	0x00
0x00	0x00	0x00	0x00	0x00	0x00	0x00	0x00
0x00	0x00	0x00	0x00	0x00	0x00	0x00	0x00
0x00	0x00	0x00	0x00	0x00	0x00	0x00	0x00
0x00	0x00	0x00	0x00	0x00	0x00	0x00	0x00
0x00	0x00	0x00	0x00	0x00	0x00	0x00	0x00
0x00	0x00	0x00	0x00	0x00	0x00	0x00	0x00
0x00	0x00	0x00	0x00	0x00	0x00	0x00	0x00
0x00	0x00	0x00	0x00	0x00	0x00	0x00	0x00
0x00	0x00	0x00	0x00	0x00	0x00	0x00	0x00
0x00	0x00	0x00	0x00	0x00	0x00	0x00	0x18

80 個擴充雙字（十六進位）如圖 4-25 所示。

w[0]~w[3] :	6162638000000000	0000000000000000	0000000000000000	0000000000000000
w[4]~w[7] :	0000000000000000	0000000000000000	0000000000000000	0000000000000000
w[8]~w[11] :	0000000000000000	0000000000000000	0000000000000000	0000000000000000
w[12]~w[15] :	0000000000000000	0000000000000000	0000000000000000	0000000000000018
w[16]~w[19] :	6162638000000000	00030000000000c0	0a9699a24c700003	00000c0060000603
w[20]~w[23] :	549ef62639858996	00c0003300003c00	1497007a8a0e9dbc	62e56500cc0780f0
w[24]~w[27] :	7760dd475a538797	f1554b711c1c0003	ca2993a4345d9ff2	5e0e66b5c783dd32
w[28]~w[31] :	e25a625d00494b62	9f44486fb1e4fbd2	b31b8c2b06085f2f	0e987660934142f6
w[32]~w[35] :	a4af2cfd09fbb924	ad289e2e0bd53186	3c74563aa2f9673e	6ccdcd14cc14b53f
w[36]~w[39] :	c3f925b337f22bde	5bcc77a75ad95b54	3ec2257adca09a52	28246960001fc5eb
w[40]~w[43] :	04e33a75ce2be88a	7d5314b3c359e0e7	aef7a285ff251266	0b8472581deea04f
w[44]~w[47] :	b174e26eddc7b033	5d63bae58ddd88de	4c044007b744ccbb	e6a9aa4d74dc7d43
w[48]~w[51] :	ebeaf1237248019c	361e80b2d00f3193	2e9839125df3b175	3319629293ad5363
w[52]~w[55] :	9cbc5d89ac1b89d5	275e23ffeeca50b7	3b80d680bf69ef58	0d0696933945a125
w[56]~w[59] :	7533cabcb786ff00	b89826ceebf6f0e5	249b4fbcad623e9f	4aea9df2b02d6f1e
w[60]~w[63] :	2cc57475a55e8d8f	b2574ae938d8be89	c1b35a57b16d6aea	cc4918b5949206bb
w[64]~w[67] :	5099c3add79f90ec	5ea81d78e7660bf1	ebee6267405ac2a9	b01f21926108a4ab
w[68]~w[71] :	786433dd2fe65556	c54a6eaa24a0552c	b3c8f1530bdbaa9e	bb8abfe56f469338
w[72]~w[75] :	f63d4265cc1c5a78	be8355ea73129afb	49e2db8ebdcfbeb5	82269d4a883a3d99
w[76]~w[79] :	fdf53df3011f362b	464af5671d71c12e	e449b68198ec611c	92aeeed1a7bcf7d2

圖 4-25

64 輪疊代（十六進位）如表 4-4 所示。

⬇ 表 4-4 64 輪疊代（十六進位）

輪	a	b	c	d	e	f	g	h
00	6a09e667f3bcc908	bb67ae8584caa73b	3c6ef372fe94f82b	a54ff53a5f1d36f1	510e527fade682d1	9b05688c2b3e6c1f	1f83d9abfb41bd6b	5be0cd19137e2179
11	f6afceb8bcfcddf5	6a09e667f3bcc908	bb67ae8584caa73b	3c6ef372fe94f82b	58cb02347ab51f91	510e527fade682d1	9b05688c2b3e6c1f	1f83d9abfb41bd6b
22	1320f8c9fb872cc0	f6afceb8bcfcddf5	6a09e667f3bcc908	bb67ae8584caa73b	c3d4ebfd48650ffa	58cb02347ab51f91	510e527fade682d1	9b05688c2b3e6c1f
33	ebcffc07203d91f3	1320f8c9fb872cc0	f6afceb8bcfcddf5	6a09e667f3bcc908	dfa9b239f2697812	c3d4ebfd48650ffa	58cb02347ab51f91	510e527fade682d1
44	5a83cb3e80050e82	ebcffc07203d91f3	1320f8c9fb872cc0	f6afceb8bcfcddf5	0b47b4bb1928990e	dfa9b239f2697812	c3d4ebfd48650ffa	58cb02347ab51f91
55	b680953951604860	5a83cb3e80050e82	ebcffc07203d91f3	1320f8c9fb872cc0	745aca4a342ed2e2	0b47b4bb1928990e	dfa9b239f2697812	c3d4ebfd48650ffa
66	af573b02403e89cd	b680953951604860	5a83cb3e80050e82	ebcffc07203d91f3	96f60209b6dc35ba	745aca4a342ed2e2	0b47b4bb1928990e	dfa9b239f2697812
77	c4875b0c7abc076b	af573b02403e89cd	b680953951604860	5a83cb3e80050e82	5a6c781f54dcc00c	96f60209b6dc35ba	745aca4a342ed2e2	0b47b4bb1928990e
88	8093d195e0054fa3	c4875b0c7abc076b	af573b02403e89cd	b680953951604860	86f67263a0f0ec0a	5a6c781f54dcc00c	96f60209b6dc35ba	745aca4a342ed2e2
99	f1eca5544cb89225	8093d195e0054fa3	c4875b0c7abc076b	af573b02403e89cd	d0403c398fc40002	86f67263a0f0ec0a	5a6c781f54dcc00c	96f60209b6dc35ba
110	81782d4a5db48f03	f1eca5544cb89225	8093d195e0054fa3	c4875b0c7abc076b	00091f460be46c52	d0403c398fc40002	86f67263a0f0ec0a	5a6c781f54dcc00c
111	69854c4aa0f25b59	81782d4a5db48f03	f1eca5544cb89225	8093d195e0054fa3	d375471bde1ba3f4	00091f460be46c52	d0403c398fc40002	86f67263a0f0ec0a
112	db0a9963f80c2eaa	69854c4aa0f25b59	81782d4a5db48f03	f1eca5544cb89225	475975b91a7a462c	d375471bde1ba3f4	00091f460be46c52	d0403c398fc40002
113	5e41214388186c14	db0a9963f80c2eaa	69854c4aa0f25b59	81782d4a5db48f03	cdf3bff2883fc9d9	475975b91a7a462c	d375471bde1ba3f4	00091f460be46c52
114	44249631255d2ca0	5e41214388186c14	db0a9963f80c2eaa	69854c4aa0f25b59	860acf9effba6f61	cdf3bff2883fc9d9	475975b91a7a462c	d375471bde1ba3f4
115	fa967eed85a08028	44249631255d2ca0	5e41214388186c14	db0a9963f80c2eaa	874bfe5f6aae9f2f	860acf9effba6f61	cdf3bff2883fc9d9	475975b91a7a462c
116	0ae07c86b1181c75	fa967eed85a08028	44249631255d2ca0	5e41214388186c14	a77b7c035dd4c161	874bfe5f6aae9f2f	860acf9effba6f61	cdf3bff2883fc9d9
117	caf81a425d800537	0ae07c86b1181c75	fa967eed85a08028	44249631255d2ca0	2deecc6b39d64d78	a77b7c035dd4c161	874bfe5f6aae9f2f	860acf9effba6f61
118	4725be249ad19e6b	caf81a425d800537	0ae07c86b1181c75	fa967eed85a08028	f47e8353f8047455	2deecc6b39d64d78	a77b7c035dd4c161	874bfe5f6aae9f2f
119	3c4b4104168e3edb	4725be249ad19e6b	caf81a425d800537	0ae07c86b1181c75	29695fd88d81dbd0	f47e8353f8047455	2deecc6b39d64d78	a77b7c035dd4c161
220	9a3fb4d38ab6cf06	3c4b4104168e3edb	4725be249ad19e6b	caf81a425d800537	f14998dd5f70767e	29695fd88d81dbd0	f47e8353f8047455	2deecc6b39d64d78
221	8dc5ae65569d3855	9a3fb4d38ab6cf06	3c4b4104168e3edb	4725be249ad19e6b	4bb9e66d1145bfdc	f14998dd5f70767e	29695fd88d81dbd0	f47e8353f8047455
222	da34d6673d452dcf	8dc5ae65569d3855	9a3fb4d38ab6cf06	3c4b4104168e3edb	8e30ff09ad488753	4bb9e66d1145bfdc	f14998dd5f70767e	29695fd88d81dbd0
223	3e2644567b709a78	da34d6673d452dcf	8dc5ae65569d3855	9a3fb4d38ab6cf06	0ac2b11da8f571c6	8e30ff09ad488753	4bb9e66d1145bfdc	f14998dd5f70767e
224	4f6877b58fe55484	3e2644567b709a78	da34d6673d452dcf	8dc5ae65569d3855	c66005f87db55233	0ac2b11da8f571c6	8e30ff09ad488753	4bb9e66d1145bfdc
225	9aff71163fa3a940	4f6877b58fe55484	3e2644567b709a78	da34d6673d452dcf	3ecf13769180e6f	c66005f87db55233	0ac2b11da8f571c6	8e30ff09ad488753
226	0bc5f791f8e6816b	9aff71163fa3a940	4f6877b58fe55484	3e2644567b709a78	6ddf1fd7edcce336	d3ecf13769180e6f	c66005f87db55233	0ac2b11da8f571c6
227	884c3bc27bc4f941	0bc5f791f8e6816b	9aff71163fa3a940	4f6877b58fe55484	e6e48c9a8e948365	6ddf1fd7edcce336	d3ecf13769180e6f	c66005f87db55233
228	eab4a9e5771b8d09	884c3bc27bc4f941	0bc5f791f8e6816b	9aff71163fa3a940	09068a4e255a0dac	e6e48c9a8e948365	6ddf1fd7edcce336	d3ecf13769180e6f
229	e62349090f47d30a	eab4a9e5771b8d09	884c3bc27bc4f941	0bc5f791f8e6816b	0fcdf99710f21584	09068a4e255a0dac	e6e48c9a8e948365	6ddf1fd7edcce336
330	74bf40f869094c63	e62349090f47d30a	eab4a9e5771b8d09	884c3bc27bc4f941	f0aec2fe1437f085	0fcdf99710f21584	09068a4e255a0dac	e6e48c9a8e948365
331	4c4fbbb75f1873a6	74bf40f869094c63	e62349090f47d30a	eab4a9e5771b8d09	73e025d91b9efea3	f0aec2fe1437f085	0fcdf99710f21584	09068a4e255a0dac
332	ff4d3f1f0d46a736	4c4fbbb75f1873a6	74bf40f869094c63	e62349090f47d30a	3cd388e119e8162e	73e025d91b9efea3	f0aec2fe1437f085	0fcdf99710f21584
333	a0509015ca08c8d4	ff4d3f1f0d46a736	4c4fbbb75f1873a6	74bf40f869094c63	e1034573654a106f	3cd388e119e8162e	73e025d91b9efea3	f0aec2fe1437f085
334	60d4e6995ed91fe6	a0509015ca08c8d4	ff4d3f1f0d46a736	4c4fbbb75f1873a6	efabbd8bf47c041a	e1034573654a106f	3cd388e119e8162e	73e025d91b9efea3
335	2c59ec7743632621	60d4e6995ed91fe6	a0509015ca08c8d4	ff4d3f1f0d46a736	0fbae670fa780fd3	efabbd8bf47c041a	e1034573654a106f	3cd388e119e8162e
336	1a081afc59fdbc2c	2c59ec7743632621	60d4e6995ed91fe6	a0509015ca08c8d4	f098082f502b44cd	0fbae670fa780fd3	efabbd8bf47c041a	e1034573654a106f
337	88df85b0bbe77514	1a081afc59fdbc2c	2c59ec7743632621	60d4e6995ed91fe6	8fbfd0162bbf4675	f098082f502b44cd	0fbae670fa780fd3	efabbd8bf47c041a
338	002bb8e4cd989567	88df85b0bbe77514	1a081afc59fdbc2c	2c59ec7743632621	66adcfa249ac7bbd	8fbfd0162bbf4675	f098082f502b44cd	0fbae670fa780fd3

輪	a	b	c	d	e	f	g	h
339	b3bb8542b3376de5	002bb8e4cd989567	88df85b0bbe77514	1a081afc59fdbc2c	b49596c20feba7de	66adcfa249ac7bbd	8fbfd0162bbf4675	f098082f502b44cd
440	8e01e125b855d225	b3bb8542b3376de5	002bb8e4cd989567	88df85b0bbe77514	0c710a47ba6a567b	b49596c20feba7de	66adcfa249ac7bbd	8fbfd0162bbf4675
441	b01521dd6a6be12c	8e01e125b855d225	b3bb8542b3376de5	002bb8e4cd989567	169008b3a4bb170b	0c710a47ba6a567b	b49596c20feba7de	66adcfa249ac7bbd
442	e96f89dd48cbd851	b01521dd6a6be12c	8e01e125b855d225	b3bb8542b3376de5	f0996439e7b50cb1	169008b3a4bb170b	0c710a47ba6a567b	b49596c20feba7de
443	bc05ba8de5d3c480	e96f89dd48cbd851	b01521dd6a6be12c	8e01e125b855d225	639cb938e14dc190	f0996439e7b50cb1	169008b3a4bb170b	0c710a47ba6a567b
444	35d7e7f41defcbd5	bc05ba8de5d3c480	e96f89dd48cbd851	b01521dd6a6be12c	cc5100997f5710f2	639cb938e14dc190	f0996439e7b50cb1	169008b3a4bb170b
445	c47c9d5c7ea8a234	35d7e7f41defcbd5	bc05ba8de5d3c480	e96f89dd48cbd851	858d832ae0e8911c	cc5100997f5710f2	639cb938e14dc190	f0996439e7b50cb1
446	021fbadbabab5ac6	c47c9d5c7ea8a234	35d7e7f41defcbd5	bc05ba8de5d3c480	e95c2a57572d64d9	858d832ae0e8911c	cc5100997f5710f2	639cb938e14dc190
447	f61e672694de2d67	021fbadbabab5ac6	c47c9d5c7ea8a234	35d7e7f41defcbd5	c6bc35740d8daa9a	e95c2a57572d64d9	858d832ae0e8911c	cc5100997f5710f2
448	6b69fc1bb482feac	f61e672694de2d67	021fbadbabab5ac6	c47c9d5c7ea8a234	35264334c03ac8ad	c6bc35740d8daa9a	e95c2a57572d64d9	858d832ae0e8911c
449	571f323d96b3a047	6b69fc1bb482feac	f61e672694de2d67	021fbadbabab5ac6	271580ed6c3e5650	35264334c03ac8ad	c6bc35740d8daa9a	e95c2a57572d64d9
550	ca9bd862c5050918	571f323d96b3a047	6b69fc1bb482feac	f61e672694de2d67	dfe091dab182e645	271580ed6c3e5650	35264334c03ac8ad	c6bc35740d8daa9a
551	813a43dd2c502043	ca9bd862c5050918	571f323d96b3a047	6b69fc1bb482feac	07a0d8ef821c5e1a	dfe091dab182e645	271580ed6c3e5650	35264334c03ac8ad
552	d43f83727325dd77	813a43dd2c502043	ca9bd862c5050918	571f323d96b3a047	483f80a82eaee23e	07a0d8ef821c5e1a	dfe091dab182e645	271580ed6c3e5650
553	03df11b32d42e203	d43f83727325dd77	813a43dd2c502043	ca9bd862c5050918	504f94e40591cffa	483f80a82eaee23e	07a0d8ef821c5e1a	dfe091dab182e645
554	d63f68037ddf06aa	03df11b32d42e203	d43f83727325dd77	813a43dd2c502043	a6781efe1aa1ce02	504f94e40591cffa	483f80a82eaee23e	07a0d8ef821c5e1a
555	f650857b5babda4d	d63f68037ddf06aa	03df11b32d42e203	d43f83727325dd77	9ccfb31a86df0f86	a6781efe1aa1ce02	504f94e40591cffa	483f80a82eaee23e
556	63b460e42748817e	f650857b5babda4d	d63f68037ddf06aa	03df11b32d42e203	c6b4dd2a9931c509	9ccfb31a86df0f86	a6781efe1aa1ce02	504f94e40591cffa
557	7a52912943d52b05	63b460e42748817e	f650857b5babda4d	d63f68037ddf06aa	d2e89bbd91e00be0	c6b4dd2a9931c509	9ccfb31a86df0f86	a6781efe1aa1ce02
558	4b81c3aec976ea4b	7a52912943d52b05	63b460e42748817e	f650857b5babda4d	70505988124351ac	d2e89bbd91e00be0	c6b4dd2a9931c509	9ccfb31a86df0f86
559	581ecb3355dcd9b8	4b81c3aec976ea4b	7a52912943d52b05	63b460e42748817e	6a3c9b0f71c8bf36	70505988124351ac	d2e89bbd91e00be0	c6b4dd2a9931c509
660	2c074484ef1eac8c	581ecb3355dcd9b8	4b81c3aec976ea4b	7a52912943d52b05	4797cde4ed370692	6a3c9b0f71c8bf36	70505988124351ac	d2e89bbd91e00be0
661	3857dfd2fc37d3ba	2c074484ef1eac8c	581ecb3355dcd9b8	4b81c3aec976ea4b	a6af4e9c9f807e51	4797cde4ed370692	6a3c9b0f71c8bf36	70505988124351ac
662	cfcd928c5424e2b6	3857dfd2fc37d3ba	2c074484ef1eac8c	581ecb3355dcd9b8	09aee5bda1644de5	a6af4e9c9f807e51	4797cde4ed370692	6a3c9b0f71c8bf36
663	a81dedbb9f19e643	cfcd928c5424e2b6	3857dfd2fc37d3ba	2c074484ef1eac8c	84058865d60a05fa	09aee5bda1644de5	a6af4e9c9f807e51	4797cde4ed370692
664	ab44e86276478d85	a81dedbb9f19e643	cfcd928c5424e2b6	3857dfd2fc37d3ba	cd881ee59ca6bc53	84058865d60a05fa	09aee5bda1644de5	a6af4e9c9f807e51
665	5a806d7e9821a501	ab44e86276478d85	a81dedbb9f19e643	cfcd928c5424e2b6	aa84b086688a5c45	cd881ee59ca6bc53	84058865d60a05fa	09aee5bda1644de5
666	eeb9c21bb0102598	5a806d7e9821a501	ab44e86276478d85	a81dedbb9f19e643	3b5fed0d6a1f96e1	aa84b086688a5c45	cd881ee59ca6bc53	84058865d60a05fa
667	46c4210ab2cc155d	eeb9c21bb0102598	5a806d7e9821a501	ab44e86276478d85	29fab5a7bff53366	3b5fed0d6a1f96e1	aa84b086688a5c45	cd881ee59ca6bc53
668	54ba35cf56a0340e	46c4210ab2cc155d	eeb9c21bb0102598	5a806d7e9821a501	1c66f46d95690bcf	29fab5a7bff53366	3b5fed0d6a1f96e1	aa84b086688a5c45
669	181839d609c79748	54ba35cf56a0340e	46c4210ab2cc155d	eeb9c21bb0102598	0ada78ba2d446140	1c66f46d95690bcf	29fab5a7bff53366	3b5fed0d6a1f96e1
770	fb6aaae5d0b6a447	181839d609c79748	54ba35cf56a0340e	46c4210ab2cc155d	e3711cb6564d112d	0ada78ba2d446140	1c66f46d95690bcf	29fab5a7bff53366
771	7652c579cb60f19c	fb6aaae5d0b6a447	181839d609c79748	54ba35cf56a0340e	aff62c9665ff80fa	e3711cb6564d112d	0ada78ba2d446140	1c66f46d95690bcf
772	f15e9664b2803575	7652c579cb60f19c	fb6aaae5d0b6a447	181839d609c79748	947c3dfafee570ef	aff62c9665ff80fa	e3711cb6564d112d	0ada78ba2d446140
773	358406d165aee9ab	f15e9664b2803575	7652c579cb60f19c	fb6aaae5d0b6a447	8c7b5fd91a794ca0	947c3dfafee570ef	aff62c9665ff80fa	e3711cb6564d112d
774	20878dcd29cdfaf5	358406d165aee9ab	f15e9664b2803575	7652c579cb60f19c	054d3536539948d0	8c7b5fd91a794ca0	947c3dfafee570ef	aff62c9665ff80fa
775	33d48dabb5521de2	20878dcd29cdfaf5	358406d165aee9ab	f15e9664b2803575	2ba18245b50de4cf	054d3536539948d0	8c7b5fd91a794ca0	947c3dfafee570ef
776	c8960e6be864b916	33d48dabb5521de2	20878dcd29cdfaf5	358406d165aee9ab	995019a6ff3ba3de	2ba18245b50de4cf	054d3536539948d0	8c7b5fd91a794ca0
777	654ef9abec389ca9	c8960e6be864b916	33d48dabb5521de2	20878dcd29cdfaf5	ceb9fc3691ce8326	995019a6ff3ba3de	2ba18245b50de4cf	054d3536539948d0
778	d67806db8b148677	654ef9abec389ca9	c8960e6be864b916	33d48dabb5521de2	25c96a7768fb2aa3	ceb9fc3691ce8326	995019a6ff3ba3de	2ba18245b50de4cf
779	10d9c4c4295599f6	d67806db8b148677	654ef9abec389ca9	c8960e6be864b916	9bb4d39778c07f9e	25c96a7768fb2aa3	ceb9fc3691ce8326	995019a6ff3ba3de
880	73a54f399fa4b1b2	10d9c4c4295599f6	d67806db8b148677	654ef9abec389ca9	d08446aa79693ed7	9bb4d39778c07f9e	25c96a7768fb2aa3	ceb9fc3691ce8326

最終得到的雜湊值 h0~h7 如下：

```
h0：0xddaf35a193617aba
h1：0xcc417349ae204131
h2：0x12e6fa4e89a97ea2
h3：0x0a9eeee64b55d39a
h4：0x2192992a274fc1a8
h5：0x36ba3c23a3feebbd
h6：0x454d4423643ce80e
h7：0x2a9ac94fa54ca49f
```

理論推導的例子結束。下面正式進入程式實現。

【例 4.8】手工實現 SHA384 和 SHA512 演算法

（1）打開 VC 2017，新建一個主控台專案 test。

（2）在專案中新建一個標頭檔案 mycrypto.h，並輸入程式如下：

```c
#ifndef MY_CRYPTO_H
#define MY_CRYPTO_H

#include <stdint.h>

#ifdef CRYPTO_DEBUG_SUPPORT
#include <stdio.h>
#endif

typedef uint32_t crypto_status_t;
#define CRYPTO_FAIL            0x5A5A5A5AUL
#define CRYPTO_SUCCESS         0xA5A5A5A5UL

extern crypto_status_t easy_sha512(uint8_t *payload, uint64_t payaload_len,
uint8_t hash[64]);
extern crypto_status_t easy_sha384(uint8_t *payload, uint64_t payaload_len,
uint8_t hash[64]);

#endif
```

該標頭檔是呼叫者所需要包含的標頭檔，它宣告了兩個供對外使用的函數介面 easy_sha512 和 easy_sha384，前者可以用來實現 SHA512 演算法，後者用來實現 SHA384 演算法。其中參數 payload 是輸入的訊息，payaload_len 是訊息長度，最後一個參數 hash 存放得到的雜湊結果。

在專案中再新建一個標頭檔案 **sha512.h**，並輸入程式如下：

```
#ifndef _SHA512_H
#define _SHA512_H

#include "mycrypto.h"
#ifdef CRYPTO_DEBUG_SUPPORT
#define SHA512_DEBUG printf
#else
#define SHA512_DEBUG(fmt, ...)
#endif

/**
 * @brief    Convert uint64_t to big endian byte array.
 * @param    input        input uint64_t data
 * @param    output       output big endian byte array
 * @param    idx          idx of the byte array.
 * @retval   void
 */
static void inline sha512_encode(uint64_t input, uint8_t *output, uint32_t idx)
{
    output[idx + 0] = (uint8_t)(input >> 56);
    output[idx + 1] = (uint8_t)(input >> 48);
    output[idx + 2] = (uint8_t)(input >> 40);
    output[idx + 3] = (uint8_t)(input >> 32);
    output[idx + 4] = (uint8_t)(input >> 24);
    output[idx + 5] = (uint8_t)(input >> 16);
    output[idx + 6] = (uint8_t)(input >> 8);
    output[idx + 7] = (uint8_t)(input >> 0);
}

/**
 * @brief    Convert big endian byte array to uint64_t data
 * @param    output       output uint64_t data
 * @param    input        input big endian byte array
 * @param    idx          idx of the byte array.
 * @retval   void
 */
static inline void sha512_decode(uint64_t *output, uint8_t *input, uint32_t idx)
{
    *output = ((uint64_t)input[idx + 0] << 56)
          | ((uint64_t)input[idx + 1] << 48)
          | ((uint64_t)input[idx + 2] << 40)
```

```
                  | ((uint64_t)input[idx + 3] << 32)
                  | ((uint64_t)input[idx + 4] << 24)
                  | ((uint64_t)input[idx + 5] << 16)
                  | ((uint64_t)input[idx + 6] << 8)
                  | ((uint64_t)input[idx + 7] << 0);
}

typedef struct sha512_ctx_tag {

    uint32_t is_sha384;
    /*SHA512一個一個處理資料區塊*/
    uint8_t block[128];
    uint64_t len[2];
    uint64_t val[8];
    /*存放雜湊結果*/
    uint8_t *payload_addr;   //雜湊的負載位址
    uint64_t payload_len;    //有效酬載長度
} sha512_ctx_t;

#define LSR(x,n) (x >> n)
#define ROR(x,n) (LSR(x,n) | (x << (64 - n)))

#define MA(x,y,z) ((x & y) | (z & (x | y)))
#define CH(x,y,z) (z ^ (x & (y ^ z)))
#define GAMMA0(x) (ROR(x, 1) ^ ROR(x, 8) ^  LSR(x, 7))
#define GAMMA1(x) (ROR(x,19) ^ ROR(x,61) ^  LSR(x, 6))
#define SIGMA0(x) (ROR(x,28) ^ ROR(x,34) ^ ROR(x,39))
#define SIGMA1(x) (ROR(x,14) ^ ROR(x,18) ^ ROR(x,41))

#define INIT_COMPRESSOR() uint64_t tmp0 = 0, tmp1 = 0
#define COMPRESS( a,  b,  c, d,  e,  f,  g,  h, x,  k)    \
    tmp0 = h + SIGMA1(e) + CH(e,f,g) + k + x;                \
    tmp1 = SIGMA0(a) + MA(a,b,c); d += tmp0; h = tmp0 + tmp1;

#endif
```

該標頭檔不需要曝露給呼叫者。該標頭檔定義了 SHA512 運算所需的巨
集，這樣在演算法實現時可以簡潔一些。另外，還定義了編解碼函數和雜
湊運算一般都有的上下文結構 sha512_ctx_tag，這一點和 SM3 類似，這樣
的結構的存在主要是為了支持多套件雜湊運算。

（3）在專案中新建一個 .cpp 檔案 sha512.cpp，並輸入程式如下：

```cpp
#include "pch.h"
#include "sha512.h"
#include <stdio.h>

/*
 * 預先定義SHA512填充位元組
 */
static const uint8_t sha512_padding[128] =
{
    0x80, 0, 0, 0, 0, 0, 0, 0, 0, 0, 0, 0, 0, 0, 0, 0,
    0, 0, 0, 0, 0, 0, 0, 0, 0, 0, 0, 0, 0, 0, 0, 0,
    0, 0, 0, 0, 0, 0, 0, 0, 0, 0, 0, 0, 0, 0, 0, 0,
    0, 0, 0, 0, 0, 0, 0, 0, 0, 0, 0, 0, 0, 0, 0, 0,
    0, 0, 0, 0, 0, 0, 0, 0, 0, 0, 0, 0, 0, 0, 0, 0,
    0, 0, 0, 0, 0, 0, 0, 0, 0, 0, 0, 0, 0, 0, 0, 0,
    0, 0, 0, 0, 0, 0, 0, 0, 0, 0, 0, 0, 0, 0, 0, 0,
    0, 0, 0, 0, 0, 0, 0, 0, 0, 0, 0, 0, 0, 0, 0, 0
};

/*
 * 用於疊代的K位元組陣列
 */
static const uint64_t K[80] =
{
    0x428A2F98D728AE22ULL, 0x7137449123EF65CDULL, 0xB5C0FBCFEC4D3B2FULL,
    0xE9B5DBA58189DBBCULL, 0x3956C25BF348B538ULL, 0x59F111F1B605D019ULL,
    0x923F82A4AF194F9BULL, 0xAB1C5ED5DA6D8118ULL, 0xD807AA98A3030242ULL,
    0x12835B0145706FBEULL, 0x243185BE4EE4B28CULL, 0x550C7DC3D5FFB4E2ULL,
    0x72BE5D74F27B896FULL, 0x80DEB1FE3B1696B1ULL, 0x9BDC06A725C71235ULL,
    0xC19BF174CF692694ULL, 0xE49B69C19EF14AD2ULL, 0xEFBE4786384F25E3ULL,
    0x0FC19DC68B8CD5B5ULL, 0x240CA1CC77AC9C65ULL, 0x2DE92C6F592B0275ULL,
    0x4A7484AA6EA6E483ULL, 0x5CB0A9DCBD41FBD4ULL, 0x76F988DA831153B5ULL,
    0x983E5152EE66DFABULL, 0xA031C66D2DB43210ULL, 0xB00327C898FB213FULL,
    0xBF597FC7BEEF0EE4ULL, 0xC6E00BF33DA88FC2ULL, 0xD5A79147930AA725ULL,
    0x06CA6351E003826FULL, 0x142929670A0E6E70ULL, 0x27B70A8546D22FFCULL,
    0x2E1B21385C26C926ULL, 0x4D2C6DFC5AC42AEDULL, 0x53380D139D95B3DFULL,
    0x650A73548BAF63DEULL, 0x766A0ABB3C77B2A8ULL, 0x81C2C92E47EDAEE6ULL,
    0x92722C851482353BULL, 0xA2BFE8A14CF10364ULL, 0xA81A664BBC423001ULL,
    0xC24B8B70D0F89791ULL, 0xC76C51A30654BE30ULL, 0xD192E819D6EF5218ULL,
    0xD69906245565A910ULL, 0xF40E35855771202AULL, 0x106AA07032BBD1B8ULL,
    0x19A4C116B8D2D0C8ULL, 0x1E376C085141AB53ULL, 0x2748774CDF8EEB99ULL,
```

```
    0x34B0BCB5E19B48A8ULL, 0x391C0CB3C5C95A63ULL, 0x4ED8AA4AE3418ACBULL,
    0x5B9CCA4F7763E373ULL, 0x682E6FF3D6B2B8A3ULL, 0x748F82EE5DEFB2FCULL,
    0x78A5636F43172F60ULL, 0x84C87814A1F0AB72ULL, 0x8CC702081A6439ECULL,
    0x90BEFFFA23631E28ULL, 0xA4506CEBDE82BDE9ULL, 0xBEF9A3F7B2C67915ULL,
    0xC67178F2E372532BULL, 0xCA273ECEEA26619CULL, 0xD186B8C721C0C207ULL,
    0xEADA7DD6CDE0EB1EULL, 0xF57D4F7FEE6ED178ULL, 0x06F067AA72176FBAULL,
    0x0A637DC5A2C898A6ULL, 0x113F9804BEF90DAEULL, 0x1B710B35131C471BULL,
    0x28DB77F523047D84ULL, 0x32CAAB7B40C72493ULL, 0x3C9EBE0A15C9BEBCULL,
    0x431D67C49C100D4CULL, 0x4CC5D4BECB3E42B6ULL, 0x597F299CFC657E2AULL,
    0x5FCB6FAB3AD6FAECULL, 0x6C44198C4A475817ULL
};

static inline void sha512_memcpy(uint8_t *src, uint8_t *dst, uint32_t size)
{
    uint32_t i = 0;
    for (; i < size; i++) {
        *dst++ = *src++;
    }
}

static inline void sha512_memclr(uint8_t *dst, uint32_t size)
{
    uint32_t i = 0;
    for (; i < size; i++) {
        *dst++ = 0;
    }
}


/**
 * @brief   Init the SHA384/SHA512 Context
 * @param   sha512_ctx      SHA384/512 context
 * @param   payload         address of the hash payload
 * @param   payload_len     length of the hash payload
 * @param   is_sha384       0:SHA512, 1:SHA384
 * @retval  crypto_status_t
 * @return  CRYPTO_FAIL if hash failed
 *          CRYPTO_SUCCESS if hash successed
 */
static crypto_status_t sha512_init(sha512_ctx_t *sha512_ctx, uint8_t *payload_
addr, uint64_t payload_len, uint32_t is_sha384)
{
    crypto_status_t ret = CRYPTO_FAIL;
```

```
    SHA512_DEBUG("%s\n", __func__);
    if (payload_len == 0 || payload_addr == NULL) {
        SHA512_DEBUG("%s parameter illegal\n", __func__);
        goto cleanup;
    }

    sha512_memclr((uint8_t *)sha512_ctx, sizeof(sha512_ctx_t));
    if (1 == is_sha384) {
        SHA512_DEBUG("%s SHA384\n", __func__);
        sha512_ctx->val[0] = 0xCBBB9D5DC1059ED8ULL;
        sha512_ctx->val[1] = 0x629A292A367CD507ULL;
        sha512_ctx->val[2] = 0x9159015A3070DD17ULL;
        sha512_ctx->val[3] = 0x152FECD8F70E5939ULL;
        sha512_ctx->val[4] = 0x67332667FFC00B31ULL;
        sha512_ctx->val[5] = 0x8EB44A8768581511ULL;
        sha512_ctx->val[6] = 0xDB0C2E0D64F98FA7ULL;
        sha512_ctx->val[7] = 0x47B5481DBEFA4FA4ULL;
    }
    else {
        SHA512_DEBUG("%s SHA512\n", __func__);
        sha512_ctx->val[0] = 0x6A09E667F3BCC908ULL;
        sha512_ctx->val[1] = 0xBB67AE8584CAA73BULL;
        sha512_ctx->val[2] = 0x3C6EF372FE94F82BULL;
        sha512_ctx->val[3] = 0xA54FF53A5F1D36F1ULL;
        sha512_ctx->val[4] = 0x510E527FADE682D1ULL;
        sha512_ctx->val[5] = 0x9B05688C2B3E6C1FULL;
        sha512_ctx->val[6] = 0x1F83D9ABFB41BD6BULL;
        sha512_ctx->val[7] = 0x5BE0CD19137E2179ULL;
    }

    sha512_ctx->is_sha384 = is_sha384;
    sha512_ctx->payload_addr = payload_addr;
    sha512_ctx->payload_len = (uint64_t)payload_len;
    sha512_ctx->len[0] = payload_len << 3;
    sha512_ctx->len[1] = payload_len >> 61;
    ret = CRYPTO_SUCCESS;

cleanup:
    return ret;
}

/**
 * @brief   SHA384/512 iteration compression
```

```c
 * @param   sha512_ctx          context of the sha384/512
 * @param   data                hash block data, 1024 bits
 * @retval  crypto_status_t
 * @return  CRYPTO_FAIL if failed
 *          CRYPTO_SUCCESS if successed
 */
static crypto_status_t sha512_hash_factory(sha512_ctx_t *ctx, uint8_t data[128])
{
    uint32_t i = 0;
    uint64_t W[80];
    /* One iteration vectors
    * v[0] --> A
    * ...
    * v[7] --> H
    * */
    uint64_t v[8];

    INIT_COMPRESSOR();
    SHA512_DEBUG("%s\n", __func__);

    /* 1. 計算 W[80] */
    for (i = 0; i < 16; i++) {
        sha512_decode(&W[i], data, i << 3);
    }

    for (; i < 80; i++) {
        W[i] = GAMMA1(W[i - 2]) + W[i - 7] + GAMMA0(W[i - 15]) + W[i - 16];
    }

    /* 2. 初始化向量*/
    for (i = 0; i < 8; i++) {
        v[i] = ctx->val[i];
    }

    /* 3. 進行 SHA-2 族壓縮的疊代*/
    for (i = 0; i < 80;) {
      COMPRESS(v[0], v[1], v[2], v[3], v[4], v[5], v[6], v[7], W[i], K[i]); i++;
      COMPRESS(v[7], v[0], v[1], v[2], v[3], v[4], v[5], v[6], W[i], K[i]); i++;
      COMPRESS(v[6], v[7], v[0], v[1], v[2], v[3], v[4], v[5], W[i], K[i]); i++;
      COMPRESS(v[5], v[6], v[7], v[0], v[1], v[2], v[3], v[4], W[i], K[i]); i++;
      COMPRESS(v[4], v[5], v[6], v[7], v[0], v[1], v[2], v[3], W[i], K[i]); i++;
      COMPRESS(v[3], v[4], v[5], v[6], v[7], v[0], v[1], v[2], W[i], K[i]); i++;
      COMPRESS(v[2], v[3], v[4], v[5], v[6], v[7], v[0], v[1], W[i], K[i]); i++;
```

```
        COMPRESS(v[1], v[2], v[3], v[4], v[5], v[6], v[7], v[0], W[i], K[i]); i++;

    }

    /* 4. 將向量移動到雜湊輸出 */
    for (i = 0; i < 8; i++) {
        ctx->val[i] += v[i];
    }

    return CRYPTO_SUCCESS;
}

/**
 * @brief   SHA384/512 stage1
 * @param   sha512_ctx       context of the sha384/512
 * @param   output           output of hash value
 * @retval  crypto_status_t
 * @return  CRYPTO_FAIL if failed
 *          CRYPTO_SUCCESS if successed
 */
static crypto_status_t sha512_stage1(sha512_ctx_t *sha512_ctx)
{
    SHA512_DEBUG("%s\n", __func__);

    while (sha512_ctx->payload_len >= 128) {
        sha512_hash_factory(sha512_ctx, sha512_ctx->payload_addr);
        sha512_ctx->payload_addr += 128;
        sha512_ctx->payload_len -= 128;
        SHA512_DEBUG("%x, %x\n", (uint32_t)sha512_ctx->payload_addr,
(uint32_t)sha512_ctx->payload_len);
    }

    return CRYPTO_SUCCESS;
}

/**
 * @brief   SHA384/512 stage2:Do padding and digest the fianl bytes
 * @param   sha512_ctx       context of the sha384/512
 * @param   output           output of hash value
 * @retval  crypto_status_t
 * @return  CRYPTO_FAIL if failed
 *          CRYPTO_SUCCESS if successed
 */
```

```c
static crypto_status_t sha512_stage2(sha512_ctx_t *sha512_ctx,
    uint8_t output[64])
{

    uint32_t block_pos = sha512_ctx->payload_len;
    uint32_t padding_bytes = 0;
    uint8_t temp_data[128] = { 0 };
    uint8_t *temp_data_p = (uint8_t *)&temp_data[0];
    uint8_t len_be[16] = { 0 };
    uint8_t i = 0;

    SHA512_DEBUG("%s\n", __func__);

    /*將最後1位元組複製到臨時緩衝區*/
    sha512_memcpy(sha512_ctx->payload_addr, temp_data_p, sha512_ctx->
payload_len);
    padding_bytes = 112 - block_pos;
    temp_data_p += block_pos;

    /*將填充位元組複製到臨時緩衝區*/
    sha512_memcpy((uint8_t *)sha512_padding, temp_data_p, padding_bytes);
    temp_data_p += padding_bytes;

    /*追加長度*/
    sha512_encode(sha512_ctx->len[1], len_be, 0);
    sha512_encode(sha512_ctx->len[0], len_be, 8);
    sha512_memcpy(len_be, temp_data_p, 16);
    sha512_hash_factory(sha512_ctx, temp_data);

    /*將雜湊值編碼為大端位元組陣列*/
    for (i = 0; i < 6; i++) {
        sha512_encode(sha512_ctx->val[i], output, i * 8);
    }

    /*不需要對SHA384的最後16位元組進行編碼*/
    for (; (i < 8) && (sha512_ctx->is_sha384 == 0); i++) {
        sha512_encode(sha512_ctx->val[i], output, i * 8);
    }

    return CRYPTO_SUCCESS;
}

/**
```

```
 * @brief    SHA384/512 implementation function
 * @param    payload         address of the hash payload
 * @param    payload_len     length of the hash payload
 * @param    hash            output of hash value
 * @param    is_sha384       0:SHA512, 1:SHA384
 * @retval   crypto_status_t
 * @return   CRYPTO_FAIL if hash failed
 *           CRYPTO_SUCCESS if hash successed
 */
crypto_status_t easy_sha512_impl(uint8_t *payload, uint64_t payload_len,
    uint8_t output[64], uint32_t is_sha384)
{

    crypto_status_t ret = CRYPTO_FAIL;

    sha512_ctx_t g_sha512_ctx;
    ret = sha512_init(&g_sha512_ctx, payload, payload_len, is_sha384);
    if (ret != CRYPTO_SUCCESS) {
        goto cleanup;
    }

    ret = sha512_stage1(&g_sha512_ctx);
    if (ret != CRYPTO_SUCCESS) {
        goto cleanup;
    }

    ret = sha512_stage2(&g_sha512_ctx, output);

cleanup:
    return ret;
}

/**
 * @brief    API for SHA512
 * @param    payload         address of the hash payload
 * @param    payload_len     length of the hash payload
 * @param    hash            output of hash value
 * @retval   crypto_status_t
 * @return   CRYPTO_FAIL if hash failed
 *           CRYPTO_SUCCESS if hash successed
 */
crypto_status_t easy_sha512(uint8_t *payload, uint64_t payload_len, uint8_t
hash[64])
```

```
{
    return easy_sha512_impl(payload, payload_len, hash, 0);
}

/**
 * @brief   API for SHA384
 * @param   payload         address of the hash payload
 * @param   payload_len     length of the hash payload
 * @param   hash            output of hash value
 * @retval  crypto_status_t
 * @return  CRYPTO_FAIL if hash failed
 *          CRYPTO_SUCCESS if hash successed
 */
crypto_status_t easy_sha384(uint8_t *payload, uint64_t payload_len, uint8_t
hash[64])
{
    return easy_sha512_impl(payload, payload_len, hash, 1);
}
```

這是演算法實現的主要過程，原理和前面的理論描述相符。其實實現程式
很簡單，easy_sha512_impl 是主流程，分為三步驟：

（1）sha512_init 初始化上下文。

（2）sha512_stage1 處理資料直到倒數第二個區塊，將其中間雜湊值保存
在 sha512_ctx_t 的 val 向量中。如果訊息的原始長度小於 1024 位元，那
麼這個函數將不處理，因為倒數第二個區塊不存在，只存在一個 1024 位
元的區塊。從程式實現中可以看到，在訊息的位元組數小於 128 時，不做
任何處理，否則迴圈處理每一個區塊。

（3）sha512_stage2 處理填充後的 message 的最後一個區塊，將上一次的
雜湊中間結果和該區塊進行運算，得到最終的雜湊值並且保存到 output
中。

sha512_hash_factory 就是處理每一個區塊得到其中間結果的函數，裡面的
邏輯很簡單，首先初始化 W 向量，然後計算 80 輪加工，最終將得到的中
間結果保存到 sha512_ctx_t 的 val 中。

（4）下面開始增加測試程式，打開 test.cpp，並輸入程式如下：

```cpp
#include "pch.h"
#include "sha512.h"
#include <stdio.h>
#include <stdint.h>
#include "mycrypto.h"


#define TEST_VEC_NUM 3
static const uint8_t sha384_res0[TEST_VEC_NUM][48] = {
        {0x0a,0x98,0x9e,0xbc,0x4a,0x77,0xb5,0x6a,0x6e,0x2b,0xb7,0xb1,
        0x9d,0x99,0x5d,0x18,0x5c,0xe4,0x40,0x90,0xc1,0x3e,0x29,0x84,
        0xb7,0xec,0xc6,0xd4,0x46,0xd4,0xb6,0x1e,0xa9,0x99,0x1b,0x76,
        0xa4,0xc2,0xf0,0x4b,0x1b,0x4d,0x24,0x48,0x41,0x44,0x94,0x54,},
        {0xf9,0x32,0xb8,0x9b,0x67,0x8d,0xbd,0xdd,0xb5,0x55,0x80,0x77,
        0x03,0xb3,0xe4,0xff,0x99,0xd7,0x08,0x2c,0xc4,0x00,0x8d,0x3a,
        0x62,0x3f,0x40,0x36,0x1c,0xaa,0x24,0xf8,0xb5,0x3f,0x7b,0x11,
        0x2e,0xd4,0x6f,0x02,0x7f,0xf6,0x6e,0xf8,0x42,0xd2,0xd0,0x8c,},
        {0x4e,0x72,0xf4,0x07,0x66,0xcd,0x1b,0x2f,0x23,0x1b,0x9c,0x14,
        0x9a,0x40,0x04,0x6e,0xcc,0xc7,0x2d,0xa9,0x1d,0x5a,0x02,0x42,
        0xf6,0xab,0x49,0xfe,0xea,0x4e,0xfd,0x55,0x43,0x9b,0x7e,0xd7,
        0x82,0xe0,0x3d,0x69,0x0f,0xb9,0x78,0xc3,0xdb,0xce,0x91,0xc1},
};

static const uint8_t sha512_res0[TEST_VEC_NUM][64] = {
        {0xba,0x32,0x53,0x87,0x6a,0xed,0x6b,0xc2,0x2d,0x4a,0x6f,0xf5,
        0x3d,0x84,0x06,0xc6,0xad,0x86,0x41,0x95,0xed,0x14,0x4a,0xb5,
        0xc8,0x76,0x21,0xb6,0xc2,0x33,0xb5,0x48,0xba,0xea,0xe6,0x95,
        0x6d,0xf3,0x46,0xec,0x8c,0x17,0xf5,0xea,0x10,0xf3,0x5e,0xe3,
        0xcb,0xc5,0x14,0x79,0x7e,0xd7,0xdd,0xd3,0x14,0x54,0x64,0xe2,
        0xa0,0xba,0xb4,0x13},
        {0x45,0x1e,0x75,0x99,0x6b,0x89,0x39,0xbc,0x54,0x0b,0xe7,0x80,
        0xb3,0x3d,0x2e,0x5a,0xb2,0x0d,0x6e,0x2a,0x2b,0x89,0x44,0x2c,
        0x9b,0xfe,0x6b,0x47,0x97,0xf6,0x44,0x0d,0xac,0x65,0xc5,0x8b,
        0x6a,0xff,0x10,0xa2,0xca,0x34,0xc3,0x77,0x35,0x00,0x8d,0x67,
        0x10,0x37,0xfa,0x40,0x81,0xbf,0x56,0xb4,0xee,0x24,0x37,0x29,
        0xfa,0x5e,0x76,0x8e},
        {0x51,0x33,0x35,0xc0,0x7d,0x10,0xed,0x85,0xe7,0xdc,0x3c,0xa9,
        0xb9,0xf1,0x1a,0xe7,0x59,0x1e,0x5b,0x36,0xf9,0xb3,0x71,0xfb,
        0x66,0x21,0xb4,0xec,0x6f,0xc8,0x05,0x57,0xfe,0x1e,0x7b,0x9e,
        0x1c,0xc1,0x12,0x32,0xb0,0xb2,0xdd,0x92,0x1d,0x80,0x56,0xbf,
        0x09,0x7a,0x91,0xc3,0x6d,0xd7,0x28,0x46,0x71,0xfc,0x46,0x8e,
        0x06,0x17,0x49,0xf4},
```

```
};

static const char *test_vectors[TEST_VEC_NUM] = {
    "123456",
        "0123456789abcdef0123456789abcdef0123456789abcdef0123456789abcdef0123
456789abcdef0123456789abcdef0123456789abcdef0123456789abcdef",
        "0123456789abcdef0123456789abcdef0123456789abcdef0123456789abcdef0123
456789abcdef0123456789abcdef0123456789abcdef0123456789abcdef123456",
};

static uint32_t vector_len[TEST_VEC_NUM] = { 6, 128, 134 };

int main()
{
    uint8_t output[64];
    uint32_t i = 0, j = 0;

    for (i = 0; i < TEST_VEC_NUM; i++) {
        easy_sha384((uint8_t*)test_vectors[i], vector_len[i], output);
        for (j = 0; j < 48; j++) {
            if (output[j] != sha384_res0[i][j]) {
                printf("SHA384 Test %d Failed\n", i);
                printf("hash should be %x, calu:%x\n", sha384_res0[i][j],
output[j]);
                break;
            }
        }
        if (j == 48) {
            printf("SHA384 Test %d Passed\n", i);
        }
    }

    for (i = 0; i < TEST_VEC_NUM; i++) {
        easy_sha512((uint8_t*)test_vectors[i], vector_len[i], output);
        for (j = 0; j < 64; j++) {
            if (output[j] != sha512_res0[i][j]) {
                printf("SHA512 Test %d Failed\n", i);
                printf("hash should be %x, calu:%x\n", sha512_res0[i][j],
output[j]);
                break;
            }
        }
        if (j == 64) {
```

```
        printf("SHA512 Test %d Passed\n", i);
    }
  }
}
```

我們把要進行運算的原始訊息存放在 test_vectors 中，一共存放三組訊息。把這三組訊息理論的 SHA384/SHA512 結果值存放在 sha384_res0 和 sha512_res0 中，這樣方便最後比較生成的結果值，以此來確定是否正確。保存專案並運行，運行結果如圖 4-26 所示。

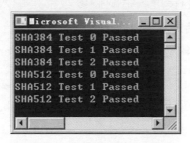

圖 4-26

全部透過，「手工蛋糕」製作完畢。下面基於 OpenSSL 來實現 SHA512 和 SHA384。

【例 4.9】基於 OpenSSL 1.1.1b 實現 SHA384

（1）打開 VC 2017，新建一個主控台專案 test。

（2）在專案中新建一個 C++ 檔案，檔案名稱是 sha384.cpp，然後輸入程式如下：

```
#include <pch.h>
#include "openssl/evp.h"
#include "sha384.h"

int sha384_hash(const unsigned char *message, size_t len, unsigned char *hash,
unsigned int *hash_len)
{
    EVP_MD_CTX *md_ctx;
    const EVP_MD *md;
```

```
    md = EVP_sha384();                          //使用的雜湊演算法是SHA384
    md_ctx = EVP_MD_CTX_new();                  //開闢摘要上下文結構需要的空間
    EVP_DigestInit_ex(md_ctx, md, NULL);        //初始化摘要結構上下文
    EVP_DigestUpdate(md_ctx, message, len);     //對資料進行摘要計算
    EVP_DigestFinal_ex(md_ctx, hash, hash_len); //結尾工作，輸出摘要結果
    EVP_MD_CTX_free(md_ctx);   //釋放空間
    return 0;
}
```

我們定義了一個函數 sha384_hash，其中參數 message 是要做雜湊的來源
資料，len 是來源資料的長度，這兩個參數都是輸入參數。參數 hash 是輸
出參數，存放雜湊的結果，對於 SHA384，雜湊結果是 48 位元組，因此
參數 hash 要指向一個 48 位元組的緩衝區。hash_len 也是輸出參數，存放
雜湊結果的長度。

接著，在專案中新建一個標頭檔案，檔案名稱是 sha384.h，然後輸入程式
如下：

```
#ifndef HEADER_C_FILE_SHA384_HASH_H
#define HEADER_C_FILE_SHA384_HASH_H

#ifdef   __cplusplus
extern "C" {
#endif

    int sha384_hash(const unsigned char *message, size_t len, unsigned char
*hash, unsigned int *hash_len);

#ifdef   __cplusplus
}
#endif

#endif
```

在該檔案中，我們宣告了一個函數 sha384_hash，以方便其他程式呼叫。

在 VC 中打開「test 屬性頁」對話方塊，然後設定「其它 Include 目錄」
為 D:\openssl-1.1.1b\win32-debug\include。我們這個例子的程式是 32 位元
的，所以使用 32 位元的標頭檔和函數庫。接著設定「附加函數庫目錄」

為 D:\openssl-1.1.1b\win32-debug\lib。最後，增加三個函數庫（ws2_32.
lib;Crypt32.lib;libcrypto.lib;）到「其它相依性」，注意用分號隔開。這些
設定和 OpenSSL 實現 SM3 的設定一樣，這裡就不再贅述了。

（3）現在我們可以編寫測試程式，來具體呼叫 SHA384 函數。打開 test.
cpp，在其中輸入程式如下：

```cpp
#include "pch.h"
#include <stdio.h>
#include <string.h>
#include "sha384.h"
#include <stdint.h>

#define TEST_VEC_NUM 3
static const unsigned char sha384_res0[TEST_VEC_NUM][48] = {
        {0x0a,0x98,0x9e,0xbc,0x4a,0x77,0xb5,0x6a,0x6e,0x2b,0xb7,0xb1,
        0x9d,0x99,0x5d,0x18,0x5c,0xe4,0x40,0x90,0xc1,0x3e,0x29,0x84,
        0xb7,0xec,0xc6,0xd4,0x46,0xd4,0xb6,0x1e,0xa9,0x99,0x1b,0x76,
        0xa4,0xc2,0xf0,0x4b,0x1b,0x4d,0x24,0x48,0x41,0x44,0x94,0x54,},
        {0xf9,0x32,0xb8,0x9b,0x67,0x8d,0xbd,0xdd,0xb5,0x55,0x80,0x77,
        0x03,0xb3,0xe4,0xff,0x99,0xd7,0x08,0x2c,0xc4,0x00,0x8d,0x3a,
        0x62,0x3f,0x40,0x36,0x1c,0xaa,0x24,0xf8,0xb5,0x3f,0x7b,0x11,
        0x2e,0xd4,0x6f,0x02,0x7f,0xf6,0x6e,0xf8,0x42,0xd2,0xd0,0x8c,},
        {0x4e,0x72,0xf4,0x07,0x66,0xcd,0x1b,0x2f,0x23,0x1b,0x9c,0x14,
        0x9a,0x40,0x04,0x6e,0xcc,0xc7,0x2d,0xa9,0x1d,0x5a,0x02,0x42,
        0xf6,0xab,0x49,0xfe,0xea,0x4e,0xfd,0x55,0x43,0x9b,0x7e,0xd7,
        0x82,0xe0,0x3d,0x69,0x0f,0xb9,0x78,0xc3,0xdb,0xce,0x91,0xc1},
};

static const char *test_vectors[TEST_VEC_NUM] = {
    "123456",
    "0123456789abcdef0123456789abcdef0123456789abcdef0123456789abcdef012345678
9abcdef0123456789abcdef0123456789abcdef0123456789abcdef","0123456789abcdef0123
456789abcdef0123456789abcdef0123456789abcdef0123456789abcdef0123456789abcdef01
23456789abcdef0123456789abcdef123456",
};

static uint32_t vector_len[TEST_VEC_NUM] = { 6, 128, 134 };

int main()
{
```

```
    uint8_t output[64];
    unsigned int hashlen;
    uint32_t i = 0, j = 0;

    for (i = 0; i < TEST_VEC_NUM; i++) {
        sha384_hash((uint8_t*)test_vectors[i], vector_len[i], output, &hashlen);
        if (hashlen != 48)
        {
            printf("sha384_hash failed\n");
            return -1;
        }
        for (j = 0; j < 48; j++) {
            if (output[j] != sha384_res0[i][j]) {
                printf("SHA384 Test %d Failed\n", i);
                printf("hash should be %x, calu:%x\n", sha384_res0[i][j],
output[j]);
                break;
            }
        }
        if (j == 48) {
            printf("SHA384 Test %d Passed\n", i);
        }
    }
}
```

我們把要進行運算的原始訊息存放在 test_vectors 中，一共存放三組訊息。把這三組訊息理論的 SHA384 結果值存放在 sha384_res0 中，這樣方便最後比較生成的結果值，以此來比較是否正確。保存專案並運行，運行結果如圖 4-27 所示。

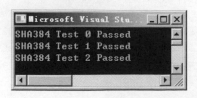

圖 4-27

【例 4.10】基於 OpenSSL 1.1.1b 實現 SHA512

（1）打開 VC 2017，新建一個主控台專案 test。

（2）在專案中新建一個 C++ 檔案，檔案名稱是 sha512.cpp，然後輸入程式如下：

```
#include <pch.h>
#include "openssl/evp.h"
#include "sha512.h"

int sha512_hash(const unsigned char *message, size_t len, unsigned char *hash,
unsigned int *hash_len)
{
    EVP_MD_CTX *md_ctx;
    const EVP_MD *md;


md = EVP_sha512();                          //表明要使用的雜湊演算法是SHA512
    md_ctx = EVP_MD_CTX_new();              //開闢摘要上下文結構需要的空間
    EVP_DigestInit_ex(md_ctx, md, NULL);   //初始化摘要結構上下文結構
    EVP_DigestUpdate(md_ctx, message, len); //對資料進行摘要計算
    EVP_DigestFinal_ex(md_ctx, hash, hash_len);  //結尾工作，輸出摘要結果
    EVP_MD_CTX_free(md_ctx);                //釋放空間
    return 0;
}
```

我們定義了一個函數 sha512_hash，其中參數 message 是要做雜湊的來源資料，len 是來源資料的長度，這兩個參數都是輸入參數。參數 hash 是輸出參數，存放雜湊的結果，對於 SHA512，雜湊的結果是 64 位元組，因此參數 hash 要指向一個 64 位元組的緩衝區。hash_len 也是輸出參數，存放雜湊結果的長度。

接著，在專案中新建一個標頭檔案，檔案名稱是 sha512.h，然後輸入程式如下：

```
#ifndef HEADER_C_FILE_SHA512_HASH_H
#define HEADER_C_FILE_SHA512_HASH_H

#ifdef __cplusplus
extern "C" {
#endif
```

```
    int sha512_hash(const unsigned char *message, size_t len, unsigned char
*hash, unsigned int *hash_len);

#ifdef __cplusplus
}
#endif

#endif
```

在該檔案中，我們宣告了一個函數 sha512_hash，以方便其他程式呼叫。

在 VC 中打開「test 屬性頁」對話方塊，然後設定「其它 Include 目錄」
為 D:\openssl-1.1.1b\win32-debug\include。我們這個例子的程式是 32 位元
的，所以使用 32 位元的標頭檔和函數庫。接著設定「附加函數庫目錄」
為 D:\openssl-1.1.1b\win32-debug\lib。最後，增加三個函數庫（ws2_32.
lib;Crypt32.lib;libcrypto.lib;）到「其它相依性」，注意用分號隔開。這些
設定和 OpenSSL 實現 SM3 的設定一樣，這裡就不再贅述。

（3）現在編寫測試程式，來具體呼叫 SHA512 函數。打開 test.cpp，在其
中輸入程式如下：

```
#include "pch.h"
#include "sha512.h"
#include <stdio.h>
#include <stdint.h>


#define TEST_VEC_NUM 3


static const uint8_t sha512_res0[TEST_VEC_NUM][64] = {
        {0xba,0x32,0x53,0x87,0x6a,0xed,0x6b,0xc2,0x2d,0x4a,0x6f,0xf5,
        0x3d,0x84,0x06,0xc6,0xad,0x86,0x41,0x95,0xed,0x14,0x4a,0xb5,
        0xc8,0x76,0x21,0xb6,0xc2,0x33,0xb5,0x48,0xba,0xea,0xe6,0x95,
        0x6d,0xf3,0x46,0xec,0x8c,0x17,0xf5,0xea,0x10,0xf3,0x5e,0xe3,
        0xcb,0xc5,0x14,0x79,0x7e,0xd7,0xdd,0xd3,0x14,0x54,0x64,0xe2,
        0xa0,0xba,0xb4,0x13},
        {0x45,0x1e,0x75,0x99,0x6b,0x89,0x39,0xbc,0x54,0x0b,0xe7,0x80,
        0xb3,0x3d,0x2e,0x5a,0xb2,0x0d,0x6e,0x2a,0x2b,0x89,0x44,0x2c,
        0x9b,0xfe,0x6b,0x47,0x97,0xf6,0x44,0x0d,0xac,0x65,0xc5,0x8b,
```

```
        0x6a,0xff,0x10,0xa2,0xca,0x34,0xc3,0x77,0x35,0x00,0x8d,0x67,
        0x10,0x37,0xfa,0x40,0x81,0xbf,0x56,0xb4,0xee,0x24,0x37,0x29,
        0xfa,0x5e,0x76,0x8e},
        {0x51,0x33,0x35,0xc0,0x7d,0x10,0xed,0x85,0xe7,0xdc,0x3c,0xa9,
        0xb9,0xf1,0x1a,0xe7,0x59,0x1e,0x5b,0x36,0xf9,0xb3,0x71,0xfb,
        0x66,0x21,0xb4,0xec,0x6f,0xc8,0x05,0x57,0xfe,0x1e,0x7b,0x9e,
        0x1c,0xc1,0x12,0x32,0xb0,0xb2,0xdd,0x92,0x1d,0x80,0x56,0xbf,
        0x09,0x7a,0x91,0xc3,0x6d,0xd7,0x28,0x46,0x71,0xfc,0x46,0x8e,
        0x06,0x17,0x49,0xf4},
};

static const char *test_vectors[TEST_VEC_NUM] = {
    "123456",
     "0123456789abcdef0123456789abcdef0123456789abcdef0123456789abcdef01234567
89abcdef0123456789abcdef0123456789abcdef0123456789abcdef","0123456789abcdef012
3456789abcdef0123456789abcdef0123456789abcdef0123456789abcdef0123456789abcdef0
123456789abcdef0123456789abcdef123456",
};

static uint32_t vector_len[TEST_VEC_NUM] = { 6, 128, 134 };

int main()
{
    uint8_t output[64];
    uint32_t i = 0, j = 0;
    unsigned int hashlen;

    for (i = 0; i < TEST_VEC_NUM; i++) {
        sha512_hash((uint8_t*)test_vectors[i], vector_len[i], output,&hashlen);
        if (hashlen != 64)
        {
            puts("sha512_hash failed");
            return  -1;
        }
        for (j = 0; j < 64; j++) {
            if (output[j] != sha512_res0[i][j]) {
                printf("SHA512 Test %d Failed\n", i);
                printf("hash should be %x, calu:%x\n", sha512_res0[i][j],
                        output[j]);
                break;
            }
        }
        if (j == 64) {
```

```
            printf("SHA512 Test %d Passed\n", i);
        }
    }
}
```

我們把要進行運算的原始訊息存放在 test_vectors 中，一共存放三組訊息。把這三組訊息理論的 SHA512 結果值存放在 sha512_res0 中，這樣方便最後比較生成的結果值，以此來確定是否正確。保存專案並運行，運行結果如圖 4-28 所示。

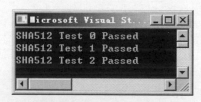

圖 4-28

為了照顧喜歡 OpenSSL 1.0.2m 的朋友，下面我們利用 OpenSSL 1.0.2m 版本實現 SHA512。因為主要過程和上例類似，所以有些重複的地方就不再詳述了。

【例 4.11】基於 OpenSSL 1.0.2m 實現 SHA512

（1）打開 VC 2017，新建一個主控台專案 test。

（2）在專案中新建一個 C++ 檔案，檔案名稱是 sha512.cpp，然後輸入程式如下：

```
#include <pch.h>
#include "openssl/evp.h"
#include "sha256.h"

int sha256_hash(const unsigned char *message, size_t len, unsigned char *hash,
unsigned int *hash_len)
{
    EVP_MD_CTX *md_ctx;
    const EVP_MD *md;

    md = EVP_sha512();                          //表明要使用的雜湊演算法是SHA512
```

```
    md_ctx = EVP_MD_CTX_create();              //開闢摘要上下文結構需要的空間
    EVP_DigestInit_ex(md_ctx, md, NULL);       //初始化摘要結構上下文結構
    EVP_DigestUpdate(md_ctx, message, len);    //對資料進行摘要計算
    EVP_DigestFinal_ex(md_ctx, hash, hash_len); //結尾工作，輸出摘要結果
    EVP_MD_CTX_destroy(md_ctx);                //釋放空間
    return 0;
}
```

我們定義了一個函數 sha512_hash，其中參數 message 是要做雜湊的來源資料，len 是來源資料的長度，這兩個參數都是輸入參數。參數 hash 是輸出參數，存放雜湊的結果，對於 SHA512，雜湊結果的長度是 64 位元組，因此參數 hash 要指向一個 64 位元組的緩衝區。hash_len 也是輸出參數，存放 HASH 結果的長度。

接著，在專案中新建一個標頭檔案，檔案名稱是 sha512.h，然後輸入程式如下：

```
#ifndef HEADER_C_FILE_SHA512_HASH_H
#define HEADER_C_FILE_SHA512_HASH_H
#ifdef __cplusplus
extern "C" {
#endif
    int sha512_hash(const unsigned char *message, size_t len, unsigned char
*hash, unsigned int *hash_len);
#ifdef __cplusplus
}
#endif
#endif
```

在該檔案中，我們宣告了一個函數 sha256_hash，以方便其他程式呼叫。

在 VC 中打開「test 屬性頁」對話方塊，然後設定「其它 Include 目錄」為 C:\openssl-1.0.2m\inc32。我們這個例子的程式是 32 位元的，所以使用 32 位元的標頭檔和函數庫。接著設定「附加函數庫目錄」為 C:\openssl-1.0.2m\out32dll。最後，增加一個函數庫（libeay32.lib）到「其它相依性」的開頭，注意用分號隔開。這些設定和上例的設定一樣，這裡就不再贅述了。

（3）現在編寫測試程式，測試程式和上例一樣，把上例 test.cpp 中的內容複製到本例的 test.cpp 中即可。最後運行專案，運行結果也和上例一樣，如圖 4-29 所示。

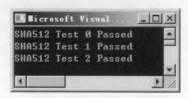

圖 4-29

如果需要基於 OpenSSL 1.0.2m 實現 SHA384 演算法，只需要把 sha256_hash 函數中的 EVP_sha512(); 改為 EVP_sha384();，然後修改 test.cpp（利使用案例 4.9 的 test.cpp 複製一份）即可，限於篇幅，這裡不再贅述。相信讀者參考本例能自己實現，畢竟大致過程類似。

4.5 更通用的以 OpenSSL 為基礎的雜湊運算

使用 OpenSSL 演算法函數庫進行雜湊運算是實際應用程式開發中經常會碰到的，前面我們介紹雜湊演算法的時候也用到了 OpenSSL 提供的雜湊運算函數，但基本流程都是針對某種特定的雜湊演算法。除此之外，OpenSSL 還提供了更加通用的雜湊函數介面，也是就是 OpenSSL 的 EVP 封裝。

OpenSSL EVP 提供了密碼學中豐富的函數。OpenSSL 中實現了各種對稱演算法、摘要演算法以及簽名 / 驗簽演算法。EVP 函數將這些具體的演算法進行了封裝。EVP 系列的函數的宣告包含在 evp.h 裡面，這是一系列封裝了 OpenSSL 加密函數庫裡面所有演算法的函數。透過這樣統一的封裝，使得只需要在初始化參數的時候做很少的改變，就可以使用相同的程式但採用不同的加密演算法進行資料的加密和解密。

EVP 系列函數主要封裝了加密、摘要、編碼三大類型的演算法，使用演算法前需要呼叫 OpenSSL_add_all_algorithms 函數。其中，以加密演算法與摘要演算法為基本，公開金鑰演算法是對資料加密採用對稱加密演算法，對金鑰採用非對稱加密演算法（公開金鑰加密，私密金鑰解密）。數位簽章是非對稱加密演算法（私密金鑰簽名，公開金鑰認證）。

在 OpenSSL 1.0.2m 中，常用的雜湊函數包括 EVP_MD_CTX_create、EVP_MD_CTX_destroy、EVP_DigestInit_ex、EVP_DigestUpdate、EVP_Digest_Final_ex 和 EVP_Digest。其中，函數 EVP_MD_CTX_create 用於創建摘要上下文結構並進行初始化，當不再需要使用摘要上下文結構時，需要用 EVP_MD_CTX_destroy 來銷毀。EVP_DigestInit_ex、EVP_DigestUpdate 和 EVP_Digest_Final_ex 用於計算不定長訊息摘要（也就是可以用來實現多套件雜湊運算）。EVP_Digest 用於計算長度比較短的訊息摘要（也就是用於單套件雜湊運算）。

值得注意的是，這些函數使用時都需要包含標頭檔 #include <openssl/evp.h>。

4.5.1 獲取摘要演算法函數 EVP_get_digestbyname

根據字串獲取摘要演算法（EVP_MD），本函數查詢摘要演算法雜湊表。其返回值可以傳給其他雜湊函數使用。該函數宣告如下：

```
const EVP_MD *EVP_get_digestbyname(const char *name);
```

其中，name 指向一個字串，表示雜湊演算法名稱，如 sha256、sha384、sha512 等。如果函數執行成功，就返回雜湊演算法的 EVP_MD 結構指標，以供後續函數使用；如果函數執行失敗，就返回 NULL。

4.5.2 創建結構並初始化函數 EVP_MD_CTX_create

這個函數內部會分配結構所需的記憶體空間，然後進行初始化，並返回摘要上下文結構指標。而 EVP_MD_CTX_init 只初始化，結構需要在函數外面定義好。

函數 EVP_MD_CTX_create 宣告如下：

```
EVP_MD_CTX *EVP_MD_CTX_create();
```

返回已經初始化了的摘要上下文結構指標。摘要上下文結構 EVP_MD_
CTX 定義如下：

```
struct env_md_ctx_st {
    const EVP_MD *digest;
    ENGINE *engine;                 /* 摘要引擎 */
    unsigned long flags;
    void *md_data;
    /* Public key context for sign/verify */
    EVP_PKEY_CTX *pctx;
    /* 更新功能：通常從EVP_MD複製 */
    int (*update) (EVP_MD_CTX *ctx, const void *data, size_t count);
} /* EVP_MD_CTX */ ;
```

該結構是在 openssl1.0.2m\crypto\evp.h 中定義的，然後在 openssl1.0.2m\
crypto\ossl_typ.h 中定義以下巨集：

```
typedef struct env_md_ctx_st EVP_MD_CTX;
```

值得注意的是，因為結構是在函數內部創建的，所以不再需要使用摘要上
下文結構時，需要呼叫函數 EVP_MD_CTX_destroy 來銷毀。

4.5.3 銷毀摘要上下文結構 EVP_MD_CTX_destroy

當不再需要使用摘要上下文結構時，需要呼叫函數 EVP_MD_CTX_
destroy 來銷毀。該函數宣告如下：

```
void EVP_MD_CTX_destroy(EVP_MD_CTX *ctx);
```

其中，參數 ctx 是指向摘要上下文結構的指標，它必須是已經分配空間並
初始化過了的，即必須已經呼叫 EVP_MD_CTX_create。EVP_MD_CTX_
destroy 和 EVP_MD_CTX_create 通常是成對使用的。

4.5.4　摘要初始化函數 EVP_DigestInit_ex

該函數用來設定摘要演算法、演算法引擎等。它要在 EVP_DigestUpdate 前呼叫。該函數宣告如下：

```
int EVP_DigestInit_ex(EVP_MD_CTX *ctx, const EVP_MD *type, ENGINE *impl);
```

其中，參數 ctx[in] 指向摘要上下文結構，該結構必須是已經初始化過了的；type 表示所使用的摘要演算法，演算法用 EVP_MD 結構來表示，type 指向這個結構，該結構位址可以用表 4-5 所示的函數返回來獲得。

⬇ 表 4-5　摘要演算法函數

摘要演算法函數	說　明
const EVP_MD *EVP_md2(void);	返回 MD2 摘要演算法
const EVP_MD *EVP_md4(void);	返回 MD4 摘要演算法
const EVP_MD *EVP_sha1(void);	返回 SHA1 摘要演算法
const EVP_MD *EVP_sha256(void);	返回 SHA256 摘要演算法
const EVP_MD *EVP_sha384(void);	返回 SHA384 摘要演算法
const EVP_MD *EVP_sha512(void);	返回 SHA512 摘要演算法

也可以使用函數 EVP_get_digestbyname 來獲得。參數 impl 是指向 ENGINE* 類型的指標，它表示摘要演算法所使用的引擎。應用程式可以使用自訂的演算法引擎，如硬體摘要演算法等。如果參數 impl 為 NULL，就使用預設引擎。如果函數執行成功就返回 1，否則返回 0。

4.5.5　摘要更新函數 EVP_DigestUpdate

這是摘要演算法第二步呼叫的函數，可以被多次呼叫，這樣就可以處理巨量資料了。該函數宣告如下：

```
int EVP_DigestUpdate(EVP_MD_CTX *ctx, const void *d, size_t cnt);
```

其中，參數 ctx[in] 指向摘要上下文結構，該結構必須是已經初始化過了的；d[in] 指向要進行摘要計算的來源資料的緩衝區；cnt[in] 表示要進行摘要計算的來源資料的長度,單位是位元組。如果函數執行成功就返回 1,否則返回 0。

4.5.6 摘要結束函數 EVP_Digest_Final_ex

這是摘要演算法第三步要呼叫的函數,也是最後一步呼叫的函數,該函數只能呼叫一次,而且是最後呼叫,呼叫完該函數,雜湊結果也就出來了。該函數宣告如下:

```
int EVP_DigestFinal_ex(EVP_MD_CTX *ctx, unsigned char *md, unsigned int *s);
```

其中,參數 ctx[in] 指向摘要上下文結構,該結構必須是已經初始化過了的;md[out] 存放輸出的雜湊結果,對於不同的雜湊演算法,雜湊結果的長度不同,因此 md 所指向的緩衝區長度要注意不要開闢小了;s[out] 指向整數變數的位址,該變數存放輸出的雜湊結果的長度。如果函數執行成功就返回 1,否則返回 0。

4.5.7 單套件摘要計算函數 EVP_Digest

該函數獨立使用,輸入要進行摘要計算的來源資料,直接輸出雜湊結果。該函數適用於小長度的資料,函數宣告如下:

```
int EVP_Digest(const void *data, size_t count,unsigned char *md, unsigned int
*size, const EVP_MD *type,ENGINE *impl);
```

其中,參數 data[in] 指向要進行摘要計算的來源資料的緩衝區;count[in] 表示要進行摘要計算的來源資料的長度,單位是位元組;md[out] 存放輸出的雜湊結果,對於不同的雜湊演算法,雜湊結果的長度不同,因此 md 所指向的緩衝區長度要注意不要開闢小了;size[out] 指向整數變數的位址,該變數存放輸出的雜湊結果的長度;type 表示所使用的摘要演算法,演算法用 EVP_MD 結構來表示,type 指向這個結構,該結構位址可以用表 4-6 所示的函數返回來獲得。

⬇ 表 4-6 常用摘要演算法函數

常用摘要演算法函數	說 明
const EVP_MD *EVP_md2(void);	返回 MD2 摘要演算法
const EVP_MD *EVP_md4(void);	返回 MD4 摘要演算法
const EVP_MD *EVP_sha1(void);	返回 SHA1 摘要演算法
const EVP_MD *EVP_sha256(void);	返回 SHA256 摘要演算法
const EVP_MD *EVP_sha384(void);	返回 SHA384 摘要演算法
const EVP_MD *EVP_sha512(void);	返回 SHA512 摘要演算法

參數 impl 是指向 ENGINE* 類型的指標，它表示摘要演算法所使用的引擎。應用程式可以使用自訂的演算法引擎，如硬體摘要演算法等。如果參數 impl 為 NULL，就使用預設引擎。如果函數執行成功就返回 1，否則返回 0。

【例 4.12】基於 OpenSSL EVP 的多更新的雜湊運算

（1）新建一個主控台專案，專案名是 test。

（2）打開 test.cpp，並輸入程式如下：

```
#include "pch.h"
#include <stdio.h>
#include <openssl/evp.h>
#include <string.h>

int main(int argc, char *argv[])
{
    EVP_MD_CTX mdctx;
    const EVP_MD *md;
    char mess1[] = "Test Message\n";    //第1次更新的訊息
    char mess2[] = "Hello World\n";     //第2次更新的訊息
    unsigned char md_value[EVP_MAX_MD_SIZE];
    unsigned int md_len, i;

    OpenSSL_add_all_digests();             //載入所有函數，這個函數要第一個呼叫
    md = EVP_get_digestbyname("sha512"); //如果要改用其他雜湊演算法，只需要
                                           替換字串

    if (!md) {
```

```
            printf("Unknown message digest %s\n", argv[1]);
            exit(1);
    }
//開始雜湊運算
    EVP_MD_CTX_init(&mdctx);
    EVP_DigestInit_ex(&mdctx, md, NULL);
    EVP_DigestUpdate(&mdctx, mess1, strlen(mess1));  //更新連續兩次呼叫
    EVP_DigestUpdate(&mdctx, mess2, strlen(mess2));
    EVP_DigestFinal_ex(&mdctx, md_value, &md_len);
    EVP_MD_CTX_cleanup(&mdctx);
    //輸出結果
    printf("Digest is(len=%d): ",md_len);
    for (i = 0; i < md_len; i++)
    {
        if (i % 16 == 0) printf("\n");
        else printf("%02x", md_value[i]);
    }
    printf("\n");
    return 0;
}
```

在程式中,我們計算了 SHA512 演算法,如果要更換其他雜湊演算法,只需要更改函數 EVP_get_digestbyname 的參數即可。此外,我們還演示了多套件雜湊的呼叫(呼叫了兩次 EVP_DigestUpdate)。多套件雜湊在很多場合都會用到,比單套件雜湊使用得更加廣泛。最後輸出雜湊結果,輸出時每 16 位元組進行換行,這樣看起來整齊一些。

最後在「test 屬性頁」對話方塊的「其它 Include 目錄」旁增加 C:\openssl-1.0.2m\inc32,在「附加函數庫目錄」旁增加 C:\openssl-1.0.2m\out32dll。

(3)保存專案並運行,運行結果如圖 4-30 所示。

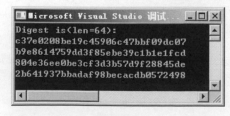

圖 4-30

密碼學中常見的編碼格式

證書及金鑰管理系統在網路應用中具有廣泛的前景，是解決網路應用和電子商務安全問題的核心技術。編解碼是證書及金鑰管理系統中的底層模組，主要用來為系統提供編解碼介面，即對證書及各種訊息類型提供一個收發轉換的介面。它是整個系統的核心和基礎，在整個系統的設計與實現中具有非常重要的作用。

5.1 Base64 編碼

由於歷史原因，Email 只被允許傳送 ASCII 字元，即一個 8 位元位元組的低 7 位元。因此，如果你發送了一封帶有非 ASCII 字元（位元組的最高位元是 1）的 Email，通過有「歷史問題」的閘道時就可能會出現問題。所以 Base64 位元編碼才會存在。Base64 內容傳送編碼被設計用來把任意序列的 8 位元位元組描述為一種不易被人直接辨識的形式。Base64 編解碼就是對二進位資料和 64 個可列印字元的相互轉化。

5.1.1 Base64 編碼的由來

為什麼會有 Base64 編碼呢？因為有些網路傳送通路並不支援所有的位元組，例如傳統的郵件只支援可見字元的傳送，像 ASCII 碼的控制字元就不能透過郵件傳送。這樣用途就受到了很大的限制，比如圖片二進位流的每個位元組不可能全部是可見字元，所以就傳送不了。最好的方法是在不改變傳統協定的情況下，做一種擴充方案來支持二進位檔案的傳送。使不可列印的字元也能用可列印字元來表示，問題就解決了。Base64 編碼應運而生，Base64 就是一種基於 64 個可列印字元來表示二進位資料的表示方法。

5.1.2 Base64 的索引表

前面講到 Base64 就是一種基於 64 個可列印字元來表示二進位資料的表示方法。我們來看一下這 64 個可列印字元。圖 5-1 所示是 Base64 的索引表，也稱碼表。

數值	字元	數值	字元	數值	字元	數值	字元
0	A	16	Q	32	g	48	w
1	B	17	R	33	h	49	x
2	C	18	S	34	i	50	y
3	D	19	T	35	j	51	z
4	E	20	U	36	k	52	0
5	F	21	V	37	l	53	1
6	G	22	W	38	m	54	2
7	H	23	X	39	n	55	3
8	I	24	Y	40	o	56	4
9	J	25	Z	41	p	57	5
10	K	26	a	42	q	58	6
11	L	27	b	43	r	59	7
12	M	28	c	44	s	60	8
13	N	29	d	45	t	61	9
14	O	30	e	46	u	62	+
15	P	31	f	47	v	63	/

圖 5-1

可以看出，字元選用了 "A-Z、a-z、0-9、+、/" 這 64 個可列印字元。數值代表字元的索引，這個是標準 Base64 協定規定的，不能更改。

5.1.3 Base64 的轉化原理

Base64 的碼表只有 64 個字元，如果要表達 64 個字元的話，使用 6 位元即可完全表示（2 的 6 次方為 64）。因為 Base64 的編碼只有 6 位元即可表示，而正常的字元是使用 8 位元表示的，8 和 6 的最小公倍數是 24，所以 4 個 Base64 字元（4×6=24）可以表示三個標準的 ASCII 字元（3×8=24）。

如果是字串轉為 Base64 碼，會先把對應的字串轉為 ASCII 碼表對應的數字，再把數字轉為二進位，比如 a 的 ASCII 碼是 97，97 的二進位是 01100001，把 8 個二進位提取成 6 個，剩下的兩個二進位和後面的二進位繼續拼接，最後把前面 6 個二進位碼轉為 Base64 對應的編碼。實際轉換過程如下：

（1）將二進位資料每三個位元組分為一組，每個位元組佔 8 位元，那麼共有 24 個二進位位元。

（2）將上面的 24 個二進位位元每 6 個一組，共分為 4 組。

（3）在每組前增加兩個 0，每組由 6 個變為 8 個二進位位元，總共 32 個二進位位元，也就是 4 個位元組。

（4）根據 Base64 編碼對照表將每個位元組轉化成對應的可列印字元。

為什麼每 6 位元分為一組？因為 6 個二進位位元就是 2 的 6 次方，也就是 64 種變化，正好對應 64 個可列印字元。舉一反三，如果是 5 位元一組，就對應 32 種可列印字元，就可以設計 Base32 了。

另外，分成 4 組後為什麼每組增加兩個 0 變成 4 位元組？這是因為電腦儲存的最小單位就是位元組，也就是 8 位元。所以每組 6 位元前增加兩個 0 湊成 8 位元的位元組才能儲存。轉換實例如圖 5-2 所示。

文字	M		a		n	
ASCII編碼	77		97		110	
二進位位元	0 1 0 0 1 1 0 1	0 1 1 0 0 0 1 0	1 1 0 1 1 1 1 0
索引	19	22	5	46
Base64編碼	T	W	F	u

圖 5-2

下面再看幾個案例。

把 a、b、c 這三個字元轉為 Base64 的過程如表 5-1 所示。

⬇ 表 5-1 把 a、b、c 這三個字元轉為 Base64 的過程

字串	a		b		c	
ASCII	97		98		99	
二進位位元（8 位元）	01100001		01100010		01100011	
二進位位元（6 位元）	011000　010110　001001　100011					
十進位	24　22　9　35					
對應編碼	Y　W　J　j					

我們再來看一下把 man 這三個字元轉為 Base64 的過程，如表 5-2 所示。

⬇ 表 5-2 man 三個字元轉為 Base64 的過程

字串	m		a		n	
ASCII	109		97		110	
二進位位元（8 位元）	01101101		01100001		01101110	
二進位位元（6 位元）	011011　010110　000101　101110					
十進位	27　22　5　46					
對應編碼	b　W　F　u					

Base64 是將二進位每 3 位元組轉為 4 位元組，再根據 Base64 編碼對照表進行轉化。那如果不足 3 個位元組該怎麼辦？

當轉換到最後，最後的字元不足 3 位元組的時候，就要看最後是剩下 2 位元組還是 1 位元組。

如果最後剩下兩個位元組：兩個位元組共 16 個二進位位元，依舊按照規則進行分組。此時總共 16 個二進位位元，每 6 個一組，則第三組缺少兩位元（每組一個 6 位元），用 0 補齊，得到三個 Base64 編碼，第四組完全沒有資料，則用 "=" 補全。因此，圖 5-3 中 "BC" 轉換之後為 "QKM="。

如果剩下一個位元組：一個位元組共 8 個二進位位元，依舊按照規則進行分組。此時總共 8 個二進位位元，每 6 個一組，則第二組缺少 4 位元，用 0 補齊，得到兩個 Base64 編碼，而後面兩組沒有對應資料，都用 "=" 補全。因此，圖 5-3 中 "A" 轉換之後為 "QQ=="。

文字 (1 Byte)	A																						
二進位位元	0	1	0	0	0	0	0	1															
二進位位元 (補0)	0	1	0	0	0	0	0	1	0	0	0	0											
Base64編碼	Q				Q				=				=										
文字 (2 Byte)	B								C														
二進位位元	0	1	0	0	0	0	1	0	0	1	0	0	0	0	1	1							
二進位位元 (補0)	0	1	0	0	0	0	1	0	0	1	0	0	0	0	1	1	0	0					
Base64編碼	Q						k					M					=						

圖 5-3

至此，我們了解了 Base64 的開發過程。下面進入實戰。首先利用 OpenSSL 附帶的命令列工具轉換 Base64 碼，然後程式設計實戰。

5.1.4 使用 OpenSSL 的 base64 命令

OpenSSL 的命令列工具提供了一個名為 base64 的命令，我們可以利用該命令對文字檔中的字串進行 Base64 編碼，同樣，也可以將文字檔中的 Base64 碼反編譯為原來的字串。

首先，在硬碟上的某個路徑（比如 D 磁碟）新建一個文字檔（比如 zcb. txt），並輸入一個字元 A，然後保存關閉。接著，打開作業系統的命令列視窗，輸入 cd 進入 D:\openssl-1.1.1b\win32-debug\bin\，輸入 openssl. exe，按確認鍵開始運行。雖然也可以雙擊 openssl.exe，但此時出現的 OpenSSL 命令列視窗中居然不能貼上，這對懶惰的「藍領程式設計師」來說是不可接受的。但很幸運，可以從作業系統的命令列視窗中啟動 openssl.exe。在 OpenSSL 命令提示符號下輸入：base64 -in d:\zcb.txt，其中 -in 表示要輸入檔案，後面加檔案名稱。執行後會出現 A 的 Base64 編碼結果 "QQ=="，如圖 5-4 所示。

圖 5-4

一些命令列同好要注意，DOS 命令 echo 是可以在命令列中把字串輸出
到硬碟檔案中的，但會在檔案尾端自動加上確認換行，所以我們再用
Base64 命令解析該檔案的時候，實際上把確認換行也進行編碼了。這一
點要注意，如果要準備編碼時的原始檔案，建議不要用 echo 命令。當初
筆者還以為 Base64 命令不標準，差點冤枉了 OpenSSL。但是，如果要準
備解碼時的原始檔案，建議用 echo 命令，因為解碼的時候，讀取原始檔
案時需要在檔案尾端加確認換行。

下面進行解碼。在 D 磁碟下新建一個文字檔 zcb2.txt，輸入內容 "QQ=="
後按確認鍵，然後保存並關閉檔案。接著在 OpenSSL 命令提示符號後輸
入：base64 -d -in d:\zcb2.txt，其中 d 表示解碼的意思，如圖 5-5 所示。

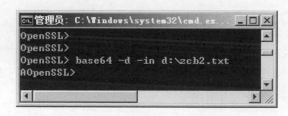

圖 5-5

我們看到 OpenSSL 前面有了一個 A。

再來看一個例子，在 D 磁碟下準備文字檔 zcb.txt，並輸入內容 hello，然
後用 Base64 命令進行編碼，並輸出到 D:\zcb2.txt 中，得到的結果如圖
5-6 所示。

圖 5-6

命令參數 -out 表示把編碼結果輸出到檔案中，而且會自動建立檔案。打開
D:\zcb2.txt，可以看到裡面的內容：aGVsbG8=，而且第一行尾端是有確
認換行的。

下面再進行解碼，如圖 5-7 所示。

圖 5-7

至此，工具 Base64 編解碼説明完畢。下面進入 Base64 的程式設計實戰。

5.1.5 程式設計實現 Base64 編解碼

前面我們透過現成的命令工具實現了 Base64 的編解碼，下面要準備用程式實現了。方法是基於 OpenSSL 演算法函數庫提供的函數，主要涉及函數 BIO_new、BIO_f_base64 等。

函數 BIO_new 主要把其參數 type 中的各個變數設定值給 BIO 結構中的 method 成員，該函數宣告如下：

```
BIO* BIO_new(BIO_METHOD *type);
```

其中，參數 type 是以一個返回值為 BIO_METHOD 類型的函數提供的。結構 BIO_METHOD 宣告如下：

```
typedef struct bio_method_st
{
    int type;                               //具體BIO 類型
    const char *name;                       //具體BIO 的名字
    int (*bwrite)(BIO *, const char *, int); //具體BIO 二進位寫入操作回呼函數
    int (*bread)(BIO *, char *, int);       //具體BIO 二進位寫入操作回呼函數
    int (*bputs)(BIO *, const char *);      //具體BIO 中文字寫回呼函數
    int (*bgets)(BIO *, char *, int);       //具體BIO 中文字讀回呼函數
    long (*ctrl)(BIO *, int, long, void *); //具體BIO 的控制回呼函數
    int (*create)(BIO *);                   //生成具體BIO 回呼函數
    int (*destroy)(BIO *);                  //銷毀具體BIO 回呼函數
        /*具體BIO 控制回呼函數，與Ctrl回呼函數不一樣，該函數可由呼叫者（而非實
現者）來實現，然後透過BIO_set_callback 等函數來設定*/
    long (*callback_ctrl)(BIO *, int, bio_info_cb *);
} BIO_METHOD;
```

函數 BIO_f_base64 封裝 Base64 編碼方法的 BIO，寫入的時候進行編碼，讀取的時候進行解碼。該函數宣告如下：

```
BIO_METHOD* BIO_f_base64()
```

該函數的返回值將作為 BIO_new 的參數。

【例 5.1】實現 Base64 編解碼

（1）打開 VC 2017，新建一個主控台專案，專案名是 test。

（2）在專案中打開 test.cpp，並輸入程式如下：

```
#include "pch.h"
#include <iostream>
#include <stdio.h>
#include <string.h>
#include <openssl/pem.h>
#include <openssl/bio.h>
#include <openssl/evp.h>
#pragma comment(lib, "libcrypto.lib")
#pragma comment(lib, "ws2_32.lib")
#pragma comment(lib, "crypt32.lib")

int base64_encode(char *in_str, int in_len, char *out_str)  //編碼
{
    BIO *b64, *bio;
    BUF_MEM *bptr = NULL;
    size_t size = 0;

    if (in_str == NULL || out_str == NULL)
        return -1;

    b64 = BIO_new(BIO_f_base64());
    bio = BIO_new(BIO_s_mem());
    bio = BIO_push(b64, bio);

    BIO_write(bio, in_str, in_len);
    BIO_flush(bio);

    BIO_get_mem_ptr(bio, &bptr);
    memcpy(out_str, bptr->data, bptr->length);
    out_str[bptr->length] = '\0';
```

```
    size = bptr->length;

    BIO_free_all(bio);
    return size;
}

int base64_decode(char *in_str, int in_len, char *out_str) //解碼
{
    BIO *b64, *bio;
    BUF_MEM *bptr = NULL;
    int counts;
    int size = 0;

    if (in_str == NULL || out_str == NULL)
        return -1;

    b64 = BIO_new(BIO_f_base64());
    BIO_set_flags(b64, BIO_FLAGS_BASE64_NO_NL);

    bio = BIO_new_mem_buf(in_str, in_len);
    bio = BIO_push(b64, bio);

    size = BIO_read(bio, out_str, in_len);
    out_str[size] = '\0';

    BIO_free_all(bio);
    return size;
}

int main()
{
    char instr[512]="";
    char outstr1[1024] = { 0 };
    puts("enter plain text:");
    scanf_s("%s", instr,512);
    base64_encode(instr, strlen(instr), outstr1);
    printf("base64:%s", outstr1);   //尾端並沒有\n，但實際輸出確認換行了

    char outstr2[1024] = { 0 };
    base64_decode(outstr1, strlen(outstr1), outstr2);
    printf("base64 -d:%s\n", outstr2);
    return 0;
}
```

在 main 函數中，我們對 "A" 進行了 Base64 編解碼。base64_encode 函數用於編碼，base64_decode 函數用於解碼。值得注意的是，在 base64_encode 函數中，編碼結果存放在 bptr->data 中，而且是帶 "\n" 的。這一點從 main 函數的輸出結果中可以看到，第二個 printf 輸出內容的尾端並沒有 "\n"，但實際輸出確認換行了。

打開「test 屬性頁」對話方塊，增加「其它 Include 目錄」為 D:\openssl-1.1.1b\win32-debug\include，再增加「附加函數庫目錄」為 D:\openssl-1.1.1b\win32-debug\lib。

（3）保存專案並運行，運行結果如圖 5-8 所示。

圖 5-8

完全和工具命令的結果一致，說明程式設計成功。

5.2　PEM 檔案

5.2.1　什麼是 PEM 檔案

副檔名為 .pem 的檔案是常見的金鑰、憑證存放區資訊的檔案，它是一個文字檔，實際內容進行了編碼（比如 Base64），然後在內容首尾增加一些標記資訊。PEM（Privacy Enhanced Mail）標準定義了加密一個準備要發送的郵件的標準，主要用來將各種物件保存成 PEM 格式，並將 PEM 格式的各種物件讀取到對應的結構中。它的基本流程是這樣的：

（1）把資訊轉為 ASCII 碼或其他編碼方式（比如 Base64）。
（2）使用對稱演算法加密轉換了的郵件資訊。

（3）使用 Base64 對加密後的郵件資訊進行編碼。

（4）使用一些資訊標頭對資訊進行封裝，這些標頭資訊格式如下（不一定
都需要，可選的）：

```
Proc-Type,4:ENCRYPTED
DEK-Info: cipher-name, ivec
```

其中，第一個標頭資訊標注該檔案進行了加密，該資訊標頭可能的值包
括 ENCRYPTED（資訊已經加密和簽名）、MIC-ONLY（資訊經過數位簽
章，但是沒有加密）、MIC-CLEAR（資訊經過數位簽章，但是沒有加密，
也沒有進行編碼，可使用非 PEM 格式閱讀）以及 CLEAR（資訊沒有簽名
和加密，並且沒有進行編碼，該項是 OpenSSL 自身的擴充）；第二個標頭
資訊標注加密的演算法以及使用的 ivec 參量，ivec 其實在這裡提供的應該
是一個隨機產生的資料序列，與區塊加密演算法中要使用的初始化變數不
一樣。

（5）在實際資訊的前後加上以下形式的標注資訊（標注資訊根據實際內容
的不同而不同）。

比如 RSA 私密金鑰檔案的標注資訊如下：

```
-----BEGIN RSA PRIVATE KEY-----
實際私密金鑰資訊
-----END RSA PRIVATE KEY-----
```

再比如證書請求檔案的標注資訊如下：

```
-----BEGIN CERTIFICATE REQUEST-----
實際證書請求資訊
-----END CERTIFICATE REQUEST-----
```

以上是 OpenSSL 的 PEM 檔案的基本結構，需要注意的是，OpenSSL 並
沒有實現 PEM 的全部標準，它只是對 OpenSSL 中需要使用的一些選項做
了實現，詳細的 PEM 格式可參考 RFC1421-1424。下面是一個 PEM 編碼
經過加密的 DSA 私密金鑰的例子：

```
-----BEGIN DSA PRIVATE KEY-----
Proc-Type: 4,ENCRYPTED
DEK-Info: DES-EDE3-CBC,F80EEEBEEA7386C4
GZ9zgFcHOlnhPoiSbVi/yXc9mGoj44A6IveD4UlpSEUt6Xbse3Fr0KHIUyQ3oGnS
mClKoAp/eOTb5Frhto85SzdsxYtac+X1v5XwdzAMy2KowHVk1N8A5jmE2OlkNPNt
of132MNlo2cyIRYaa35PPYBGNCmUm7YcYS8O90YtkrQZZTf4+2C4kllhMcdkQwkr
FWSWC8YOQ7w0LHb4cX1FejHHom9Nd/0PN3vn3UyySvfOqoR7nbXkrpHXmPIr0hxX
RcF0aXcV/CzZ1/nfXWQf4o3+oD0T22SDoVcZY60IzI0oIc3pNCbDV3uKNmgekrFd
qOUJ+QW8oWp7oefRx62iBfIeC8DZunohMXaWAQCU0sLQOR4yEdeUCnzCSywe0bG1
diD0KYaEe+Yub1BQH4aLsBgDjardgpJRTQLq0DUvw0/QGO1irKTJzegEDNVBKrVn
V4AHOKT1CUKqvGNRP1UnccUDTF6miOAtaj/qpzra7sSk7dkGBvIEeFoAg84kfh9h
hVvF1YyzC9bwZepruoqoUwke/WdNIR5ymOVZ/4Liw0JdIOcq+atbdRX08niqIRkf
dsZrUj4leo3zdefYUQ7w4N2Ns37yDFq7
-----END DSA PRIVATE KEY-----
```

有時 PEM 編碼的東西並沒有經過加密,只是簡單地進行了 Base64 編碼。下面是一個沒有加密的證書請求的例子:

```
-----BEGIN CERTIFICATE REQUEST-----
MIICVTCCAhMCAQAwUzELMAkGA1UEBhMCQVUxEzARBgNVBAgTClNvbWUtU3RhdGUx
ITAfBgNVBAoTGEludGVybmV0IFdpZGdpdHMgUHR5IEx0ZDEMMAoGA1UEAxMDUENB
MIIBtTCCASkGBSsOAwIMMIIBHgKBgQCnP26Fv0FqKX3wn0cZMJCaCR3aajMexT2G
lrMV4FMuj+BZgnOQPnUxmUd6UvuF5NmmezibaIqEm4fGHrV+hktTW1nPcWUZiG7O
Zq5riDb77Cjcwtelu+UsOSZL2ppwGJU3lRBWI/YV7boEXt45T/23Qx+1pGVvzYAR
5HCVW1DNSQIVAPcHMe36bAYD1YWKHKycZedQZmVvAoGATd9MA6aRivUZb1BGJZnl
aG8w42nh5bNdmLsohkj83pkEP1+IDJxzJA0gXbkqmj8YlifkYofBe3RiU/xhJ6h6
kQmdtvFNnFQPWAbuSXQHzlV+I84W9srcWmEBfslxtU323DQph2j2XiCTs9v15Als
QReVkusBtXOlan7YMu0OArgDgYUAAoGBAKbtuR5AdW+ICjCFe2ixjUiJJzM2IKwe
6NZEMXg39+HQ1UTPTmfLZLps+rZfolHDXuRKMXbGFdSF0nXYzotPCzi7GauwEJTZ
yr27ZZjA1C6apGSQ9GzuwNvZ4rCXystVEagAS8OQ4H3D4dWS17Zg31ICb5o4E5r0
z09o/Uz46u0VoAAwCQYFKw4DAhsFAAMxADAuAhUArRubTxsbIXy3AhtjQ943AbNB
nSICFQCu+g1iW3jwF+gOcbroD4S/ZcvB3w==
-----END CERTIFICATE REQUEST-----
```

可以看到,該檔案沒有了前面兩個標頭資訊。如果經常使用 OpenSSL 的應用程式,應該對這些檔案格式很熟悉。

PEM 是 OpenSSL 和許多其他 SSL 工具的儲存資訊的標準格式,OpenSSL 使用 PEM 檔案格式儲存證書和金鑰。這種格式被設計用來安全地包含在 ASCII 甚至豐富文字文件中,如電子郵件,所以 .PEM 檔案其實是一個文字檔，可以用記事本查看，這表示我們可以簡單地複製和貼上 .PEM 檔案的內容到另一個檔案中。

5.2.2 生成一個 PEM 檔案

下面我們用 OpenSSL 命令來生成一個 RSA 私密金鑰（RSA 私密金鑰的內容將在後面的章節詳述，現在主要熟悉 PEM 的格式）。打開作業系統的命令列視窗，然後輸入 cd 進入 D:\openssl-1.1.1b\win32-debug\bin\，再輸入 openssl.exe，並按確認鍵開始運行。

我們輸入生成金鑰的命令：

```
genrsa -out rsa_private_key.pem 1024
```

其中，genrsa 生成金鑰的命令，-out 表示輸出到檔案中，rsa_private_key. pem 表示存放私密金鑰的檔案名稱，1024 表示金鑰長度。稍等片刻生成完成，如圖 5-9 所示。

圖 5-9

此時，會在同目錄 D:\openssl-1.1.1b\win32-debug\bin\ 下生成一個檔案 rsa_private_key.pem，它裡面就是私密金鑰內容，並且是 PEM 編碼的。用記事本打開，可以發現內容如下（注意 RSA 私密金鑰每次生成的內容不同，所以筆者的檔案內容和讀者是不同的）：

```
-----BEGIN RSA PRIVATE KEY-----
MIICXAIBAAKBgQCzdq65Nr5HVuwQasrVA1EsDB2aOTwfWZ/da43ftS5rmJHA6YVN
U5hb9ueQofhSTWj8CRDaWFrZwqjXFDrJv/2bXqSPK/gCgA4vNEjTVF56ccASd4Q+
HHtEsbJYMv5uvqhSrU7VB9SkLW1Fa80hXjJ5TUkOoOxyCeYLjFkarSwezwIDAQAB
AoGAVXpO6FrhsHr/PyaOa30D+ZXft6hRMaFvmnfzAD182bS2n4raeiU56Xuleecb
```

```
rp++RGVRCJ6Szyt/Xcn94kA22y/7vLHRTrLfw32nDe4d7C0OC+P67y1RzFUUDglk
qhWn3kPWsmglmzql+WLnaspa88gGce2L8o35Ln1WaLWKbskCQQDprh/gsofr91KW
iPoyc9Z6rP7fN70LyRaWiTXOB8iC893qo5yzU0n/tkv7Px3MqivOcGgwg8XUL+nP
oTDhBJerAkEAxJrfA6RpWKbKIrHA9lH9SunVToOjsl2+WXyMM9Dz6YeH2NQoiTCI
4dokCaGohVKup7YAIrIKJ7CI52G+N3+hbQJADEmBl5kLmJa6mvu83CZHItAx3p7Z
q+L48xVn5Nt36ZrVEl9j//HjNDTrrdxVvss73nD+qX5kSpHyY16AaXSKXQJBALIJ
GNkAgpFQAI3ob7ffSUMUeyAtXwh/kYcRnRizKJ2aKK92d/q748i6NJYwOR36YMTo
sDi7By0n1OHLBmjVgAUCQCJL9IpV69Ra9aYa4ojxDXWAR8wtOw5R0axfrdOqXRbm
twXoAR11BkUGmaOggc6OOLbar9f+lkglwZgxT3WEJOc=
-----END RSA PRIVATE KEY-----
```

至此，我們基本了解了 PEM 檔案的格式。OpenSSL 中大量應用了 PEM 檔案，也提供了一套 PEM 程式設計介面。

5.3 ASN.1 和 BER、DER

隨著電腦與網路技術的日益發展，資料通訊和資料傳輸在各個領域獲得了廣泛的應用。不論是在廣域網路、區域網，還是簡單的客戶端裝置與伺服器之間的資料傳輸，不同的作業系統對有些資料類型的解釋不同，單純的結構或檔案傳輸就會不可避免地造成資料遺失或資料出錯的問題，從而導致十分嚴重的後果。為了保證在網路中進行有效無誤的資料傳輸，國際上專門為七層網路通訊協定中應用層的通訊資料制定了一種資料類型描述語言，稱為抽象語法描述（Abstract Syntax Notation.1，ASN.1）。同時，還為 ASN.1 中定義的各種資料類型制定了一系列的編碼規則（如 BER、DER 等），將 ASN.1 描述的資料轉換成二進位資料流，通訊雙方在互動資訊之前，對要傳輸的資料進行 ASN.1 資料類型的抽象描述，按照編碼規則將資料轉換成位元組流，接收方將接收到的資料按照對應的解碼規則轉換成原始資料，由於編碼規則可以保證資料的正確解釋，這樣儘管雙方是不同的作業系統，但只要按照相同的規則和同一種語法描述進行資料解析就可以保證資料的正確性。

眾所皆知，網路發展的最大潛力是發展電子商務，目前有越來越多的商家和企業都開始意識到市場網路化的重要意義。由於多媒體通訊網的建設應

用,使上網人數急劇上升,消費者對消費、購物網路化的需求也越來越
強烈。由於電子商務是建立在網路平台上的應用系統,是一個動態的、線
上的、即時的全電子化交易過程,涉及使用者、商家和銀行等多個單位資
訊,因此網路安全問題成為電子商務的核心問題。為了保證電子商務涉及
的實體(如商家、使用者和銀行等)在交易過程中的資料安全,目前國際
公認使用非對稱加密技術來保證三方(或雙方)交易的資訊安全和不可否
認。非對稱加密技術中的加密金鑰中,公開金鑰的發放是透過證書的形
式,證書由國家認可的機構簽發。使用者、商家和銀行在交易的過程中使
用非對稱加密技術來保證交易安全。在整個交易和公私密金鑰加解密的過
程中,不可避免地帶來大量不同類型的資料傳輸。由於在交易過程中,參
加交易的實體使用的作業系統不同,對不同類型資料的解釋不同,檔案傳
輸或結構傳輸都會帶來資料遺失和破壞的危險。同時,資料加解密函數要
求加密和解密的資訊必須是位元組流。因此,將複雜的資料結構唯一轉換
成對應的位元組流成為電子商務實現的基礎技術。事實上,對複雜結構與
位元組流之間的轉換不僅是電子商務實現的基礎,也是其他所有涉及網路
資料結構傳輸的應用系統實現的基礎。

國際標準組織制定了一系列的資料結構與位元組流之間的編碼規則(如
BER、DER 等)。其中,只有 DER 編碼是資料結構與位元組流一一對應
的編碼方法。因此,在包括電子商務以內的許多領域中都使用 DER 編碼
方法解決複雜資料和位元組流之間的轉換。

5.3.1 ASN.1 的歷史

ASN.1 在國際上應用得十分廣泛。最初,它被用於 X400(Email 系統)。
在 1989 年,CCIT(International Consultative Telegraph and Telephone
Committee,國際電報諮詢委員會)針對 ASN.1 制定了兩個標準:X208
(ASN.1)和 X209(BER)。後來,廣泛用於電話使用者的 ISDN 中的
一些增補服務(如 Call Back to Busy Subscriber)就是運用 ASN.1 及其
BER 來描述並實現的。PKCS、PKX、SNMP、SET 以及其他一些與安全

保密有關的協定也都採用 ASN.1 語法進行規範及編碼。另外，它還用於 ITU-T 和多媒體領域。歐洲和美國的一些標準組織，如 ETSI（European Telecommunications Standards Institute，歐洲電信標準化協會）也在採用 ASN1 及其編碼規則制定有關的協定規範。ICAO（International Civil Aviation Organization）將 ASN.1 及其 PER 編碼用於它們的 ATN（Aeronautical Telecommunication Network，航空電信網）中。

在產品方面，早在 80 年代中期，就有一些「語法檢查工具」出現。到了 80 年代末期和 90 年代，大量的 ASN.1 工具面世。因為此時 ASN.1 已經被認為是一種電腦語言，所以許多生產廠商都出台了具有特色的 ASN.1 編譯器，比較優秀的編譯器產品（如 OSS ASN.1）被許多客戶所青睞。該產品幾乎支援所有的 ASN.1 定義及多種常用的 ASN.1 應用程式設計介面（如 C、C++ 及 Java 等），有較好的記憶體分配機制，且提供較多的使用者選擇，特別用於較複雜的應用協定的實現（如 SNMP 等）。

5.3.2 ASN.1 的基本概念

在網路通訊中，大多數網路都採用多個製造商的裝置，這些裝置所採用的「局部語法」都是不一樣的。這些差異就決定了同一資料物件在不同的電腦上被表示為不同的符號串。為了使不同製造商的裝置之間能夠實現互通，就必須引入一種資料序列化的方法，它是一種標準的、與具體的網路環境無關的語法格式，目前出現的資料序列化方法有 ASN.1、XML、JSON 等。其中，ASN.1 愈發流行，尤其在密碼學領域。

ASN.1 是一種 ISO/ITU-T 標準，描述了一種對資料進行表示、編碼、傳輸和解碼的資料格式。它提供了一整套正規的格式用於描述物件的結構，而不管語言上如何執行及這些資料的具體指代，也不用去管到底是什麼樣的應用程式。

在任何需要以數位方式發送資訊的地方，ASN.1 都可以發送各種形式的資訊（如聲頻、視訊、資料等）。ASN.1 和特定的 ASN.1 編碼規則推進了結

構化資料傳輸，尤其是網路中應用程式之間的結構化資料傳輸，它以一種
獨立於電腦架構和語言的方式來描述資料結構。

ASN.1 本身只定義了表示資訊的抽象句法，但是沒有限定其編碼的方
法，它與語言實現和物理標識無關。即使用 ASN.1 描述的資料結構需要
具象化，也就是編碼。標準的 ASN.1 編碼規則有基本編碼規則（Basic
Encoding Rules，BER）、規範編碼規則（Canonical Encoding Rules，
CER）、唯一編碼規則（Distinguished Encoding Rules，DER）、壓縮編碼
規則（Packed Encoding Rules，PER）和 XML 編碼規則（XML Encoding
Rules，XER）。其中，DER 是常見的一種。

ASN.1 可以與 C 語言進行類比，ASN.1 的主要用途是描述資料結構，而
C 語言的主要用途是控製程式走向。使用 ASN.1 可以描述複雜的資料物
件。比如，一區塊資料中，哪裡是長度，哪裡是內容，哪裡是標示等（類
似於 C 語言的 struct）。ASN.1 可以轉為 C、Java 等的資料結構。

1984 年，ASN.1 就已經成為一種國際標準。它的編碼規則已經成熟並且
接受了可靠性和相容性考驗。

在電信和電腦網路領域，ASN.1 是一套標準，是描述資料的表示、編碼、
傳輸、解碼的靈活的記法。它提供了一套正式、無問題和精確的規則，以
描述獨立於特定電腦硬體的物件結構。ASN.1 本身只定義了表示資訊的抽
象句法，但是沒有限定其編碼的方法。

ASN.1 作為一門抽象的電腦語言，有自己的語法，其語法遵循傳統的巴科
斯範式（BNF）風格。基本的運算式如 Name ::= type，表示定義某個名稱
為 Name 的元素，它的類型為 type。舉例來說，MyName ::= IA5String，
表示定義一個名為 MyName 的元素或變數，其類型為 ASN.1 類型的
IA5String（類似於 ASCII 字串）。

目前 ASN.1 的標準化編碼規則有：BER、DER、PER 和 CER 等，CER
和 DER 是從 BER 衍生出來的。BER 是 80 年代初制訂的，被廣泛用於
應用系統中，如用於網路管理的簡單網路管理協定（Simple Network

Management Protocal，SNMP），用於互傳電子郵件的訊息處理服務
（Message Handling Service，MIS），以及用於控制電腦和電話互動資訊使
用的 TSAPI 等。DER 是 BER 編碼的一種特殊形式，它專門用於具有安
全特性的應用系統，如涉及加密技術和要求編解碼資訊唯一性的系統電子
商務系統。CER 與 DER 類似，是 BER 編碼的另一種特殊形式，CER 的
最大特點是對巨量資料實現編碼，而且在資料還未完全獲得之前就可以
開始編碼，但是由於業界認定在安全傳輸中最好的編碼方法是 DER，因
此 CER 未得到廣泛使用。PER 是最近制訂的系列編碼規則，它顯著的特
點是使用有效的演算法對資料編碼，獲得比 DER 更快、更緊湊的資料，
PER 與 BER 相比在大小上至少有 40% 到 60% 的改進，因而在 VoIP、視
訊電話、多媒體以及 3G 等需要高速資料傳輸的領域有廣泛應用。

5.3.3 ASN.1 和 ASN.1 編碼規則在 OSI 中的應用

OSI 網路參考模型中的展現層實現對應用層的資料格式化功能。然而過
去，展現層對應用層的資料格式化的規則有限，開發人員通常受到展現層
提供的資料描述方法的限制，應用層無法對許多應用系統提供網路連線。
而且大多數資料結構都是透過網路媒體實現位元組流轉換的，當進行大量
資料傳輸時，底層資料轉換將成為資料傳輸的瓶頸。

現在透過使用 ASN.1 對應用層中的應用系統訊息協定進行文法描述，就
可以將 ASN.1 的編碼規則應用在展現層，將應用層組織的資料在展現層
使用規定的編碼規則完成向位元組流的轉換（轉換成 0、1 的位元組流），
以減輕網路底層對資料的位元組流轉換工作。同時，由於使用 ASN.1 對
應用系統訊息協定進行文法描述，使應用系統在訊息構造和解析中程式設
計人員不必關心與自己無關的資訊，將其抽象成固定的資料，傳給對應的
構造或解析程式處理。由於 ASN.1 和 ASN.1 編碼規則的這些優越性，使
得它們在 OSL 中獲得了廣泛應用。使用 ASN.1 對 OSI 中的應用系統訊息
協定進行描述和編碼的過程如下：

（1）應用系統訊息協定中的資料類型使用 ASN.1 文法描述。

（2）對 ASN.1 描述的資料結構設定值。

（3）應用對應的編碼規則對設定值後的資料結構編碼成 0、1 位元組流。

（4）使用傳輸機制實現編碼後的位元組流的傳輸。

5.3.4 電子商務中 ASN.1 和 DER 編碼的應用

電子商務系統是目前網際網路上最大的應用系統，從電子商務的安全基礎系統、電子商務的支付系統到電子商務的應用系統，所有訊息協定都是使用 ASN.1 抽象文法描述的。由於電子商務涉及大量安全加密技術，並且要求對資料實現唯一的 0、1 位元組流轉換，因此電子商務中對資料結構採用 DER 編碼方法。

CA 系統作為證書安全認證系統，是電子商務實現的安全基礎，它在電子商務中處於基礎網路之上、支付系統之下，主要進行證書的授權和簽發。CA 系統中的證書、公開金鑰、私密金鑰、以及各種加密後的資訊在 PKCS（Public Key Cryptographic Standard）、X.509 等系列標準中採用 ASN.1 描述資料結構。同時，在 CA 系統的實現過程中，證書申請、證書製作和證書發放分別分佈在不同的伺服器上，這些伺服器的作業系統平台可能不同，各個伺服器之間的訊息協定用 ASN.1 描述，在展現層使用 DER 編碼方法。每個伺服器在向其他實體（包括伺服器或 CA 系統中的證書申請的用戶端）發送訊息時，對 ASN.1 描述的資料結構設定值，並進行 DER 編碼，接收方接收到訊息後，使用 DER 解碼器對訊息解碼，獲得對應的資料資訊。同樣，在電子商務中，支付系統和應用系統都是透過採用 ASN.1 和 DER 編碼保證電子商務有效、安全地在公網上實現的。

在電子商務的安全基礎中使用到的安全技術（如數位摘要、數位簽章、數位信封等）都是對位元組流進行加密的相關技術，同時經過加密的內容必須是唯一的。而要加密的資料可能是很複雜的資料結構，對所有加密的資料結構使用 ASN.1 進行抽象描述，用 DER 編碼將其轉換成 0、1 位元組流。由於 ASN.1 和 DER 編碼在網路應用系統中應用的優越性和電子商務的實現需求，使得 ASN.1 和 DER 編碼成為電子商務實現的基礎。

5.3.5 ASN 的優點

簡單地説，ASN 有三大主要優點：

（1）獨立於機器。
（2）獨立於程式語言。
（3）獨立於應用程式的內部表示，用一種統一的方式來描述資料結構。

有了這三大優點，ASN 就能解決以下幾個問題：

（1）程式語言之間的資料類型不同。
（2）不同機器平台之間資料的儲存方式不同。
（3）不同種類的電腦內部資料的表示不同。

比如，IBM 公司採用的字元編碼表是 EBCDIC（Extended Binary Coded Decimal Interchange Code），而美國國家標準學會制定的字元編碼表是 ASCII。又比如，Intel 的晶片從右到左計數位元組數，而 Motorola 的晶片則從左到右計數位元組數。

在任何需要以數位方式發送資訊的地方，都可使用 ASN.1 發送各種形式的資訊，包括音訊、視訊、圖片、資料等。由於各種系統對資料的定義並不完全相同，這自然給利用其他系統的資料造成了障礙。展現層就擔負了消除這種障礙的任務。展現層如同應用程式和網路之間的翻譯官，主要解決使用者資訊的語法表示問題，即提供統一的、格式化的表示和轉換資料服務。資料的壓縮、解壓、加密、解密都在該層完成。

5.3.6 ASN.1 的文法描述

ASN.1 作為抽象描述文法，它將現有的資料類型抽象描述成近 20 種資料類型。這些資料類型主要分為兩大類：基本類型和結構類型。基本類型又稱為原子類型，是組成其他結構類型的成員類型，主要包含：布林類型（Boolean）、整數（Integer）、位元串（Bit String）、位元組串（Octet String）、空（NULL）、物件識別碼（Object Identifier）、可列印字串（Printable String）、IA5 字串（Astring）、數字字串（Numeric String）、BMP 字串（BMP String）、枚舉類型（Enumerated）、UTC 時間類型（UTC Time）、Generalized 時間類型（Generalized Time）、任意類型（Any）。

其中，布林類型是任意設定值只為 0 或 1 的資料類型；整數是任意的整數資料類型；位元串是以位元為單位的任意字串（0、1 串）；位元組串是以位元組為單位的任意字串；空類型是 NULL；物件標識是使用一串數字識別碼一個實體，例如一種演算法或一種屬性；可列印字串是任意可列印字元組成的字串；IA5 字串是任意 ASCII 字元組成的字串；數字字串是字元 0~9 任意組成的字串；BMP 字串是使用兩個位元組表示一個位元組資料的字串；枚舉類型與程式語言中描述的枚舉類型一樣；UTC 時間類型是表示格林威治時間的資料類型；Generalized 時間類型是表示本地時間的資料類型；任意類型是對使用編碼規則編碼生成的資訊定義的資料類型。

結構類型又稱為複合類型，主要包含：

（1）有序成員固定結構：SEQUENCE。
（2）無序成員固定結構：SET。
（3）有序成員待定結構：SEQUENCE OF。
（4）無序成員待定結構：SET OF。
（5）CHOICE 類型：CHOICE。

其中，有序成員固定結構是指使用前已確定資料成員的個數和順序的結構類型；無序成員固定結構是指使用前已確定資料成員的個數，但未確定資料成員順序的結構類型；有序成員待定結構是指使用前已確定資料成員的資料，使用時才確定資料成員的個數的結構鏈結串列類型；無序成員待定結構是指使用時才確定資料成員的個數和順序的結構鏈結串列類型；CHOICE 類型是幾種資料類型的資料成員組成的共同體類型。

透過 ASN.1 抽象定義後的資料類型幾乎概括了現實世界中存在的所有資料類型，具有相當的通用性。在制訂應用系統訊息協定時就使用這些資料類型描述訊息結構，隱藏了各種程式語言的資料類型，提升了訊息結構的通用性。同時，由於使用了這些抽象資料類型描述訊息協定，還克服了原來用程式語言描述訊息結構的許多弊病。舉例來說，在使用程式語言描述的訊息協定中，協定設計人員為了使協定具有一定的擴充性，需要在一些資料結構中定義保留欄位，由於定義保留欄位的時候無法確定以後要擴充的資料類型，在使用程式語言描述協定時都將保留欄位定義成字串類型。然而，在後來的使用過程中，可能需要擴充的資料類型是結構，或擴充的資料項目增多，原來定義的保留欄位的個數不足時，造成一個保留欄位中存放多個資料甚至多個資料結構的組合。為訊息雙方實現訊息處理增加了大量的程式，用於對保留欄位中的資料成員進行解析，同時還可能修改訊息協定的描述。如果使用 ASN.1 抽象文法描述這些訊息協定，即使用 ASN.1 中定義的資料類型代替程式語言中的資料類型描述訊息協定中的結構，我們可以將保留欄位定義成一個有序成員待定結構類型的資料，稱為擴充項集。擴充項集的成員是擴充項，擴充項是有序成員固定結構類型，擴充項可以簡單包含兩個成員：擴充項標識（物件標識類型）和擴充項資訊（任意類型，是具體擴充資料的 0、1 編碼）。在訊息協定使用過程中沒有擴充項時，該擴充項集無須設定值。需要加入擴充項時，給擴充項集中的擴充項設定值，即填充擴充項類型標識（表示是哪種擴充項）和擴充項資訊。有多個擴充項時，由於擴充項集有序成員待定結構類型的資料可以在使用時隨意加入資料成員（加入多個擴充項），這樣無須增加對擴充項資訊組合和解析的程式，雙方也不必協商擴充項在保留欄位中如何組合，也不受擴充項資料類型和個數的限制。同時，根據擴充項標識可以輕鬆獲得接受方所需的擴充項。

ASN.1 抽象文法描述的優勢在應用系統訊息協定中，特別是大型系統的訊息協定（如電子商務系統的證書認證系統和支付系統協定等）中獲得了充分的發揮，使得 ASN.1 文法描述越來越得到系統設計和軟體開發人員的一致認可，並且被更為廣泛地應用。

5.3.7 編碼規則

ASN.1 文法描述得以廣泛應用的另一個主要原因是它與幾種標準的編碼規則聯繫在一起。標準的編碼規則如 BER、DER、CER 和 PER 等，這些編碼規則是對 ASN.1 文法描述的資料進行 0、1 編碼，實現應用系統資料在非傳輸媒體下的位元流的轉換。使用編碼規則對 ASN.1 文法描述的資料進行編碼還有另一個重要意義：在分散式運算機系統中，不同作業系統之間的資料，使用編碼規則實現對 ASN.1 描述資料的編碼，在不同作業系統上，透過相同編碼規則的解碼器的解碼，根據需要解釋成任何程式語言的資料結構，不會造成資料成員的遺失和破壞。DER 就是這些標準編碼規則中的一種，使用 DER 編碼的資料與原始資料是一一對應的，對於使用安全技術的應用系統非常合適。因此，業界廣泛認為 DER 是電子商務系統開發中編碼規則的較佳選擇。

1. 資料類型標識

ASN.1 文法描述的資料類型有原子類型和結構類型兩種，在使用過程中根據需要還可以將原有的資料類型衍生成新的類型，稱為衍生類型。在 ASN.1 定義的資料類型中，除了 Choice 和 Any 兩種類型以外，其他每種類型都有一個唯一的類型標識（Tag），用於標識一種資料類型。由於 Choice 是在幾種資料類型中任意選擇一種資料類型的資料，因此 Choice 的標識可以是被選擇的資料的資料類型。Any 是某一類型資料編碼後的資訊，因此無法定義其標識。ASN.1 中資料類型的標識分為 4 類：

（1）通用類別（Universal 類別），此類別標識的值在所有應用中的定義相同。

（2）應用類別（Application 類別），此類別標識的值只為某種應用定義。

（3）私有類別（Private 類別），此類別標識的值是為某些企業或公司定義的。

（4）上下文説明類別（Context Specific 類別），此類別標識的值是為某個特定的類型定義的，由於上下文中使用了相同的資料類型的資料，並且其中有可選項，為了區別上下文中相同的資料類型的具體設定值，將其中的資料類型透過衍生的方式改變類型標識，改變後的類型標識的類型就是上下文說明類別。

類型標識是對資料類型的唯一標識，事實上唯一標識就是通用類型標識。表 5-3 列出了一些資料類型的通用類別標識的數值。

⬇ 表 5-3　一些資料類型的通用類別標識的數值

Type	Tag Number（Decimal）	Tag Number（Hexadecimal）
INTEGER	2	02
BIT STRING	3	03
OCTET STRING	4	04
NULL	5	05
OBJECT IDENTIFIER	6	06
SEQUENCE and SEQUENCE OF	16	10
SET and SET OF	17	11
PrintalbeString	19	13
T6lString	20	14
IA5String	22	16
UTCTime	23	17

2. 衍生資料類型標識

在類型標識的上下文說明類別中，我們介紹了在訊息協定中，如果某個結構類型的成員的許多相鄰的可選項成員中，有兩項成員的資料相同，由於解碼時無法區別是哪一個成員的類型標識，因此需要採用衍生的方法改變其中一個資料成員的類型標識。衍生的資料類型標識的類型是除了通用類別標識以外的三種標識類型，一般情況是上下文說明類別。衍生資料類型標識的方法有兩種：顯性衍生法和隱式衍生法。

顯性衍生法在 ASN.1 描述中使用 [[Class] Number] Explicit 作為關鍵字，用它宣告的類型表示使用了顯性衍生法，衍生後生成的 Class 類型的資料類型標識的值為 Number 的數值。Class 的類型可以是通用類別、應用類別和私有類別，但未進行宣告時表示是上下文說明類別，大部分的情況下 Class 空缺。顯性衍生法衍生的資料類型在開發過程中與原始類別類型資料的編碼不同。顯性衍生資料類型的編碼，首先使用原資料的通用類別標識對資料進行編碼，再使用衍生資料類型的標識對原資料獲得的編碼資訊進行二次編碼。

隱式衍生法在 ASN.1 描述中使用 [Class] Number] Implicit 作為關鍵字，用它宣告的類型表示使用了隱式衍生法，衍生後生成的 Class 類型的資料類型標識的值為 Number 的數值。 Class 的類型可以是通用類別、應用類別和私有類別，但未進行宣告時表示是上下文說明類別，大部分的情況下 Class 空缺。隱式衍生法衍生的資料類型在開發過程中與原始類別類型資料的編碼不同。隱式衍生資料類型的編碼使用衍生獲得的資料類型標識，代替原資料的通用類別標識對資料進行編碼，但編碼規則還是原資料類型的編碼規則。顯性衍生法和隱式衍生法與原資料編碼的比較如圖 5-10 所示。

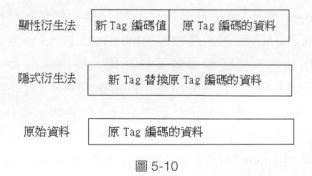

圖 5-10

顯性衍生法用於任何資料類型的衍生，特別適用於 Choice 和 Any 類型，因為這兩種類型沒有自己的類型表示，使用隱式衍生法無法替換原有的資料類型標識。隱式衍生法用於除了 Any 類型和 Choice 類型以外的所有類型的衍生。

3. BER

由於 DER 是 BER 的子集，我們先介紹 BER 的基本規則，在這個規則的基礎上再介紹 DER。

BER 是 ASN.1 中最早定義的編碼規則，其他編碼規則是在 BER 的基礎上增加新的規則組成的。BER 的優點是提供了一套規則，使得任何按該規則編碼的一段資料（八位元組流）都能夠按照此規則被解析，這種規則使得一段資料自包含自身的結構資訊。

BER 傳輸語法的格式一直是 TLV 三元組 < Tag,Length,Value>，其中 T 是 Tag，L 是整個類型的長度，V 是類型的 Value。TLV 每個域都是一系列八位元組，對於組合結構，其中 V 還可以是 TLV 三元組，因而形成巢狀結構結構。BER 採取大端編碼，其八位元組的高位元位元在左手邊。

BER 中的 Tag（通常是一個八位元組）指明了值的類型，其中一個位元表徵是基本類型還是組合類型。當 Tag 不大於 30 時，Tag 只在一個八位元組中編碼；當 Tag 大於 30 時，則 Tag 在多個八位元組中編碼。在多個八位元組中編碼時，第一個八位元組後五位元全部為 1，其餘的八位元組最高位元為 1 表示後續還有，為 0 表示 Tag 結束。

BER 中的 Length 表示 Value 部分所佔八位元組的個數，有兩大類：定長方式（Definite Form）和不定長方式（Indefinite Form）。在定長方式中，按照 Length 所佔的八位元組個數又分為短、長兩種形式。採用定長方式，當長度不大於 127 個八位元組時，Length 只在一個八位元組中編碼；當長度大於 127 時，在多個八位元組中編碼，此時第一個八位元組低七位元表示的是 Length 所佔的長度，後續八位元組表示 Value 的長度。採用不定長方式時，Length 所在八位元組固定編碼為 0x80，但在 Value 編碼結束後以兩個 0x00 結尾。這種方式使得可以在編碼沒有完全結束的情況下，先發送部分訊息給對方。

4. DER

DER 是 ASN.1 資料類型唯一編碼的編碼規則。DER 是 BER 的子集，是將每一個 ASN.1 抽象物件類型表示成唯一 1、0 碼字串的編碼規則。這種編碼規則是為需要編碼成唯一位元串的應用系統而制訂的，特別是在應用安全技術的應用系統中，由於安全加密技術要求輸入資料是位元組流的形式,並且是與原資料唯一對應的位元組流,因此需要使用 DER 來實現資料結構的編碼。DER 成為有關安全技術的應用系統的較佳選擇。它基本上繼承了 BER,同樣,也有三種編碼方法。但為了保證編碼結果的唯一性,DER 在 BER 的基礎上又附加了一些規則:

（1）對於內容長度小於 127 的類型值,長度串編碼必須採用短型。

（2）對於內容長度大於 128 的類型值,長度串編碼必須採用長型,同時長度編碼的位元串個數必須是最少的。

（3）對於簡單字串類型和從簡單字串類型透過隱式衍生得到的衍生類型,必須使用定長模式基本類型編碼方法。

（4）對於結構類型、從結構類型透過隱式標識得到的類型以及從任何類型透過顯性標識得到的類型,必須使用定長模式結構類型編碼方法。

5. 有關資料類型的 ASN.1 描述和 DER

（1）隱式衍生類別

隱式衍生類型是對已有的資料類型改變其類型標識值獲得的資料類型。在應用訊息協定中不可避免會遇到上下文中相鄰的幾項可選項成員中,有任意兩項資料類型相同,為了在這類資料結構解碼時區別出其中的一項或幾項,將這些可選項成員定義成隱式衍生類型。隱式衍生適用的資料類型是除了 ANY 和 CHOICE 以外的所有類型。

① 隱式衍生類型的 ASN.1 描述

在 PKCS8 的私密金鑰資訊結構類型中,屬性類型和相鄰的私密金鑰類型的類型標識都是 17（十六進位）,同時,屬性類型是可選項,因此採用隱式衍生法將屬性類型衍生成類型標識為 0 的衍生類型,由於說明隱式衍生的關鍵字中 Class 為空,表明該衍生標識是上下文說明類別。

```
Privatekey Info:: =SEQUENC{
version Version,
privateKeyAlgorithm  PrivateKeyAlgorithmIdentifier,
privateKey PrivateKey,
attributes [0] IMPLICIT Attributes OPTIONAL}
```

② 隱式衍生類型的 DER

隱式衍生類型的 DER 編碼與其原資料的 DER 編碼的各個部分的規則大致相同。只是在標識串中第一個位元組的第 8 位元和第 7 位元根據需要置為對應的類型，在第 5 位元到第 1 位元填充 "[]" 中標注的 Tag 值。舉例來說，私密金鑰資訊結構中屬性的 DER 編碼的標識串為 80。

（2）顯性衍生類型

顯性衍生類型是不改變已有的資料類型，將原有資料類型資料編碼的結果作為衍生類型的內容，冠以新的類型標識，成為新的資料類型。該資料類型與隱式衍生類型類似，在上下文中相鄰的幾項可選項成員中，有任意兩項資料類型相同，解碼時為了區別其中的一項或幾項，將這些資料成員定義成顯性衍生類型。顯性衍生適用的資料類型是所有類型，特別是 ANY 和 CHOICE 類型。

① 顯性衍生類型的 ASN.1 描述

在 PKCS7 的內容資訊結構類型中，contenttype 是 OBJECT IDENTIFIER 類型，而 ANY 是任意類型的編碼（也可能是 OBJECT IDENTIFIER 類別類型資料的 DER 編碼結果），同時，ANY 是可選項。因此，採用顯性衍生法將屬性類型衍生成類型標識為 0 的衍生類型，由於說明顯性衍生的關鍵字中 Class 為空，表明該衍生標識是上下文說明類別。

```
Contentinfo ::= SEQLENCE {
OcontentType ContentType,
content [0] EXPLICIT ANY DEFINED BY contentType OPTIONAL}
```

② 顯性衍生類型的 DER

顯性衍生類型的 DER 編碼使用定長模式結構類型編碼規則。該類型的編碼是在原資料的編碼結果前再加衍生的 Tag 的標識串和以原資料編碼結果為內容的長度串，並在標識串中第一個位元組的第 8 位元和第 7 位元根據需要置為對應的類型。由顯性衍生得到的資料使用結構類型編碼方式，第 6 位元為 1。將第 5 位元到第 1 位元填充 "[ ]" 中標注的 Tag 值。例如 content 的值為 04 08 01 23 45 67 89 AB CD EF，其編碼結果如下：

```
A0 0A 04 08 01 23 45 67 89 AB CD EF
```

其中，ANY 類型的編碼結果就是 ANY 類型值本身。

（3）BIT STRING（位元串）類型

BIT STRING 類型是任意位元的字串（0，1）。BIT STRING 類型的資料長度可以為任意長度（包含 0）。BIT STRING 類型通常用於定義數位簽章結果，或證書中的公開金鑰等。下面以證書中的公開金鑰資訊結構為例，詳細討論 BIT STRING 的 ASN.1 描述和 DER：

① BIT STRING 的 ASN.1 描述

```
SubjectPublicKeyInfo ::=SEQUENCE{
      algorithm  AlgorithmIdentifier,
      publicKey  BIT STRING }
```

該結構是 X.509 的證書資訊結構中的公開金鑰資訊結構。其中，algorithm 是公開金鑰演算法；publicKey 是公開金鑰資訊，其類型是 BIT STRING。由 algorithm 和 publicKey 作為成員組成公開金鑰資訊的結構類型。

② BIT STRING 的 DER

在 DER 編碼中，BIT STRING 編碼各個部分遵循定長模式基本類型編碼規則。內容串的編碼規則如下：

- 內容串的第一個位元組填充要編碼資料的位元對 8 取模的餘數，即編碼資料總位數補足 8 的倍數所需的位數。
- 內容串的第二個位元組以後填充 BIT STING 資料轉換成位元組流的內容。
- 將 BIT STRING 資料轉換成位元組流時，DER 要求在資料最後不足 8 位元的位元組中，不足位元填充 0。舉例來說，需要編碼的公開金鑰的值為 "011011100101110111"，共有 18 位元，編碼時要在資料的尾端填充 6 位元 0。編碼結果如下：

```
 03 04 06 6E 5D C0
```

其中，03 是標識串，該標識是通用類別第 8 位元和第 7 位元為 0，基本類型第 6 位元為 0，BIT STRING 的標識值為 03，因此標識串為 03；04 是長度串，內容串長度為 4 個位元組；06 6E 5D C0 是內容串，06 表示該 BIT STRING 資料要補充的位元數，其餘表示內容資料，最後 6 位元填充 0。

（4）IA5STRING（IA5 字串）類型

IA5STRING 類型是任意由 IA5 字元組成的字串，IA5 是國際字元標準規則 5，與 ASCII 碼字元相同。IA5STRING 類型編碼長度允許為 0。IA5STRING 用於定義可以用 ASCII 碼描述的字串。下面我們來看 IA5STRING 的 DER，在 DER 編碼中，IA5STRING 編碼各個部分遵循定長模式基本類型編碼規則。內容串的編碼規則如下：

內容串的編碼是編碼的 IA5STRING 資料轉換成其在 ASCII 碼中對應的十六進位資料。舉例來說，需要編碼的 IA5STRING 資料是 testi@rsa.com，編碼為：16 0D 74 65 73 74 31 40 72 73 61 2E 63 6F 6D。其中，16 是標識串，該標識是通用類別第 8 位元和第 7 位元為 0，基本類型第 6 位元為 0，因此標識串為 16（十六進位）；0D 是長度串，內容串長度為 13 個位元組；其餘資料是內容串，是 testl@rsa.com 資料的 ASCII 碼對應的數值。

（5）INTEGER（整數）類型

INTEGER 是任意整數。整數的值可以是正數、負數或零，同時大小任意的 INTEGER 用於定義協定中整數類型的資料。

① INTEGER 的 ASN.1 描述

在 X.509 的證書資訊中版本編號類型是 INTEGER。

```
Versions ::=INTEGER
```

② INTEGER 的 DER

在 DER 編碼中，INTEGER 編碼各個部分遵循定長模式基本類型編碼規則。內容串的編碼規則為：內容串填充編碼整數的數值，以 256 為基數，負數填充其補數。表 5-4 列出了正數、負數和零三種情況的 DER 編碼。

⬇ 表 5-4 正數、負數和零三種情況的 DER 編碼

Integer Value	DER Encoding
0	02 01 00
127	02 01 7F
128	02 02 00 80
256	02 02 01 00
-128	02 01 80
-129	02 02 FF 7F

其中，標識串和長度串編碼與其他基本類型相似，不再贅述。

（6）OBJECT IDENTIFIER（物件標識）類型

OBJECT IDENTIFIER 類型表示物件標識，由一組有序的整數組成，用於標識一種演算法或一種屬性的類型。OBJECT IDENTIFIER 類型可以由任意個非負整數組成，是非字串類型。OBJECT IDENTIFIER 的值應當是由權威註冊機構依據一定的規則制訂發放的。國際標準規定 OBJECT IDENTIFIER 資料的第一個值只能是 0、1 和 2，當第一個值為 0 或 1 時，第二個值只能是 0~39。OBJECT IDENTIFIER 的值是十進位數字表示的。表 5-5 列出了一些 OBJECT IDENTIFIER 的值及其含義。

⬇ 表 5-5 一些 OBJECT IDENTIFIER 的值及其含義

Object Identifier Value	Meaning
{1 2}	IS0 member bodies
{1 2 840}	IUS (ANSI)
{1 2 840 113549}	RSA Data Security , Inc.
{1 2 840 113549 1}	RSA Data Security , Inc. PKCS
{2 5}	directory services (X 500)
{2 5 8}	directory services -- algorithms

① OBJECT IDENTIFIER 類型的 ASN.1 描述

在演算法標識結構中，使用 OBJECT IDENTIFIER 類型定義使用的演算法如下：

```
AlgorithmIdentifier ::=SEQUENCE{
algorithm  OBJECT IDENTIFIER,
parameters  ANY  DEFINED BY algorithm OPTIONAL}
```

② OBJECT IDENTIPIER 類型的 DER

在 DER 編碼中，OBJECT IDENTIFIER 編碼各個部分遵循定長模式基本類型編碼規則。內容串的編碼規則如下：

- 令第一個位元組是 40 乘以 OBJECT IDENTIFIER 的第一個數值加上第二個數值（40×valuel+ value2）。
- 令 OBJECT IDENTIFIER 的第三個到第 n 個數值，以 128 為基數分別編碼，每一個數值編碼後的位元組串中，除了最後一個位元組以外，其他位元組的最高位元都置 1。

舉例來說，OBJECT DENTIFTER 的值是 {1 2 840 113549}，編碼後內容串的第一個位元組是 1×40+2=42=2A（十六進位）；840 的編碼，840=6×128+72，編碼為 86 48；13549 的編碼，113549=6×128+112×128+13，編碼為 86 F7 0D。最後該 OBJECT IDENTIFIER 的編碼結果如下：

```
06 06 2A 86 48 86 F7 0D
```

（7）OCTET STRING（位元組串）類型

OCTET STRING 類型是任意位元組成的字串，OCTET STRING 的內容長度可以為 0，該類型是字串類型。OCTET STRING 資料類型用於定義摘要資料或加密加密資料等。下面我們來看 OCTET STRING 類型的 DER，在 DER 編碼中，OCTET STRING 編碼各個部分遵循定長模式基本類型編碼規則。內容串的編碼規則為：將 OCTET STRING 類型要編碼的資料直接作為內容串的資訊，無須進行其他改動。舉例來說，對 OCTET STRING 類型的資料值 01 23 45 67 89 AB CD EF 進行 DER 編碼，結果為：

```
04 08 01 23 45 67 89 AB CD EF
```

（8）SEQUENCE（有序成員固定結構）類型

SEQUENCE 是指使用前結構成員的順序與個數是已確定的，SEQUENCE 結構類型貫穿幾乎所有的訊息協定中。在 SEQUENCE 結構中的成員可以是可選項或有預設值。

① SEQUENCE 類型的 ASN.1 描述

舉例來說，PKCS7 中內容資訊結構的類型定義如下：

```
ContentInfo ::=SEQUENCE{
    contentType OBJECT IDENTIFIER，
    content [0] EXPLICIT ANY DEFINED BY contenttype OPTIONAL}
```

② SEQUENCE 類型的 DER

在 DER 編碼中，SEQUENCE 類型編碼的各個部分遵循定長模式結構類型編碼規則。內容串編碼規則如下：

- 如果 SEQUENCE 中可選成員或有預設值的成員沒有設定值，該 SEQUENCE 的內容串編碼中沒有這些成員的編碼資訊。
- 如果標識是有預設值的成員的數值與其預設值相同，該 SEQUENCE 的內容串編碼中沒有這些成員的編碼資訊。

舉例來說，對內容資訊結構設定值，contenttype 的值是 {1 2 840 113549}，content 的值是 OCTET STRING 例子編碼的結果 04 08 01 23 45 67 89 AB CD EF，該內容資訊結構的 DER 編碼如下：

```
30 12  --SEQUENCE的標識串和長度串
06 06 2A 86 48 86 F7 0D    --contenttype的DER編碼
A0 0A 04 08 01 23 45 67 89 AB CD EF    --content的DER編碼
```

其中，contenttype 的 DER 編碼和 content 的 DER 編碼一起組成了 SEQUENCE 編碼的內容串。

上面列出了 8 種典型的資料類型的 ASN.1 描述和具體 DER，每種資料類型的編碼規則是實現 DER 編碼系統的基礎，只有在這個基礎上才能完成整個系統的設計實現。

5.3.8 ASN.1 實例

有了 ASN.1 和相關編碼的概念之後，接下來介紹如何用程式語言實現
ASN.1 的編解碼。下面結合開放原始碼編譯器 ASN1C 對這部分內容進行
詳細介紹。透過這個開放原始碼編譯器，我們可以避免重複造輪子，直接
站在巨人的肩膀上實現我們的業務功能。

首先下載 ASN.1 編譯器 ASN1C，下載網址：http://lionet.info/asn1c/
download.html。這裡選擇 Windows 下的安裝套件檔案 asn1c-0.9.21.exe。
下載後雙擊安裝即可。安裝很簡單，這端安裝位置保持預設，即 C:\
Program Files\asn1c。

下面創建 ASN.1 抽象模型並利用 ASN1C 編譯器生成 C 語言類型檔案，步
驟如下：

第一步，建立 .asn 檔案。打開記事本，輸入內容如下：

```
RetangleTest DEFINITIONS ::=BEGIN
    Rectangle ::= SEQUENCE{
    height INTEGER, -- Height of the rectangle
    width INTEGER -- Width of the rectangle
    }
    END
```

我們定義了一個名為 Rectangle 的結構，成員分別為 height 和 width，類
型是 INTEGER。順便講一下，ASN 的整數類型都用 INTEGER（C 語言
裡的 long 類型），要表示浮點數可以用 REAL。-- 後面是註釋。然後保
存檔案為 C:\Program Files\asn1c\try.asn1，注意保存時候，保存類型選擇
「所有檔案（*.*)」。

第二步，利用 ASN1C 工具生成 try.asn1 的 C 語言類型檔案。

假設 ASN1C 安裝在 C:\Program Files\asn1c 路徑下，可以按以下步驟生成
C 語言類型檔案：

（1）打開主控台，依次點擊「開始」→「運行」→ cmd。

（2）進入軟體目錄下：cd"C:\Program Files\asn1c"；

（3）執行生成指令：輸入 asn1c -S skeletons -fskeletons-copy -fnative-types
try.asn1，然後按確認鍵，其中 -S-fskeletons-copy-fnative-types 參數可以
在 C:\Program Files\asn1c\Help\asn1c-usage.pdf 使用手冊查到相關說明。
若執行成功，則有以下資訊輸出到主控台，如圖 5-11 所示。

圖 5-11

可以看到在 C:\Program Files\asn1c
目錄下增加了許多檔案，這些檔案
都是後面要用到的，如圖 5-12 所
示。

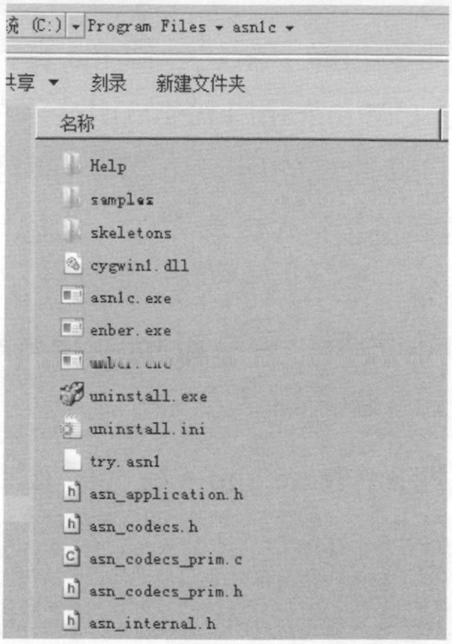

現在我們利用 ASN1C 編譯器生成
了 ASN.1 抽象模型的 C 語言類型
檔案，下面可以在 VC 專案中使用
這些 C 語言檔案了。

圖 5-12

【例 5.2】實戰 ASN.1 編解碼

（1）打開 VC 2017，新建一個主控台專案（專案路徑最好不要有中文字元），專案名是 ansdemo。打開屬性頁對話方塊，在左邊展開「設定屬性」→「C/C++」→「預先編譯標頭」，然後在右邊「預先編譯標頭」旁邊選擇「不使用預先編譯標頭」，如圖 5-13 所示。

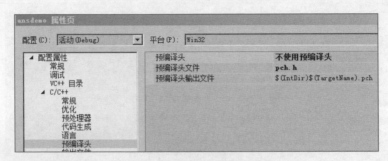

圖 5-13

再在左邊選擇「前置處理器」，然後在右邊「前置處理器定義」旁邊增加 "_CRT_SECURE_NO_WARNINGS;"，這是為了使用傳統函數，而不讓 VC 顯示出錯。兩個都設定好後，點擊「確定」按鈕，關閉屬性頁對話方塊。

（2）在專案目錄下新建一個 inc 資料夾，將前面第二步生成的所有 .h 檔案（也就是 C:\Program Files\asn1c\ 下的 .h 檔案）複製到 inc 資料夾下，再把前面第二步生成的所有 .c 檔案複製到專案目錄下，接著把專案目錄下的這些 C 檔案複製到 VC 專案中，並移除 converter-sample.c。最後打開屬性頁對話方塊，左邊展開「設定屬性」→「C/C++」→「正常」，在右邊「其它 Include 目錄」旁增加 inc，這是為了包含標頭檔所在的路徑。點擊「確定」按鈕，關閉對話方塊。

（3）打開 ansdemo.cpp，在裡面增加程式如下：

```
#include "pch.h"
#include <iostream>
#include <stdio.h>
#include <sys/types.h>
```

```
#include <Rectangle.h>

char tab[8];
/*
* This is a custom function which writes the
* encoded output into a global test table
*/
static int decode_callback(const void *buffer, size_t size, void *app_key)
{
    static int i = 0;

    memcpy(&tab[i], buffer, size);

    i += size;
    return 0;
}

int main()
{
    Rectangle_t *rectangle; /* Type to encode */
    asn_enc_rval_t ec; /* Encoder return value */

    /* Allocate the Rectangle_t */
    rectangle = (Rectangle_t*)calloc(1, sizeof(Rectangle_t)); /* not */

    if (!rectangle) {
            perror("calloc() failed");
        exit(71); /* better, EX_OSERR */
    }
    /* Initialize the Rectangle members */
    rectangle->height = 42; /* any random value */
    rectangle->width = 23; /* any random value */
    /* Encode the Rectangle type as BER (DER) */
    ec = der_encode(&asn_DEF_Rectangle,
        rectangle, decode_callback, tab);

    if (ec.encoded == -1) {
            fprintf(stderr,
            "Could not encode Rectangle (at %s)\n",
            ec.failed_type ? ec.failed_type->name : "unknown");
            exit(65); /* better, EX_DATAERR */
    }
    else {
```

```
        fprintf(stderr, "Created %s with BER encoded Rectangle\n",
        "");
    }


    /* Also print the constructed Rectangle XER encoded (XML) */
    xer_fprint(stdout, &asn_DEF_Rectangle, rectangle);
    return 0;
}
```

程式很簡單,我們做了詳細的註釋,相信讀者能看懂。

(4)保存專案並運行,運行結果如圖 5-14 所示。

圖 5-14

如果將中斷點設於最後一句 "return 0;" 處,此時觀察全域陣列 table,可以看到裡面的內容即為 Rectangle 編碼後的十六進位資料:30 06 02 01 2a 02 01 17,如圖 5-15 所示。

监视 1	
名称	值
▲ 🔩 tab	0x003b4ca0 "0\x6\x2\x1"\x2\x1\x17...
🔵 [0x00000000]	0x30 '0'
🔵 [0x00000001]	0x06 '\x6'
🔵 [0x00000002]	0x02 '\x2'
🔵 [0x00000003]	0x01 '\x1'
🔵 [0x00000004]	0x2a '*'
🔵 [0x00000005]	0x02 '\x2'
🔵 [0x00000006]	0x01 '\x1'
🔵 [0x00000007]	0x17 '\x17'

圖 5-15

至此,編解碼成功。

非對稱演算法 RSA 的加解密

6.1 非對稱密碼體制概述

根據加密金鑰和解密金鑰是否相同或本質上等同，可將現有的加密體制分為兩種：一種是單鑰加密體制（也叫對稱加密密碼體制），其典型代表是中國的 SM4 演算法，美國的資料加密標準 DES（Data Encryption Standard）；另一種是公開金鑰密碼體制（也叫非對稱加密密碼體制），其典型代表是 RSA 密碼體制，其他比較重要的還有 Mceliece 演算法、Merkle-Hellman 背包演算法、橢圓曲線密碼演算法和 Elgamal 演算法等。

對稱密碼體制的特點是加密金鑰與解密金鑰相同或很容易從加密金鑰匯出解密金鑰。在對稱密碼體制中，加密金鑰的曝露會使系統變得不安全。對稱密碼系統的嚴重缺陷是在任何加密傳輸之前，發送者和接收者必須使用安全通道預先商定和傳送金鑰。而在實際的通訊網中，通訊雙方則很難確定一條合理的安全通道。

由 Diffie 和 Hellman 首先引入的公開金鑰密碼體制克服了對稱密碼體制的缺點。它的出現是密碼學研究中的一項重大突破，也是現代密碼學誕生的標示之一。仕公開金鑰密碼體制中，解密金鑰和加密金鑰不同，從一個難以計算出另一個，解密運算和加密運算可以分離。通訊雙方無須事先交換金鑰就可以建立起保密通訊。公開金鑰密碼體制克服了對稱密碼體制的缺點，特別適用於電腦網路中的多使用者通訊，它大大減少了多使用者通訊所需的金鑰量，節省了系統資源，也便於金鑰管理。1978 年，Rivest、

Shamir 和 Adleman 提出了第一個比較完整的公開金鑰密碼演算法，就是著名的 RSA 演算法。自從那時起，人們基於不同的計算問題提出了大量的公開金鑰密碼演算法。比較重要的有 RSA 演算法、Merkle-Hellman 背包演算法、Mceliece 演算法、Elgamal 演算法、ECC 演算法和國產 SM2 演算法等。

非對稱加密為資料的加密與解密提供了一個非常安全的方法，它使用了一對金鑰，公開金鑰（Public Key）和私密金鑰（Private Key）。私密金鑰只能由一方安全保管，不能外泄，而公開金鑰則可以發給任何請求它的人。非對稱加密使用這對金鑰中的一個進行加密，而解密則需要另一個金鑰。比如，你向銀行請求公開金鑰，銀行將公開金鑰發給你，你使用公開金鑰對訊息加密，那麼只有私密金鑰的持有人—銀行才能對你的訊息解密。與對稱加密不同的是，銀行不需要將私密金鑰透過網路發送出去，因此安全性大大提升。

非對稱加密演算法的優點：安全性更高，公開金鑰是公開的，私密金鑰是自己保存的，不需要將私密金鑰給別人。非對稱加密演算法的缺點：加密和解密花費時間長、速度慢，只適合對少量資料進行加密。對稱加密演算法相比非對稱加密演算法來說，加解密的效率要高得多。但是缺陷在於對於金鑰的管理上，以及在非安全通道中通訊時，金鑰交換的安全性不能保障。所以在實際的網路環境中，會將兩者混合使用。

設計公開金鑰密碼體制的關鍵是先要尋找一個合適的單向函數，大多數的公開金鑰密碼體制都是基於計算單向函數的求逆的困難性建立的。舉例來說，RSA 體制就是典型的基於單向函數模型的實現。這類密碼的強度取決於它所依據的問題的計算複雜性。值得注意的是，公開金鑰密碼體制的安全性是指計算安全性，而絕不是無條件安全性，這是由它的安全性理論基礎（複雜性理論）決定的。

單向函數在密碼學中起一個中心作用。它對公開金鑰密碼體制的構造的研究是非常重要的。雖然目前許多函數（包括 RSA 演算法的加密函數）被認為或被相信是單向的，但目前還沒有一個函數能被證明是單向的。

目前已經問世的公開金鑰密碼演算法主要有三大類：

（1）第一類是基於有限域範圍內計算離散對數的難度而提出的演算法。比如，世界上第一個公開金鑰演算法 Diffie-Hellman 演算法就屬此類，但是，它只可用於金鑰分發，不能用於加密解密資訊。此外，比較著名的還有 ElGamal 演算法和 1991 年 NIST 提出的數位簽章演算法（Digital Signature AlgoTIRhm，DSA）。

（2）第二類是 20 世紀 90 年代後期才得到重視的橢圓曲線密碼體制。該公開金鑰密碼演算法基於橢圓曲線數學。橢圓曲線在密碼學中的使用是在 1985 年由 Neal Koblitz 和 Victor Miller 分別獨立提出的。

（3）第三類就是本章講解的 RSA 公開金鑰密碼演算法。RSA 是 1977 年由 Ron Rivest、Adi Shamir 和 Adleman 一起提出的，當時他們三個都在麻省理工學院工作，RSA 就是他們三人姓氏開頭字母拼在一起組成的。

公開金鑰密碼學的數學基礎是很狹窄的，設計出全新的公開金鑰密碼演算法的難度相當大，而且無論是數學上對因數分解還是計算離散對數問題的突破，都會使現在看起米安全的所有公開金鑰演算法變得不安全。

6.2 RSA 概述

RSA 是具有代表性的公開金鑰密碼體制，是一種使用不同的加密金鑰與解密金鑰，「由已知加密金鑰推導出解密金鑰在計算上是不可行的」密碼體制。

在公開金鑰密碼體制中，加密金鑰（公開金鑰）PK 是公開資訊，而解密金鑰（秘密金鑰）SK 是需要保密的。加密演算法 E 和解密演算法 D 也都是公開的。雖然解密金鑰 SK 是由公開金鑰 PK 決定的，但卻不能根據 PK 計算出 SK。正是基於這種理論，1978 年出現了著名的 RSA 演算法，它通常是先生成一對 RSA 金鑰，其中之一是保密金鑰，由使用者保存；另一個為公開金鑰，可對外公開，甚至可在網路伺服器中註冊。為了提升保密強度，RSA 金鑰至少為 500 位元長，一般推薦使用 1024 位元。這就使加密的計算量很大。為了減少計算量，在傳送資訊時，常採用傳統加密方法與公開金鑰加密方法相結合的方式，即資訊採用改進的 DES 或其他對稱演算法的對稱式金鑰密碼編譯，然後使用 RSA 金鑰加密對稱金鑰和資訊摘要。對方收到資訊後，用不同的金鑰解密並可核對資訊摘要。

RSA 是被研究得最廣泛的公開金鑰演算法，從提出到現在已近三十年，經歷了各種攻擊的考驗，逐漸為人們所接受，是目前最優秀的公開金鑰方案之一。1983 年，麻省理工學院在美國為 RSA 演算法申請了專利。

RSA 允許選擇公開金鑰的大小。512 位元的金鑰被視為不安全的；768 位元的金鑰不用擔心受到除了國家安全管理（NSA）外的其他事物的危害；1024 位元的金鑰幾乎是安全的。RSA 既能用於加密，又能用於數位簽章。這個演算法已經過了多年深入的密碼分析，雖然密碼分析者既不能證明又不能否定 RSA 的安全性，但這恰恰說明該演算法有一定的可信性，目前它已經成為流行的公開金鑰演算法。

RSA 的安全基於大數分解的難度。其公開金鑰和私密金鑰是一對大質數（100~200 位十進位數字或更大）的函數。從一個公開金鑰和加密恢復出明文的難度相等於分解兩個大質數之積（這是公認的數學難題）。

RSA 實現在金鑰長度較小的情況下運算速度是很快的，但是基於網路安全的需要，RSA 都是基於大整數運算的，由於進行的都是大數計算，使得RSA 最快的情況也比 DES 慢上 100 倍，無論是軟體還是硬體實現，速度一直是 RSA 的缺陷。一般來說只用於少量資料加密。

6.3 RSA 的數學基礎

直接了解 RSA 演算法並不十分容易，它涉及很多基礎數學概念，因此我們需要先打好基礎，熟悉這些數學概念，當然數學好的同學可以略過本節。

6.3.1　質數

質數指在大於 1 的自然數中，只能被 1 和本身整除的整數。舉例來說，2 是一個質數，它只能被 1 和 2 整除；3 也是質數，8 不是質數，它還可以被 2 或 4 整除；13 是質數，它只能被 1 和 13 整除。依此類推，5、7、11、13、17、23、…是質數；4、6、8、10、12、14、16、…不是質數。可以發現，2 以上的質數必定是奇數，因為 2 以上所有的偶數都可以被 2 整除，所以不是質數。

質數的個數是無限的。順便提一下，大於 1 的整數中，不是質數的整數叫合數。

質數具有許多特殊性質，在數論中舉足輕重。按順序，下列為一個小質數序列：

2，3，5，11，13，17，19，23，29，31，37，41，43，47，53，59，…

不是質數且大於 1 的整數稱為合數。舉例來說，因為有 39，所以 39 是合數。整數 1 被稱為基數，它既不是質數又不是合數。同理，整數 0 和所有負整數既不是質數又不是合數。

亞里斯多德和尤拉已經用反證法非常漂亮地證明了「質數有無窮多個」。

6.3.2　質數檢測

常用的質數表通常只有幾千個質數，這顯然無法滿足密碼學的要求，因為密碼體制往往建立在極大的質數基礎上。所以我們要為特定的密碼體制臨時計算符合要求的質數。這就牽涉到質數檢測的問題。

判斷一個整數是不是質數的過程叫質數檢測。目前還沒有一個簡單有效的辦法來確定一個大數是不是質數。理論上常用的方法有：

（1）Wilson 定理：若 $(n-1)!=-1(mod\ n)$，則 n 為質數。

（2）窮舉檢測：若根號 n 不為整數，且 n 不能被任何小於根號 n 的正整數整除，則 n 為質數。

但是這些理論上的方法在 n 很大時，計算量太大，不適合在密碼學中使用。現在常用的質數檢測的方法是數學家 Solovay 和 Strassen 提出的機率演算法，即在某個區間上能經受住某個機率檢測的整數，就認為它是質數。

6.3.3 倍數

一個整數能夠被另一個整數整除，這個整數就是另一個整數的倍數。例如 15 能夠被 3 或 5 整除，因此 15 是 3 的倍數，也是 5 的倍數。

注意，倍數不是商，商只能說是多少倍。例如 a、b、c 都是整數且 a÷b=c，可以說，a 是 b 的倍數，a 是 b 的 c 倍。

一個數的倍數有無數個，也就是說一個數的倍數的集合為無限集。注意，不能把一個數單獨叫作倍數，只能說誰是誰的倍數。

6.3.4 因數

因數又稱因數。整數 a 除以整數 b（b ≠ 0），除得的商正好是整數且沒有餘數，我們就說 a 能被 b 整除，或 b 能整除 a。a 稱為 b 的倍數，b 稱為 a 的因數。

6.3.5 互質數

如果兩個整數 a 與 b 僅有公因數 1，即若 gcd(a，b)=1，則 a 與 b 稱為互質數。舉例來說，8 和 25 是互質數，因為 8 的因數為 1、2、4、8，而 15 的因數為 1、3、5、15。

對任意整數 a、b 和 p，若 gcd(a，p)=1 且 gcd(b，p)=1，則 gcd(ab，p)=1。這說明若兩個整數中每一個數都與一個整數 p 互為質數，則它們的積與 p 互為質數。

若兩個正整數都分別表示為質數的乘積，則很容易確定它們的最大公約數。舉例來說，$300=2^2 \times 3 \times 5^2$，$15=2 \times 3^2$，$gcd(18,300)=2 \times 3 \times 5^0=6$。

確定一個大數的質數因數很不容易，實踐中通常採用 Euclidena 和擴充的 Euclidena 演算法來尋找最大公約數和各自的乘法逆元。

對於整數 $n_1, n_2, \cdots, n_k$，若對任何 $i \neq j$，都有 $\gcd(n_i, n_j) = 1$，則說整數 $n_1, n_2, \cdots, n_j$ 兩兩互質。

6.3.6 質因數

質因數就是一個數的因數，並且是質數。比如 $8 = 2 \times 2 \times 2$，2 就是 8 的質因數；$12 = 2 \times 2 \times 3$，2 和 3 就是 12 的質因數。

6.3.7 強質數

在密碼學中，一個質數在滿足下列條件時被稱為強質數：

（1）p 必須是很大的數。

（2）p-1 有很大的質因數，或說，p-1 有一個大質數因數。我們把這個大質數因數記為 r，那麼存在某個整數 a，且有 p-1=a×r。

（3）有很大的質因數。也就是說，對於某個整數 a2 以及大質數 q2，我們有 q1=a2q2+1。

（4）p+1 有很大的質因數。也就是說，對於某個整數 a3 以及大質數 q3，我們有 p=a3q3-1。

有時，當一個質數只滿足上面一部分條件的時候，我們也稱它是強質數。而有的時候，我們則要求加入更多的條件。

或也可以這樣判定：

　　個丨進位形式的 n 位的質數，若最左邊一位為質數、最左邊兩位為質數、……、最左邊 n-1 位也為質數，則稱該質數為強質數。

舉例來說，3119 為強質數，因為 3119 是質數，3、31、311 也是質數。

6.3.8 因數

假如整數 a 除以 b，結果是無餘數的整數，那麼我們稱 b 是 a 的因數。需要注意的是，唯有被除數、除數、商皆為整數，餘數為零時，此關係才成立。因數不限正負，包括 1，但不包括本身。比如 10 的因數是 1、2、5，因為 10 可以整除 1，可以整除 2 或 5；7 只有一個因數 1；4 有兩個因數：1 和 2。

6.3.9 模運算

模運算也稱取模運算。有兩個整數 a、b，讓 a 去被 b 整除，只取所得的餘數作為結果，就叫作模運算，記為 a%b 或 a mod b。舉例來說，10 mod 3=1，26 mod 6=2，28 mod 2 =0，等等。

已知一個整數 n，所有整數都可以劃分為：是 n 的倍數的整數與不是 n 的倍數的整數。對於不是 n 的倍數的那些整數，我們又可以根據它們除以 n 所得的餘數來進行分類，數論的大部分理論都是基於上述劃分的。

模算數運算也稱為「時鐘算術」。比如某人 10 點到達，但他遲到 13 個小時，則 (10+13) mod 12=11 或寫成 10+13=11(mod 12)。

對任意整數 a 和任意正整數 n，存在唯一的整數 q 和 r，滿足 0<r≤n，並且 a=n*q+r，值 q= ⌊a/n⌋ 稱為除法的商，其中向下取整數的運算稱為 Floor，用數學符號 表示，比如 ⌊x⌋ 表示小於等於 x 的最大整數。值 r=a mod n 稱為除法的餘數，因此，對於任一整數，可表示為：

```
a= ⌊a/n⌋*n+(a mod n) 或 a mod n = a- ⌊a/n⌋*n
```

比如：a=1，n=7，11=1*7+4，r=4，11 mod 7=4。

若 (a mod n)=(b mod n)，則稱整數 a 和 b 模 n 同餘，記作 a ≡ b mod n。比如，73 ≡ 4 mod 23。

模運算子具有以下性質：

（1）若 n|ab，則 a ≡ b mod n。

（2）(a mod n)=(b mod n) 相等於 a ≡ b mod n。

（3）a ≡ b mod n 相等於 b ≡ a mod n。

（4）若 a ≡ b mod n 且 b ≡ c mod n，則 a ≡ b mod n。

6.3.10　模運算的操作與性質

從模運算的基本概念可以看出，模 n 運算將所有整數映射到整數集合 {0,1,…,(n-1)}，那麼，在這個集合內進行的算數運算就是所謂的模運算。模算術類似於普通算術，它也滿足交換律、結合律和分配律：

（1）[(a mod n)+(b mod n)] mod n=(a+b) mod n。

（2）[(a mod n)-(b mod n)]mod n=(a-b)mod n。

（3）[(a mod n)×(b mod n)]mod n=(axb)mod n。

指數運算可以看作是多次重複的乘法運算。舉例來說，為了計算 11^7mod 13，可按以下方法進行：

11^2 ≡ 121 ≡ 4 mod 13

11^4 ≡ 4^2 ≡ 3 mod 13

11^7 ≡ 11×4×3 ≡ 132 ≡ 2 mod 13

所以說，化簡每一個模 n 的中間結果與整個運算求模再化簡模 n 的結果是一樣的。

6.3.11　單向函數

單向函數（One-Way Function）的概念是公開金鑰密碼學的核心之一。儘管其本身並非一個協定，但它是重要的理論基礎，對很多協定來說，它是一個重要的基本結構模組。單向函數順向計算起來非常容易，但求逆卻非常困難。也就是說，已知 x，我們很容易計算出 f(x)。但已知 f(x)，卻很難計算出 x。這裡的「難」定義為，即使世界上所有的電腦都用來參與計算，從 f(x) 計算出 x 也要花費數百萬年的時間。

舉一個現實生活中的例子幫助大家了解，打碎碗碟是一個很好的單向函數的例子，我們將碗碟打碎成數十片的碎片是一件很容易的事情，但要把這些碎片再拼成一個完整無缺的碗碟卻是一件非常困難的事情。

如果按照嚴格的數學定義，目前為止其實並不能完美地證明單向函數的存在性，同時也沒有實際證據能夠構造出單向函數。即使如此，還是有很多函數看起來像單向函數：我們可以有效地計算它們，但迄今為止我們還不知道有什麼有效的方法能夠容易地求出它們的逆。比如，在有限域中計算 x 的平方很容易，但計算 x 的根則難得多。

我們現在想想，單向函數有什麼好處，單向函數可以用於加密嗎？結論是單向函數一般是不用於加密的，因為用單向函數進行加密往往是不行的（因為沒有人能破解它）。

還是用上述例子說明，你要給朋友傳遞一個資訊，你將資訊寫在了盤子上，然後你將盤子摔成無數的碎片，並將這些碎片寄給你的朋友，要求朋友讀取你在盤子上寫的資訊。這是不是一件十分滑稽的事情。

那麼單向函數是不是就沒有意義了呢？事實當然不是這樣的，單向函數在密碼學領域裡發揮著非常重要的作用，其更是很多應用的理論基礎。

令函數 f 是集合 A 到集合 B 的映射，用 f：A → B 表示。若對任意 $x1 \neq x2$、$x1,x2 \in A$，有 $f(x1) \neq f(x2)$，則稱 f 為可逆的函數。f 為可逆的充要條件是，存在函數 g：B → A，使得對所有 $x \in A$ 有 g[f(x)]=x。

一個可逆函數 f：A → B，若它滿足：

（1）對所有 $x \in A$，易於計算 f(x)。

（2）對「幾乎所有 $x \in A$」由 f(x) 求 x「極為困難」，以至於實際上不可能做到。

則稱 f 為單向函數。

定義中的「極為困難」是對現有的運算資源和演算法而言的。Massey 稱此為視在困難性（Apparent Difficulty），對應的函數稱為視在單向函數。

以此來和本質上（Essentially）的困難性相區分。單向函數是貫穿整個公開金鑰密碼體制的核心概念。單向函數的在密碼學上的常見應用如下：

（1）一個簡單的應用就是密碼保護。我們熟知的密碼保護方法是用對稱加密演算法進行加密。然而，對稱演算法加密一是必須有金鑰，二是該金鑰對驗證密碼的系統必須是可知的，因此表示驗證密碼的系統總是可以獲取密碼的明文。這樣在密碼的使用者與驗證密碼的系統之間存在嚴重的資訊不對稱。我們可以使用單向函數對密碼進行保護來解決這一問題。比如，系統方只存放密碼經單向函數運算過的函數值，而驗證則是將使用者密碼重新計算函數值，然後和系統中存放的值進行比對。如果比對成功，就驗證通過。動態密碼認證機制很多都是基於單向函數的原理進行設計的。

（2）另一個單向函數的應用是大家熟知的、用於數位簽章時產生資訊摘要的單向雜湊函數。由於公開金鑰密碼體制的運算量往往較大，為了避免對待簽檔案進行全文簽名，一般在簽名運算前使用單向雜湊演算法對簽名檔進行摘要處理，將待簽檔案壓縮成一個分組之內的定長位元串，以提升簽名的效率。MD5 和 SHA-1 就是兩個曾被廣泛使用的、具有單向函數性質的摘要演算法。

6.3.12 費馬定理和尤拉定理

費馬定理和尤拉定理在公開金鑰密碼學中具有重要的作用。費馬定理：

若 p 是質數，a 是不能被 p 整除的正整數，則：

$$a^{p-1} \equiv 1 \bmod p$$

費馬定理還有另一種相等形式：若 P 是質數，a 是任意正整數，則：

$$a^p = a \bmod p$$

尤拉定理：對於任何互質的整數 a 和 n，有：

$$a^{\varphi(n)} \equiv 1 \ (\bmod \ n)$$

尤拉定理也有一種相等形式：

$$a^{\varphi(n)+1} \equiv a \bmod n$$

費馬定理和尤拉定理及其推論在證明 RSA 演算法的有效性時是非常有用的。指定兩個質數 p 和 q，以及整數 n=pq 和 m，其中 0<m<n，則：

$$a^{\varphi(n)+1} \equiv m^{(p-1)(q-1)} \equiv m \bmod n$$

6.3.13 冪

冪（Power）指次方運算的結果。a^b 表示 b 個 a 相乘。把 a^b 看作次方的結果，叫作 a 的 b 次冪。a 稱為底數，b 稱為指數。在程式語言或電子郵件中，通常寫成 n^m 或 n**m。

6.3.14 模冪運算

模冪運算就是先進行求冪的運算，取其結果後再進行模運算。

6.3.15 同餘符號「≡」

≡是數論中表示同餘的符號（注意，這個不是恒等號）。在公式中，≡符號的左邊必須和符號右邊同餘，也就是兩邊的模運算結果相同。

同餘的定義是這樣的：

指定一個正整數 n，如果兩個整數 a 和 b 滿足 a-b 能被 n 整除，即 (a-b) modn=0，就稱整數 a 與 b 對模 n 同餘，記作 a ≡ b(modn)，同時可成立 a mod n=b。也就是相當於 a 被 n 整除，餘數等於 b。比如，d×e ≡ 1 mod 96，其中 e=11，求 d 的值。

解答：96=3×32。

觀察可知：3×11=1(mod32)，2×11=1(mod 3)，所以 d=3(mod 32)，d=2(mod 3)。設 d=32n+3，則 32n+3=2n (mod 3)，n=1，d=35。所以 d = 35 mod 96。

再次提醒，同餘與模運算是不同的，a ≡ b(mod m) 僅可推出 b=a mod m。

6.3.16　尤拉函數

尤拉函數本身需要一系列複雜的推導，這裡僅介紹對認識 RSA 演算法有幫助的部分。任意指定正整數 n，計算在小於等於 n 的正整數中，有多少個與 n 組成互質關係。計算這個值的方法就叫作尤拉函數，以 $\phi(n)$ 表示。舉例來說，在 1~8 中，與 8 形成互質關係的是 1、3、5、7，所以 $\phi(n)=4$。

在 RSA 演算法中，我們需要明白尤拉函數對以下定理成立：

若 n 可以分解成兩個互質的整數之積，即 $n=p\times q$，則有：ϕ 則有：成兩個互質的整數之積，即下定理。

根據「大數是質數的兩個數一定是互質數」可以知道：

若一個數是質數，則小於它的所有正整數與它都是互質數。

所以若一個數 p 是質數，則有：$\phi(p)=p-1$。

由以上得，若我們知道一個數 n 可以分解為兩個質數 p 和 q 的乘積，則有：$\phi(n)=(p-1)(q-1)$。

6.3.17　最大公約數

所謂求整數 a、b 的最大公約數，就是求同時滿足 a%c=0、b%c=0 的最大正整數 c，即求能夠同時整除 a 和 b 的最大正整數 c。最大公約數表示成 gcd(a,b)。舉例來說，gcd(24,30)=6，gcd(5,7)=1。注意：如果 a、b 為負數，先要求出 a 和 b 絕對值，再求最大公約數。

gcd 函數有以下基本性質：

```
gcd(a,b)=gcd(b,a)        gcd(a,b)=gcd(-a,b)      gcd(a,b)=gcd(|a|,|b|)
gcd(a,0)=|a|        gcd(a,ka)=|a|
```

求最大公約數通常有兩種解法：暴力枚舉和歐幾里德演算法（又稱輾轉相除法）。

（1）暴力枚舉

若 a、b 均不為 0，則依次遍歷不大於 a（或 b）的所有正整數，依次試驗它是否同時滿足兩式，並在所有滿足兩式的正整數中挑選最大的那個即為所求。

若 a、b 其中有一個為 0，則最大公約數即為 a、b 中非零的那個。

若 a、b 均為 0，則最大公約數不存在（任意數均可同時整除它們）。

說明：當 a 和 b 數值較大時（如 100000000），該演算法耗時較多。

（2）歐幾里德演算法

可以分兩步：

第一步，令 r 為 a/b 所得餘數（$0 \leq r < b$），若 r = 0，則演算法結束，b 即為答案。

第二步，互換，即置 a ← b，b ← r，並返回第一步。

6.3.18 歐幾里德演算法

歐幾里德演算法是用來求解兩個不全為 0 的非負整數 a 和 b 的最大公約數，該演算法高效且簡單，來自歐幾里德的《幾何原本》。其數學公式表達如下：

對兩個不全為 0 的非負整數 a 和 b，不斷應用此式：gcd(a,b)=gcd(b,a mod b)，直到 a mod b 為 0 時，a 就是最大公約數。

下面我們來簡單證明歐幾里德演算法。假設有 a、b 兩個不全為 0 的正整數，令 a % b = r，即 r 是餘數，那麼有 a = kb + r。假設 a、b 的公因數是 d。記作 d|a,d|b，表示 d 整除 a 和 b。r = a - kb；給這個式子兩邊同除以 d，有 r/d=a/d-kb/d。由於 d 是 a、b 的公因數，那麼 r/d 必將能整除，即 b 和 a%b 的公因數也是 d，故 gcd(a,b) = gcd(b, a % b)。到此為止，已經證明了 a 和 b 的公因數與 b 和 a % b 的公因數相等。直到 a mod b 為 0 的時候（因為即使 b > a，經過 a % b 後，就變成計算 gcd(b,a)，所以 a mod b 的值會一直變小，最終會變成 0），此時 gcd(a,0) = a。因為 0 除以任何

數都是 0，所以 a 是 gcd(a,0) 的最大公約數。根據上面已經證明的等式
gcd(a,b) = gcd(b, a % b) 可得：a 就是最大公約數。定理得證。

歐幾里德演算法用較大數除以較小數，再用出現的餘數（第一餘數）去除
除數，再用出現的餘數（第二餘數）去除第一餘數，如此反覆，直到最後
的餘數是 0 為止。如果是求兩個數的最大公約數，那麼最後的除數就是這
兩個數的最大公約數。用一句話來表達，就是兩個整數的最大公約數等於
其中較小的那個數和兩數相除餘數的最大公約數。我們來看一個歐幾里德
演算法的例子，求 10、25 的最大公約數：

25 / 10 = 2 · · · · · · 5
10 / 5 = 2 · · · · · · 0

所以 10、25 的最大公約數為 5。下面用程式實現歐幾里德演算法。

【例 6.1】實現歐幾里德演算法

（1）打開 VC 2017，新建一個主控台專案 test。

（2）在 test.cpp 中輸入程式如下：

```cpp
#include "pch.h"
#include <iostream>
using namespace std;
int gcd(int a, int b);
int  gcd_dg(int a, int b);

int main()
{
    int a, b;
    cout << "請輸入要計算的兩個數，用空格隔開:\n";
    cin >> a >> b;
    cout << "歸納法得到最大公約數是:" << gcd(a, b)<<endl;

    cout << "請輸入要計算的兩個數，用空格隔開:\n";
    cin >> a >> b;
    cout << "遞迴法得到最大公約數是:" << gcd_dg(a, b);

    return 0;
}
```

```
//遞迴法實現歐幾里德演算法
int  gcd_dg(int a, int b)    //a、b為兩個正整數
{
    if (0 == b)  return a;
    else
    {
        int r = gcd_dg(b, a%b);
        return r;
    }
}

int gcd(int a, int b)
{
    int r;
    while (0 != b)
    {
        r = a % b;
        a = b;
         b = r;
    }
    return a;
}
```

我們分別用遞迴法和非遞迴法實現了歐幾里德演算法,原理就是歐幾里德
的數學公式。

(3)保存專案並運行,運行結果如圖 6-1 所示。

圖 6-1

6.3.19 擴充歐幾里德演算法

1. 實現擴充歐幾里德演算法

為了介紹擴充歐幾里德演算法,我們先介紹貝祖定理(裴蜀定理)。

對於任意兩個正整數 a、b,一定存在 x、y,使得 ax+by=gcd(a,b) 成立。

其中，gcd(a,b) 表示 a 和 b 的最大公約數，x 和 y 可以為負數，注意 a 和 b 是正整數，最大公約數和最小公倍數是在自然數範圍內討論的。比如，假設 a=17、b=3120，它們的 gcd(17,3120)= 1，則一定存在 x 和 y，使得 17x+3120y=1。由這條定理可以知道，如果 ax+by=m 有解，那麼 m 一定是 gcd(a,b) 的許多倍。如果 ax+by=1 有解，那麼 gcd(a,b)=1。

值得注意的是，如果出現 ax-by=gcd(a,b)，應該先假設 y' = -y，使得算式變為 ax+by'=gcd(a,b)，計算出 y' 後再得到 y。

這裡是重點，也是求 RSA 私密金鑰的關鍵，務必重視。首先複習一下二元一次方程的定義。含有兩個未知數，並且含有未知數的項的次數都是 1 的整式方程式叫作二元一次方程。所有二元一次方程都可化為 ax+by+c=0（a、b ≠ 0）的一般式與 ax+by=c（a、b ≠ 0）的標準式，否則不為二元一次方程。

如何解二元一次方程呢？眾所皆知，解一個單一的二元一次方程是十分困難的。有人或許會想到枚舉法（暴力出奇蹟），但是這對 CPU 來說是不人道的，因為時間複雜度很高，所以需要一種時間複雜度低的演算法來解決這種困難。天資聰慧的歐幾里德給我們定調，即擴充的歐幾里德演算法。

觀察上面的歐幾里德演算法的程式，當到達遞迴邊界（b==0）的時候，gcd(a,b)=a，因此有 ax+0×y=a，從而得到 x=1，此時 x=1、y=0 可以是方程式的一組解。注意，這時的 a 和 b 已經不是最開始的那個 a 和 b 了，所以如果想要求出 x 和 y 的解，就要回到最開始的模樣。

歐幾里德演算法提供了一種快速計算最大公約數的方法，而擴充歐幾里德演算法不僅能夠求出其最大公約數，而且能夠求出 a、b 和其最大公約數組成的二元一次方程 ax+by=d 的兩個整數解 x、y（這裡 x 和 y 不一定為正整數）。

在歐幾里德演算法中，終止狀態是 b == 0 時，這時其實就是 gcd(a,0)，我們想從這個最終狀態反推出剛開始的狀態。由歐幾里德演算法可知，gcd(a,b) = gcd(b,a mod b)，那麼有以下運算式：

$$gcd(a,b) = a*x_1+b*y_1; \qquad\qquad (1)$$
$$gcd(b,a\ mod\ b) = b*x_2+(a\ mod\ b)*y_2 = b*x_2+(a - a/b*b)*y_2 \qquad (2)$$

其中，(x_1,y_1) 和 (x_2,y_2) 是兩組解（此處的 a/b 表示整除，例如 6/4 = 1，所以 a mod b=a % b=a-a/b*b）。

我們對式（2）進行化簡，有：

$$gcd(b,a\ mod\ b) = b*x_2+(a - a/b*b)*y_2 = b*x_2 + a * y_2 - a/b*b*y_2$$
$$= a*y_2 + b*(x_2 - a/b*y_2)$$

與式（1）$gcd(a,b) = a*x_1+b*y_1$ 比較，容易得出：

$$x_1 = y_2;$$
$$y_1 = x_2 - a/b*y_2$$

根據上面的遞迴式和歐幾里德演算法的終止條件 b == 0，我們可以很容易地知道最終狀態是 a * x_1 + 0 * y_1 = a，故 x_1=1。根據上述遞推公式和最終狀態，下面我們來實現這個過程。

【例 6.2】實現擴充歐幾里德演算法

（1）打開 VC 2017，新建一個主控台專案 test。

（2）在 test.cpp 中輸入程式如下：

```cpp
#include "pch.h"
#include <stdio.h>
#include <math.h>
#include<iostream>

using namespace std;
int exgcd(unsigned int a,unsigned int b, int &x, int &y);

int main()
{
    int x, y;
    unsigned int a,b;
    int gcd;
    cout << "準備求解ax+by=gcd(a,b)，\n請輸入兩個數字a,b(用空格隔開)：\n";
```

```
    cin >> a >> b;                      //可以輸入596或17 3120
    cout << "滿足貝祖等式" << a << "*x + " << b << "*y = " << (gcd = exgcd(a,
b, x, y)) << endl;
    cout << "最大公約數是:" << gcd << endl;
    cout << "其中一組解是:x = " << x << ", y = " << y << endl;

    system("pause");
    return 0;
}

int exgcd(unsigned int a, unsigned int b, int &x, int &y)
{
    if (0 == b)                         //遞迴終止條件
    {
        x = 1;
        y = 0;
        return a;
    }
    int gcd = exgcd(b, a%b, x, y);      //遞迴求解最大公約數
    int temp = x;
    x = y;                              //回溯運算式1:x₁ = y₂
    y = temp - a / b * y;               //回溯運算式2:y₁ = x₁ -m/n * y₂
    return gcd;
}
```

函數 exgcd 實現了擴充歐幾里德演算法，能求出 ax+by=gcd(a,b) 的一組
解，並且返回 a 和 b 的最大公約數。

（3）保存專案並按 Ctrl+F5 鍵運行，運行結果如圖 6-2 所示。

圖 6-2

上述方程式 a*x+b*y=gcd(a,b)，這個方程式也被稱為「貝祖等式」。它說
明了對 a、b 和它們的最大公約數 gcd 組成的二元一次方程，一定存在整
數 x 和 y（不一定為正）使得 a*x+b*y=gcd(a,b) 成立。

從這裡也可以得出一個重要推論：a 和 b 互質的充要條件是方程式 ax+by = 1 必有整數解，即 ax+by=1 有解的時候，該等式成立，則 gcd(a,b)=1，因此 a 和 b 互質。而 a 和 b 互質時，gcd(a,b)=1，則根據貝祖定理，一定存在 x 和 y，使得 ax+by=1 成立。

2. 求解 ax+by=gcd(a,b)

上面我們求出了 ax+by=gcd(a,b) 的一組解，下面繼續探討如何得出 ax+by=gcd(a,b) 的所有解。先說結論，設 (x_0,y_0) 是 a*x+b*y=gcd(a,b) 的一組解（透過上例的函數 exgcd 求得），則該方程式的通解為：

$$x_1 = x_0+kB$$
$$y_1 = y_0-kA$$

其中，B=b/gcd(a,b)，A=a/gcd(a,b)，k 是任意的整數。

下面來看求解過程。設新的解為 x_0+s_1 和 y_0-s_2，則有：

$$a(x_0+s_1)+b(y_0-s_2)=ax_0+by_0$$
$$as_1-bs_2=0$$
$$\frac{s_1}{s_2}=\frac{b}{a}=\frac{b/\gcd(a,b)}{a/\gcd(a,b)}$$

顯然，B 和 A 是互質的（沒有大於 1 的公因數），所以取：

$$s_1=B*k$$
$$s_2=A*k$$

因此，通解為 $x = x_0+kB$，$y = y_0-kA$。

那麼問題又來了，方程式中的 x 的最小非負整數解是什麼呢？從通解 $x_1=x_0+kB$ 上看，應當是 $x_1\%B=x_0\%B$。但是由於在遞迴邊界時，y 可以取任意值，所得的特解 x_0 可能為負，不能保證 $x_0\%B$ 是非負的。如果 $x_0\%B$ 是負數，那麼其設定值範圍是 (−B,0)，所以 x 的最小正整數解 x_{min} 為：

$$x_0\%B+B \qquad \text{if } x_0<0$$
$$x_0\%B \qquad \text{if } x_0\geqslant0$$

綜合一下就是：$x_{min}=(x_0\%B+B)\%B$，對應的 $y_{min} = (g-a*x_{min})/\ b$。下面上機實現。

【例 6.3】求 a*x+b*y=gcd(a,b) 的最小正整數解和任意解

（1）打開 VC 2017，新建一個主控台專案 test。

（2）在 test.cpp 中輸入程式如下：

```cpp
#include "pch.h"
#include <stdio.h>
#include <math.h>

#include<iostream>

using namespace std;
int exgcd(unsigned int a, unsigned int b, int &x, int &y);
int gcdmin(unsigned int a, unsigned int b);
void gcdany(unsigned int a, unsigned int b, int k, int &x, int &y);

int main()
{
    int x, y,xmin,ymin,k,tmp;
    unsigned int a, b,gcd;
    cout << "準備求解ax+by=gcd(a,b)，請輸入兩個正整數a,b(用空格隔開)：\n";
    cin >> a >> b;      //可以輸入596或17 3120
    cout << "滿足貝祖等式" << a << "*x + " << b << "*y = " << (gcd = exgcd(a,
b, x, y)) << endl;
    cout << "最大公約數是:" << gcd << endl;
    cout << "其中一組解是：x = " << x << ", y = " << y << endl;

    xmin=gcdmin(a, b);
    tmp = (gcd - a * xmin);
    if (tmp < 0)
    {
        tmp = -tmp;
        ymin = tmp / b;
        ymin = -ymin;
    }
    else ymin = tmp / b;

    cout << "x為最小正整數解是：x = " << xmin << ", y = " << ymin << endl;
    cout << "再求任意一組解，請輸入一個整數k的值:"; cin >> k;
```

```cpp
    gcdany(a, b, k, x, y);
    cout << "對應k的一組解是：x = " << x << ", y = " << y << endl;

    system("pause");
    return 0;
}

int exgcd(unsigned int a, unsigned int b, int &x, int &y)
{
    if (0 == b)                        //遞迴終止條件
    {
        x = 1;
        y = 0;
        return a;
    }
    int gcd = exgcd(b, a%b, x, y);     //遞迴求解最大公約數
    int temp = x;
    x = y;                             //回溯運算式1：x₁ = y₂
    y = temp - a / b * y;              //回溯運算式2：y₁ = x₁ - m/n * y₂
    return gcd;
}

int gcdmin(unsigned int a, unsigned int b)
{
    int x0, y0,x_min,B;
    int gcd = exgcd(a, b, x0, y0);

    B = b /gcd;

    if (x0 < 0)   x_min = x0 % B + B;
    else   x_min = x0 % B;

    return x_min;

}

void gcdany(unsigned int a, unsigned int b, int k, int &x, int &y)
{
    int x0, y0, B,A;
    int gcd = exgcd(a, b, x0, y0);

    B = b / gcd;
    A = a / gcd;

    x = x0 + k * B;
    y = y0 - k * A;
}
```

在程式中，函數 gcd_{min} 用來求方程式 a*x+b*y=gcd(a,b) 的最小正整數解，函數 gcd_{any} 用來求任意一組解。值得注意的是，計算 y_{min} 的時候有可能出現負數除法，要先化為正數後再除，最後取負數。

（3）保存專案並運行，運行結果如圖 6-3 所示。

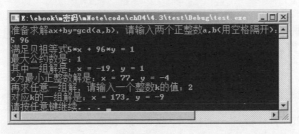

圖 6-3

3. 求解 ax+by=c

現在來討論一個更一般的方程式：ax + by = c（a、b、c、x、y 都是整數）。這個方程式想要有整數解，那麼根據擴充歐幾里德演算法我們知道，c 一定是 gcd(a,b) 的倍數，否則無解，而且可以有無窮多組整數解，即 ax+by=c 有解的充要條件是 c%gcd(a,b)==0。如果 ax+by=gcd(a,b) 有一組解為 (x_0,y_0)，即：

$$ax_0+by_0=gcd(a,b)$$

兩邊同時乘以 $\dfrac{c}{gcd(a,b)}$：

$$a\frac{cx_0}{gcd(a,b)} + b\frac{cy_0}{gcd(a,b)} = c$$

所以（ $\dfrac{cx_0}{gcd(a,b)}$ ， $\dfrac{cy_0}{gcd(a,b)}$ ）是 ax+by=c 的特解。同理可得：

$$a(x'+s_1) + b(y'-s_2) = c$$

$$ax' + by' = c$$

$$\frac{s_1}{s_2} = \frac{b}{a} = \frac{b/gcd(a,b)}{a/gcd(a,b)}$$

所以通解為：

$$x = x_0 * \frac{c}{\gcd(a,b)} + \frac{b}{\gcd(a,b)} * k$$

$$y = y_0 * \frac{c}{\gcd(a,b)} - \frac{a}{\gcd(a,b)} * k$$

其中，k 取整數即可。令 $C=c/\gcd(a,b)$，$B=b/\gcd(a,b)$，x 的最小正整數解 $x_{min}=(x_0*C \% B + B) \% B$，對應的 $y_{min} = (c - a*x_{min})/ b$。

【例 6.4】求 ax+by=c 的最小正解和任意解

（1）打開 VC 2017，新建一個主控台專案 test。

（2）在 test.cpp 中輸入程式如下：

```cpp
#include "pch.h"
#include <stdio.h>
#include <math.h>

#include<iostream>

using namespace std;
int exgcd(unsigned int a, unsigned int b, int &x, int &y);
int c_min(unsigned int a, unsigned int b, unsigned int c, int &xmin, int &ymin);
int c_any(unsigned int a, unsigned int b, unsigned int c, int k, int &x, int &y);
int main()
{
    int x, y, xmin, ymin, k;
    unsigned int a, b, c,gcd;
    cout << "準備求解ax+by=c，請輸入三個正整數a,b,c(用空格隔開)：\n";
    //比如求5 96 200
    cin >> a >> b>>c;
    cout << "滿足貝祖等式" << a << "*x + " << b << "*y = " << (gcd = exgcd(a,
b, x, y)) << endl;
    cout << "最大公約數是：" << gcd << endl;

    if(0==c_min(a, b,c,xmin,ymin))
        cout << "最小正整數解是：x = " << xmin << ", y = " << ymin << endl;
    else
    {
        cout << "本方程式無解" << endl;
```

```
        return -1;
    }

    cout << "再求任意一組解，請輸入一個整數k的值："; cin >> k;
    if (0 == c_any(a, b,c, k, x, y))
        cout << "對應k的一組解是：x = " << x << ", y = " << y << endl;
    else
        cout << "本方程式無解" << endl;

    system("pause");
    return 0;
}

int exgcd(unsigned int a, unsigned int b, int &x, int &y)
{
    if (0 == b)                        //遞迴終止條件
    {
        x = 1;
        y = 0;
        return a;
    }
    int gcd = exgcd(b, a%b, x, y);     //遞迴求解最大公約數
    int temp = x;
    x = y;                             //回溯運算式1：x₁ = y₂
    y = temp - a / b * y;              //回溯運算式2：y₁ = x₁ - m/n * y₂
    return gcd;
}

int c_min(unsigned int a, unsigned int b, unsigned int c,int &xmin,int &ymin)
{
    int x0, y0, B,C, tmp;
    int gcd = exgcd(a, b, x0, y0);

    if (c % gcd != 0)                  //判斷是否有解
        return -1;

    B = b / gcd;
    C = c / gcd;

    xmin = (x0*C % B + B)%B;

    tmp = (c - a * xmin);
    if (tmp < 0)
```

```
    {
        tmp = -tmp;
        ymin = tmp / b;
        ymin = -ymin;
    }
    else ymin = tmp / b;
    return 0;
}

int c_any(unsigned int a, unsigned int b, unsigned int c,int k, int &x, int &y)
{
    int x0, y0, B, A,C;
    int gcd = exgcd(a, b, x0, y0);

    if (c % gcd != 0)                    //判斷是否有解
        return -1;

    C = c / gcd;
    B = b / gcd;
    A = a / gcd;

    x = x0*C + k * B;
    y = y0*C - k * A;
    return 0;
}
```

在程式中，函數 c_min 用來求方程式 a*x+b*y=c 的最小正整數解，函數 c_any 用來求任意一組解。值得注意的是，計算 y_{min} 的時候有可能出現負數除法，要先化為正數後再除，最後取負數。

（3）保存專案並運行，運行結果如圖 6-4 所示。

圖 6-4

6.4 RSA 演算法描述

RSA 的理論基礎是數論中的尤拉定理，它的安全性依賴於大數的因數分解，但並沒有從理論上證明破譯 RSA 的難度與大數分解難度相等。

RSA 演算法的理論基礎是一種特殊的可逆模指數運算。它的安全性是基於數論和計算複雜性理論中的下述論斷：求兩個大質數的乘積在計算上十分容易，但要分解兩個大質數的積，求出它的素因數在計算上是困難的。大整數因數分解問題是數學上的著名難題，至今沒有有效的方法予以解決，因此可以確保 RSA 演算法的安全性。

下面列出 RSA 演算法的描述。

（1）選擇兩個保密的大質數 p 和 q，實作方式時通常需要大質數，這樣才能保證安全性，通常是隨機生成大質數 p，直到 gcd(e,p-1)=1，再隨機生成不同於 p 的大質數 q，直到 gcd(e,q-1)=1，e 就是第三步的公開金鑰指數。

（2）計算 N=p×q，N 通常稱為模值，模值的位元長度就是金鑰長度。RSA 金鑰是（公開金鑰 + 模值、私密金鑰 + 模值）分組分發的，單獨給對方一個公開金鑰或私密金鑰沒有任何用處。所以我們說的「金鑰」其實是它們兩者中的其中一組，但是「金鑰長度」一般只是指模值的位元長度。目前主流的可選值有 1024、2048、3072、4096 等。

（3）選擇一個整數 e（公開金鑰指數，把 e 和 N 稱為公開金鑰，但有時不正規場合也直接把 e 簡稱公開金鑰），使其滿足 1<e<(p-1)×(q-1)，且 e 與 (p-1)×(q-1) 互質，即 e 不是 (p-1) 和 (q-1) 的因數。

（4）計算私密金鑰 d，使其滿足：(e×d)mod ((p-1)×(q-1))=1。

（5）加密時，先將明文數字化（編碼），然後判斷明文的十進位數字大於 N（或明文位元長大於 N 的位元長，即金鑰的長度），則首先要對明文進行分組（可以把明文轉為二進位流，然後截取每組位數相等的明文區塊），使得每個明文分組對應的十進位數字小於 N。比如，如果 N=209，要選擇的分組大小可以是 7 個二進位位元，因為 2^7=128，比 209 小，但 2^8 = 256 又大於 209。分組後，再對每個明文分組 M 進行加密運算：

$$C=M^e \bmod N$$

這個式子做了模冪運算，因為最後做了模運算，根據小學數學知識，加密的位數一定小於、等於 N 的位數。其中，C 為得到的加密，e 是公開金鑰，公開金鑰用於加密。要讓別人能加密，必須把自己的公開金鑰公佈給對方，也就是必須公開 e 和 N，才能對明文 M 進行加密，所以 e 和 N 是公開的，人們也把 (e,N) 稱為公開金鑰。

（6）解密時，對每個加密分組做以下運算：

$$M=C^d \bmod N$$

也是一個模冪運算，其中，d 是私密金鑰，用於解密。d 是不能公開的，自己要妥善保管好。

如果第三者進行竊聽，他會得到這幾個數：加密 C、公開金鑰 e、N。他如果要解密的話，必須想辦法得到 d，而 d 又滿足 $(d×e)\bmod((p-1)×(q-1))=1$，所以，他只要知道 p 和 q 就能計算出 d，雖然 N=pq，但對大質數 N（比如 2048 位元）進行素因數分解卻是非常困難的，這就是 RSA 的安全性所在。

值得注意的是，e 與 n 應公開，兩個質數 p 和 q 不再需要，可銷毀，但絕不可洩露。此外，RSA 是一種區塊編碼器，其中的明文和加密都是對於某個 N（模數）從 0 到 N-1 之間的整數，一定要確保每次參與運算的明文分組所對應的十進位整數小於模數 N。

如果明文列出的是字元，那麼第一步需將明文數字化，也就是對字元取對應的數字碼，比如英文字母循序串列、ASCII 碼、Base64 碼等。然後對每一段明文進行模冪運算，得到加密段，最後把加密組合起來形成加密。

為了安全性，實際商用軟體所使用的 RSA 演算法，在運算時需要將資料填充至分組長度（與 RSA 金鑰模長相等）。而且對於 RSA 加密來講，填充（Padding）也是參與加密的。後面會詳述，現在我們先不要管填充，先掌握其基本的運算。

6.5 RSA 演算法實例

紙上得來終覺淺，絕知此事要躬行。前面講了理論，但真正要掌握還是要自己實踐操作一番。這裡我們來看幾個小例子，說它小，就是取的 p 和 q 都比較小，這樣方便演示，實際運用 RSA 演算法時都要取大質數作為 p 和 q。這些例子的描述中，大部分內容都一樣，區別在於我們對私密金鑰 d 的運算採用不同的方式，計算私密金鑰 d 是實現 RSA 演算法的關鍵步驟，這裡採用尋找法、簡便法和擴充歐幾里德法來實現。

6.5.1 尋找法計算私密金鑰 d

前面我們描述了 RSA 演算法的原理，現在用實際數字來進行具體的運算。當然，為了便於了解演算法的原理，數字都比較簡單。

（1）選擇兩個大質數 p 和 q。

為了方便演示，我們選擇兩個小質數，這裡假設 p=13、q=17。

（2）計算 N=p×q。

這裡 N=13×17=221，寫成二進位為 11011101，一共有 8 位元二進位位元，那麼本例的金鑰長度就是 8 位元，即 N 的長度是 8。在實際應用中，RSA 金鑰一般是 1024 位元，重要場合則為 2048 位元。

（3）選擇一個整數 e（公開金鑰）。

選擇一個整數 e 作為公開金鑰，使其滿足 1<e<(p-1)×(q-1)，且 e 與 (p-1)×(q-1) 互質，即 e 不是 (p-1) 和 (q-1) 的因數。計算 (p-1)×(q-1)=(13-1)×(17-1)=12×16=192，因為 192=2×2×2×2×2×2×3，所以 192

的因數是 2、2、2、2、2、2 和 3，由此可得 e 不能有因數 2 和 3。比如，不能選 4（2 是 4 的因數）、不能選 15（3 是 15 的因數）或 6（2 和 3 都是 6 的因數）。這裡我們選 e=7，當然也可以選其他數值，只要所選的數值沒有因數 2 和 3 即可。這樣，公開金鑰就是 (7,221)。

（4）計算私密金鑰 d。

計算私密金鑰 d，使其滿足：(d×e)mod((p-1)×(q-1))=1。這裡將 e、p 和 q 代入公式，得：(d×5) mod ((7-1)×(17-1))=1。這裡我們可以用尋找（試探）法，讓 d 從 1 開始遞增，不停地測試是否滿足上面的公式。最終可以得到私密金鑰 d=55。

（5）加密時，對每個明文分組 M 做以下運算：

$$C=M^e \bmod N$$

其中，C 為得到的加密；e 是公開金鑰指數，公開金鑰用於加密。

這裡假設要加密的明文為 20，20<N=221，所以不需要分組，則加密 $C=20^7 \bmod 221 = 45$，45 這個數字就是加密。

（6）解密時，對每個加密分組做以下運算：

$$M=C^d \bmod N$$

其中，d 是私密金鑰，用於解密。

這裡，C 是 45，d 是 55，N 是 221，因此得到明文 $M=45^{55} \bmod 221 = 20$，解密出來的結果和第（5）步中的原明文一致，說明加解密成功。

下面用小程式來實現以上加解密過程。

【例 6.5】RSA 加密單一數字

（1）打開 VC 2017，新建一個主控台專案 test。

（2）在 test.cpp 中輸入程式如下：

```
#include "pch.h"
#include<iostream>
```

```cpp
#include<cmath>
using namespace std;

void main()
{

    int p, q;

    cout << "輸入p、q（p、q為質數，不支持過大）" << endl;
    cin >> p >> q;

    int n = p * q;
    int n1 = (p - 1) * (q - 1);
    int e;

    cout << "輸入e（e與" << n1 << "互質）且 1<e<" << n1 << endl;
    cin >> e;

    int d;
    for (d = 1;; d++)
    {
        if (d * e % n1 == 1)
            break;
    }

    cout << "{ " << e << "," << n << " }" << "為公開金鑰" << endl;
    cout << "{ " << d << "," << n << " }" << "為私密金鑰" << endl;

    int before;
    cout << "輸入明文，且明文小於" << n << endl;
    cin >> before;

    cout << endl;
    int i;

    cout << "加密為" << endl;
    int after;
    after = before % n;
    for (i = 1; i < e; i++)    //實現Mᵉ mod N運算
    {
        after = (after * before) % n;
    }
    cout << after << endl;
```

```
    cout << "明文為" << endl;
    int real;
    real = after % n;
    for (i = 1; i < d; i++)     //實現M=Cᵈ mod N運算
    {
        real = (real * after) % n;
    }
    cout << real << endl;
}
```

以上程式過程和我們前面推演的步驟一致，可讀性非常好。要注意的是模冪運算，公式雖然只有一行 M^e mod N，看似很簡單，先做冪運算，再做模運算，但程式設計時卻要變通一下，因為如果直接做 M^e 運算，那麼中間結果會很大，導致無法儲存，尤其是資料大的時候。我們可以利用 mod 的分配律：

$$(a \times b) \text{ mod } c = (a \text{ mod } c * b \text{ mod } c) \text{ mod } c$$

把 M^e mod N 拆開來運算，M^e mod N=(M*M*…*M)mod N=(M mod N * M mod N*…*M mod N) mod N，從而可以使用 for 迴圈。

另外，我們實現這個演算法使用了 int 類型，最大值為 21 億。可能出現的最大值是 n*n，所以 n 要小於根號 21 億，大致是 45000。

（3）保存專案並運行，運行結果如圖 6-5 所示。

圖 6-5

6.5.2 簡便法計算私密金鑰 d

前面我們描述了 RSA 演算法的原理，也用尋找法計算了私密金鑰 d，現在用簡便法來計算 d。當然，為了便於了解演算法的原理，數字都比較簡單。簡便法是手工方式推算 d 的一個不錯的方法。

（1）選擇兩個大質數 p 和 q。

為了方便演示，我們選擇兩個小質數，這裡假設 p=7、q=17。

（2）計算 N=p×q。

這裡 N=7×17=119，寫成二進位為 1110111，一共有 7 位元二進位位元，那麼本例的金鑰長度就是 7 位元，即 N 的長度是 7。在實際應用中，RSA 金鑰一般是 1024 位元，重要場合則為 2048 位元。

（3）選擇一個整數 e（公開金鑰）。

選擇一個整數 e 作為公開金鑰，使其滿足 1<e<(p-1)×(q-1)，且 e 與 (p-1)×(q-1) 互質，即 e 不是 (p-1) 和 (q-1) 的因數。計算 (p-1)×(q-1)=(7-1)×(17-1)=6×16=96，因為 96=2×2×2×2×2×3，所以 96 的因數是 2、2、2、2、2 和 3，由此可得 e 不能有因數 2 和 3。比如，不能選 4（2 是 4 的因數）、不能選 15（3 是 15 的因數）或 6（2 和 3 都是 6 的因數）。這裡我們選 e=5，當然也可以選其他數值，只要所選的數值沒有因數 2 和 3 即可。

（4）計算私密金鑰 d。

計算私密金鑰 d，使其滿足：(d×e)mod ((p-1)×(q-1))=1。這裡將 e、p 和 q 代入公式，得：(d×5) mod ((7-1)×(17-1))=1，即 (d×5) mod (6×16)=1，即 (d×5) mod 96 .=1。

d 的設定值可用擴充歐幾里德演算法求出。然而，手工用此方法求 d 有些麻煩。筆者有一個簡易的辦法可以快速求出大部分的 d 值。

利用 e×d mod ((p-1)×(q-1))=1，我們可以知道：e×d=((p-1×(q-1)) 的倍數 +1。所以只要使用 ((p-1)×(q-1)) 的倍數 +1 除以 e，能整除時，商便是

d 值。這個倍數如何求呢？可以用試探法從 1 開始測試，如表 6-1 所示。

⬇ 表 6-1 用試探法從 1 開始測試

倍　數	((p-1)×(q-1)) 的倍數 +1	能否整除 e（本例 e=5）
1	96×1+1=97	97 無法整除 5
2	96×2+1=193	193 無法整除 5
3	96×3+1=289	289 無法整除 5
4	96×4+1=385	385 可以整除 5，得 77

我們試算到倍數為 4 的時候，就可以得到 d=77 了。使用試探法比擴充歐幾里德演算法快得多，但不是正規解法，偶爾用用就行。至此，我們把私密金鑰 d 計算出來了。公私密金鑰都合格後，就可以開始加解密了。

（5）加密時，對每個明文分組 M 做以下運算：

$$C = M^e \bmod N$$

其中，C 為得到的加密，e 是公開金鑰（或稱公開金鑰指數），公開金鑰用於加密。

這裡假設要加密的明文為 10，則 $C = 10^5 \bmod 119 = 40$，40 這個數字就是加密。

（6）解密時，對每個加密分組做以下運算：

$$M = C^d \bmod N$$

其中，d 是私密金鑰，用於解密。

這裡，C 是 40，d 是 77，N 是 119，因此得到明文 $M = 40^{77} \bmod 119 = 10$，解密出來的結果和第（5）步中假設的明文一致，説明加解密成功。

最後，我們再來演示一下簡便法計算 d。假設 p=43、q=59，則 N=pq =34×59=2537，(p-1)×(q-1)=42×58=2436。選 e=13（13 不是 42 和 58 的因數），我們知道 d 滿足 e×d mod ((p-1)×(q-1))=1，用試探法來計算 d，如表 6-2 所示。

⬇ 表 6-2　用試探法來計算 d

倍　數	((p-1)×(q-1)) 的倍數 +1	能否整除 e（本例 e=13）
1	2436×1+1=2437	2437 無法整除 13
2	2436×2+1=4873	4873 無法整除 13
3	2436×3+1=7309	7309 無法整除 13
4	2436×4+1=9745	9745 無法整除 13
5	2436×5+1=12181	12181 可以整除 13，得 937

得到 d=937。

6.5.3　擴充歐幾里德演算法計算私密金鑰 d

擴充歐幾里德演算法計算私密金鑰 d 是專業的做法，該演算法我們前面講解數學基礎知識的時候實現過了，直接呼叫即可。實際上，我們用到的是求二元一次方程的最小正整數解的函數 c_min，該函數在例 6.4 中有程式實現。

（1）選擇兩個大質數 p 和 q。

為了方便演示，我們選擇兩個小質數，這裡假設 p=7、q=17。

（2）計算 N=p×q。

這裡 N=7×17=119，寫成二進位為 1110111，一共有 7 位元二進位位元，那麼本例的金鑰長度就是 7 位元。在實際應用中，RSA 金鑰一般是 1024 位元，重要場合則為 2048 位元。

（3）選擇一個整數 e（公開金鑰）。

選擇一個整數 e 作為公鑰，使其滿足 1<e<(p-1)×(q-1)，且 e 與 (p-1)×(q-1) 互質，即 e 不是 (p-1) 和 (q-1) 的因數。計 算 (p-1)×(q-1)=(7-1)×(17-1)=6×16=96，因為 96=2×2×2×2×2×3，所以 96 的因數是 2、2、2、2、2 和 3，由此可得 e 不能有因數 2 和 3。比如，不能選 4（2 是 4 的因數）、不能選 15（3 是 15 的因數）或 6（2 和 3 都是 6 的因數）。這裡我們選 e=5，當然也可以選其他數值，只要所選的數值沒有因數 2 和 3 即可。

（4）計算私密金鑰 d。

計算私密金鑰 d，使其滿足：(d×e)mod ((p-1)×(q-1))=1。這裡將 e、p 和 q 代入公式，得：(d×5) mod ((7-1)×(17-1))=1，即：(d×5) mod (6×16)=1，即 (d×5) mod 96 =1。

下面我們用擴充歐幾里德演算法計算 d。我們設商為 k，則 (d×5) mod 96 =1 可以化為：5d-96k=1。原理是，學過小學數學的朋友都知道：商 × 除數 ＋ 餘數 ＝ 被除數。現在，被除數等於 5d，除數等於 96，餘數等於 1，我們設商為 k，那麼就有：96k+1=5d，即 5d-96k=1。我們令 y=-k，則方程式可以轉為 5d+96y=1，這不就是一個二元一次方程嗎？這裡的 d 取滿足該方程式的最小正整數解即可，我們可以用擴充歐幾里德演算法來計算（前面例子的程式已經列出）。此時，可以把 5、96 和 1 分別作為 a、b 和 c 代入例 6.4 的函數 c_min 中，得到 d=77。至此，我們把私密金鑰 d 計算出來了。公私密金鑰都合格後，就可以開始加解密了。

（5）加密時，對每個明文分組 M 做以下運算：

$$C=M^e \bmod N$$

其中，C 為得到的加密，e 是公開金鑰，公開金鑰用於加密。

這裡假設要加密的明文為 10，則 $C=10^5 \bmod 119 = 40$，40 這個數字就是加密。

（6）解密時，對每個加密分組做以下運算：

$$M=C^d \bmod N$$

其中，d 是私密金鑰，用於解密。

這裡，C 是 40，d 是 77，N 是 119，因此得到明文 $M=40^{77} \bmod 119 = 10$，解密出來的結果和第（5）步中假設的明文一致，説明加解密成功。

6.5.4 加密字母

前面我們假設的明文是數字 10，所以參加解密運算非常自然，代入公式即可。那如果明文是字母 F 呢？不用怕，對字母進行數字化編碼，即可參加運算。編碼的方法有多種，比如英文字母循序串列、ASCII 碼、Base64 碼等。下面對明文（字母 F）進行加解密，編碼方式按照英文字母循序串列。假設公開金鑰是 (6,119)，私密金鑰 d=77，發送方需要對字母 F 進行加密後發送給接收方，發送方手頭有公開金鑰 (5,119) 和明文 F，加密步驟如下：

（1）按照英文字母順序（A:1,B:2,C:3,D:4,E:5,F:6,…,Z:26），可把 F 編碼為 6。

（2）根據 $C=M^e \bmod N$，求得加密 $C=6^5 \bmod 119=41$，因此加密是 41，這個加密就可以發送給對方了。

對方收到加密後，需要解密，解密步驟如下：

（1）根據 $M=C^d \bmod N$，求得明文 $M=41^{77} \bmod 119=6$。

（2）尋找字母循序串列，把 6 解碼為 F，這就是初始明文。

6.5.5 分組加密字串

前面的例子加密的是單一數字或字母，現在我們開始加密一個字串。假設明文為一個字串 "helloworld123"，然後開始加密，加密步驟如下：

（1）選擇兩個保密的大質數 p 和 q，這裡選擇 p=13、q=23。

（2）計算 N=p×q，其中 N 的長度就是金鑰長度，則 N=13×23=299。

（3）選擇一個整數 e，這裡選擇 e=5，則公開金鑰為 (5,299)。

（4）計算私密金鑰 d，使其滿足：(e×d)mod ((p-1)×(q-1))=1，即要滿足 5d mod((13-1)*(23-1)) =5d mod 264=1。利用小學知識，可以轉為二元一次方程 5d-264k=1，令 y=-k，方程式變為 5d+264y=1. 我們利用例子 6.4 的 c_min 函數，把 a=5、b=264 和 c=1 代入函數，求得最小正整數解作為私密金鑰：d=53。

（5）加密時，先將明文數字化（編碼），然後判斷明文的十進位數字是否大於 N，如果大於 N，就要對明文進行分組，使得每個分組對應的十進位數字小於 N，然後對每個明文分組，進行模冪運算。

我們首先要對明文編碼，明文為 helloworld123，這裡按照 ASCII 碼表來進行編碼，就是取每個字元的 ASCII 碼值，這個值最大是 127，小於 N（299），因此我們可以把單一字元作為一組明文，進行模冪運算，如果是兩個字元，那麼合在一起的數值可能會大於 299，比如 'h' 和 'e'，它們的值合在一起就是 104101，大於 299 了，所以兩個字元一組是不行的。編碼很簡單，查每個字元的 ASCII 碼值即可。接著將每個 ASCII 碼值投入模冪運算。比如 'h' 的 ASCII 碼值為 104，我們計算 104^5 mod 299=12166529024 mod 299=156，其他字元類似，最終得到完整加密：156 238 75 75 11 58 11 160 75 16 82 150 181。

（6）解密也一樣，一位元組一組，對每個加密值進行解密的模冪運算。接下來上機實現上述過程。

【例 6.6】RSA 分組加密字串

（1）打開 VC 2017，新建一個主控台專案 test。

（2）在 test.cpp 中輸入程式如下：

```
#include "pch.h"
#include <iostream>
#include <stdlib.h>
#include <time.h>
#include <stdio.h>
using namespace std;
inline int gcd(int a, int b) {
    int t;
    while (b) {
        t = a;
        a = b;
        b = t % b;
    }
    return a;
}
```

```
bool prime_w(int a, int b) {
    if (gcd(a, b) == 1)
        return true;
    else
        return false;
}
inline int mod_inverse(int a, int r) {
    int b = 1;
    while (((a*b) % r) != 1) {
        b++;
        if (b < 0) {
            printf("error ,function can't find b ,and now b is negative
                    number");
            return -1;
        }
    }
    return b;
}
inline bool prime(int i) {
    if (i <= 1)
        return false;
    for (int j = 2; j < i; j++) {
        if (i%j == 0)return false;
    }
    return true;
}
void secret_key(int* p, int *q) {
    int s = time(0);
    srand(s);
    do {
        *p = rand() % 50 + 1;
    } while (!prime(*p));
    do {
        *q = rand() % 50 + 1;
    } while (p == q || !prime(*q));
}
int getRand_e(int r) {
    int e = 2;
    while (e<1 || e>r || !prime_w(e, r)) {
        e++;
        if (e < 0) {
            printf("error ,function can't find e ,and now e is negative number");
            return -1;
```

```
            }
        }
        return e;
    }
    int rsa(int a, int b, int c) {
        int aa = a, r = 1;
        b = b + 1;
        while (b != 1) {          //運用模運算的分配律
            r = r * aa;
            r = r % c;
            b--;
        }
        return r;
    }
    int getlen(char *str) {
        int i = 0;
        while (str[i] != '\0') {
            i++;
            if (i < 0)return -1;
        }
        return i;
    }
    int main(int argc, char** argv) {
        FILE *fp;
        fp = fopen("prime.dat", "w");
        for (int i = 2; i <= 65535; i++)
            if (prime(i))
                fprintf(fp, "%d ", i);
        fclose(fp);
        int p, q, N, r, e, d;
        p = 0, q = 0, N = 0, e = 0, d = 0;
        secret_key(&p, &q);
        N = p * q;                //計算模數
        r = (p - 1)*(q - 1);      //計算尤拉函數值
        e = getRand_e(r);         //隨機獲取公開金鑰指數
        d = mod_inverse(e, r);    //計算私密金鑰
        cout << "N:" << N << '\n' << "p:" << p << '\n' << "q:" << q << '\n' <<
    "r:" << r << '\n' << "e:" << e << '\n' << "d:" << d << '\n'; //列印各個參數
        char mingwen, jiemi;
        int miwen;
        char mingwenStr[1024], jiemiStr[1024];
        int mingwenStrlen;
```

```
    int *miwenBuff;
    cout << "\n\n輸入明文:";
    cin>>mingwenStr;          //使用者輸入字串作為明文
    mingwenStrlen = getlen(mingwenStr);
    miwenBuff = (int*)malloc(sizeof(int)*mingwenStrlen);
    for (int i = 0; i < mingwenStrlen; i++) {
        miwenBuff[i] = rsa((int)mingwenStr[i], e, N);
        //對每個字元進行加密的模冪運算
    }
    for (int i = 0; i < mingwenStrlen; i++) {
        jiemiStr[i] = rsa(miwenBuff[i], d, N);//對每個字元進行解密的模冪運算
    }
    jiemiStr[mingwenStrlen] = '\0';
    cout << "明文:" << mingwenStr << '\n' << "明文長度:" << mingwenStrlen <<
'\n';  //輸出結果
    cout << "加密:";
    for (int i = 0; i < mingwenStrlen; i++)
        cout << miwenBuff[i] << " ";
    cout << '\n';
    cout << "解密:" << jiemiStr << '\n';
    system("pause");
    return 0;
}
```

在程式中，首先把小於 65535 的質數全部存放在檔案 prime.dat 中，其部分內容如圖 6-6 所示。

圖 6-6

然後用隨機數的方式來生成 p 和 q，所用的函數是 secret_key。要注意的是，如果 p 和 q 過小，導致 N 是小於 127 的某個值，那可能某些字元的 ASCII 碼大於 N，這樣就無法正確加密了，這個例子也是為了讓大家體會

明文分組（本例是一個字元是一組明文）必須小於 N。接著，程式隨機計算了公開金鑰指數 e，再計算私密金鑰 d，然後讓使用者輸入一段字串作為明文，等到所有參數都準備好後，就開始呼叫 rsa 函數進行加密的模冪運算，該函數以每個字元作為一個明文分組參與模冪運算，字元的編碼採用該字元的 ASCII 碼。加密完成後，同樣再解密。

另外值得注意的是，在 rsa 函數中，依然用了模運算的分配律來計算模冪運算，和上例一樣。

（3）保存專案並運行，運行結果如圖 6-7 所示。

圖 6-7

運氣比較好，N 大於 129。每個 ASCII 字元都可以進行加解密了。

6.6 熟悉 PKCS#1

前面我們講的是 RSA 基本的原理和簡單的實現。現在要慢慢向商用環境進軍了。在實際使用之前，同樣要了解一些商用環境中使用 RSA 相關的背景知識，尤其是相關標準協定。標準協定能告訴我們該如何規範地用某個演算法。

首先要知道，商用環境所使用的 RSA 演算法都是遵循標準規範的，這個標準規範就是 PKCS#1。那什麼是 PKCS 呢？公開金鑰密碼學標準（The

Public-Key Cryptography Standards，PKCS）是由美國 RSA 資料安全公司及其合作夥伴制定的一組公開金鑰密碼學標準，其中包括證書申請、證書更新、證書作廢表發佈、擴充證書內容以及數位簽章、數位信封的格式等方面的一系列相關協定。已經發佈的標準有 PKCS #1、#3、#5、#7、#8、#9、#10、#11、#12、#15，PKCS #13、#14 正在開發中。以下是各個系列的公開金鑰加密標準（PKCS）：

- PKCS #1：RSA 密碼編譯標準，定義 RSA 演算法的數理基礎、公 / 私密金鑰格式，以及加 / 解密、簽 / 驗章的流程加密和簽名機制，主要用於 PKCS#7 中所描述的數位簽章和數位信封。

- PKCS #2：已經取消。

- PKCS #3：DH 金鑰協定標準，定義了 Diffie-Hellman 金鑰協商協定。

- PKCS #4：已經取消。

- PKCS #5：密碼基植加密標準，描述了一種透過從密碼衍生出金鑰來加密字串的方法。

- PKCS #6：證書擴充語法標準，將原本 X.509 的證書格式標準加以擴充。

- PKCS #7：密碼訊息語法標準，為資訊定義了大致語法，包括加密增強功能產生的資訊，如數位簽章和加密。

- PKCS #8：私密金鑰訊息表示標準，描述了私密金鑰資訊的格式，這個資訊包括某些公開金鑰演算法的私密金鑰和一些可選的屬性。

- PKCS #9：選擇屬性格式，定義了在其他的 PKCS 標準中可使用的選定的屬性類型。

- PKCS #10：證書申請標準，描述了認證請求的語法。

- PKCS #11：密碼裝置標準介面，為加密裝置定義了一個技術獨立（Technology-Independent）的程式設計介面，稱之為 Cryptoki，比如智慧卡、PCMCIA 卡這種加密裝置。

- PKCS #12：個人訊息交換標準，定義了包含私密金鑰與公開金鑰證書的檔案格式。私密金鑰採用密碼保護。常見的 PFX 就履行了 PKCS #12。

- PKCS #13：橢圓曲線密碼學標準，目的是為了定義使用橢圓曲線加密和簽名資料加密機制。
- PKCS # 14：擬隨機數產生器標準，涵蓋虛擬亂數生成。
- PKCS # 15：密碼裝置訊息格式標準，是 PKCS # 11 的補充，列出了一個儲存在加密權杖上的加密證書的格式的標準。

RSA 實驗室的意圖就是要時不時地修改 PKCS 文件以跟得上密碼學和資料安全領域的新發展。

建議大家在網上下載一份 PKCS#1v2.1 RSA 密碼學規範，工作中使用 RSA 的時候方便隨時查詢相關知識。限於篇幅，不可能把規範全部敘述一遍。規範的了解需要在工作實踐中去學。這裡挑選一些重點知識進行説明。

6.6.1 PKCS#1 填充

跟 DES、AES 一樣，RSA 也是一個區塊加密演算法，總是在一個固定長度的區塊上操作。但跟 AES 等不同的是，區塊長度（分組長度）是跟金鑰長度有關的。在實際使用中，每次 RSA 加密的實際明文的長度是受 RSA 填充模式限制的，但是 RSA 每次參與運算的加密的區塊（填充後的區塊）的長度就是金鑰長度。

填充模式多種多樣，RSA 預設採用的是 PKCS#1 填充方式。RSA 加密時，需要將原文填充至金鑰大小，填的格式為：EB = 00 + BT + PS + 00 + D。各欄位説明如下：

- EB：轉化後十六進位表示的資料區塊，這個資料區塊所對應的整數會參與模冪運算。比如金鑰為 1024 位元的情況下，EB 的長度為 128 位元組（要填充到與密碼長度一樣）。
- 00：開頭固定為 00。
- BT：處理模式。公開金鑰操作時為 02，私密金鑰操作時為 00 或 01。
- PS：填充位元組，填充數量為 k-3-len(D)，k 表示金鑰的位元組長度，比如我們用 1024 位元的 RSA 金鑰，這個長度就是 1024/8=128。len(D) 表示明文的位元組長度，PS 的最小長度為 8 位元組。填充的值根據 BT 值的不同而不同：BT=00 時，填充全是 00；BT=01 時，填充全是 FF；BT =02 時，隨機填充，但不能為 00。

- 00：在來源資料 D 前一個位元組用 00 表示。
- D：實際來源資料。

對於 BT 為 00 的，資料 D 中的資料就不能以 00 位元組開頭，要不然會有問題，因為這時候 PS 填充的也是 00，就分不清哪些是填充資料，哪些是明文資料了。但如果明文資料就是以 00 位元組開頭，怎麼辦呢？對於私密金鑰操作，可以把 BT 的值設為 01，這時 PS 填充的是 FF，那麼用 00 位元組就可以區分填充資料和明文資料。對於公開金鑰的操作，填充的都是非 00 位元組，也能夠用 00 位元組區分開。如果你使用私密金鑰加密，建議 BT 使用 01，以保證安全性。

對於 BT 為 02 和 01 的，PS 至少要有 8 位元組長（這是 RSA 操作的一種安全措施）。BT 為 02 肯定是公開金鑰加密，BT 為 01 肯定是私密金鑰加密，要保證 PS 有 8 位元組長，因為 EB= 00+BT+PS+00+D，設金鑰長度是 k 位元組，則 D 的長度≤k-11，所以當我們使用 128 位元組金鑰（1024 位元金鑰）對資料進行加密時，明文資料的長度不能超過 128-11=117 位元組。當 RSA 要加密資料大於 k-11 位元組時怎麼辦呢？把明文資料按照 D 的最大長度分區塊，然後逐區塊加密，最後把加密拼起來就行。

1. 自己實現 PKCS#1 加密填充

下面我們來看一個公開金鑰加密的填充例子。因為加密肯定用到的是公開金鑰，所以 BT=02。

【例 6.7】公開金鑰加密時的 PKCS#1 填充

（1）打開 VC 2017，新建一個主控台專案 test。

（2）在 test.cpp 中輸入程式如下：

```cpp
#include "pch.h"
#include <iostream>
#include <stdlib.h>
#include <time.h>

int rsaEncDataPaddingPkcs1(unsigned char *in, int ilen, unsigned char *eb,
int olen)
{
    int i;
    unsigned char byteRand;

     if (ilen > (olen - 11))
         return -1;
    srand(time(NULL));

    eb[0] = 0x0;
    eb[1] = 0x2;   //加密用的是公開金鑰

    for (i = 2; i < (olen - ilen - 1); i++)
    {
        do
        {
            byteRand = rand();
        } while (byteRand == 0);    //BT = 02 時，隨機填充，但不能為 00

        eb[i] = byteRand;
    }

    eb[i++] = 0x0;               //明文前是00
    memcpy(eb + i, in, ilen);       //實際明文

    return 0;
}

void PrintBuf(unsigned char* buf, int len)          //列印位元組緩衝區函數
{
    int i;

    for (i = 0; i < len; i++) {
        printf("%02x ", (unsigned char)buf[i]);
        if (i % 16 == 15)
            putchar('\n');
    }
```

```
    putchar('\n');
}


int main()
{
    int i, lenN = 1024 / 8;
//根據1024位元的金鑰長度來分配空間
    unsigned char *pRsaPaddingBuf =(unsigned char*) new    char[lenN];
    unsigned char plain[] = "abc";
    int ret = rsaEncDataPaddingPkcs1(plain, sizeof(plain), pRsaPaddingBuf, lenN);
    if (ret != 0)
        std::cout << "rsaEncDataPaddingPkcs1 failed:" << ret;

    PrintBuf(pRsaPaddingBuf, lenN);
}
```

我們定義了加密時的明文填充函數 rsaEncDataPaddingPkcs1，填充規則完全按照 PKCS#1 進行，即前面的 EB = 00 + BT + PS + 00 + D，相信一目了然。在 main 函數中，先根據金鑰長度 1024 來分配一個填充後所需要的緩衝區，並假設明文是 abc，然後就可以呼叫填充函數了。填充完畢後，呼叫函數 PrintBuf 來列印 pRsaPaddingBuf 所指的緩衝區內容。這個填充函數讀者可以直接在工作中使用，畢竟它久經沙場，也算是筆者送給讀者的小禮物。

（3）保存專案並運行，運行結果如圖 6-8 所示。

圖 6-8

大家想想，開頭固定為 00 有什麼好處？可以確保填充後的資料區塊所對應的數值小於 N。

2. OpenSSL 中的 RSA 填充

如果使用 OpenSSL 進行 RSA 加解密，填充函數自然幫我們準備而且開放原始程式。路徑位於：C:\openssl-1.0.2m\crypto\rsa\ rsa_pk1.c，該檔案中的 RSA_padding_add_PKCS1_type_1 函數用於私密金鑰加密填充，標示：0x01，填充：0xFF，原始程式如下：

```
int RSA_padding_add_PKCS1_type_1(unsigned char *to, int tlen,
                                 const unsigned char *from, int flen)
{
    int j;
    unsigned char *p;

    if (flen > (tlen - RSA_PKCS1_PADDING_SIZE)) {
        RSAerr(RSA_F_RSA_PADDING_ADD_PKCS1_TYPE_1,
               RSA_R_DATA_TOO_LARGE_FOR_KEY_SIZE);
        return (0);
    }

    p = (unsigned char *)to;

    *(p++) = 0;
    *(p++) = 1;                      /* 私密金鑰BT（區塊型）*/

    /* 用0xff資料填充 */
    j = tlen - 3 - flen;
    memset(p, 0xff, j);
    p += j;
    *(p++) = '\0';
    memcpy(p, from, (unsigned int)flen);
    return (1);
}
```

函數 RSA_padding_add_PKCS1_type_2 用於公開金鑰加密填充，標示：0x02，填充：非零隨機數，原始程式如下：

```
int RSA_padding_add_PKCS1_type_2(unsigned char *to, int tlen,
                                 const unsigned char *from, int flen)
{
    int i, j;
    unsigned char *p;
```

```
// 填充條件 : 資料長度必須小於模數長度-11位元組
if (flen > (tlen - 11)) {
    RSAerr(RSA_F_RSA_PADDING_ADD_PKCS1_TYPE_2,
            RSA_R_DATA_TOO_LARGE_FOR_KEY_SIZE);
    return (0);
}


p = (unsigned char *)to;


*(p++) = 0;
*(p++) = 2;                     /*公開金鑰BT（區塊型）*/

/* 用非零隨機數填充 */
j = tlen - 3 - flen;

if (RAND_bytes(p, j) <= 0)
    return (0);
for (i = 0; i < j; i++) {
    if (*p == '\0')
        do {
            if (RAND_bytes(p, 1) <= 0)
                return (0);
        } while (*p == '\0');
    p++;
}

*(p++) = '\0';

memcpy(p, from, (unsigned int)flen);
return (1);
}
```

6.6.2 PKCS#1 中的 RSA 私密金鑰語法

在 PKCS#1 中，RSA 私密金鑰 DER 結構語法如下：

```
RSAPrivateKey ::= SEQUENCE {
version Version,                //版本
modulus INTEGER,                // RSA合數模 n
publicExponent INTEGER,         //RSA公開冪 e
privateExponent INTEGER,        //RSA私有冪 d
prime1 INTEGER,                 //n的質數因數p
```

```
prime2 INTEGER,                //n的質數因數q
exponent1 INTEGER,             //值 d mod (p-1)
exponent2 INTEGER,             //值 d mod (q-1)
coefficient INTEGER,           //CRT係數 (inverse of q) mod p
otherPrimeInfos OtherPrimeInfos OPTIONAL
}
```

OtherPrimeInfos 按順序包含其他質數 r3,⋯, ru 的資訊。如果 Version 是 0，它應該被忽略；如果 Version 是 1，它應該至少包含 OtherPrimeInfo 的實例。

```
OtherPrimeInfos ::= SEQUENCE SIZE(1..MAX) OF OtherPrimeInfo
OtherPrimeInfo ::= SEQUENCE {
prime INTEGER,            //ri-n的質數因數ri，其中i≥3
exponent INTEGER,
coefficient INTEGER      //ti-CRT係數ti = (r1·r2·⋯·ri-1)-1 mod ri
}
```

RSAPrivateKey 和 OtherPrimeInfo 各域的意義如註釋所示。

商用的 RSA 金鑰通常有兩種格式，一種為 PKCS#1，另一種為 PKCS#8。在 OpenSSL 中，透過命令生成公私密金鑰都是 Base64 編碼的，透過 PEM 檔案的內容可以進行區分。PKCS#1 首尾分別為：

```
# 公開金鑰
-----BEGIN RSA PUBLIC KEY-----
-----END RSA PUBLIC KEY-----
# 私密金鑰
-----BEGIN RSA PRIVATE KEY-----
-----END RSA PRIVATE KEY-----
```

另一種為 PKCS#8，首位分別為：

```
# 公開金鑰
-----BEGIN PUBLIC KEY-----
-----END PUBLIC KEY-----
# 私密金鑰
-----BEGIN PRIVATE KEY-----
-----END PRIVATE KEY-----
```

OpenSSL 工具生成的公私密金鑰均為 PKCS#1 格式，而介面請求資料加密用的 RSA 函數庫使用的格式為 PKCS#8 格式，於是 PKCS#1 格式的公私密金鑰與 PKCS#8 格式的公私密金鑰的轉換成為必須解決的問題，但不用擔心，OpenSSL 提供了轉換命令。

6.7 在 OpenSSL 命令中使用 RSA

6.7.1 生成 RSA 公私密金鑰

下面我們上機，先生成 1024 位元的 RSA 私密金鑰，再轉為 PKCS#8 格式。

打開作業系統的命令列視窗，輸入 cd 進入 D:\openssl-1.1.1b\win32-debug\bin\，然後輸入 openssl.exe，並按確認鍵開始運行。

我們輸入生成私密金鑰的命令：

```
genrsa -out rsa_private_key.pem 1024
```

其中，genrsa 生成金鑰的命令，-out 表示輸出到檔案，rsa_private_key.pem 表示存放私密金鑰的檔案名稱，1024 表示金鑰長度。稍等片刻生成完成，如圖 6-9 所示。

圖 6-9

此時，會在同目錄 D:\openssl-1.1.1b\win32-debug\bin\ 下生成一個檔案 rsa_private_key.pem，它裡面就是私密金鑰內容，並且是 Base64 編碼的。內容如下：

```
-----BEGIN RSA PRIVATE KEY-----
MIICXAIBAAKBgQCzdq65Nr5HVuwQasrVA1EsDB2aOTwfWZ/da43ftS5rmJHA6YVN
U5hb9ueQofhSTWj8CRDaWFrZwqjXFDrJv/2bXqSPK/gCgA4vNEjTVF56ccASd4Q+
HHtEsbJYMv5uvqhSrU7VB9SkLW1Fa80hXjJ5TUkOoOxyCeYLjFkarSwezwIDAQAB
AoGAVXpO6FrhsHr/PyaOa30D+ZXft6hRMaFvmnfzAD182bS2n4raeiU56Xuleecb
rp++RGVRCJ6Szyt/Xcn94kA22y/7vLHRTrLfw32nDe4d7COOC+P67y1RzFUUDglk
qhWn3kPWsmglmzql+WLnaspa88gGce2L8o35Ln1WaLWKbskCQQDprh/gsofr91KW
iPoyc9Z6rP7fN70LyRaWiTXOB8iC893qo5yzU0n/tkv7Px3MqivOcGgwg8XUL+nP
oTDhBJerAkEAxJrfA6RpWKbKIrHA9lH9SunVToOjsl2+WXyMM9Dz6YeH2NQoiTCI
4dokCaGohVKup7YAIrIKJ7CI52G+N3+hbQJADEmBl5kLmJa6mvu83CZHItAx3p7Z
q+L48xVn5Nt36ZrVEl9j//HjNDTrrdxVvss73nD+qX5kSpHyY16AaXSKXQJBALIJ
GNkAgpFQAI3ob7ffSUMUeyAtXwh/kYcRnRizKJ2aKK92d/q748i6NJYwOR36YMTo
sDi7By0n1OHLBmjVgAUCQCJL9IpV69Ra9aYa4ojxDXWAR8wtOw5R0axfrdOqXRbm
twXoAR11BkUGmaOggc6OOLbar9f+lkglwZgxT3WEJOc=
-----END RSA PRIVATE KEY-----
```

如果要把該檔案轉為 **PKCS#8** 格式的，可以輸入命令：

```
pkcs8 -topk8 -inform PEM -in rsa_private_key.pem -outform pem -nocrypt -out
rsa_private_pkcs8.pem
```

其中，rsa_private_key.pem 檔案是上一步生成的金鑰檔案，必須存在，否則會顯示出錯。該命令執行後，會在同目錄下生成另一個檔案 rsa_private_pkcs8.pem，其內容如下：

```
-----BEGIN PRIVATE KEY-----
MIICdgIBADANBgkqhkiG9w0BAQEFAASCAmAwggJcAgEAAoGBALN2rrk2vkdW7BBq
ytUDUSwMHZo5PB9Zn91rjd+1LmuYkcDphU1TmFv255Ch+FJNaPwJENpYWtnCqNcU
Osm//ZtepI8r+AKADi80SNNUXnpxwBJ3hD4ce0Sxslgy/m6+qFKtTtUH1KQtbUVr
zSFeMnlNSQ6g7HIJ5guMWRqtLB7PAgMBAAECgYBVek7oWuGwev8/Jo5rfQP5ld+3
qFExoW+ad/MAPXzZtLafitp6JTnpe6V55xuun75EZVEInpLPK39dyf3iQDbbL/u8
sdFOst/DfacN7h3sLQ4L4/rvLVHMVRQOCWSqFafeQ9ayaCWbOqX5YudqylrzyAZx
7YvyjfkufVZotYpuyQJBAOmuH+Cyh+v3UpaI+jJz1nqs/t83vQvJFpaJNc4HyILz
3eqjnLNTSf+2S/s/HcyqK85waDCDxdQv6c+hMOEE16sCQQDEmt8DpGlYpsoiscD2
Uf1K6dVOg6OyXb5ZfIwz0PPph4fY1CiJMIjh2iQJoaiFUq6ntgAisgonsIjnYb43
f6FtAkAMSYGXmQuYlrqa+7zcJkci0DHentmr4vjzFWfk23fpmtUSX2P/8eM0NOut
3FW+yzvecP6pfmRKKfJjXoBpdIpdAkEAsgkY2QCCkVAAjehvt99JQxR7IC1fCH+R
hxGdGLMonZoor3Z3+rvjyLo0ljA5HfpgxOiwOLsHLSfU4csGaNWABQJAIkv0ilXr
1Fr1phriiPENdYBHzC07DlHRrF+t06pdFua3BegBHXUGRQaZo6CBzo44ttqv1/6W
SCXBmDFPdYQk5w==
-----END PRIVATE KEY-----
```

注意，每次生成的公私密金鑰不同（因為每次生成私密金鑰時 p1 和 p2
是不同的）。下面再生成公開金鑰，公開金鑰可以從私密金鑰中提取，在
OpenSSL 命令列提示符號後輸入命令：

```
rsa -in rsa_private_key.pem -pubout -out rsa_public_key.pem
```

其中，rsa 表示提取公開金鑰的命令，-in 表示從檔案中讀取，rsa_private_
key.pem 表示檔案名稱；-pubout 表示輸出公開金鑰，-out 指定輸出檔案，
rsa_public_key.pem 表示輸出的公開金鑰檔案名稱。

執行後，在同目錄下生成公開金鑰檔案 rsa_public_key.pem，內容如下：

```
-----BEGIN PUBLIC KEY-----
MIGfMA0GCSqGSIb3DQEBAQUAA4GNADCBiQKBgQCzdq65Nr5HVuwQasrVA1EsDB2a
OTwfWZ/da43ftS5rmJHA6YVNU5hb9ueQofhSTWj8CRDaWFrZwqjXFDrJv/2bXqSP
K/gCgA4vNEjTVF56ccASd4Q+HHtEsbJYMv5uvqhSrU7VB9SkLW1Fa80hXjJ5TUkO
oOxyCeYLjFkarSwezwIDAQAB
-----END PUBLIC KEY-----
```

6.7.2　提取私密金鑰各參數

透過 OpenSSL 命令可以從私密金鑰的 PEM 檔案中獲得 RSA 私密金鑰中
各個參數的值。在 OpenSSL 命令列提示符號後輸入命令：

```
rsa -in rsa_private_key.pem -text -out private.txt
```

執行後，會在同目錄下生成檔案 private.txt。內容如下：

```
RSA Private-Key: (1024 bit, 2 primes)
modulus:
    00:b3:76:ae:b9:36:be:47:56:ec:10:6a:ca:d5:03:
    51:2c:0c:1d:9a:39:3c:1f:59:9f:dd:6b:8d:df:b5:
    2e:6b:98:91:c0:e9:85:4d:53:98:5b:f6:e7:90:a1:
    f8:52:4d:68:fc:09:10:da:58:5a:d9:c2:a8:d7:14:
    3a:c9:bf:fd:9b:5e:a4:8f:2b:f8:02:80:0e:2f:34:
    48:d3:54:5e:7a:71:c0:12:77:84:3e:1c:7b:44:b1:
    b2:58:32:fe:6e:be:a8:52:ad:4e:d5:07:d4:a4:2d:
    6d:45:6b:cd:21:5e:32:79:4d:49:0e:a0:ec:72:09:
    e6:0b:8c:59:1a:ad:2c:1e:cf
publicExponent: 65537 (0x10001)
```

```
privateExponent:
    55:7a:4e:e8:5a:e1:b0:7a:ff:3f:26:8e:6b:7d:03:
    f9:95:df:b7:a8:51:31:a1:6f:9a:77:f3:00:3d:7c:
    d9:b4:b6:9f:8a:da:7a:25:39:e9:7b:a5:79:e7:1b:
    ae:9f:be:44:65:51:08:9e:92:cf:2b:7f:5d:c9:fd:
    e2:40:36:db:2f:fb:bc:b1:d1:4e:b2:df:c3:7d:a7:
    0d:ee:1d:ec:2d:0e:0b:e3:fa:ef:2d:51:cc:55:14:
    0e:09:64:aa:15:a7:de:43:d6:b2:68:25:9b:3a:a5:
    f9:62:e7:6a:ca:5a:f3:c8:06:71:ed:8b:f2:8d:f9:
    2e:7d:56:68:b5:8a:6e:c9
prime1:
    00:e9:ae:1f:e0:b2:87:eb:f7:52:96:88:fa:32:73:
    d6:7a:ac:fe:df:37:bd:0b:c9:16:96:89:35:ce:07:
    c8:82:f3:dd:ea:a3:9c:b3:53:49:ff:b6:4b:fb:3f:
    1d:cc:aa:2b:ce:70:68:30:83:c5:d4:2f:e9:cf:a1:
    30:e1:04:97:ab
prime2:
    00:c4:9a:df:03:a4:69:58:a6:ca:22:b1:c0:f6:51:
    fd:4a:e9:d5:4e:83:a3:b2:5d:be:59:7c:8c:33:d0:
    f3:e9:87:87:d8:d4:28:89:30:88:e1:da:24:09:a1:
    a8:85:52:ae:a7:b6:00:22:b2:0a:27:b0:88:e7:61:
    be:37:7f:a1:6d
exponent1:
    0c:49:81:97:99:0b:98:96:ba:9a:fb:bc:dc:26:47:
    22:d0:31:de:9e:d9:ab:e2:f8:f3:15:67:e4:db:77:
    e9:9a:d5:12:5f:63:ff:f1:e3:34:34:eb:ad:dc:55:
    be:cb:3b:de:70:fe:a9:7e:64:4a:91:f2:63:5e:80:
    69:74:8a:5d
exponent2:
    00:b2:09:18:d9:00:82:91:50:00:8d:e8:6f:b7:df:
    49:43:14:7b:20:2d:5f:08:7f:91:87:11:9d:18:b3:
    28:9d:9a:28:af:76:77:fa:bb:e3:c8:ba:34:96:30:
    39:1d:fa:60:c4:e8:b0:38:bb:07:2d:27:d4:e1:cb:
    06:68:d5:80:05
coefficient:
    22:4b:f4:8a:55:eb:d4:5a:f5:a6:1a:e2:88:f1:0d:
    75:80:47:cc:2d:3b:0e:51:d1:ac:5f:ad:d3:aa:5d:
    16:e6:b7:05:e8:01:1d:75:06:45:06:99:a3:a0:81:
    ce:8e:38:b6:da:af:d7:fe:96:48:25:c1:98:31:4f:
    75:84:24:e7
-----BEGIN RSA PRIVATE KEY-----
MIICXAIBAAKBgQCzdq65Nr5HVuwQasrVA1EsDB2aOTwfWZ/da43ftS5rmJHA6YVN
U5hb9ueQofhSTWj8CRDaWFrZwqjXFDrJv/2bXqSPK/gCgA4vNEjTVF56ccASd4Q+
```

```
HHtEsbJYMv5uvqhSrU7VB9SkLW1Fa80hXjJ5TUkOoOxyCeYLjFkarSwezwIDAQAB
AoGAVXpO6FrhsHr/PyaOa30D+ZXft6hRMaFvmnfzAD182bS2n4raeiU56Xuleecb
rp++RGVRCJ6Szyt/Xcn94kA22y/7vLHRTrLfw32nDe4d7C0OC+P67y1RzFUUDglk
qhWn3kPWsmglmzql+WLnaspa88gGce2L8o35Ln1WaLWKbskCQQDprh/gsofr91KW
iPoyc9Z6rP7fN70LyRaWiTXOB8iC893qo5yzU0n/tkv7Px3MqivOcGgwg8XUL+nP
oTDhBJerAkEAxJrfA6RpWKbKIrHA9lH9SunVToOjsl2+WXyMM9Dz6YeH2NQoiTCI
4dokCaGohVKup7YAIrIKJ7CI52G+N3+hbQJADEmBl5kLmJa6mvu83CZHItAx3p7Z
q+L48xVn5Nt36ZrVEl9j//HjNDTrrdxVvss73nD+qX5kSpHyY16AaXSKXQJBALIJ
GNkAgpFQAI3ob7ffSUMUeyAtXwh/kYcRnRizKJ2aKK92d/q748i6NJYwOR36YMTo
sDi7By0n1OHLBmjVgAUCQCJL9IpV69Ra9aYa4ojxDXWAR8wtOw5R0axfrdOqXRbm
twXoAR11BkUGmaOggc6OOLbar9f+lkglwZgxT3WEJOc=
-----END RSA PRIVATE KEY-----
```

其中，prime1 和 prime2 就是前面演算法描述中的兩個質數 p1 和 p2，每次生成私密金鑰的時候，prime1 和 prime2 都是不同的。modulus 就是模數。現在看，一目了然，符合 PKCS#1 的私密金鑰格式了。

6.7.3 RSA 公開金鑰加密一個檔案

要用 RSA 公開金鑰加密檔案，可以使用命令 rsautl，該命令能夠使用 RSA 演算法加密／解密資料、簽名／驗簽身份，功能異常強大。該命令語法格式如下：

```
rsautl [-in file] [-out file] [-inkey file] [-passin arg] [-keyform
PEM|DER|NET] [-pubin] [-certin]
[-asn1parse] [-hexdump] [-raw] [-oaep] [-ssl] [-pkcs] [-x931] [-sign]
[-verify][-encrypt] [-decrypt] [-rev]
[-engine e]
```

選項說明：

- -in file：需要處理的檔案，預設為標準輸入。
- -out file：指定輸出檔案名稱，預設為標準輸出。
- -inkey file：指定私有金鑰檔案，格式必須是 RSA 私有金鑰檔案。
- -passin arg：指定私密金鑰，包含密碼存放方式。比如使用者將私密金鑰的保護密碼寫入一個檔案，採用此選項指定此檔案，可以免去使用者輸入密碼的操作。比如使用者將密碼寫入檔案 pwd.txt，輸入的參數為：-passin file:pwd.txt。

- -keyform PEM|DER|NET：證書私密金鑰的格式。
- -pubin：表明輸入的是一個公開金鑰檔案，預設輸入為私密金鑰檔案。
- -certin：表明輸入的是一個證書檔案。
- -asn1parse：對輸出的資料進行 ASN1 分析。該指令一般和 -verify 一起用的時候威力大。
- -hexdump：用十六進位輸出資料。
- -raw、-oaep、-ssl、-pkcs、-x931：採用的填充模式，上述 5 個值分別代表：PKCS#1.5（預設值）、PKCS#1 OAEP、SSLv2、X931 裡面特定的填充模式，或不填充。如果要簽名，只有 -pkcs 和 -raw 可以使用。
- -sign：給輸入的資料簽名，需要私有金鑰檔案。
- -verify：對輸入的資料進行驗證。
- -encrypt：用公共金鑰對輸入的資料進行加密。
- -decrypt：用 RSA 的私有金鑰對輸入的資料進行解密。
- -rev：資料是否倒序。
- -engine e：硬體引擎。

在某個目錄（比如 D:\test\ 下）新建一個文字檔，檔案名稱為 plain.txt，然後輸入三個字元 "abc"，利用此前生成的公開金鑰加密檔案（注意，加密是利用公開金鑰，解密是利用私密金鑰）。在 OpenSSL 提示符號後輸入以下命令：

```
rsautl -encrypt -in D:\test\plain.txt -inkey rsa_public_key.pem -pubin-out
D:\test\enfile.dat
```

其中，rsa_public_key.pem 公開金鑰檔案就是前面生成的公開金鑰檔案；D:\test\enfile.dat 就是加密後生成的加密檔案。

注意，每次加密的結果是不同的，因為明文填充時加入的是隨機數。

6.7.4 RSA 私密金鑰解密一個檔案

在 OpenSSL 中，RSA 私密金鑰解密所用的命令依然是 rsautl。我們在前面的目錄（比如 D:\test\ 下）生成了一個加密檔案 enfile.dat，現在在

OpenSSL 提示符號後輸入以下命令開始解密：

```
rsautl -decrypt -inkey rsa_private_key.pem -in  D:\test\enfile.dat
```

執行後，直接在終端顯示明文：abc。如果要指定輸出到檔案，可以這樣：

```
rsautl -decrypt -inkey rsa_private_key.pem -in  D:\test\enfile.dat -out D:\
test\plainheck.txt
```

其中，-in 指定被加密的檔案，-inkey 指定私密金鑰檔案，-out 為解密後的
檔案。透過 -out 選項輸出解密結果到檔案（D:\test\plainheck.txt）即可。

6.8 基於 OpenSSL 函數庫的 RSA 程式設計

RSA 命令不是萬能的，我們在第一線開發中需要自己程式設計實現某些特
定功能，讓加解密功能融入應用系統中，這就需要基於 OpenSSL 演算法
函數庫進行 RSA 加解密程式設計。

使用 OpenSSL 的 RSA 加解密程式設計有兩種方式，一種是使用 EVP 系
列函數，這些函數提供了對底層加解密函數的封裝；另一種是直接使用
RSA 相關的函數進行加解密操作。如果是標準應用，如使用 RSA 公開
金鑰加密、私密金鑰解密，那麼使用 EVP 函數比較方便，如果有特殊應
用，如私密金鑰簽名、公開金鑰驗簽，那麼使用 EVP 函數會有問題，可
以直接使用 RSA 提供的函數。

值得注意的是，使用 EVP 方式只能採取公開金鑰加密、私密金鑰解密的
方式，否則運行會出錯。

6.8.1 OpenSSL 的 RSA 實現

OpenSSL 的 RSA 實現原始程式在 crypto/rsa 目錄下。它實現了 RSA
PKCS#1 標準。主要原始程式說明如下：

（1）rsa.h：定義 RSA 資料結構以及 RSA_METHOD，定義了 RSA 的各種
　　　函數。

（2）rsa_asn1.c：實現了 RSA 金鑰的 DER 編碼和解碼，包括公開金鑰和私密金鑰。

（3）rsa_chk.c：RSA 金鑰檢查。

（4）rsa_eay.c：OpenSSL 實現的是一種 RSA_METHOD，作為其預設的一種 RSA 計算實現方式。此檔案未實現 rsa_sign、rsa_verify 和 rsa_keygen 回呼函數。

（5）rsa_err.c：RSA 錯誤處理。

（6）rsa_gen.c：RSA 金鑰生成，如果 RSA_METHOD 中的 rsa_keygen 回呼函數不為空，就呼叫它，否則呼叫其內部實現。

（7）rsa_lib.c：主要實現了 RSA 運算的 4 個函數（公開金鑰 / 私密金鑰、加密 / 解密），它們都呼叫了 RSA_METHOD 中對應的回呼函數。

（8）rsa_none.c：實現了一種填充和去填充。

（9）rsa_null.c：實現了一種空的 RSA_METHOD。

（10）rsa_oaep.c：實現了 oaep 填充與去填充。

（11）rsa_pk1.c：實現了 PKCS#1 填充與去填充。

（12）rsa_sign.c：實現了 RSA 的簽名和驗簽。

（13）rsa_ssl.c：實現了 SSL 填充。

（14）rsa_x931.c：實現了一種填充和去填充。

6.8.2 主要資料結構

結構 rsa_st 封裝了公私密金鑰資訊，它們各自會在不同的函數中被用到。rsa_st 結構定義在 crypto/rsa/rsa.h 中。rsa_st 結構中包含公 / 私密金鑰資訊（如果僅有 n 和 e，就表明是公開金鑰），定義如下：

```
struct rsa_st {
    /*
     *第一個參數用於在傳遞錯誤時拾取錯誤
      它不是aEVP_PKEY，而是設定為 0
     */
    int pad;
    long version;
    const RSA_METHOD *meth;
```

```
    ENGINE *engine;
    BIGNUM *n;
    BIGNUM *e;
    BIGNUM *d;
    BIGNUM *p;
    BIGNUM *q;
    BIGNUM *dmp1;
    BIGNUM *dmq1;
    BIGNUM *iqmp;
    /*如果RSA結構是共用的，請小心使用它*/
    CRYPTO_EX_DATA ex_data;
    int references;
    int flags;
    /* Used to cache montgomery values */
    BN_MONT_CTX *_method_mod_n;
    BN_MONT_CTX *_method_mod_p;
    BN_MONT_CTX *_method_mod_q;
    /* 所有BIGNUM值實際上都在以下資料中，如果不是NULL的話    */
    char *bignum_data;
    BN_BLINDING *blinding;
    BN_BLINDING *mt_blinding;
};
```

在 \include\openssl\ossl_type.h 中又定義了：

```
typedef struct rsa_st RSA;
```

6.8.3 主要函數

1. 初始化和釋放函數

初始化函數是 rsa_new，初始化一個 RSA 結構，宣告如下：

```
rsa * rsa_new(void);
```

釋放函數是 rsa_free，用於釋放一個 RSA 結構，宣告如下：

```
void rsa_free(rsa *rsa);
```

2. 公私密金鑰產生函數 RSA_generate_key

函數 RSA_generate_key 用於產生一個模為 num 位元的金鑰對。該函數宣告如下：

```
#include <openssl/rsa.h>
RSA *RSA_generate_key(int num, unsigned long e,void (*callback)(int,int,
void *), void *cb_arg);
```

其中，參數 num 是模數的位元數；e 為公開的公開金鑰指數，一般為 65537（0x10001）；callback 是回呼函數，由使用者實現，用於干預金鑰生成過程中的一些運算，可為空；cb_arg 是回呼函數的參數，可為空。

3. 公開金鑰加密函數 RSA_public_encrypt

函數 RSA_public_encrypt 用於公開金鑰加密，宣告如下：

```
#include <openssl/rsa.h>
int RSA_public_encrypt(int flen, const unsigned char *from,unsigned char *to,
RSA *rsa, int padding);
```

其中，flen 是要加密的明文長度；from 指向要加密的明文緩衝區；to 指向存放加密結果的緩衝區；rsa 指向 RSA 結構；padding 用於指定填充模式，設定值如下：

- RSA_PKCS1_PADDING：使用 PKCS #1 v1.5 規定的填充模式，這是目前使用廣泛的模式。但是強烈建議在新的應用程式中使用 RSA_PKCS1_OAEP_PADDING。
- RSA_PKCS1_OAEP_PADDING：PKCS#1 v2.0 中定義的填充模式。對於所有新的應用程式，建議使用此模式。
- RSA_SSLV23_PADDING：PKCS#1 v1.5 填充，專門用於支持 SSL，表示伺服器支持 SSL3。
- RSA_NO_PADDING：不填充，用 RSA 直接加密使用者資料是不安全的。

如果函數執行成功，就返回加密的長度，即 RSA_size(rsa)，如果出錯就返回 -1，此時可以透過函數 ERR_get_error 獲得錯誤碼。

對於基於 PKCS#1 v1.5 的填充模式，flen 不能大於 RSA_size(rsa)-11；對於 RSA_PKCS1_OAEP_PADDING 填充模式，flen 不能大於 RSA_size(rsa)-42；對於 RSA_NO_PADDING 填充模式，flen 不能大於 RSA_size(rsa)。

當 使 用 RSA_NO_PADDING 以 外 的 填 充 模 式 時，RSA_public_encrypt 函數將在加密中包含一些隨機位元組，因此加密每次都不同，即使明文和公開金鑰完全相同。to 中返回的加密將始終被零填充到 RSA_size(rsa)。

4. 私密金鑰解密函數 RSA_private_decrypt

函數 RSA_private_decrypt 用於私密金鑰加密，宣告如下：

```
#include <openssl/rsa.h>
int RSA_private_decrypt(int flen, const unsigned char *from,unsigned char *to,
RSA *rsa, int padding);
```

其中，flen 是要解密的加密長度；from 指向要解密的加密緩衝區；to 指向存放明文結果的緩衝區；rsa 指向 RSA 結構；padding 用於指定填充模式，設定值同 RSA_public_encrypt 中的 padding 參數。

如果函數執行成功，就返回解密出來的明文長度，如果出錯就返回 -1，此時可以透過函數 ERR_get_error 獲得錯誤碼。

在解密時，flen 應該等於 RSA_size(rsa)，但當前置字元為零位元組在加密中時，它可能更小。to 必須指向一個足夠大的記憶體段，以容納可能的最大解密資料，對於 RSA_NO_PADDING 填充，to 的大小等於 RSA_size(rsa)，對於 PKCS#1 v1.5 的填充模式，to 的大小等於 RSA_size(rsa)-11；對於 RSA_PKCS1_OAEP_PADDING 填充，to 的大小等於 RSA_size(rsa)-42。

【例 6.8】EVP 和非 EVP 兩種方式實現 RSA 加解密

（1）打開 VC 2017，新建一個主控台專案，專案名是 test。
（2）在專案中打開 test.cpp，輸入程式如下：

```
#include "pch.h"
#include <stdio.h>
#include <stdlib.h>
#include <openssl/rand.h>   //為了使用隨機數
#include <openssl/rsa.h>
#include<openssl/pem.h>
#include<openssl/err.h>
```

```cpp
#include <openssl/bio.h>
#include <fstream>
#include <iostream>
#include <string>
using namespace std;

#ifdef WIN32
#pragma comment(lib, "libcrypto.lib")
#pragma comment(lib, "ws2_32.lib")
#pragma comment(lib, "crypt32.lib")
#endif
#define RSA_KEY_LENGTH 1024
static const char rnd_seed[] = "string to make the random number generator
initialized";

#ifdef WIN32
#define PRIVATE_KEY_FILE "d:\\test\\rsapriv.key"
#define PUBLIC_KEY_FILE "d:\\test\\rsapub.key"
#else   // non-win32 system
#define PRIVATE_KEY_FILE "/tmp/avit.data.tmp1"
#define PUBLIC_KEY_FILE  "/tmp/avit.data.tmp2"
#endif

#define RSA_PRIKEY_PSW "123"     //私密金鑰的密碼，通常為了私密金鑰授權使用，
都是要帶密碼的

// 生成公開金鑰檔案和私密金鑰檔案，私密金鑰檔案帶密碼
int generate_key_files(const char *pub_keyfile, const char *pri_keyfile,
    const unsigned char *passwd, int passwd_len)
{
    RSA *rsa = NULL;
    RAND_seed(rnd_seed, sizeof(rnd_seed));
    rsa = RSA_generate_key(RSA_KEY_LENGTH, RSA_F4, NULL, NULL);
    if (rsa == NULL)
    {
        printf("RSA_generate_key error!\n");
        return -1;
    }

    // 開始生成公開金鑰檔案
    BIO *bp = BIO_new(BIO_s_file());
    if (NULL == bp)
    {
```

```
        printf("generate_key bio file new error!\n");
        return -1;
    }

    if (BIO_write_filename(bp, (void *)pub_keyfile) <= 0)
    {
        printf("BIO_write_filename error!\n");
        return -1;
    }

    if (PEM_write_bio_RSAPublicKey(bp, rsa) != 1)
    {
        printf("PEM_write_bio_RSAPublicKey error!\n");
        return -1;
    }

    // 公開金鑰檔案生成成功，釋放資源
    //printf("Create public key ok!\n");
    BIO_free_all(bp);

    // 生成私密金鑰檔案
    bp = BIO_new_file(pri_keyfile, "w+");
    if (NULL == bp)
    {
        printf("generate_key bio file new error2!\n");
        return -1;
    }

    if (PEM_write_bio_RSAPrivateKey(bp, rsa,
        EVP_des_ede3_ofb(), (unsigned char *)passwd,
        passwd_len, NULL, NULL) != 1)
    {
        printf("PEM_write_bio_RSAPublicKey error!\n");
        return -1;
    }

    // 釋放資源
    //printf("Create private key ok!\n");
    BIO_free_all(bp);
    RSA_free(rsa);

    return 0;
}
```

```
// 打開私密金鑰檔案，返回EVP_PKEY結構的指標
EVP_PKEY* open_private_key(const char *keyfile, const unsigned char *passwd)
{
    EVP_PKEY* key = NULL;
    RSA *rsa = RSA_new();
    OpenSSL_add_all_algorithms();
    BIO *bp = NULL;
    bp = BIO_new_file(keyfile, "rb");
    if (NULL == bp)
    {
        printf("open_private_key bio file new error!\n");

        return NULL;
    }

    rsa = PEM_read_bio_RSAPrivateKey(bp, &rsa, NULL, (void *)passwd);
    if (rsa == NULL)
    {
        printf("open_private_key failed to PEM_read_bio_RSAPrivateKey!\n");
        BIO_free(bp);
        RSA_free(rsa);

        return NULL;
    }

    //printf("open_private_key success to PEM_read_bio_RSAPrivateKey!\n");
    key = EVP_PKEY_new();
    if (NULL == key)
    {
        printf("open_private_key EVP_PKEY_new failed\n");
        RSA_free(rsa);

        return NULL;
    }

    EVP_PKEY_assign_RSA(key, rsa);
    return key;
}

// 打開公開金鑰檔案，返回EVP_PKEY結構的指標
EVP_PKEY* open_public_key(const char *keyfile)
{
```

```
    EVP_PKEY* key = NULL;
    RSA *rsa = NULL;

    OpenSSL_add_all_algorithms();
    BIO *bp = BIO_new(BIO_s_file());;
    BIO_read_filename(bp, keyfile);
    if (NULL == bp)
    {
        printf("open_public_key bio file new error!\n");
        return NULL;
    }

    rsa = PEM_read_bio_RSAPublicKey(bp, NULL, NULL, NULL);//讀取PKCS#1的公開金鑰
    if (rsa == NULL)
    {
        printf("open_public_key failed to PEM_read_bio_RSAPublicKey!\n");
        BIO_free(bp);
        RSA_free(rsa);

        return NULL;
    }

    //printf("open_public_key success to PEM_read bio_RSAPublicKey!\n");
    key = EVP_PKEY_new();
    if (NULL == key)
    {
        printf("open_public_key EVP_PKEY_new failed\n");
        RSA_free(rsa);

        return NULL;
    }

    EVP_PKEY_assign_RSA(key, rsa);
    return key;
}

// 使用金鑰加密，這種封裝格式只適用於公開金鑰加密、私密金鑰解密，這裡key必須是
公開金鑰
int rsa_key_encrypt(EVP_PKEY *key, const unsigned char *orig_data, size_t
orig_data_len,
    unsigned char *enc_data, size_t &enc_data_len)
{
    EVP_PKEY_CTX *ctx = NULL;
```

```
    OpenSSL_add_all_ciphers();

    ctx = EVP_PKEY_CTX_new(key, NULL);
    if (NULL == ctx)
    {
        printf("ras_pubkey_encryptfailed to open ctx.\n");
        EVP_PKEY_free(key);
        return -1;
    }

    if (EVP_PKEY_encrypt_init(ctx) <= 0)
    {
        printf("ras_pubkey_encryptfailed to EVP_PKEY_encrypt_init.\n");
        EVP_PKEY_free(key);
        return -1;
    }

    if (EVP_PKEY_encrypt(ctx,
        enc_data,
        &enc_data_len,
        orig_data,
        orig_data_len) <= 0)
    {
        printf("ras_pubkey_encryptfailed to EVP_PKEY_encrypt.\n");
        EVP_PKEY_CTX_free(ctx);
        EVP_PKEY_free(key);

        return -1;
    }

    EVP_PKEY_CTX_free(ctx);
    EVP_PKEY_free(key);

    return 0;
}

// 使用金鑰解密，這種封裝格式只適用於公開金鑰加密、私密金鑰解密，這裡key必須是
私密金鑰
int rsa_key_decrypt(EVP_PKEY *key, const unsigned char *enc_data, size_t enc_
data_len,
    unsigned char *orig_data, size_t &orig_data_len, const unsigned char *passwd)
{
    EVP_PKEY_CTX *ctx = NULL;
```

```
    OpenSSL_add_all_ciphers();

    ctx = EVP_PKEY_CTX_new(key, NULL);
    if (NULL == ctx)
    {
        printf("ras_prikey_decryptfailed to open ctx.\n");
        EVP_PKEY_free(key);
        return -1;
    }

    if (EVP_PKEY_decrypt_init(ctx) <= 0)
    {
        printf("ras_prikey_decryptfailed to EVP_PKEY_decrypt_init.\n");
        EVP_PKEY_free(key);
        return -1;
    }

    if (EVP_PKEY_decrypt(ctx,
        orig_data,
        &orig_data_len,
        enc_data,
        enc_data_len) <= 0)
    {
        printf("ras_prikey_decryptfailed to EVP_PKEY_decrypt.\n");
        EVP_PKEY_CTX_free(ctx);
        EVP_PKEY_free(key);

        return -1;
    }

    EVP_PKEY_CTX_free(ctx);
    EVP_PKEY_free(key);
    return 0;
}

void PrintBuf(unsigned char* buf, int len)    //列印位元組緩衝區函數
{
    int i;

    for (i = 0; i < len; i++) {
        printf("%02x ", (unsigned char)buf[i]);
        if (i % 16 == 15)
            putchar('\n');
```

```c
    }
    putchar('\n');
}


int NoEvpRsa()
{
    // 產生RSA金鑰對
    RSA *rsaKey = RSA_generate_key(1024, 65537, NULL, NULL);

    int keySize = RSA_size(rsaKey);

    char fData[] = "Jeep car";
    printf("明文：%s\n", fData);
    char tData[128];

    int  flen = strlen(fData);
    int ret = RSA_public_encrypt(flen, (unsigned char *)fData, (unsigned char
*)tData, rsaKey, RSA_PKCS1_PADDING);
    //ret = 128

    puts("加密：");
    PrintBuf((unsigned char*)tData, ret);

    ret = RSA_private_decrypt(128, (unsigned char *)tData, (unsigned char *)
fData, rsaKey, RSA_PKCS1_PADDING);

    if (ret != -1)
        printf("解密結果：%s\n", fData);

     RSA_free(rsaKey);
     return 0;
}

int main(int argc, char **argv)
{
    char origin_text[] = "hello world!";
    char enc_text[512] = "";
    char dec_text[512] = "";
    size_t enc_len = 512;
    size_t dec_len = 512;

    printf("明文：%s\n", origin_text);
```

```
    // 生成公開金鑰和私密金鑰檔案
    generate_key_files(PUBLIC_KEY_FILE, PRIVATE_KEY_FILE, (const unsigned char
*)RSA_PRIKEY_PSW, strlen(RSA_PRIKEY_PSW));

    EVP_PKEY *pub_key = open_public_key(PUBLIC_KEY_FILE);
    EVP_PKEY *pri_key = open_private_key(PRIVATE_KEY_FILE, (const unsigned
char *)RSA_PRIKEY_PSW);

    rsa_key_encrypt(pub_key, (const unsigned char *)&origin_text,
sizeof(origin_text), (unsigned char *)enc_text, enc_len);
    puts("加密:");
    PrintBuf((unsigned char*)enc_text, enc_len);
    rsa_key_decrypt(pri_key, (const unsigned char *)enc_text, enc_len,
        (unsigned char *)dec_text, dec_len, (const unsigned char *)RSA_
PRIKEY_PSW);

    printf("解密結果:%s\n", dec_text);

    puts("---------------No Evp RSA-------------");
    NoEvpRsa();

    return 0;
}
```

我們分別使用 EVP 系列函數和不用 EVP 函數兩種方式進行了 RSA 加解密，其中函數 NoEvpRsa 是不用 EVP 系列函數的方式。在專案屬性中增加其它 Include 目錄：D:\openssl-1.1.1b\win32-debug\include，再增加附加函數庫目錄：D:\openssl-1.1.1b\win32-debug\lib。

（3）保存專案並運行，運行結果如圖 6-10 所示。

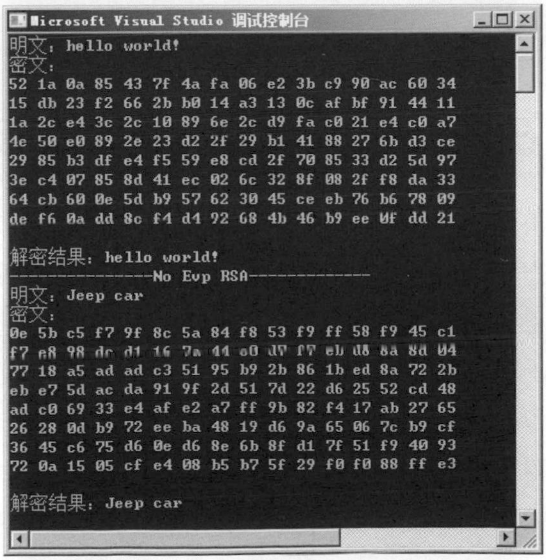

圖 6-10

6.9 隨機大質數的生成

透過前面對 RSA 演算法的描述可知，演算法中的第一步是尋找大質數，選取出符合要求的大質數不僅是後續步驟的基礎，也是保障 RSA 演算法安全性的基礎。在正整數序列中，質數具有不規則分佈的性質，無法用固定的公式計算出需要的大質數或證明所選取的數是否為一個質數；從耗費和安全的角度而言，也不可能事先製作並儲存一個備用的大質數表。因此，選取一個固定位數的大質數存在著一定的難度。檢測質數的方法大致分為確定性檢測方法和機率性檢測方法兩類。確定性檢測方法有試除法、Lucas 質數檢測、橢圓曲線測試法等，這類測試法的計算量太大，使用確定性檢測方法判定一個 100 位以上的十進位數字的素性，以世界上最快的電腦需要消耗 103 年，這種方法在實際應用中顯然沒有意義。在 RSA 演算法的應用中一般都使用機率性檢測方法來檢測一個大整數的素性，雖然可能會有極個別的合數遺漏，但是這種可能性很小，在很大程度上排除了合數的可能，速度較確定性檢測方法也快得多。常見的機率性檢測方法有費馬質數檢測法、Solovay-Strassen 檢測法、Miller-Rabin 測試法，其中，Miller-Rabin 測試法容易了解、效率較高，在實際應用中也比較廣泛。

6.10 RSA 演算法的攻擊及分析

RSA 公開金鑰演算法的破譯方式主要分兩大類：其一是金鑰窮舉法，即找出所有可能的金鑰組合；其二是密碼分析法。因為 RSA 演算法的加解密變換具有龐大的工作量，用金鑰窮舉法進行破譯基本上是行不通的，所以只能利用密碼分析法對 RSA 演算法的加密進行破譯。目前，關於密碼分析法的攻擊方式主要有：因數分解攻擊、選擇加密攻擊、公共模數攻擊和小指數攻擊等。

6.10.1　因數分解攻擊

因數分解攻擊是針對 RSA 公開金鑰演算法很直接的攻擊方式，主要可以從三個角度進行：

（1）將模數 n 分解成兩個素因數 p 和 q。如果分解成功，就可以計算出 (n)=(p-1)(q-1)，再依據 ed =1mod (n)，進而解得 d。

（2）不分解模數 n 的情況下，直接確定 (n)，同樣可以得到 d。

（3）不確定 (n)，直接確定 d。

6.10.2　選擇加密攻擊

由於 n 是透過公開金鑰傳輸的，因此惡意攻擊者可以先利用公開金鑰對明文進行加密，然後透過點擊和試用找出其影響因素，如果有任何加密與之匹配，攻擊者就可以獲取原始訊息，從而降低 RSA 演算法的安全係數。選擇加密攻擊是 RSA 公開金鑰演算法很常用、很有效的攻擊方式之一，是指惡意攻擊者事先選擇不同的加密，並嘗試取得與之對應的明文，由此推算出私密金鑰或模數，進而獲得自己想要的明文。舉例來説，如果攻擊者想破譯訊息 x 獲取其簽名，可以事先虛構兩個合法的訊息 x_1 和 x_2，使得 $x \equiv (x_1 x_2) \bmod n$，並騙取使用者對 x1 和 x2 的簽名 $S_1 = x_1^d (\bmod n)$ 和 $S_2 = x_2 d (\bmod n)$，就可以計算出 x 的簽名，$S = x^d = (((x_1 x_2)(\bmod n))^d)(\bmod n) = ((x_1^d \bmod n)(x_2^d \bmod n)) \bmod n == (S_1 S_2)(\bmod n)$。

6.10.3　公共模數攻擊

公共模數問題是指在公開金鑰密碼的實現過程中，一個系統中的不同使用者共用同一個大整數，但卻擁有不同的指數，即公開金鑰指數 e。對一個需要頻繁加密的使用者來說，如果這樣的方法能夠保證資訊的安全，那麼將極大地降低營運的成本。實際上，這不但不能保證安全性，還會是致命的，密碼攻擊者可以不需要任何私密金鑰就能恢復出明文。很簡單的一種情況是在兩個使用者共用同一個模數 n 的情況下，又對同一明文 M 進行加密。假設密碼攻擊者獲得了 n、e_1、e_2、C_1、C_2，則根據 $C_1=M^{e1} \bmod n$ 和 $C_2=M^{e2} \bmod n$，明文就能被破譯。這是因為 e_1 和 e_2 互素，所以根據歐幾里德演算法能夠確定 r 和 s，使得 $e_1r+e_2s=1$，由於公開金鑰 e_1 和 e_2 都大於 0，故 r 和 s 中必然有一個為負數，假設 r 為負數，再根據歐幾里德演算法可以計算出 $C_1^{(-1)}$，於是有 $(C_1^{(-1)})^{(-r)}(C_2)^s=M \bmod n$。由上述分析可以看出，對於同一段明文，如果選擇不同的加密指數，不必做複雜的分解就能破譯 RSA 密碼體制。

6.10.4 小指數攻擊

小指數攻擊針對的是 RSA 演算法的實現細節。根據演算法的原理，假設密碼系統的公開金鑰 e 和私密金鑰 d 選取較小的值，演算法簽名和驗證的效率可以得到提升，並且對儲存空間的需求也會降低，但是若 e、d 選取的太小，則可能會受到小指數攻擊。舉例來說，同一系統內的三個使用者分別選用不同的模數 n_1、n_2、n_3，且選取 e=3，假設將一段明文 M 發送給這三個使用者，使用各人的公開金鑰加密得：$C_1=M^3 \bmod n_1$、$C_2=M^3 \bmod n_2$、$C_3=M^3 \bmod n_3$。為了保證系統的安全性，一般要求 n_1、n_2、n_3 互素，根據 C_1、C_2、C_3 可得加密 $C=M^3(\bmod\ n_1n_2n_3)$。如果 $M<n_1$、$M<n_2$、$M<n_3$，那麼 $M^3 < n_1 n_2 n_3$，可得 $M= \sqrt[3]{C}$。

利用獨立隨機數字對明文訊息進行填充，或指數 e 和 d 都取較大位數的值，這樣可以使得演算法能夠有效地抵禦小指數攻擊。

數位簽章技術

7.1 概述

網際網路身為當今社會普遍使用的資訊交換平台,越來越成為人們生活與工作中不可或缺的一部分,但是各種各樣具有創新性、高複雜度的網路攻擊方法也層出不窮。2016 年,國家網際網路應急中心(CNCERT/CC)監測發現,中國大陸境內約有 1.7 萬個網站被篡改,針對境內網站的仿冒頁約 17.8 萬個。網路資訊的分散性廣、來源隱蔽、邊界模糊等特點都使得資訊的安全性與防禦性十分脆弱,不法分子利用網路系統的漏洞肆意進行攻擊、傳播病毒、偽造資訊和盜取機密等,給政府、企業造成了巨大的經濟損失。隨著網路資訊與共用資源的不斷擴大,網路環境的日益複雜,電腦網路資訊安全的重要性也日益表現出來。因此,如何在電腦網路中實現資訊的安全傳輸已成為近些年人們研究的熱點課題之一。

為了確保網路中資料傳輸的保密性、完整性,傳輸服務的可用性,以及傳輸實體的真實性、可追溯性、不可否認性,大部分的情況下所採用的方法除了被動防衛型的安全技術(如防火牆技術)外,很大程度上依賴於基於密碼學的網路資訊加密技術。公開金鑰體制是目前研究與應用非常深入的密碼體制之一,其中 RSA 公開金鑰演算法是其中很典型、很具影響力的代表。從最早的 E-Mail、電子信用卡系統、網路安全協定的認證,到現在的車輛管理和雲端運算等各種安全或認證領域,這種密碼演算法可以抵禦大多數的惡意攻擊方式,因此被推薦為公開金鑰加密的業界標準。與此同時，各種新的、針對性的攻擊方式也在不斷出現，512 位元的 RSA 公開金鑰演算法早在 1999 年就已被超級電腦因式分解破譯，768 位元的 RSA 公開金鑰演算法也在 10 年後的 2009 年 12 月被攻破。2010 年，美國密西根大學的三位科學家已經研究出了在 100 小時內破譯 1024 位元 RSA 公開金鑰演算法的方法。2013 年 8 月，Google 公司宣佈使用 2048 位元的 RSA 金鑰加密和驗證 Gmail 等服務。為了保證 RSA 公開金鑰演算法的安全性，有效的方法是不斷地提升演算法中金鑰的位元數。這樣的做法雖然確保了演算法的安全性，但是也增加了金鑰選取的困難性與演算法中的基本運算一大整數模冪乘運算的複雜性，演算法的效率隨之急劇地降低，也成為影響其發展的主要瓶頸之一。

數位簽章是公開金鑰密碼學發展過程中衍生出的一種安全認證技術，主要用於提供實體認證、認證金鑰傳輸和認證金鑰協商等服務。簡單來說，發送訊息的一方可以透過增加一個起簽名作用的編碼來代表訊息檔案的特徵，如果檔案發生了改變，那麼對應的數位簽章也要發生改變，即不同的檔案經過編碼所得到的數位簽章是不同的。使用基於 RSA 公開金鑰演算法的數位簽章技術，如果密碼攻擊者試圖對原始訊息進行篡改和冒充等非法操作，由於無法獲取訊息發送方的私密金鑰，因此也就無法得到正確的數位簽章，若訊息的接收方試圖否認和偽造數位簽章，則公證方可以用正確的數位簽章對訊息進行驗證，判斷訊息是否來自發送方，這樣的方式極佳地保證了訊息檔案的完整性，鑑定發送者身份的真實性與不可否認性。針對 RSA 公開金鑰演算法攻擊方式的深入研究，限制了其在數位簽章中的應用。並且，當下許多領域對數位簽章技術提出了各種新的應用需求，在未來的網路資訊安全和身份認證中，基於 RSA 公開金鑰演算法的數位簽章技術在理論和實際應用方面仍具有重要的研究價值與研究意義。

20 世紀 70 年代，公開金鑰密碼體制被提出之後，應無紙化辦公、數位化和資訊化發展的要求，數位簽章技術也隨之應運而生。不同於一般的手寫簽名，數位簽章是一種電子形式的簽名方式，但是作用與一般的手寫簽名或印章類似。數位簽章技術在實現訊息的保密傳輸、資料完整性、身份認證和不可否認性方面的功能，對於物聯網、電子商務、醫療系統等領域的發展都具有非常重要的作用。

數位簽章的方案主要依賴於密碼技術，比較主流的簽名方案主要有基於公開金鑰的方案、基於 ElGamal 的方案、基於橢圓曲線 ECC 演算法的方案等。RSA 公開金鑰演算法由於可以同時用於資訊加密和數位簽章，並且具有較好的安全性，是目前應用普遍的簽名方案之一。隨著數位簽章技術研究的愈加深入，簽名方案日益增多，有盲簽名、群簽名、代理簽名等。同時，關於數位簽章的安全性分析和攻擊研究也在不斷深入。

自從數位簽章技術被提出以來，不少密碼學者和相關的機構（如麻省理工學院、IBM 研究中心等）都開始致力於數位簽章的研究，並高度關注該項技術的發展。1984 年 9 月，在國際標準組織的建議下，SC20 率先開始為數位簽章技術制訂標準，將其分為帶影子、帶印章以及使用 Hash 函數的三種數位簽章。WG2 在 1988 年 5 月起草了使用 Hash 函數的簽名方案 DP9796，並於 1989 年 10 月將其升級為 DIS9796。與此同時，日本、英國等國的相關組織也迅速展開了對數位簽章標準的制訂工作。1991 年 8 月，美國 NIST 公佈了 DSA 簽名演算法，並將其納入 DSS 數位簽章標準之中。2000 年 6 月，美國通過了有關數位簽章的法案。目前，影響較大的制訂數位簽章相關標準的組織包括：國際電子技術委員會（International Electrotechnical Commission，IEC）、國際標準組織（International Organization for Standardization，ISO）、美國國家標準與技術委員會（National Institute of Standards and Technology，NIST）等。在國際上，數位簽章技術的相關標準和法案已日趨完善，中國大陸因為在這一領域起步較晚的關係，在數位簽章的操作中主要是吸收國外的經驗，並且還會有很多不規範之處。鑑於此，2005 年 4 月正式頒佈並施行了《中華人民共和國電子簽名法》，這部法律不僅確立了數位簽章的法律效力和地位，還規範了數位簽章的行為，維護了有關方的合法權益，促進了中國大陸電子商務的發展，中國大陸數位簽章研究工作的順利進行也因此獲得了有力的支持和保障。

7.2 什麼是數位簽章技術

7.2.1 簽名

在檔案上手寫簽名和蓋章長期以來被用作證明作者的身份,或至少同意檔案的內容。一個簽名至少具有 5 個特性:(1)簽名是可信的;(2)簽名不可偽造;(3)簽名不可重用;(4)簽名的檔案是不可改變的;(5)簽名是不可否認的。我們使用數位簽章技術來保證對電子文件的簽名,也同樣具有這 5 個特性,從而使數位簽章跟手寫簽名和蓋章一樣,甚至具有更高的安全性。

7.2.2 數位簽章的基本概念

數位簽章是對手寫簽名的模擬,透過分析手寫簽名的特點,一個數位簽章方案至少要滿足以下三個條件:

(1)不可否認性。簽名者事後不能否認他簽署的簽名。

(2)不可偽造性。其他任何人不能偽造簽名者的簽名。

(3)可仲裁性。當簽名雙方對一個簽名的真實性發生爭執時,第三方仲裁機構可以幫助解決爭執。

數位簽章演算法與公開金鑰加密演算法類似,是私密金鑰或公開金鑰控制下的數學變換,而且通常可以從公開金鑰加密演算法衍生而來。簽名是利用簽名者的私密金鑰對訊息進行計算、變換,而驗證則是利用公開金鑰檢驗該簽名是不是由簽名者簽署。只有掌握了簽名者的私密金鑰,才能得到簽名者的簽名,從而實現不可否認性、不可偽造性和可仲裁性。

數位簽章是公開金鑰密碼體制衍生出的重要的技術之一。相較於在紙上書寫的物理簽名,數位簽章首先對資訊進行處理,再將其綁附一個私密金鑰上進行傳輸,形成一個位元串的表示形式,可以實現使用者對電子資訊來源的認證,並對資訊進行簽名,確認並保證資訊的完整性與有效性。在數位簽章出現之前，除了傳統的物理簽名外，還有一種「數位化」簽名技術，即在電子板上進行簽名，接著將簽名傳輸到電子檔案中，雖然相比物理簽名，這種方式更加便捷，然而仍然可以被非法地複製並貼上到其他檔案上，因此簽名的安全性無法得到保障。不同於「數位化」簽名技術，數位簽章與手寫簽名的形式毫無關係，它實際上是使用密碼學的技術將發送方的資訊明文轉換成不可辨識的加密進行傳輸，在資訊的不可偽造性、不可否認性等方面具有其他簽名方式無法替代的作用。

數位簽章技術應用十分廣泛，數位簽章在包括身份認證辨識、資料完整性保護、資訊不可否認及匿名性等許多資訊安全領域中都有重要的用途。甚至可以說有資訊安全的地方，就有數位簽章。特別是在網路安全通訊、電子商務等系統中，數位簽章具有重要作用。

7.2.3 數位簽章的原理

原則上，所有的公開金鑰演算法都能用於數位簽章。事實上，工業標準就是 RSA 演算法，許多保密產品都使用它。數位簽章發展至今，常見的簽名演算法除了 ElGamal 簽名演算法、RSA 簽名演算法外，還有 Schnorr 演算法、DSA 演算法等。公開金鑰密碼體制並非都可以同時用作加解密系統和進行數位簽章，一般只能實現其中的一種功能，而我們學習的 RSA 公開金鑰密碼體制可以同時實現二者。下面列出數位簽章的原理。

（1）系統的初始化，生成數位簽章中所需的參數。
（2）發送方利用自己的私密金鑰對訊息進行簽名。
（3）發送方將訊息原文和作為原文附件的數位簽章同時傳給訊息接收方。
（4）接收方利用發送方的公開金鑰對簽名進行解密。
（5）接收方將解密後獲得的訊息與訊息原文進行比較，如果二者一致，那麼表示訊息在傳輸中沒有受到過破壞或篡改，反之不然。

訊息簽名和驗證的基本原理如圖 7-1 所示。

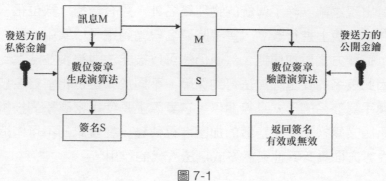

圖 7-1

7.2.4 數位簽章的一般性定義

一般來說，一個數位簽章方案由三個集合和三個演算法組成，這三個集合分別是訊息空間，簽名空間和金鑰空間（包括私密金鑰和公開金鑰）。三個演算法如下：

（1）金鑰生成演算法：這是一個機率多項式時間演算法，輸入為安全參數，輸出為私密金鑰 SK 和公開金鑰 PK。

（2）簽名生成演算法：這是一個（機率）多項式時間演算法，輸入為私密金鑰 SK 和待簽訊息 m，輸出對應於私密金鑰 SK 的關於訊息 m 的簽名 sign(m)。

（3）簽名驗證演算法：這是一個確定性多項式時間演算法，輸入為簽名 sign(m)、訊息 m 和對應於私密金鑰 SK 的公開金鑰 PK，輸出為「正確」或「錯誤」。正確就是驗證通過，錯誤就是驗證沒有成功。被驗證為正確的簽名稱為有效簽名。一個數位簽章至少應滿足正確性、不可偽造性和可仲裁性三個性質。

7.2.5 數位簽章的分類

（1）基於數學難題的分類

根據數位簽章方案所基於的數學難題，數位簽章方案可分為基於離散對數問題的簽名方案、基於素因數分解問題（包括二次剩餘問題）的簽名方案、基於橢圓曲線的數位簽章方案、基於有限自動機理論的數位簽章方案等。比如，ELGamal 數位簽章方案和 DSA 數位簽章方案都是基於離散對數問題的數位簽章方案。而眾所皆知的 RSA 數位簽章方案是基於素因數分解問題的數位簽章方案。將離散對數問題和因數分解問題結合起來，又可以產生同時基於離散對數和素因數分解問題的數位簽章方案。

（2）基於密碼體制的分類

根據密碼體制可以將數位簽章分為對稱金鑰密碼體制的數位簽章和非對稱金鑰密碼體制的數位簽章兩種。

對稱金鑰密碼體制的數位簽章：這種簽名體制引入公證機關這個第三方，其檔案的安全性和可靠性都取決於公證機關。具體來講是先由發送方把明文用自己的金鑰加密後傳送給公證機關，公證機關用發送方的金鑰對封包解密，再構造一個新封包，包括發送方的名字、位址、時間及原封包，用只有公證機關知道的金鑰加密後送回發送方，發送方把此加密後的新封包發送給接收方，接收方因為不知道密碼而無法恢復原封包，只能將此封包發至公證機關，公證機關解密後再用接收方的金鑰進行加密，發回接收方，接收方即可解密還原封包。從以上過程不難看出，這種體制的數位簽章由於兩次透過公證機關，增加了封包的傳輸時間，降低了封包的傳輸效率。

非對稱金鑰密碼體制的數位簽章方案：這種體制的獨特優點是具有公開金鑰和秘密金鑰兩個令鑰，以至於特別適合實現數位簽章。其過程為：發送方先用其秘密金鑰對封包進行解密運算，然後用接收方的公開金鑰進行加密運算後，傳送至接收方，接收方收到該封包後先用自己的秘密金鑰進行解密運算，再用發送方的公開金鑰進行加密運算，即可恢復出明文。在此過程中，因為除了發送方自己外，沒有別人具有其解密金鑰，所以除了發送方自己外，沒有別人能產生加密，封包就被簽名了。如果發送方否認曾發送封包給接收方，接收方可將發送方產生的加密出示給公證機關，公證機關用發送方的公開金鑰去證實其發文的確實性，反之，如接收方對封包進行偽造篡改，則其不能用發送方的公開金鑰進行加密後發送給第三方，證明其偽造了封包。以上過程表明，用非對稱金鑰密碼體制實現數位簽章既簡便又安全。

（3）基於特殊用途的分類

當一般數位簽章方案不能滿足某些特別的簽名需要時，便需要借助特殊數位簽章方案。下面對幾種常用的特殊數位簽章進行簡要的介紹。

盲簽名（Blind Signature）：有時候訊息的擁有者想讓簽名者對訊息進行簽名，而又不希望簽名者知道訊息的具體內容，同時簽名者也不想了解所簽訊息的具體內容，他只是想讓人們知道他曾經簽署過這個訊息，這時就需要使用盲簽名。由於盲簽名具有匿名的性質，因此在電子錢和電子選舉系統中獲得了廣泛的應用。

雙重簽名（Dual Signature）：例如在安全電子交易（SET）協定中，交易時，客戶需要發送訂購資訊（Order Information，OI）給商家，發送支付資訊（Payment Information，PI）給銀行。而客戶發往銀行的支付指令是透過商家轉發的，為了避免在交易的過程中商家竊取客戶的信用卡資訊，以及避免銀行追蹤客戶的行為，侵犯消費者的隱私，商家不需要知道客戶的信用卡資訊，銀行也不需要知道客戶訂單的細節。但同時又不能影響商家和銀行對客戶所發資訊的合理驗證，這時 SET 協定可以採用雙重簽名來解決這一問題。在雙重簽名中，簽名者希望驗證者只知道報價單，中間人只知道授權指令，能夠讓中間人在簽名者和驗證者報價相同的情況下進行授權操作。

群簽名（Group Signature）：允許一個群眾中的成員以整個群眾的名義進行數位簽章，並且驗證者能夠確認簽名者的身份。群簽名中重要的是群金鑰的分配，以能夠高效處理群成員的動態加入和退出。一般的群金鑰管理可以分為兩大類別：集中式金鑰管理和分散式金鑰管理。

代理簽名（Proxy Signature）：現實生活中人們常常會將自己的簽名權力委託給可信的代理人，讓代理人代表他們在檔案上蓋章或簽名。在數位化的資訊社會中，人們使用數位簽章的過程中仍然會遇到需要將簽名權力委託或轉移給他人的情況。這時候就需要用到代理簽名，代理簽名允許金鑰持有者授權第三方，獲得授權的第三方能夠代表金鑰持有者進行數位簽章。

（4）其他分類

根據接收者驗證簽名的方式可將數位簽章分為真數位簽章和仲裁數位簽章兩類。從簽名者在一個數位簽章方案中所能簽的訊息的個數來分，可將數位簽章分為一次數位簽章和非一次數位簽章。根據數位簽章方案中的驗證方程式是否為隱式或顯性，可將數位簽章分為隱式數位簽章和顯性數位簽章。根據數位簽章的功能，可將數位簽章分為普通的數位簽章和具有特殊性質的數位簽章。

7.2.6　數位簽章的安全性

針對數位簽章的安全性的研究，即鑑定簽名方案是否滿足資訊完整性、抗修改性和抗否認性等安全性質，一直是促進該項技術發展的重要方面之一。安全性的主要研究方法是從理論上進行分析，分析的技術分為三種：

（1）安全性評估。在數位簽章方案設計的過程中，設計者對所設計的方案進行相關的密碼分析，盡可能保證其在所能考慮到的範圍內的安全性。由於一般情況下，方案設計者無法窮舉所有可能出現的情況，因此這種分析不是證明，只是一種對簽名方案安全性的評估，可以在一定程度上讓使用者對方案擁有信心。

（2）安全性證明。這種方式主要應用在數位簽章方案設計的過程中，證明數位簽章方案被密碼攻擊者破譯的難度與破解一個公認的難題相當。目前主要的技術方案有兩類—基於隨機回應模型與基於標準模型。前者就是假設 Hash 函數是一個對所有請求都會做出隨機回應的隨機黑盒回應器，相同的請求得到的回應完全相同。然而實際上，Hash 函數並不滿足這個假設，所以基於隨機回應模型的證明不完全可靠。後者是指在不需要不合理假設的情況下，證明方案是安全的，所謂的標準模型本質上並不是一個具體的模型，僅是針對隨機回應模型而言的。

（3）攻擊。此類技術是指對方案的安全缺陷進行研究，主要針對的是目前已知的數位簽章方案。分析人員從攻擊者的角度進行演繹與推理，嘗試透過不同的手段獲取在方案安全性規定下不應該或不能夠獲取的資訊。如果成功地獲取到了這樣的資訊，就找出了已知方案所存在的安全性缺陷，然後再次分析整個推理過程。針對攻擊的分析中，惡意分析者被稱為攻擊者，方案分析人員演繹與推理的過程被稱為一個攻擊方法。攻擊分析促使人們對存在安全性缺陷的方案進行改進或直接淘汰，從客觀上提升了數位簽章的安全性。

7.2.7 數位簽章的特徵與應用

一個優秀的數位簽章應當具備下列特徵：

（1）訊息發送方一旦給接收方發出簽名之後，不可以再對他所簽發的訊息進行否認。
（2）訊息接收方可以確認並證實發送方的簽名，但是不可以偽造簽名。
（3）如果簽名是複製其他的簽名獲得的，那麼訊息接收方可以拒絕簽名的訊息，即不可以透過複製的方式將一個訊息的簽名變成其他訊息的簽名。
（4）如果訊息接收方已收到簽名的訊息，就不能再否認。
（5）可以存在第三方確認通訊雙方之間的訊息傳輸的過程，但是不可以偽造這個過程。

在網際網路和通訊技術迅速發展的潮流下，電子商務一躍成為商務活動的新模式，越來越多的資訊都以數位化的形式在網際網路上流動。在傳統的商務系統中，一般都是利用紙質檔案的簽名或印章等物來規定某些具有契約性質的責任，而在電子商務系統中，當事人身份與資料資訊的真實性是利用傳送的檔案的電子簽名進行證實的。電子商務包括電子資料交換、執行資訊系統、商業加值網、電子訂貨系統等，其中電子資料交換既是電子商務這些部分的核心，又是一項涉及多個環節的複雜的人機工程，同時對資訊安全性的要求也相當高。網際網路環境的開放性、共用性等特點使得網路資訊安全變得異常脆弱，如何保證資料資訊在網際網路上傳輸的安全性以及交易雙方的身份確認，不僅是電子商務的必然要求，也是電子商務能否得到長足發展的關鍵。作為電子商務安全性的重要保障之一，RSA 公開金鑰簽名方案相對成功地解決了上述問題，並在各種網際網路行為中都具有廣泛的應用。

7.3 RSA 公開金鑰演算法在數位簽章中的應用

基於公開金鑰體制的 RSA 演算法為資訊安全傳輸的問題提供了新的解決想法和技術，也被用作數位簽章方案，在實現訊息認證方面獲得了深入的應用。整體來説，RSA 公開金鑰簽名方案包括訊息空間、參數生成演算法、簽名演算法和驗證演算法等部分。簽名和驗證的過程具體包括訊息摘要的生成、大質數和金鑰的生成以及訊息簽名、訊息驗證等幾個步驟。

傳統的簽名方案使用 RSA 公開金鑰演算法進行數位簽章，簽名的過程如下：

（1）參數的選擇和金鑰的生成。

（2）簽名過程：使用者 A 對訊息 M 進行簽名，則計算：

$$S=Sig(M)=M^d \bmod n$$

d 是私密金鑰，相當於用私密金鑰進行加密運算（但最好不要習慣説私密金鑰加密，説私密金鑰簽名比較好，否則容易和公開金鑰加密混淆，加密就是加密，簽名就是簽名，兩者的目的不同，私密金鑰是為了簽名，不是加密。有些演算法函數庫提供了私密金鑰加密函數，大家應該清楚實際上是私密金鑰簽名），然後將簽名結果 S 作為使用者 A 對訊息 M 的數位簽章附在訊息 M 後面，發送給使用者 B。

（3）驗證過程：使用者 B 驗證使用者 A 對 M 的數位簽章 S，則計算：$M'=S^e \bmod n$，然後判斷 M′ 和 M 是否相等，若二者相等，則可以證明簽名 S 的確來自使用者 A，否則簽名 S 有可能為偽造的簽名。舉例來説，假設使用者 A 選取 p=823、q=953，那麼模數 n=784319、 (n)=(p-1)(q-1)=782544，然後選取 e=313 並計算出 d=160009，則公開金鑰為 (313,784319)，私密金鑰為 (160009,784319)。如果現在使用者 A 擬發送訊息 M=19070 給使用者 B，用私密金鑰對訊息進行簽名：M：19070->S=(19070)^{160009} mod 784319 = 210625 mod 78319，使用者 A 將訊息和簽名同時發送給使用者 B，使用者 B 接收訊息和簽名，並計算出 M′：

$$M′=210625^{313} \bmod 784319=19070 \bmod 794319->M=M′ \bmod n$$

因此，使用者 B 驗證了使用者 A 的簽名，並接收了訊息。

在實際的應用過程中，待簽名的訊息一般都比較長，因此需要對訊息明文先進行分組，然後對不同的分組明文分別進行簽名。這樣會致使演算法對於長檔案簽名的效率十分低下。為了解決這個問題，可以利用單項摘要函數（Hash 函數），即在對訊息進行簽名之前，事先使用 Hash 函數對需要簽名的訊息做 Hash 變換，對變換後的摘要訊息再進行數位簽章。

增加了 Hash 運算，則發送者要發送三樣東西：原文、原文的摘要值和摘要的數位簽章值。這樣，接收者收到三樣東西：原文、原文的摘要以及摘要的數位簽章。接收者先對原文做摘要，然後和收到的摘要值做比較，如果一致就説明原文沒有被篡改過，接著用發送者的公開金鑰對數位簽章做驗簽，如果通過就説明一定是發送者本人發來的（因為只有擁有私密金鑰的發送者才能簽出這樣一份數位簽章）。

7.4 使用 OpenSSL 命令進行簽名和驗簽

本節以 RSA 私密金鑰簽名為例介紹。首先生成 RSA 金鑰對。打開作業系統的命令列視窗，輸入 cd 進入 D:\openssl-1.1.1b\win32-debug\bin\，然後輸入 openssl.exe，並按確認鍵開始運行。

我們輸入生成私密金鑰的命令：genrsa -out prikey.pem，如圖 7-2 所示。

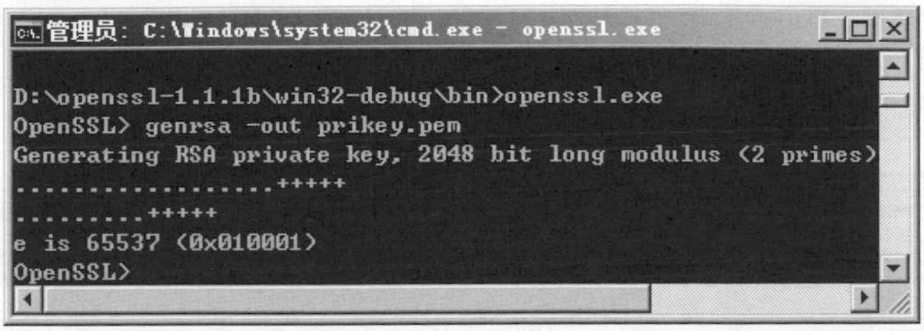

圖 7-2

預設生成了一個長度為 2048 位元的私密金鑰。執行後，將在 D:\openssl-1.1.1b\win32-debug\bin\ 下生成一個名為 prikey.pem 的私密金鑰檔案，它是 PEM 格式的。

接著從私密金鑰中匯出公開金鑰，輸入命令：rsa -in prikey.pem-pubout -out pubkey.pem，如圖 7-3 所示。

圖 7-3

執行後，將在同目錄下生成公開金鑰檔案 pubkey.pem。

公私密金鑰準備好後，就可以開始簽名了。我們用 RSA 私密金鑰對 SHA1 計算得到的摘要值進行簽名。首先，準備原文件，可以在 D:\openssl-1.1.1b\win32-debug\bin\ 下新建一個文字檔 file.txt，輸入一行內容：helloworld，然後保存退出。接著，在 OpenSSL 提示符號下，輸入命令：

```
dgst -sign prikey.pem -sha1 -out sha1_rsa_file.sign file.txt
```

執行後，將在同目錄下生成一個簽名檔 sha1_rsa_file.sign，其內容就是摘要的 RSA 數位簽章。

至此，簽名工作完成。下面開始用對應的公開金鑰和相同的摘要演算法進行驗簽，在 OpenSSL 提示符號下輸入命令：

```
dgst -verify pubkey.pem -sha1 -signature sha1_rsa_file.sign file.txt
```

執行後，如果驗簽通過，就提示 Verified OK，如圖 7-4 所示。

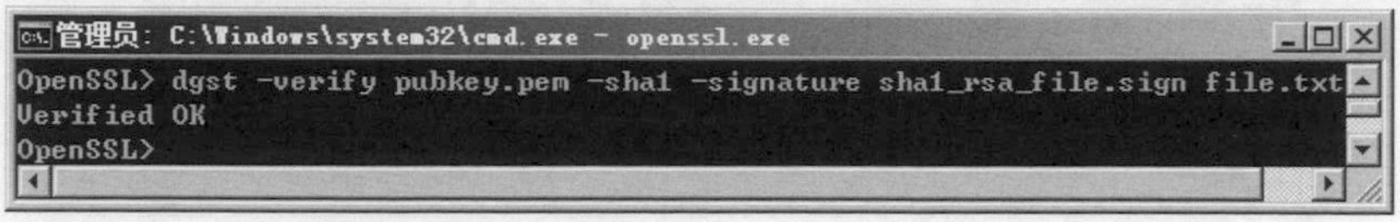

```
管理員: C:\Windows\system32\cmd.exe - openssl.exe                    _ □ ×
OpenSSL> dgst -verify pubkey.pem -sha1 -signature sha1_rsa_file.sign file.txt
Verified OK
OpenSSL>
```

圖 7-4

至此，RSA 驗簽成功。

7.5 基於 OpenSSL 的簽名驗簽程式設計

和 RSA 加解密一樣，簽名驗簽的程式設計方式也有兩種，一種是直接呼叫 RSA 加解密函數進行簽名和驗簽，這種方式簡稱直接方式；另一種是使用 EVP 系列函數。

7.5.1 直接使用 RSA 函數進行簽名驗簽

對於 RSA 簽名，OpenSSL 提供了 RSA_sign 和 RSA_verify 這兩個函數來完成簽名和驗簽。其中，函數 RSA_sign 用於對摘要進行簽名，它使用私密金鑰對指定摘要演算法的摘要結果進行簽名，該函數宣告如下：

```
int RSA_sign(int type, const unsigned char *m, unsigned int m_length,
unsigned char *sigret, unsigned int *siglen, RSA *rsa);
```

其中，參數 type 表示摘要值所採用的摘要演算法，常用設定值如下：

- NID_md5：表示 MD5 摘要演算法。
- NID_sha：表示 SHA 摘要演算法。
- NID_sha1：表示 SHA1 摘要演算法。
- NID_md5_sha1：表示同時做 MD5 和 SHA1 摘要。

參數 m 表示要簽的摘要值；m_length 表示摘要 m 的長度；sigret 表示輸出的簽名結果；siglen 表示簽名結果的長度；rsa 指向 RSA 結構。如果函數執行成功就返回 1，否則返回 0。

RSA_sign 函數使用 PKCS#1 v2.0 中指定的私密金鑰 RSA，對大小為 m_len 的訊息摘要 m 進行簽名。它將簽名結果儲存在 sigret 中，簽名大小儲存在 siglen 中。sigret 必須指向 RSA_size(RSA) 位元組大小的記憶體緩衝區。

通常在函數 RSA_sign 呼叫前，要呼叫摘要函數對原文進行摘要計算，然後把摘要結果傳到 RSA_sign 函數中。

函數 RSA_verify 驗證 siglen 大小的簽名 sigbuf 是否與 m_len 大小的指定訊息摘要 m 匹配。類型表示用於生成簽名的訊息摘要演算法。rsa 是簽名者的公開金鑰。該函數宣告如下：

```
int RSA_verify(int type, const unsigned char *m, unsigned int m_length,
const unsigned char *sigbuf, unsigned int siglen, RSA *rsa);
```

其中，參數 type 表示摘要值所採用的摘要演算法，常用設定值如下：

- NID_md5：表示 MD5 摘要演算法。
- NID_sha：表示 SHA 摘要演算法。
- NID_sha1：表示 SHA1 摘要演算法。
- NID_md5_sha1：表示同時做 MD5 和 SHA1 摘要，此時 m_length 應該是 36，md5 是 16 位元組，sha1 是 20 位元組，一共 36 位元組。在 RSA_sign 原始程式（rsa_sign.c）中，如果 m_length 不是 36，將返回 0，程式片段如下：

```
if (type == NID_md5_sha1) {
    if (m_len != SSL_SIG_LENGTH) {   // SSL_SIG_LENGTH是一個巨集，值是36
        RSAerr(RSA_F_RSA_SIGN, RSA_R_INVALID_MESSAGE_LENGTH);
        return (0);
    }
...
```

參數 m 表示摘要值；m_length 表示摘要 m 的長度；sigbuf 表示輸出的簽名結果；siglen 表示簽名結果的長度；rsa 指向 RSA 結構，用於存放公開金鑰。如果函數驗簽成功就返回 1，否則返回 0。

【例 7.1】直接方式簽名驗簽

（1）打開 VC 2017，新建一個主控台專案，專案名是 test。

（2）在專案中打開 test.cpp，並輸入程式如下：

```cpp
#include "pch.h"
#include <iostream>
#include<openssl/pem.h>
#include<openssl/ssl.h>
#include<openssl/rsa.h>
#include<openssl/evp.h>
#include<openssl/bio.h>
#include<openssl/err.h>
#include <stdio.h>
#include<iostream>
#include<fstream>

using namespace std;

#ifdef WIN32
#pragma comment(lib, "libcrypto.lib")
#pragma comment(lib, "ws2_32.lib")
#pragma comment(lib, "crypt32.lib")
#endif

int padding = RSA_PKCS1_PADDING;

char publicKey[] = "-----BEGIN PUBLIC KEY-----\n"\
"MIIBIjANBgkqhkiG9w0BAQEFAAOCAQ8AMIIBCgKCAQEAy8Dbv8prpJ/0kKhlGeJY\n"\
"ozo2t60EG8L0561g13R29LvMR5hyvGZlGJpmn65+A4xHXInJYiPuKzrKUnApeLZ+\n"\
"vw1HocOAZtWK0z3r26uA8kQYOKX9Qt/DbCdvsF9wF8gRK0ptx9M6R13NvBxvVQAp\n"\
"fc9jB9nTzphOgM4JiEYvlV8FLhg9yZovMYd6Wwf3aoXK891VQxTr/kQYoq1Yp+68\n"\
"i6T4nNq7NWC+UNVjQHxNQMQMzU6lWCX8zyg3yH88OAQkUXIXKfQ+NkvYQ1cxaMoV\n"\
"PpY72+eVthKzpMeyHkBn7ciumk5qgLTEJAfWZpe4f4eFZj/Rc8Y8Jj2IS5kVPjUy\n"\
"wQIDAQAB\n"\
"-----END PUBLIC KEY-----\n";

char privateKey[] = "-----BEGIN RSA PRIVATE KEY-----\n"\
"MIIEowIBAAKCAQEAy8Dbv8prpJ/0kKhlGeJYozo2t60EG8L0561g13R29LvMR5hy\n"\
"vGZlGJpmn65+A4xHXInJYiPuKzrKUnApeLZ+vw1HocOAZtWK0z3r26uA8kQYOKX9\n"\
"Qt/DbCdvsF9wF8gRK0ptx9M6R13NvBxvVQApfc9jB9nTzphOgM4JiEYvlV8FLhg9\n"\
"yZovMYd6Wwf3aoXK891VQxTr/kQYoq1Yp+68i6T4nNq7NWC+UNVjQHxNQMQMzU6l\n"\
```

```
"WCX8zyg3yH88OAQkUXIXKfQ+NkvYQ1cxaMoVPpY72+eVthKzpMeyHkBn7ciumk5q\n"\
"gLTEJAfWZpe4f4eFZj/Rc8Y8Jj2IS5kVPjUywQIDAQABAoIBADhg1u1Mv1hAAlX8\n"\
"omz1Gn2f4AAW2aos2cM5UDCNw1SYmj+9SRIkaxjRsE/C4o9swloxrg1/z6kajV0e\n"\
"N/t008FdlVKHXAIYWF93JMoVvIpMmT8jft6AN/y3NMpivgt2inmmEJZYNioFJKZG\n"\
"X+/vKYvsVISZm2fw8NfnKvAQK55yu+GRWBZGOeS9K+LbYvOwcrjKhHz66m4bedKd\n"\
"gVAix6NE5iwmjNXktSQlJMCjbtdNXg/xo1/G4kG2p/MO1HLcKfe1N5FgBiXj3Qjl\n"\
"vgvjJZkh1as2KTgaPOBqZaP03738VnYg23ISyvfT/teArVGtxrmFP7939EvJFKpF\n"\
"1wTxuDkCgYEA7t0DR37zt+dEJy+5vm7zSmN97VenwQJFWMiulkHGa0yU3lLasxxu\n"\
"m0oUtndIjenIvSx6t3Y+agK2F3EPbb0AZ5wZ1p1IXs4vktgeQwSSBdqcM8LZFDvZ\n"\
"uPboQnJoRdIkd62XnP5ekIEIBAfOp8v2wFpSfE7nNH2u4CpAXNSF9HsCgYEA2l8D\n"\
"JrDE5m9Kkn+J4l+AdGfeBL1igPF3DnuPoV67BpgiaAgI4h25UJzXiDKKoa706S0D\n"\
"4XB74zOLX11MaGPMIdhlG+SgeQfNoC5lE4ZWXNyESJH1SVgRGT9nBC2vtL6bxCVV\n"\
"WBkTeC5D6c/QXcai6yw6OYyNNdp0uznKURe1xvMCgYBVYYcEjWqMuAvyferFGV+5\n"\
"nWqr5gM+yJMFM2bEqupD/HHSLoeiMm2O8KIKvwSeRYzNohKTdZ7FwgZYxr8fGMoG\n"\
"PxQ1VK9DxCvZL4tRpVaU5Rmknud9hg9DQG6xIbgIDR+f79sb8QjYWmcFGc1SyWOA\n"\
"SkjlykZ2yt4xnqi3BfiD9QKBgGqLgRYXmXp1QoVIBRaWUi55nzHg1XbkWZqPXvz1\n"\
"I3uMLv1jLjJlHk3euKqTPmC05HoApKwSHeA0/gOBmg404xyAYJTDcCidTg6hlF96\n"\
"ZBja3xApZuxqM62F6dV4FQqzFX0WWhWp5n301N33r0qR6FumMKJzmVJ1TA8tmzEF\n"\
"yINRAoGBAJqioYs8rK6eXzA8ywYLjqTLu/yQSLBn/4ta36K8DyCoLNlNxSuox+A5\n"\
"w6z2vEfRVQDq4Hm4vBzjdi3QfYLNkTiTqLcvgWZ+eX44ogXtdTDO7c+GeMKWz4XX\n"\
"uJSUVL5+CVjKLjZEJ6Qc2WZLl94xSwL71E41H4YciVnSCQxVc4Jw\n"\
"-----END RSA PRIVATE KEY-----\n";
```

```
//把字串寫成public.pem檔案
int createPublicFile(char *file, const string &pubstr)
{
    if (pubstr.empty())
    {
        printf("public key read error\n");
        return (-1);
    }
    int len = pubstr.length();
    string tmp = pubstr;
    for (int i = 64; i < len; i += 64)
    {
        if (tmp[i] != '\n')
        {
            tmp.insert(i, "\n");
        }
        i++;
    }
```

```cpp
    tmp.insert(0, "-----BEGIN PUBLIC KEY-----\n");
    tmp.append("\n-----END PUBLIC KEY-----\n");

    //寫入檔案
    ofstream fout(file);
    fout<<tmp.c_str();

    return (0);
}

//把字串寫成private.pem檔案
int createPrivateFile(char *file, const string &pristr)
{
    if (pristr.empty())
    {
        printf("public key read error\n");
        return (-1);
    }
    int len = pristr.length();
    string tmp = pristr;
    for (int i = 64; i < len; i += 64)
    {
        if (tmp[i] != '\n')
        {
            tmp.insert(i, "\n");
        }
        i++;
    }
    tmp.insert(0, "-----BEGIN RSA PRIVATE KEY-----\n");
    tmp.append("-----END RSA PRIVATE KEY-----\n");

    //寫入檔案
    ofstream fout(file);
    fout << tmp.c_str();

    return (0);
}

//讀取金鑰
RSA* createRSA(unsigned char*key, int publi)
{
    RSA *rsa = NULL;
    BIO*keybio;
```

```
    keybio = BIO_new_mem_buf(key, -1);
    if (keybio == NULL)
    {
        printf("Failed to create key BIO\n");
        return 0;
    }

    if (publi)
    {
        rsa = PEM_read_bio_RSA_PUBKEY(keybio, &rsa, NULL, NULL);
    }
    else
    {
        rsa = PEM_read_bio_RSAPrivateKey(keybio, &rsa, NULL, NULL);
    }
    if (rsa == NULL)
    {
        printf("Failed to create RSA\n");
    }
    return rsa;
}

//公開金鑰加密
int public_encrypt(unsigned char*data, int data_len, unsigned char*key,
unsigned char*encrypted)
{
    RSA* rsa = createRSA(key, 1);
    int result = RSA_public_encrypt(data_len, data, encrypted, rsa, padding);
    return result;
}
//私密金鑰解密
int private_decrypt(unsigned char*enc_data, int data_len, unsigned char*key,
unsigned char*decrypted)
{
    RSA* rsa = createRSA(key, 0);
    int result = RSA_private_decrypt(data_len, enc_data, decrypted, rsa, padding);
    return result;
}


int public_decrypt(unsigned char*enc_data, int data_len, unsigned char*key,
unsigned char*decrypted)
{
```

```
    RSA* rsa = createRSA(key, 1);
    int result = RSA_public_decrypt(data_len, enc_data, decrypted, rsa, padding);
    return result;
}

//私密金鑰簽名
int private_sign(const unsigned char *in_str, unsigned int in_str_len,
unsigned char *outret, unsigned int *outlen, unsigned char*key)
{
    RSA* rsa = createRSA(key, 0);

    unsigned char md[20]="";
    SHA1(in_str, in_str_len, md);
    int result = RSA_sign(NID_sha1, md, 20, outret, outlen, rsa);
    if (result != 1)
    {
        printf("sign error\n");
        return -1;
    }
    return result;
}
//公開金鑰驗簽
int public_verify(const unsigned char *in_str, unsigned int in_len, unsigned
char *outret, unsigned int outlen, unsigned char*key)
{
    RSA* rsa = createRSA(key, 1);
    unsigned char md[20] = "";
    SHA1(in_str, in_len, md);
    int result = RSA_verify(NID_sha1, md, 20, outret, outlen, rsa);
    if (result != 1)
    {
        printf("verify error\n");
        return -1;
    }
    return result;
}

int main()  //主函數
{
    char plainText[2048 / 8] = "hello";//key length : 2048
    printf("create pem file\n");
//自己預先定義公開金鑰
    string strPublicKey = "MIGfMA0GCSqGSIb3DQEBAQUAA4GNADCBiQKBgQChNr0TmflO
```

Rv9C62+tSAYhyj4DwB6fyOHqttddq8Y+R+8cIGT7EKuqSRuUUuLVBN6IIjd14UkxxtjHqrDxPW
Zz9WfX0LB2lTmnSdkg9Q10IfP9ZrVCW8Pe5vJ7gt5iQ4lOebdqR47+ef9E7oE+eJFQhxSYGGy/
FnKjBkadJQtwPQIDAQAB";

```
    int file_ret = createPublicFile((char*)"public_test.pem", strPublicKey);
//自己建立公開金鑰檔案

    unsigned char encrypted[4098] = {};
    unsigned char decrypted[4098] = {};
    unsigned char signret[4098] = {};
    unsigned int siglen;

    printf("source data=[%s]\n", plainText);

    printf("public encrytpt ----private decrypt \n\n");
    int encrypted_length = public_encrypt((unsigned char*)plainText,
strlen(plainText), (unsigned char*)publicKey, encrypted);
    if (encrypted_length == -1)
    {
        printf("encrypted error \n");
        exit(0);
    }
    printf("Encrypted length =%d\n", encrypted_length);
    int decrypted_length = private_decrypt((unsigned char*)encrypted,
encrypted_length, (unsigned char*)privateKey, decrypted);
    if (decrypted_length == -1)
    {
        printf("decrypted error \n");
        exit(0);
    }
    printf("DecryptedText =%s\n", decrypted);
    printf("DecryptedLength =%d\n", decrypted_length);

    printf("\nprivate sign ----public verify :%d\n\n");
    int ret = private_sign((const unsigned char*)plainText, strlen(plainText),
signret, &siglen, (unsigned char*)privateKey);
    printf("sign ret =[%d]\n", ret);
    ret = public_verify((const unsigned char*)plainText, strlen(plainText),
signret, siglen, (unsigned char*)publicKey);
    if(ret==1)
        printf("verify OK,ret =[%d]\n", ret);
    else
        printf("verify failed,ret =[%d]\n", ret);
```

```
    return (0);
}
```

在程式中，我們對明文 hello 進行了加解密及簽名和驗簽，簽名和驗簽所使用的摘要演算法是 SHA1，它的結果是 20 位元組。

本例所使用的公私密金鑰是預先定義的，首先預先定義了一段公開金鑰存於 strPublicKey 中，並建立了一個公開金鑰檔案 public_test.pem，這給大家演示了如何手工建構一個 PEM 檔案，其實並不神秘。然後我們顯性地進行了加解密，解密時的私密金鑰 privateKey 是一個全域變數，也是預置的私密金鑰，效果其實和從 PEM 檔案中讀取是一樣的，最終都是構造出 RSA 結構來，構造 RSA 結構的操作是在自訂函數 createRSA 中進行的，該函數的第二個參數 publi 用於標記是構造公開金鑰還是私密金鑰，如果是構造公開金鑰就呼叫 PEM_read_bio_RSA_PUBKEY 函數，否則呼叫 PEM_read_bio_RSAPrivateKey 函數，這兩個函數都是從記憶體中讀取的公私密金鑰內容（比如是已經準備的 PEM 格式，這很明顯，因為這兩個函數名稱的開頭都是 PEM_）。

最後，在專案屬性中增加其它 Include 目錄：D:\openssl-1.1.1b\win32-debug\include，再增加附加函數庫目錄：D:\openssl-1.1.1b\win32-debug\lib。

（3）保存專案並運行，運行結果如圖 7-5 所示。

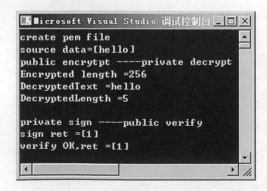

圖 7-5

7.5.2 使用 EVP 系列函數進行簽名驗簽

使用 EVP 系列函數進行簽名，流程和摘要程式設計一樣，也是三部曲，即簽名初始化、簽名更新（Update，一次或多次）、簽名結束（Final）出結果。驗簽也是如此，即驗簽初始化、驗簽（一次或多次）、驗簽結束。

OpenSSL 在 Evp.h 中對簽名和驗證函數進行了封裝。對資料簽名其實就是對資料的摘要進行私密金鑰加密。驗證簽名就是解密簽名資料，和原始的摘要比較是否一樣。在 OpenSSL 中簽名是先對原始資料計算摘要，再對摘要進行私密金鑰加密。在 OpenSSL 驗證簽名的過程是對原始訊息計算摘要，解密簽名值，和摘要比較是否一致。如果一致，就說明簽名有效；否則認為原名或簽名值被竄改。數位簽章結合數位憑證可以實現身份認證、防篡改、防否認的功能。簽名的資料格式為 PKCS#1。

OpenSSL 處理簽名的函數主要有 EVP_SignInit_ex、EVP_SignUpdate 和 EVP_SignFinal。驗證簽名的函數主要有 EVP_VerifyInit_ex、EVP_Verify_Update 和 EVP_VerifyFinal。 其 中，EVP_SignInit_ex 和 EVP_VerifyInit_cx 是摘要函數 EVP_DigestInit_cx 的巨集定義，EVP_SignUpdate 和 EVP_VerifyUpdate 是摘要函數 EVP_Digest_Updatc 的巨集定義。

1. 簽名初始化函數 EVP_SignInit_ex

函數 EVP_SignInit_ex 用於簽名初始化，這是簽名工作的第一步，主要功能是設定摘要演算法和摘要演算法引擎等。該函數是一個巨集定義函數，其實際定義如下：

```
#define EVP_SignInit_ex(a,b,c)  EVP_DigestInit_ex(a,b,c)
```

函數 EVP_DigestInit_ex 宣告如下：

```
int EVP_DigestInit_ex(EVP_MD_CTX *ctx, const EVP_MD *type, ENGINE *impl);
```

其中，參數 ctx[in] 指向 EVP_MD_CTX 結構的指標；type[in] 表示要使用的摘要演算法，其值可以由表 7-1 所示的演算法取得。

⬇ 表 7-1 摘要演算法

摘要演算法	說　明
const EVP_MD *EVP_md2();	MD2 摘要演算法
const EVP_MD *EVP_md4();	MD4 摘要演算法
const EVP_MD *EVP_md5();	MD5 摘要演算法
const EVP_MD *EVP_sha();	SHA 摘要演算法
const EVP_MD *EVP_sha1();	SHA1 摘要演算法
const EVP_MD *EVP_dss();	DSS 摘要演算法
const EVP_MD *EVP_mdc2();	MDC2 摘要演算法

參數 impl[in] 表示摘要演算法使用的引擎。應用程式可以使用自訂的演算法引擎，如硬體摘要演算法等。如果此參數為 NUL，就使用預設引擎。如果函數執行成功就返回 1，否則返回 0。

2. 簽名函數 EVP_SignUpdate

這是簽名三部曲中第二步要呼叫的函數，可以被多次呼叫，這樣就可以處理巨量資料了。該函數也是巨集定義函數，在 openssl/evp.h 檔案中宣告如下：

```
#define EVP_SignUpdate(a,b,c)    EVP_DigestUpdate(a,b,c)
```

EVP_DigestUpdate 函數宣告如下：

```
int EVP_DigestUpdate(EVP_MD_CTX *ctx, const void *d, size_t cnt);
```

其中，參數 ctx[in] 指向摘要上下文結構，該結構必須是已經初始化過的了；d[in] 指向要進行摘要計算的來源資料的緩衝區；cnt[in] 表示要進行摘要計算的來源資料的長度，單位是位元組。如果函數執行成功就返回 1，否則返回 0。

3. 簽名結束函數 EVP_SignFinal

這是簽名三部曲中的第三步要呼叫的函數，也是最後一步呼叫的函數，該函數只能呼叫一次，而且是最後呼叫，呼叫完該函數，簽名結果也就出來了。該函數宣告如下：

```
int EVP_SignFinal(EVP_MD_CTX *ctx, unsigned char *md, unsigned int *s,EVP_PKEY
*pkey);
```

其中，參數 ctx[in] 指向摘要上下文結構，該結構必須是已經初始化過的了；md[out] 存放輸出的簽名結果，對於不同的雜湊演算法，雜湊結果長度不同，因此 md 所指向的緩衝區長度要注意不要開闢小了；s[out] 指向整數變數的位址，該變數存放輸出其簽名結果的長度；pkey[in] 表示簽名的私密金鑰。如果函數執行成功就返回 1，否則返回 0。

4. 驗簽初始化函數 EVP_VerifyInit_ex

前面理論部分講到，因為驗簽的時候也要計算原文的摘要，所以這裡初始化的時候肯定要設定和簽名時一樣的摘要演算法。

函數 EVP_VerifyInit_ex 用於驗簽初始化，設定摘要演算法、引擎等。該函數也是一個巨集定義函數，它和訊息摘要函數是一樣的，函數宣告如下：

```
#define  EVP_VerifyInit_ex(a,b,c)  EVP_DigestInit_ex(a,b,c)
```

函數 EVP_DigestInit_ex 宣告如下：

```
int EVP_DigestInit_ex(EVP_MD_CTX *ctx, const EVP_MD *type, ENGINE *impl);
```

其中，參數 ctx[in] 指向 EVP_MD_CTX 結構的指標；type[in] 表示要使用的摘要演算法，其值可以由表 7-1 所示的演算法取得；參數 impl[in] 表示摘要演算法使用的引擎。應用程式可以使用自訂的演算法引擎，如硬體摘要演算法等。如果此參數為 NULL，就使用預設引擎。如果函數執行成功就返回 1，否則返回 0。

5. 驗簽函數 EVP_VerifyUpdate

這是驗簽三部曲中第二步呼叫的函數，可以被多次呼叫，這樣就可以處理巨量資料了。該函數也是巨集定義函數，在 openssl/evp.h 檔案中宣告如下：

```
#define EVP_VerifyUpdate(a,b,c)    EVP_DigestUpdate(a,b,c)
```

EVP_DigestUpdate 函數宣告如下：

```
int EVP_DigestUpdate(EVP_MD_CTX *ctx, const void *d, size_t cnt);
```

其中，參數 ctx[in] 指向摘要上下文結構，該結構必須是已經初始化過了的；d[in] 指向要進行摘要計算的來源資料的緩衝區；cnt[in] 表示要進行摘要計算的來源資料的長度，單位是位元組。如果函數執行成功就返回1，否則返回 0。

6. 驗簽結束函數 EVP_VerifyFinal

該函數是驗簽三部曲的最後一步，只需要呼叫一次，該函數呼叫後就可以得到驗簽結果了，即通過還是沒有成功。該函數宣告如下：

```
int EVP_VerifyFinal(EVP_MD_CTX *ctx,const unsigned char *sigbuf,unsigned int
siglen,EVP_PKEY *pkey);
```

其中，參數 ctx[in] 指向摘要上下文結構，該結構必須是已經初始化過了的；sigbuf[in] 存放簽名值；siglen[in] 指向簽名者的長度；pkey[in] 表示驗簽要使用的公開金鑰。如果驗簽成功就返回 1，否則返回 0。

在使用完之後，ctx 必須使用 EVP_MD_CTX_cleanup 函數釋放記憶體，否則會導致記憶體洩漏。

【例 7.2】EVP 方式簽名和驗簽

（1）打開 VC 2017，新建一個主控台專案，專案名是 test。

（2）在專案中打開 test.cpp，並輸入程式如下：

```
#include "pch.h"
#include <stdio.h>
#include <string.h>
#include <windows.h>
#include <openssl/evp.h>
#include <openssl/x509.h>

#ifdef WIN32
#pragma comment(lib, "libeay32.lib")
```

```
#endif

void tSign()
{
    unsigned char sign_value[1024];        //保存簽名值的陣列
    unsigned int sign_len;                 //簽名值長度
    EVP_MD_CTX mdctx;                      //摘要演算法上下文變數
    char mess1[] = "I love China!";        //待簽名的訊息
    RSA *rsa = NULL;                       //RSA結構變數
    EVP_PKEY *evpKey = NULL;               //EVP KEY結構變數
    int i;

    printf("正在產生RSA金鑰...");
    rsa = RSA_generate_key(1024, RSA_F4, NULL, NULL);//產生一個1024位元的RSA金鑰
    if (rsa == NULL)
    {
        printf("gen rsa err\n");
        return;
    }
    printf(" 成功.\n");
    evpKey = EVP_PKEY_new();                //新建一個EVP_PKEY變數
    if (evpKey == NULL)
    {
        printf("EVP_PKEY_new err\n");
        RSA_free(rsa);
        return;
    }
    if (EVP_PKEY_set1_RSA(evpKey, rsa) != 1)   //保存RSA結構到EVP_PKEY結構
    {
        printf("EVP_PKEY_set1_RSA err\n");
        RSA_free(rsa);
        EVP_PKEY_free(evpKey);
        return;
    }
    //以下計算簽名程式
    EVP_MD_CTX_init(&mdctx);                //初始化摘要上下文
    if (!EVP_SignInit_ex(&mdctx, EVP_md5(), NULL))
    //簽名初始化，設定摘要演算法，本例為MD5
    {
        printf("err\n");
        EVP_PKEY_free(evpKey);
```

```
            RSA_free(rsa);
            return;
    }
    if (!EVP_SignUpdate(&mdctx, mess1, strlen(mess1)))  //計算簽名 (摘要) 更新
    {
            printf("err\n");
            EVP_PKEY_free(evpKey);
            RSA_free(rsa);
            return;
    }
    if (!EVP_SignFinal(&mdctx, sign_value, &sign_len, evpKey))    //簽名輸出
    {
            printf("err\n");
            EVP_PKEY_free(evpKey);
            RSA_free(rsa);
            return;
    }
    printf("訊息\"%s\"的簽名值是: \n", mess1);
    for (i = 0; i < sign_len; i++)
    {
        if (i % 16 == 0)
            printf("\n%08xH: ", i);
        printf("%02x ", sign_value[i]);
    }
    printf("\n");
    //EVP_MD_CTX_cleanup(&mdctx);

    printf("\n正在驗證簽名...\n");
    //以下驗證簽名程式
    EVP_MD_CTX_init(&mdctx);                      //初始化摘要上下文
    if (!EVP_VerifyInit_ex(&mdctx, EVP_md5(), NULL))
//驗證初始化,設定摘要演算法,一定要和簽名一致
    {
            printf("EVP_VerifyInit_ex err\n");
            EVP_PKEY_free(evpKey);
            RSA_free(rsa);
            return;
        }
    if (!EVP_VerifyUpdate(&mdctx, mess1, strlen(mess1)))
    //驗證簽名 (摘要) 更新
        {
```

```
            printf("err\n");
            EVP_PKEY_free(evpKey);
            RSA_free(rsa);
            return;
    }
    if (!EVP_VerifyFinal(&mdctx, sign_value, sign_len, evpKey))  //驗證簽名
    {
            printf("verify err\n");
            EVP_PKEY_free(evpKey);
            RSA_free(rsa);
            return;
    }
    else
    {
            printf("驗證簽名正確.\n");
    }
    //釋放記憶體
    EVP_PKEY_free(evpKey);
    RSA_free(rsa);
    //  EVP_MD_CTX_cleanup(&mdctx);
    return;
}
int main()
{
    OpenSSL_add_all_algorithms();   //所有演算法初始化函數
    SignAndVerify();
    return 0;
}
```

在程式中，我們在自訂函數 SignAndVerify 中對原文 "I love China!" 這一
段字串先進行簽名再驗簽，簽名要用到 RSA 私密金鑰，驗簽要用到 RSA
公開金鑰，所以顯示生成了 1024 位元的 RSA 公私密金鑰對，然後開始
EVP 三部曲簽名和驗簽，它們所使用的雜湊函數是 EVP_md5。

最後在專案屬性的其它 Include 目錄旁增加 C:\openssl-1.0.2m\inc32，在專
案屬性的附加函數庫目錄旁增加 C:\openssl-1.0.2m\out32dll。

（3）保存專案並運行，運行結果如圖 7-6 所示。

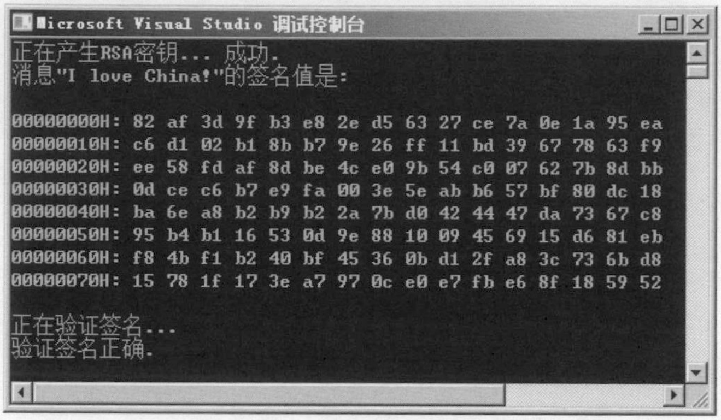

```
■Microsoft Visual Studio 调试控制台                          _ □ ×
正在产生RSA密钥... 成功.
消息"I love China!"的签名值是:

00000000H: 82 af 3d 9f b3 e8 2e d5 63 27 ce 7a 0e 1a 95 ea
00000010H: c6 d1 02 b1 8b b7 9e 26 ff 11 bd 39 67 78 63 f9
00000020H: ee 58 fd af 8d be 4c e0 9b 54 c0 07 62 7b 8d bb
00000030H: 0d ce c6 b7 e9 fa 00 3e 5e ab b6 57 bf 80 dc 18
00000040H: ba 6e a8 b2 b9 b2 2a 7b d0 42 44 47 da 73 67 c8
00000050H: 95 b4 b1 16 53 0d 9e 88 10 09 45 69 15 d6 81 eb
00000060H: f8 4b f1 b2 40 bf 45 36 0b d1 2f a8 3c 73 6b d8
00000070H: 15 78 1f 17 3e a7 97 0c e0 e7 fb e6 8f 18 59 52


正在验证签名...
验证签名正确.
```

圖 7-6

橢圓曲線密碼體制

橢圓曲線密碼體制（Elliptic Curve Cryptography，ECC）是一種新的公開金鑰密碼體制，在保證相同安全強度的情況下，所需金鑰長度較其他公開金鑰密碼體制要短得多，所以特別適合儲存空間和運算速度受限的行動裝置。目前，在許多安全標準中都用到了 ECC。純量乘運算是 ECC 的核心，它直接決定了 ECC 的實現速度。因此，橢圓曲線密碼體制的快速實現成了許多密碼學專家所關心的問題。本章首先介紹橢圓曲線的數學基礎和基本概念，對有限域上橢圓曲線的基本運算進行討論，透過分析對橢圓曲線離散對數問題的常用攻擊演算法，列出了選取安全橢圓曲線的原則，最後透過 VC 2017 實現 ECC 演算法。

8.1 概述

8.1.1 資訊安全技術

隨著現代通訊技術和電腦技術的興起，尤其是網路技術的迅速發展，網路在資訊交流和資訊處理方面發揮著越來越重要的作用，給人們的生活帶來了極大的便利。人類社會已經進入資訊時代，每天都有大量的資訊在網路上進行傳輸和交換，資訊安全已經不再是政治、軍事、外交的特有問題，它更普遍地存在於人們生產和生活的各方面。人們在享受高科技帶來的方便的同時，對資訊的安全儲存、安全處理和安全傳輸也提出了更高的要求，資訊安全技術便是解決這些問題的有效手段。

資訊安全有兩層含義：一是資訊系統整體的安全，即資訊系統安全、可靠、不斷運行，為系統中的所有使用者提供有效服務；二是資訊系統中資訊的安全，即系統中以各種形式存在的資訊不會因為內部或外部的原因遭到洩露、破壞或篡改。針對資訊系統中資訊的安全問題，人們提出了資料機密性、完整性、可靠性和不可否認性等安全需求，這些需求可以由密碼系統所提供的幾種方案來解決。

（1）身份鑑別：訊息的接收者應該能夠確認訊息的來源，入侵者不能偽裝成他人。身份鑑別透過數位簽章來實現。

（2）資料完整性：接收者能夠驗證訊息在傳送過程中是否被篡改，入侵者無法用假訊息代替合法訊息。資料的完整性透過數位簽章來實現。

（3）不可否認性：發送者事後無法否認他曾經發送過的訊息，接收者可以向中立的第三方證實發送者確實發送了某個資訊。不可否認性透過數位簽章來實現。

（4）機密性：訊息在發送者和接收者之間秘密傳輸，非授權人員無法獲取資訊。機密性透過資料加密來實現。

8.1.2 密碼體制

密碼學理論是資訊安全的基礎，它是一門古老而年輕的科學，起源於古羅馬時代。但是，直到近代，密碼學才真正獲得了快速發展和應用。各種密碼技術都建立在一定的密碼體制之上。根據加密金鑰和解密金鑰是否相同，密碼體制分為對稱（私密金鑰）密碼體制和非對稱（公開金鑰）密碼體制。

對於對稱密碼體制，通訊的雙方必須就金鑰的秘密性和真實性達成一致，然後他們就可以利用對稱加密來確保通訊資料的安全性。應用對稱加密演算法設計的方案稱為對稱加密方案。對稱加密方案要求通訊的雙方共同擁有同一金鑰，並且通訊雙方需要相信對方不會將該金鑰洩漏給第三方。對稱加密方案的優點是加解密速度快。但是，它也有一個缺點，對於有 n 個通訊方的網路來說，一方與網路中的任何一方進行安全通訊需要 (n-1)(n-

2)/2 個金鑰。若網路較大，即 n 值較大的時候，金鑰量會大增，不便於管理。所以，對稱加密方案適宜在通訊方較少的網路中使用。但是，在實際應用中，通常將對稱加密演算法和非對稱加密演算法結合起來使用。

公開金鑰密碼體制與對稱密碼體制不同，通訊雙方擁有的不是同一金鑰，而是一對金鑰，包括公開金鑰和私密金鑰。私密金鑰不公開，只有自己知道；公開金鑰公開，以便同一安全方案下的參與方都知道。應用非對稱加密演算法設計的方案稱為非對稱加密方案。對 n 個通訊方的網路來說，一方與網路中的任何一方進行安全通訊只需要保存自身的私密金鑰，與其他參與方通訊的時候尋找對應的公開金鑰即可，非對稱加密方案極佳地解決了對稱加密方案中的金鑰管理問題。公開金鑰密碼體制的安全性都是基於求解某個數學問題的困難性，透過私密金鑰可以很容易得到公開金鑰，而透過公開金鑰卻很難得到私密金鑰。

8.1.3 橢圓曲線密碼體制

橢圓曲線密碼體制最早於 1985 年由 Miller 和 Koblitz 分別獨立提出，它是利用有限域上橢圓曲線有限點群代替基於離散對數問題的密碼體制的有限迴圈群所得到的一類密碼體制。與其他公開金鑰密碼體制相比，橢圓曲線密碼體制具有兩大潛在的優點：一是有取之不盡的橢圓曲線可用於構造橢圓曲線有限點群；二是不存在計算橢圓曲線有限點群的離散對數問題的亞指數演算法，因此橢圓曲線密碼系統被認為是下一代通用的公開金鑰密碼系統。

截至目前，應用較多且具有一定安全性又比較容易實現的公開金鑰密碼體制，按照其所基於的數學難題，可以分為：

（1）基於大整數因數分解問題（IFP）的密碼體制。這類密碼體制以 RSA 為代表，是目前應用廣泛的公開金鑰密碼體制。它的安全性是基於大整數因數分解的困難性。

（2）基於有限域離散對數問題的密碼體制。這類密碼體制以 DSA 為代表。它的安全性是基於離散對數問題求解的困難性。

（3）橢圓曲線密碼體制，是基於有限域橢圓曲線離散對數問題的密碼體制。它的安全性是基於橢圓曲線上離散對數問題求解的困難性。注意，橢圓曲線之所以叫「橢圓曲線」，是因為其曲線方程式跟利用微積分計算橢圓周長的公式相似。實際上它的圖型跟橢圓完全不搭邊。

橢圓曲線密碼體制與其他兩類密碼體制相比有以下優點：

第一，安全性高。目前已知的所有公開金鑰密碼體制中，橢圓曲線密碼體制是每位能夠提供最高安全強度的一種公開金鑰密碼體制，且不容易被攻破，在抗攻擊方面具有絕對的優勢。

第二，頻寬低，實用性強。對長訊息進行加解密，這三類公開金鑰密碼系統具有相同的頻寬要求。但對於簡訊，橢圓曲線密碼系統所要求的頻寬要低得多。採用 ECC 所設計的安全服務、數位簽章和金鑰交換都是基於簡訊的，要處理的資料量小。因此，橢圓曲線密碼系統具有廣泛的應用前景。

第三，節省處理時間。相對於其他的公開金鑰密碼系統，橢圓曲線密碼系統需要更少的計算時間。

第四，佔用的儲存空間小。在提供相同的安全等級的情況下，ECC 所要求的金鑰長度比其他的公開金鑰系統短得多，160 位元 ECC 與 1024 位元 RSA、DSA 具有相同的安全強度，210 位元 ECC 則與 2048 位元 RSA、DSA 具有相同的安全強度。這表示可以節省更多的儲存空間。

第五，生成金鑰對簡單。只要選取一個合適的大整數，然後透過純量乘運算就可以得出橢圓曲線的金鑰對。生成金鑰對相對於其他密碼體制要快得多，而且簡單得多。

儘管 ECC 相對於其他公開金鑰密碼體制具有無可比擬的優勢，但是在實現橢圓曲線密碼體制的時候，仍然有一些亟待解決的問題。其中包括兩個方面，一是隨機安全橢圓曲線的選取問題，二是橢圓曲線密碼體制的快速實現問題。由於純量乘法是橢圓曲線密碼系統實現過程中很基本、很耗時的運算，因此橢圓曲線密碼系統快速實現的關鍵就是橢圓曲線群運算中的純量乘運算。

在數學中，純量乘法是由線性代數中的向量空間定義的基本運算，所謂純量便是沒有方向的量，比如路程是純量，品質也是純量，純量之間的相乘符合基本的數乘。橢圓曲線純量乘運算指，指定橢圓曲線上一點 P 和一個大整數 k，計算 kP，即利用加法運算將點 P 與自身相加 k 次。在橢圓曲線密碼體制的實現中，純量乘運算是關鍵。它相當於有限域中的指數運算，它的逆運算就是求解橢圓曲線離散對數問題。在橢圓曲線公開金鑰密碼體制中，資料加密和數位簽章都要用到純量乘運算，因此快速純量乘演算法對研究橢圓曲線密碼體制有重要意義。

對一些特殊曲線或固定基點 P，現在已經有了較好的演算法。但是對一般曲線或隨機點 P，如何快速計算 kP 仍沒有一個好的方法。要快速實現橢圓曲線密碼體制有很多技術問題需要研究。舉例來說，根據實際需求，如何選取有限域、如何選取安全的橢圓曲線、如何表示基域中的元素、採用何種座標系及採用何種計算方法。另外，各種攻擊演算法的出現對橢圓曲線密碼體制的快速實現也組成了很大的威脅，因此，人們必須在速度和安全之間尋找較佳的結合點。

純量乘運算可以分為兩個不同的層次：一是上層運算，它是將 kP 的運算化簡為橢圓曲線上的點加運算和倍點運算；二是底層運算，它是點加運算和倍點運算在橢圓曲線 $E(F_q)$ 上展開的運算。顯然，上層運算是橢圓曲線 $E(F_q)$ 上的運算，其運算物件是 $E(F_q)$ 中的元素，也就是橢圓曲線群運算。而底層運算是有限域 F_q 上的運算，也就是有限域中的算數運算，它的運算物件是 F_q 中的元素。顯然，為了實現橢圓曲線密碼體制的快速運算，這兩層都需要最佳化。

目前計算橢圓曲線單純量乘的演算法主要有：二進位展開法、m 進位法、視窗演算法以及目前速度很快也很常用的仿射座標下的完全不連接形式（Non Adjacent-Form，NAF）二進位法。雙純量乘演算法有 JSF（Joint Spare Form）演算法。多純量乘演算法有 Shamir 演算法、快速 Shamir 演算法、Shamir-NAF 演算法等。

近年來，國內外許多學者在橢圓曲線密碼體制的快速演算法研究方面做了大量的工作，提出了很多方法，而且有些演算法仍在不斷的研究和改進中。

8.1.4 為什麼使用橢圓曲線密碼體制

RSA 解決分解整數問題需要亞指數時間複雜度的演算法，而目前已知計算橢圓曲線離散對數問題的最好方法都需要全指數時間複雜度。這表示在橢圓曲線系統中只需要使用相對 RSA 短得多的金鑰，就可以達到與其相同的安全強度。舉例來說，一般認為 160 位元的橢圓曲線金鑰提供的安全強度與 1024 位元的 RSA 金鑰相當。使用短金鑰的好處在於加解密速度快、節省能源、節省頻寬、儲存空間。

鑑於上述優點，比特幣使用了 256 位元的橢圓曲線密碼演算法。

8.2 背景基礎知識

橢圓曲線的研究至今已有一百餘年的歷史，它是代數幾何中的重要概念，透過引入有限域上的橢圓曲線這一概念，使其在密碼學上有了重要應用。首先引入一個無窮遠點，將這個點與橢圓曲線上的其他點放在一起共同組成一個橢圓曲線上點的集合，在這個集合上定義相關運算而組成一個群，常用的橢圓曲線密碼體制中用到的群只有 GF(p) 與 GF(2^m) 兩種，橢圓曲線加密演算法都是基於橢圓曲線群上的離散對數問題的難解性而構造的。

自 1976 年公開金鑰密碼體制的概念被提出以來，各種新的公開金鑰密碼體制如雨後春筍般出現。但隨著數學、電腦科學及密碼學的發展，很多公開金鑰密碼體制相繼被攻破，如 64 位元 DES 已徹底被攻破，RSA 也越來越不安全，而且隨著金鑰尺寸的增長，加解密速度越來越慢。1985 年，Koblitz 和 Mller 利用橢圓曲線上的點組成的阿貝爾加法群，實現了公開金鑰密碼體制上的 Diffie- Hellman 金鑰交換演算法，橢圓曲線密碼體制由此開始引起了人們的廣泛關注。

橢圓曲線加密體制是基於橢圓域中的離散對數問題的密碼體制。橢圓曲線加密演算法是於 1985 年為替代已有的如 DSA 和 RSA 等公開金鑰密碼系統所提出的，並且到目前為止，還未尋找到亞指數時間複雜性的演算法。在相同的安全條件下，相比於 DSA 與 RSA 密碼體制，ECC 使用更小的參數來解決加解密問題。ECC 的優勢有：使用的金鑰長度相對較短，數位憑證與數位簽章更小，運算速度更快。

橢圓曲線密碼體制具有良好的安全性，它的安全性是基於橢圓曲線上離散對數問題求解的困難性。對它的攻擊難度要遠遠高於對有限域上離散對數和大整數因數分解問題的攻擊。橢圓曲線密碼體制只需要很短的金鑰長度就可以達到離散對數問題和基於大整數因數分解問題需要較長金鑰才能達到的安全強度。橢圓曲線密碼體制可以提供加密及數位簽章等各種安全服務，在資訊安全中具有廣闊的應用前景，尤其適用於運算速度較慢、儲存空間受限的裝置上。

橢圓曲線是代數幾何中一類重要的曲線，而在密碼學中所用的都是有限域上的橢圓曲線。透過引入無窮遠點，將橢圓曲線上的點和無窮遠點組成一個集合，並在該集合上定義一個運算，從而該集合和運算組成了群。常用到的有限域上的橢圓曲線群有兩種，分別是基於質數域 GF(p) 和二進位域 GF(2^m) 上的橢圓曲線域。它們各自有不同的群元素和群運算，因此要研究橢圓曲線必須先了解基礎的數學知識。

8.2.1 無窮遠點

在平面上，任意兩條直線之間的關係只有兩種，即相交和平行。為了將這兩種關係統一，引入了無窮遠點的概念。無窮遠點就是兩條平行直線的交點。有了這個概念，就可以認為平面上任意兩條不同的直線都是相交的，對於平行的直線，它們的交點為無窮遠點。

平行線永不相交，沒有人懷疑吧？不過到了近代這個結論遭到了質疑。平行線會不會在很遠很遠的地方相交呢？事實上沒有人見到過。所以「平行線永不相交」只是假設（大家想想國中學習的平行公理，是沒有證明的）。既然可以假設平行線永不相交，也可以假設平行線在很遠很遠的地方相交了，即平行線相交於無窮遠點 P ∞（大家閉上眼睛，想像一下那個無窮遠點 P ∞，P ∞ 是不是很虛幻？其實與其説數學鍛煉人的抽象能力，還不如説是鍛煉人的想像力），如圖 8-1 所示。

圖 8-1

直線上出現 P ∞ 點所帶來的好處是所有的直線都相交了，且只有一個交點。這就把直線的平行與相交統一了。為了與無窮遠點相區別，把原來平面上的點叫作平常點。以下是無窮遠點的幾個性質：

（1）直線 L 上的無窮遠點只能有一個（從定義可以直接得出）。

（2）平面上一組相互平行的直線有公共的無窮遠點（從定義可以直接得出）。

（3）平面上任何相交的兩直線 L1、L2 有不同的無窮遠點（如果假設 L1 和 L2 有公共的無窮遠點 P，那麼 L1 和 L2 有兩個交點，故假設錯誤）。

（4）平面上全體無窮遠點組成一條無窮遠的直線（可以自己想像一下這條直線）。

（5）平面上全體無窮遠點與全體平常點組成射影平面。

8.2.2 射影平面座標系

射影是物體在某平面或某空間形成的投影。平面上全體無窮遠點與全體平常點組成射影平面。射影平面座標系是對普通平面直角座標系（就是我們國中學到的笛卡兒平面直角座標系）的擴充。我們知道普通平面直角座標系沒有為無窮遠點設計座標，不能表示無窮遠點。為了表示無窮遠點，產生了射影平面座標系，當然射影平面座標系同樣能極佳地表示平常點（數學也是「在下相容」的）。射影平面就是二維射影空間，它可以視為在平面增加一條無窮遠的直線。這個新的座標系統能夠表示射影平面上所有的點，我們就把這個能夠表示射影平面上所有點的座標系統叫作射影平面座標系。

圖 8-2 所示是一個普通平面直角座標系。

普通平面直角座標系

圖 8-2

我們對普通平面直角座標系上的點 A 的座標 (x,y) 進行改造：令 x=X/Z、y=Y/Z(Z≠0)，則 A 點可以表示為 (X:Y:Z)。變成了有三個參量的座標點，這就對平面上的點建立了一個新的座標系統。

【例 1】：求點 (1,2) 在新的座標系統下的座標。

【解】：因為 X/Z=1、Y/Z=2(Z≠0)，所以 X=Z、Y=2Z，所以座標為 (Z:2Z:Z) 且 Z≠0，即 (1:2:1)、(2:4:2)、(1.2:2.4:1.2) 等形如 (Z:2Z:Z) 且 Z ≠ 0 的座標都是 (1,2) 在新的座標系統下的座標。

我們也可以得到直線的方程式 aX+bY+cZ=0（想想為什麼，提示：普通平面直角座標系下的直線方程式一般是 ax+by+c=0）。新的座標系統能夠表示無窮遠點嗎？那要讓我們先想想無窮遠點在哪裡。根據 8.2.1 節的知識，我們知道無窮遠點是兩條平行直線的交點。那麼，如何求兩條直線的交點座標？這是國中的知識，就是將兩條直線對應的方程式聯立求解。平行直線的方程式是：

aX+bY+c1Z =0；aX+bY+c2Z =0　(c1 ≠ c2)（為什麼？提示：可以從斜率考慮，因為平行線斜率相同）

將兩個方程式聯立求解，有 $c_2Z = c_1Z = -(aX+bY)$，因為 $c_1 \neq c_2$，所以 $Z=0$，所以 $aX+bY=0$。

所以無窮遠點就是這種形式的：$(X:Y:0)$。注意，平常點 $Z \neq 0$，無窮遠點 $Z=0$，因此無窮遠直線對應的方程式是 $Z=0$。

【例 2】：求平行線 L1：$X+2Y+3Z=0$ 與 L2：$X+2Y+Z=0$ 相交的無窮遠點。

【解】：因為 L1 ∥ L2，所以有 $Z=0$，$X+2Y=0$，所以座標為 $(-2Y:Y:0)$ 且 $Y \neq 0$，即 $(-2:1:0)$、$(-4:2:0)$、$(-2.4:1.2:0)$ 等形如 $(-2Y:Y:0)$ 且 $Y \neq 0$ 的座標都表示這個無窮遠點。

複習一下，為了在座標上把其他點和無窮遠點都表示出來，使用齊次座標 (X,Y,Z)（X、Y、Z 不全為 0）來表示平面上的點。齊次座標點 (X,Y,Z) 和普通座標點 (x,y) 之間的轉化關係為 $x=X/Z$、$y=Y/Z$。之所以叫齊次座標，是因為對於任意數 p，(pX,pY,pZ) 表示同一個點。而無窮遠點的齊次座標表示形式為 $(X,Y,0)$，無窮遠直線的方程式為 $Z=0$。假設普通座標系下一條直線方程式為 $ax+by=c$，則在齊次座標系下該直線的方程式為 $aX+bY=cZ$。任何曲線都可以實現方程式之間的轉化，而且任何曲線都包括無窮遠點。

8.2.3 域

首先了解一下域。在抽象代數中，域是一種可進行加、減、乘、除運算的代數結構。域的概念是數域以及四則運算的推廣。域是一個可以在其上進行加、減、乘、除運算而結果不會超出域的集合，如有理數集合、實數集合、複數集合都是域，但整數集合不是域（很明顯，使用除法得到的分數或小數已超出整數集合）。除了由數組成的域外，還有由向量組成的域，線性空間等。

8.2.4 數域

設 P 是由一些複數組成的集合，其中包括 0 與 1，如果 P 中任意兩個數的和、差、積、商（除數不為 0）仍是 P 中的數，就稱 P 為一個數域。常見的數域有：複數域 C、實數域 R、有理數域 Q（注意：自然數集 N 及整數集 Z 都不是數域）、伽羅華域（有限域）。

數域是由數組成的域，裡面的元素都是數，比如有理數、實數、複數等。

8.2.5 有限域

有限域亦稱伽羅華域，是僅包含有限個元素的域。它是伽羅華（Galois）於 18 世紀 30 年代研究代數方程根式求解問題時引出的。有限域的特徵數必為某一質數 p。元素個數為 p 的有限域一般記為 GF(p)，GF 代表伽羅華域。

有限域運算和椭圆曲線上點的運算是椭圆曲線密碼體制的數學基礎。因此，如果我們要研究椭圆曲線，就不得不提到有限域，因為我們研究的是有限域上的椭圆曲線。

8.2.6 質數域

設 p 是一個質數，則有限域 GF(p) 稱為質數域，它由元素 {0,1,2,…,p-1} 和下面的操作組成：

加法：模 p 加法，令 a,b∈GF(p)，則 a+b=r，其中 0≤r≤p-1，r 是 a+b 對 p 求模的結果（即 r 是 a+b 被 p 除所得的餘數），這個運算我們稱之為模加運算。

乘法：模 p 乘法，令 a,b∈GF(p)，則 a*b=s，其中 0≤s≤p-1，s 是 a*b 對 p 求模的結果（即 s 是 a*b 被 p 除所得的餘數），這個運算我們稱之為模乘運算。

求逆：a 是 GF(p) 上的不為零的元素，a 的逆元就是 GF(p) 中的唯一元素 c，且滿足 a*c=1。

例子：對於有限域 GF(13)，10+9=6（19 mod 13 =6），10*9=12（90 mod 13=12），9^{-1}=3（9*3 mod 13=1）。

8.2.7 逆元

每個數 a 均有唯一的與之對應的乘法逆元 x，使得 ax ≡ 1(mod n)，一個數有逆元的充分必要條件是 gcd(a,n)=1，此時逆元唯一存在。如果 gcd(a,n)>1，就不存在逆元，比如 18 和 12。

模 n 意義下，一個數 a 如果有逆元 x，那麼除以 a 相當於乘以 x。

逆元的定義：對於正整數 a、n，如果有 ax ≡ 1(mod n)，就稱 x 的最小正整數解為 a 模 n 的逆元。為什麼要有乘法逆元呢？這是因為我們要求（a/b）mod p 的值，且 a 很大，大到會溢位，或說 b 很大，大到會溢位，無法直接求得 a/b 的值時，就要用到乘法逆元。後面的例子中會用到。

求解逆元的方法有多種，比如迴圈找解法、擴充歐幾里德演算法、費馬小定理及尤拉定理等。這裡我們來看一下擴充歐幾里德演算法求解逆元。擴充歐幾里德演算法在第 6 章已經介紹過了，這裡複習一下。

指定模數 m，求 a 的逆元相當於求解 ax ≡ 1(mod m)，這個方程式可以轉化為 ax-my=1（小學知識：被除數＝商乘以除數＋餘數），這裡 y 是商。然後套用求二元一次方程的方法，用擴充歐幾里德演算法求得一組 x_0、y_0 和 gcd。接著檢查 gcd 是否為 1，若 gcd 不為 1，則說明逆元不存在；若為 1，則調整 x_0 到 0~m-1 的範圍即可。下面是實現程式。

【例 8.1】擴充歐幾里德演算法求逆元

（1）打開 VC 2017，新建一個主控台專案 test。

（2）打開 test.cpp，輸入程式如下：

```cpp
#include "pch.h"
#include <iostream>
#include <cstdio>
using namespace std;

int exgcd(int a, int b, int &x, int &y)
{
    if (b == 0) {
        x = 1, y = 0;
```

```
            return a;
        }
        int r = exgcd(b, a%b, x, y);
        int t = x;
        x = y;
        y = t - a / b * y;
        return r;
}
int inv(int n, int m)
{
        int x, y;
        int ans = exgcd(n, m, x, y);
        if (ans == 1)
            return (x%m + m) % m;
        //定義：對於正整數a、n，如果有ax≡1(mod n)，就稱x的最小整數解為a模n的逆元
        else
            return -1;
}
int main()
{
        int i,n, m;
        for (i = 0; i < 4; i++)   //實驗4組資料
        {
            cout << "enter m n(用空格隔開）:";
            cin >> n >> m;
            int ans = inv(n, m);
            ans == -1 ? cout << "沒有逆元" << endl : cout <<"逆元:"<< ans << endl;
        }
        return 0;
}
```

其中，exgcd 是用擴充歐幾里德演算法求二元一次方程的函數，我們在第 6 章實現過了。inv 函數用於求解逆元。

（3）保存專案並按 Ctrl+F5 鍵運行，運行結果如圖 8-3 所示。

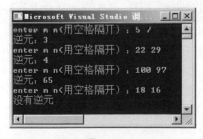

圖 8-3

8.3 橢圓曲線的定義

橢圓曲線密碼體制因其單位元安全強度遠超過 RSA 系統，被公認為是公開金鑰密碼未來的發展方向。

什麼是橢圓曲線？想必大家首先想到的是高中時學習的標準橢圓曲線方程式，如圖 8-4 所示。

$$\frac{x^2}{a^2} + \frac{y^2}{b^2} = 1 \ (a>b, \text{焦點在 x 軸}, a<b, \text{焦點在 y 軸})$$

圖 8-4

但我們這裡講的橢圓曲線跟高中時學習的橢圓曲線方程式基本無關。橢圓曲線的橢圓一詞來自橢圓周長積分公式。總之記住，橢圓曲線不是橢圓，之所以叫橢圓曲線，是因為其運算式和計算橢圓周長的積分公式有相似之處（這個命名深究起來比較複雜，了解一下就可以了）。

8.2 節我們建立了射影平面座標系，這一節將在這個座標系下建立橢圓曲線方程式。我們知道座標中的曲線是可以用方程式來表示的（比如單位圓方程式是 $x^2+y^2=1$），橢圓曲線是曲線，自然橢圓曲線也有方程式。

橢圓曲線定義的方法有很多種，但常用的是維爾斯特拉斯（Weierstrass）方程式所確定的平面曲線。設 K 是一個數域，則由方程式

$$y^2+a_1xy+a_3y = x^3+a_2x^2+a_4x+a_6$$

在 K 上的解集連同一個稱之為無窮遠點的特殊點 O 所確定的一條曲線 E，稱為 K 上的橢圓曲線。其中，係數 a_i（i=1,2,3,4,6）是定義在有理數域、複數域、實數域和有限域上的實數，簡單地講，它們是滿足某些簡單筆件的實數。x 和 y 是實數集上的設定值，為了簡化研究，一般情況下，我們討論其簡化形式：

$$y^2 =x^3+a_2x^2+a_4x+a_6$$

就已經足夠。對於定義在特定域 K 上的橢圓曲線 E，我們將其記為 E/K。

圖 8-5 和圖 8-6 展示了橢圓曲線的幾種不同的圖型。

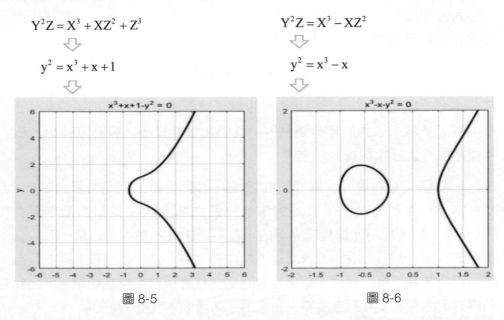

$$Y^2Z = X^3 + XZ^2 + Z^3$$

$$y^2 = x^3 + x + 1$$

$$Y^2Z = X^3 - XZ^2$$

$$y^2 = x^3 - x$$

圖 8-5　　　　　　　　　　　　圖 8-6

提醒大家注意一點，這幾幅圖型可能會給大家產生一種錯覺，即橢圓曲線是關於 x 軸對稱的。事實上，橢圓曲線並不一定關於 x 軸對稱。例如 $y^2-xy=x^3+1$，其對應的圖形如圖 8-7 所示。

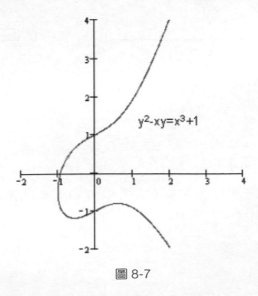

$$y^2-xy=x^3+1$$

圖 8-7

橢圓曲線上存在奇點和無窮遠點，為了解決這方面的問題，我們對橢圓曲線引入投影座標，令 x=X/Z、y=Y/Z，代入簡化的 Weierstrass 方程式，整理得到投影平面 {X,Y,Z} 上的 Weierstrass 方程式：

$$Y^2Z = X^3 + a_2X^2Z + a_4XZ^2 + a_6Z^3 \qquad (8\text{-}1)$$

當 Z=0 時，可以得 X=0 是三重根，也就是橢圓曲線 E 在無窮遠處交於三點，這就是我們引入的無窮遠點 ∞，我們定義其投影座標為 {0,1,0}，表示橢圓曲線上座標為 (x, ∞) 的點。

此時，我們又可以説，一條橢圓曲線是在射影平面上滿足方程式 $Y^2Z = X^3 + a_2X^2Z + a_4XZ^2 + a_6Z^3$ 的所有點的集合，且曲線上的每個點都是非奇異（或光滑）的。所謂非奇異或光滑的，在數學中是指曲線上任意一點的偏導數 $F_x(x,y,z)$、$F_y(x,y,z)$、$F_z(x,y,z)$ 不能同時為 0。如果你沒有學過高等數學，可以這樣了解這個詞，即滿足方程式的任意一點都存在切線。下面我們再來看方程式及其對應的橢圓曲線圖，如圖 8-8 和圖 8-9 所示。

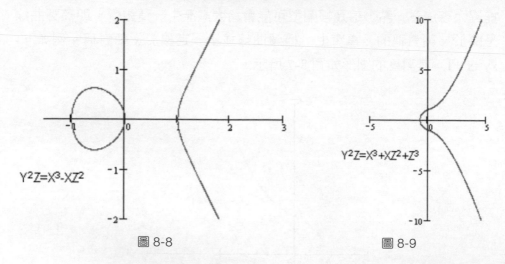

圖 8-8   圖 8-9

下面兩個方程式都不是橢圓曲線（如圖 8-10 和圖 8-11 所示），儘管它們是方程式（8-1）的形式。

$Y^2Z=X^3$ $Y^2Z=X^3+X^2$

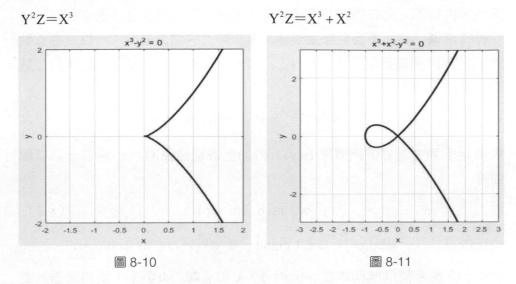

圖 8-10　　　　　　　　　　　圖 8-11

因為它們在 (0:0:1) 點處（原點）沒有切線。

由橢圓曲線的定義可以知道，橢圓曲線是光滑的，所以橢圓曲線上的平常點都有切線。

8.4 密碼學中的橢圓曲線

我們現在基本上對橢圓曲線有了初步的認識，但請大家注意，前面學到的橢圓曲線是連續的，並不適合用於加密。所以，我們必須把橢圓曲線變成離散的點。

讓我們想一想，為什麼橢圓曲線是連續的？是因為橢圓曲線上點的座標是實數的（也就是説前面講到的橢圓曲線是定義在實數域上的），實數是連續的，導致曲線也是連續的。因此，我們要把橢圓曲線定義在有限域上（顧名思義，有限域是一種由有限個元素組成的域）。可以説，這裡所講的密碼學中的橢圓曲線是有限域上的橢圓曲線，有限域上的橢圓曲線就是模質數 p 的橢圓曲線。

同時，由於不是所有的橢圓曲線都適合加密，因此橢圓曲線密碼計算一般基於有限域。加密橢圓曲線主要分為兩種類型的橢圓曲線：一種是在質數域，選擇兩個滿足下列條件的小於 p（p 為質數，且大於 3）的非負整數 a、b（a、b 屬於 Fp）：

$$4a^3+27b^2 \neq 0 \quad (mod\ p)$$

則滿足下列方程式的所有點 (x,y)，再加上無窮遠點 O ∞，組成一條橢圓曲線。

$$y^2=x^3+ax+b \quad (mod\ p) \qquad （8-2）$$

也可以寫成：$y^2\ mod\ p=(x^3+ax+b)\ mod\ p$ 或 $y^2=(x^3+ax+b)\ mod\ p$。

x 和 y 使得等號兩邊同時模 p 後相等，x 和 y 屬於 0 到 p-1 間的整數，並將這條橢圓曲線記為 $E_p(a,b)$。$y^2=x^3+ax+b$ 是一類可以用來加密的橢圓曲線，也是最為簡單的一類。對於橢圓曲線，只關注從 (0,0) 到 (p,p) 的滿足上述方程式的非負整數。一般而言，可按以下方法生成所有的點：

（1）對滿足 0<x<p 的任何 x，計算 $x^3+ax+b(mod\ p)$。

（2）對步驟（1）中計算出的每個值，確定它是否有模 p 的平方根。若沒有，則在 Ep(ab) 上沒有值為 x 的點，否則有兩個平方根 y（除非 y 為 0），因此 (x,y) 是 Ep(ab) 上的點。

比如，$y^2=x^3+x+1$，也就是 a、b 都等於 1。然後我們可以尋找，比如 x=3，計算 x^3+x+1=31，31mod 23=8。然後尋找 23 中有沒有一個數的平方，y^2mod 23=8，可以找到 y=10 滿足條件，如果有的話，那 x、y 就是這個有限域橢圓曲線上的點，然後根據對稱，x、-y 也是其上的點，因其為非負數，所以 -10mod 23=13，所以 3、13 也是橢圓曲線上的點。也就是說，3、10 與 3、13 都是這個 a、b 都為 1 的橢圓曲線上的點，依此類推，將這個方法帶去你的橢圓曲線中就可以找到該有限域橢圓曲線上的點了。

我們看一下 p=23、$y^2=x^3+x+1$ 的圖型，如圖 8-12 所示。

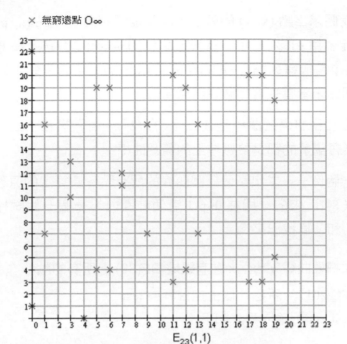

圖 8-12

我們可以看到 x=3 時，y 是 10。一定要注意：$y^2=x^3+ax+b(\mathrm{mod}\ p)$ 的意思是，等號兩邊分別 mod p 後再相等。

是不是覺得不可思議，橢圓曲線怎麼變成了這般模樣，成了一個一個離散的點？橢圓曲線在不同的數域中會呈現出不同的樣子，但其本質仍是一條橢圓曲線。舉一個不太恰當的例子，好比水在常溫下是液體，到了零下就變成冰，成了固體，而溫度上升到一百度，又變成了水蒸氣，但其本質仍是 H_2O。

其實方程式（8-1）也是由 $y^2=x^3+a_2x^2+a_4x+a_6$（當數域 K 的特徵大於 3 時）轉換而來的，過程就不給大家推導了。

此外，Fp 上的橢圓曲線同樣有加法：

（1）無窮遠點 O ∞是零元，有 O ∞ + O ∞ = O ∞，O ∞ +P=P。

（2）P(x,y) 的負元是 (x,−y mod p)=(x,p−y)，有 P+(−P)=O ∞。

這樣，當我們求出點 (x, y) 的時候，同時能得到另一個點 (x, p−y)，該點叫 P 的負元，用 −P 來表示。這裡要記住的是第（2）點，點 P 和其負元點 −P 相加後是無窮遠點，−P 的座標是 (x,p−y)，後面講到求某點階的時候，可以回頭來看看這裡，必定豁然開朗。

另一種適合加密的橢圓曲線是在二元域 $F(2^m)$，稍微複雜一些，本書不進行講解。本書講解的都是質數域上的橢圓曲線。

下面來看一個例子，求出某個橢圓曲線的所有點。演算法的原理完全是按照方程式（8-1）來的，即在 0~p-1 這個範圍內，一個一個試探，把滿足該等式的 x 和 y 值找出來。

【例 8.2】求橢圓曲線 $y^2=x^3-x$ 在有限域 GF(89) 上所有的點

（1）打開 VC 2017，新建一個主控台專案 test。

（2）打開 test.cpp，輸入程式如下：

```
#include "pch.h"
#include <iostream>

#include<string.h>
#include<math.h>
#include<time.h>
#define MAX 100

typedef struct point {
    int point_x;
    int point_y;
}Point;
typedef struct ecc {
    struct point p[MAX];
    int len;
}ECCPoint;
typedef struct generator {
    Point p;
    int p_class;
}GENE_SET;

char alphabet[ ] = "abcdefghijklmnopqrstuvwxyz";
```

```
int a = -1，b = 0，p = 89;    //橢圓曲線為E89(-1,0)：y²=x³-x (mod 89)
ECCPoint eccPoint;
GENE_SET geneSet[MAX];
int geneLen;
char plain[] = "yes";
int m[MAX];
int cipher[MAX];
int nB;//私密金鑰
Point P1，P2，Pt，G，PB;
Point Pm;
int C[MAX];

//取模函數
int mod_p(int s)
{
    int i;                  //保存s/p的倍數
    int result;             //模運算的結果
    i = s / p;
    result = s - i * p;
    if (result >= 0)
    {
        return result;
    }
    else
    {
        return result + p;
    }
}

//判斷平方根是否為整數
int int_sqrt(int s)
{
    int temp;
    temp = (int)sqrt(s);    //轉為整數
    if (temp*temp == s)
    {
        return temp;
    }
    else {
        return -1;
    }
}
//列印點集
```

```
void print()
{
    int i;
    int len = eccPoint.len;
    printf("\n該橢圓曲線上共有%d個點(包含無窮遠點)\n", len + 1);
    for (i = 0; i < len; i++)
    {
        if (i % 8 == 0)
        {
            printf("\n");
        }
        printf("(%2d,%2d)\t", eccPoint.p[i].point_x, eccPoint.p[i].point_y);
    }
    printf("\n");
}


void get_all_points()
{
    int i = 0;
    int j = 0;
    int s, y = 0;
    int n = 0, q = 0;
    int modsqrt = 0;
    int flag = 0;
    if (4 * a * a * a + 27 * b * b != 0)
    {
        for (i = 0; i <= p - 1; i++)
        {
            flag = 0;
            n = 1;
            y = 0;
            s = i * i * i + a * i + b;
            while (s < 0)
            {
                s += p;
            }
            s = mod_p(s);
            modsqrt = int_sqrt(s);
            if (modsqrt != -1)
            {
                flag = 1;
                y = modsqrt;
```

```
                }
                else
                {
                    while (n <= p - 1)
                    {
                        q = s + n * p;
                        modsqrt = int_sqrt(q);
                        if (modsqrt != -1)
                        {
                            y = modsqrt;
                            flag = 1;
                            break;
                        }
                        flag = 0;
                        n++;
                    }
                }
                if (flag == 1)
                {
                    eccPoint.p[j].point_x = i;
                    eccPoint.p[j].point_y = y;
                    j++;
                    if (y != 0)
                    {
                        eccPoint.p[j].point_x = i;
                        eccPoint.p[j].point_y = (p-y)% p;
                        //注意：P(x,y)的負元是 (x,p-y)
                        j++;
                    }
                }
            }
            eccPoint.len = j;        //點集個數
            print();                 //列印點集
    }
}
int main()
{
    get_all_points();
}
```

程式不是很難，就是在 [0,p−1] 這個範圍尋找滿足 $y^2 = x^3 - x \pmod{89}$ 的 x 和 y。要注意的是，當找到一個點 (x,y) 後，(x,p−y) 也是滿足條件的點。

（3）保存專案並運行，運行結果如圖 8-13 所示。

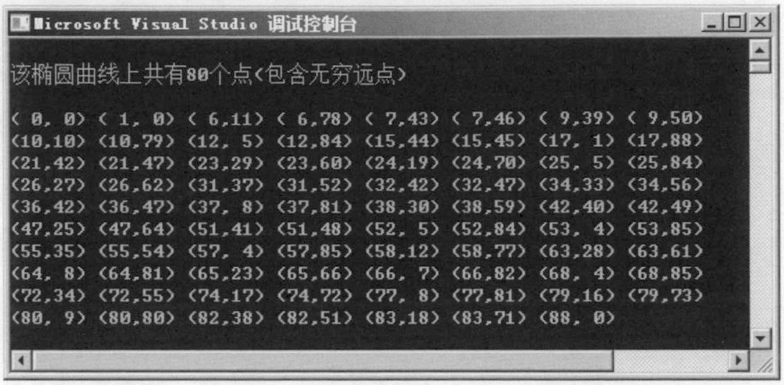

```
Microsoft Visual Studio 调试控制台                                    _ □ ×
该椭圆曲线上共有80个点<包含无穷远点>

< 0, 0>  < 1, 0>  < 6,11>  < 6,78>  < 7,43>  < 7,46>  < 9,39>  < 9,50>
<10,10>  <10,79>  <12, 5>  <12,84>  <15,44>  <15,45>  <17, 1>  <17,88>
<21,42>  <21,47>  <23,29>  <23,60>  <24,19>  <24,70>  <25, 5>  <25,84>
<26,27>  <26,62>  <31,37>  <31,52>  <32,42>  <32,47>  <34,33>  <34,56>
<36,42>  <36,47>  <37, 8>  <37,81>  <38,30>  <38,59>  <42,40>  <42,49>
<47,25>  <47,64>  <51,41>  <51,48>  <52, 5>  <52,84>  <53, 4>  <53,85>
<55,35>  <55,54>  <57, 4>  <57,85>  <58,12>  <58,77>  <63,28>  <63,61>
<64, 8>  <64,81>  <65,23>  <65,66>  <66, 7>  <66,82>  <68, 4>  <68,85>
<72,34>  <72,55>  <74,17>  <74,72>  <77, 8>  <77,81>  <79,16>  <79,73>
<80, 9>  <80,80>  <82,38>  <82,51>  <83,18>  <83,71>  <88, 0>
```

圖 8-13

8.5 ECC 演算法系統

除了複雜的數學理論外，橢圓曲線密碼系統還涉及大量的演算法操作，包括大整數的乘法和加減法、有限域上的模逆、模乘和模加減速操作，以及橢圓曲線上的點加、倍點和點的純量乘（或稱點乘）操作。這些運算操作之間具有層次關係，最上層的橢圓曲線密碼協定主要是依靠點乘演算法來實現的，而點乘是反覆呼叫點加和倍點的運算，而點加和倍點運算又是透過呼叫底層有限域上的模乘、模加和模逆等演算法來實現的。因此，我們可以對橢圓曲線密碼系統的演算法進行分層。

ECC 演算法系統的層次結構自下而上可以分為 4 層，分別為：（1）有限域層的模運算，主要有模加演算法、模減演算法和模乘演算法；（2）曲線層的點加演算法和倍點演算法，主要涉及仿射座標系和不同投影座標系下點加 / 倍點演算法的不同表現形式；（3）群運算層的純量乘演算法（點乘演算法），主要有 Double-and-Add、Montgomery、視窗 NAF 等多種點乘排程演算法；（4）應用層的頂層協定，具體包括金鑰交換、資料加 / 解密、數位簽章、簽名認證等應用協定。ECC 運算操作層次圖如圖 8-14 所示。

在 ECC 演算法的每個層次都可以採用對應的
加速演算法和安全措施來提升 ECC 運算速度
和安全性，點乘運算（kP）幾乎佔據了橢圓
曲線密碼協定的全部時間，作為 ECC 密碼系
統的核心運算，點乘決定著整個系統的運行效
率，所以 ECC 加速器的實現實質上就是點乘
運算模組的最佳化實現，點乘運算的速度和安
全性的提升，需要從點乘演算法、點加演算
法、倍點演算法以及有限域基本演算法的最佳
化實現來考慮。

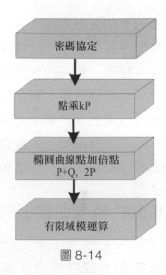

圖 8-14

8.5.1 有限域的模運算

有限域 GF(q) 上的主要運算有加法、減法、乘法和求逆運算，其中最耗時
的操作是乘法和求逆。有限域 GF(q)，又稱質數域，由整數 {0,1,2,…,p-1}
及下面的算術操作組成：

（1）加法：若 $a,b \in GF(q)$，則 a+b=r，其中 r 是 a+b 被 p 整除的剩餘，
　　 0<=r<=p-1，這裡加法和代數上的加法是不同的，這裡的加法是指模
　　 p 加。

（2）減法：域元素的減法和加法大致相同，減法完全可以轉化為加法運
　　 算，若 $a,b \in GF(q)$，則 a-b=a+(-b)，其中 $-b \in GF(q)$。

（3）乘法：若 $a,b \in GF(q)$，則 a*b=s，其中 s 是 a*b 被 p 整除的剩餘，
　　 0<=s<=p-1，這裡的乘法也不是代數商的乘法，這裡的乘是指模 p 乘。

（4）除法（求逆）：若 a 是 GF(q) 上的非零元，a 的模 p 逆記為 a^{-1}，則
　　 $a^{-1} \in GF(q)$，且 $a^{-1}=1$，除法是乘法的逆運算。

橢圓曲線上點的算數運算都是透過有限域上的運算實現的，有限域上的運
算是整個點乘運算架構的基礎，本文是基於質數域 F(P) 實現的，有限域
中演算法的實現只考慮質數域中的運算，主要包括模乘、模加/減、模逆
運算。這些模運算都是在大整數運算的基礎上實現的，和普通大數運算最

大的不同在於取模操作，即指定模數 p，有限域上的加、減、乘、除的結果都應保證在模 p 的範圍內。對一個整數 a 的取模操作通常用 a mod p 表示。模加、模減操作是有限域中很基本、很簡單的運算，透過普通的大數加減和取模實現。模逆操作是有限域中最耗時、最複雜的運算，ECC 演算法可以透過座標變換避免模逆操作，只需要在座標轉換中執行一次模逆操作即可，有限域上的模逆一般採用二進位擴充歐幾里德求逆演算法，這種演算法只有加法、減法和移位操作，極大地提升了模逆的效率。

8.5.2 橢圓曲線上的點加和倍點運算

質數域上橢圓曲線上點的運算包括點加運算和倍點運算。點加就是橢圓曲線上的點的加法運算。橢圓曲線的點加規則用幾何方法說明為：在橢圓曲線 E 上選取兩個不同的點 $P(x_1,y_1)$ 和 $Q(x_2,y_2)$，即 P ≠ Q，令 $P+Q=R(x_3,y_3)$，點 R 就是點 P 和點 Q 的點加結果。那麼如何確定 R 呢？我們可以連接 P 和 Q 的直線交於一點 R'，此點也是橢圓曲線上的點，它關於 x 軸的對稱點即為 R 點，如圖 8-15 所示。

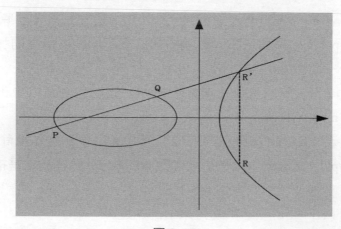

圖 8-15

其結果 R 的座標如何求呢？開始推導：

已知橢圓曲線不同的兩點 $P(x_1,y_1)$、$Q(x_2,y_2)$，設 L 為經過這兩個點的直線，並設直線 L 的斜率為 k，則：

$$k=(\frac{y_2-y_1}{x_2-x_1}) \qquad\qquad x_1 \neq x_2$$

這是斜率方程式，讀過高中數學的朋友應該認識。下面設直線 L 的方程式為 $y=kx+v$，則 $v=y_1-kx_1=y_2-kx_2$，將直線方程式代入橢圓方程式中，得：

$$(kx+v)^2=x^3+ax+b$$

$$k^2x^2+2kvx+v^2=x^3+ax+b$$

即：

$$x^3- k^2x^2-(2kv-a)x-v^2+b = 0$$

由一元三次方程式的根與係數的關係可得：

$$x_1+x_2+x_3=k^2$$

即：

$$x_3=k^2-x_1-x_2$$

直線 L 上的點 R′ 滿足 $y=kx+v$，因為 R 和 R′ 關於 x 軸對稱，所以 R′ 的座標是 $(x_3,-y_3)$，代入直線方程式：

$$-y_3=kx_3+v=k(k^2-x_1-x_2)+v$$

即：

$$y_3= - kx_3-v= -k^3+kx_1+kx_2-v$$

當 $P \neq Q$、$P+Q=R(x_3,y_3)$ 時，可以得到以下結果：

$$x_3=(\frac{y_2-y_1}{x_2-x_1})^2-x_1-x_2$$

$$y_3= - (\frac{y_2-y_1}{x_2-x_1})^3+2(\frac{y_2-y_1}{x_2-x_1})^2 x_1+ (\frac{y_2-y_1}{x_2-x_1})^2x_2-y_1$$

為了減少整體計算量，將 x_3 作為一個中間變數，則可以簡化為：

$$x_3=(\frac{y_2-y_1}{x_2-x_1})^2-x_1-x_2$$

$$y_3= - (\frac{y_2-y_1}{x_2-x_1})x_3+ (\frac{y_2-y_1}{x_2-x_1})x_1-y_1$$

至此，點加的運算結果出來了。下面我們來看倍點運算。

在橢圓曲線 C 上選取兩個相同的點 $P(x_1,y_1)$ 和 $Q(x_2,y_2)$，其中 P=Q，那麼 P、Q、$R(x_3,y_3)$ 的對應關係為：過點 P 做曲線 C 的切線，R' 點是切線 PQ 和曲線 C 的交點，R 點就是 R' 這一點透過 X 軸對稱得到的。這一幾何表示如圖 8-16 所示。

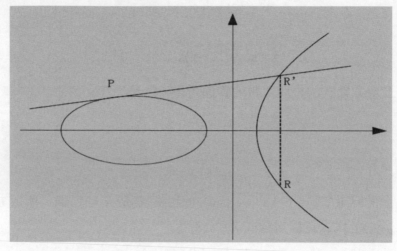

圖 8-16

我們把 P=Q 時，P+Q=P+P=2P=R 的運算叫作倍點運算。設 P 座標為 (x_1,y_1)，現在我們來推導 2P 的結果 R 的座標 (x_3,y_3)。對橢圓曲線方程式 $y^2=x^3+ax+b$ 的兩邊求導，得到：

$$2yy'=3x^2+a$$

即：

$$斜率\ k=\frac{3x_1^2+a}{2y_1}$$

仿照上面的過程可得：

$$x_3=k^2-2x_1$$

$$-y_3=k(k^2-2x_1)+y_1-kx_1$$

即：

$$y_3 = -k^3 + 3kx_1 - y_1$$

最終當 P=Q 時，可以得到以下結果：

$$x_3 = (\frac{3x_1^2 + a}{2y_1})^2 - 2x_1$$

$$y_3 = -(\frac{3x_1^2 + a}{2y_1})^3 + 3(\frac{3x_1^2 + a}{2y_1})x_1 - y_1$$

為了減少整體計算量，將 x_3 作為一個中間變數，則可以化簡為：

$$x_3 = (\frac{3x_1^2 + a}{2y_1})^2 - 2x_1$$

$$y_3 = -(\frac{3x_1^2 + a}{2y_1})x_3 + (\frac{3x_1^2 + a}{2y_1})x_1 - y_1$$

至此，倍點運算結果推導成功。或許有點枯燥，但稍後的程式設計會用到。

【例 8.3】實現點加和倍點演算法

（1）打開 VC 2017，新建一個主控台專案 test。

（2）打開 test.cpp，輸入程式如下：

```
#include "pch.h"
#include <iostream>

#define MAX 100
typedef struct point {
    int point_x;
    int point_y;
}Point;

int a = -1, b = 0, p = 89;    //橢圓曲線為E89(-1,0)：y²=x³-x (mod 89)

//求b關於n的逆元
int inverse(int n, int b)
```

```
{
    int q, r, r1 = n, r2 = b, t, t1 = 0, t2 = 1, i = 1;
    while (r2 > 0)
    {
        q = r1 / r2;
        r = r1 % r2;
        r1 = r2;
        r2 = r;
        t = t1 - q * t2;
        t1 = t2;
        t2 = t;
    }
    if (t1 >= 0)
        return t1 % n;
    else {
        while ((t1 + i * n) < 0)
            i++;
        return t1 + i * n;
    }
}

//點加和倍點運算
Point add_two_points(Point p1, Point p2)
{
    long t;
    int x1 = p1.point_x;
    int y1 = p1.point_y;
    int x2 = p2.point_x;
    int y2 = p2.point_y;
    int tx, ty;
    int x3, y3;
    int flag = 0;

    if ((x2 == x1) && (y2 == y1))    //判斷兩點是否相等
    {
        //相同點相加，即倍點運算
        if (y1 == 0)
        {
            flag = 1;
        }
        else {
            t = (3 * x1*x1 + a)*inverse(p, 2 * y1) % p;
            //斜率，可以參考斜率公式
```

```
        }
        //printf("inverse(p,2*y1)=%d\n",inverse(p,2*y1));
    }
    else {
        //不同點相加，即點加運算
        ty = y2 - y1;
        tx = x2 - x1;
        while (ty < 0)
        {
            ty += p;
        }
        while (tx < 0)
        {
            tx += p;
        }
        if (tx == 0 && ty != 0)
        {
            flag = 1;
        }
        else {
            t = ty * inverse(p, tx) % p;   //計算出點加時的斜率
        }
    }
    if (flag == 1)
    {
        p2.point_x = -1;
        p2.point_y = -1;
    }
    else {
        x3 = (t*t - x1 - x2) % p;
        y3 = (t*(x1 - x3) - y1) % p;
        //使結果在有限域GF(P)上
        while (x3 < 0)
        {
            x3 += p;
        }
        while (y3 < 0)
        {
            y3 += p;
        }
        p2.point_x = x3;
        p2.point_y = y3;
    }
```

```
    return p2;
}

int main()
{
    Point p1, p2, p3;
    p1.point_x = 6; p1.point_y = 78;
    p2.point_x = 7; p2.point_y = 43;
    p3 = add_two_points(p1, p2);
    printf("p3=(%d,%d)\n", p3.point_x, p3.point_y);
}
```

函數 add_two_points 用於計算點加和倍點。計算倍點時，參數 p1 和 p2 相等，我們利用倍點時的斜率公式得到斜率 t。當 p1 和 p2 不相等的時候，則利用點加時的斜率公式計算出斜率 t。兩種情況的斜率都計算出來後，就可以代入最終的公式中得到 x_3 和 y_3。其中，函數 inverse 表示逆元，當我們除以某一個數的時候，相當於乘以該數的逆元。

在 main 函數中，我們使用了橢圓曲線上的兩個不同的點 (6,78)、(7,43) 作為參數輸入 add_two_points 函數中，然後得到的結果點是橢圓曲線上的點 (55,35)。注意，本例採用的橢圓曲線和上例的橢圓曲線是一樣的，所以我們採用的 p1 和 p2 可以從上例中的所有點中獲取。

（3）保存專案並按 Ctrl+F5 鍵運行，運行結果如圖 8-17 所示。

圖 8-17

8.5.3 純量乘運算

橢圓曲線純量乘運算定義為：設 k 是一個整數，P 是定義在有限域上的橢圓曲線 E 上的點，計算 kP 的運算稱為純量乘運算，也稱為點乘運算或多倍點運算（註：倍點運算就是 2 乘以 P，多倍點運算就是 k 乘以 P）。純量乘是橢圓曲線密碼體制中主要的運算，它的優劣直接決定了整個系統的效率。對純量乘演算法的改良對實現橢圓曲線密碼體制具有極其重要的意義。需要注意的是，橢圓曲線上的點並不能相乘，只能相加。所謂的點乘，計算 kP 其實就是點 P 對自身累加 k 次的運算。舉例來說，5P=P+P+P+P+P。

計算純量乘法 kP 的全過程有兩個層次：一個層次是底層運算，即透過有限域 F 上的乘法、平方、求逆、加法等操作來實現上層運算中的點加和倍點運算，點加和倍點運算上一節已經實現了；另一個層次是上層運算，即將求 k 個 P 相加的運算化簡為點加和倍點運算，比如 P+P 是倍點運算，2P+P 就是點加運算（2P 和 P 是兩個不同的點），依此類推，也就是說一旦相加的兩個點相同就是倍點運算，一旦不同就是點加運算。接下來利用上節例子中的函數，用遞迴來實現 k 個 P 相加。

【例 8.4】遞迴法實現純量乘運算

（1）打開 VC 2017，新建一個主控台專案 test。

（2）打開 test.cpp，輸入程式如下：

```cpp
#include "pch.h"
#include <iostream>

#define MAX 100

typedef struct point {
    int point_x;
    int point_y;
}Point;

int a = -1, b = 0, p = 89;      //橢圓曲線為E89(-1,0)：y²=x³-x (mod 89)

//求h關於n的逆元
int inverse(int n, int b)
{
    int q, r, r1 = n, r2 = b, t, t1 = 0, t2 = 1, i = 1;
    while (r2 > 0)
    {
        q = r1 / r2;
```

```
            r = r1 % r2;
            r1 = r2;
            r2 = r;
            t = t1 - q * t2;
            t1 = t2;
            t2 = t;
        }
    if (t1 >= 0)
            return t1 % n;
    else {
            while ((t1 + i * n) < 0)
                i++;
            return t1 + i * n;
        }
}

//兩點的點加運算或倍點運算
Point add_two_points(Point p1, Point p2)
{
    long t;
    int x1 = p1.point_x;
    int y1 = p1.point_y;
    int x2 = p2.point_x;
    int y2 = p2.point_y;
    int tx, ty;
    int x3, y3;
    int flag = 0;
    //求
    if ((x2 == x1) && (y2 == y1))
    {
            //相同點相加
            if (y1 == 0)
            {
                flag = 1;
            }
            else {
                t = (3 * x1*x1 + a)*inverse(p, 2 * y1) % p;
            }
            //printf("inverse(p,2*y1)=%d\n",inverse(p,2*y1));
        }
    else {
            //不同點相加
            ty = y2 - y1;
```

```
        tx = x2 - x1;
        while (ty < 0)
        {
            ty += p;
        }
        while (tx < 0)
        {
            tx += p;
        }
        if (tx == 0 && ty != 0)
        {
            flag = 1;
        }
        else {
            t = ty * inverse(p, tx) % p;
        }
    }
    if (flag == 1)
    {
        p2.point_x = -1;
        p2.point_y = -1;
    }
    else {
        x3 = (t*t - x1 - x2) % p;
        y3 = (t*(x1 - x3) - y1) % p;
        //使結果在有限域GF(P)上
        while (x3 < 0)
        {
            x3 += p;
        }
        while (y3 < 0)
        {
            y3 += p;
        }
        p2.point_x = x3;
        p2.point_y = y3;
    }
    return p2;
}
Point timesPiont(int k, Point p0)
{
    if (k == 1) {
        return p0;
```

```
    }
    else if (k == 2) {
        return add_two_points(p0, p0);
    }
    else {
        return add_two_points(p0, timesPiont(k - 1, p0));
    }
}

int main()
{
    Point pt;
    pt.point_x = 6; pt.point_y = 78;
    Point p = timesPiont(5, pt);
    printf("p=(%d,%d)\n", p.point_x, p.point_y);
}
```

本例比上例多了一個 timesPiont 函數,而實現點加和倍點演算法的函數 add_two_points 是和上例一樣的。timesPiont 中呼叫了 add_two_points, 並且是遞迴呼叫的。因為 k-1 個 p0 和當前 p0 點加後就是 k 個 p0,利用 這一點不難設計遞迴演算法。如果 timesPiont 傳進來的兩個點一樣,都是 p0,那麼 add_two_points(p0, p0); 實現的是倍點運算。如果 k 為 1,就只 有一個點,那麼直接返回 p0 即可。

值得注意的是,兩個 p0 倍點運算後的結果依然是橢圓曲線上的點,而 該點再和 p0 點加後,依然是橢圓曲線上的點,所以 k 個點經過純量乘 後,最終結果依然是橢圓曲線上的點。本例中,我們使用的初始化點是 (6,78),它經過 5 次累加後,最終結果是 (65,23),該點依然是橢圓曲線上 的點。

(3)保存專案並按 Ctrl+F5 鍵運行,運行結果如圖 8-18 所示。

圖 8-18

ECC 中很基本、很耗時的運算是橢圓曲線上的純量乘法。對應的純量乘法的研究想法分為兩條：一是對底層域演算法進行研究，包括乘法、平方和求逆運算；二是找到純量的有效表示形式，從而減少點加次數。

在 ECC 加密演算法中，純量乘運算是 ECC 加密演算法的重要性能指標，一個快速的純量乘演算法會讓 ECC 金鑰加密體制的速度成倍縮短。在計算方法上，純量乘法大致分為三類：第一類 k 是變化的，而點 P 是固定不變的，如果要最佳化演算法，可以增加預計算，並儲存預計算結果為最終計算做準備；第二類 k 是固定的，點 P 每次計算都會不同，最佳化方案可以向改進純量 k 的方向努力；第三類是前兩者的結合，最佳化方案要具體問題具體分析。

在 ECC 密碼協定中，點乘是整個加密演算法很關鍵、很核心的運算，同時也是功耗分析的攻擊點，其演算法效率直接關係著 ECC 運算的性能，所以選擇合適的點乘加速演算法十分重要。常用的加速演算法有：二進位展開法、NAF 加減演算法、滑動視窗演算法等。限於篇幅，這裡就不具體展開了。

8.5.4 資料加解密演算法

一路披荊斬棘，終於到了針對使用者的最上層。在這一層有不少基礎知識需要攻克，比如橢圓曲線的選定、基點 G 的選取等，隨便一個主題都可以研究好幾年。這裡，我們說明基本的內容。

1. 有限域橢圓曲線上的點的階

如果橢圓曲線上的一點 P 存在最小的正整數 n 使得數乘 $nP=O\infty$，就將 n 稱為 P 的階。若 n 不存在，則 P 是無限階的。根據定義，我們要找階 n，可以從 1 開始不停地計算 nP，直到出現 $nP=O\infty$。比如，圖 8-19 演示了在橢圓曲線 $E_{23}(1,1)$ 上點 P(3,10) 的各個點乘的結果。

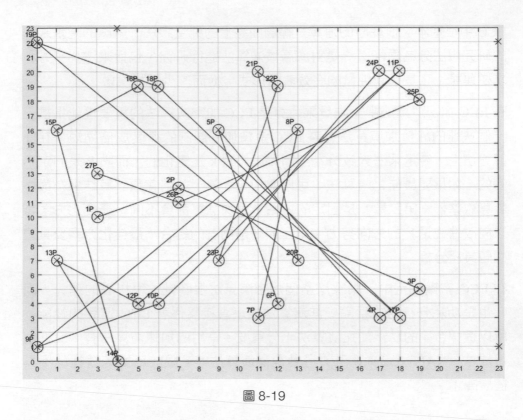

圖 8-19

該曲線的 P=23，計算可得 27P 的座標是 (3,13)，即 (3,23-10)，正是點 P(3,10) 的負元點（複習前面負元的概念），而我們知道，P+(-P)=O ∞（如果忘記了，可以複習一下 8.4 節），所以，P+27P=28P=O ∞，P 的階為 28。顯然，點的分佈與順序都是雜亂無章的。事實上，在有限域上定義的橢圓曲線上所有點的階 n 都是存在的（如果要證明，可以參考近世代數方面的書）。

根據 P+(-P)=O ∞，我們可以對點 P 不斷地做點乘運算，當某次點上的水平座標等於 P 的水平座標時，次數 n 再加 1 就是階了。下面我們來計算橢圓曲線 $y^2=x^3-x$ 在 GF(89) 上的所有點的階。

【例 8.5】求橢圓曲線 $y^2=x^3-x$ 所有點的階

（1）打開 VC 2017，新建一個主控台專案 test。

（2）打開 test.cpp，輸入程式如下：

```cpp
#include "pch.h"
#include <iostream>
#define MAX 100
typedef struct point {
    int point_x;
    int point_y;
}Point;
typedef struct ecc {
    struct point p[MAX];
    int len;
}ECCPoint;
typedef struct generator {
    Point p;
    int p_class;
}GENE_SET;

ECCPoint eccPoint;
GENE_SET geneSet[MAX];
int geneLen;
int a = -1, b = 0, p = 89;        //橢圓曲線為E89(-1,0)：y²=x³-x (mod 89)

//這幾個函數在前面的例子中實現過了，這裡為了節省篇幅不再贅述，但原始程式專案有
定義
void get_all_points();
int int_sqrt(int s);
Point timesPiont(int k,Point p);
Point add_two_points(Point p1,Point p2);
int inverse(int n,int b);
void get_generator_class();
int mod_p(int s);
void print();
int isPrime(int n);


//求點的階
void get_generator_class()
{
    int i, j = 0;
    int count = 1;
    Point p1, p2;
    get_all_points();
```

```
    printf("\n************輸出點的階：*******************\n");
    for (i = 0; i < eccPoint.len; i++)
    {
        count = 1;
        p1.point_x = p2.point_x = eccPoint.p[i].point_x;
        p1.point_y = p2.point_y = eccPoint.p[i].point_y;
        while (1)
        {
            p2 = add_two_points(p1, p2);
            if (p2.point_x == -1 && p2.point_y == -1)
            {
                break;
            }
            count++;
            if (p2.point_x == p1.point_x)  //兩個點的水平座標相同，認為負元
                                                 找到了
            {
                break;
            }
        }
        count++;
        if (count <= eccPoint.len + 1)
        {
            geneSet[j].p.point_x = p1.point_x;
            geneSet[j].p.point_y = p1.point_y;
            geneSet[j].p_class = count;
            printf("點(%d,%d)的階：%d\t", geneSet[j].p.point_x,
geneSet[j].p.point_y, geneSet[j].p_class);
            j++;
            if j % 3 == 0) {              //滿三個就換行，達到每行三列的列印效果
                printf("\n");
            }
        }
        geneLen = j;
    }
}

int main()
{
    get_generator_class();
    return 0;
}
```

本例中，我們新定義了函數 get_generator_class()，該函數用來生成所有基點（也稱生成元）及其階，原理就是 P+(-P)=O ∞。

（3）保存專案並運行，運行結果如圖 8-20 所示。

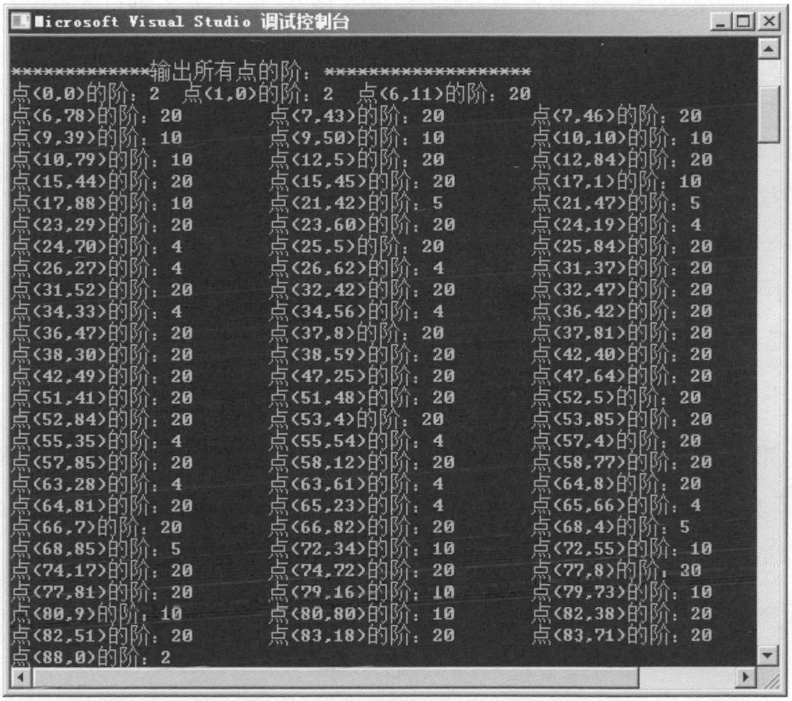

圖 8-20

2. ECC 加解密的原理

考慮 K=kG，其中 K、G 為橢圓曲線 Ep(a,b) 上的點，n 為 G 的階（nG=O ∞），k 為小於 n 的整數。指定 k 和 G，根據加法法則，計算 K 很容易，但反過來，指定 K 和 G，求 k 就非常困難。因為實際使用中的 ECC 原則上把 p 取得相當大，n 也相當大，要把 n 個解點逐一計算出來是不可能的。這就是橢圓曲線加密演算法的數學依據。通常把點 G 稱為基點（Base Point），或稱生成元；k（k<n）為私有金鑰（Private Key）；K 為公開金鑰（Public Key）。

現在描述一個用 ECC 加解密通訊的過程模型：

（1）使用者 A 選定一條橢圓曲線 Ep(a,b)，並取橢圓曲線上的一點，作為基點 G。

（2）使用者 A 選擇一個私有金鑰 k，並生成公開金鑰 K=kG。

（3）使用者 A 將 Ep(a,b) 和點 K、G 傳給使用者 B。

（4）使用者 B 接收到資訊後，將待傳輸的明文編碼到 Ep(a,b) 上的一點 M（編碼方法很多，這裡不作討論），並產生一個隨機整數 r（r<n）。使用者 B 計算點 C1=M+rK、C2=rG。使用者 B 將 C1、C2 傳給使用者 A。

（5）使用者 A 接收到資訊後，計算 C1-kC2，結果就是點 M。因為 C1-kC2=M+rK-k(rG)=M+rK-r(kG)=M，再對點 M 進行解碼就可以得到明文。

在這個加密通訊中，如果有一個偷窺者 H，他只能看到 Ep(a,b)、K、G、C1、C2，而透過 K、G 求 k 或透過 C2、G 求 r 都是相對困難的。因此，H 無法得到 A、B 間傳送的明文資訊。

ECC 加解密模型可以用圖 8-21 來表示。

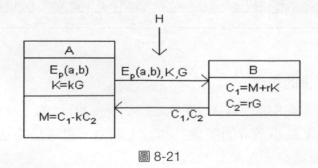

圖 8-21

3. 橢圓曲線的基點

我們把點 G 稱為基點。因為 n 是點 G 的階，所以有 nP=O ∞。

基點的確定：既然要求 n 為質數，則只要在所有有階的點中尋找階為質數的那些點，就可以用來作為基點。

4. 橢圓曲線參數的選擇

在密碼學中，描述一條 Fp 上的橢圓曲線常用到 6 個參量：

$$T=(p,a,b,G,n,h)$$

其中，（p,a,b）用來確定一條橢圓曲線；G 為基點；n 為點 G 的階，n 要求為質數；h 是橢圓曲線上所有點的個數 m 與 n 相除的整數部分。這幾個參量設定值的選擇直接影響加密的安全性。參量值一般要求滿足以下幾個條件：

（1）p 越大越安全，但越大，計算速度會越慢，200 位左右即可滿足一般安全要求。

（2）$p \neq n \times h$。

（3）$p^t \neq 1(\mod n)$，$1 \leq t < 20$。

（4）$4a^3+27b^2 \neq 0 \ (\mod p)$。

（5）n 為質數。

（6）$h \leq 4$。

確定系統參數的過程中，最困難的部分是尋找質數階的基點。

5. 實現 ECC 加解密

有了上面的加解密過程模型，我們就可以對照著寫出程式來了。我們為了學習，n 不會取得很大。下面進入實際加解密階段，依舊是利用曲線方程式 $y^2=x^3-x$，有限域為 GF(89)。然後對一段字元明文進行加密，然後解密。明文的編碼這裡採用簡單的方法，就是字母字元轉為對應的 ASCII 碼值。

【例 8.6】實現 ECC 加解密

（1）打開 VC 2017，新建一個主控台專案 test。

（2）打開 test.cpp，輸入程式如下：

```
#include "pch.h"
#include <iostream>
#include<math.h>
#include<time.h>
```

```
#define MAX 100

typedef struct point {
    int point_x;
    int point_y;
}Point;
typedef struct ecc {
    struct point p[MAX];
    int len;
}ECCPoint;
typedef struct generator {
    Point p;
    int p_class;
}GENE_SET;

char alphabet[] = "abcdefghijklmnopqrstuvwxyz";
int a = -1, b = 0, p = 89;        //橢圓曲線為E89(-1,0)：y²=x³-x(mod 89)
ECCPoint eccPoint;
GENE_SET geneSet[MAX];
int geneLen;
char plain[] = "yes";
int m[MAX];
int cipher[MAX];
int nB;//私密金鑰
Point P1, P2, Pt, G, PB;
Point Pm;
int C[MAX];


//列印點集
void print()
{
    int i;
    int len = eccPoint.len;
    printf("\n該橢圓曲線上共有%d個點(包含無窮遠點)\n", len + 1);
    for (i = 0; i < len; i++)
    {
        if (i % 8 == 0)
        {
            printf("\n");
        }
        printf("(%2d,%2d)\t", eccPoint.p[i].point_x, eccPoint.p[i].point_y);
    }
    printf("\n");
}
```

```
//取模函數
int mod_p(int s)
{
    int i;                  //保存s/p的倍數
    int result;             //模運算的結果
    i = s / p;
    result = s - i * p;
    if (result >= 0)
    {
        return result;
    }
    else
    {
        return result + p;
    }
}

//判斷平方根是否為整數
int int_sqrt(int s)
{
    int temp;
    temp = (int)sqrt(s);        //轉為整數
    if (temp*temp == s)
    {
        return temp;
    }
    else {
        return -1;
    }
}
//求b關於n的逆元
int inverse(int n, int b)
{
    int q, r, r1 = n, r2 = b, t, t1 = 0, t2 = 1, i = 1;
    while (r2 > 0)
    {
        q = r1 / r2;
        r = r1 % r2;
        r1 = r2;
        r2 = r;
        t = t1 - q * t2;
        t1 = t2;
        t2 = t;
    }
```

```
    if (t1 >= 0)
        return t1 % n;
    else {
        while ((t1 + i * n) < 0)
            i++;
        return t1 + i * n;
    }
}

//task1:求出橢圓曲線上所有的點
void get_all_points()
{
    int i = 0;
    int j = 0;
    int s, y = 0;
    int n = 0, q = 0;
    int modsqrt = 0;
    int flag = 0;
    if (4 * a * a * a + 27 * b * b != 0)
    {
        for (i = 0; i <= p - 1; i++)
        {
            flag = 0;
            n = 1;
            y = 0;
            s = i * i * i + a * i + b;
            while (s < 0)
            {
                s += p;
            }
            s = mod_p(s);
            modsqrt = int_sqrt(s);
            if (modsqrt != -1)
            {
                flag = 1;
                y = modsqrt;
            }
            else {
                while (n <= p - 1)
                {
                    q = s + n * p;
                    modsqrt = int_sqrt(q);
                    if (modsqrt != -1)
                    {
                        y = modsqrt;
```

```
                              flag = 1;
                              break;
                          }
                          flag = 0;
                          n++;
                      }
                  }
              if (flag == 1)
              {
                  eccPoint.p[j].point_x = i;
                  eccPoint.p[j].point_y = y;
                  j++;
                  if (y != 0)
                  {
                      eccPoint.p[j].point_x = i;
                      eccPoint.p[j].point_y = (p - y) % p;
                      j++;
                  }
              }
          }
      eccPoint.len = j;          //點集個數
      print();                   //列印點集
    }
}

//兩點的加法運算
Point add_two_points(Point p1, Point p2)
{
    long t;
    int x1 = p1.point_x;
    int y1 = p1.point_y;
    int x2 = p2.point_x;
    int y2 = p2.point_y;
    int tx, ty;
    int x3, y3;
    int flag = 0;
    //求
    if ((x2 == x1) && (y2 == y1))
    {
        //相同點相加
        if (y1 == 0)
        {
            flag = 1;
        }
        else {
```

```
            t = (3 * x1*x1 + a)*inverse(p, 2 * y1) % p;
        }
        //printf("inverse(p,2*y1)=%d\n",inverse(p,2*y1));
    }
    else {
        //不同點相加
        ty = y2 - y1;
        tx = x2 - x1;
        while (ty < 0)
        {
            ty += p;
        }
        while (tx < 0)
        {
            tx += p;
        }
        if (tx == 0 && ty != 0)
        {
            flag = 1;
        }
        else {
            t = ty * inverse(p, tx) % p;
        }
    }
    if (flag == 1)
    {
        p2.point_x = -1;
        p2.point_y = -1;
    }
    else {
        x3 = (t*t - x1 - x2) % p;
        y3 = (t*(x1 - x3) - y1) % p;
        //使結果在有限域GF(P)上
        while (x3 < 0)
        {
            x3 += p;
        }
        while (y3 < 0)
        {
            y3 += p;
        }
        p2.point_x = x3;
        p2.point_y = y3;
    }
    return p2;
```

```
}

//求點的階
void get_generator_class()
{
    int i, j = 0;
    int count = 1;
    Point p1, p2;
    get_all_points();

    printf("\n************輸出所有點的階：*******************\n");
    for (i = 0; i < eccPoint.len; i++)
    {
        count = 1;
        p1.point_x = p2.point_x = eccPoint.p[i].point_x;
        p1.point_y = p2.point_y = eccPoint.p[i].point_y;
        while (1)
        {
            p2 = add_two_points(p1, p2);
            if (p2.point_x == -1 && p2.point_y == -1)
            {
                break;
            }
            count++;
            if (p2.point_x == p1.point_x)
            {
                break;
            }
        }
        count++;
        if (count <= eccPoint.len + 1)
        {
            geneSet[j].p.point_x = p1.point_x;
            geneSet[j].p.point_y = p1.point_y;
            geneSet[j].p_class = count;
            printf("點(%d,%d)的階：%d\t", geneSet[j].p.point_x, geneSet[j].
p.point_y, geneSet[j].p_class);
            j++;
            if (j % 3 == 0) {
                printf("\n");
            }
        }
        geneLen = j;
    }
}
```

```
Point timesPiont(int k, Point p0)
{
    if (k == 1) {
        return p0;
    }
    else if (k == 2) {
        return add_two_points(p0, p0);
    }
    else {
        return add_two_points(p0, timesPiont(k - 1, p0));
    }
}
//判斷是否為質數
int isPrime(int n)
{
    int i,k;
    k = sqrt(n);
    for (i = 2; i <= k;i++)
    {
    if (n%i == 0)
        break;
    }
    if (i <=k){
    return -1;
    }
    else {
    return 0;
        }
}

//加密
void encrypt_ecc()
{
    int num,i,j;
    int gene_class;
    int num_t;
    int k;

    printf("\n\n明文資料：%s\n", plain);
    srand(time(NULL));
    //明文轉換過程
    for(i=0;i<strlen(plain);i++)
    {
        for(j=0;j<26;j++) //for(j=0;j<26;j++)
```

```
        {
            if(plain[i]==alphabet[j])
            {
                m[i]=j;                    //將字串明文換成數字，並存到整數陣列m裡面
            }
        }
    }
    //選擇生成元
    num=rand()%geneLen;
    gene_class=geneSet[num].p_class;
    while(isPrime(gene_class)==-1)//不是質數
    {
        num=rand()%(geneLen-3)+3;
        gene_class=geneSet[num].p_class;
    }
    //printf("gene_class=%d\n", gene_class);
    //printf("gene_class=%d\n",gene_class);
    G=geneSet[num].p;
    //printf("G:(%d,%d)\n",geneSet[num].p.point_x,geneSet[num].p.point_y);
    nB=rand()%(gene_class-1)+1;        //選擇私密金鑰
    PB=timesPiont(nB,G);               //PB是公開金鑰
    printf("\n公開金鑰：\n");
    printf("{y^2=x^3%d*x+%d,%d,(%d,%d),(%d,%d)}\n",a,b,gene_class,G.point_x,
G.point_y,PB.point_x,PB.point_y);
    printf("私密金鑰：\n");
    printf("nB=%d\n",nB);
    //加密
    k=rand()%(gene_class-2)+1;
    P1=timesPiont(k,G);
    //
    num_t=rand()%eccPoint.len;         //選擇映射點
    Pt=eccPoint.p[num_t];
    //printf("Pt:(%d,%d)\n",Pt.point_x,Pt.point_y);
    P2=timesPiont(k,PB);
    Pm=add_two_points(Pt,P2);
    printf("加密資料：\n");
    printf("kG=(%d,%d),Pt+kPB=(%d,%d),C={",P1.point_x,P1.point_y,Pm.point_x,
Pm.point_y);
    for(i=0;i<strlen(plain);i++)
    {
        C[i]=m[i]*Pt.point_x+Pt.point_y;
        printf("{%d}",C[i]);
    }
```

```
    printf("}\n");
}
//解密
void decrypt_ecc()
{
    Point temp,temp1;
    int m,i;
    temp=timesPiont(nB,P1);
    temp.point_y=0-temp.point_y;
    temp1=add_two_points(Pm,temp);          //求解Pt
// printf("(%d,%d)\n",temp.point_x,temp.point_y);
// printf("(%d,%d)\n",temp1.point_x,temp1.point_y);
    printf("\n解密結果:");
    for(i=0;i<strlen(plain);i++)
    {
        m=(C[i]-temp1.point_y)/temp1.point_x;
        printf("%c",alphabet[m]);            //輸出加密
    }
    printf("\n");
}

int main()
{
    get_generator_class();
    encrypt_ecc();
    decrypt_ecc();
    return 0;
}
```

假設明文為 yes，然後選擇基點，得到私密金鑰和公開金鑰，進行加密，並輸出加密，最後進行解密。

（3）保存專案並運行，運行結果如圖 8-22 所示。

圖 8-22

CSP 和 CryptoAPI

9.1 什麼是 CSP

CSP 是 Windows 平 台 的 加 密 服 務 提 供 者（Cryptographic Service Provider），它是真正執行密碼運算的獨立模組。物理上一個 CSP 由兩部分組成：一個是動態連結程式庫，另一個是簽名檔。其中簽名檔保證密碼服務提供者經過了認證，以防出現攻擊者冒充 CSP。若加密演算法由硬體實現，則 CSP 還包括硬體裝置。

Microsoft 透過綁定 RSA Base Provider（RST 基礎提供者），在作業系統中提供一個 CSP，使用 RSA 公司的公開金鑰加密演算法，更多的 CSP 可以根據需要增加到應用中。Windows 2000 以後附帶了多種不同的 CSP。

CSP 是 Windows 密碼服務系統的底層實現，它透過統一的程式設計介面 CryptoAPI 針對使用者，提供程式設計呼叫服務。

9.2 CryptoAPI 簡介

當前，有關加密的 API 國際標準有以下 4 類：

（1）GSS-API（Generic Security Services API）

（2）CDSA

（3）RSA PKCS#11

（4）微軟 CryptoAPI

在 Windows 領域，微軟 CryptoAPI 是重要的加密標準，所以必須學。微軟的 CryptoAPI 是 Win32 平台下為應用程式開發者提供的資料加解密和證書服務的程式設計介面。CryptoAPI 提供了很多和資訊安全相關的函數，如編碼、解碼、加密、解密、雜湊、數位憑證、證書管理、憑證存放區等。CryptoAPI 的程式設計模型與 Windows 系統的圖形裝置介面 GDI 比較類似，其中加密服務提供者（CSP）等於圖形裝置驅動程式，加密部件（可選）等於圖形部件，其上層的應用程式也類似，都不需要同裝置驅動程式和硬體直接打交道。

9.3 CSP 服務系統

微軟 Windows 加密系統由不同的元素組成。這三個可執行部分包括應用程式（包含 CryptoAPI）、作業系統（OS）和加密服務提供者（CSP）。應用程式透過加密 API（CryptoAPI）與 OS 通訊。作業系統透過密碼編譯服務提供者介面（CryptoSPI）與 CSP 通訊。圖 9-1 顯示了這些概念。

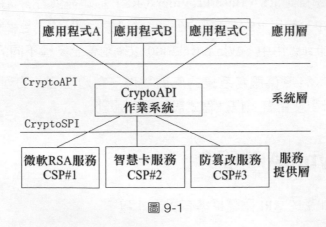

圖 9-1

從系統呼叫層次來看，分為相互獨立的三層（參看上圖的服務分層系統）：

（1）最底層是加密服務提供層，即具體的 CSP，它是加密服務提供機構提供的獨立模組，擔當真正的資料加密工作，包括使用不同的加密和簽名演算法產生金鑰、交換金鑰、進行資料加密以及產生資料摘要、數位化簽名。它獨立於應用層和作業系統，並提供通用的 SPI 程式設計介面與作業系統層進行互動。有些 CSP 還會使用硬體進行加密工作，以達到更為安全的效果。

（2）中間層，即作業系統（OS）層，在此是指具體的 Windows 作業系統平台，在 CSP 系統中，它為應用層提供統一的 API 介面，為加密服務提供層提供 SPI 介面，作業系統層為應用層隔離了底層 CSP 和具體的加密實現細節，使用者可獨立各個 CSP 進行互動，它擔當一定的管理功能，包括定期驗證 CSP 等。

（3）應用層，也就是任意使用者處理程序或執行緒具體透過呼叫作業系統層提供的 CryptoAPI 使用加密服務的應用程式。

根據 CSP 服務分層系統，應用程式不必關心底層 CSP 的具體實現細節，利用統一的 API 介面進行程式設計，而由作業系統透過統一的 SPI 介面來與具體的加密服務提供者進行互動，由其他的廠商根據服務程式設計介面 SPI 實現加密、簽名演算法，有利於實現數位加密與數位簽章。

應用程式中要實現數位加密與數位簽章時，一般是呼叫微軟提供的應用程式設計發展介面 CryptoAPI。應用程式不能直接與 CSP 通訊，只能透過 CryptoAPI 作業系統介面過濾後，經過 CryptoSPI 系統服務介面與對應的 CSP 通訊。CSP 才是真正實現所有加密操作的獨立模組。

CSP 是執行實際加密操作的獨立單元（CryptoAPI 只是針對使用者的介面，真正的加解密運算在 CSP）。CSP 透過 Coredll.dll 與應用程式通訊。CSP 負責創建和銷毀金鑰，並使用它們執行各種加密操作。每個 CSP 都提供了 CryptoAPI 的不同實現。有些提供更強大的加密演算法，而另一些包含硬體加解密實現。圖 9-2 顯示了應用程式 Coredll.dll 和 CSP 之間的關係。

CSP 至少由動態連結程式庫（DLL）和簽名檔組成。簽名檔確保作業系統辨識 CSP。作業系統定期驗證此簽名，以驗證 CSP 未被篡改。

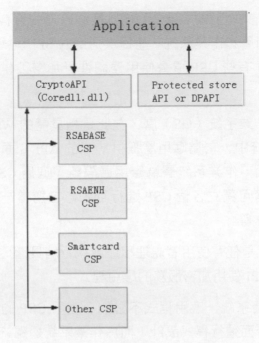

圖 9-2

加密標準常被劃分為不同的系列組，每個系列都包含一組資料格式和協定。即使使用相同的演算法，兩個家族也經常使用不同的密碼模式、金鑰長度和預設模式。在 CryptoAPI 中，每個 CSP 類型代表一個不同的家族。預設情況下，當應用程式連接到特定類型的 CSP 時，每個 CryptoAPI 函數都以與 CSP 類型對應的系列指定的方式操作。表 9-1 顯示了由應用程式選擇的 CSP 類型指定的項。

↓ 表 9-1 由應用程式選擇的 CSP 類型指定的項

CSP 類型屬性	描 述
金鑰交換演算法	指定一個金鑰交換演算法，特定類型的每個 CSP 都必須實現此演算法，應用程式指定金鑰交換演算法的唯一方法是選擇適當的 CSP 類型
數位簽章演算法	這與金鑰交換演算法相同，每個 CSP 類型指定一個數位簽章演算法
金鑰二進位大物件格式	指定匯出鍵的格式。金鑰可以從 CSP 匯出為金鑰二進位大物件格式，以增強 CSP 之間傳輸時的安全性

CSP 類型屬性	描 述
數位簽章格式	規定了特定的數位簽章格式,這確保由 CSP 生成的簽名可以由同一類型的任何 CSP 驗證
工作階段金鑰衍生方案	指定用於衍生工作階段金鑰的方法
金鑰長度	指定金鑰長度
預設模式	指定各種選項的預設模式,例如區塊加密密碼模式或區塊加密填充方法

9.4 CSP 的組成

CSP 為 Windows 平台上加解密運算的核心層實現,是真正執行加密工作的獨立模組。CSP 與 Windows 的介面以 DLL 形式實現。

按照 CSP 的不同實現方法,可分為純軟體實現與帶硬體的實現,其中帶硬體的實現 CSP 按照硬體晶片不同,可以分為使用智慧卡晶片(內建加密演算法)的加密型和不使用智慧卡晶片的儲存型兩種,與電腦的介面現在一般都用 USB,所以把 CSP 的硬體部分稱為 USB Key。

物理上一個 CSP 由兩部分組成:動態連結程式庫和簽名檔。CSP 邏輯上的組成如圖 9-3 所示。

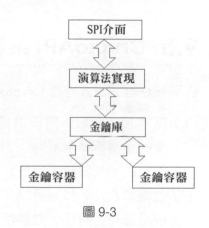

圖 9-3

(1)微軟提供的 SPI 介面函數實現。在微軟提供的 SPI 介面中共有 23 個基本密碼系統函數,由應用程式透過 CAPI 呼叫,CSP 必須支援這些函數,這些函數提供了基本的功能。

(2)加密簽名演算法實現。如果是純軟體實現的 CSP 與用儲存型的 USB Key 實現的 CSP,這些函數就在 CSP 的 DLL 或輔助 DLL 中實現;帶硬體裝置實現的 CSP,並且使用加密型的 USB Key,CSP 的動態函數庫就是一個框架，一般的函數實現在 CSP 的動態函數庫中，而主要函數的核心在硬體中實現。在 CSP 的動態函數庫中只是函數的框架，如加／解密、雜湊資料、驗證簽名等，這是因為私密金鑰一般不匯出，這些函數的實現主要在硬體裝置中，保密性好。

（3）CSP 的金鑰函數庫及金鑰容器。每一個密碼編譯服務提供者都有一個獨立的金鑰函數庫，它是一個 CSP 內部資料庫，此資料庫包含一個和多個分屬於每個獨立使用者的容器，每個容器都用一個獨立的識別符號進行標識。不同的金鑰容器記憶體放不同使用者的簽名金鑰對、交換金鑰對以及 x.509 數位憑證。出於安全性考慮，私密金鑰一般不可以被匯出。帶硬體實現的 CSP，CSP 的金鑰函數庫及金鑰容器放在硬體記憶體中，純軟體的 CSP 實現放在硬碟上的檔案中。

9.5 CryptoAPI 系統結構

密碼服務程式設計介面 CryptoAPI 系統架構由五大部分組成：

（1）基本加密函數：用於選擇 CSP、建立 CSP 連接、產生金鑰、交換及傳輸金鑰等操作。

（2）簡單的訊息函數：用於訊息處理，比如訊息編解碼、訊息加解密、數位簽章及簽名驗簽等操作。它是把多個底層訊息函數包裝在一起以完成某個特定任務，方便使用者使用。

（3）底層訊息函數：底層訊息函數對傳輸的 PKCS#7 資料進行編碼，對接收到的 PKCS#7 資料進行解碼，並且對接收到的訊息進行解碼和驗證。它可以實現簡單訊息函數可以實現的所有功能，且提供更大的靈活性，但一般需要更多的函數呼叫。

（4）證書編解碼函數：用於資料加密、解密、雜湊等操作，創建和驗證數位簽章操作，實現證書請求和證書擴充編碼和解碼操作。

（5）證書庫管理函數：用於證書管理等操作。這組函數用於管理證書、證書取消清單和憑證信任清單的使用、儲存、獲取等。

其中前三者可用於對敏感資訊進行加密或簽名處理，可保證網路傳輸資訊交流中的私有性；後兩者透過對證書的使用，可保證網路資訊交流中的認證性。

我們可以使用圖 9-4 所示的 CryptoAPI 系統結構。

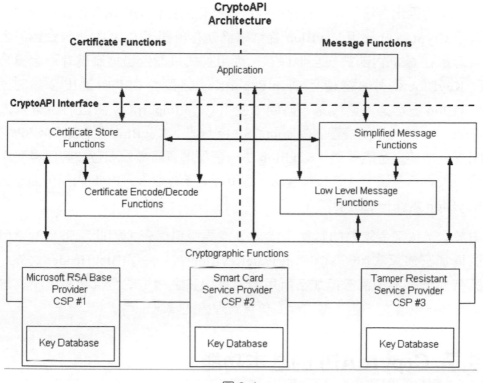

圖 9-4

9.6 CryptoAPI 呼叫底層 CSP 服務方式

微軟 CryptoAPI 從兩方面保證安全通訊：保密性和驗證。

CryptoAPI 函數呼叫底層 CSP 函數時，首先使用函數 CryptAcquireContext 列出欲選擇 CSP 的名稱參數和類型參數，該函數返回一個指向被選擇的 CSP 的控制碼。CSP 有一個金鑰函數庫。金鑰函數庫用於儲存金鑰，每

個金鑰函數庫包括一個或多個金鑰容器（Key Containers）。每個金鑰容器
中包含屬於一個特定使用者的所有金鑰對。每個金鑰容器被指定唯一的名
字，以這個名字做函數 CryptAcquireContext 參數，從而獲得指向這個金
鑰容器的控制碼。CSP 將永久保存金鑰容器，包括保存每個金鑰容器中
的公 / 私密金鑰對（工作階段金鑰除外）。在交換金鑰時，或金鑰需要離
開 CSP（匯出金鑰）時，就存在選擇什麼樣的資料結構儲存金鑰的問題。
微軟 CryptoAPI 採用 KeyBlob 資料結構儲存離開了 CSP 內部的金鑰。金
鑰總是在 CSP 內部被安全地保存，應用程式只能透過控制碼存取金鑰，
而 KeyBlob 例外。當使用 CryptExportKey 函數從 CSP 中匯出金鑰時，
KeyBlob 被創建。之後某一時間，使用 CryptImportKey 函數將金鑰匯入
其他 CSP 中（不同機器上的不同 CSP）。因此，KeyBlob 是在不同 CSP 之
間安全地傳送金鑰載體。KeyBlob 由一個標準資訊標頭和位於資訊標頭之
後一段表示金鑰本身的資料組成。應用程式不存取 KeyBlob 內部，而是把
KeyBlob 當作一個透明物件。

由於公 / 私密金鑰對的私密金鑰部分需要絕對保密，因此私密金鑰要用
對稱加密演算法加密。加密 PrivateKeyBlob 時，除了 BlobHeader 之外，
所有部分都要加密。但加密所用的演算法和金鑰（或金鑰參數）不與該
KeyBlob 儲存在一起，應用程式負責管理這些資訊。

9.7 CrpytoAPI 的基本功能

利用 CryptoAPI，開發者可以給基於 Windows 的應用程式增加安全服務，
包括 ANS.1 編碼 / 解碼、資料加解密、身份認證、數位憑證管理，同時支
援 PKI、對稱密碼技術等。CrpytoAPI 基本功能有：

（1）金鑰管理
在 CryptoAPI 中，支援兩種類型的金鑰：工作階段金鑰和公私密金鑰對。
工作階段金鑰也稱為對稱金鑰，用於對稱金鑰演算法。為了保證金鑰的
安全性，在 CryptoAPI 中，這些金鑰都保存在 CSP 內部，使用者可以透

過 CryptExportKey 以加密金鑰形式匯出。公私密金鑰用於非對稱加密演算法。非對稱加密演算法主要用於加解密工作階段金鑰和數位簽章。在 CryptoAPI 中，一般來說，大多數 CSP 產生的金鑰容器包含兩對金鑰對，一對用於加密工作階段金鑰，稱為交換金鑰對；另一對用於產生數位簽章，稱為簽名金鑰對。在 CryptoAPI 中，所有的金鑰都儲存在 CSP 中，CSP 負責金鑰的創建、銷毀、匯入匯出等操作。

（2）資料編解碼

CryptoAPI 採用的編碼方式為 ASN.1，編碼規則為 DER，表示發送資料時先把資料抽象為 ASN.1 物件，然後使用 DER 編碼規則把 ASN.1 物件轉化為可傳輸的 0、1 串；接收方接收到資料後，利用 DER 解碼規則把 0、1 串轉化為 ASN.1 物件，然後把 ASN.1 物件轉化為具體應用支援的資料物件。

（3）資料加解密

在 CryptoAPI 中約定加密較大的資料區塊時，採用對稱金鑰演算法。透過其封裝好的加解密函數來實現資料加解密操作。

（4）雜湊和數位簽章

雜湊和數位簽章一般用於資料的完整性校正碼身份鑑別。在 CryptoAPI 中，透過其封裝好的雜湊與數位簽章函數來實現相關操作。微軟公司提供的 CSP 產生的數位簽章遵循 RSA 標準（PKCS#6）。

（5）數位憑證管理

數位憑證主要用於安全通訊中的身份鑑別。在 CryptoAPI 中，對數位憑證的使用管理函數分為證書與證書庫函數、證書驗證函數兩大部分。

9.8 架設 CryptoAPI 開發環境

本節我們使用 VC 2017 來開發 CryptoAPI 應用程式，因此只需在 VC 專案中包含相關標頭檔即可。下面我們來看一個例子，例子中只呼叫了一個 CryptoAPI 函數，如果呼叫成功，就說明開發環境架設成功。

【例 9.1】第一個 CryptoAPI 應用程式

（1）打開 VC 2017，新建一個主控台專案，專案名是 test。

（2）在 test.cpp 中輸入程式如下：

```
#include "pch.h"
#include <iostream>
#include <windows.h>
#include <wincrypt.h>    //這裡面宣告了CryptoAPI的函數庫函數

int main()
{
    HCRYPTPROV hCryptProv;

    if (!CryptAcquireContext(&hCryptProv, NULL, NULL, PROV_RSA_FULL,
CRYPT_SILENT| CRYPT_VERIFYCONTEXT))
    {
        printf("CryptAcquireContext failed:0x%x",GetLastError());
        return -1;
    }

    std::cout << "CryptAcquireContext OK\n";
CryptReleaseContext(hCryptProv, 0);
    return 0;
}
```

值得注意的是，windows.h 必須在 wincrypt.h 前面包含。在程式中，我們呼叫了兩個 CryptoAPI 函數庫函數 CryptAcquireContext 和 CryptReleaseContext。其中，CryptAcquireContext 用來連接 CSP，獲得指定 CSP 的金鑰容器的控制碼；CryptReleaseContext 釋放由 CryptAcquireContext 得到的控制碼。

（3）保存專案並運行，運行結果如圖 9-5 所示。

圖 9-5

9.9 基本加密函數

CSP 是真正實行加密的獨立模組，它既可以由軟體實現，又可以由硬體實現。但是它必須符合 CryptoAPI 介面的規範。每個 CSP 都有一個名字和一個類型。每個 CSP 的名字是唯一的，這樣便於 CryptoAPI 找到對應的 CSP。目前已經有 9 種 CSP 類型，並且還在增長。表 9-2 列出了它們支援的金鑰交換演算法、簽名演算法、對稱加密演算法和 Hash 演算法。

⬇ 表 9-2　基本加密函數

CSP 類型	金鑰交換演算法	簽名演算法	對稱加密演算法	Hash 演算法
PROV_RSA_FULL	RSA	RSA	RC2 RC4	MD5 SHA
PROV_RSA_SIG	none	RSA	none	MD5 SHA
PROV_RSA_SCHANNEL	RSA	RSA	RC4 DES Triple DES	MD5 SHA
PROV_DSS	DSS	none	DSS	MD5 SHA
PROV_DSS_DH	DH	DSS	CYLINK_MEK	MD5 SHA
PROV_DH_SCHANNEL	DH	DSS	DES Triple DES	MD5 SHA
PROV_FORTEZZA	KEA	DSS	Skipjack	SHA
PROV_MS_EXCHANGE	RSA	RSA	CAST	MD5
PROV_SSL	RSA	RSA	Varies	Varies

基本加密函數為開發加密應用程式提供了足夠靈活的空間。所有 CSP 的通訊都是透過這些函數進行的。一個 CSP 是實現所有加密操作的獨立模組。在每一個應用程式中至少需要提供一個 CSP 來完成所需的加密操作。如果使用一個以上的 CSP，在加密函數呼叫中就要指定所需的 CSP。微軟基本加密提供者（Microsoft Base Cryptographic Provider）是預設綁定到 CryptoAPI 中的。如果沒有指定其他 CSP，這個 CSP 就是預設的。

每一個 CSP 對 CryptoAPI 提供了一套不同的實現。一些 CSP 提供了更加強大的加密演算法；另外一些 CSP 包含對硬體的支援，比如智慧卡；還有一些 CSP 偶爾和使用者直接通訊，比如數位簽章就使用了使用者的簽名私密金鑰。

基本加密函數包含這幾類：服務提供者函數、金鑰的產生和交換函數、編碼 / 解碼函數、資料加密 / 解密函數、雜湊函數和數位簽章函數。

9.9.1 服務提供者函數

服務提供者函數是很重要的基本加密函數。應用程式使用服務提供者函數來連接和斷開一個 CSP。表 9-3 所示就是主要的服務提供者函數。

⬇ 表 9-3 主要的服務提供者函數

主要的服務提供者函數	說　明
CryptAcquireContext	獲得指定 CSP 的金鑰容器的控制碼
CryptContextAddRef	增加一個應用計數
CryptEnumProviders	枚舉當前電腦中的 CSP
CryptEnumProviderTypes	枚舉 CSP 的類型
CryptGetDefaultProvider	對於指定 CSP 類型的預設 CSP
CryptGetProvParam	得到一個 CSP 的屬性
CryptInstallDefaultContext	安裝先前得到的 HCRYPTPROV 上下文作為當前預設的上下文
CryptReleaseContext	釋放由 CryptAcquireContext 得到的控制碼
CryptSetProvider 和 CryptSetProviderEx	為指定 CSP 類型指定一個預設的 CSP
CryptSetProvParam	指定一個 CSP 的屬性
CryptUninstallDefaultContext	刪除先前由 CryptInstallDefaultContext 安裝的預設上下文

1. 連接 CSP 的函數 CryptAcquireContext

該函數用於獲得指定 CSP 的金鑰容器的控制碼。該函數宣告如下：

```
BOOL CryptAcquireContext(
    HCRYPTPROV *phProv,
    LPCTSTR pszContainer,
```

```
LPCTSTR  pszProvider,
DWORD    dwProvType,
DWORD    dwFlags);
```

- phProv：[out] 所獲取的 CSP 的控制碼指標。
- pszContainer：[in] 指向金鑰容器的字串指標，用於指定在所要尋找的 CSP 中所尋找的金鑰容器的名字。如果 dwFlags 為 CRYPT_VERIFYCONTEXT，pszContainer 就必須為 NULL。
- pszProvider：[in] 指定所尋找的 CSP 的名字。
- dwProvType：[in] 請求的 CSP 的類型。
- dwFlags：[in] 標記請求的 CSP 的用途，該參數的可選值和含義如表 9-4 所示。

⬇ 表 9-4 dwFlags 參數的可選值和含義

值	含　義
CRYPT_VERIFYCONTEXT	此選項指出應用程式不需要使用公開金鑰／私密金鑰對，如程式只執行雜湊和對稱加密，只有程式需要創建簽名和解密訊息時才需要存取私密金鑰
CRYPT_NEWKEYSET	使用指定的金鑰容器名稱創建一個新的令鑰容器。如果 pszContainer 為 NULL，金鑰容器就使用預設的名稱創建
CRYPT_MACHINE_KEYSET	由此標示創建的金鑰容器只能由創建者本人或有系統管理員身份的人使用
CRYPT_DELETEKEYSET	刪除由 pszContainer 指定的金鑰容器。如果 pszContaincr 為 NULL，預設名稱的容器就會被刪除。此容器裡的所有金鑰對也會被刪除
CRYPT_SLIENT	應用程式要求 CSP 不顯示任何使用者介面

如果函數執行成功就返回 TRUE，否則返回 FALSE，此時可以用函數 GetLastError 來獲取錯誤碼。

這個函數用來取得指定 CSP 金鑰容器控制碼，以後任何加密操作都是針對此 CSI 控制碼而言的。函數首先尋找由 dwprovtype 和 pszprovider 指定的 CSP，如果找到了 CSP，函數就尋找由此 CSP 指定的金鑰容器。由適當的 dwflags 標示，這個函數就可以創建和銷毀金鑰容器，如果

不要求存取私密金鑰，也可以提供對 CSP 臨時金鑰容器的存取，比如
CryptAcquireContext(&hProv, NULL, NULL, PROV_RSA_FULL, 0));。

2. 枚舉 CSP 的函數 CryptEnumProviders

該函數用於枚舉電腦上的所有 CSP。此函數可以得到第一個或下一個可用
的 CSP。如果迴圈呼叫，可以得到電腦上所有可用的 CSP。函數宣告如
下：

```
BOOL WINAPI CryptEnumProviders(
    DWORD dwIndex,
    DWORD *pdwReserved,
    DWORD dwFlags,
    DWORD *pdwProvType,
    LPTSTR pszProvName,
    DWORD *pcbProvName
);
```

- dwIndex：[in] 枚舉下一個 CSP 的索引。
- pdwReserved：[in] 保留參數，必須為 NULL。
- dwFlags：[in] 為未來的保留參數，必須設為 0。
- pdwProvType：[out]CSP 的類型。
- pszProvName：[out] 指向接收 CSP 名稱的緩衝區字串指標。此指標可
  為 NULL，用來得到字串的大小。
- pcbProvName：[in/out] 指明 pszProvName 所指字串的長度。

如果函數執行成功就返回 TRUE，否則返回 FALSE，此時可以用函數
GetLastError 來獲取錯誤碼。

下面來看一個例子，枚舉本機上的所有 CSP。

【例 9.2】枚舉電腦上的所有 CSP

（1）打開 VC 2017，新建一個主控台專案，專案名是 test。

（2）在專案中打開 test.cpp 中，輸入程式如下：

```
#include "pch.h"
#include <stdio.h>
```

```
#include <string.h>
#include <windows.h>
#include <WinCrypt.h>
int main()
{
    DWORD dwIndex = 0;
    DWORD dwType;
    DWORD cbNameLen;
    LPWSTR  pszName;
    DWORD i = 0;

    //查看機器中所有的CSP
    pszName = (LPTSTR)LocalAlloc(LMEM_ZEROINIT, 256);
    cbNameLen = 256;
    while (CryptEnumProviders(dwIndex++, NULL, 0, &dwType, pszName, &cbNameLen))
    {
        wprintf(L"dwType=%2.0d,len=%d CSPName=%s\n", dwType, cbNameLen,
pszName); cbNameLen = 256;  //這裡要加這個
    }
    LocalFree(pszName);
    return 0;
}
```

在程式中，我們透過迴圈呼叫 **CryptEnumProviders** 函數來獲取當前電腦的
所有 CSP。

（3）保存專案並運行，運行結果如圖 9-6 所示。

圖 9-6

3. 獲取預設 CSP 的函數 CryptGetDefaultProvider

函數 CryptGetDefaultProvider 用於獲取系統預設的 CSP。該函數宣告如下：

```
BOOL CryptGetDefaultProvider(
  DWORD dwProvType,
  DWORD *pdwReserved,
  DWORD dwFlags,
  LPSTR pszProvName,
  DWORD *pcbProvName);
```

- dwProvType：[in] 要找的預設 CSP 的類型。
- pdwReserved：[in] 該參數保留，賦 NULL 即可。
- dwFlags：[in] 標示位元。
- pszProvName：[out] 指向存放 CSP 名稱的緩衝區的字串指標。
- pcbProvName：[in/out] 輸入時，表示 pszProvName 的大小；輸出時，表示實際 CSP 名稱的大小。

當函數執行成功時返回 TRUE，否則返回 FALSE，此時可以用函數 GetLastError 來獲取錯誤碼。

4. 設定預設 CSP 的函數 CryptSetProvider

函數 CryptSetProviderong 用來指定當前使用者預設的密碼編譯服務提供者。函數宣告如下：

```
BOOL CryptSetProvider( LPCTSTR pszProvName,DWORD dwProvType);
```

- pszProvName：[in] 指向存放 CSP 名稱的字串緩衝區。
- dwProvType：[in] 表示 CSP 類型。

如果函數執行成功就返回 TRUE，否則返回 FALSE，此時可以用函數 GetLastError 來獲取錯誤碼。

5. 獲取 CSP 參數屬性的函數 CryptGetProvParam

函數 CryptGetProvParam 用於獲取 CSP 各種參數屬性，函數宣告如下：

```
BOOL CryptGetProvParam( HCRYPTPROV hProv,DWORD dwParam,BYTE* pbData,
DWORD* pdwDataLen,DWORD dwFlags);
```

- hProv：[in]CSP 控制碼。
- dwParam：[in] 指定查詢的參數，可選值如表 9-5 所示。

⬇ 表 9-5　dwParam 可選值

參 數 名	作　用
PP_CONTAINER	指向金鑰名稱的字串
PP_ENUMALGS	不斷地讀出 CSP 支援的所有演算法
PP_ENUMALGS_EX	比 PP_ENUMALGS 獲得更多的演算法資訊
PP_ENUMCONTAINERS	不斷地讀出 CSP 支持的金鑰容器
PP_IMPTYPE	指出 CSP 怎樣實現
PP_NAME	指向 CSP 名稱的字串
PP_VERSION	CSP 的版本編號
PP_KEYSIZE_INC	AT_SIGNATURE 的位數
PP_KEYX_KEYSIZE_INC	AT_KEYEXCHANGE 的位數
PP_KEYSET_SEC_DESCR	金鑰的安全性描述元
PP_UNIQUE_CONTAINER	當前金鑰容器的唯一名稱
PP_PROVTYPE	CSP 類型
PP_ENUMALGS_EX	比 PP_ENUMALGS 獲得更多的演算法資訊
PP_ENUMCONTAINERS	不斷地讀出 CSP 支持的金鑰容器

- pbData：[out] 指向接收資料的緩衝區指標。
- pdwDataLen：[in/out] 指出 pbData 的資料長度。
- dwFlags：[in] 如果指定 PP_ENUMCONTAINERS，就指定 CRYPT_ MACHINE_KEYSET。

如果函數執行成功就返回 TRUE，否則返回 FALSE，此時可以用函數 GetLastError 來獲取錯誤碼。

下面的程式演示了 CryptGetProvParam 的使用：

```
HCRYPTPROV hCryptProv;
```

```
BYTE pbData[1000];
DWORD cbData;
//預設CSP名稱
cbData = 1000;
if(CryptGetProvParam( hCryptProv,  PP_NAME,  pbData,  &cbData,  0))
{
    printf("CryptGetProvParam succeeded.\n");
    printf("Provider name: %s\n", pbData);
}
else
{
    printf("Error reading CSP name. \n");
    exit(1);
}
cbData = 1000;
if(CryptGetProvParam( hCryptProv,  PP_CONTAINER,  pbData,  &cbData,  0))
{
    printf("CryptGetProvParam succeeded. \n");
    printf("Key Container name: %s\n", pbData);
}
else
{
    printf("Error reading key container name. \n");
    exit(1);
}
```

6. 設定 CSP 參數的函數 CryptSetProvParam

函數 CryptSetProvParam 用於設定 CSP 的各種參數，函數宣告如下：

```
BOOL CryptSetProvParam( HCRYPTPROV hProv, DWORD dwParam, BYTE* pbData,
DWORD dwFlags);
```

- hProv：[in]CSP 控制碼。
- dwParam：[in] 指定設定的參數，可選值如表 9-6 所示。

▼ 表 9-6 dwParam 可選值

值	說　明
PP_CLIENT_HWND	設定 Windows 控制碼
PP_KEYSET_SEC_DESCR	金鑰的安全描述
PP_USE_HARDWARE_RNG	指出硬體是否支援隨機數發生器

- pbData：[in] 指向設定資料的緩衝區指標。
- dwFlags：[in] 標示位元。

如果函數執行成功就返回 TRUE，否則返回 FALSE，此時可以用函數 GetLastError 來獲取錯誤碼。

7. 斷開 CSP 的函數 CryptReleaseContext

函數 CryptReleaseContext 用於斷開 CSP 並釋放 CSP 控制碼。該函數和函數 CryptAcquireContext 對應起來使用。該函數宣告如下：

```
BOOL  CryptReleaseContext( HCRYPTPROV hProv,DWORD dwFlags);
```

- hProv：[in]CSP 控制碼。
- dwFlags：[in] 標示位元，保留參數，必須為 0。

如果函數執行成功就返回 TRUE，否則返回 FALSE，此時可以用函數 GetLastError 來獲取錯誤碼。

9.9.2 金鑰的產生和交換函數

金鑰產生函數用於創建、設定和銷毀加密金鑰。它們也用於和其他使用者交換金鑰。表 9-7 所示就是一些主要的函數。

⬇ 表 9-7 主要的金鑰產生和交換函數

CryptAcquireCertificatePrivateKey	對於指定證書上下文得到一個 HCRYPTPROV 控制碼和 dwKeySpec
CryptDeriveKey	從一個密碼中衍生一個金鑰
CryptDestoryKey	銷毀金鑰
CryptDuplicateKey	製作一個金鑰和金鑰狀態的精確複製
CryptExportKey	把 CSP 的金鑰做成 BLOB 傳送到應用程式的記憶體空間中
CryptGenKey	創建一個隨機金鑰
CryptGenRandom	產生一個隨機數
CryptGetKeyParam	得到金鑰的參數

CryptGetUserKey	得到一個金鑰交換或簽名金鑰的控制碼
CryptImportKey	把一個金鑰 BLOB 傳送到 CSP 中
CryptSetKeyParam	指定一個金鑰的參數

9.9.3 編碼 / 解碼函數

有一些編碼 / 解碼函數可以用來對證書、證書取消清單、證書請求和證書擴充進行編碼和解碼。表 9-8 所示就是這些編碼 / 解碼函數。

⬇ 表 9-8 編碼 / 解碼函數

函　數	說　明
CryptDecodeObject	對 lpszStructType 結構進行解碼
CryptDecodeObjectEx	對 lpszStructType 結構進行解碼，此函數支援記憶體分配選項
CryptEncodeObject	對 lpszStructType 結構進行編碼
CyptEncodeObjectEx	對 lpszStructType 結構進行編碼，此函數支援記憶體分配選項

9.9.4 資料加密 / 解密函數

這些函數支援資料的加密 / 解密操作。CryptEncrypt 和 CryptDecrypt 要求在被呼叫前指定一個金鑰。這個金鑰可以由 CryptGenKey、CryptDeriveKey 或 CryptImportKey 產生。創建金鑰時要指定加密演算法。CryptSetKeyParam 函數可以指定額外的加密參數，如表 9-9 所示。

⬇ 表 9-9 CryptSetKeyParam 函數可以指定的額外的加密參數

函　數	說　明
CryptDecrypt	使用指定加密金鑰來解密一段加密
CryptEncrypt	使用指定加密金鑰來加密一段明文
CryptProtectData	執行對 DATA_BLOB 結構的加密
CryptUnprotectData	執行對 DATA_BLOB 結構的完整性驗證和解密

9.9.5 雜湊和數位簽章函數

這些函數在應用程式中完成計算雜湊、創建和驗證數位簽章，如表 9-10 所示。

⬇ 表 9-10 雜湊和數位簽章函數

函　數	說　明
CryptCreateHash	創建一個空雜湊物件
CryptDestoryHash	銷毀一個雜湊物件
CryptDuplicateHash	複製一個雜湊物件
CryptGetHashParam	得到一個雜湊物件參數
CryptHashData	對一區區塊資料進行雜湊，把它加到指定的雜湊物件中
CryptHashSessionKey	對一個工作階段金鑰進行雜湊，把它加到指定的雜湊物件中
CryptSetHashParam	設定一個雜湊物件的參數
CryptSignHash	對一個雜湊物件進行簽名
CryptVerifySignature	驗證一個數位簽章

【例 9.3】加解密一個檔案

（1）打開 VC 2017，新建一個主控台專案，專案名是 test。

（2）在 D 磁碟新建一個文字文件，並輸入一行文字，比如 hello。接著，在 VC 專案中打開 test.cpp，並輸入程式如下：

```
#include "pch.h"


#define _CRT_SECURE_NO_DEPRECATE
#define _CRT_SECURE_NO_WARNINGS  //為了使用fopen
#include <windows.h>
#include <stdio.h>
#include <stdlib.h>
#include <wincrypt.h>
//確定使用RC2區塊編碼或RC4流式編碼
#ifdef USE_BLOCK_CIPHER
#define ENCRYPT_ALGORITHM CALG_RC2
#define ENCRYPT_BLOCK_SIZE 8
#else

#define ENCRYPT_ALGORITHM CALG_RC4
#define ENCRYPT_BLOCK_SIZE 1
#endif

void CAPIDecryptFile(PCHAR szSource, PCHAR szDestination, PCHAR szPassword);
```

```
void CAPIEncryptFile(PCHAR szSource, PCHAR szDestination, PCHAR szPassword);

int main(int argc, char *argv[])
{
    CHAR szSource[] = "d:\\plain.txt";
    CHAR szDestination[] = "d:\\en.dat";
    CHAR szDeDestination[] = "D:\\check.txt";
    CHAR szPassword[] = "123";

    CAPIEncryptFile(szSource, szDestination, szPassword);
    CAPIDecryptFile(szDestination, szDeDestination, szPassword);
    return 0;
}

/*szSource為要加密的檔案名稱,szDestination為加密過的檔案名稱,szPassword為加
密密碼*/
void CAPIEncryptFile(PCHAR szSource, PCHAR szDestination, PCHAR szPassword)
{
    FILE *hSource = NULL;
    FILE *hDestination = NULL;
    INT eof = 0;
    HCRYPTPROV hProv = 0;
    HCRYPTKEY hKey = 0;
    HCRYPTKEY hXchgKey = 0;
    HCRYPTHASH hHash = 0;
    PBYTE pbKeyBlob = NULL;
    DWORD dwKeyBlobLen;
    PBYTE pbBuffer = NULL;
    DWORD dwBlockLen=16;
    DWORD dwBufferLen;
    DWORD dwCount;

    hSource=fopen(szSource, "rb");            //打開放原始碼檔案
    if (!hSource)
    {
        printf("fopen %s failed", szSource);
        return;
    }
    hDestination=fopen(szDestination, "wb");   //打開目的檔案
```

```
//連接預設的CSP
CryptAcquireContext(&hProv, NULL, NULL, PROV_RSA_FULL, 0);
if (szPassword == NULL)
{
        //密碼為空，使用隨機產生的工作階段金鑰加密
        //產生隨機工作階段金鑰
        CryptGenKey(hProv,ENCRYPT_ALGORITHM,CRYPT_EXPORTABLE, &hKey);
        //取得金鑰交換對的公共金鑰
        CryptGetUserKey(hProv, AT_KEYEXCHANGE, &hXchgKey);
        //計算隱碼長度並分配緩衝區
        CryptExportKey(hKey, hXchgKey, SIMPLEBLOB, 0, NULL, &dwKeyBlobLen);
        pbKeyBlob = (PBYTE)malloc(dwKeyBlobLen);
        //將工作階段金鑰輸出至隱碼
        CryptExportKey(hKey, hXchgKey, SIMPLEBLOB, 0, pbKeyBlob, &dwKeyBlobLen);
        //釋放金鑰交換對的控制碼
        CryptDestroyKey(hXchgKey);
        hXchgKey = 0;
        //將隱碼長度寫入目的檔案
        fwrite(&dwKeyBlobLen, sizeof(DWORD), 1, hDestination);
        //將隱碼長度寫入目的檔案
        fwrite(pbKeyBlob, 1, dwKeyBlobLen, hDestination);
}
else
{
        //密碼不為空，使用從密碼衍生出的金鑰加密檔案
        CryptCreateHash(hProv, CALG_MD5, 0, 0, &hHash);        //建立雜湊表
        CryptHashData(hHash, (BYTE*)szPassword,strlen(szPassword), 0);
        //雜湊密碼
        //從雜湊表中衍生金鑰
        CryptDeriveKey(hProv, ENCRYPT_ALGORITHM, hHash, 0, &hKey);
        //刪除雜湊表
        CryptDestroyHash(hHash);
        hHash = 0;
    }
    //計算一次加密的資料位元組數，必須為ENCRYPT_BLOCK_SIZE的整數倍，dwBlockLen
= 1000-1000 % ENCRYPT_BLOCK_SIZE;
    //如果使用區塊編碼，就需要額外空間
    if (ENCRYPT_BLOCK_SIZE > 1)
        dwBufferLen = dwBlockLen + ENCRYPT_BLOCK_SIZE;
```

```
        else
            dwBufferLen = dwBlockLen;
        //分配緩衝區
        pbBuffer = (PBYTE)malloc(dwBufferLen);
        //加密原始檔案並寫入目的檔案
        do {
            // 從原始檔案中讀出dwBlockLen位元組
            dwCount = fread(pbBuffer, 1, dwBlockLen, hSource);
            eof = feof(hSource);
            //加密資料
            CryptEncrypt(hKey, 0, eof, 0, pbBuffer, &dwCount, dwBufferLen);
            // 將加密過的資料寫入目的檔案
            fwrite(pbBuffer, 1, dwCount, hDestination);
        } while (!feof(hSource));
    //關閉檔案、釋放記憶體
        fclose(hSource);
        fclose(hDestination);
        if (pbKeyBlob)
        {
            free(pbKeyBlob);
            pbKeyBlob = NULL;
        }
        printf("加密成功\n");
    }


    void CAPIDecryptFile(PCHAR szSource, PCHAR szDestination, PCHAR szPassword)
    {
        FILE *hSource = NULL;
        FILE *hDestination = NULL;
        INT eof = 0;
        HCRYPTPROV hProv = 0;
        HCRYPTKEY hKey = 0;
        HCRYPTKEY hXchgKey = 0;
        HCRYPTHASH hHash = 0;
        PBYTE pbKeyBlob = NULL;
        DWORD dwKeyBlobLen;
        PBYTE pbBuffer = NULL;
        DWORD dwBlockLen;
        DWORD dwBufferLen;
        DWORD dwCount;
```

```c
hSource = fopen(szSource, "rb");        // 打開放原始碼檔案
if (!hSource)
{
      printf("fopen %s failed", szSource);
      return;
}
hDestination = fopen(szDestination, "wb");    //打開目的檔案
//變數宣告、檔案操作同檔案加密程式
CryptAcquireContext(&hProv, NULL, NULL, PROV_RSA_FULL, 0);
if (szPassword == NULL)
{
      //密碼為空，使用儲存在加密檔案中的工作階段金鑰解密
      //讀取隱碼的長度並分配記憶體
      fread(&dwKeyBlobLen, sizeof(DWORD), 1, hSource);
      pbKeyBlob = (PBYTE)malloc(dwKeyBlobLen);
      //從原始檔案中讀取隱碼
      fread(pbKeyBlob, 1, dwKeyBlobLen, hSource);
      //將隱碼輸入CSP
      CryptImportKey(hProv, pbKeyBlob, dwKeyBlobLen, 0, 0, &hKey);
}
else
{
      //密碼不為空，使用從密碼衍生出的金鑰解密檔案
      CryptCreateHash(hProv, CALG_MD5, 0, 0, &hHash);
      CryptHashData(hHash, (BYTE*)szPassword, strlen(szPassword), 0);
      CryptDeriveKey(hProv, ENCRYPT_ALGORITHM, hHash, 0, &hKey);
      CryptDestroyHash(hHash);
      hHash = 0;
}
dwBlockLen = 1000 - 1000 % ENCRYPT_BLOCK_SIZE;
if (ENCRYPT_BLOCK_SIZE > 1)
      dwBufferLen = dwBlockLen + ENCRYPT_BLOCK_SIZE;
else
      dwBufferLen = dwBlockLen;
pbBuffer = (PBYTE)malloc(dwBufferLen);
//解密原始檔案並寫入目的檔案
do {
      dwCount = fread(pbBuffer, 1, dwBlockLen, hSource);
      eof = feof(hSource);
```

```
        // 解密資料
        CryptDecrypt(hKey, 0, eof, 0, pbBuffer, &dwCount);
        // 將解密過的資料寫入目的檔案
        fwrite(pbBuffer, 1, dwCount, hDestination);
    } while (!feof(hSource));
//關閉檔案、釋放記憶體
    fclose(hSource);
    fclose(hDestination);
    if (pbKeyBlob)
    {
        free(pbKeyBlob);
        pbKeyBlob = NULL;
    }
    printf("解密成功\n");
}
```

身份認證和 PKI 理論基礎

10.1 身份認證概述

隨著電腦網路技術的發展以及網路應用在各行各業的迅速普及，網路安全越來越受到人們的重視，作為網路安全的第一道門檻，網路身份認證技術已成為網路安全的重要課題，它對網路應用的安全性具有非常重要的作用。世界各國經過多年的努力，已初步形成了一套比較完整的身份認證系統解決方案，即公開金鑰基礎設施（PKI），該方案為網路應用透明地提供了通用的資訊安全服務。當前，PKI 技術還處在不斷發展與完整的階段，透過對 PKI 的分析、設計與系統應用等方面的研究，可以解決現有 PKI 系統中存在的諸多問題與難題，增強 PKI 系統的安全性、可用性及易管理性，提升系統的效率，為網路安全系統應用提供更高效、更實用的解決方案。

10.1.1 網路安全與身份認證

21 世紀是網路資訊的時代，隨著微電子、光電子、電腦、通訊和資訊服務業的發展，Internet 已獲得了廣泛的應用。網際網路絡正以驚人的速度改變著人們的工作和生活方式，從機構到個人都在越來越多地透過網際網路或其他電子媒介發送電子郵件、互換資料及網上交易，這無疑給社會、企業乃至個人帶來了前所未有的便利。所有這一切正是得益於網際網路的開放性和匿名性的特徵，然而開放性和匿名性也決定了單純的網際網路不可避免地存在資訊安全隱憂，表現在網際網路經常會受到各種各樣的非法入侵和攻擊，因而對網際網路資訊安全性的要求也愈來愈高，特別是以

Internet 為支撐平台的電子商務的出現和蓬勃發展，使人們對資訊安全提出了更高的要求，使得網路安全的重要性日益凸顯。

網路安全是一個很廣泛的概念，廣義的網路安全指網路中涉及的所有安全問題，範圍涵蓋系統安全、資訊安全和通訊安全等內容。網路安全技術一般包括資料機密性（Data Confidentiali1y）、資料完整性（Data Integrity）、身份認證（Authentication）、授權控制（Authorization）、稽核（Audit）等多個方面，這些技術都是以密碼學技術為基礎的。其中，身份認證技術用於實現網路通訊雙方身份可靠的驗證，身份認證技術為其他安全技術提供基礎，例如基於身份的存取控制、費率等。對大多數網路應用，尤其是電子商務這樣的商業應用來說，身份認證是其服務過程中的關鍵環節。

身份認證在網路安全中佔據著十分重要的位置。身份認證是網路安全系統中的第一道關卡，如圖 10-1 所示。

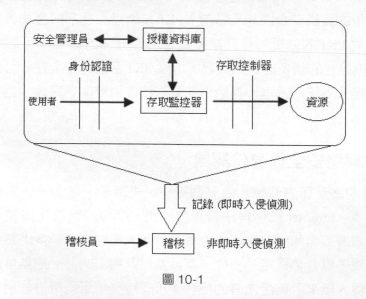

圖 10-1

使用者在存取網路系統之前，首先經過身份認證系統辨識身份，然後存取監控器根據使用者的身份和授權資料庫決定使用者是否能夠存取某個資源。授權資料庫由安全管理員按照需要進行設定。稽核系統根據稽核設定記錄使用者的請求和行為，同時入侵偵測系統即時或非即時地判定是否有入侵行為。存取控制和稽核系統都要依賴於身份認證系統提供的「資訊」—使用者的身份。可見身份認證是基本的安全服務，其他的安全服務都要依賴於它。一旦身價認證系統被攻破，那麼系統的所有安全措施將形同虛設。網路駭客攻擊的目標往往就是身份認證系統。因此要加快網路資訊安全的建設，身份認證技術理論及其應用的研究是一個非常重要的課題。

10.1.2　網路環境下身份認證所面臨的威脅

網路中非法攻擊者採用的攻擊手段主要有：非法竊取合法使用者的密碼，因而可以存取對其而言並未獲得授權的系統資源；對合法使用者的通訊資訊進行竊取分析並進行破譯；截獲合法的使用者資訊，然後傳送給接收者；阻止系統資源的合法管理和使用。目前身份認證所面臨的威脅主要有：

（1）中間人攻擊。非法使用者截獲資訊，替換或修改資訊後再傳送給接收者，或非法使用者冒充合法使用者發送資訊，其目的在於盜取系統的可用性，阻止系統資源的合法管理和使用，其原因主要是認證系統設計結構上的問題，比如一個典型的問題是很多身份認證協定只實現了單向身份認證，其身份資訊與認證資訊可以相互分離。

（2）重放攻擊。網路認證還需防止認證資訊在網路傳輸過程中被第三方獲取，並記載下來，然後傳送給接收者，這就是重放攻擊。攻擊的主要目的在於實現身份偽造，或破壞合法使用者身份認證的同步性。

（3）密碼分析攻擊。攻擊者透過密碼分析破譯使用者密碼 / 身份資訊或猜測下次使用者身份的認證資訊。系統實現上的簡化可能為密碼分析提供條件，系統設計原理上的缺陷可能為密碼分析創造條件。

（4）密碼猜測攻擊。監聽者在知道了認證演算法後，可以對使用者的密碼字進行猜測，使用電腦猜測密碼字，利用得到的封包進行驗證。這種攻擊辦法直接有效，特別是當使用者的密碼有缺陷時，比如密碼字短、使用名字做密碼字、使用一個字（Word）做密碼字（可以使用字典攻擊）等。非法使用者獲得合法使用者身份的密碼，這樣就可以存取對其而言並未獲得授權的系統資源。

（5）身份資訊的曝露。認證時曝露身份資訊是不可取的。某些資訊儘管算不上秘密，但大多數使用者仍然不希望隱私資料任意擴散。例如在網上報案系統中，需要身份認證以確認資訊的來源是真實的。但如果認證過程中曝露了參與者的身份，則報案者完全可能受到報復，從而影響公民檢舉犯罪的積極性。

（6）對認證伺服器的攻擊。認證伺服器是身份認證系統的安全關鍵所在。在伺服器中存放了大量的使用者認證資訊和配套資料。如果攻破了身份認證伺服器，那麼後果將是災難性的。

為了抵禦網路環境下的身份認證面臨的上述威脅，我們在進行網路身份認證技術研究、設計和實現一個網路身份認證系統時，要滿足資訊來源的可信性、資訊傳輸的完整性、資訊傳送的不可否認性、控制非法使用者對系統資源的存取等目標，同時身份認證系統還應考慮要達到抵抗重放攻擊、抵抗密碼分析攻擊、實現雙向身份認證功能、提供雙因數身份認證、實現良好的認證同步機制、保護身份認證者的身份資訊、提升身份認證協定的效率、減少認證伺服器的敏感資訊等要求。身份認證技術研究及身份認證系統實現都是繞著上述目標和要求來進行的。

10.1.3 網路身份認證系統的發展現狀

身份認證是網路安全應用系統中的第一道防線，目的是驗證通訊雙方的真實身份，防止非法使用者假冒合法使用者竊取敏感性資料。在安全的網路通訊中，涉及的通訊各方必須透過某種形式的身份驗證機制來證明他們的身份，驗證使用者的身份與其所宣稱的是否一致，然後才能實現對於不同使用者的存取控制和記錄。

一般來説，使用者身份認證可以透過三種基本方式或其組合方式來實現：

（1）使用者所知道的某個秘密資訊，例如使用者知道自己的密碼。

（2）使用者持有的某個秘密資訊（硬體），使用者必須持有合法的隨身攜帶的物理媒體，例如智慧卡中儲存使用者的個人特定私有資訊，存取系統資源時必須有智慧卡。

（3）使用者所具有的生物特徵，如指紋、聲音、視網膜掃描等，但這種方案一般造價較高，適用於保密程度很高的場合。

傳統的認證技術採用簡單的密碼形式，系統事先保存每個使用者的二元組資訊（IDX,PwX），進入系統時使用者 x 輸入用戶名 IDx 和密碼 PwX，系統對保存的使用者資訊與使用者輸入的資訊進行比較，從而判斷使用者身份的合法性。這種認證方法操作十分簡單，但同時又很不安全，因為其安全性僅基於使用者密碼的保密性，而使用者密碼一般較短且容易猜測，因此這種方案不能抵禦密碼猜測攻擊；另外，其最大的問題是用戶名和密碼都是以明文方式在網路中傳輸的，極易遭受重放攻擊和字典攻擊，因此難以支援交換敏感的、重要的資料應用。日前一般都採用高強度的密碼技術進行身份認證。

當前網際網路上典型的身份認證系統有基於共用金鑰（或對稱金鑰）的集中式認證和以 RSA 演算法為代表的公開金鑰認證兩種。前者的代表是 MIT（美國麻省理工大學）開發的 Kerberos 協定，後者是基於 PKI 的系統。

Kerberos 提供了一種在開放式網路環境下進行身份認證的方法，是基於可信賴的第三方的認證系統。Kerberos 基於對稱密碼學（採用的是 DES，但也可以用其他演算法代替），它與網路上的每個實體分別共用一個不同的秘密金鑰，是否知道該秘密金鑰便是身份的證明。採用基於 PKI 的認證技術類似於 Kerberos 技術，它也依賴於共同信賴的第三方來實現認證，不同的是它採用非對稱密碼體制（公開金鑰體制），並利用「數位憑證」這一靜態的電子檔案來實施公開金鑰認證。

與共用金鑰認證相比，公開金鑰認證的優勢主要表現在兩個方面：

（1）更高的安全強度。Kerberos 系統中的金鑰分發中心（Key Distribution Center，KDC）需要線上參與每一對通訊雙方的工作階段金鑰協商過程，只要連入 Internet，就有可能受到來自網路的攻擊，只要 KDC 被攻破，整個 Kerberos 系統就完全崩潰。而且當通訊物件很多時，KDC 就會成為網路瓶頸。與此不同，基於 PKI 的系統中通訊方之間的相互認證並不需要證書權威 CA（Certificate Authority）的線上參與，管理證書的 CA 可以離線操作，完全脫離外部 Internet 的騷擾，只要物理上是安全的，攻擊者根本無法接觸到 CA，更談不上攻擊了，所以 CA 的安全性比 KDC 好。

（2）公開金鑰系統便於提供嚴格意義上的數位簽章服務，這在電子商務中是很重要的，而 Kerberos 協定最初是設計用來提供認證和金鑰交換的，它不能用來進行數位簽章，因而也不能提供非否認機制。

在大規模的網路環境下，利用密碼學技術進行通訊方的身份認證，無論是共用金鑰還是公開金鑰體制，理想的途徑都是有一個權威的第三方來協助進行金鑰分發及身份鑑別。在 PKI 體制中，權威的第三方不需要線上參與認證過程，採用證書的形式使得整個安全系統有很好的擴充性，它對數位簽章的良好支援能為交易提供不可否認性的仲裁，這些都是共用金鑰的認證系統無法達到的，因而以 PKI 體制為代表的公開金鑰認證技術正逐漸取代共用金鑰認證成為網路身份認證和授權系統的主流。

公開金鑰技術具有簽名和加密的功能，可以分別建構基本挑戰 / 回應協定。基於公開金鑰加密的雙向挑戰 / 回應協定的認證技術能夠提供很可靠的認證服務。公開金鑰認證需要雙方事先已經擁有對方的公開金鑰，因此公開金鑰的分發成為公開金鑰認證協定的重要環節。公開金鑰系統採用證書權威機構 CA 簽發證書的方式來分發公開金鑰，X.509 協定定義了證書格式。公開金鑰基礎設施（PKI）以公開金鑰技術為基礎，它極佳地解決了網路中使用者的身份認證問題，並且確保了網路上資訊傳送的準確性、完整性和不可否認性。也正是在它的支持下，線上支付得以實施，電子商務才真正得以開展起來。

目前公開金鑰認證技術逐漸成為主流，基於 X.509 證書和 CA 的 PKI 認證系統將是 Internet 網路認證系統的主要發展方向。利用建立在 PKI 基礎上的 X.509 數位憑證，透過把要傳輸的數位資訊進行加密和簽名，可以保證資訊傳輸的機密性、真實性、完整性和不可否認性，從而保證資訊的安全傳輸。但是 PKI 也存在一些缺點，除了它的完整、龐大建設成本很高和實現技術複雜外，目前重點還要考慮的是不同 PKI 系統之間如何實現相互相容性和相互通性，如何建設溝通不同 PKI 信任系統的管理機制和技術機制，實現 CA 機構和 CA 機構的互聯互通問題。

10.2　身份認證技術基礎

身份認證理論是一門新興的理論，是現代密碼學發展的重要分支。在一個身份認證系統設計中，身份認證是第一道關卡，使用者在存取所有系統之前，首先應該經過身份認證系統辨識身份，然後由身份認證系統根據使用者的身份和授權資料庫決定使用者是否能夠存取某個資源。

所謂身份認證，指的是證實被認證物件是否屬實和是否有效的過程。其基本思維是透過驗證被認證物件的屬性，來達到確認被認證物件是否真實有效的目的。被認證物件的屬性可以是密碼、數位簽章或像指紋、聲音、視網膜這樣的生理特徵。身份認證常常被用於通訊雙方相互確認身份，以保證通訊的安全。

目前，身份認證技術已經在各個產業領域得到廣泛的應用，根據實體間的關係可分為單向、雙向認證；根據認證資訊的性質可分為秘密支援證明、物理媒體證明、物理特徵證明；根據認證物件可分為實體物件身份認證、資訊認證；根據雙方的信任關係可分為無仲裁、有仲裁認證。

當前，網路上流行的身份認證技術主要有基於密碼的認證、基於智慧卡的認證、動態密碼認證、生物特性認證、USB Key 認證等，這些認證技術並非孤立，有很多認證過程同時使用了多種認證機制，互相設定，以達到更加可靠安全的目的。

10.2.1 用戶名 / 密碼認證

用戶名 / 密碼是很簡單、很常用的身份認證方法，是基於 "what you know" 的驗證手段。每個使用者的密碼是由使用者自己設定的，只有使用者自己才知道。只要能夠正確輸入密碼，電腦就認為操作者是合法使用者。實際上，由於許多使用者為了防止忘記密碼，經常採用諸如生日、電話號碼等容易被猜測的字串作為密碼，或把密碼抄在紙上放在一個自認為安全的地方，這樣很容易造成密碼洩漏。即使能保證使用者密碼不被洩漏，由於密碼是靜態的資料，在驗證過程中需要在電腦記憶體和網路中傳輸，而每次驗證使用的驗證資訊都是相同的，很容易被駐留在電腦記憶體中的木馬程式或網路中的監聽裝置截獲。因此，從安全性上講，用戶名 / 密碼方式是一種極不安全的身份認證方式。

10.2.2 智慧卡認證

智慧卡是一種內建積體電路的晶片，晶片中存有與使用者身份相關的資料，智慧卡由專門的廠商透過專門的裝置生產，是不可複製的硬體。智慧卡由合法使用者隨身攜帶，登入時必須將智慧卡插入專用的讀卡機讀取其中的資訊，以驗證使用者的身份。智慧卡認證是基於 "what you have" 的手段，透過智慧卡硬體不可複製來保證使用者身份不會被仿冒。然而由於每次從智慧卡中讀取的資料是靜態的，透過記憶體掃描或網路監聽等技術，還是很容易截取到使用者的身份驗證資訊，因此還是存在安全隱憂。

10.2.3 生物特徵認證

生物辨識技術主要是指透過可測量的身體或行為等生物特徵進行身份認證的一種技術。生物特徵是指唯一的、可以測量或可自動辨識和驗證的生理特徵或行為方式。生物特徵分為身體特徵和行為特徵兩類。身體特徵包括：指紋、掌型、視網膜、虹膜、人體氣味、臉型、手的血管和 DNA 等；行為特徵包括：簽名、語音、行走步態等。目前部分學者將視網膜辨識、虹膜辨識和指紋辨識等歸為進階生物辨識技術，將掌型辨識、臉型辨識、語音辨識和簽名辨識等歸為次級生物辨識技術，將血管紋理辨識、人體氣味辨識、DNA 辨識等歸為「深奧的」生物辨識技術。

由於不同的人具有不同的生物特徵，因此幾乎不可能被仿冒。生物特徵認證的安全性很高，但各種相關辨識技術還沒有成熟，沒有規模商品化，準確性和穩定性有待提升。生物特徵認證基於生物特徵辨識技術，受到現在的生物特徵辨識技術成熟度的影響，採用生物特徵認證還具有較大的局限性，特別是當生物特徵缺失時，就可能無法利用。

10.2.4 動態密碼

動態密碼技術是一種讓使用者密碼按照時間或使用次數不斷變化、每個密碼只能使用一次的技術。它採用一種叫作動態權杖的專用硬體，內建電源、密碼生成晶片和顯示幕，密碼生成晶片運行專門的密碼演算法，根據當前時間或使用次數生成當前密碼並顯示在顯示幕上。認證伺服器採用相同的演算法計算當前的有效密碼，使用者使用時只需要將動態權杖上顯示的當前密碼輸入用戶端電腦，即可實現身份認證。由於每次使用的密碼必須由動態權杖來產生，只有合法使用者才持有該硬體，因此只要透過密碼驗證就可以認為該使用者的身份是可靠的。而使用者每次使用的密碼都不相同，即使駭客截獲了一次密碼，也無法利用這個密碼來仿冒合法使用者的身份。

動態密碼技術採用一次一密的方法，有效保證了使用者身份的安全性。但是如果用戶端與服務端的時間或次數不能保持良好的同步，就可能發生合法使用者無法登入的問題。並且使用者每次登入時需要透過鍵盤輸入長串無規律的密碼，一旦輸入錯誤就要重新操作，使用起來非常不方便。目前較為典型的有 VeriSign VIP 動態密碼技術和 RSA 動態密碼技術，而 VeriSign 依靠中國大陸的數位簽章廠商 iTrustChina，在密碼技術上進行了改良。

10.2.5 USB Key 認證

基於 USB Key 的身份認證方式是近幾年發展起來的一種方便、安全的身份認證技術。它採用軟硬體相結合、一次一密的強雙因數認證模式，極佳地解決了安全性與便利性之間的矛盾。 USB Key 是一種 USB 介面的硬體裝置，它內建微處理器或智慧卡晶片，可以儲存使用者的金鑰或數位憑證，利用 USB Key 內建的密碼演算法實現對使用者身份的認證。基於 USB Key 身份認證系統主要有兩種應用模式：一種是基於衝擊回應的認證模式，另一種是基於 PKI 系統的認證模式。

10.2.6 基於衝擊回應的認證模式

USB Key 內建單向雜湊演算法（MD5），預先在 USB Key 和伺服器中儲存一個證明使用者身份的金鑰，當需要在網路上驗證使用者身份時，先由用戶端向服務端發出一個驗證請求。服務端接到此請求後生成一個隨機數回傳給用戶端 PC 上插著的 USB Key，此為「衝擊」。USB Key 使用該隨機數與儲存在 USB Key 中的金鑰進行 MD5 運算，得到一個運算結果作為認證證據傳送給伺服器，此為「回應」。與此同時，服務端使用該隨機數與儲存在服務端資料庫中的該客戶金鑰進行 MD5 運算，如果伺服器的運算結果與用戶端傳回的響應結果相同，就認為用戶端是一個合法使用者。

可以用 x 代表伺服器提供的隨機數，Key 代表金鑰，y 代表隨機數和金鑰經過 MD5 運算後的結果，透過網路傳輸的只有隨機數 x 和運算結果 y，使用者金鑰身份認證技術基礎金鑰 Key 既不在網路上傳輸又不在用戶端電腦記憶體中出現，網路上的駭客和用戶端電腦中的木馬程式都無法得到使用者的金鑰。由於每次認證過程使用的隨機數 "x" 和運算結果 "y" 都不一樣，即使在網路傳輸的過程中認證資料被駭客截獲，也無法逆推獲得金鑰。因此，從根本上保證了使用者身份無法被仿冒。

10.2.7 基於數位憑證 PKI 的認證模式

PKI（Public Key Infrastructure，公開金鑰基礎設施系統）利用一對互相匹配的金鑰進行加密、解密，一個公共金鑰（公開金鑰，Public Key）和一個私有金鑰（私密金鑰，Private Key）。其基本原理是：由一個金鑰進行加密的資訊內容，只能由與之配對的另一個金鑰才能進行解密。公開金鑰可以廣泛地發給與自己有關的通訊者，私密金鑰則需要十分安全地存放起來。

每個使用者擁有一個僅為本人所掌握的私密金鑰，用它進行解密和簽名；同時擁有一個公開金鑰用於檔案發送時加密。當發送一份保密檔案時，發送方使用接收方的公開金鑰對資料加密，而接收方則使用自己的私密金鑰解密，這樣資訊就可以安全無誤地到達目的地，即使被第三方截獲，由於沒有對應的私密金鑰，也無法進行解密。

衝擊回應模式可以保證使用者身份不被仿冒，但無法保證認證過程中資料在網路傳輸過程中的安全。而基於 PKI 的「數位憑證認證方式」可以有效保證使用者的身份安全和資料傳輸安全。數位憑證是由可信任的第三方認證機構—數位憑證認證中心（Certificate Authority，CA）頒發的一組包含使用者身份資訊的資料結構，PKI 系統透過採用加密演算法建構了一套完整的流程，保證數位憑證持有人的身份安全。而使用 USB Key 可以確保數位憑證無法被複製，所有金鑰運算在 USB Key 中實現，使用者金鑰不在電腦記憶體出現，也不在網路中傳播，只有 USB Key 的持有人才能夠對數位憑證操作，安全性有了保障。由於 USB Key 具有安全可靠、便於攜帶、使用方便、成本低廉的優點，加上 PKI 系統完整的資料保護機制，因此使用 USB Key 儲存數位憑證的認證方式已經成為目前主要的認證模式。

10.3 PKI 概述

隨著網路資訊安全技術的發展，公開金鑰基礎設施—PKI 在國內外得到廣泛的應用。中國大陸目前已經公佈了國家 PKI 的整體框架。它由國家電子政務 PKI 系統和國家公共 PKI 系統組成。PKI 是目前解決電子商務安全的主要方案。

PKIX（Public-Key Infrastructure using X.509）工作群組給 PKI 的定義為：「是一組建立在公開金鑰演算法基礎上的硬體、軟體、人員和應用程式的集合，它應具備產生、管理、儲存、分發和廢止證書的能力」。PKI 是一種遵循一定標準的金鑰管理平台，它能夠為所有網路應用提供加密和數位簽章等密碼服務及所必需的金鑰和證書管理。

10.3.1 PKI 的國內外應用狀態

美國是最早提出 PKI 概念的國家，並於 1996 年成立了美國聯邦 PKI 籌委會。與 PKI 相關的絕大部分標準都由美國制定，其 PKI 技術在世界上處於領先地位。2000 年 6 月 30 日，美國前總統柯林頓正式簽署美國《全球及全國商業電子簽名法》給予電子簽名、數位憑證以法律上的保護，這一決定使電子認證問題迅速成為各國政府關注的熱點。加拿大在 1993 就已經開始了政府 PKI 系統雛形的研究工作，到 2000 年已在 PKI 系統方面獲得重要的進展，已建成的政府 PKI 系統為聯邦政府與公眾機構、商業機構等進行電子資料交換時提供資訊安全的保障，推動了政府內部管理電子化的處理程序。加拿大與美國代表了先進國家 PKI 發展的主流。

歐洲在 PKI 基礎建設方面也成績顯著，已頒佈了 93/1999EC 法規，強調技術中立、隱私權保護、國內與國外相互認證以及無歧視等原則。為了解決各國 PKI 之間的協作工作問題，它採取了一系統原則，如積極資助相關研究所、大學和企業研究 PKI 相關技術，資助 PKI 互通性相關技術研究，並建立 CA 網路及其頂級 CA。並且於 2000 年 10 月成立了歐洲橋CA 指導委員會，於 2001 年 3 月 23 日成立了歐洲橋 CA。

在亞洲，韓國是最早開發 PKI 系統的國家。韓國的認證架構主要分為三個等級：最上一層是資訊通訊部，中間是資訊通訊部設立的國家 CA 中心，最下級是資訊通訊部指定的下級授權認證機構（LCA）。日本的 PKI 應用系統按公眾和私人兩大領域來劃分，而且在公眾領域的市場還要進一步細分，主要分為商業、政府以及公眾管理內務、電信、郵政三大區塊。此外，還有很多國家在開展 PKI 方面的研究，並且都成立了 CA 認證機構。較有影響力的國外 PKI 公司有 Baltimore 和 Entrust，其產品如 Entrust/PKI5.0，已經能較好地滿足商業企業的實際需求。Verisign 公司也已經開始提供 PKI 服務，Internet 上很多軟體的簽名認證都來自 Verisign 公司。

被譽為「PK 技術盛會」的亞洲 PKI 討論區第三屆國際大會於 2002 年 7 月 8 日到 10 日在韓國首爾舉行。會議結果表明：目前 PKI 技術在亞洲各國、各地區已經有了一定的發展與應用，尤其在電子政務與電子商務領域，PKI 技術正在發揮著巨大的作用。但是，PKI 技術在整個亞洲還處於「爬坡」階段，還會具有許多亟待解決的問題。PKI 技術在商業銀行、政府採購以及網上購物中得到廣泛應用，PKI 技術具有廣泛的應用前景。

10.3.2 PKI 的應用前景

廣泛的應用是普及一項技術的保障。PKI 支援 SSL、IP over VPN、S/MIME 等協定，這使得它可以支援加密 Web、VPN、安全郵件等應用。而且，PKI 支持不同 CA 間的交換認證，並能實現證書、金鑰對的自動更換，這擴充了它的應用範圍。

一個完整的 PKI 產品除主要功能外，還包括交換認證、支持 LDAP 協定、支持用於認證的智慧卡等。此外，PKI 的特性融入各種應用（如防火牆、瀏覽器、電子郵件、群件、網路作業系統）也正在成為趨勢。基於 PKI 技術的 IPSec 協定現在已經成為架構 VPN 的基礎。它可以為路由器之間、防火牆之間或路由器和防火牆之間提供經過加密和認證的通訊。目前，發展很快的安全電子郵件協定是 S/MIME，S/MIME 是一個用於發送安全封包的 IETF 標準。它採用了 PKI 數位簽章技術並支援訊息和附件的加密，無須收發，雙方共用相同金鑰。目前該標準包括密碼封包語法、封包規範、證書處理以及證書申請語法等方面的內容。基於 PKI 技術的 SSL/TLS 是網際網路中造訪 web 伺服器很重要的安全協定。當然，它們也可以應用於基於客戶端裝置 / 伺服器模型的非 Web 類型的應用系統。SSL/TLS 都利用 PKI 的數位憑證來認證客戶和伺服器的身份。

從應用前景來看，隨著 Internet 應用的不斷普及和深入，政府部門需要 PKI 支援管理；商業企業內部、企業與企業之間、區域性服務網路、電子商務網站都需要 PKI 技術和解決方案；大企業需要建立自己的 PKI 平台；小企業需要社會提供商業 PKI 服務。此外，作為 PKI 的一種應用，基於 PKI 的虛擬私人網路市場也隨著 B2B 電子商務的發展而迅速膨脹。

整體來說，PKI 的市場需求非常巨大，基於 PKI 的應用包括許多內容，如 WWW 安全、電子郵件安全、電子資料交換、信用卡交易安全、VPN 等。從產業應用來看，電子商務、電子政務、遠端教育等方面都離不開 PKI 技術。

10.3.3 PKI 存在的問題及發展趨勢

儘管獲得了很大的進展，在 PKI 領域還會有以下問題亟待解決，今後 PKI 技術將主要在這些方面進行更深入的研究。

（1）X.509 屬性證書

提起屬性證書就不能不提起授權管理基礎設施（Privilege Management Infrastructure，PMI）。PMI 授權技術的核心思維是以資源管理為核心，將對資源的存取控制權統一交由授權機構進行管理，即由資源的所有者來進行存取控制管理。與 PKI 信任技術相比，兩者的主要區別在於 PKI 證明使用者是誰，並將使用者的身份資訊保存在使用者的公開金鑰證書中；而 PMI 證明這個使用者有什麼許可權、什麼屬性、能做什麼，並將使用者的屬性資訊保存在授權證書（又稱管理證書）中。舉例來說，銷售商為了決定一筆訂貨是否可信，是否應該發貨指訂貨人，他就必須知道訂貨人的信用情況，而不僅是其名字。為了使上述附加資訊能夠保存在證書中，

X.509 v4 中引入了公開金鑰證書擴充項，這種證書擴充項可以保存任何類型的附加資料。隨後，各個證書系統紛紛引入了自己的專有證書擴充項，以滿足各自應用的需求。

（2）漫遊證書

到目前為止，能提供證書和其對應私密金鑰行動性的實際解決方案有兩種：第一種是智慧卡技術，其缺點是易遺失和損壞，並且依賴讀卡機；第二種是將證書和私密金鑰複製到一張磁碟備用，但磁碟不僅容易遺失和損壞，而且安全性也較差。一個更新的解決方案—漫遊證書正逐步被採用，它透過第三方軟體提供，只需在任何系統中正確地設定，該軟體（或外掛程式）就可以允許使用者存取自己的公開金鑰 / 私密金鑰對。它的基本原理很簡單，即將使用者的證書和私密金鑰放在一個安全的中央伺服器上，當使用者登入一個本地系統時，從伺服器安全地檢索出公開金鑰 / 私密金鑰對，並將其放在本地系統的記憶體中以備後用，當使用者完成工作並從本地系統登出後，該軟體自動刪除存放在本地系統中的使用者證書和私密金鑰。這種解決方案的好處是可以明顯提升便利性，降低證書的使用成本，但它與已有的一些標準不一致，因而在應用中受到了一定限制。

（3）無線 PKI

隨著無線通訊技術的廣泛應用，無線通訊領域的安全問題也引起了廣泛的重視。將 PKI 技術直接應用於無線通訊領域存在兩方面的問題：其一是無線終端的資源有限（運算能力、儲存能力等）；其二是通訊模式不同。為了適應這些需求，目前已公佈了 WPKI 草案，其內容涉及 WPKI 的運作方式、WPKI 如何與現行的 PKI 服務相結合等。WPKI 中定義了三種不同的通訊安全模式：使用伺服器憑證的 WTLS Class2 模式、使用 Client 證書的 ITLS Class3 模式、使用 Client 證書合併 WMLScript 的 Signet 模式。所謂的 Class1、Class2 及 Class3 是定義在 WTLS 標準中的安全需求。在證書編碼方面，WPKI 證書格式想儘量減少正常證書所需的儲存量。採用的機制有兩種：其一是重新定義一種證書格式（WTLS 證書格式），以此減小 X.509 證書的尺寸；其二是採用 ECC 演算法減小證書的尺寸，因為

ECC 金鑰的長度比其他演算法的金鑰要短得多。目前，對 PKI 技術的研究與應用正處於探索中，但它代表了 PKI 技術發展的重要趨勢。

（4）信任模型

PKI 從根本上說致力於解決透過網路互動的實體之間的信任問題。信任模型的建構是 PKI 系統在巨觀角度上的核心問題。建立一個可以連接 Internet 上任意實體的全球化的信任系統是 PKI 研究的長期目標。PEW（Privacy Enhanced Mail）的失敗證明了嚴格層次化的信任模型不適用於 Internet 這樣靈活的結構；以 PGP（Pretty Good Privacy）為代表的以使用者為中心的信任模型無法擴充到大規模的應用；依賴於流行瀏覽器中預先安裝的信任 CA 證書的 Web 信任模型在安全性上一直存在著很大的漏洞；透過交換認證實現的分散式信任模型被廣泛地應用，但是路徑長度與路徑發現問題增加了 PKI 系統使用時的複雜性。改進和結合各種已有模式的新型信任模型也正在不斷地湧現，但是建立真正的全球化信任系統仍然是 PKI 研究中的難題。

（5）證書取消

CA 如何發佈證書取消資訊是影響其是否能被廣泛應用的重要因素。1994 年，美國的 MITRE 公司在一個報告中指出，取消證書資訊的發佈將潛在地成為營運大規模 PKI 系統成本最昂貴的部分。同時，MITRE 公司提出了一種基本的證書取消機制，即使用證書取消清單機制。基本證書取消清單機制的缺陷在於 CRL 的長度可能很大，由此產生的網路頻寬資源消耗在大規模 PKI 系統中是不可忽視的。同時，因為 CRL 是週期性發佈的，不適用於具有即時性證書取消資訊需求的證書使用環境。針對這些問題，有很多改進的方案被提出，如增量 CRL，致力於減小發佈 CRL 的平均頻寬和間隔時間；CRL 分佈點，透過向不同的地點發佈 CRL 分段減小每一個 CRL 分段的長度；分時 CRL，減小發佈 CRL 的峰值頻寬。此外，針對即時性問題，目前廣泛採取的方案是線上證書狀態協定（Online Certificate Status Protocol，OCSP）。基於該協定的證書取消機制使驗證者能夠即時地對用於某特定交易的證書進行檢驗。上述各種方案及其改進方案都致力於解決證書取消中的或幾個方面的問題，但是目前尚不存在一種真正適用於大規模 PK 系統的高性能的證書取消方案。

（6）實體命名問題

證書綁定實體身份與實體公開金鑰，而實體身份透過證書上的實體名稱表示。X.509 v3 證書格式定義中的實體名稱採用 X.500 可辨識名，即通常所說的 DN。從理論上考慮，透過 X.500DN 區分全球的不同實體是完全可以實現的，但是實際上 DN 機制並不完全成功。首先，X.500 目錄概念並沒有得到充分的推廣和接受；其次，在很多場合中，X.500 命名機制中各個層次的命名機構並不具有實際的權威性，它們對於名稱分配可能是不必要的。證書中的擴充欄位（Subject Alternative Name）正是基於這個原因產生的，但是僅透過這個欄位增加實體命名方式並不能從根本上解決問題。目前許多 PKI 研究和標準化活動，比如 SDSI（Simple Distributed Security Infrastructure，MIT 提出的一種試圖解決分散式運算環境中安全問題的信任模型）、SPKI（Simple Public-Key Infrastructure，TETF SPKI 工作群組以簡化證書格式為主要目的建立的 PKI 信任模型）等，都關注於解決 PKI 的實體命名問題。

10.4 基於 X.509 證書的 PKI 認證系統

目前，X.509 證書已得到廣泛的應用，成為開放網路環境中公開金鑰管理的重要手段。公開金鑰的管理是一個整體，除了數位憑證外，還需要證書簽發者（CA）、註冊中心（RA）、儲存函數庫（Reposition）等多種實體的參與。各參與方都要維護自己的安全參數，如自己的金鑰對、所信任的 CA 公開令鑰以及所遵循的安全性原則等。同時，為了保證公開金鑰的有效性，還應該有合理的證書取消機制和證書發佈策略。所有這些組成了公開金鑰基礎設施（PKI），它建立在一套嚴格定義的標準之上，這些標準用於控制證書生命週期的各方面。

10.4.1 數位憑證

1. 基本定義

數位憑證就是網際網路通訊中標示通訊各方身份資訊的一系列資料，提供了一種在 Internet 上驗證身份的方式，其作用類似於司機的駕駛執照或日常生活中的身份證。它是由一個權威的證書授權機構發行的，人們可以在網上用它來辨識對方的身份。數位憑證是一個經證書授權中心數位簽章的、包含公開金鑰擁有者資訊以及公開金鑰的檔案。簡單的證書包含一個公開金鑰、名稱以及證書授權中心的數位簽章。

在數位簽章過程中，人們用發送方的公開金鑰對數位簽章進行解密，從而來證實檔案確實是發送方發送的，但是沒有證實發送方是否確實是其所聲稱的檔案擁有者。在公開金鑰體制中，公開金鑰本身的保密性並不重要，對公開金鑰而言本來就是要公開的，沒有防監聽和洩漏的問題，但公開金鑰的發佈仍然存在安全性問題，必須確信拿到的公開金鑰確實是屬於它申明的那個人，否則就無法保證系統的安全性，攻擊者就可能用偽造公開金鑰製造偽簽字行騙，防止這種情況出現的方法顯然是透過信任通路得到公開金鑰。目前的解決方法是透過簽發數位憑證把公開金鑰與其真正的擁有者緊密結合起來。

數位憑證是一段包含使用者身份資訊、使用者公開金鑰資訊以及身份驗證機構數位簽章的資料。身份驗證機構的數位簽章可以確保證書資訊的真實性。通常數位憑證採用公開金鑰體制，即利用一對互相匹配的金鑰進行加密、解密。每個使用者自己設定特定的僅為本人所有的私有金鑰（私密金鑰），用它進行解密和簽名；同時設定公共金鑰（公開金鑰）並由本人公開，為一群組使用者所共用，用於加密和驗證簽名。當發送一份保密檔案時，發送方使用接收方的公開金鑰對資料加密，而接收方則使用自己的私密金鑰解密，這樣資訊就可以安全無誤地到達目的地了。透過數位的手段保證加密過程是一個不可逆的過程，即只有用私密金鑰才能解密。公開金鑰技術解決了金鑰發佈的管理問題，使用者可以公開其公開金鑰，而保留其私密金鑰。

數位憑證頒發過程一般為：使用者首先產生自己的金鑰對，並將公共金鑰及部分個人身份資訊傳送給認證中心。認證中心在確定身份後，將執行一些必要的步驟，以確信請求確實由使用者發送而來，然後認證中心將發給使用者數位憑證，該證書內包含使用者的個人資訊和其公開金鑰資訊，同時還附有認證中心的簽名資訊。使用者就可以使用自己的數位憑證進行相關的各種活動了。數位憑證由獨立的證書發行機構發佈。數位憑證各不相同，每種證書可提供不同等級的可信度。

2. 數位憑證的特點

數位憑證在一個身份和該身份的持有者所擁有的公私密金鑰對之間建立了一種聯繫，它具有以下特點：

（1）數位憑證是 PKI 系統的核心元素

PKI 的核心執行機構是 CA 認證中心，認證中心所簽發的數位憑證是 PKI 的核心組成部分，而且是 PKI 基本的活動工具，是 PKI 的應用主體。它完成 PKI 所提供的全部安全服務功能，可以説 PKI 系統中的一切活動都是圍繞數位憑證進行的。

（2）數位憑證是權威的電子文件

數位憑證實際上是由可信的、公正的第三方權威認證機構所簽發的。數位憑證的內容必須包含權威認證機構的數位簽章，即對數位憑證的內容進行雜湊值運算後，再用該 CA 機構的私密金鑰對證書的雜湊值進行非對稱加密運算，即 CA 對證書的數位簽章。CA 對其簽發的數位憑證內容的簽名具有法律效力，是符合國家電子簽名法要求的，所以，它在網上交易、網上實際相互認證的過程中是一個公認的、權威的電子文件。

（3）數位憑證是網上身份的證明

網際網路上的身份認證靠證書機制實現身份的辨識與鑑別，因為數位憑證的主要內容就有證書持有者的真實姓名、身份唯一標識和該實體的公開金鑰資訊。電子認證機構 CA 靠對實體簽發的這個數位憑證來證實該實體在網上的真實身份。

（4）數位憑證是 PKI 系統公開金鑰的載體

公開金鑰基礎設施是靠公 / 私密金鑰對的加 / 解密運算機制完成 PKI 服務的，私密金鑰嚴格保密，公開金鑰要方便地公佈。方便地傳遞和發佈公開金鑰是公開金鑰基礎設施的優勢。公開金鑰發佈或傳遞的方式一是靠 LDAP 目錄伺服器，即將 CA 簽發的證書發佈在目錄伺服器上，供需進行通訊的證書依賴方索取；二是由通訊雙方的一方將公開金鑰證書與加密（簽名）後的資料一起發送給依賴方的證書使用者。這種公開金鑰的傳遞載體就是數位憑證。

3. 數位憑證的格式

數位憑證包含一個公開金鑰、名稱以及證書授權中心的數位簽章。一般情況下，證書中還包括金鑰的有效時間、發證機關（證書投權中心）的名稱、該證書的序號等資訊，數位憑證的格式遵循 IUT-T X509 國際標準。

X.509 目前有三個版本：v1、v2 和 v3，X.509 v3 證書標準是在 v2 版的基礎上對證書形式形成能夠附帶額外資訊的擴充項後形成的，如表 10-1 所示。

⬇ 表 10-1 X.509 v3 證書標準的擴充項

序 號	項 名 稱	描 述
1	Version	版本編號
2	serialNumber	序號
3	Signature	簽名演算法
4	Issuer	頒發者
5	Validity	有效日期
6	Subject	主體
7	subjectPublicKeyInfo	主體公開金鑰資訊
8	issuserUniqueID	頒發者唯一識別碼
9	subjectUniqueID	主體唯一識別碼
10	Extensions	擴充項

X.509 結構也可透過 ASN.1 標準編碼，其基本資料結構描述為：

```
Certificate::=SEQUENCE{
    tbsCertificate   TBSCertificate,
    signatureAlgorithm  AlgorithmIdentifer,
    signatureValue    BIT STRING
}
TBScertificate ::SEQUENCE{
    Version [0]EXPLICIT Version DEFAUT V1,
    serivalNumber CertificateSerialNumber
    signature  AlgorithmIdentifier,
    Issuer  Name,
    validity  Validity,
    subject    Name,
    subjectPublicKeyInfo  SubjectPublicKeyInfo,
    issuerUniqueID[1] IMPLICIT Uniqueidentifier OPTIONAL,  //如果出現該項,
version必須是v2或v3
    subjectUniqueID[2] IMPLICIT UniqueIdentifier OPTIONAL, //如果出現該項,
version必須是v2或v3
    externsion[3] EXPLICIT Extensions OPTIONAL,   //如果出現該項version必須是v3
}
Version::=INTEGER(V1(0),V2(1),V3(2)}
CerificationSerialNumber ::= INTEGER
Validity :=SEQUENCE{
notbefore Time,
notafter Time}
Time::={
    utcTime UTCTime,
    generalTime GeneralizedTime}
    UniqueIdentifier::=BIT STRING
    SubjectPublicKeyInfo ::=SEQUENCE{
    algorithm AlgorithmIdentifie,
    subjectPublicKey BITSTRING}
    Extension ::=SEQUENCE SIZE(1..MAX)OF Extension
    extnID OBJECT IDENTIFIER,
    critical BOOLEAN DEFAULT FALSE,
    extn Value OCTET STRING}
```

上述的證書資料結構由 tbsCertificate、signatureAlgorithm 和 signatureValue 三個域組成。這些域的含義如下：

（1）tbsCertificate 域包含主體名稱和簽發者名稱、主體的公開金鑰、證書的有效期及其他的相關資訊。

（2）signatureAlgorithm 域包含證書籤發機構簽發該證書所使用的密碼演算法的識別符號。一個演算法識別符號的 ASN.1 結構如下：

```
Algorithmldentifier:: =SEQUENCE{
Algorithm OBJECT IDENTIFIER,
parameters  ANY  DEFINED BY algorithm OPTIONAL}
```

演算法識別符號用來標識一個密碼演算法，其中的 OBJECT IDENTIFIER 部分標識了具體的演算法（如 DSA with SHA-1)，其可選參數的內容完全依賴於所標識的演算法。該域的演算法識別符號必須與 tbsCertificate 中的 signature 標識的簽名演算法相同。

SignatureValue 域包含對 tbsCertificate 域進行數位簽章的結果。採用 ASN.IDER 編碼的 tbsCertificate 作為數位簽章的輸入，而簽名的結果則按照 ASN.1 編碼成 BIT STRING 類型並保存在證書籤名值域內。

10.4.2 數位信封

數位信封是身份認證過程中常用的一種資訊保護手段。

數位信封就是資訊發送端利用接收端的公開金鑰對一個通訊金鑰（對稱金鑰）進行加密，形成一個數位信封並傳送給對方。只有指定接收方才能用對應的私密金鑰打開數位信封，獲取該對稱金鑰，用它來解讀傳送的資訊。這就好比在實際生活中，將一把鑰匙裝在信封裡，郵寄給對方，對方收到信件後，將鑰匙取出，再用它打開保密箱一樣。

數位信封技術結合了對稱式金鑰密碼編譯技術和公開金鑰加密技術的優點，可克服對稱式金鑰密碼編譯中金鑰分發困難和公開金鑰加密中加密時間長的問題，使用兩個層次的加密來獲得公開金鑰技術的靈活性和對稱金鑰技術的高效性，保證資訊的安全。

數位信封的具體實現步驟如下：

（1）資訊發送方首先利用隨機產生的對稱金鑰 SK 加密待發送的資訊 E，包括資訊明文、數位簽章和發送者證書公開金鑰。

（2）發送方利用接收方的公開金鑰加密對稱金鑰，被公開金鑰加密後的對稱金鑰被稱為數位信封 DE。

（3）發送方將第一步和第二步的結果傳給接收方。

（4）資訊接收方用自己的私密金鑰解密數位信封，得到對稱金鑰 SK。

（5）利用對稱金鑰解密所得到的資訊。

這樣就保證了資料傳輸的真實性和完整性。資訊發送方使用密碼對資訊進行加密，從而保證只有規定的收信人才能閱讀信的內容。採用數位信封技術後，即使加密檔案被他人非法截獲，因為截獲者無法得到發送方的通訊金鑰，故不可能對檔案進行解密。

10.4.3 PKI 系統結構

1. PKI 結構模型

一個完整的 PKI 產品通常應具備這些功能：根據 X.509 標準發放證書，產生金鑰對，管理金鑰和證書，提供給使用者 PKI 服務，如使用者安全登入、增加和刪除使用者、檢驗證書等。其他相關功能還包括交換認證、支援 LDAP 協定、支援用於認證的智慧卡等。圖 10-2 所示是一個典型的 PKI 實體圖。

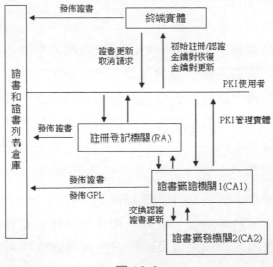

圖 10-2

一個典型完整、有效的 PKI 應用系統至少應具有以下部分：

（1）認證中心（CA）

CA 是 PKI 的核心，CA 負責管理 PKI 結構下的所有使用者（包括各種應用程式）的證書，把使用者的公開金鑰和使用者的其他資訊綁定在一起，在網上驗證使用者的身份，CA 還要負責使用者證書廢止清單（CRL）的管理。

（2）註冊機構（RA）

RA 的主要功能為證實證書申請者的身份，批准證書申請者的證書申請，將申請者的身份資訊和公開金鑰以數位簽章的方式發送給 CA，驗證其有效性，並向 CA 發出該申請。在實際應用中，PKI 的 RA 功能並不獨立存在，而是合併在 CA 之中。

（3）證書庫

證書庫存放了經 CA 簽發的證書和已取消證書清單，使用者可以使用應用程式從證書庫中得到對方的證書，驗證其真偽，查詢證書的狀態。證書庫透過目錄技術實現網路服務。LDAP（輕量級目錄存取協定）定義了標準的協定來存取目錄系統。支援 LDAP 協定的目錄系統能夠支援大量使用者同時存取，對檢索請求也有很好的回應。

（4）證書的申請者和證書的信任方

證書的申請者也是證書的持有者。PKI 可以為證書申請者提供包括證書請求、金鑰對生成、證書生成、金鑰更新和證書取消等功能。PKI 為證書信任方提供了檢查證書申請者身份以及與證書申請者進行安全資料交換的功能。證書信任方的功能包括接收證書、證書請求、確定證書、數位加密、檢查身份和數位簽章等。

（5）用戶端軟體

為了方便使用者操作，解決 PKI 的應用問題，在用戶端安裝軟體以實現數位簽章、加密傳輸資料等功能。此外，用戶端軟體還負責在認證過程中查詢證書和相關證書的取消訊息以及進行憑證路徑處理等。

除了上述基本的部分外，一個完備的 PKI 還需要具備這些系統：金鑰備份及恢復系統、證書取消處理系統、PKI 應用介面等。

2. PKI 的標準與協定

從整個 PKI 系統建立與發展的歷程來看，與 PKI 相關的標準主要有：

（1）X.500（1993）資訊技術之開放系統互聯：概念、模型及服務簡述

X.500 是一套已經被國際標準組織（ISO）接受的目錄服務系統標準，它定義了一個機構如何在全域範圍內共用其名字和與之相關的物件。X.500 是層次性的，其中的管理域（機構、分支、部門和工作群組）可以提供這些域內的使用者和資源資訊。在 PKI 系統中，X.500 被用來唯一標識一個實體，該實體可以是機構、組織、個人或一台伺服器。X.500 被認為是實現目錄服務的較佳途徑，但 X.500 的實現需要較大的投資，並且比其他方式速度慢，而其優勢是具有資訊模型、多功能和開放性。

（2）X.509（1993）資訊技術之開放系統互聯：鑑別框架

X.509 是由國際電信聯盟（ITU-T）制定的數位憑證標準。在 X.500 確保用戶名稱唯一性的基礎上，X.509 為 X.500 用戶名稱提供了通訊實體的鑑別機制，並規定了實體鑑別過程中廣泛適用的證書語法和資料介面。X.509 的最初版本公佈於 1988 年。X.509 證書由使用者公共金鑰和使用者識別項組成，此外，還包括版本編號、證書序號、CA 識別符號、簽名演算法標識、簽發者名稱、證書有效期等資訊。這一標準的新版本是 X.509 V3，它定義了包含擴充資訊的數位憑證。該版數位憑證提供了一個擴充資訊欄位，用來提供更多的靈活性及特殊應用環境下所需的資訊傳送。

（3）PKCS 系列標準

由 RSA 實驗室制訂的 PKCS 系列標準是一套針對 PKI 系統的加解密、簽名、金鑰交換、分發格式及行為的標準，該標準目前已經成為 PKI 系統中不可缺少的一部分。

（4）線上證書狀態協定

OCSP（Online Certificate Status Protocol，線上證書狀態協定）是 IEIF 頒

佈的用於檢查數位憑證在某一交易時刻是否仍然有效的標準。該標準提供給 PKI 使用者一條方便快捷的數位憑證狀態查詢通道，使 PKI 系統能夠更有效、更安全地在各個領域中被廣泛應用。

（5）輕量級目錄存取協定

LDAP（Lightweight Directory Access Protocol，輕量級目錄存取協定）規範（RFC1487）簡化了笨重的 X.500 目錄存取協定，並且在功能性資料表示、編碼和傳輸方面都進行了對應的修改。1997 年，LDAP 第 3 版成為網際網路標準。目前，LDAP V3 已經在 PKI 系統中被廣泛地應用於證書資訊發佈、CRL 資訊發佈、CA 政策以及與資訊發佈相關的各方面。

除了以上協定外，還有一些建構在 PKI 系統上的應用協定，包括 SET 協定和 SSL 協定。目前 PKI 系統中已經包含許多的標準和標準協定，由於 PKI 技術的不斷進步和完善，以及其應用的不斷普及，將來還會有更多的標準和協定加入。

3. PKI 的功能

PKI 提供了一整套安全機制，其主要包括以下功能：

（1）產生、驗證和分發金鑰

根據金鑰生成模式不同，使用者公私密金鑰對的產生、驗證及分發有兩種方式：使用者自己產生金鑰對，這種方式適用於分散式金鑰生成模式；CA 為使用者產生金鑰對，這種方式適用於集中式金鑰生成模式。

（2）簽名和驗證

在 PKI 系統中，對資訊和檔案的簽名以及對數位簽章的驗證都是很普遍的操作。其數位簽章和驗證可採用多種方法，如 RSA、DES 等。

（3）證書的獲取

在驗證資訊的數位簽章時，使用者必須事先獲取資訊發送者的公開金鑰證書，以對資訊進行解密驗證，並驗證發送者身份的有效性。

（4）驗證證書

驗證證書的過程是疊代尋找憑證連結中下一個證書和它對應的上級 CA 證書。在檢查每個證書前必須檢查對應的 CRL。使用者檢查證書的路徑從最後一個證書的有效性開始，一旦驗證通過，就提取該證書的公開金鑰，用於檢查下一個證書，直到驗證完發送者的簽章憑證，並用該證書的公開金鑰驗證簽名。這個過程是回溯的。

（5）保存證書

保存證書是指 PKI 實體本機存放區證書，以減少在 PKI 系統中獲得證書的時間，並提升數位簽章的效率。憑證存放區單元對證書進行定時維護，包括清除與新發佈的 CRL 檔案比較作廢或過期的證書。

（6）證書廢止的申請

當 PKI 中某實體的私密金鑰被洩密時，被洩密的私密金鑰對應的公開金鑰證書應該作廢。另一種情況是證書持有者終止該證書的使用或與某組織的關係中止，該證書也應該作廢。證書終止的方式有兩種，如果是金鑰洩漏，證書持有者可以直接通知對應 CA；如果是因關係中止，就由原關係中的組織方面通知 CA。

（7）金鑰的恢復

在金鑰洩密、證書作廢後，為了恢復 PKI 實體的業務處理和產生數位簽章，洩密實體將獲得一對新的金鑰，並要求 CA 產生新的證書。每一個實體產生新的金鑰時，會獲得 CA 用新私密金鑰簽發的新證書，而原來用洩密的金鑰簽發的舊證書將作廢，並放入 CRL。

（8）CRL 的獲取

每一個 CA 均可以產生 CRL。CRL 可以定期產生，也可以每次有證書作廢請求後即時產生。CA 應將其產生的 CRL 及時發送到目錄伺服器上去。CRL 的獲取可以有多種方式：CA 產生 CRL 後，自動發送給下屬各實體：大多數情況下，由使用證書的各 PKI 實體從目錄伺服器中獲得對應的 CRL。

（9）金鑰更新

在金鑰洩密的情況下，將產生新的金鑰和證書。在金鑰沒有被洩密的情況下，金鑰也應該定時更換。更換的方式有多種，PKI 系統中的各實體可以在同一天，也可以在不同時間更換金鑰。無論哪種方式，PKI 中的實體都應該在金鑰截止日期之前獲得新的金鑰對和新證書。

（10）交換認證

交換認證就是多個 PKI 域之間實現交互操作。交換認證實現的方法有多種：一種方法是橋接 CA，即用一個第三方 CA 作為橋，將多個 CA 連接起來，成為一個可信任的統一體；另一種方法是多個 CA 的根 CA（RCA）互相簽發根證書，這樣當不同 PKI 域中的終端使用者沿著不同的認證鏈檢驗認證到根時，就能達到互相信任的目的。通常網路通訊認證關係透過信任關係樹來實現，但是透過交換認證機制會縮簡訊任關係路徑，提升效率。

10.4.4 認證機構

認證機構（CA）系統是 PKI 的核心，主要負責產生、分配、管理所有參與的實體所需的身份認證數位憑證。每一份數位憑證都與上一級的數位簽章證書相連結，最終透過安全鏈追溯到一個已知的並被廣泛認為是安全的、權威的、足以信賴的機構一根認證中心（根 CA）。它對網上的資料加密、數位簽章、防止否認、資料的完整性以及身份認證所需的金鑰和證書進行統一的集中管理，支援參與的各實體在網路環境中建立和維護信任關係，以保證網路的安全。

CA 系統在創建和發佈證書時，首先獲得使用者的請求資訊，其中包括公開金鑰，根據使用者資訊產生證書，並用自己的私密金鑰對證書簽名。其他實體將使用 CA 的公開金鑰對證書進行驗證。若 CA 可信，則驗證證書的實體可信，證書的公開金鑰屬於該實體。

CA 還負責維護和發佈證書、維護證書廢止清單（Certificate Revocation Lists，CRL，又稱證書黑名單）。當一個證書的公開金鑰因為其他原因

（不是因為到期）無效時，CRL 提供一種通知使用者和其他應用的中心管理方式。CA 系統產生 CRL 後，可放到 LDAP 伺服器或 Web 伺服器的合適位置，以瀏覽器的方式供使用者查詢和下載。

一個典型的 CA 系統包括 CA 伺服器、RA 註冊機構、LDAP 伺服器、安全伺服器和資料庫伺服器。

（1）CA 伺服器

CA 伺服器是整個證書機構的核心，用於數位憑證簽發。首先產生自身的公私金鑰，然後生成數位憑證，並將其傳送給安全伺服器。CA 還為操作員、安全伺服器以及註冊機構伺服器 RA 生成數位憑證，安全伺服器之間也需要傳遞證書。CA 伺服器作為整體的主要機構，出於安全考慮，應將其與其他伺服器相隔離。

（2）RA 註冊機構

RA（Registration Authority）是數位憑證註冊審核機構。RA 系統是 CA 的證書發放、管理的延伸。它針對操作員，負責證書申請者的資訊輸入、審核以及證書發放等工作；同時，對發放的證書完成對應的管理功能。RA 系統在整個 CA 系統中造成仲介的作用，一方針對 CA 伺服器轉發傳過來的證書申請請求，另一方針對 LDAP 伺服器和安全伺服器轉發 CA 頒發的證書和證書取消清單。

（3）安全伺服器

安全伺服器針對使用者，用於提供證書的申請、證書的瀏覽、證書的取消清單及證書下載等安全服務。安全伺服器與使用者通訊採用安全通道方式，該通道用安全伺服器的數位憑證（由 CA 頒發）加密，傳送使用者的申請資訊，保證證書申請的安全性。

（4）LDAP 伺服器

LDAP 伺服器提供目錄瀏覽服務，負責將 RA 傳過來的使用者資訊及數位憑證加入伺服器中。這樣，使用者透過存取 LDAP 伺服器就能夠得到其他使用者的數位憑證。

（5）資料庫伺服器

資料庫伺服器用於認證機構的資料（如金鑰、使用者資訊等）、記錄檔和統計資訊的儲存和管理。資料庫伺服器可採用如磁碟陣列、雙機備份和多處理器等方式提升可靠性、穩定性、可伸縮性等。

10.4.5 基於 X.509 證書的身份認證

X.509 是目前唯一已經實施的 PKI 系統。X.509 V3 是目前的新版本，在原有版本的基礎上擴充了許多功能。X.509 是定義目錄服務建設 X.500 系列的一部分，其核心是建立存放每個使用者的公開金鑰證書的目錄（倉庫）。使用者公開金鑰證書由可信賴的 CA 創建，並由 CA 或使用者存放於目錄中。

目前以 ITU-T X.509 證書格式為基礎的 PKI 體制正逐漸取代對稱金鑰認證，成為網路身份認證和授權系統的主流。PKI 體制的基本原理是利用「數位憑證」這一靜態的電子檔案來實施公開金鑰認證。在 PKI 體制下，通訊雙方首先交換證書，透過 CA 公開金鑰檢驗證書的正確性，可以知道證書中的公開金鑰對應的是一個特定的物件，然後用挑戰／回應（Challenge-Response）協定就可以判斷對方是否持有證書中公開金鑰相對應的私密金鑰，從而完成身份認證過程。當然，這種認證的有效性是基於使用者的私密金鑰不被洩漏的基礎之上。

由於這種認證技術中採用了非對稱密碼體制，CA 和使用者的私密金鑰都不會在網路上傳輸。攻擊者即使截獲了使用者的證書，但由於無法獲得使用者的私密金鑰，也就無法解讀伺服器傳給使用者的資訊，因此有效地保證了通訊雙方身份的真實性和不可否認性。

若使用者 A 想與使用者 B 通訊，則 A 首先尋找資料庫並得到一個從 A 到 B 的憑證路徑和使用者 B 的公開金鑰，這時 A 可使用單向、雙向和三向認證協定。

（1）單向認證（One-Way Authentication）協定是從 A 到 B 的單向通訊。它不但建立了 A 和 B 雙方身份的證明以及從 A 到 B 的任何通訊資訊的完整性，而且可以防止通訊過程中的任何重放攻擊。單向認證單向鑑別涉及資訊從一個使用者（A）傳送到另一個使用者（B），它建立以下要素：

① A 的身份標識和由 A 產生的封包。

② 打算傳遞給 B 的封包。

③ 封包的完整性和新鮮性（還沒有發送過多次）。

在這個過程中僅驗證發起實體的身份標識，而不驗證對應的實體標識。

封包至少要包括一個時間戳記 Ta、一個現時 Ra 和 B 的身份標識，它們均用 A 的私用金鑰簽名。時間戳記由一個可選的產生時間和過期時間組成，將會防止封包的延遲傳送。現時 Ra 用於檢測重放攻擊。現時值在封包的有效時間和過期時間內必須是唯一的，這樣 B 能儲存這個現時直到其過期並拒絕有相同的現時的封包。

（2）雙在認證（Two-Way Authentication）協定與單向認證協定類似，但它增加了來自 B 的回應，既保證是 B 而非冒名者發送米的回應，又保證雙方通訊的機密性並可防止重放攻擊。單向和雙向認證協定都使用了時間標記。

雙向認證除了單向認證列的三個要素外，還要建立以下要素：

① B 的身份標識和 B 產生的回答封包。

② 打算傳遞給 A 的封包。

③ 回答封包的完整性和新鮮性。

因此，雙向鑑別允許通訊雙方驗證對方的身份。

為了驗證回答封包，回答封包包括 A 的現時，還包括 B 產生的時間戳記和一個現時。和前面一樣，封包可能包括簽名的附加資訊和用 A 的公開金鑰加密的工作階段金鑰。

（3）三向認證（Three-Way Authentication）協定另外增加了從 A 到 B 的訊息，並避免了使用時間標記（用鑑別時間取代）。

X.509 包括三個可選的認證過程以供不同的應用使用。所有的這些過程都使用公開金鑰簽名。它假設雙方都知道對方的公開金鑰，透過從目錄獲取對方的證書，或證書被包含在每方的初始封包中。

三向認證在三向鑑別中包括一個從 A 到 B 的封包，它含有一個現時的簽名備份。這樣設計的目的是無須檢查時間戳記，因為兩個現時均需由另一端返回，每一端可以檢查返回的現時來探測重放攻擊。當沒有時鐘同步時，需要採用這種方法。

使用者的身份認證可以根據雙方的約定選擇採用 X.509 的三種強身份認證協定中的任何一種。這三種協定都能夠有效地防止中間人攻擊和重發攻擊等多種常用的攻擊手段。以上三種強度認證是一個逐步完整的過程，三向認證協定安全性最好。

實戰 PKI

雖然本書是說明 Windows 下的加解密程式設計，但考慮到 CA 伺服器都是部署在 Linux 下的，因此這一章我們把 CA 部署到 Linux 下，也為大家今後從事 Linux 下的加解密開發熱熱身，筆者的下一本加解密圖書將在 Linux 下進行。當然，其實本章架設的 CA 系統也可以在 Windows 下進行，但為了綜合 Linux 和 Windows 的聯合作戰效果，我們特地在 Linux 下簽發證書，然後在 Windows 下解析證書。記住，一個密碼產業的開發者，要同時會在 Linux 和 Windows 下開發，這是基本功。

11.1 只有密碼演算法是不夠的

前面介紹了非對稱演算法，是不是只有這些密碼演算法就可以進行安全通訊並高枕無憂了呢？答案是否定的。在實際應用中，簡單地直接使用公開金鑰密碼演算法存在較為嚴重的安全問題。先讓我們來看一下公開金鑰密碼演算法的應用流程。

（1）李四獨立地生成自己的金鑰對（包括公開金鑰和私密金鑰），並且將公開金鑰完全公開。

（2）當張三需要與李四進行秘密通訊時，張三尋找到李四的公開金鑰，然後加密訊息（實際上一般用對稱式金鑰密碼編譯訊息，再用公開金鑰加密對稱金鑰，因為公開金鑰直接加密訊息比較慢，這裡為了說明方便、突出重點，假設公開金鑰直接加密訊息），將加密發送給李四。

（3）李四使用對應的私密金鑰解密訊息，得到明文。雖然張三可以透過公開的通道獲取李四的公開金鑰，但是張三如何確定所得到的公開金鑰就是屬於李四的呢？如果攻擊者王五生成一對公私金鑰對，謊稱是李四的公開金鑰，蒙在鼓裡的張三就用假的李四的公開金鑰去加密自己的訊息，那麼王五就可以解密加密訊息了，從而竊聽本來張三發給李四的秘密資訊，李四反而不能解密這些資訊。由此看出，如何保證張三能夠正確地獲取李四的公開金鑰是非常重要的。

（4）當利用數位簽章來判斷資料發送者身份的時候，也需要確定公開金鑰的歸屬。數位簽章就是對訊息的摘要進行私密金鑰加密，然後接收方用發送方的公開金鑰進行解密，如果解密成功，就可以確認發送方的身份（因為私密金鑰只能是發送方所有）。但是，如果攻擊者王五生成一對公私金鑰對，然後將公開金鑰公開，並謊稱是張三的公開金鑰，王五就能以張三的名義對一份假訊息進行加密，然後接收方李四用「張三的公開金鑰」（其實是王五的公開金鑰）進行解密，一看解密成功，李四就認為這份訊息的確是張三發來的，以為發送方就是張三了。而實際上，張三的身份已經被攻擊者王五冒用了。

從上面的分析可以看出，要應用公開金鑰密碼演算法，首先需要解決公開金鑰歸屬問題，需要正確地回答：公開金鑰到底屬於哪個人？或說，正確回答：每一個使用者的公開金鑰是什麼？值得強調的是，我們所說的公開金鑰歸屬或說公開金鑰屬於誰，實際上是指誰擁有與該公開金鑰配對的私密金鑰，而非簡單的公開金鑰持有。

在 Diffie 和 Hellman 第一次公開提出公開金鑰密碼演算法的時候，也設想了對應的解決方案：每個人的公開金鑰都儲存在專門的可信資料庫上。當張三需要獲取李四的公開金鑰時，就向該可信資料庫查詢。

Diffie 和 Hellman 所設想的可信資料庫方式要求所有使用者都能與其線上通訊，每次使用公開金鑰都要向資料庫查詢。這種方式不方便離線使用者使用，而且當使用者大規模應用時，頻繁地併發查詢也會對資料庫帶來很高的性能要求。查詢過程中也可能存在一定的安全問題，如中間人攻擊等。為了更安全地提供公開金鑰的擁有證明並減少線上的集中查詢，Kohnfelder 在 1978 年提出了數位憑證的概念。由證書認證中心簽發證書來解決公開金鑰屬於誰的問題。

在證書中包含持有者的公開金鑰資料與其身份資訊，並且由 CA 對這些資訊進行審查並進行數位簽章。數位簽章保證了證書的不可篡改。這樣就使得每個人可以有更多的途徑來獲得其他使用者的證書，透過驗證證書上的數位簽章就可以離線地判斷公開金鑰擁有的正確性。由於證書上帶有 CA 的數位簽章，使用者可以在不可靠的媒體上快取證書而不必擔心被篡改，可以離線驗證和使用，不必每一次使用都向資料庫查詢。

有了 CA 的支持，張三和李四的通訊可以按照下列步驟進行：

（1）李四生成自己的公私金鑰對，將公開金鑰和自己的身份資料資訊提交給 CA。

（2）CA 檢查李四的身份證明後，確認無誤後為李四簽發數位憑證，證書中包含李四的身份資訊和公開金鑰，以及 CA 對證書的簽名結果。

（3）當張三需要與李四進行保密通訊時，就可以尋找李四的證書，然後使用 CA 的公開金鑰來驗證證書上的數位簽章是否有效，確保證書不是攻擊者偽造的。

（4）驗證證書之後，張三就可以使用證書上所包含的公開金鑰與李四進行保密通訊和身份鑑別等。

需要注意的是，張三可以從不可信的途徑（如沒有安全保護的 WWW 或 FP 伺服器、匿名的電子郵件等）獲取證書，由 CA 的數位簽章來防止證書偽造或篡改。相比於 Diffie 和 Hellman 最初設想的線上安全資料庫，張三並不需要與 CA 線上通訊，也不必考慮獲取途徑的安全問題，如通訊通道的安全問題。在上述過程中，主要包括三種執行不同功能的實體。

（1）證書認證中心

CA 具有自己的公私金鑰對，負責為其他人簽發證書，用自己的金鑰來證實使用者李四的公開金鑰資訊。

（2）證書持有者（Certificate Holder）

在上述通訊過程中，李四擁有自己的證書和與證書中公開金鑰匹配的私密金鑰，被稱為證書持有者。證書持有者的身份資訊和對應的公開金鑰會出現在證書中。

（3）依賴方（Relying Party）

在上述通訊過程中，張三可以沒有自己的公私金鑰對和證書，與李四的安全通訊依賴於 CA 給李四簽發的證書以及 CA 的公開金鑰。我們一般將 CA 應用過程中使用其他人的證書來實現安全功能（機密性、身份鑑別等）的通訊實體稱為依賴方，或證書依賴方，如張三。

CA、證書持有者和依賴方共同組成了一個基本的安全系統，這個系統被稱為 PKI 系統，即公開金鑰基礎設施。PKI 系統中的基本功能元件（簡稱為基本元件）有三個：分別為 CA、證書持有者和依賴方。

需要注意，證書持有者與依賴方的區分並不是絕對的，它們的區分只是相對的。只有對特定的通訊過程區分證書持有者與依賴方才有意義。同一個實體在不同的通訊過程中，可能既是證書持有者，又是依賴方。舉例來說，當張三使用李四的證書進行資料加密時，我們將張三稱為依賴方，將李四稱為證書持有者。如果張三也有自己的證書，李四利用張三的證書給張三發送機密資訊時，則張三是證書持有者，李四是依賴方。另一個更顯著的例子是 SSL/TLS 的雙向鑑別驗證過程。在該驗證過程中，服務端和用戶端都分別持有自己的證書，相互進行身份認證，每一方都既是證書持有者，又是依賴方。雖然張三和李四都會擁有自己的公私金鑰對，但是它們只是利用證書來獲取 PKI 的安全服務，並不為其他人提供證書簽發服務。我們通常將使用證書服務的實體統稱為末端實體（End Entity）。

11.2 OpenSSL 實現 CA 的架設

上面講了一堆理論，相信大家已有睏意。下面我們來實際操作和演示一遍，利用 OpenSSL 實現 CA 的架設。OpenSSL 是一套開放原始碼軟體，在 Linux 中可以很容易地安裝。它能夠很容易地完成金鑰生成以及證書管理。我們接下來就利用 OpenSSL 架設 CA 證書，並實現證書的申請與分發。架設過程中需要準備三台 Linux 虛擬機器，或也可以準備三台 Linux 主機。這裡我們採用三台 Linux 虛擬機器，這樣投資最少，這三台虛擬機器安裝了 CentOS 7，OpenSSL 也是用其附帶的版本 1.0.1e（當然其他版本用起來類似）：

```
[root@localhost 桌面]# openssl version
OpenSSL 1.0.1e-fips 11 Feb 2013
```

11.2.1 準備實驗環境

首先我們應該準備三台虛擬機器，它們分別用來表示根 CA 證書機構、子 CA 證書機構和證書申請使用者。那麼問題來了，使用者向了 CA 證書機構申請證書，子 CA 機構向根 CA 機構申請授權，根 CA 是如何取得證書的呢？答案是根 CA 自己給自己頒發證書。實驗環境的拓撲結構如圖 11-1 所示。

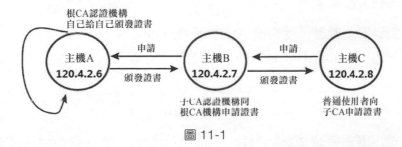

圖 11-1

Linux 虛擬機器採用 CentOS 7 作業系統，虛擬機器軟體是 VMware Workstation 12，通常可以裝完一台虛擬機器，其他複製即可，網路連接模式都設定為橋接模式，如圖 11-2 所示。

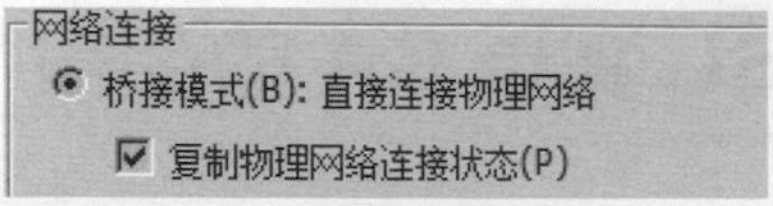

網络连接

◉ 桥接模式(B): 直接连接物理网络

☑ 复制物理网络连接状态(P)

圖 11-2

但要注意的是，複製後，可能會導致虛擬機器 Linux 的網路卡 MAC 位址相同，從而 Ping 不通對方，此時可以在「虛擬機器設定」中把現有網路卡刪除，再重新增加一片新的網路卡。反正要做到三台虛擬機器要能相互 Ping 通，因為下面要線上傳送檔案。另外，CentOS 7 的防火牆預設是開著的，這可能會影響我們 Ping 通，所以要把它關閉。首先查看防火牆的狀態：

```
[root@localhost ~]# firewall-cmd --state
```

如果是 Running，就將其關閉：

```
[root@localhost ~]# systemctl stop firewalld
```

但這個關閉是臨時性的，重新啟動後又會打開。

11.2.2 熟悉 CA 環境

我們的 CA 準備透過 OpenSSL 來實現，而 CentOS 7 已經預設安裝了 OpenSSL，因此基本的 CA 基礎環境也就有了。我們可以直接透過設定檔來熟悉這個 CA 環境。

要手動創建 CA 證書，就必須首先了解 OpenSSL 中關於 CA 的設定，設定檔的位置在 /etc/pki/tls/openssl.cnf。我們透過命令 cat 可以查看其內容，命令形式如下：

```
[root@localhost ~]# cat /etc/pki/tls/openssl.cnf
```

然後就可以看到該設定檔的內容（因為內容較多，下面摘取部分，我們進行解釋）：

```
####################################################################
[ ca ]
```

```
default_ca= CA_default        #預設CA
#################################################################
[ CA_default ]
dir=/etc/pki/CA   # CA的工作目錄這裡其實定義了一個變數，後面用美金符$可以引用
該變數
certs= $dir/certs                      #憑證存放區路徑
crl_dir= $dir/crl                     #憑證取消清單
database= $dir/index.txt             #證書資料庫清單

new_certs_dir= $dir/newcerts          #新的憑證路徑
certificate= $dir/cacert.pem          #CA自己的證書，.pem是證書的二進位格式
serial= $dir/serial                  #當前證書的編號，十六進位，預設為00
crlnumber= $dir/crlnumber            #當前要被吊銷的證書編號，十六進位，預設為00
crl= $dir/crl.pem                    #當前CRL
private_key= $dir/private/cakey.pem  #CA的私密金鑰
RANDFILE= $dir/private/.rand          #私有的隨機數檔案
x509_extensions    = usr_cert        #加入證書中的擴充部分

# Comment out the following two lines for the "traditional"
# (and highly broken) format.
name_opt = ca_default                #命名方式
cert_opt = ca_default                #CA的選項

# Extension copying option: use with caution.
# copy_extensions = copy

# Extensions to add to a CRL. Note: Netscape communicator chokes on V2 CRLs
# so this is commented out by default to leave a V1 CRL.
# crlnumber must also be commented out to leave a V1 CRL.
# crl_extensions= crl_ext
default_days= 365                    #預設證書的有效期限
default_crl_days= 30                 #CRL到下一個CRL前的時間zww
default_md= default                  #使用公開金鑰預設MD
preserve= no                         #保持傳遞的DN排序

#指定請求的相似程度的幾種不同方法
# 對於類型CA，列出的屬性必須相同
policy= policy_match      #策略
#這裡記錄的是將來CA在架設的時候，以及用戶端申請證書的時候，需要提交的資訊的匹
配程度
```

```
# For the CA policy
[ policy_match ]                            #match表示CA以及子CA必須一致
countryName= match                          #國家
stateOrProvinceName= match                  #州或省
organizationName= match                     #組織公司
organizationalUnitName   = optional
commonName= supplied
emailAddress= optional

#為了"任何事"的政策,此時,必須列出所有可接受的"物件"類型
[ policy_anything ]    #可以對外提供證書申請,這時證書的匹配就可以不用那麼嚴格
countryName= optional
stateOrProvinceName= optional
localityName= optional
organizationName= optional
organizationalUnitName= optional
commonName= supplied
emailAddress= optional
```

11.2.3 創建所需要的檔案

在 CA 上有兩個檔案需要預先創建好,分別是 /etc/pki/CA/index.txt 和 /etc/pki/CA/serial。如果不提前創建這兩個檔案,那麼在生成證書的過程中會出現錯誤。

這裡有一點需要注意,我們的實驗環境中包含三個主機,其中兩個的角色是作為 CA 認證機構存在的,即位於主機 A 的根 CA、位於主機 B 的子 CA,所以創建所需要的檔案的時候,主機 A 和主機 B 都需要創建。

生成證書索引資料庫檔案:touch /etc/pki/CA/index.txt。
指定第一個頒發證書的序號:echo 01 > /etc/pki/CA/serial。

11.2.4 CA 自簽章憑證（構造根 CA）

首先在主機 A 上構造根 CA 的證書。因為沒有任何機構能夠給根 CA 頒發證書,所以只能根 CA 自己給自己頒發證書。首先要生成私密金鑰檔案,私密金鑰檔案是非常重要的檔案,除了自己以外,其他任何人都不能獲

取。所以在生成私密金鑰檔案的同時最好修改該檔案的許可權，並且採用加密的形式進行生成。

我們可以透過執行 OpenSSL 中的 genrsa 命令生成私密金鑰檔案，並採用 DES3 的方式對私密金鑰檔案進行加密，同時臨時指定 umask，使得生成的私密金鑰檔案只對自己具有讀寫許可權。過程如下：

```
[root@localhost ~]#(umask 066;openssl genrsa -out /etc/pki/CA/private/cakey.
pem -des3 2048 )
Generating RSA private key，2048 bit long modulus
...............+++
......................................+++
e is 65537 (0x10001)
Enter pass phrase for /etc/pki/CA/private/cakey.pem:      #這裡需要輸入密碼
Verifying - Enter pass phrase for /etc/pki/CA/private/cakey.pem: #這裡確認密碼
[root@localhost ~]#
```

其中，umask 用於設定所創建檔案的許可權隱藏。openssl genrsa 用於生成一個 RSA 私密金鑰，後面指定了 2048，因此生成的私密金鑰是 2048 位元的，私密金鑰檔案名稱是 cakey.pem，是 .pem 格式的，並且已經被加密了，因為我們加了選項 -des3。私密金鑰通常用一個密碼來保護，以防別人亂用，這裡我們輸入的密碼是 "123456"，建議實際使用時使用更複雜的密碼，以防猜測。

我們可以查看一下該私密金鑰檔案：

```
[root@localhost ~]# cat /etc/pki/CA/private/cakey.pem
-----BEGIN RSA PRIVATE KEY-----
Proc-Type: 4，ENCRYPTED
DEK-Info: DES-EDE3-CBC，4F6722BEF1EA163C

5Ue9wR5i7SC9N+UhU46Γ1FCvBV7EbNp2wYzbo2nqOVhyjySEIqfwPWzmfp3ztiMB
LWgbRvfMQiTCpwqKw13k3C7yaWClfOkwsMaExPXuaIrdPuDHCXFG4VJhx97HUpv6
9J1Rb2/0HAJVqw8zRdHhX38Da/6JqqZ1EnPAiXEqwnqjj9yCut6RNItEupKFmyE/
FKWOTGklbceaWZboq80mHznwsOQrzhGtz1GwsKc6bBnuSLoqd3w4jCYZI1CUStzW
6kKM9Qwcl6JwZtd61Yc72xsYkmxEW0GFVx9ZAW5t9XCpnuRjlKwS41hJdq1CZIbV
zX++Yi/n4PNSOD/Go+7yvTgfJYNA2u+3wEVcIIeEHxut7ozd9vLDqYum5eR58x0P
RqAQ5nG3AdBN9LILR9Iw6z+ubLQozG+2xzDn7z/cVD+62gS+HO5H+Jiu7WX2o9LJ
```

```
h/R8xzXB8EyySmw4loIXor6+xs9ci1BnUkRfRZ5VBkUYw0b03xltyQYeqJQkfUzM
4hj7UVjXmy5qO2+tkPMR0//797uNFv8Ovi5pF2tkuh2xm4NnYcvrko5XcqUh3F7G
DvVQVjM+D2z9bIoNbJsUSd+CchXgA2qf0qpeXjVRbYEO1CsOA5SopKMZ5qCdPLLQ
uq6pfMbwNnyUg51/ekeIBCjrW7r/+EL3bpnWS+vGWfCGEEXlb2GN53k7hqg8TxGo
2jrH201vkwiWcopwxV8Bz3bq2ibMeg7xDctBQpSLO72MONPs+XKqG4sUXp9Fc2ft
yjY1Xaf8Qf7ypWa2pSd3j4ImtxTZEmAfV94dePyhZBLg3W4+e74Um7DUaNJ+Bsbv
ER6w29fPCZyFvF3aM0zlyrKNwOExEda53hMYyYU5z8qsQk5FNtQ3EoVjKBJ/JM/7
jd4QhQ9cFCXUqo/B+sdpn4yCQ5OcYcUb416WZRAYFCLJxzQx4yUrVV5JTxVodLOq
r/CN2z8Gjhs7kAC1vs6V/UodrT2vV54/NmGPJypw+TZAHYPD9jVLD5JoIpz6FmVK
yaNxIbZiHYuLMOq7jZ8FP00PUiqQuCBUP/u7ns7XH75UbOco39OHrOXxwsnBiXLK
Hzi5geIy0REjW/65KTXJKOJx/Sy+me+tWIA2gWQ6qVEHV4/et78UVS00/2d//pUb
nSV68oHIi87nCNN3xub3Q1kzknETVMN74sjgyhZiqUeIJ/3TTmZl+wG4MRSAP9Bp
jrY0vMf0AScn14BeitvwXuKWlM+TNxGFLIQzinijxX5339WArIVsvz92JEmSkid6
QPNBdtZ7Gz1pgS8A57tcAZQk1uBCPDo/6t2wKw+bG0n48RFgxRI1ZBS/r10dmm7z
//rgAfWlSYLzWy1h9njWMMGceBCNcwf9F4PcWv8Ov0G9dUlBORF4O1k8yCWo/dUt
ZOdo83OvqJp4Yhr3MAL9wO6VJEu+dO9heUlItLqzBH2SnunqdmZemPTN25kAWXNi
A9vIiQGHpyOFB3CP+tL8rATSmSYThFh4WnJ8Do2evM6c9io+M0XzTOgp/DDISyLQ
392zZNAn/dvl1qYdRirxU1hYq99bQRXKDzwdljmhH3E5xUG21MdyAg==
-----END RSA PRIVATE KEY-----
[root@localhost ~]#
```

私密金鑰也是一個隨機數，所以每次生成都不同。再次強調一下，私密金鑰檔案是非常重要的檔案，除了自己本身以外，其他任何人都不能獲取。所以在生成私密金鑰檔案的同時最好修改該檔案的許可權，並且採用加密的形式進行生成。

生成私密金鑰後，我們就可以生成一張自簽章憑證了。

```
[root@localhost ~]# openssl req -new -x509 -key /etc/pki/CA/private/cakey.pem
-days 7300 -out /etc/pki/CA/cacert.pem
Enter pass phrase for /etc/pki/CA/private/cakey.pem:
You are about to be asked to enter information that will be incorporated
into your certificate request.
What you are about to enter is what is called a Distinguished Name or a DN.
There are quite a few fields but you can leave some blank
For some fields there will be a default value，
If you enter '.'，the field will be left blank.
-----
Country Name (2 letter code) [XX]:CN
```

```
State or Province Name (full name) []:shandong
Locality Name (eg，city) [Default City]:qingdao
Organization Name (eg，company) [Default Company Ltd]:pojun.tech
Organizational Unit Name (eg，section) []:opt
Common Name (eg，your name or your server's hostname) []:ca.pojun.tech
Email Address []:
```

其中，命令 openssl req 的主要功能是生成證書請求檔案、查看驗證證書請求檔案以及生成自簽章憑證，這裡呼叫該命令用來生成自簽章憑證 cacert.pem；-new 表示生成一個新的證書請求，並提示使用者輸入個人資訊，比如後面讓我們輸入的 CN、Shandong 等資訊，如果沒有指定 -key，就會先生成一個私密金鑰檔案，再生成證書請求；-x509 表示專用於 CA 生成自簽證書；-key 表示生成請求時用到的私密金鑰檔案，該選項只與生成證書請求選項 -new 配合；-days n 表示證書的有效期限；-out 指定生成的證書請求或自簽章憑證名稱。Enter pass phrase 的意思是生成證書的過程中需要輸入之前設定的私密金鑰的密碼，這裡是 123456。在上面命令的尾端段要求輸入一些證書資訊，解釋如下：

```
Country Name (2 letter code) [XX]:        //輸入一個國家名字的縮寫，可為空
State or Province Name (full name) []:    //州或省名稱，全名，可為空
Locality Name (eg，city) [Default City]:  //地區名稱，如城市，可為空
Organization Name (eg，company) [Default Company Ltd]://組織名稱，預設有限
                                             公司，可為空
Organizational Unit Name (eg，section) []:        //組織單元名稱，可為空
Common Name (eg，your name or your server's hostname) []:www.amber.com
//常見的名字（例如你的名字或你的伺服器的主機名稱），輸入該網址的域名，必填
Email Address []:                        //郵寄位址，可為空
```

現在我們擁有一個 CA 根證書了，憑證路徑為 /etc/pki/CA/cacert.pem。有了根證書就可以向了 CA 頒發證書，也就是簽發一張證書給子 CA。

11.2.5 根 CA 為子 CA 頒發證書

頒發證書將分成兩個環節介紹，分別是子 CA 證書機構向根 CA 證書機構申請證書和普通使用者向子 CA 證書機構申請證書。

申請並頒發證書的流程如下：

（1）在需要使用證書的主機（這裡是子 CA）上生成證書請求。

（2）將證書的申請檔案傳遞給根 CA。

（3）根 CA 簽發證書。

（4）將根 CA 生成的證書發送給子 CA。

1. 子 CA 生成證書請求檔案

我們的環境中，B 充當子 CA，因此在主機 B 上生成證書請求。首先在 B 主機上生成私密金鑰，這個過程與前面根 CA 機構生成私密金鑰的過程是一致的。

這次，我們為子 CA 生成一個 1024 位元長度的私密金鑰，並且沒有採用加密的方式生成。在主機 B 的終端下輸入以下命令：

```
[root@localhost 桌面]# (umask 066;openssl genrsa -out /etc/pki/CA/private/
cakey.pem 1024)
Generating RSA private key，1024 bit long modulus
....................+++++
...........+++++
e is 65537 (0x10001)
```

然後查看私密金鑰檔案 cakey.pem：

```
[root@localhost 桌面]# cat /etc/pki/CA/private/cakey.pem
-----BEGIN RSA PRIVATE KEY-----
MIICXAIBAAKBgQDSwWVSyLq4ZI/wZq75HPYfo6RtXOZAj+DNfjAyJmFe5ZN/EJe4
e913Gh7r/5sJkfJizn1h2POaIeoxTg7TUpdOG6e+xD8A0OQZJuV3YEIdDwaT7I0d
CX3aJH+DTOUec3F/DgNw+hyncXpxOa/afpYlicSoDzwTczdJ8HIHqLhIjwIDAQAB
AoGBANIxU66Wx7KziOMIZiXJfqbbfFgeOP3XASuxWLwLjzOn1kz57XdvAdeRU5mn
maaXyphEvMPjrkDg5kM6SIr2ajMK/0aXJFElmWiBcHqlN8t4cZucDOmrNmfPOZNV
Wbym0t8kq2KZDMZasQvDK5riaSnXeFQXtZQTAZRZmb+D+RnhAkEA64/99pVzI8Lg
IrJ6A4ylB2S3XWwpgrnfyojSTEs3eFGewoaRIpSxSNf5qivliKrPp1Ry190maD5e
L1Z69O4LdwJBAOUKbCe12b7qweRiYX0RBZGYji4wKiNiWvoCFjBzWsdFG6JHVi+I
Zw3m5Z4agTs+aBgukQm+PgtxlmnsMWYCwakCQAEr+DFv0ODOqVrClISMAI4m3Bqk
3Rf/YLObNqCWhzIcBdQl4zbu0mrwWBeWnE+vudS1QNT+DqDaHpHRtk7dmEUCQDNK
RjYOTxil0Y2nSlWLfkfAdfZ56rXJzL23wehPrMB7BVktyGsUjJ9cWYcyQEZYDO96
/hfEdnhxk1FdByLk8yECQGDtwaplTf7PcU0d6osgzi6iRN+2NCUwmZ4jlpWjOONg
```

```
yUSx870/9QyzYUErtOVYXNEoLJ+n0F/QnALeRUqNpII=
-----END RSA PRIVATE KEY-----
[root@localhost 桌面]#
```

查看私密金鑰檔案可以發現，沒有了加密的標識。同時，因為生成時指定了 1024 的長度，私密金鑰的長度明顯變短了。

有了私密金鑰就可以正式生成證書請求檔案了。在主機 B 終端下輸入命令如下：

```
[root@localhost 桌面]# openssl req -new -key /etc/pki/CA/private/cakey.pem
-days 3650 -out /etc/pki/tls/subca.csr
You are about to be asked to enter information that will be incorporated
into your certificate request.
What you are about to enter is what is called a Distinguished Name or a DN.
There are quite a few fields but you can leave some blank
For some fields there will be a default value，
If you enter '.'，the field will be left blank.
-----
Country Name (2 letter code) [XX]:CN

State or Province Name (full name) []:shandong
Locality Name (eg，city) [Default City]:qingdao
Organization Name (eg，company) [Default Company Ltd]:pojun.tech
Organizational Unit Name (eg，section) []:opt
Common Name (eg，your name or your server's hostname) []:subca.pojun.tech
Email Address []:

Please enter the following 'extra' attributes
to be sent with your certificate request
A challenge password []:
Please enter the following 'extra' attributes
to be sent with your certificate request
A challenge password []:123456
An optional company name []:maqedu.com
```

其中，subca.csr 就是生成的證書請求檔案。其實這裡的時間沒有必要指定，因為證書的時間是由頒發機構指定的，所以申請機構填寫了時間也沒用。其中有些資訊必須與根證書的內容相同，因為在根證書的 openssl.cnf 檔案中已經指定。另外，'extra' attributes 後面的資訊也可以不輸入。

2. 將證書的申請檔案傳遞給根 CA

下面將生成的證書的申請檔案傳遞給根 CA 機構，我們使用 scp 命令進行網路複製。

```
scp /etc/pki/tls/subca.csr  120.4.2.6:/etc/pki/CA
Are you sure you want to continue connecting (yes/no)? yes
Warning: Permanently added '120.4.2.6' (ECDSA) to the list of known hosts.
root@120.4.2.6's password:
subca.csr                              100%  729     0.7KB/s   00:00
```

現在證書請求檔案 subca.csr 在主機 A 的 /etc/pki/CA/ 下了。在實際操作中，也可以用離線的方式匯入根 CA 主機中，比如使用隨身碟載體等。

3. 根 CA 簽發證書

下面我們回到主機 A（根 CA）上頒發證書。在第一次簽發證書前，首先要在主機 A 上新建兩個檔案：

```
touch /etc/pki/CA/index.txt
touch /etc/pki/CA/serial
echo "01" > /etc/pki/CA/serial
```

其中，index.txt 用來存放新簽發證書的記錄；serial 用來存放序號，這裡用了 01。

下面在主機 A 的終端上輸入證書生成命令：

```
[root@localhost 桌面]# openssl ca -in /etc/pki/CA/subca.csr -out /etc/pki/CA/
certs/subca.crt -days 3650
Using configuration from /etc/pki/tls/openssl.cnf
Enter pass phrase for /etc/pki/CA/private/cakey.pem:
Check that the request matches the signature
Signature ok
Certificate Details:
        Serial Number: 1 (0x1)
        Validity
            Not Before: Aug 19 05:10:43 2019 GMT
            Not After : Aug 16 05:10:43 2029 GMT
        Subject:
            countryName               = CN
```

```
         stateOrProvinceName        = shandong
         organizationName           = pojun.tech
         organizationalUnitName      = opt
         commonName                 = subca.pojun.tech
    X509v3 extensions:
         X509v3 Basic Constraints:
             CA:FALSE
         Netscape Comment:
             OpenSSL Generated Certificate
         X509v3 Subject Key Identifier:
             A5:91:63:E6:85:BF:73:CB:CB:0B:B2:AE:CD:B5:B5:7D:6A:35:41:84
         X509v3 Authority Key Identifier:
             keyid:38:1D:62:19:59:D7:7B:31:12:CE:85:8E:43:E7:54:87:D6:D7:65:7C

Certificate is to be certified until Aug 16 05:10:43 2029 GMT (3650 days)
Sign the certificate? [y/n]:y

1 out of 1 certificate requests certified，commit? [y/n]y
Write out database with 1 new entries
Data Base Updated
```

在簽發過程中，會用到根 CA 的私密金鑰，所以會詢問根 CA 私密金鑰的密碼。在後面還會有兩次詢問，直接輸入 y 即可。生成成功後，查看 index.txt 檔案，會看到增加了一筆新的記錄：

```
[root@localhost 桌面]# cat /etc/pki/CA/index.txt
V  290816051043Z 01 unknown  /C=CN/ST=shandong/O=pojun.tech/OU=opt/
CN=subca.pojun.tech
```

這說明我們的證書簽發成功了。

4. 將根 CA 生成的證書傳送給子 CA

傳送方式依然可以採用離線或線上方式。這裡採用線上方式。另外，主機 B 是作為子 CA 機構存在的，所以證書檔案必須是 cacert.pem（OpenSSL 命令需要 .pem 形式），否則子 CA 將不能夠給其他使用者頒發證書。

在主機 A 的終端上輸入命令如下：

```
[root@localhost 桌面]# scp  /etc/pki/CA/certs/subca.crt 120.4.2.7:/etc/pki/CA/
cacert.pem
```

11.2.6 普通使用者向子 CA 申請證書

這個過程與子 CA 向根 CA 申請證書的過程類似。基本步驟也是先生成使用者私密金鑰檔案，再生成證書請求檔案，然後把證書請求檔案發給子 CA 讓其簽發出使用者證書。

1. 生成使用者私密金鑰

登入主機 C 的終端，在命令列下輸入私密金鑰生成命令：

```
[root@localhost 桌面]# (umask 066; openssl genrsa -out /etc/pki/tls/private/
app.key 1024)
Generating RSA private key，1024 bit long modulus
.....++++++
...................++++++
e is 65537 (0x10001)
```

現在 /etc/pki/tls/private/ 路徑下就有另一個使用者私密金鑰檔案 app.key 了。

2. 生成證書請求檔案

有了私密金鑰檔案，才可以生成證書請求檔案。登入主機 C 的終端，在命令列下輸入生成證書請求檔案的命令：

```
[root@localhost 桌面]# openssl req -new -key /etc/pki/tls/private/app.key
-out /etc/pki/tls/app.csr
You are about to be asked to enter information that will be incorporated
into your certificate request.
What you are about to enter is what is called a Distinguished Name or a DN.
There are quite a few fields but you can leave some blank
For some fields there will be a default value，
If you enter '.'，the field will be left blank.
-----
Country Name (2 letter code) [XX]:CN
State or Province Name (full name) []:shangdong
Locality Name (eg，city) [Default City]:qingdao
Organization Name (eg，company) [Default Company Ltd]:pojun.tech
Organizational Unit Name (eg，section) []:dev
Common Name (eg，your name or your server's hostname) []:user.pojun.tech
Email Address []:

Please enter the following 'extra' attributes
```

```
to be sent with your certificate request
A challenge password []:123456
An optional company name []:
```

3. 將證書申請檔案發送給子 CA

發送方式依然可以採用離線或線上方式。這裡採用線上方式。

```
[root@localhost network-scripts]# scp /etc/pki/tls/app.csr  120.4.2.7:/etc/
pki/CA
The authenticity of host '120.4.2.7 (120.4.2.7)' can't be established.
ECDSA key fingerprint is 5a:29:ed:4e:08:31:64:84:36:72:c7:28:46:46:58:34.
Are you sure you want to continue connecting (yes/no)? yes
Warning: Permanently added '120.4.2.7' (ECDSA) to the list of known hosts.
root@120.4.2.7's password:
app.csr                                      100%  692      0.7KB/s   00:01
```

4. 子 CA 簽發使用者證書

子 CA 收到使用者的證書申請檔案後，如果覺得沒問題，就可以為其簽發證書。在第一次簽發證書前，首先要在主機 B 上新建兩個檔案：

```
touch /etc/pki/CA/index.txt
touch /etc/pki/CA/serial
echo "01" > /etc/pki/CA/serial
```

其中，index.txt 用來存放新簽發證書的記錄；serial 用來存放序號，這裡用了 01。

下面可以繼續在主機 B 的終端上輸入證書生成命令：

```
[root@localhost 桌面]# openssl ca -in /etc/pki/CA/app.csr -out /etc/pki/CA/
certs/app.crt -days 365
Using configuration from /etc/pki/tls/openssl.cnf
Check that the request matches the signature
Signature ok
The stateOrProvinceName field needed to be the same in the
CA certificate (shandong) and the request (shangdong)
```

使用者證書 app.crt 簽發成功了。下面我們將生成的證書傳遞給申請者（這裡是使用者）。

5. 將生成的證書傳送給使用者

傳送方式依然可以採用離線或線上方式。這裡採用線上方式。這裡是把主機 B 上的檔案 app.crt 發送給主機 C。

```
[root@localhost 桌面]# scp /etc/pki/CA/certs/app.crt 120.4.2.8:/etc/pki/CA/certs/
The authenticity of host '120.4.2.8 (120.4.2.8)' can't be established.
ECDSA key fingerprint is 5a:29:ed:4e:08:31:64:84:36:72:c7:28:46:46:58:34.
Are you sure you want to continue connecting (yes/no)? yes
Warning: Permanently added '120.4.2.8' (ECDSA) to the list of known hosts.
root@120.4.2.8's password:
app.crt                                         100%    0    0.0KB/s    00:00
```

此時在主機 C 上可以看到有證書檔案了。

```
[root@localhost ~]# ls /etc/pki/CA/certs/app.crt
/etc/pki/CA/certs/app.crt
```

以上就是利用 OpenSSL 實現一個小型 CA 的操作過程，雖然很小型，但基本原理和基本流程和專業 CA 是一樣的。建議大家學習時從小型系統入手，再慢慢地深入。

現在 CA 操作基本流程完成了，證書也出來了。下面我們可以圍繞證書進行程式設計操作。

11.3 基於 OpenSSL 的證書程式設計

身份認證、證書很重要，其重要性就像我們日常生活中的身份證一樣，沒有身份證寸步難行。同樣在網路世界中，沒有證書，沒人會承認你是王者還是小兵。

在 Windows 平台下，假設要解析一個 X509 證書檔案，直接的辦法是使用微軟的 CryptoAPI，但是在非 Windows 平台下，只能使用強大的開放原始碼跨平台函數庫 OpenSSL。一個 X509 證書透過 OpenSSL 解碼之後，得到一個 X509 類型的結構指標。透過該結構，我們就能夠獲取想要的證書項和屬性等。

X509 證書檔案依據封裝的不同，主要有下面三種類型：

（1）*.cer：單一 X509 證書檔案，不含私密金鑰，可以是二進位和 Base64 格式。該類型的證書很常見。

（2）*.p7b：PKCS#7 格式的憑證連結檔案，包括一個或多個 X509 證書，不含私密金鑰。通常從 CA 中心申請 RSA 證書時，返回的簽章憑證就是 .p7b 格式的證書檔案。

（3）*.pfx：PKCS#12 格式的證書檔案，能夠包括一個或多個 X509 證書，含有私密金鑰，一般有 Password 保護。通常從 CA 中心申請 RSA 證書時，加密證書和 RSA 加密私密金鑰就是一個 .pfx 格式的檔案。

證書如此重要，OpenSSL 當然對其提供了強大支援。現有的數位憑證大都採用 X509 規範，主要由這些資訊組成：版本編號、證書序號、有效期（證書生效和故障的時間）、擁有者資訊（姓名、單位、組織、城市、國家等）、頒發者資訊、其他擴充資訊（證書的擴充用法、CA 自訂的擴充項等）、擁有者的公開金鑰、CA 對以上資訊的簽名。

OpenSSL 實現了對 X.509 數位憑證的所有操作，包括簽發數位憑證、解析和驗證證書等。在實際應用程式開發中，針對證書應用，這裡主要用到證書的驗證（驗證其憑證連結、有效期、吊銷清單以及其他限制規則等）、證書的解析（獲得證書的版本、公開金鑰、擁有者資訊、頒發者資訊、有效期等）等操作。這些函數均定義在 OpenSSL/x509.h 中。涉及證書操作的主要函數有驗證證書（驗證憑證連結、有效期、CRL）、解析證書（獲得證書的版本、序號、頒發者資訊、主題資訊、公開金鑰、有效期等）函數，首先我們來認識這些函數。

11.3.1 把 DER 編碼轉為內部結構函數 d2i_X509

該函數將一個 DER 編碼的證書轉為 OpenSSL 內部結構（X509 類型），該函數宣告如下：

```
X509 *d2i_X509(X509 **cert,unsigned char **d,int len);
```

其中，cert[in] 是 X509 結構的指標，表示要轉碼的證書，其中結構 X509
的定義如下：

```
struct x509_st {
    X509_CINF *cert_info;        //證書資料資訊
    X509_ALGOR *sig_alg;         //簽名演算法
    ASN1_BIT_STRING *signature;  //CA對證書的簽名值
    int valid;
    int references;
    char *name;
    CRYPTO_EX_DATA ex_data;
    /*它們包含各種擴充值的備份*/
    long ex_pathlen;
    long ex_pcpathlen;
    unsigned long ex_flags;
    unsigned long ex_kusage;
    unsigned long ex_xkusage;
    unsigned long ex_nscert;
    ASN1_OCTET_STRING *skid;
    AUTHORITY_KEYID *akid;
    X509_POLICY_CACHE *policy_cache;
    STACK_OF(DIST_POINT) *crldp;
    STACK_OF(GENERAL_NAME) *altname;
    NAME_CONSTRAINTS *nc;
# ifndef OPENSSL_NO_RFC3779
    STACK_OF(IPAddressFamily) *rfc3779_addr;
    struct ASIdentifiers_st *rfc3779_asid;
# endif
# ifndef OPENSSL_NO_SHA
    unsigned char sha1_hash[SHA_DIGEST_LENGTH];
# endif
    X509_CERT_AUX *aux;
} /* X509 */ ;
```

其中，X509_CINF 的定義如下：

```
typedef struct x509_cinf_st {
    ASN1_INTEGER *version;        //證書版本，0表示v1，1表示v2
    ASN1_INTEGER *serialNumber;   //證書序號
    X509_ALGOR *signature;        //簽名演算法
    X509_NAME *issuer;            //頒發者資訊
```

```
    X509_VAL *validity;              //有效期
    X509_NAME *subject;             //擁有者資訊
    X509_PUBKEY *key;               //擁有者公開金鑰
    ASN1_BIT_STRING *issuerUID;    /* 在v2中是可選的 */
    ASN1_BIT_STRING *subjectUID;   /* 在v2中是可選的 */
    STACK_OF(X509_EXTENSION) *extensions;
    ASN1_ENCODING enc;
} X509_CINF;
```

參數 d[in] 是 DER 編碼的證書資料指標;len[in] 是證書資料長度。如果函數執行成功,就返回 X509 結構的證書資料。

11.3.2 獲得證書版本函數 X509_get_version

該函數用於獲取證書的版本。該函數是一個巨集定義函數,定義如下:

```
#define X509_get_version(x)    ASN1_INTEGER_get((x)->cert_info->version)
```

其中,參數 x[in] 指向 X509 結構的指標。函數返回 LONG 類型的證書版本編號。

11.3.3 獲得證書序號函數 X509_get_serialNumber

該函數用於獲得證書序號,函數宣告如下:

```
ASN1_INTEGER *X509_get_serialNumber(X509*x);
```

其中,x[in] 是 X509 結構的指標,表示要獲取序號的證書。函數返回 ASN1_INTEGER * 類型的證書序號。

11.3.4 獲得證書頒發者資訊函數 X509_get_issuer_name

該函數用於獲得證書頒發者的資訊,函數宣告如下:

```
X509_NAME *X509_get_issuer_name(X509 *a);
```

其中,a[in] 是 X509* 類型的指標,表示證書。函數返回證書頒發者資訊,X509_NAME 的定義如下:

```
struct X509_name_st {
    STACK_OF(X509_NAME_ENTRY) *entries;
    int modified;                    /* 如果需要生成bytes，就為ture */
# ifndef OPENSSL_NO_BUFFER
    BUF_MEM *bytes;
# else
    char *bytes;
# endif
/* 無號長雜湊 */
    unsigned char *canon_enc;
    int canon_enclen;
} /* X509_NAME */ ;
```

X509_NAME_ENTRY 的結構定義如下：

```
typedef struct X509_name_entry_st {
    ASN1_OBJECT *object;
    ASN1_STRING *value;
    int set;
    int size;                        /* temp variable */
} X509_NAME_ENTRY;
```

X509_NAME 結構包括多個 X509_NAME_ENTRY 結構。X509_NAME_ENTRY 保存了頒發者的資訊，這些資訊包括物件和值（Object 7 和 Value）。物件的類型包括國家、通用名、單位、組織、地區、郵件等。

11.3.5 獲得證書擁有者資訊函數 X509_get_subject_name

該函數用於獲得證書擁用者資訊，函數宣告如下：

```
X509_NAME *X509_get_subject_ name(X509 *a);
```

其中，a[in] 是 X509 * 類型的指標，表示證書。函數返回證書擁有者資訊。

11.3.6 獲得證書有效期的起始日期函數 X509_get_notBefore

證書有效期從起始日期到結束日期，該函數用來獲取證書有效期的起始日期。該函數是一個巨集定義函數，宣告如下：

```
#define X509_get_notBefore(x)        ((x)->cert_info->validity->notBefore)
```

其中，參數 x[in] 是 X509 * 類型的指標，表示證書。函數返回證書有效期
的起始日期。

11.3.7　獲得證書有效期的終止日期函數 X509_get_notAfter

證書有效期從起始日期到結束日期，該函數用來獲取證書有效期的結束日
期。該函數是一個巨集定義函數，宣告如下：

```
#define X509_get_notAfter(x)          ((x)->cert_info->validity->notAfter)
```

其中，參數 x[in] 是 X509 * 類型的指標，表示證書。函數返回證書有效期
的結束日期。

11.3.8　獲得證書公開金鑰函數 X509_get_pubkey

該函數用來獲得證書中的公開金鑰，函數宣告如下：

```
EVP_PKEY *X509_get_pubkey(X509 *x);
```

其中，參數 x[in] 是 X509 * 類型的指標，表示證書。函數返回證書公開金鑰。

11.3.9　創建憑證存放區上下文環境函數 X509_STORE_CTX

該函數用於創建憑證存放區上下文環境，函數宣告如下：

```
X509_STORE_CTX *X509_STORE_CTX_new();
```

如果函數操作成功，就返回憑證存放區上下文環境指標，否則返回
NULL。

11.3.10　釋放憑證存放區上下文環境函數
　　　　　　X509_STORE_CTX_free

該函數用於釋放憑證存放區上下文環境，函數宣告如下：

```
void X509_STORE_CTX_free(X509_STORE_CTX *ctx);
```

其中，參數 ctx[in] 表示憑證存放區上下文環境的指標。

11.3.11 初始化憑證存放區上下文環境函數 X509_STORE_CTX_init

該函數用於初始化憑證存放區上下文環境，主要功能是設定根證書、待驗證的證書、CA 憑證連結等，函數宣告如下：

```
int X509_STORE_CTX_init(X509_STORE_CTX *ctx, X509_STORE *store, X509 *x509,
STACK_OF(X509) *chain);
```

其中，參數 ctx[in] 表示憑證存放區上下文環境的指標，store[in] 表示根憑證存放區，chain[in] 表示憑證連結。如果函數執行成功就返回 1，否則返回 0。

11.3.12 驗證證書函數 X509_verify_cert

該函數用於驗證證書，檢查憑證連結，依次驗證上級頒發者對證書的簽名，一直到根證書。該函數會檢查證書是否過期，以及其他策略。如果設定了 CRL，還會檢查該證書是否在吊銷清單內。此函數必須在呼叫了 STORE_CTX_init 後才能使用。函數宣告如下：

```
int X509_verify_cert(X509_STORE_CTX *ctx);
```

其中，參數 ctx[in] 表示憑證存放區上下文環境的指標。如果函數執行成功就返回 1，否則返回 0。

11.3.13 創建憑證存放區函數 X509_STORE_new

該函數用於創建一個憑證存放區，函數宣告如下：

```
X509_STORE *X509_STORE_new(void);
```

函數返回 X509_STORE 結構類型的指標。其中，X509_STORE_CTX 定義如下：

```
typedef  struct x509_store_ctx_st  X509_STORE_CTX;
struct x509_store_st {
    /* The following is a cache of trusted certs */
```

```
    int cache;                    /* if true, stash any hits */
    STACK_OF(X509_OBJECT) *objs; /* Cache of all objects */
    /* These are external lookup methods */
    STACK_OF(X509_LOOKUP) *get_cert_methods;
    X509_VERIFY_PARAM *param;
    /* Callbacks for various operations */
    /* called to verify a certificate */
    int (*verify) (X509_STORE_CTX *ctx);
    /* error callback */
    int (*verify_cb) (int ok, X509_STORE_CTX *ctx);
    /* get issuers cert from ctx */
    int (*get_issuer) (X509 **issuer, X509_STORE_CTX *ctx, X509 *x);
    /* check issued */
    int (*check_issued) (X509_STORE_CTX *ctx, X509 *x, X509 *issuer);
    /* Check revocation status of chain */
    int (*check_revocation) (X509_STORE_CTX *ctx);
    /* retrieve CRL */
    int (*get_crl) (X509_STORE_CTX *ctx, X509_CRL **crl, X509 *x);
    /* Check CRL validity */
    int (*check_crl) (X509_STORE_CTX *ctx, X509_CRL *crl);
    /* Check certificate against CRL */
    int (*cert_crl) (X509_STORE_CTX *ctx, X509_CRL *crl, X509 *x);
    STACK_OF(X509) *(*lookup_certs) (X509_STORE_CTX *ctx, X509_NAME *nm);
    STACK_OF(X509_CRL) *(*lookup_crls) (X509_STORE_CTX *ctx, X509_NAME *nm);
    int (*cleanup) (X509_STORE_CTX *ctx);
    CRYPTO_EX_DATA ex_data;
    int references;
} /* X509_STORE */ ;
```

11.3.14 釋放憑證存放區函數 X509_STORE_free

該函數用於釋放憑證存放區，函數宣告如下：

```
void X509_STORE_free(X509_STORE *v);
```

其中，參數 v 表示一個要釋放的憑證存放區。

11.3.15 在憑證存放區增加證書函數 X509_STORE_add_cert

該函數將信任的根憑證存放區到憑證存放區，函數宣告如下：

```
int X509_STORE_add_cert(X509_STORE *ctx, X509 *x);
```

其中，參數 ctx [in] 表示憑證存放區，x[in] 是受信任的根證書。如果函數執行成功就返回 1，否則返回 0。

11.3.16 在憑證存放區增加憑證取消清單函數 X509_STORE_add_crl

該函數用於在憑證存放區增加憑證取消清單，函數宣告如下：

```
int X509_STORE_add_crl(X509_STORE *ctx, X509_CRL *x);
```

其中，參數 ctx [in] 表示憑證存放區，x[in] 表示憑證取消清單。如果函數執行成功就返回 1，否則返回 0。

11.3.17 釋放 X509 結構函數 X509_free

該函數用於釋放 X509 結構，函數宣告如下：

```
void X509_free(X509 *a);
```

其中，a[in] 是 X509 結構的指標，表示要釋放的證書。

11.4 證書程式設計實戰

前面我們介紹了 OpenSSL 函數庫中一些常用的證書函數。現在我們就利用這些函數小試牛刀。功能很簡單，就是解析一個 DER 編碼的 RSA 證書。

首先要準備好證書，前面我們架設 CA 的時候產生了一個 subca.crt 證書，這個證書是 PEM 編碼的，現在我們將其轉為 DER 編碼的證書。轉換很簡單，因為 OpenSSL 提供了對應的轉換命令。先進入 subca.crt 所在的目錄，然後在終端下輸入以下命令：

```
openssl x509 -in subca.crt -outform der -out subca.der
```

此時，在同目錄下生成一個 DER 編碼的證書檔案 subca.der，下面我們可以程式設計解析。為了方便大家使用，我們把 subca.der 放到了下例的專案目錄下。

【例 11.1】解析 DER 編碼的證書

（1）打開 VC 2017，新建一個對話方塊專案，專案名是 test。

（2）在 VC 2017 中，切換到對話方塊設計介面，然後從控制項工具箱中拖曳一個編輯方塊和按鈕到對話方塊上，並設定編輯方塊的 Read only 屬性為 True，這樣編輯方塊就唯讀了，再設定 Mutiline 屬性為 True，這樣可以支援多行文字，再設定 Auto VScroll 和 Vertical Scroll 屬性為 True，這樣就會出現垂直捲動條。

最後設定按鈕的標題為「選擇證書」。該按鈕的功能是選擇一個證書檔案並解析，解析後的結果顯示在唯讀的編輯方塊中。

（3）為按鈕增加事件處理函數，程式如下：

```
void CtestDlg::OnBnClickedSelCert()
{
    // TODO: 在此增加控制項通知處理常式程式
    unsigned char buf[4096] = "";
    CFileDialog dlg(TRUE,   //TRUE是創建打開檔案對話方塊，FALSE則創建的是保存檔
                               案對話方塊
        ".der",             //預設打開檔案的類型
        NULL,               //預設打開的檔案名稱
        OFN_HIDEREADONLY | OFN_OVERWRITEPROMPT,        //打開唯讀取檔案
        "文字檔(*.der)|*.der|所有檔案 (*.*)|*.*||");//所有可以打開的檔案類型
    if (dlg.DoModal() == IDOK)
    {
        CString strPath = dlg.GetPathName();
        FILE *fp = fopen((LPSTR)(LPCSTR)strPath, "rb");
        if(!fp)
        {
            AfxMessageBox("檔案打開失敗");
            return;
        }
        int nSize = fread(buf, 1, 4096, fp);
        AnsX509(buf, nSize);
        m_strCert = gstr;
        UpdateData(FALSE);
    }
}
```

在程式中，首先呼叫檔案選擇對話方塊讓使用者選擇一個 DER 編碼的
證書檔案。然後讀取檔案資料，並存於緩衝區 buf 中，接著呼叫自訂的
AnsX509 函數進行解析，程式如下：

```
void AnsX509(unsigned char *usrCertificate, unsigned long usrCertificateLen)
{
    X509 *x509Cert = NULL;        //X509證書結構
    unsigned char *pTmp = NULL;
    X509_NAME *issuer = NULL;      //X509_NAME結構，保存證書頒發者資訊
    X509_NAME *subject = NULL;     //X509_NAME結構，保存證書擁有者資訊
    int i;
    int entriesNum;
    X509_NAME_ENTRY *name_entry;
    ASN1_INTEGER *Serial = NULL; //保存證書序號
    long Nid;
    ASN1_TIME *time;              //保存證書有效期時間
    EVP_PKEY *pubKey;            //保存證書公開金鑰
    long Version;                //保存證書版本
    unsigned char derpubkey[1024];
    int derpubkeyLen;
    unsigned char msginfo[1024];
    int msginfoLen;
    unsigned short *pUtf8 = NULL;
    int nUtf8;
    int rv;

    char szSign[256];
    ULONG ulen = 256;


    char szTmp[256] = "";
    //把DER證書轉化為X509結構
    pTmp = usrCertificate;
    x509Cert = d2i_X509(NULL, (const unsigned char**)&pTmp, usrCertificateLen);
    if (x509Cert == NULL)
    {
        AfxMessageBox("解析失敗：非DER證書");
        return;
    }

    //獲取證書版本
    Version = X509_get_version(x509Cert);
    myprintf("X509 Version:V%ld\r\n", Version + 1);
```

```
    //獲取證書序號
    Serial = X509_get_serialNumber(x509Cert);
    //列印證書序號
    myprintf("序號: ");
    for (i = 0; i < Serial->length; i++)
    {
        myprintf("%02x", Serial->data[i]);
    }
    myprintf("\r\n");

    if (-1 == get_SignatureAlgOid(x509Cert, szSign, &ulen))
        return;
    myprintf("簽名演算法:%s\r\n", szSign);
```

//獲取證書頒發者資訊，X509_NAME結構保存了多項資訊，包括國家、組織、部門、通用名、Mail等

```
    issuer = X509_get_issuer_name(x509Cert);
    //獲取X509_NAME項目個數
    entriesNum = sk_X509_NAME_ENTRY_num(issuer->entries);
    //迴圈讀取各項目資訊
    for (i = 0; i < entriesNum; i++)
    {
        //獲取第i個項目值
        name_entry = sk_X509_NAME_ENTRY_value(issuer->entries, i);
        //獲取物件ID
        Nid = OBJ_obj2nid(name_entry->object);
        //判斷項目編碼的類型
        if (name_entry->value->type == V_ASN1_UTF8STRING)  //把UTF8編碼資料
                                                            轉化成可見字元
        {
            nUtf8 - 2 * name_entry->value->length;
            pUtf8 = (unsigned short*)malloc(nUtf8);
            memset(pUtf8, 0, nUtf8);

            rv = MultiByteToWideChar(
                CP_UTF8,
                0,
                (char*)name_entry->value->data,
                name_entry->value->length,
                (LPWSTR)pUtf8,
                nUtf8);
            rv = WideCharToMultiByte(
                CP_ACP,
                0,
                (LPCWSTR)pUtf8,
```

```
                        rv,
                        (char*)msginfo,
                        nUtf8,
                        NULL,
                        NULL);
                free(pUtf8);
                pUtf8 = NULL;
                msginfoLen = rv;
                msginfo[msginfoLen] = '\0';
            }
            else
            {
                msginfoLen = name_entry->value->length;
                memcpy(msginfo, name_entry->value->data, msginfoLen);
                msginfo[msginfoLen] = '\0';
            }
            //根據NID列印出資訊
            switch (Nid)
            {
            case NID_countryName:                //國家
                myprintf("簽發者國家: %s\r\n", msginfo);
                break;
            case NID_stateOrProvinceName:     //省
                myprintf("簽發者省份: %s\r\n", msginfo);
                break;
            case NID_localityName:               //地區
                myprintf("簽發者 localityName:    %s\r\n", msginfo);
                break;
            case NID_organizationName:         //組織
                myprintf("簽發者 organizationName: %s\r\n", msginfo);
                break;
            case NID_organizationalUnitName: //單位
                myprintf("簽發者 organizationalUnitName:  %s\r\n", msginfo);
                break;
            case NID_commonName:                 //通用名
                myprintf("簽發者 commonName: %s\r\n", msginfo);
                break;
            case NID_pkcs9_emailAddress:      //Mail
                myprintf("簽發者 emailAddress:  %s\r\n", msginfo);
                break;
            }//end switch
        }
        //獲取證書主題資訊
        subject = X509_get_subject_name(x509Cert);
        //獲得證書主題資訊項目個數
```

```
entriesNum = sk_X509_NAME_ENTRY_num(subject->entries);
//迴圈讀取項目資訊
for (i = 0; i < entriesNum; i++)
{
    //獲取第i個項目值
    name_entry = sk_X509_NAME_ENTRY_value(subject->entries, i);
    Nid = OBJ_obj2nid(name_entry->object);
    //判斷項目編碼的類型
    if (name_entry->value->type == V_ASN1_UTF8STRING) //把UTF8編碼資料轉
                                                          化成可見字元

    {
        nUtf8 = 2 * name_entry->value->length;
        pUtf8 = (unsigned short*)malloc(nUtf8);
        memset(pUtf8, 0, nUtf8);

        rv = MultiByteToWideChar(
            CP_UTF8,
            0,
            (char*)name_entry->value->data,
            name_entry->value->length,
            (LPWSTR)pUtf8,
            nUtf8);
        rv = WideCharToMultiByte(
            CP_ACP,
            0,
            (LPCWSTR)pUtf8,
            rv,
            (char*)msginfo,
            nUtf8,
            NULL,
            NULL);
        free(pUtf8);
        pUtf8 = NULL;
        msginfoLen = rv;
        msginfo[msginfoLen] = '\0';
    }
    else
    {
        msginfoLen = name_entry->value->length;
        memcpy(msginfo, name_entry->value->data, msginfoLen);
        msginfo[msginfoLen] = '\0';
    }
    switch (Nid)
    {
    case NID_countryName:                    //國家
```

```
                myprintf("持有者 countryName:%s\r\n", msginfo);
                break;
            case NID_stateOrProvinceName:      //省
                myprintf("持有者   ProvinceName:%s\r\n", msginfo);
                break;

            case NID_localityName:             //地區
                myprintf("持有者 localityName:  %s\r\n", msginfo);
                break;
            case NID_organizationName:         //組織
                myprintf("持有者 organizationName: %s\r\n", msginfo);
                break;
            case NID_organizationalUnitName:   //單位
                myprintf("持有者 organizationalUnitName:  %s\r\n", msginfo);
                break;
            case NID_commonName:               //通用名
                myprintf("持有者 commonName: %s\r\n", msginfo);
                break;
            case NID_pkcs9_emailAddress:       //Mail
                myprintf("持有者 emailAddress:  %s\r\n", msginfo);
                break;
        }//end switch
    }
    //獲取證書生效日期
    time = X509_get_notBefore(x509Cert);
    myprintf("Cert notBefore: %s\r\n", time->data);
    //獲取證書過期日期
    time = X509_get_notAfter(x509Cert);
    myprintf("Cert notAfter:  %s\r\n", time->data);

    //獲取證書公開金鑰
    if (szSign[4] == '8')       //判斷是不是RSA公開金鑰
    {
        myprintf("RSA公開金鑰:\r\n");
        pubKey = X509_get_pubkey(x509Cert);
        if (!pubKey)
            goto end;

        pTmp = derpubkey;
        //把證書公開金鑰專為DER編碼的資料
        derpubkeyLen = i2d_PublicKey(pubKey, &pTmp);
        for (i = 0; i < derpubkeyLen; i++)
        {
            if (i > 0 && i % 16 == 0)
                myprintf("\r\n");
```

```
            myprintf("%02x", derpubkey[i]);

        }
    }

end:
    myprintf("\r\n");
    X509_free(x509Cert);
}
```

程式很簡單，主要是呼叫 OpenSSL 提供的函數庫函數。我們對程式做了詳盡的註釋。值得注意的是，證書所包含的簽名演算法可能不同，因此我們需要判斷證書中的簽名演算法是哪種演算法，因此定義函數 get_SignatureAlgOid，該函數定義如下：

```
ULONG  get_SignatureAlgOid(X509 *x509Cert, LPSTR lpscOid, ULONG *pulLen)
{
    char oid[128] = { 0 };
    ASN1_OBJECT* salg = NULL;

    if (!x509Cert)
    {
        return -1;
    }
    if (!pulLen)
    {
        return -1;
    }

    salg - x509Cert->sig_alg->algorithm;
    OBJ_obj2txt(oid, 128, salg, 1);
    if (!lpscOid)
    {
        *pulLen = strlen(oid) + 1;
        return -1;
    }
    if (*pulLen < strlen(oid) | 1)
    {
        return -1;
    }

    strncpy(lpscOid, oid, *pulLen);
    *pulLen = strlen(oid) + 1;
    return 0;
}
```

結構 x509Cert 內的成員欄位 sig_alg->algorithm 包含演算法類型。得到的簽名演算法名稱存於輸出參數 lpscOid 中。

另外，我們把解析後的資訊都歸總保存到一個全域的字串 gstr 中，定義如下：

```
CString gstr;
```

而向 gstr 保存資訊是透過自訂函數 myprintf 進行的，該函數定義如下：

```
void myprintf(const char *format, ...)
{
     va_list    vl;
     char     Buffer[2 * MAX_PATH] = { 0 };        //根據實際情況定大小
     LONG     nRes;
     va_start(vl, format);
     vsprintf(Buffer, format, vl);

     CString str;
     str.Format("%s", Buffer);
     gstr += str;
}
```

（4）保存專案並運行，運行結果如圖 11-3 所示。

圖 11-3

SSL-TLS 程式設計

12.1 SSL 協定規範

12.1.1 什麼是 SSL 協定

安全通訊端層（Secure Sockets Layer，SSL）協定是一個中間層協定，它位於 TCP/IP 層和應用層之間，為應用層程式提供一條安全的網路傳輸通道。它的主要目標是在兩個通訊應用之間提供私有性和可靠性。SSL 協定由兩層組成，最低層是 SSL 記錄層協定（SSL Record Protocol），它基於可靠的傳輸層協定（如 TCP），用於封裝各種高層協定；高層協定主要包括 SSL 驗證協定（SSL Handshake Protocol）、改變加密歸約協定（Change Cipher Spec Protocol）、告警協定（Alert Protocol）等。

12.1.2 SSL 協定的優點

SSL 協定的優點是它與應用層協定無關，一個高層的協定可以透明地位於 SSL 協定層的上方。SSL 協定提供的安全連接具有以下幾個基本特性：

（1）連接是安全的，在初始化驗證結束後，SSL 使用加密方法來協商一個秘密的金鑰，資料加密使用對稱金鑰技術（如 DES、RC4 等）。

（2）可以透過非對稱（公開金鑰）加密技術（如 RSA、DSA）等認證對方的身份。

（3）連接是可靠的，傳輸的資料封包含資料完整性的驗證碼，使用安全的雜湊函數（如 SHA、MD5 等）計算驗證碼。

12.1.3 SSL 協定的發展

SSL v1.0 最早由網景公司（NetScape，以瀏覽器聞名）在 1994 年提出，該方案第一次解決了安全傳輸的問題。

1995 年 公 開 發 佈 了 SSL v2.0，該 方 案 於 2011 年 被 棄 用（RFC6176-Prohibiting Secure Sockets Layer（SSL）Version 2.0）。

1996 年 發 佈 了 SSL v3.0（2011 年才補充的 RFC 文件：RFC 6101-The Secure Sockets Layer（SSL）Protocol Version 3.0），被大規模應用，於 2015 年棄用（RFC7568-Deprecating Secure Sockets Layer（SSL）Version 3.0）。這之後經過幾年發展，於 1999 年被 IETF 納入標準化（RFC2246-The TLS Protocol Version 1.0）， 改 名 叫 TLS（Transport Layer Security Protocol，安全傳輸層協定），和 SSL v3.0 相比幾乎沒有什麼改動。

2006 年提出了 TLS v1.1（RFC4346-The Transport Layer Security（TLS）Protocol Version 1.1），修復了一些 Bug，支持更多參數。

2008 年提出了 TLS v1.2（RFC5246-The Transport Layer Security（TLS）Protocol Version 1.2），做了更多的擴充和演算法改進，是目前幾乎所有新裝置的標準配備。

TLS v1.3 在 2014 年已經提出，2016 年開始草案制定，然而由於 TLS v1.2 的廣泛應用，必須考慮到支持 v1.2 的網路裝置能夠相容 v1.3，因此反覆修改直到第 28 個草案才於 2018 年正式納入標準（The Transport Layer Security Protocol Version 1.3）。TLS v1.3 改善了驗證流程，減少了延遲，並採用安全的金鑰交換演算法。圖 12-1 演示了 SSL 的發展。

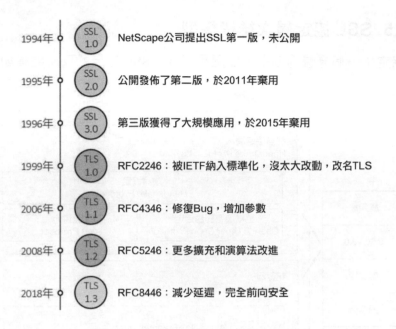

圖 12-1

12.1.4　SSL v3/TLS 提供的服務

（1）客戶方和伺服器的合法性認證
保證通訊雙方能夠確信資料將被送到正確的客戶方或伺服器上。客戶方和
伺服器都有各自的證書。為了驗證使用者，SSL/TLS 要求雙方在交換證書
以進行身份認證的同時獲取對方的公開金鑰。

（2）對資料進行加密
使用的加密技術既有對稱演算法，又有非對稱演算法。具體地説，在安全
的連接建立起來之前，雙方先用非對稱演算法加密驗證資訊和進行對稱演
算法金鑰交換，安全連接建立之後，雙方用對稱演算法加密資料。

（3）保證資料的完整性
採用訊息摘要函數（MAC）提供資料完整性服務。

12.1.5 SSL 協定層次結構模型

SSL 協定是一個分層的協定，由兩層組成。SSL 協定的層次結構如圖 12-2
所示。

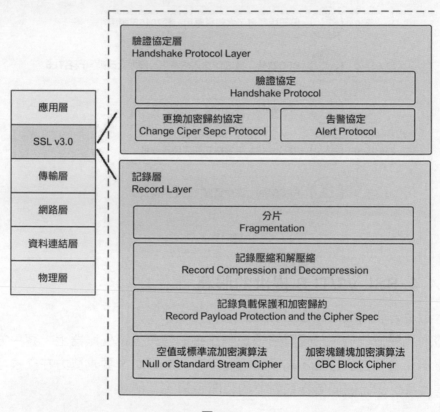

圖 12-2

SSL 記 錄 協 定（SSL Record Protocol）：建 立 在 可 靠 的 傳 輸 協 定（如
TCP）之上，為高層協定提供資料封裝、壓縮、加密等基本功能的支援。

SSL 驗證協定（SSL Handshake Protocol）：建立在 SSL 記錄協定之上，用
於在實際的資料傳輸開始前，通訊雙方進行身份認證、協商加密演算法、
交換加密金鑰等。SSL 協定實際上是 SSL 驗證協定、SSL 修改加密協定、
SSL 警告協定和 SSL 記錄協定組成的協定族。SSL 驗證協定是 SSL 協定
的核心。

12.1.6 SSL 記錄層協定

SSLv3/TLS 記錄層協定是一個分層的協定。每一層都包含長度、描述和資料內容。記錄層協定把要傳送的資料、訊息進行分段,可能還會進行壓縮,最後進行加密傳送。對輸入資料解密、解壓、驗證,然後傳送給上層呼叫者。

協定中定義了 4 種記錄層協定的呼叫者:驗證協定、告警協定、加密修改協定、應用程式資料協定。為了允許對協定進行擴充,對其他記錄類型也可以支援。任何新類型都必須另外分配其他的類型標示。如果一個 SSLv3/TLS 要實現接收它不能辨識的記錄類型,就必須將其捨棄。運行於 SSLv3/TLS 之上的協定必須注意防範基於這點的攻擊。因為長度和類型欄位是不受加密保護的,所以必須小心非法使用者可能針對這一點進行使用分析。

SSL 記錄協定可為 SSL 連接提供保密性業務和訊息完整性業務。保密性業務是通訊雙方透過驗證協定建立一個共用金鑰,用於對 SSL 負載的單鑰加密訊息。完整性業務是透過驗證協定建立一個用於計算 MAC 的共用金鑰。我們來看一個記錄層協定的執行過程,如圖 12-3 所示。

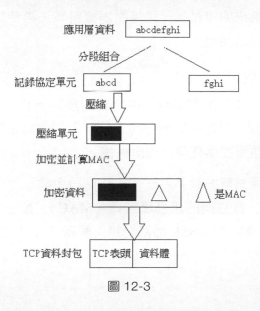

圖 12-3

SSL 將被發送的資料分為可供處理的資料段（這個過程稱為分片或分段），它沒有必要去解釋這些資料，並且這些資料可以是任意長度的不可為空資料區塊。接著對這些資料進行壓縮、加密，然後把加密交給下一層網路傳輸協定處理。對於收到的資料，處理過程與上面相反，即解密、驗證、解壓縮、拼裝，然後發送到更高層的使用者。

1. 分片

SSL 記錄層把上層送來的資料區塊切分成以 16KB 為單位的 SSL 明文記錄區塊，最後一區塊可能不足 16KB。在記錄層中，並不保留上層協定的訊息邊界，也就是說，同一內容類別型的多個上層訊息可以被連接起來，封裝在同一 SSL 明文記錄區塊中。不同類型的訊息內容還是會被分離處理，應用層資料的傳輸優先順序一般比其他類型的優先順序低。

2. 記錄區塊的壓縮和解壓縮

被切分後的記錄區塊將使用當前階段狀態中定義的壓縮演算法來壓縮。一般來說，都會有一個壓縮演算法被啟動，但在初始化時都被設定成使用空演算法（不使用資料壓縮）。壓縮演算法將 SSL 明文記錄轉化為 SSL 壓縮記錄。使用的壓縮必須是無失真壓縮，而且不能使壓縮後的資料長度增加超過 1024B（在原來的資料就已經是壓縮資料時，再使用壓縮演算法就可能因增加了壓縮資訊而增大）。

3. 記錄負載的保護

所有的記錄都會用當前的密碼約定中定義的加密演算法和 MAC 演算法來保護。通常都會有一個啟動的加密約定，但是在初始化時，加密約定被定義為空，這表示並不提供任何的安全保護。

一旦驗證成功，通訊雙方就共用一個工作階段金鑰，這個工作階段金鑰用來加密記錄，並計算它們的訊息驗證碼（MAC）。加密演算法和 MAC 函數把 SSL 壓縮記錄轉換成 SSL 加密記錄；解密演算法則進行反向處理。

12.1.7 SSL 驗證協定層

1. 驗證協定

驗證協定在 SSL 記錄層之上，它產生階段狀態的密碼參數。當 SSL 用戶端和伺服器開始通訊時，它們協商一個協定版本，選擇密碼演算法對彼此進行驗證，使用公開金鑰加密技術產生共用金鑰。這些過程在驗證協定中進行。

SSL 協定既用到了公開金鑰加密技術（非對稱加密），又用到了對稱加密技術，SSL 對傳輸內容的加密採用的是對稱加密，然後對對稱加密的金鑰使用公開金鑰進行非對稱加密。這樣做的好處是，對稱加密技術比公開金鑰加密技術速度快，可用來加密較大的傳輸內容，公開金鑰加密技術相對較慢，提供了更好的身份認證技術，可用來加密對稱加密過程使用的金鑰。

SSL 的驗證協定非常有效地讓客戶和伺服器之間完成相互之間的身份認證，其主要過程如下：

（1）用戶端的瀏覽器向伺服器傳送用戶端 SSL 協定的版本編號、加密演算法的種類、產生的隨機數以及其他伺服器和用戶端之間通訊所需要的各種資訊。

（2）伺服器向用戶端傳送 SSL 協定的版本編號、加密演算法的種類、隨機數以及其他相關資訊，同時伺服器還將向用戶端傳送自己的證書。

（3）用戶端利用伺服器傳過來的資訊驗證伺服器的合法性，伺服器的合法性包括：證書是否過期、發行伺服器憑證的 CA 是否可靠、發行者證書的公開金鑰能否正確解開伺服器憑證的「發行者的數位簽章」、伺服器憑證上的域名是否和伺服器的實際域名相匹配。如果合法性驗證沒有通過，通訊將中斷；如果合法性驗證通過，將繼續進行第（4）步。

（4）用戶端隨機產生一個用於後面通訊的「對稱密碼」，用伺服器的公開金鑰（伺服器的公開金鑰從步驟（2）中的伺服器的證書中獲得）對其加密，然後將加密後的「預主密碼」傳給伺服器。

（5）如果伺服器要求客戶的身份認證（在驗證過程中為可選），使用者可以建立一個隨機數，然後資料簽名，將這個含有簽名的隨機數和客戶自己的證書以及加密過的「預主密碼」一起傳給伺服器。

（6）如果伺服器要求客戶的身份認證，伺服器必須檢驗客戶證書和簽名隨機數的合法性，具體的合法性驗證過程包括：客戶的證書使用日期是否有效、為客戶提供證書的 CA 是否可靠、發行 CA 的公開金鑰能否正確解開客戶證書的發行 CA 的數位簽章、檢查客戶的證書是否在證書廢止清單（CRL）中。檢驗如果沒有通過，通訊立刻中斷；如果驗證通過，伺服器將用自己的私密金鑰解開加密的「預主密碼」，然後執行一系列步驟來產生主通訊密碼（用戶端也將透過同樣的方法產生相同的主通訊密碼）。

（7）伺服器和用戶端用相同的主密碼，即「通話密碼」，一個對稱金鑰用於 SSL 協定的安全資料通訊的加解密通訊。同時，在 SSL 通訊過程中還要完成資料通訊的完整性，防止資料通訊中的任何變化。

（8）用戶端向伺服器端發出資訊，指明後面的資料通訊將使用步驟（7）中的主密碼為對稱金鑰，同時通知伺服器用戶端的驗證過程結束。

（9）伺服器向用戶端發出資訊，指明後面的資料通訊將使用步驟（7）中的主密碼為對稱金鑰，同時通知用戶端伺服器的驗證過程結束。

（10）SSL 的驗證部分結束，SSL 秘密頻道的資料通訊開始，用戶端和伺服器開始使用相同的對稱金鑰進行資料通訊，同時進行通訊完整性的檢驗。

簡而言之，驗證過程可以用圖 12-4 來表示。

在用戶端發送 Client Hello 資訊後，對應的伺服器回應 Server Hello 資訊，否則產生一個致命錯誤，導致連接失敗。Client Hello 和 Server Hello 用於在用戶端和伺服器之間建立安全增強功能，並建立協定版本編號、階段識別符號、密碼組和壓縮方法。此外，產生和交換兩組隨機值：ClientHello. random 和 ServerHello. random。

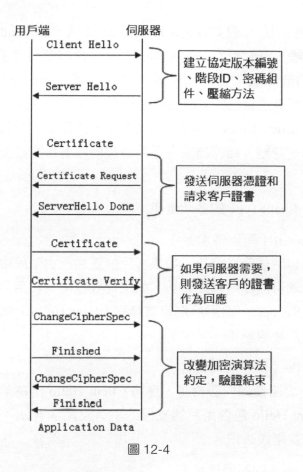

圖 12-4

在 Hello 資訊之後，如果需要被確認，伺服器將發送其證書資訊。如果伺服器被確認，並且適合所選擇的密碼組，就需要對用戶端請求證書資訊。

現在，伺服器將發送 Server Hello Done 資訊，表示驗證階段的 Hello 資訊部分已經完成，伺服器將等待用戶端回應。

如果伺服器已發送了一個證書請求（Certificate Request）資訊，用戶端可回應證書資訊或無證書（No Certificate）警告。然後發送 Client Key Exchange 資訊，資訊的內容取決於在 Client Hello 和 Server Hello 之間選定的公開金鑰演算法。如果用戶端發送一個帶有簽名能力的證書，伺服器發送一個數位簽章的 Certificate Verify 資訊用於檢驗這個證書。

這時，用戶端發送一個 ChangeCipherSpec 資訊，將 PendingCipherSpec（待用密碼參數）複製到 CurrentCipherSpec（當前密碼參數），然後用戶端立即在新的演算法、金鑰和密碼下發送結束（Finished）資訊。對應地，如果伺服器發送自己的 ChangeCipherSpec 資訊，並將 Pending Cipher Spec 複製到 Current Cipher Spec，然後在新的演算法、金鑰和密碼下發送結束資訊。這一時刻，驗證結束。用戶端和伺服器可開始交換其應用層資料。

下面介紹 HandshakeType 的各類資訊。

（1）Hello Request（問候請求）
伺服器可在任何時候發送資訊，如果客戶端正在一次階段中或不想重新開始階段，用戶端可以忽略這筆資訊。如果伺服器沒有和用戶端進行階段，發送了 Hello Request，而用戶端沒有發送 Client Hello，就會發生致命錯誤，關閉同用戶端的連接。

（2）Client Hello（用戶端問候）
當用戶端第一次連接到伺服器時，應將 Client Hello 作為第一筆資訊發給伺服器。Client Hello 包含用戶端支援的所有壓縮演算法，如果伺服器均不支持，則本次階段失敗。

（3）Server Hello（伺服器問候）
Server Hello 資訊的結構類似於 Client Hello，它是伺服器對用戶端的 ClientHello 資訊的回覆。

（4）Server Certificate（伺服器憑證）
如果要求驗證伺服器，則伺服器立刻在 Server Hello 資訊後發送其證書。證書的類型必須適合金鑰交換演算法，通常為 x.509 v3 證書或改進的 x.509 證書。

（5）Certificate Request（證書請求）
如果和所選密碼組相適應，伺服器可以向用戶端請求一個證書。如果伺服器是匿名的，則在請求用戶端證書時會導致致命錯誤。

（6）Server Hello Done（伺服器問候結束）

伺服器發出該資訊表明 Server Hello 結束，然後等待用戶端響應。用戶端收到該資訊後檢查伺服器提供的證書是否有效，以及伺服器的 Hello 參數是否可接受。

（7）Client Certificate（用戶端證書）

該資訊是用戶端收到伺服器的 Server Hello Done 後可以發送的第一筆資訊。只有當伺服器請求證書時才需發此資訊。如果用戶端沒有合適的證書，則發送「沒有證書」的警告資訊，如果伺服器要求有「用戶端驗證」，則收到警告後宣佈驗證失敗。

（8）Client Key Exchange（用戶端金鑰交換）

資訊的選擇取決於採用哪種公開金鑰演算法。

（9）Certificate Verify（證書檢查）

該資訊用於提供用戶端證書的驗證。它僅在具有簽名能力的用戶端證書之後發送。

（10）Finished（結束）

該資訊在 Change Cipher Spec 之後發送，以證明金鑰交換和驗證的過程已順利進行。發方在發出 Finished 資訊後可立即開始傳送秘密資料，接收方在收到 Finished 資訊後必須檢查其內容是否正確。

2. 更換加密歸約協定

更換加密歸約協定的存在是為了使密碼策略能得到及時的通知。該協定只有一個訊息（是一個位元組的數值），傳輸過程中使用當前的加密約定來加密和壓縮，而非改變後的加密約定。

用戶端和伺服器都會發出改變加密約定的訊息，通知接收方後面發送的記錄將使用剛剛協商的加密約定來保護加密約定的訊息；伺服器則在成功處理從用戶端接收到的金鑰交換訊息後發送。一個意外改變的加密約定訊息將導致一個 Unexpected Message 告警。當恢復之前的階段時，改變加密約定訊息將在問候訊息後發送。

3. 告警協定

告警協定是 SSL 記錄層支援的協定之一。告警訊息傳送該訊息的嚴重程度和該告警的描述。告警訊息的致命程度會導致連接立即終止。在這種情況下，同一階段的其他連接可能還將繼續，但必須使階段的識別符號故障，以防止失敗的階段還繼續建立新的連接。與其他訊息一樣，告警訊息也經過加密和壓縮，使用當前連接狀態的約定。

（1）關閉告警

為了防止截斷攻擊（Truncation Attack），用戶端和伺服器必須都知道連接已經結束了。任何一方都可以發起關閉連接，發送 Close Notify 告警訊息，在關閉告警之後收到的資料都會被忽略。

（2）錯誤告警

SSL 驗證協定中的錯誤處理很簡單：當檢測到錯誤時，檢測的這一方就發送一個訊息給另一方，傳輸或接收到一個致命告警訊息，雙方都馬上關閉連接，要求伺服器和用戶端都清除階段標識、金鑰以及與失敗連接有關的秘密。錯誤告警包括：意外訊息告警、記錄 MAC 錯誤告警、解壓失敗告警、驗證失敗告警、缺少證書告警、已破壞證書告警、不支持格式證書告警、證書已作廢告警、證書故障告警、不明證書發行者告警以及非法參數告警。

12.2 OpenSSL 中的 SSL 程式設計

在了解 SSL 協定的基本原理後，我們就可以進入實戰環節了。OpenSSL 實現了 SSL 協定 1.0、2.0、3.0 以及 TLS 協定 1.0。我們可以利用 OpenSSL 提供的函數進行安全程式設計，這些函數定義在 openssl/ssl.h 檔案中。

我們利用 SSL 程式設計主要是開發安全的網路程式。網路程式設計常見的策略是通訊端程式設計，而基於 OpenSSL 進行 SSL 程式設計就是安全的通訊端程式設計，其過程和普通的通訊端程式設計類似。

OpenSSL 中提供和普通 Socket 類似的函數,如常用的 connect、acep、write、read,對應 OpenSSL 中的 SSL_connect、SSL_accept、SSL_wrie、SSL_read。不同的是 OpenSSL 還需要設定其他環境參數,如伺服器憑證等。

12.3 SSL 函數

12.3.1 初始化 SSL 演算法函數庫函數 SSL library_init

該函數用於初始化 SSL 演算法函數庫,在呼叫 SSL 系列函數之前必須先呼叫此函數。函數宣告如下:

```
int SSL_library_init();
```

若函數執行成功則返回 1,否則返回 0。

也可以用下列兩個巨集定義:

```
#define OpenSSL_add_ssl_algorithms()    SSL_library_init()
#define SSLeay_add_ssl_algorithms()    SSL_library_init()
```

12.3.2 初始化 SSL 上下文環境變數函數 SSL_CTX_new

該函數用於初始化 SSL CTX 結構,設定 SSL 協定演算法。可以設定 SSL 協定的哪個版本,以及用戶端的演算法或服務端的演算法。該函數宣告如下:

```
SSL_CTX *SSL_CTX_new(SSL METHOD *meth);
```

其中,參數 meth[in] 表示使用的是 SSL 協定演算法。OpenSSL 支援的演算法如表 12-1 所示。

⬇ 表 12-1 OpenSSL 支援的演算法

函　數	說　明
SSL_METHOD *SSLv2_server_method();	基於 SSL V2.0 協定的服務端演算法
SSL_METHOD *SSLv2_client_method();	基於 SSL V2.0 協定用戶端的演算法
SSL_METHOD *SSLv3_server_method();	基於 SSL V3.0 協定的服務端演算法
SSL_METHOD *SSLv3_client_method();	基於 SSL V3.0 協定的用戶端演算法
SSL_METHOD *SSLv23_server_method();	同時支援 SSL V2.0 和 3.0 協定的服務端演算法
SSL_METHOD *SSLv23_client_method();	同時支援 SSL V2.0 和 3.0 協定的用戶端演算法
SSL_METHOD *TLSv1_server_method();	基於 TLS V1.0 協定的服務端演算法
SSL_METHOD *TLSv1_client_method();	基於 TLS V1.0 協定的用戶端演算法

如果函數執行成功就返回 SSL_CTX 結構的指標，否則返回 NULL。

12.3.3 釋放 SSL 上下文環境變數函數 SSL_CTX_free

該函數用於釋放 SSL_CTX 結構，該函數要和 SSL_CTX_new 配套使用，
函數宣告如下：

```
void SSL_CTX_free(SSL_CTX *ctx);
```

其中，ctx[in] 是已經初始化的 SSL 上下文的 SSL_CTX 結構指標，表示
SSL 上下文環境。

12.3.4 檔案形式設定 SSL 證書函數
SSL_CTX _use_certificate_file

該函數以檔案的形式設定 SSL 證書。對於服務端，用來設定伺服器憑證；
對於用戶端，用來設定用戶端證書。函數宣告如下：

```
int SSL_CTX _use_certificate_file(SSL_CTX *ctx,const char *file,int type);
```

其中，參數 ctx[in] 是已經初始化的 SSL 上下文的 SSL_CTX 結構指標，
表示 SSL 上下文環境；file[in] 表示憑證路徑；type[in] 表示證書的類型，
type 設定值如下：

■ SSL_FILETYPE_PEM：PEM 格式的，即 Base64 編碼格式的檔案。

- SSL_FILETYPE_ASN1：ASN1 格式的，即 DER 編碼的檔案。

如果函數執行成功就返回 1，否則返回 0。

12.3.5　結構方式設定 SSL 證書函數 SSL_CTX_use_certificate

該函數用於設定證書，函數宣告如下：

```
int  SSL_CTX_use_ certificate (SSL_CTX *ctx,X509 *x);
```

其中，參數 ctx[in] 是已經初始化的 SSL_CTX 結構指標，表示 SSL 上下文環境；X509[in] 表示數位憑證。如果函數執行成功就返回 1，否則返回 0。

12.3.6　檔案形式設定 SSL 私密金鑰函數 SSL_CTX_use_PrivateKey_file

該函數以檔案形式設定 SSL 私密金鑰，函數宣告如下：

```
int  SSL_CTX_use_PrivateKey_file(SSL_CTX *ctx,const char *file,int type);
```

其中，參數 ctx[in] 是已經初始化的 SSL 上下文的 SSL_CTX 結構指標，表示 SSL 上下文環境；file[in] 表示私密金鑰檔案路徑；type[in] 表示私密金鑰的編碼類型，支持的參數如下：

- SSL_FILETYPE_PEM：PEM 格式的，即 Base64 編碼格式的檔案。
- SSL_FILETYPE_ASN1：ASN1 格式的，即 DER 編碼的檔案。

如果函數執行成功就返回 1，否則返回 0。

12.3.7　結構方式設定 SSL 私密金鑰函數 SSL_CTX_use_PrivateKey

該函數以結構方式設定 SSL 私密金鑰，函數宣告如下：

```
int SSL_CTX_use_PrivateKey (SSL_CTX *ctx,EVP_PKEY *pkey);
```

其中，參數 ctx[in] 是已經初始化的 SSL_CTX 結構指標，表示 SSL 上下文環境；pkey[in] 是 EVP_PKEY 結構的指標，表示私密金鑰。如果函數執行成功就返回 1，否則返回 0。

12.3.8 檢查 SSL 私密金鑰和證書是否匹配函數 SSL_CTX_check_private_key

該函數檢查私密金鑰和證書是否匹配，該函數必須在設定了私密金鑰和證書後才能呼叫，函數宣告如下：

```
int SSL_CTX_check_private_key(const SSL_CTX *ctx);
```

其中，參數 ctx[in] 是已經初始化的 SSL_CTX 結構指標，表示 SSL 上下文環境。如果匹配成功就返回 1，否則返回 0。

12.3.9 創建 SSL 結構函數 SSL_new

該函數用於申請一個 SSL 通訊端，即創建一個新的 SSL 結構，用於保存 TLS/SSL 連接的資料。新結構繼承了底層上下文 ctx、連接方法（SSL v2/SSL v3/TLS v1）、選項、驗證和逾時的設定。該函數宣告如下：

```
SSL *SSL_new(SSL_CTX *ctx);
```

其中，參數 ctx[in] 表示上下文環境。如果函數執行成功就返回 SSL 結構指標，否則返回 NULL。

12.3.10 釋放 SSL 通訊端結構函數 SSL_free

該函數用於釋放由 SSL_new 建立的 SSL 結構，在內部，該函數會減少 SSL 的引用計數，並刪除 SSL 結構，如果引用計數已達到 0，就釋放分配的記憶體。該函數宣告如下：

```
void SSL_free(SSL *ssl);
```

其中，參數 ssl[in] 表示要刪除釋放的 SSL 結構指標。

12.3.11 設定讀寫通訊端函數 SSL_set_fd

該函數用於設定 SSL 通訊端為讀寫通訊端。該函數宣告如下：

```
int SSL_set_fd(SSL *s,int fd);
```

其中，參數 s[in] 表示 SSL 通訊端（結構）的指標，fd 表示讀寫檔案描述符號。如果函數執行成功就返回 1，否則返回 0。

12.3.12 設定唯讀通訊端函數 SSL_set_rfd

該函數用於設定 SSL 通訊端為唯讀通訊端。該函數宣告如下：

```
int SSL_set_rfd(SSL *s,int fd);
```

其中，參數 s[in] 表示 SSL 通訊端（結構）的指標，fd 表示唯讀取檔案描述符號。如果函數執行成功就返回 1，否則返回 0。

12.3.13 設定寫入通訊端函數 SSL_set_wfd

該函數用於設定 SSL 通訊端為寫入通訊端。該函數宣告如下：

```
int SSL_set_wfd(SSL *s,int fd);
```

其中，參數 s[in] 表示 SSL 通訊端（結構）的指標，fd 表示寫入檔案描述符號。如果函數執行成功就返回 1，否則返回 0。

12.3.14 啟動 TLS/SSL 驗證函數 SSL_connect

該函數用於發起 SSL 連接，即啟動與 TLS/SSL 伺服器的 TLS/SSL 驗證，該函數宣告如下：

```
int SSL_connect(SSL *ssl);
```

其中，參數 ssl[in] 表示 SSL 通訊端（結構）的指標。如果函數執行成功就返回 1，否則返回 0。

12.3.15 接受 SSL 連接函數 SSL_accept

該函數用在服務端，表示接受用戶端的 SSL 連接，類似於 Socket 程式設計中的 accept 函數。該函數宣告如下：

```
int SSL_accept(SSL *ssl);
```

其中，參數 ssl[in] 表示 SSL 通訊端（結構）的指標。如果函數執行成功就返回 1，表示 TLS/SSL 驗證已成功完成，已建立 TLS/SSL 連接。如果返回 0，表示 TLS/SSL 驗證不成功，但已被關閉，由 TLS/SSL 協定的規範控制，此時可以呼叫函數 SSL_get_error() 找出原因。如果返回值小於 0，表示 TLS/SSL 驗證失敗，原因是在協定等級發生了致命錯誤，或發生了連接故障，此時可以呼叫函數 SSL_get_error() 找出原因。

12.3.16 獲取對方的 X509 證書函數 SSL_get_peer_certificate

該函數用於獲取對方的 X509 證書。根據協定定義，TLS/SSL 服務端將始終發送證書（如果存在）。只有在服務端明確請求時，用戶端才會發送證書。如果使用匿名密碼，就不發送證書。

如果返回的證書不指示有關驗證狀態的資訊，就使用 SSL-get-verify-result 檢查驗證狀態。該函數將導致 X509 物件的引用計數遞增一，這樣在釋放包含對等證書的階段時，它不會被銷毀，必須使用 X509_free() 顯性釋放 X509 物件。

該函數宣告如下：

```
X509 *SSL_get_peer_certificate(const SSL *ssl);
```

其中，參數 ssl[in] 表示 SSL 通訊端（結構）的指標。如果函數執行成功，就返回對方提供的證書結構的指標，如果返回 NULL，表示對方未提供證書或未建立連接。

12.3.17 向 TLS/SSL 連接寫入資料函數 SSL_write

該函數將緩衝區 buf 中的 num 位元組寫入指定的 SSL 連接，即發送資料。該函數宣告如下：

```
int SSL_write(SSL *ssl, const void *buf, int num);
```

其中，參數 ssl[in] 表示 SSL 通訊端（結構）的指標，buf 表示要寫入的資料，num 表示寫入資料的位元組長度。如果返回值大於 0，表示實際寫入的資料長度。如果返回值等於 0，表示寫入操作未成功，原因可能是基礎連接已關閉，此時可以呼叫 SSL_get_error() 查明是否發生錯誤或連接已完全關閉（SSL_error_ZERO_return），SSL v2（已棄用）不支持關閉警示協定，因此只能檢測是否關閉了基礎連接。如果返回值小於 0，表示寫入操作未成功，原因不是是發生錯誤，就是是呼叫處理程序必須執行某個操作，呼叫 SSL_get_error() 可以找出原因。

12.3.18 從 TLS/SSL 連接中讀取資料函數 SSL_Read

該函數嘗試從指定的 SSL 連接中讀取 num 位元組到緩衝區 buf。該函數宣告如下：

```
int SSL_read(SSL *ssl, void *buf, int num);
```

其中，參數 ssl[in] 表示 SSL 通訊端（結構）的指標；buf[in] 指向一個緩衝區，該緩衝區用於存放讀到的資料；num 表示要讀取資料的位元組數。如果返回值大於 0，表示讀取操作成功，此時返回值是從 TLS/SSL 連接中實際讀取到的位元組數；如果返回值為 0，表示讀取操作未成功，原因可能是由於對方發送「關閉通知」警示而導致完全關閉，在這種情況下，設定處於 SSL 關閉狀態的 SSL_RECEIVED_SHUTDOWN 標示也有可能，對方只是關閉了底層傳輸，而關閉是不完整的，使用 SSL_get_error() 函數可以獲得錯誤訊息，以查明是否發生錯誤或連接已完全關閉（SSL_ERROR_ZERO_RETURN)）；如果返回值小於 0，表示讀取操作未成功，原因可能是發生錯誤或處理程序必須執行某個操作，此時可以呼叫 SSL_get_error() 找出原因。

12.4 準備 SSL 通訊所需的證書

由於 SSL 網路程式設計需要用到證書,因此我們需要架設環境建立 CA,並簽發證書。

12.4.1 準備實驗環境

嚴格來講,應該準備三台安裝 Windows 系統的電腦,CA 端一台、服務端一台、用戶端一台,然後在服務端生成證書請求檔案,再複製到 CA 端去簽發,再把簽發出來的服務端證書複製到服務端保存好。同樣,用戶端也是先生成證書請求檔案,但考慮到某些同學的機器性能或沒有那麼多台電腦,所以我們就用一台物理機來完成所有證書簽發工作。對於實驗而言方便一些,避免要在多個 Windows 下安裝 VC 2107 和 OpenSSL。

12.4.2 熟悉 CA 環境

我們的 CA 準備透過 OpenSSL 來實現,而編譯安裝 OpenSSL 1.0.2m 後,基本的 CA 基礎環境也就有了。在 C:\myOpensslout\ssl 下有一個設定檔 openssl.cnf。我們可以直接透過該設定檔來熟悉這個預設的 CA 環境。

要手動創建 CA 證書,就必須首先了解 OpenSSL 中關於 CA 的設定,設定檔的位置在 C:\myOpensslout\ssl\openssl.cnf。我們透過 Windows 下的編輯軟體(比如 Notepad++ 或 UltraEdit 等)可以查看其內容。

12.4.3 創建所需要的檔案

根據 CA 設定檔,一些目錄和檔案需要預先建立好。首先在 C:\myOpensslout\bin\ 下新建一個資料夾 demoCA,再在 demoCA 下建立子資料夾 newcerts,接著在 demoCA 下新建兩個文字檔 index.txt 和 serial,並用 Notepad++ 打開 serial 後輸入 01,然後保存並關閉。如果不提前創建這兩個檔案,那麼在生成證書的過程中會出現錯誤。

因為 openssl.exe 位於 C:\myOpensslout\bin\ 下,所以我們要在 C:\myOpensslout\bin\ 下新建資料夾 demoCA。

12.4.4 創建根 CA 的證書

首先在物理主機上構造根 CA 的證書。因為沒有任何機構能夠給根 CA 頒發證書，所以只能根 CA 自己給自己頒發證書。首先要生成私密金鑰檔案，私密金鑰檔案是非常重要的檔案，除了自己以外，其他任何人都不能獲取。所以在生成私密金鑰檔案的同時最好修改該檔案的許可權，並且採用加密的形式生成。

我們可以透過執行 OpenSSL 中的 genrsa 命令生成私密金鑰檔案，並採用 DES3 的方式對私密金鑰檔案進行加密，過程如下：

（1）生成 CA 根證書私密金鑰
在命令列下進入 C:\myOpensslout\bin\ 後執行 OpenSSL 程式，然後在 OpenSSL 提示符號下輸入命令：

```
genrsa -des3 -out root.key 1024
```

其中，genrsa 表示採用 RSA 演算法生成根證書私密金鑰；-des3 表示使用 3DES 給根證書私密金鑰加密；1024 表示根證書私密金鑰的長度，建議使用 2048，越長越安全。命令 genrsa 用來生成 1024 位元的 RSA 私密金鑰，並在目前的目錄下自動新建一個 root.key，私密金鑰就保存到該檔案中。在命令中，私密金鑰用 3DES 對稱演算法來保護，所以我們需要輸入保護密碼，這裡輸入 123456，如圖 12-5 所示。

圖 12-5

此時，如果到 C:\myOpensslout\bin\ 下查看，可以發現多了一個 root.key 檔案，這就是我們加過密的私密金鑰檔案，其格式是 Base64 編碼的 PEM 格式檔案。

（2）生成根證書請求檔案

下面可以準備生成根證書了，有兩種方式，如果我們的根證書需要別的簽名機構來簽名，就需要先生成根證書簽名請求檔案，格式為 .csr，然後拿這個簽名請求檔案給該簽名機構，讓其幫我們簽名，簽名完後，會返回一個 .crt 格式的證書。生成證書請求檔案的命令如下：

```
req -new  -key  root.key -out root.csr
```

其中，**req** 命令用來生成證書請求檔案，注意生成證書請求檔案需要用到私密金鑰；**-key** 這裡需要指向上一步生成的根證書私密金鑰；**-out** 這裡會生成我們的根證書簽名請求檔案。

如果不想這樣麻煩，可以自簽根證書。這裡我們就採用自簽根證書的方法。

（3）生成 CA 的自簽證書

要生成自簽證書，直接利用私密金鑰即可。在 OpenSSL 提示符號下輸入以下命令：

```
req -new -x509 -key root.key -out root.crt
```

該命令執行後，首先會要求輸入 root.key 的保護密碼（這裡是 123456），然後會要求輸入證書的資訊，比如國家名稱、組織名稱等，如圖 12-6 所示。

此時，如果到 C:\myOpensslout\bin\ 下查看，可以發現多了一個 root.crt 檔案，這就是我們的根證書檔案。有了根證書，我們就可以為服務端和用戶端簽發出它們的證書了。同樣，首先要在兩端分別生成證書請求檔案，然後到 CA 去簽發出證書。

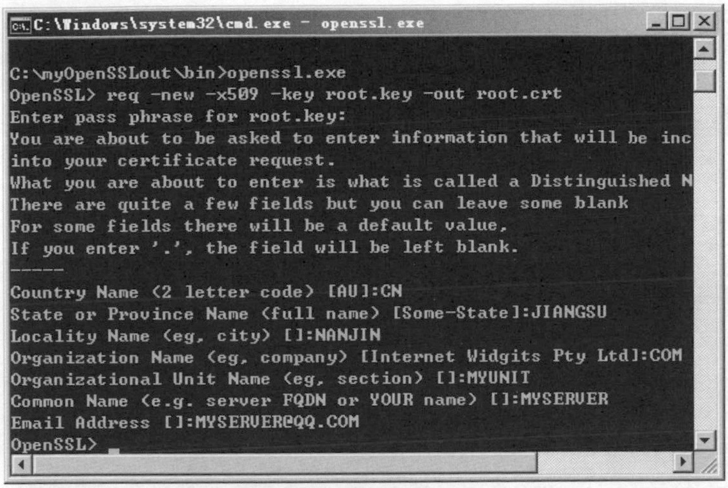

圖 12-6

12.4.5 生成服務端的證書請求檔案

生成證書請求需要用到私密金鑰，所以先要生成服務端的私密金鑰。在
OpenSSL 提示符號下輸入以下命令：

```
genrsa -des3 -out server.key 1024
```

我們用了 3DES 演算法來加密保存私密金鑰檔案 server.key，該命令執行
過程中會提示輸入 3DES 演算法的密碼，這裡輸入 123456。執行後，會
在 C:\myOpensslout\bin 下看到 server.key，這個檔案就是服務端的私密金
鑰檔案。

然後，可以準備生成證書請求檔案，在 OpenSSL 提示符號下輸入以下命
令：

```
req -new -key server.key -out server.csr
```

在命令執行過程中，首先要求輸入 3DES 的密碼來對 server.key 解密，然
後生成證書請求檔案 server.csr，生成證書請求檔案同樣需要輸入一些資
訊，比如國家、組織名稱等。注意輸入的組織資訊要和根證書一致，這裡
都是 COM，如圖 12-7 所示。

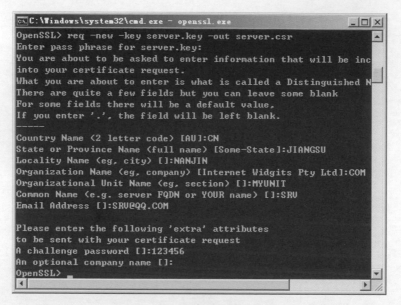

圖 12-7

此時，如果到 C:\myOpensslout\bin\ 下查看，可以發現多了一個 server.csr
檔案，這就是我們的服務端的證書請求檔案，有了它，就可到 CA 那裡簽
發證書了。

12.4.6 簽發出服務端證書

在 OpenSSL 提示符號下輸入以下命令：

```
ca -in server.csr -out server.crt -keyfile root.key -cert root.crt -days 365
-config ../ssl/openssl.cnf
```

其中，ca 命令用來簽發證書；-in 表示輸入 CA 的檔案，這裡需要輸入的
是證書請求檔案 server.csr；-out 表示 CA 輸出的證書檔案，這裡輸出的是
server.crt；-days 表示所簽發的證書有效期，這裡是 365 天。該命令執行
過程中，會首先要求輸入 root.key 的保護密碼，然後要求確認兩次資訊，
輸入 y 即可，如圖 12-8 所示。

此時，如果到 C:\myOpensslout\bin\ 下查看，可以發現多了一個 server.crt
檔案，這就是我們的服務端的證書檔案。

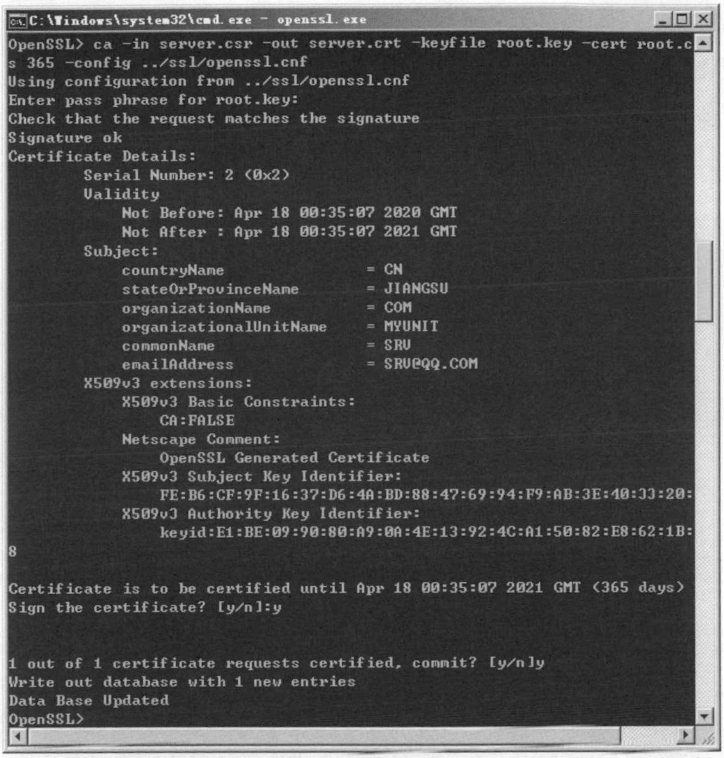

圖 12-8

12.4.7　生成用戶端的證書請求檔案

生成證書請求需要用到私密金鑰，所以先要生成服務端的私密金鑰。在 OpenSSL 提示符號下輸入以下命令：

```
genrsa -des3 -out client.key 1024
```

我們用了 3DES 演算法來加密保存私密金鑰檔案 client.key，該命令執行過程中，會提示輸入 3DES 演算法的密碼，這裡輸入 123456。執行後，會在 C:\myOpensslout\bin 下看到 client.key，這個檔案就是服務端的私密金鑰檔案。

然後，可以準備生成證書請求檔案，在 OpenSSL 提示符號下輸入以下命令：

```
req -new -key client.key -out client.csr
```

在命令執行過程中，首先要求輸入 3DES 的密碼來對 client.key 解密，然後生成證書請求檔案 client.csr，生成證書請求檔案同樣需要輸入一些資訊，比如國家、組織名稱等。注意輸入的組織資訊要和根證書一致，這裡都是 COM，如圖 12-9 所示。

圖 12-9

此時，如果到 C:\myOpensslout\bin\ 下查看，可以發現多了一個 client.csr 檔案，這就是我們的服務端的證書請求檔案，有了它，就可到 CA 那裡簽發證書了。

12.4.8 簽發用戶端證書

在 OpenSSL 提示符號下輸入以下命令：

```
ca -in client.csr -out client.crt -keyfile root.key -cert root.crt -days 365
-config ../ssl/openssl.cnf
```

其中，ca 命令用來簽發證書；-in 表示輸入 CA 的檔案，這裡需要輸入的
是證書請求檔案 server.csr；-out 表示 CA 輸出的證書檔案，這裡輸出的是
client.crt；-days 表示所簽發的證書有效期，這裡是 365 天。該命令執行過
程中，會首先要求輸入 root.key 的保護密碼，然後要求確認兩次資訊，輸
入 y 即可，如圖 12-10 所示。

```
C:\Windows\system32\cmd.exe - openssl.exe                                _ _ X
OpenSSL> ca -in client.csr -out client.crt -keyfile root.key -cert
s 365 -config ../ssl/openssl.cnf
Using configuration from ../ssl/openssl.cnf
Enter pass phrase for root.key:
Check that the request matches the signature
Signature ok
Certificate Details:
        Serial Number: 3 (0x3)
        Validity
            Not Before: Apr 18 08:08:39 2020 GMT
            Not After : Apr 18 08:08:39 2021 GMT
        Subject:
            countryName               = CN
            stateOrProvinceName       = JIANGSU
            organizationName          = COM
            organizationalUnitName    = MYUNIT
            commonName                = CLIENT
            emailAddress              = CLIENT@QQ.COM
        X509v3 extensions:
            X509v3 Basic Constraints:
                CA:FALSE
            Netscape Comment:
                OpenSSL Generated Certificate
            X509v3 Subject Key Identifier:
                D8:36:32:46:A1:67:25:B4:6D:8D:FE:62:0F:E9:97:7B:02:
            X509v3 Authority Key Identifier:
                keyid:E1:BE:09:90:80:A9:0A:4E:13:92:4C:A1:50:82:E8:
8

Certificate is to be certified until Apr 18 08:08:39 2021 GMT (365
Sign the certificate? [y/n]:y


1 out of 1 certificate requests certified, commit? [y/n]y
Write out database with 1 new entries
Data Base Updated
OpenSSL>
```

圖 12-10

此時，如果到 C:\myOpensslout\bin\ 下查看，可以發現多了一個 client.crt
檔案，這就是我們的用戶端的證書檔案。

至此，服務端和用戶端證書全部簽發成功，雙方有了證書就可以進行 SSL
通訊了。

12.5 實戰 SSL 網路程式設計

我們的程式是一個安全的網路程式，分為兩部分：用戶端和服務端。我們的目的是利用 SSL/TLS 的特性保證通訊雙方能夠互相驗證對方的身份（真實性），並保證資料的完整性、私密性，這三個特性是任何安全系統中常見的要求。

對程式來説，OpenSSL 將整個 SSL 驗證過程用一對函數表現，即用戶端的 SSL_connect 和服務端的 SSL_accept，而後的應用層資料交換則用 SSL_read 和 SSL_write 來完成。

SSL 通訊的一般流程如圖 12-11 所示。

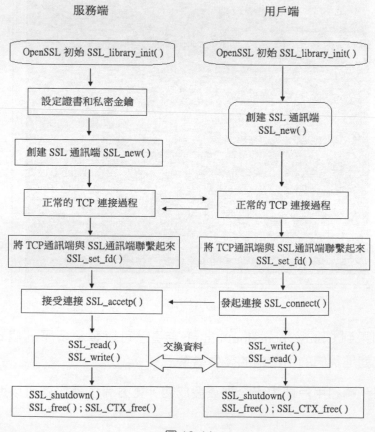

圖 12-11

基本上，程式設計流程就是按照這個模型來進行的。

【例 12.1】SSL 服務端和用戶端通訊

（1）首先創建服務端專案。打開 VC 2017，新建一個主控台專案，專案名是 sslserver。

（2）在 VC 中打開 sslserver.cpp，並輸入程式如下：

```
/*****************************************************************
*SSL/TLS服務端程式WIN32版（以demos/server.cpp為基礎）
*需要用到動態連接函數庫libeay32.dll、ssleay.dll
*同時在setting中加入ws2_32.lib、libeay32.lib、ssleay32.lib
*以上函數庫檔案在編譯OpenSSL後可在out32dll目錄下找到
*****************************************************************/
#include "pch.h"
#include <stdio.h>
#include <stdlib.h>
#include <memory.h>
#include <errno.h>
#include <sys/types.h>

#include <winsock2.h>

#include "openssl/rsa.h"
#include "openssl/crypto.h"
#include "openssl/x509.h"
#include "openssl/pem.h"
#include "openssl/ssl.h"
#include "openssl/err.h"

#pragma comment(lib,"libeay32.lib")
#pragma comment(lib,"ssleay32.lib")
#pragma comment(lib,"ws2_32.lib")

/*所有需要的參數資訊都在此處以#define的形式提供*/
#define CERTF   "server.crt"   /*服務端的證書（需經CA簽名）*/
#define KEYF    "server.key"   /*服務端的私密金鑰（建議加密儲存）*/
#define CACERT  "root.crt"     /*CA的證書*/
#define PORT    1111           /*準備綁定的通訊埠*/
```

```
#define CHK_NULL(x) if ((x)==NULL) exit (1)
#define CHK_ERR(err,s) if ((err)==-1) { perror(s); exit(1); }
#define CHK_SSL(err) if ((err)==-1) { ERR_print_errors_fp(stderr); exit(2); }

int main()
{
    int err;
    int listen_sd;
    int sd;
    struct sockaddr_in sa_serv;
    struct sockaddr_in sa_cli;
    int client_len;
    SSL_CTX* ctx;
    SSL*     ssl;
    X509*    client_cert;
    char*    str;
    char     buf[4096];
    const SSL_METHOD *meth;
    WSADATA wsaData;

    if (WSAStartup(MAKEWORD(2, 2), &wsaData) != 0) {
        printf("WSAStartup()fail:%d\n", GetLastError());
        return -1;
    }

    SSL_load_error_strings();      /*為列印偵錯資訊作準備*/
    OpenSSL_add_ssl_algorithms(); /*初始化*/
    meth = TLSv1_server_method(); /*採用什麼協定（SSL v2/SSL v3/TLS v1）在此指定*/

    ctx = SSL_CTX_new(meth);
    CHK_NULL(ctx);

    SSL_CTX_set_verify(ctx, SSL_VERIFY_PEER, NULL);    /*驗證與否*/
    SSL_CTX_load_verify_locations(ctx, CACERT, NULL); /*若驗證，則放置CA證書*/

    if (SSL_CTX_use_certificate_file(ctx, CERTF, SSL_FILETYPE_PEM) <= 0) {
        ERR_print_errors_fp(stderr);
        exit(3);
    }
    if (SSL_CTX_use_PrivateKey_file(ctx, KEYF, SSL_FILETYPE_PEM) <= 0) {
        ERR_print_errors_fp(stderr);
        exit(4);
    }
```

```
if (!SSL_CTX_check_private_key(ctx)) {
    printf("Private key does not match the certificate public key\n");
    exit(5);
}

SSL_CTX_set_cipher_list(ctx, "RC4-MD5");

printf("I am ssl-server\n");
/*開始正常的TCP Socket過程................................*/
listen_sd = socket(AF_INET, SOCK_STREAM, 0);
CHK_ERR(listen_sd, "socket");

memset(&sa_serv, '\0', sizeof(sa_serv));
sa_serv.sin_family = AF_INET;
sa_serv.sin_addr.s_addr = INADDR_ANY;
sa_serv.sin_port = htons(PORT);

err = bind(listen_sd, (struct sockaddr*) &sa_serv,

    sizeof(sa_serv));

CHK_ERR(err, "bind");

/*接受TCP連結*/
err = listen(listen_sd, 5);
CHK_ERR(err, "listen");

client_len = sizeof(sa_cli);
sd = accept(listen_sd, (struct sockaddr*) &sa_cli, &client_len);
CHK_ERR(sd, "accept");
closesocket(listen_sd);

printf("Connection from %lx, port %x\n",
    sa_cli.sin_addr.s_addr, sa_cli.sin_port);

/*TCP連接已建立，進行服務端的SSL過程 */
printf("Begin server side SSL\n");

ssl = SSL_new(ctx);
CHK_NULL(ssl);
SSL_set_fd(ssl, sd);
err = SSL_accept(ssl);
```

```
printf("SSL_accept finished\n");
CHK_SSL(err);

/*列印所有加密演算法的資訊（可選）*/
printf("SSL connection using %s\n", SSL_get_cipher(ssl));

/*得到服務端的證書並列印資訊（可選）*/
client_cert = SSL_get_peer_certificate(ssl);
if (client_cert != NULL) {
     printf("Client certificate:\n");

     str = X509_NAME_oneline(X509_get_subject_name(client_cert), 0, 0);
     CHK_NULL(str);
     printf("\t subject: %s\n", str);
     OPENSSL_free(str);

     str = X509_NAME_oneline(X509_get_issuer_name(client_cert), 0, 0);
     CHK_NULL(str);
     printf("\t issuer: %s\n", str);
     OPENSSL_free(str);

     X509_free(client_cert);/*若不再需要，則需將證書釋放 */
}
else
     printf("Client does not have certificate.\n");

/* 資料交換開始，用SSL_write、SSL_read代替write、read */
err = SSL_read(ssl, buf, sizeof(buf) - 1);
CHK_SSL(err);
buf[err] = '\0';
printf("Got %d chars:'%s'\n", err, buf);

err = SSL_write(ssl, "I hear you.", strlen("I hear you."));
CHK_SSL(err);

/* 收尾工作*/
shutdown(sd, 2);
SSL_free(ssl);
SSL_CTX_free(ctx);

return 0;
}
```

打開「test 屬性頁」對話方塊,在「設定屬性」→「C/C++」→「正常」→「其它 Include 目錄」右邊增加 C:\openssl-1.0.2m\inc32,然後保存並關閉專案屬性對話方塊。接著,把 C:\myOpensslout\lib\ 下的 libeay32.lib 和 ssleay32.lib 放到專案目錄下,把 C:\myOpensslout\bin 下的 libeay32.dll 和 ssleay32.dll 放到解決方案的 Debug 目錄下,即與生成的 .exe 檔案在同一目錄下。

由於程式中使用的 server.key 必須處於已經解密的狀態,因此我們要對加密過的 server.key 進行解密,在 OpenSSL 提示符號下輸入命令:

```
rsa -in server.key -out server.key
```

輸入密碼 123456 後,即在 C:\myOpensslout\bin 生成新的 server.key,此時的這個私密金鑰檔案是沒有被加密的。我們把 C:\myOpensslout\bin\ 下的 server.key、server.crt 和 root.crt 複製到專案目錄下,因為上述程式的函數會用到。

保存專案並運行,會發現此時服務端在等待連接了。

(3)下面我們開始實現 SSL 用戶端專案。打開另一個新的 VC 2017,新建一個主控台專案,專案名是 sslclient。

(4)在 VC 中打開 sslclient.cpp,輸入程式如下:

```
/*********************************************************************
*SSL/TLS用戶端程式WIN32版(以demos/cli.cpp為基礎)
*需要用到動態連接函數庫libeay32.dll、ssleay.dll
*同時在setting中加入ws2_32.lib、libeay32.lib、ssleay32.lib
*以上函數庫檔案在編譯OpenSSL後可在out32dll目錄下找到
*/
#include "pch.h"
#include <stdio.h>
#include <stdlib.h>
#include <memory.h>
#include <errno.h>
#include <sys/types.h>
```

```c
#include <winsock2.h>

#include "openssl/rsa.h"
#include "openssl/crypto.h"
#include "openssl/x509.h"
#include "openssl/pem.h"
#include "openssl/ssl.h"
#include "openssl/err.h"
#include "openssl/rand.h"

#pragma comment(lib,"libeay32.lib")
#pragma comment(lib,"ssleay32.lib")
#pragma comment(lib,"ws2_32.lib")

/*所有需要的參數資訊都在此處以#define的形式提供*/
#define CERTF  "client.crt"        /*用戶端的證書 (需經CA簽名)*/
#define KEYF  "client.key"         /*用戶端的私密金鑰 (建議加密儲存)*/
#define CACERT "root.crt"         /*CA的證書*/
#define PORT   1111               /*服務端的通訊埠*/
#define SERVER_ADDR "127.0.0.1"   /*服務段的IP位址*/

#define CHK_NULL(x) if ((x)==NULL) exit (-1)
#define CHK_ERR(err,s) if ((err)==-1) { perror(s); exit(-2); }
#define CHK_SSL(err) if ((err)==-1) { ERR_print_errors_fp(stderr); exit(-3); }

int main()
{
    int            err;
    int            sd;
    struct sockaddr_in sa;
    SSL_CTX*       ctx;
    SSL*           ssl;
    X509*          server_cert;
    char*          str;
    char           buf[4096];
    const SSL_METHOD   *meth;
    int            seed_int[100];      /*存放隨機序列*/

    WSADATA        wsaData;

    if (WSAStartup(MAKEWORD(2, 2), &wsaData) != 0)
    {
```

```
        printf("WSAStartup()fail:%d\n", GetLastError());
        return -1;
}

/*初始化*/
OpenSSL_add_ssl_algorithms();
/*為列印偵錯資訊作準備*/
SSL_load_error_strings();

/*採用什麼協定（SSL v2/SSL v3/TLS v1）在此指定*/
meth = TLSv1_client_method();
/*申請SSL階段環境*/
ctx = SSL_CTX_new(meth);
CHK_NULL(ctx);

/*驗證與否，是否要驗證對方*/
SSL_CTX_set_verify(ctx, SSL_VERIFY_PEER, NULL);
/*若驗證對方，則放置CA證書*/
SSL_CTX_load_verify_locations(ctx, CACERT, NULL);

/*載入自己的證書*/
if (SSL_CTX_use_certificate_file(ctx, CERTF, SSL FILETYPE_PEM) <= 0)
{
    ERR_print_errors_fp(stderr);
    exit(-2);
}

/*載入自己的私密金鑰，以用於簽名*/
if (SSL_CTX_use_PrivateKey_file(ctx, KEYF, SSL_FILETYPE_PEM) <= 0)
{
    ERR_print_errors_fp(stderr);
    exit(-3);
}
/*呼叫了以上兩個函數後，檢驗一下自己的證書與私密令鑰昰否配對*/
if (!SSL_CTX_check_private_key(ctx))
{
    printf("Private key does not match the certificate public key\n");
    exit(-4);
}

/*建構亂數產生機制，WIN32平台必需*/
```

```
srand((unsigned)time(NULL));
for (int i = 0; i < 100; i++)
     seed_int[i] = rand();
RAND_seed(seed_int, Sizeof(seed_int));

printf("I am ssl-client\n");
/*開始正常的TCP Socket過程.................................*/
sd = socket(AF_INET, SOCK_STREAM, 0);
CHK_ERR(sd, "socket");

memset(&sa, '\0', sizeof(sa));
sa.sin_family = AF_INET;
sa.sin_addr.s_addr = inet_addr(SERVER_ADDR);    /* 伺服器IP位址 */
sa.sin_port = htons(PORT);              /* 伺服器通訊埠 */

err = connect(sd, (struct sockaddr*) &sa, sizeof(sa));
CHK_ERR(err, "connect");

/* TCP 連結已建立,開始SSL驗證過程.......................... */
printf("Begin SSL negotiation \n");

/*申請一個SSL通訊端*/
ssl = SSL_new(ctx);
CHK_NULL(ssl);

/*綁定讀寫通訊端*/
SSL_set_fd(ssl, sd);
err = SSL_connect(ssl);
CHK_SSL(err);

/*列印所有加密演算法的資訊(可選)*/
printf("SSL connection using %s\n", SSL_get_cipher(ssl));

/*得到服務端的證書並列印資訊(可選) */
server_cert = SSL_get_peer_certificate(ssl);
CHK_NULL(server_cert);
printf("Server certificate:\n");

str = X509_NAME_oneline(X509_get_subject_name(server_cert), 0, 0);
CHK_NULL(str);
printf("\t subject: %s\n", str);
OPENSSL_free(str);
```

```
    str = X509_NAME_oneline(X509_get_issuer_name(server_cert), 0, 0);
    CHK_NULL(str);
    printf("\t issuer: %s\n", str);
    OPENSSL_free(str);

    X509_free(server_cert);   /*若不再需要，則需將證書釋放 */

    /* 資料交換開始，用SSL_write、SSL_read代替write、read */
    printf("Begin SSL data exchange\n");

    err = SSL_write(ssl, "Hello World!", strlen("Hello World!"));
    CHK_SSL(err);

    err = SSL_read(ssl, buf, sizeof(buf) - 1);
    CHK_SSL(err);

    buf[err] = '\0';
    printf("Got %d chars:'%s'\n", err, buf);
    SSL_shutdown(ssl);   /* 發送SSL/TLS關閉通知 */

    /* 收尾工作 */
    shutdown(sd, 2);
    SSL_free(ssl);
    SSL_CTX_frcc(ctx);

    return 0;
}
```

打開「test 屬性頁」對話方塊，在「設定屬性」→「C/C++」→「正常」
→「其它 Include 目錄」右邊增加 C:\openssl-1.0.2m\inc32，然後保存並關
閉專案屬性對話方塊。接著，把 C:\myOpensslout\lib\ 下的 libeay32.lib 和
ssleay32.lib 放到專案目錄下，把 C:\myOpensslout\bin 下的 libeay32.dll 和
ssleay32.dll 放到解決方案的 Debug 目錄下，即與生成的 exe 檔案在同一
目錄下。

由於程式中使用的 client.key 必須處於已經解密的狀態，因此我們要對加
密過的 client.key 進行解密，在 OpenSSL 提示符號下輸入命令：

```
rsa -in client.key -out client.key
```

輸入密碼 123456 後，即在 C:\myOpensslout\bin 生成新的 client.key，此時的這個私密金鑰檔案是沒有被加密的。我們把 C:\myOpensslout\bin\ 下的 client.key、client.crt 和 root.crt 複製到專案目錄下，因為上述程式的函數會用到。

保存專案並運行，會發現此時和服務端能通訊了，並且服務端列印出了服務端的證書，如圖 12-12 和圖 12-13 所示。

圖 12-12

圖 12-13

SM2 演算法的數學基礎

SM2 演算法比 RSA 演算法複雜得多，只有打好其數學背景知識基礎，才能正確實現其演算法。本章不少數學知識都來自近代代數，如果要深入了解，可以借閱專門的近代代數學圖書進行系統學習。限於篇幅，我們在這裡不可能對細枝末節都完全展開，只能挑重點的相關知識進行説明。

強調一下，SM2 非常重要，在工作中也經常會碰到，因此務必打好基礎。

13.1 素域 F_p

13.1.1 素域 F_p 的定義

設 p 是一個質數，F_p 由 $\{0,1,2,\cdots,p-1\}$ 中 p 個元素組成，稱 F_p 為素域。加法單位是整數 0，乘法單位是整數 1，F_p 的元素滿足以下運算法則：

加法：設 $a,b \in F_p$，則 a+b = r，其中 r = (a+b) mod p，$r \in [0, p-1]$。

乘法：設 $a,b \in F_p$，則 $a \cdot b = s$，其中 $s = (a \cdot b)$ mod p，$s \in [0, p-1]$。

記 F_p^* 是由 F_p 中所有非零元組成的乘法群，由於 F_p^* 是迴圈群，因此在 Fp 中至少存在一個元素 g，使得 Fp 中任一非零元都可以由 g 的方冪表示，稱 g 為 F_p^* 的生成元（或本原元），即 $F_p^*=\{g^i|0 \leq i \leq p-2\}$。

設 $a = g^i \in F_p^*$，其中 $0 \leq i \leq p-2$，則 a 的乘法逆元為：$a^{-1}=g^{p-1-i}$。

【範例 1】：素域 F_2，$F_2=\{0,1\}$，F_2 的加法表如圖 13-1 所示。

+	0	1
0	0	1
1	1	0

圖 13-1

乘法表如圖 13-2 所示。

·	0	1
0	0	0
1	0	1

圖 13-2

【範例 2】：素域 F_{19}，$F_{19} = \{0,1,2,\cdots,18\}$。

F_{19} 中加法的範例：10, $14 \in F_{19}$，10+14=24，24mod 19=5，則 10+14=5。

F_{19} 中乘法的範例：7, $8 \in F_{19}$，7×8=56，56mod 19=18，則 7 · 8=18。

13 是 F_{19}^* 的生成元，則 F_{19}^* 中的元素可由 13 的方冪表示出來：

$13^0 = 1$，$13^1 = 13$，$13^2 = 17$，$13^3 = 12$，$13^4 = 4$，$13^5 = 14$，$13^6 = 11$，$13^7 = 10$，$13^8 = 16$，$13^9 = 18$，$13^{10} = 6$，$13^{11} = 2$，$13^{12} = 7$，$13^{13} = 15$，$13^{14} = 5$，$13^{15} = 8$，$13^{16} = 9$，$13^{17} = 3$，$13^{18} = 1$。

13.1.2 F_p 上橢圓曲線的定義

F_p 上橢圓曲線常用的表示形式有兩種：仿射座標和射影座標。

1. 仿射座標

當 p 是大於 3 的質數時，F_p 上橢圓曲線方程式在仿射座標系下可以簡化為 $y^2 = x^3+ax+b$，其中 a,b$\in F_p$，且使得 $(4a^3 +27b^2) \bmod p \neq 0$。橢圓曲線上的點集記為 $E(F_p) = \{(x;y)|x,y \in F_p$ 且滿足曲線方程式 $y^2 = x^3+ax+b\} \cup \{O\}$，其中 O 是橢圓曲線的無窮遠點。

$E(F_p)$ 上的點按照下面的加法運算規則組成一個阿貝爾群：

（1）$O+O = O$。

（2）$\forall P = (x,y) \in E(F_p)\backslash\{O\}$，$P+O = O+P = P$。

（3）$\forall P = (x,y) \in E(F_p)\backslash\{O\}$，$P$ 的逆元素 $-P = (x,-y)$，$P+(-P) = O$。

（4）點 $P_1 = (x_1,y_1) \in E(F_p)\backslash\{O\}$，$P_2 = (x_2,y_2) \in E(F_p)\backslash\{O\}$，$P_3 = (x_3,y_3) = P_1+P_2 \neq O$，則

$$\begin{cases} x_3 = \lambda^2 - x_1 - x_2 \\ y_3 = \lambda(x_1 - x_3) - y_1 \end{cases}$$

其中：

$$\begin{cases} \dfrac{y_2 - y_1}{x_2 - x_1}, 若 x_1 \neq x_2 \\ \dfrac{3x_1^2 + a}{2y_1}, 若 x_1 \neq x_2 且 P_2 \neq P_1 \end{cases}$$

【範例 3】：有限域 F19 上的一條橢圓曲線。

F_{19} 上的方程式：$y^2 = x^3 + x + 1$，其中 a=1、b=1，則 F_{19} 上曲線的點為：(0,1), (0,18), (2,7), (2,12), (5,6), (5,13), (7,3), (7,16), (9,6), (9,13), (10,2), (10,17), (13,8), (13,11), (14,2),(14,17), (15,3), (15,16), (16,3), (16,16)，則 $E(F_{19})$ 有 21 個點（包括無窮遠點 O）。

a）取 $P_1=(10,2)$，$P_2=(9,6)$，計算 $P_3=P_1+P_2$：

$$\lambda = \frac{y_2 - y_1}{x_2 - x_1} = \frac{6-2}{9-10} = \frac{4}{-1} = -4 \equiv 15 \pmod{19}$$

$$x_3 = 15^2 - 10 - 9 = 225 - 10 - 9 \equiv 16 - 10 - 9 = -3 \equiv 16 \pmod{19}$$

$$y_3 = 15 \times (10-16) - 2 = 15 \times (-6) - 2 \equiv 3 \pmod{19}$$

所以 $P_3=(16,3)$。

b）取 P_1=(10,2)，計算 $[2]P_1$：

$$\lambda = \frac{3x_1^2 + a}{2y_1} = \frac{3 \times 10^2 + 1}{2 \times 2} = \frac{3 \times 5 + 1}{4} = \frac{16}{4} = -4 \equiv 15 (\bmod 19)$$

$$x_3 = 4^2 - 10 - 10 = -4 \equiv 15 (\bmod 19)$$

$$y_3 = 4 \times (10-15) - 2 = -22 \equiv 16 (\bmod 19)$$

所以 $[2]P_1$=(15,16)。

2. 射影座標

射影座標的表示有兩種：標準射影座標系和 Jacobian 加重射影座標系。

（1）標準射影座標系

當 p 是大於 3 的質數時，F_p 上橢圓曲線方程式在標準射影座標系下可以簡化為 $y^2z = x^3 + axz^2 + bz^3$，其中 a,b∈$F_p$，且 $4a^3 + 27b^2 \neq 0$ mod p。橢圓曲線上的點集記為 $E(F_p)$ = {(x,y,z)|x,y,z∈F_p 且滿足曲線方程式 $y^2z = x^3 + axz^2 + bz^3$}。對於 (x_1,y_1,z_1) 和 (x_2,y_2,z_2)，若存在某個 u∈F_p 且 u ≠ 0，使得：$x_1 = ux_2$，$y_1 = uy_2$，$z_1 = uz_2$，則稱這兩個三元組相等，表示同一個點。

若 z ≠ 0，記 X=x/z，Y=y/z，則可從標準射影座標表示轉化為仿射座標表示：$Y^2 = X^3 + aX + b$。

若 z=0，(0,1,0) 對應的仿射座標系下的點即為無窮遠點 O。

標準射影座標系下，$E(F_p)$ 上點的加法運算定義如下：

① O+O=O。

② ∀P=(x,y,z)∈$E(F_p)$\{O}，P+O=O+P=P。

③ ∀P=(x,y,z)∈$E(F_p)$\{O}，P 的逆元素 −P=(ux,−uy,uz)，u∈F_p 且 u ≠ 0，P+(−P)=O。

④ 設點 P_1=(x1,y_1,z_1)∈$E(F_p)$\{O}，P_2=(x_2,y_2,z_2)∈$E(F_p)$\{O}，P_3=P_1+P_2=(x_3,y_3,z_3) ≠ O。

若 $P_1 \neq P_2$，則：$\lambda_1 = x_1 z_2$，$\lambda_2 = x_2 z_1$，$\lambda_3 = \lambda_1 - \lambda_2$，$\lambda_4 = y_1 z_2$，$\lambda_5 = y_2 z_1$，$\lambda_6 = \lambda_4 - \lambda_5$，$\lambda_7 = \lambda_1 + \lambda_2$，$\lambda_8 = z_1 z_2$，$\lambda_9 = \lambda_3^2$，$\lambda_{10} = \lambda_3 \lambda_9$，$\lambda_{11} = \lambda_8 \lambda_6^2 - \lambda_7 \lambda_9$，$x_3 = \lambda_3 \lambda_{11}$，$y_3 = \lambda_6(\lambda_9 \lambda_1 - \lambda_{11}) - \lambda_4 \lambda_{10}$，$z_3 = \lambda_{10} \lambda_8$。

若 $P_1 = P_2$，則：$\lambda_1 = 3x_1^2 + a z_1^2$，$\lambda_2 = 2y_1 z_1$，$\lambda_3 = y_1^2$，$\lambda_4 = \lambda_3 x_1 z_1$，$\lambda_5 = \lambda_2^2$，$\lambda_6 = \lambda_1^2 - 8\lambda_4$，$x_3 = \lambda_2 \lambda_6$，$y_3 = \lambda_1(4\lambda_4 - \lambda_6) - 2\lambda_5 \lambda_3$，$z_3 = \lambda_2 \lambda_5$。

（2）Jacobian 加重射影座標系

在 Jacobian 加重射影座標系下，F_p 上橢圓曲線方程式可以簡化為 $y^2 = x^3 + axz^4 + bz^6$。其中 $a, b \in F_p$，且 $4a^3 + 27b^2 \neq 0 \bmod p$。橢圓曲線上的點集記為 $E(F_p) = \{(x,y,z) | x,y,z \in F_p$ 且滿足曲線方程式 $y^2 = x^3 + axz^4 + bz^6\}$。對於 (x_1, y_1, z_1) 和 (x_2, y_2, z_2)，若存在某個 $u \in F_p$ 且 $u \neq 0$，使得：$x_1 = u^2 x_2$，$y_1 = u^3 y_2$，$z_1 = u z_2$，則稱這兩個三元組相等，表示同一個點。

若 $z \neq 0$，記 $X = x/z^2$，$Y = y/z^3$，則可從 Jacobian 加重射影座標表示轉化為仿射座標表示：$Y^2 = X^3 + aX + b$。

若 $z = 0$，則 $(1,1,0)$ 對應的仿射座標系下的點即為無窮遠點 O。

Jacobian 加重射影座標系下，$E(F_p)$ 上點的加法運算定義如下：

① O+O=O。

② $\forall P = (x,y,z) \in E(F_p) \backslash \{O\}$，P+O=O+P=P。

③ $\forall P = (x,y,z) \in E(F_p) \backslash \{O\}$，P 的逆元素 $-P = (u^2 x, -u^3 y, uz)$，$u \in F_p$ 且 $u \neq 0$，P+(−P)=O。

④ 設點 $P_1 = (x_1, y_1, z_1) \in E(F_p) \backslash \{O\}$，$P_2 = (x_2, y_2, z_2) \in E(F_p) \backslash \{O\}$，$P_3 = P_1 + P_2 = (x_3, y_3, z_3) \neq O$。

若 $P_1 \neq P_2$，則：$\lambda_1 = x_1 z_2^2$，$\lambda_2 = x_2 z_1^2$，$\lambda_3 = \lambda_1 - \lambda_2$，$\lambda_4 = y_1 z_2^3$，$\lambda_5 = y_2 z_1^3$，$\lambda_6 = \lambda_4 - \lambda_5$，$\lambda_7 = \lambda_1 + \lambda_2$，$\lambda_8 = \lambda_4 + \lambda_5$，$x_3 = \lambda_6^2 - \lambda_7 \lambda_3^2$，$\lambda_9 = \lambda_7 \lambda_3^2 - 2x_3$，$y_3 = (\lambda_9 \lambda_6 - \lambda_8 \lambda_3^3) / 2$，$z_3 = z_1 z_2 \lambda_3$。

若 $P_1 = P_2$，則：$\lambda_1 = 3x_1^2 + az_1^4$，$\lambda_2 = 4x_1 y_1^2$，$\lambda_3 = 8y_1^4$，$x_3 = 8_1^2 - 2\lambda_2$，$y_3 = \lambda_1(\lambda_2 - x_3) - \lambda_3$，$z_3 = 2y_1 z_1$。

13.1.3 F_p 上橢圓曲線的階

F_p（p 為大於 3 的質數）上一條橢圓曲線的階是指點集 $E(F_p)$ 中元素的個數，記為 $\#E(F_p)$。由 Hasse 定理得知：$p+1-2p^{1/2} \leqslant \#E(F_p) \leqslant p+1+2p^{1/2}$。

在素域 F_p 上，若一條曲線的階 $\#E(F_p) = p+1$，則稱此曲線為超奇異的，否則為非超奇異的。

13.2 二元擴域 F_{2^m}

13.2.1 二元擴域 F_{2^m} 的定義

由 2^m 個元素組成的有限域 F_{2^m} 是 F_2 的 m 次擴張，稱為 m 次二元擴域。F_{2^m} 可以看成 F_2 上維數為 m 的向量空間，也就是說，在 F_{2^m} 中存在 m 個元素 $\alpha_0, \alpha_1, \cdots, \alpha_{m-1}$ 使得 $\forall \alpha \in F_{2^m}$，$\alpha$ 可以唯一表示為：$\alpha = a_0\alpha_0 + a_1\alpha_1 + \cdots + a_{m-1}\alpha_{m-1}$，其中 $a_i \in F_2$，稱 $\{\alpha_0, \alpha_1, \cdots, \alpha_{m-1}\}$ 為 F_{2^m} 在 F_2 上的一組基。指定這樣一組基，就可以由向量 $(a_0, a_1, \cdots, a_{m-1})$ 來表示域元素 α。F_{2^m} 在 F_2 上的基有多種選擇，域元素的加法在不同的基下的運算規則是一致的，都可以透過向量按分量互斥運算得到；域元素的乘法在不同的基下有不同的運算規則（如用多項式基底資料表示和用正規基底資料表示時其運算規則就不一致）。

1. 多項式基

設 F_2 上 m 次不可約多項式 $f(x) = x^m + f_{m-1}x^{m-1} + \cdots + f_2x^2 + f_1x + f_0$（其中 $f_i \in F_2$；$i=0,1,\cdots,m-1$）是二元擴域 F_{2^m} 的約化多項式。F_{2^m} 由 F_2 上所有次數低於 m 的多項式組成，即：$F_{2^m} = \{a_{m-1}x^{m-1} + a_{m-2}x^{m-2} + \cdots + a_1x + a_0 | a_i \in F_2$，$i=0,1,\cdots,m-1\}$。

多項式集合 $\{x^{m-1}, x^{m-2}, \cdots, x, 1\}$ 是 F_{2^m} 作為向量空間在 F_2 上的一組基，稱為多項式基。

域元素 $a_{m-1}x^{m-1} + a_{m-2}x^{m-2} + \cdots + a_1x + a_0$ 相對多項式基可以由長度為 m 的位元串

$(a_{m-1}a_{m-2}\cdots a_1a_0)$ 來表示，所以 $F_{2^m} = \{(a_{m-1}a_{m-2}\cdots a_1a_0) | a_i \in F_2; i=0,1,\cdots,m-1\}$ 乘法單位 1 由 $(00\cdots01)$ 表示，零元由 $(00\cdots00)$ 表示。

域元素的加法和乘法定義如下：

① 加法運算：

$\forall (a_{m-1}a_{m-2}\cdots a_1a_0),(b_{m-1}b_{m-2}\cdots b_1b_0) \in F_{2^m}$，則 $(a_{m-1}a_{m-2}\cdots a_1a_0)+(b_{m-1}b_{m-2}\cdots b_1b_0)=$ $(c_{m-1}c_{m-2}\cdots c_1c_0)$，其中 $c_i = a_i \oplus b_i$，$i=0,1,\cdots,m-1$，即加法運算按分位元互斥運算執行。

② 乘法運算：

$\forall (a_{m-1}a_{m-2}\cdots a_1a_0),(b_{m-1}b_{m-2}\cdots b_1b_0) \in F_{2^m}$，則 $(a_{m-1}a_{m-2}\cdots a_1a_0) \cdot (b_{m-1}b_{m-2}\cdots b_1b_0)=$ $(r_{m-1}r_{m-2}\cdots r_1r_0)$，其中多項式 $(r_{m-1}x^{m-1}+r_{m-2}x^{m-2}+\cdots+r_1x+r_0)$ 是 $(a_{m-1}x^{m-1}+a_{m-2}x^{m-2}+$ $\cdots+a_1x+a_0) \cdot (b_{m-1}x^{m-1}+b_{m-2}x^{m-2}+\cdots+b_1x+b_0)$ 在 F_2 上 $\bmod f(x)$ 的餘式。

注意，F_{2^m} 包含 2^m 個元素。記 $F_{2^m}^{*}$ 是由 F_{2^m} 中所有非零元組成的乘法群，$F_{2^m}^{*}$ 是迴圈群，在 F_{2^m} 中至少存在一個元素 g，使得 $F_{2^m}^{*}$ 中任一非零元都可以由 g 的方冪表示，稱 g 為 $F_{2^m}^{*}$ 的生成元（或本原元），即：$F_{2^m}^{*}$ $=\{g^i | 0 \leqslant i \leqslant 2^m-2\}$。設 $a=g^i \in F_{2^m}^{*}$，其中 $0 \leqslant i \leqslant 2^m-2$，則 a 的乘法逆元為：$a^{-1}= g^{2^m-1-i}$。

【範例】：二元擴域 F_{2^5} 的多項式基底資料表示。

取 F_2 上的不可約多項式 $f(x)=x^5+x^2+1$，則 F_{2^5} 中的元素是：(00000)，(00001)，(00010)，(00011)，(00100)，(00101)，(00110)，(00111)，(01000)，(01001) (01010)，(01011)，(01100)，(01101)，(01110)，(01111)，(10000)，(10001)，(10010)，(10011)，(10100)，(10101)，(10110)，(10111)，(11000)，(11001)，(11010)，(11011)，(11100)，(11101)，(11110)，(11111)。

加法：$(11011)+(10011)=(01000)$。

乘法：$(11011) \cdot (10011)=(00100)$。

$$(x^4 +x^3+x+1) \cdot (x^4+x+1) = x^8 +x^7+x^4 +x^3 +x^2+1$$

$$= (x^5+x^2 +1) \cdot (x^3 +x^2+1)+x2$$

$$\equiv x^2 \,(\mathrm{mod}\, f(x))$$

即 x^2 是 $(x^4 +x^3 +x+1) \cdot (x^4+x+1)$ 除以 $f(x)$ 的餘式。

乘法單位是 (00001)，$\alpha=x$ 是 $F_{2^5}^*$ 的生成元，則 α 的方冪為：$\alpha^0=(00001)$，$\alpha^1=(00010)$，$\alpha^2=(00100)$，$\alpha^3=(01000)$，$\alpha^4=(10000)$，$\alpha^5=(00101)$，$\alpha^6=(01010)$，$\alpha^7=(10100)$，$\alpha^8=(01101)$，$\alpha^9=(11010)$，$\alpha^{10}=(10001)$，$\alpha^{11}=(00111)$，$\alpha^{12}=(01110)$，$\alpha^{13}=(11100)$，$\alpha^{14}=(11101)$，$\alpha^{15}=(11111)$，$\alpha^{16}=(11011)$，$\alpha^{17}=(10011)$，$\alpha^{18}=(00011)$，$\alpha^{19}=(00110)$，$\alpha^{20}=(01100)$，$\alpha^{21}=(11000)$，$\alpha^{22}=(10101)$，$\alpha^{23}=(01111)$，$\alpha^{24}=(11110)$，$\alpha^{25}=(11001)$，$\alpha^{26}=(10111)$，$\alpha^{27}=(01011)$，$\alpha^{28}=(10110)$，$\alpha^{29}=(01001)$，$\alpha^{30}=(10010)$，$\alpha^{31}=(00001)$。

2. 三項式基和五項式基

三項式基和五項式基是特殊的多項式基。

（1）三項式基

F_2 上的三項式是形如 x^m+x^k+1 的多項式，其中 $1 \leqslant k \leqslant m-1$。

的三項式基底資料表示是由 F_2 上一個 m 次不可約三項式決定的，只有某些特定的 m 值存在這樣的三項式。上述範例即為 F_{2^5} 的三項式基底資料表示。

對於 $192 \leqslant m \leqslant 512$，圖 13-3 列出了存在 m 次不可約三項式的每一個 m 值，並對每個這樣的 m 列出了最小的 k，使得三項式 x^m+x^k+1 在 F_2 上是不可約的。

m, k	m, k	m, k	m, k	m, k	m, k
193, 15	194, 87	196, 3	198, 9	199, 34	201, 14
202, 55	204, 27	207, 43	209, 6	210, 7	212, 105
214, 73	215, 23	217, 45	218, 11	220, 7	223, 33
225, 32	228, 113	231, 26	233, 74	234, 31	236, 5
238, 73	239, 36	241, 70	242, 95	244, 111	247, 82
249, 35	250, 103	252, 15	253, 46	255, 52	257, 12
258, 71	260, 15	263, 93	265, 42	266, 47	268, 25
270, 53	271, 58	273, 23	274, 67	276, 63	278, 5
279, 5	281, 93	282, 35	284, 53	286, 69	287, 71
289, 21	292, 37	294, 33	295, 48	297, 5	300, 5
302, 41	303, 1	305, 102	308, 15	310, 93	313, 79
314, 15	316, 63	318, 45	319, 36	321, 31	322, 67
324, 51	327, 34	329, 50	330, 99	332, 89	333, 2
337, 55	340, 45	342, 125	343, 75	345, 22	346, 63
348, 103	350, 53	351, 34	353, 69	354, 99	358, 57
359, 68	362, 63	364, 9	366, 29	367, 21	369, 91
370, 139	372, 111	375, 16	377, 41	378, 43	380, 47
382, 81	383, 90	385, 6	386, 83	388, 159	390, 9
391, 28	393, 7	394, 135	396, 25	399, 26	401, 152
402, 171	404, 65	406, 141	407, 71	409, 87	412, 147
414, 13	415, 102	417, 107	418, 199	420, 7	422, 149
423, 25	425, 12	426, 63	428, 105	431, 120	433, 33
436, 165	438, 65	439, 49	441, 7	444, 81	446, 105
447, 73	449, 134	450, 47	455, 38	457, 16	458, 203
460, 19	462, 73	463, 93	465, 31	468, 27	470, 9
471, 1	473, 200	474, 191	476, 9	478, 121	479, 104
481, 138	484, 105	486, 81	487, 94	489, 83	490, 219
492, 7	494, 17	495, 76	497, 78	498, 155	500, 27
503, 3	505, 156	506, 23	508, 9	510, 69	511, 10

圖 13-3

（2）五項式基

F_2 上 的 五 項 式 是 形 如 $x^m + x^{k_3} + x^{k_2} + x^{k_1} + 1$ 的 多 項 式，其 中 $1 \leqslant k_1 < k_2 < k_3 \leqslant m-1$。$F_{2^m}$ 的 五 項 式 基 底 資 料 表 示 是 由 F_2 上 一 個 m 次 不 可 約 五 項 式 決 定 的。對 於 $4 \leqslant m \leqslant 512$，均 存 在 這 樣 的 五 項 式。

對 於 $192 \leqslant m \leqslant 512$ 且 不 存 在 不 可 約 三 項 式 的 m，圖 13-4 列 出 了 其 不 可 約 五 項 式 的 m 值，並 對 每 一 個 這 樣 的 m 列 出 三 元 組 (k_1, k_2, k_3)，滿 足：

① $x^m + x^{k_3} + x^{k_2} + x^{k_1} + 1$ 在 F_2 上 不 可 約。

② k_1 設 定 值 盡 可 能 小。

③ 對於這個選定的 k_1，k_2 設定值盡可能小。

④ 對於選定的 k_1 和 k_2，k_3 設定值盡可能小。

m	(k_1,k_2,k_3)	m	(k_1,k_2,k_3)	m	(k_1,k_2,k_3)	m	(k_1,k_2,k_3)
192	(1,2,7)	195	(1,2,37)	197	(1,2,21)	200	(1,2,81)
203	(1,2,45)	205	(1,2,21)	206	(1,2,63)	208	(1,2,83)
211	(1,2,165)	213	(1,2,62)	216	(1,2,107)	219	(1,2,65)
221	(1,2,18)	222	(1,2,73)	224	(1,2,159)	226	(1,2,30)
227	(1,2,21)	229	(1,2,21)	230	(1,2,13)	232	(1,2,23)
235	(1,2,45)	237	(1,2,104)	240	(1,3,49)	243	(1,2,17)
245	(1,2,37)	246	(1,2,11)	248	(1,2,243)	251	(1,2,45)
254	(1,2,7)	256	(1,2,155)	259	(1,2,254)	261	(1,2,74)
262	(1,2,207)	264	(1,2,169)	267	(1,2,29)	269	(1,2,117)
272	(1,3,56)	275	(1,2,28)	277	(1,2,33)	280	(1,2,113)
283	(1,2,200)	285	(1,2,77)	288	(1,2,191)	290	(1,2,70)
291	(1,2,76)	293	(1,3,154)	296	(1,2,123)	298	(1,2,78)
299	(1,2,21)	301	(1,2,26)	304	(1,2,11)	306	(1,2,106)
307	(1,2,93)	309	(1,2,26)	311	(1,3,155)	312	(1,2,83)
315	(1,2,142)	317	(1,3,68)	320	(1,2,7)	323	(1,2,21)
325	(1,2,53)	326	(1,2,67)	328	(1,2,51)	331	(1,2,134)
334	(1,2,5)	335	(1,2,250)	336	(1,2,77)	338	(1,2,112)
339	(1,2,26)	341	(1,2,57)	344	(1,2,7)	347	(1,2,96)
349	(1,2,186)	352	(1,2,263)	355	(1,2,138)	356	(1,2,69)
357	(1,2,28)	360	(1,2,49)	361	(1,2,44)	363	(1,2,38)
365	(1,2,109)	368	(1,2,85)	371	(1,2,156)	373	(1,3,172)
374	(1,2,109)	376	(1,2,77)	379	(1,2,222)	381	(1,2,5)
384	(1,2,299)	387	(1,2,146)	389	(1,2,159)	392	(1,2,145)
395	(1,2,333)	397	(1,2,125)	398	(1,3,23)	400	(1,2,245)
403	(1,2,80)	405	(1,2,38)	408	(1,2,323)	410	(1,2,16)
411	(1,2,50)	413	(1,2,33)	416	(1,3,76)	419	(1,2,129)
421	(1,2,81)	424	(1,2,177)	427	(1,2,245)	429	(1,2,14)
430	(1,2,263)	432	(1,2,103)	434	(1,2,64)	435	(1,2,166)
437	(1,2,6)	440	(1,2,37)	442	(1,2,32)	443	(1,2,57)
445	(1,2,225)	448	(1,3,83)	451	(1,2,33)	452	(1,2,10)
453	(1,2,88)	454	(1,2,195)	456	(1,2,275)	459	(1,2,332)
461	(1,2,247)	464	(1,2,310)	466	(1,2,78)	467	(1,2,210)
469	(1,2,149)	472	(1,2,33)	475	(1,2,68)	477	(1,2,121)
480	(1,2,149)	482	(1,2,13)	483	(1,2,352)	485	(1,2,70)
488	(1,2,123)	491	(1,2,270)	493	(1,2,171)	496	(1,3,52)
499	(1,2,174)	501	(1,2,332)	502	(1,2,99)	504	(1,3,148)
507	(1,2,26)	509	(1,2,94)	512	(1,2,51)		

圖 13-4

3. 選擇多項式基的規則

F_{2^m} 的不同多項式基底資料表示取決於約化多項式的選擇：

（1）若存在 F_2 上的 m 次不可約三項式，則約化多項式 f (x) 選用不可約三項式 x^m+x^k+1，為了使實現的效果更好，k 的設定值應盡可能小。

（2）若不存在 F_2 上的 m 次不可約三項式，則約化多項式 f(x) 選用不可約五項式 $x^m+xk^3+xk^2+xk^1+1$。為了使實現的效果更好：k_1 應盡可能小；對於這個選定的 k_1，k_2 應盡可能小；對於選定的 k_1 和 k_2，k_3 應盡可能小。

4. 正規基

形如 $\{\beta, \quad, \beta^{2^2}, \cdots, \beta^{2^{m-1}}\}$ 的基是 F_{2^m} 在 F_2 上的一組正規基，其中 $\beta \in F_{2^m}$。這樣的基總是存在的。$\forall \alpha \in F_{2^m}$，則 α 則 $\alpha_0 \beta^{2^0}+a_1\beta^{2^1}+\cdots+a_{m-1}\beta^{2^{m-1}}$，其中 $a_i \in F_2(i=0,1,\cdots,m-1)$，並記為 α 並記為 $_0a_1a_2\cdots a_{m-2}a_{m-1})$，域元素 α 由長度為 m 的位元串表示。所以 $F_{2^m}=\{(a_0a_1a_2\cdots a_{m-2}a_{m-1})|a_i \in F_2, 0aa$ 表示 -1$\}$，乘法單位 1 由 m 個 1 的位元串 $(11\cdots1)$ 表示，零元由 m 個 0 的位元串 $(00\cdots0)$ 表示。

注意：透過約定，正規基底資料表示的位元排序同多項式基底資料表示的位元排序是不一樣的。

在正規基底資料表示下，F_{2^m} 中的求平方運算是迴圈右移位元運算：

$$\forall \alpha \in F_{2^m}, \alpha = a_0\beta^{2^0} + a_1\beta^{2^1} + \ldots a_{m-1}\beta^{2^{m-1}} = (a_0a_1a_2\ldots a_{m-2}a_{m-1})$$

$$\alpha^2 = (\sum_{i=0}^{m-1}a_i\beta^{2^i})^2 = \sum_{i=0}^{m-1}a_i^2\beta^{2^{i+1}} = \sum_{i=0}^{m-1}a_{i-1}\beta^{2^i} = (a_{m-1}a_0\ldots a_{m-2})$$

在這種情況下，求平方運算只是長度為 m 的位元串的迴圈移位元，便於仕硬體上實現。

5. 高斯正規基

F_{2^m} 在 F_2 上的正規基是形式為 $N=\{\beta, \beta^2, \beta^{2^2}, \cdots, \beta^{2^{m-1}}\}$ 的一組基，其中 $\beta \in F_{2^m}$。正規基底資料表示在求取元素的平方時有計算優勢，但對於一般

意義下的不同元素的乘法運算不太方便。因此，通常專用一種稱為高斯正規基的基，對於這樣的基，乘法既簡單又有效。

當 m 不能被 8 整除時，F_{2^m} 存在高斯正規基。高斯正規基的類型 T 是指在此基下度量乘法運算複雜度的正整數。一般情況下，類型 T 越小，乘法效率越高。對於指定的 m 和 T，域 F_{2^m} 至多有一個類型 T 的高斯正規基。在所有正規基中，類型 1 和類型 2 的高斯正規基有最有效的乘法運算，因而也稱它們為最佳正規基。類型 1 的高斯正規基稱為 I 型最佳正規基，類型 2 的高斯正規基稱為 II 型最佳正規基。

有限域 F_{2^m} 中的元素 a 在高斯正規基下可以由長度為 m 的位元串 $(a_{m-1}a_{m-2}\cdots a_1a_0)$ 來表示。

13.2.2 F_{2^m} 上橢圓曲線的定義

F_{2^m} 上橢圓曲線常用的表示形式有兩種：仿射座標表示和射影座標表示。

1. 仿射座標表示

在仿射座標系下，F_{2^m} 上非超奇異橢圓曲線方程式可以簡化為 $y^2+xy=x^3+ax^2+b$，其中 $a,b \in F_{2^m}$，且 $b \neq 0$。橢圓曲線上的點集記為 $E(F_{2^m})=\{(x,y)|x,y \in F_{2^m}$ 且滿足曲線方程式 $y^2+xy=x^3+ax^2+b\} \cup \{O\}$，其中 O 是橢圓曲線的無窮遠點，又稱為零點。

$E(F_{2^m})$ 按照下面的加法運算規則組成一個阿貝爾群：

（1）O+O=O。

（2）$\forall P=(x,y) \in E(F_{2^m}) \backslash \{O\}$，P+O=O+P=P。

（3）$\forall P=(x,y) \in E(F_{2^m}) \backslash \{O\}$，P 的逆元素 -P=(x,x+y)，P+(-P)=O。

（4）兩個非互逆的不同點相加的規則：

設 $P_1=(x_1,y_1) \in E(F_{2^m}) \backslash \{O\}$，$P_2=(x_2,y_2) \in E(F_{2^m}) \backslash \{O\}$，且 $x_1=x_2$。

設 $P_3=(x_3,y_3)=P_1+P_2$，則：

$$\begin{cases} x_3 = \lambda^2 + \lambda + x_1 + x_2 + a \\ y_3 = \lambda\left(x_1 + x_3\right) + x_3 + y_1 \end{cases}$$

其中，$\lambda = \dfrac{y_1 + y_2}{x_1 + x_2}$

（5）倍點規則：

設 $P_1=(x_1,y_1) \in E(\ F_{2^m}\ )\backslash\{O\}$ 且 $x_1 \neq 0$，$P_3=(x_3,y_3)=P_1+P_2$，則：

$$\begin{cases} x_3 = \lambda^2 + \lambda + a \\ y_3 = x_1^2 + \left(\lambda+1\right)x_3 \end{cases}$$

其中 $\lambda = x_1 + \dfrac{y_1}{x_1}$。

2. 射影座標表示

射影座標的表示有兩種：標準射影座標系和 Jacobian 加重射影座標系。

（1）標準射影座標系

在標準射影座標系下，F_{2^m} 上非超奇異橢圓曲線方程式可以簡化為 $y^2z+xyz = x^3+ax^2z+bz^3$，其中 $a,b \in F_{2^m}$，且 $b \neq 0$。$E(\ F_{2^m}\ )=\{(x,y,z)|x,y,z \in F_{2^m}$ 且滿足曲線方程式 $y^2z+xyz=x^3+ax^2z+bz^3\}$。對於 (x_1,y_1,z_1) 和 (x_2,y_2,z_2)，若存在某個 $u \in F_{2^m}$ 且 $u \neq 0$，使得：$x_1=ux_2$，$y_1=uy_2$，$z_1=uz_2$，則稱這兩個三元組相等，表示同一個點。

若 $z \neq 0$，記 $X=x/z$，$Y=y/z$，則可從標準射影座標表示轉化為仿射座標表示：$Y^2+XY=X^3+aX^2+b$；若 $z=0$，則 $(0,1,0)$ 對應的仿射座標系下的點即無窮遠點 O。

在標準射影座標系下，$E(\ F_{2^m})$ 上點的加法運算定義為：橢圓曲線 $E(\ F_{2^m}\ )$ 上的點按照下面的加法運算規則組成一個交換群：

① $O+O=O$。

② $\forall P=(x,y,z) \in E(\ F_{2^m}\ )\backslash\{O\}$，$P+O=O+P=P$。

③ $\forall P=(x,y,z) \in E(\ F_{2^m}\ )\backslash\{O\}$，P 的逆元素 $-P=(ux,u(x+y),uz)$，$u \in F_{2^m}$ 且 $u \neq 0$，$P+(-P)=O$。

④ 設點 $P_1=(x_1,y_1,z_1) \in E(F_{2^m}) \backslash \{O\}$ ，$P_2=(x_2,y_2,z_2) \in E(F_{2^m}) \backslash \{O\}$ ，
$P_3=P_1+P_2=(x_3,y_3,z_3) \neq O$ 。

若 $P_1 \neq P2$ ，則：

$\lambda_1 = x_1z_2$ ，$\lambda_2 = x_2z_1$ ，$\lambda_3 = \lambda_1+\lambda_2$ ，$\lambda_4 = y_1z_2$ ，$\lambda_5 = y_2z_1$ ，$\lambda_6 = \lambda_4+\lambda_5$ ，$\lambda_7 = z_1z_2$ ，
$\lambda_8 = \lambda_3^2$ ，$\lambda_9 = \lambda_8\lambda_7$ ，$\lambda_{10} = \lambda_3\lambda_8$ ，$\lambda_{11} = \lambda_6\lambda_7(\lambda_6+\lambda_3)+\lambda_{10}+a\lambda_9$ ，$x_3 = \lambda_3\lambda_{11}$ ，
$y_3 = \lambda_6(\lambda_1\lambda_8+\lambda_{11})+x_3+\lambda_{10}\lambda_4$ ，$z_3 = \lambda_3\lambda_9$ 。

若 $P_1=P_2$ ，則：

$\lambda_1 =x_1z_1$ ，$\lambda_2 = x_1^2$ ，$\lambda_3 =\lambda_2+y_1z_1$ ，$\lambda_4 =\lambda_1^2$ ，$\lambda_5 =\lambda_3(\lambda_1+\lambda_3)+a\lambda_4$ ，$x_3 =\lambda_1\lambda_5$ ，
$y_3 =\lambda_2^2\lambda_1+\lambda_3\lambda_5+x_3$ ，$z_3 =\lambda_1\lambda_4$ 。

（2）Jacobian 加重射影座標系

在 Jacobian 加重射影座標系下，F_{2^m} 上非超奇異橢圓曲線方程式可以簡化為 $y^2+xyz = x^3+ax^2z^2+bz^6$ ，其中 $a,b \in F_{2^m}$ ，且 $b \neq 0$ 。$E(F_{2^m})= \{(x,y,z)|x,y,z \in F_{2^m}$ 且滿足曲線方程式 $y^2+xyz=x^3+ax^2z^2+bz^6\}$ 。對於 (x_1,y_1,z_1) 和 (x_2,y_2,z_2) ，若存在某個 $u \in F_{2^m}$ 且 $u \neq 0$ ，使得：$x_1=u^2x_2$ ，$y_1=u^3y_2$ ，$z_1=uz_2$ ，則稱這兩個三元組相等，表示同一個點。

若 $z \neq 0$ ，記 $X=x/z_2$ ，$Y=y/z_3$ ，則可從 Jacobian 加重射影座標表示轉化為仿射座標表示：$Y_2+XY=X^3+aX^2+b$ 。

若 $z=0$ ，則 $(1,1,0)$ 對應的仿射座標系下的點即無窮遠點 O。

在 Jacobian 加重射影座標系下，$E(F_{2^m})$ 上點的加法運算定義如下：

橢圓曲線 $E(F_{2^m})$ 上的點按照下面的加法運算規則組成一個交換群：

① $O+O=O$ ；

② $\forall P=(x,y,z) \in E(F_{2^m}) \backslash \{O\}$ ，$P+O=O+P=P$ 。

③ $\forall P=(x,y,z) \in E(F_{2^m}) \backslash \{O\}$ ，P 的逆元素 $-P=(u^2x,u^2x+u^3y,uz)$ ，$u \in F_{2^m}$ 且 $u \neq 0$ ，$P+(-P)=O$ 。

④ 設點 $P_1=(x_1,y_1,z_1) \in E(F_{2^m}) \backslash \{O\}$ ，$P_2=(x_2,y_2,z_2) \in E(F_{2^m}) \backslash \{O\}$ ，
$P_3=P_1+P_2=(x_3,y_3,z_3) \neq O$ 。

若 $P_1 \neq P_2$，則：

$\lambda_1 = x_1 z_2^{\ 2}$，$\lambda_2 = x_2 z_1^{\ 2}$，$\lambda_3 = \lambda_1 + \lambda_2$，$\lambda_4 = y_1 z_2^{\ 3}$，$\lambda_5 = y_2 z_1^{\ 3}$，$\lambda_6 = \lambda_4 + \lambda_5$，$\lambda_7 = z_1 \lambda_3$，$\lambda_8 = \lambda_6 x_2 + \lambda_7 y_2$，$z_3 = \lambda_7 z_2$，$\lambda_9 = \lambda_6 + z_3$，$x_3 = a z_3^{\ 3} + \lambda_6 \lambda_9 + \lambda_3^{\ 3}$，$y_3 = \lambda_9 x_3 + \lambda_8 \lambda_7^{\ 2}$。

若 $P_1 = P_2$，則：

$z_3 = x_1 z_1^{\ 2}$，$x_3 = (x_1 + b z_1^{\ 2})^4$，$\lambda = z_3 + x_1^{\ 2} + y_1 z_1$，$y_3 = x_1^{\ 4} z_3 + \lambda x_3$。

13.2.3 F_{2^m} 上橢圓曲線的階

F_{2^m} 上的一條橢圓曲線 E 的階是指點集 $E(F_{2^m})$ 中元素的個數，記為 $\#E(F_{2^m})$。

由 Hasse 定理可知：$2^{m+1} - 2^{1+m/2} \leqslant \#E(F_{2^m}) \leqslant 2^m + 1 + 2^{1+m/2}$。

13.3 橢圓曲線多倍點運算

13.3.1 定義

設 P 是橢圓曲線 E 上階為 N 的點，k 為正整數，P 的 k 倍點為 Q，即：

$Q = [k]P = P + P + \cdots + P$　　（k 個 P 相加）

13.3.2 橢圓曲線多倍點運算的實現

橢圓曲線多倍點運算的實現有多種方法，這裡列出三種方法，以下都假設 $1 \leqslant k < N$。

1. 演算法一：二進位展開法

輸入：點 P，l 位元的整數 $k = \sum_{j=0}^{l-1} k_j 2^j$，$k_j \in \{0,1\}$。

輸出：Q=[k]P。

（1）置 Q=O。

（2）j 從 l-1 下降到 0 執行：

   ① Q=[2]Q。

   ② 若 k_j=1，則 Q=Q+P。

（3）輸出 Q。

2. 演算法二：加減法

輸入：點 P，l 位元的整數 $k = \sum_{j=0}^{l-1} k_j 2^j$，$k_j \in \{0,1\}$。

輸出：Q=[k]P。

（1）設 3k 的二進位表示是 $h_r h_{r-1} \cdots h_1 h_0$，其中最高位 h_r 為 1。

（2）設 k 的二進位表示是 $k_r k_{r-1} \cdots k_1 k_0$，顯然 r=l 或 l+1。

（3）置 Q=P。

（4）對 i 從 r−1 下降到 1 執行：

   ① Q=[2]Q。

   ② 若 h_i=1，且 k_i=0，則 Q=Q+P。

   ③ 若 h_i=0，且 ki=1，則 Q=Q−P。

（5）輸出 Q。

注意：減去點 (x,y)，只要加上 (x, -y)（對域 F_p），或 (x, x+y)（對域 F_{2^m}）。有多種不同的變種可以加速這一運算。

3. 演算法三：滑動窗法

輸入：點 P，l 位元的整數 $k = \sum_{j=0}^{l-1} k_j 2^j$，$k_j \in \{0,1\}$。

輸出：Q=[k]P。

設視窗長度 r>1。

（1）P_1=P，P_2=[2]P。

（2）i 從 1 到 2r−1−1 計算 $P_{2i+1} = P_{2i-1} + P_2$。

（3）置 j=l−1，Q=O。

主迴圈

（4）當 j≥0 執行：

　① 若 $k_j=0$，則 $Q=[2]Q$，$j=j-1$。

　② 否則：

　　1）令 t 是使 j−t+1≤r 且 $k_t=1$ 的最小整數。

　　2）$h_j = \sum_{i=0}^{j-t} k_{t+i} 2^j$。

　　3）$Q=[2^{j-t+1}]Q+P_{hj}$。

　　4）置 j=t−1。

（5）輸出 Q。

13.3.3　橢圓曲線多倍點運算複雜度估計

不同座標系下橢圓曲線的點加運算和倍點運算的複雜度各不相同。我們先看素域上橢圓曲線加法運算的複雜度，如圖 13-5 所示。

運　算	座　標　系		
	仿射座標	標準射影座標	Jacobian加重射影座標
一般加法	1I+2M+1S	13M+2S	12M+4S
倍　點	1I+2M+2S	8M+5S	4M+6S

圖 13-5

再看二元擴域上橢圓曲線加法運算的複雜度，如圖 13-6 所示。

運　算	座　標　系		
	仿射座標	標準射影座標	Jacobian加重射影座標
一般加法($a \neq 0$)	1I+2M+1S	15M+1S	15M+5S
倍　點	1I+2M+2S	8M+3S	5M+5S

圖 13-6

注意：圖中 I、M 和 S 分別表示有限域中的求逆運算、乘法運算和平方運算。

計算多倍點 Q = [k]P，設 k 的位元數為 l，k 的漢明重量為 W，則演算法一需要 l-1 次橢圓曲線 2 倍點和 W-1 次點加運算；演算法二需要 l 次橢圓曲線 2 倍點和 l/3 次點加運算；演算法三分兩部分：預計算時需要一次 2 倍點運算和 $2^{r-1}-1$ 次點加運算，主迴圈部分需要 l-1 次 2 倍點運算和 l/(r+1)-1 次點加運算，共需要 l 次 2 倍點運算和 $2^{r-1}+l/(r+1)-2$ 次點加運算。一般有 W ≈ l/2，則多倍點運算的複雜度以下（基域為二元擴域時，假設 a ≠ 0，當 a=0 時，少一次乘法運算）：

1. 演算法一

基域為素域：

- 仿射座標下的複雜度：1.5lI+3lM+2.5lS。
- 標準射影座標下的複雜度：14.5lM+6lS。
- Jacobian 加重射影座標下的複雜度：10lM+8lS。

基域為二元擴域：

- 仿射座標下的複雜度：1.5lI+3lM+2.5lS。
- 標準射影座標下的複雜度：15.5lM+3.5lS。
- Jacobian 加重射影座標下的複雜度：12.5lM+7.5lS。

2. 演算法二

基域為素域：

- 仿射座標下的複雜度：1.33lI+2.67lM+2.33lS。
- 標準射影座標下的複雜度：12.33lM+5.67lS。
- Jacobian 加重射影座標下的複雜度：8lM+7.33lS。

基域為二元擴域：

- 仿射座標下的複雜度：1.33lI+2.67lM+2.33lS。
- 標準射影座標下的複雜度：13lM+3.33lS。
- Jacobian 加重射影座標下的複雜度：10lM+6.67lS。

3. 演算法三

基域為素域：

- 仿射座標下的複雜度：$(1+l/(r+1)+2^{r-1}-2)(2M+I+S)+lS$。
- 標準射影座標下的複雜度：$(l/(r+1)+2^{r-1}-2)(13M+2S)+l(8M+5S)$。

- Jacobian 加重射影座標下的複雜度：

  $(l/(r+1)+2^{r-1}-2)(12M+4S)+l(4M+6S)$。

基域為二元擴域：

- 仿射座標下的複雜度：$(1+l/(r+1)+2^{r-1}-2)(2M+I+S)+lS$。
- 標準射影座標下的複雜度：$(l/(r+1)+2^{r-1}-2)(15M+1S)+l(8M+3S)$。
- Jacobian 加重射影座標下的複雜度：

  $(l/(r+1)+2^{r-1}-2)(15M+5S)+l(5M+5S)$。

13.4 求解橢圓曲線離散對數問題的方法

13.4.1 橢圓曲線離散對數求解方法

已知橢圓曲線 E(Fq)，階為 n 的點 P∈E(F$_q$) 及 Q∈(P)，橢圓曲線離散對數問題是指確定整數 k∈[0,n−1]，使得 Q=[k]P 成立。

ECDLP 現有攻擊方法：

- Pohlig-Hellman 方法：設 1 是 n 的最大素因數，則演算法複雜度為 $O(l^{1/2})$。
- BSGS 方法：時間複雜度與空間複雜度均為 $(\pi n/2)^{1/2}$。
- Pollard 方法：演算法複雜度為 $(\pi n/2)^{1/2}$。
- 平行 Pollard 方法：設 r 為平行處理器的個數，演算法複雜度降至 $(\pi n/2)^{1/2}/r$。
- MOV 方法：把超奇異橢圓曲線及具有相似性質的曲線的 ECDLP 降到 Fq 的小擴域上的離散對數。

將 ECDLP 轉化為超橢圓曲線離散對數問題，而求解高虧格的超橢圓曲線離散對數存在亞指數級計算複雜度演算法。

對於一般曲線的離散對數問題，目前的求解方法都為指數級計算複雜度，未發現有效的亞指數級計算複雜度的一般攻擊方法；而對於某些特殊曲線的離散對數問題，存在多項式級計算複雜度或亞指數級計算複雜度演算法。

選擇曲線時，應避免使用易受上述方法攻擊的密碼學意義上的弱橢圓曲線。

13.4.2 安全橢圓曲線滿足的條件

1. 抗 MOV 攻擊條件

A.Menezes、T.Okamoto、S.Vanstone、G.Frey 和 H.Rück 的 約 化 攻 擊 將有限域 F_q 上的橢圓曲線離散對數問題約化為 FqB(B>1) 上的離散對數問題。這個攻擊方法只有在 B 較小時是實用的，大多數橢圓曲線不符合這種情況。抗 MOV 攻擊條件確保一條橢圓曲線不易受此約化方法攻擊。多數 F_q 上的橢圓曲線確實滿足抗 MOV 攻擊的條件。

在驗證抗 MOV 攻擊條件之前，必須選擇一個 MOV 閾，它是使得求取 F_{q^B} 上的離散對數問題至少與求取 F_q 上的橢圓曲線離散對數問題同樣難的正整數 B。對於 $q > 2^{191}$ 的標準，要求 B≥27。選擇 B≥27 排除了對超奇異橢圓曲線的選取。

下述演算法用於驗證橢圓曲線系統的參數是否滿足抗 MOV 攻擊條件。

輸入：MOV 閾 B、質數冪 q 和質數 n。n 是 #E(Fq)=p 的素因數，其中 E(Fq) 是 F_q 上的橢圓曲線。

輸出：若 F_q 上包含 n 階基點的橢圓曲線滿足抗 MOV 攻擊條件，則輸出「正確」；否則輸出「錯誤」。

（1）置 t=1。

（2）對 i 從 1 到 B 執行：

　　① 置 t=(t · q)mod n。

　　② 若 t=1，則輸出「錯誤」並結束。

（3）輸出「正確」。

2. 抗異常曲線攻擊條件

設 $E(F_p)$ 為定義在素域 F_p 上的橢圓曲線，若 $\#E(F_p) = p$，則稱橢圓曲線 $E(F_p)$ 為異常曲線。N.Smart、T.Satoh 和 K.Araki 證明可在多項式時間內求解異常曲線的離散對數。抗異常曲線攻擊條件為 $\#E(F_p) \neq p$，滿足此條件確保橢圓曲線不受異常曲線攻擊。F_p 上的絕大多數橢圓曲線確實滿足抗異常曲線攻擊的條件。

下述演算法用於驗證橢圓曲線系統的參數是否滿足抗異常曲線攻擊條件。

輸入：F_p 上的橢圓曲線 $E(F_p)$，階 $N=\#E(F_p)$。

輸出：若 $E(F_p)$ 滿足抗異常曲線攻擊條件，則輸出訊息「正確」；否則輸出訊息「錯誤」。

若 $N = p$，則輸出「錯誤」；否則輸出「正確」。

3. 其他條件

為了避免 Pohlig-Hellman 方法和 Pollard 方法的攻擊，基點的階 n 必須是一個足夠大的質數；為了避免 GHS 方法的攻擊，F_{2^m} 中的 m 應該選擇質數。

13.5 橢圓曲線上點的壓縮

13.5.1 定義

對於橢圓曲線 $E(F_q)$ 上的任意非無窮遠點 $P=(x_P, y_P)$，該點能由僅儲存 x 座標 $x_P \in F_q$ 以及由 x_P 和 y_P 匯出的特定位元簡潔地表示，稱為點的壓縮表示。

13.5.2 F_p 上橢圓曲線點的壓縮與解壓縮方法

設 $P=(x_P, y_P)$ 是定義在 F_p 上橢圓曲線 $E：y^2=x^3+ax+b$ 上的點，$\tilde{y}_P$ 為 y_P 的最 ~ 右邊的位元，則點 P 可由 x_P 和位元 $\tilde{y}_P$ 表示。

由 x_P 和 $\tilde{y}_P$ 恢復 y_P 的方法如下：

（1）計算域元素 $\alpha = (x_P^3 + ax_P + b) \bmod p$。

（2）計算 $\alpha \bmod p$ 的平方根 β，若輸出是「不存在平方根」，則顯示出錯。

（3）若 β 的最右邊位元等於 $\tilde{y}_P$，則置 $y_P=\beta$；否則置 $y_P=p-\beta$。

13.5.3 F_{2^m} 上橢圓曲線點的壓縮與解壓縮方法

設 $P=(x_P, y_P)$ 是定義在 F_{2^m} 上的橢圓曲線 $E: y^2+xy=x^3+ax^2+b$ 上的點。若 $x_P=0$，則令 $\tilde{y}_P$ 為 0；若 $x_P \neq 0$，則令 $\tilde{y}_P$ 為域元素 $y_P \cdot x_P^{-1}$ 的最右邊一個位元。

由 x_P 和 $\tilde{y}_P$ 恢復 y_P 的方法如下：

（1）若 $x_P=0$，則 $y_P=b^{2^{m-1}}$（y_P 是 b 在 F_{2^m} 中的平方根）。

（2）若 $x_P \neq 0$，則執行：

① 在 F_{2^m} 中計算域元素 $\beta=x_P+a+bx_P^{-2}$。

② 尋找一個域元素 z，使得 $z^2+z=\beta$，若輸出是「解不存在」，則顯示出錯。

③ 設 $\tilde{z}$ 為 z 的最後一個位元。

④ 若 $y_P \neq \tilde{z}$，則置 $z=z+1$，其中 1 是乘法單位。

⑤ 計算 $y_P=x_P \cdot z$。

13.6 有限域和模運算

13.6.1 有限域中的指數運算

設 a 是正整數，g 是域 F_q 上的元素，指數運算是計算 g^a 的運算過程。透過以下概述的二進位方法可以有效地執行指數運算。

輸入：正整數 a，域 F_q，域元素 g。
輸出：g^a。

（1）置 $e = a \bmod(q-1)$，若 $e = 0$，則輸出 1。

（2）設 e 的二進位表示是 $e = e_r e_{r-1} \cdots e_1 e_0$，其最高位 e_r 為 1。

（3）置 $x = g$。

（4）對 i 從 $r-1$ 下降到 0 執行：

　　① 置 $x = x_2$。

　　② 若 $e_i = 1$，則置 $x = g \cdot x$。

（5）輸出 x。

13.6.2 有限域中的逆運算

設 g 是域 F_q 上的非零元素，則逆元素 g^{-1} 是使得 $g \cdot c = 1$ 成立的域元素 c。由於 $c = g^{q-2}$，因此求逆可透過指數運算實現。注意到，若 q 是質數，g 是滿足 $1 \leqslant g \leqslant q-1$ 的整數，則 $g-1$ 是整數 c，$1 \leqslant c \leqslant q-1$，且 $g \cdot c \equiv 1 (\bmod q)$。

輸入：域 F_q，F_q 中的非零元素 g。

輸出：逆元素 g^{-1}。

（1）計算 $c = g^{q-2}$。

（2）輸出 c。

此外，還可以用擴充的歐幾里德演算法來解，擴充的歐幾里德演算法我們在第 6 章已經介紹過了。

13.6.3 Lucas 序列的生成

令 X 和 Y 是非零整數，X 和 Y 的 Lucas 序列 U_k, V_k 的定義如下：

$U_0 = 0$, $U_1 = 1$，　　　當 $k \geqslant 2$ 時，$U_k = X \cdot U_k - 1 - Y \cdot U_k - 2$。

$V_0 = 2$, $V_1 = X$,　　　當 $k \geqslant 2$ 時，$V_k = X \cdot V_k - 1 - Y \cdot V_k - 2$。

上述遞迴式適用於計算 k 值較小的 U_k 和 V_k。對於大整數 k，下面的演算法可以有效地計算 $U_k \bmod p$ 和 $V_k \bmod p$。

輸入：奇質數 p，整數 X 和 Y，正整數 k。

輸出：$U_k \bmod p$ 和 $V_k \bmod p$。

（1）置 $\triangle = X^2 - 4Y$。

（2）設 k 的二進位表示是 $k = k_r k_{r-1} \ldots k_1 k_0$，其中最高位 k_r 為 1。

（3）置 U=1，V=X。

（4）對 i 從 r−1 下降到 0 執行：

　　① 置 $(U,V) = ((U \cdot V) \bmod p, ((V^2 + \triangle \cdot U^2)/2) \bmod p)$。

　　② 若 $k_i = 1$，則置 $(U;V) = (((X \cdot U + V) = 2) \bmod p, ((X \cdot V + \triangle \cdot U) = 2) \bmod p)$。

（5）輸出 U 和 V。

13.6.4 模質數平方根的求解

設 p 是奇質數，g 是滿足 $0 \leqslant g < p$ 的整數，g 的平方根 (mod p) 是整數 y，$0 \leqslant y < p$，且 $y^2 \equiv g \pmod{p}$。

若 g=0，則只有一個平方根，即 y=0；若 $g \neq 0$，則 g 有零個或兩個平方根 (mod p)，若 y 是其中一個平方根，則另一個平方根就是 p−y。

下面的演算法可以確定 g 是否有平方根 (mod p)，若有，則計算其中一個根。

輸入：奇質數 p，整數 g，0<g<p。

輸出：若存在 g 的平方根，則輸出一個平方根 mod p，否則輸出「不存在平方根」。

演算法 1：對於 $p \equiv 3 \pmod{4}$，即存在正整數 u，使得 p=4u+3。

（1）計算 $y = g^{u+1} \bmod p$。

（2）計算 $z = y^2 \bmod p$。

（3）若 z=g，則輸出 y；否則輸出「不存在平方根」。

演算法 2：對於 $p \equiv 5 \pmod{8}$，即存在正整數 u，使得 p=8u+5。

（1）計算 $z = g^{2u+1} \bmod p$。

（2）若 $z \equiv 1(\mathrm{mod}\ p)$，計算 $y=g^{u+1}\mathrm{mod}\ p$，輸出 y，終止演算法。

（3）若 $z \equiv -1(\mathrm{mod}\ p)$，計算 $y=(2g \cdot (4g)^u)\mathrm{mod}\ p$，輸出 y，終止演算法。

（4）輸出「不存在平方根」。

演算法 3：對於 $p \equiv 1(\mathrm{mod}\ 8)$，即存在正整數 u，使得 p=8u+1。

（1）置 Y=g。

（2）生成隨機數 X，0<X<p。

（3）計算 Lucas 序列元素：$U=U_{4u+1}\mathrm{mod}\ p$，$V=V_{4u+1}\mathrm{mod}\ p$。

（4）若 $V^2 \equiv 4Y(\mathrm{mod}\ p)$，則輸出 y=(V/2)mod p，並終止。

（5）若 U mod p≠1 且 U mod p≠p-1，則輸出「不存在平方根」，並終止。

（6）返回步驟（2）。

13.6.5 跡函數和半跡函數

設 α 是 F_{2^m} 中的元素，α 的跡是：$\mathrm{Tr}(\alpha)=\alpha+\alpha^2+\alpha^{2^2}+...+\alpha^{2^{m-1}}$。

F_{2^m} 中有一半元素的跡是 0，另一半元素的跡是 1。跡的計算方法如下：

若 F_{2^m} 中的元素用正規基底資料表示：

設 $\alpha=(\alpha_0\alpha_1\cdots\alpha_{m-1})$，則 $\mathrm{Tr}(\alpha)=\alpha_0 \oplus \alpha_1 \oplus\cdots\oplus \alpha_{m-1}$。

若 F_{2^m} 中的元素用多項式基底資料表示：

（1）置 T=α。

（2）對 i 從 1 到 m-1 執行：

　　$T=T^2+b$。

（3）輸出 $\mathrm{Tr}(\alpha)=T$。

若 m 是奇數，則 α 的半跡是：$\alpha+\alpha^{2^2}+\alpha^{2^4}...+\alpha^{2^{m-1}}$。

若 F_{2^m} 中的元素用多項式基底資料表示，則半跡可透過下面的方法計算：

（1）置 T=α。

（2）對 i 從 1 到 (m-1)=2 執行：

① $T=T^2$。

② $T=T^2+b$。

（3）輸出半跡 T。

13.6.6 F_{2^m} 上二次方程的求解

設 β 是 F_{2^m} 中的元素，則方程式 $z^2+z=\beta$ 在 F_{2^m} 上有 2-2Tr（β）個解，因此方程式有零個或兩個解。若 β=0，則解是 0 和 1；若 β ≠ 0，z 是方程式的解，則 z+1 也是方程式的解。

指定 β，利用下面的演算法可確定解 z 是否存在，若存在，則計算出一個解。

輸入：F_{2^m} 及表示其元素的一組基，以及元素 β ≠ 0。

輸出：若存在解，則輸出元素 z，使 $z^2+z=\beta$；否則輸出「無解」。

演算法 1：對正規基底資料表示。

（1）設 $(\beta_0\beta_1...\beta_{m-1})$ 是 β 的表示。

（2）置 $z_0=0$。

（3）對 i 從 1 到 m-1 執行。

$z_i=z_{i-1} \oplus \beta_i$。

（4）置 $z=(z_0z_1\cdots z_m-1)$。

（5）計算 $\gamma=z^2+z$。

（6）若 $\gamma=\beta$，則輸出 z；否則輸出「無解」。

演算法 2：對多項式基（m 是奇數）表示。

（1）計算 z=β 的半跡。

（2）計算 $\gamma=z^2+z$。

（3）若 $\gamma=\beta$，則輸出 z；否則輸出「無解」。

演算法 3：對任意基底資料表示。

（1）選擇 $\tau\in F_{2^m}$，使得 $\tau+\tau^2+\cdots+\tau^{2^{m-1}}=1$。

（2）置 z=0，w=β。

（3）對 i 從 1 到 m-1 執行：

　　① z=z^2+w^2·τ。

　　② w=w^2+β。

（4）若 w ≠ 0，則輸出「無解」，並終止。

（5）輸出 z。

13.6.7 整數模質數階的檢查

設 p 是一個質數，整數 g 滿足 1<g<p，g mod p 的階是指最小正整數 k，使得 g^k ≡ 1(mod p)。以下演算法測試 g mod p 的階是否為 k。

輸入：質數 p，整除 p-1 的正整數 k，整數 g 滿足 1<g<p。

輸出：若 k 是 g mod p 的階，則輸出為「正確」，否則輸出「錯誤」。

（1）確定 k 的素因數。

（2）若 g^k mod p ≠ 1，則輸出「錯誤」，並終止。

（3）對 k 的每一個素因數 l，執行：

　　若 g$^{k/l}$ mod p=1，則輸出「錯誤」，並終止。

（4）輸出「正確」。

13.6.8 整數模質數階的計算

設 p 是質數，整數 g 滿足 1<g<p。下面的演算法確定 g mod p 的階，此演算法只在 p 較小時有效。

輸入：質數 p 和滿足 1<g<p 的整數 g。

輸出：g mod p 的階 k。

（1）置 b=g，j=1。

（2）b=(g·b)mod p，j=j+1。

（3）若 b>1，則返回步驟（2）。

（4）輸出 k=j。

13.6.9 模質數的階為指定值的整數的構造

演算法可求出 F_p 中階為 T 的元素。此演算法只在 p 值較小時有效。

輸入：質數 p 和整除 p-1 的整數 T。
輸出：模 p 的階為 T 的整數 u。

（1）隨機生成整數 g，1<g<p。
（2）計算 g mod p 的階 k。
（3）若 T 不整除 k，則返回步驟（1）。
（4）輸出 $u=g^{k/T} \bmod p$。

13.6.10 機率質數檢測

u 是一個大的正整數，下面的機率演算法（Miller-Rabin 檢測）將確定 u 是質數還是合數。

輸入：一個大的奇數 u 和一個大的正整數 T。
輸出：「機率質數」或「合數」。

（1）計算 v 和奇數 w，使得 $u-1=2^v * w$。
（2）對 j 從 1 到 T 執行：
　　① 在區間 [2,u-1] 中選取隨機數 a。
　　② 置 $b=a^w \bmod u$。
　　③ 若 b=1 或 u-1，則轉到步驟⑥。
　　④ 對 i 從 1 到 v-1 執行：
　　　　1）置 $b=b^2 \bmod u$。
　　　　2）若 b=u-1，則轉到步驟⑥。
　　　　3）若 b=1，則輸出「合數」並終止。
　　　　4）下一個 i。
　　⑤ 輸出「合數」，並終止。
　　⑥ 下一個 j。
（3）輸出「機率質數」。

若演算法輸出「合數」，則 u 是一個合數。若演算法輸出「機率質數」，則 u 是合數的機率小於 2^{-2T}。這樣，透過選取足夠大的 T，誤差可以忽略。

13.6.11　近似質數檢測

指定一個試除的界 l_{max}，若正整數 h 的每個素因數都不超過 l_{max}，則稱 h 為 l_{max}- 光滑的。指定一個正整數 r_{min}，若存在某個質數 $v \geq r_{min}$，使得正整數 $u=h \cdot v$，且整數 h 是 l_{max}- 光滑的，則稱 u 為近似質數。使用下面的演算法檢查 u 的近似素性。

輸入：正整數 u、l_{max} 和 r_{min}。

輸出：若 u 是近似質數，則輸出 h 和 v；否則輸出「不是近似質數」。

（1）置 v=u，h=1。

（2）對 1 從 2 到 l_{max} 執行：

　　① 若 1 是合數，則轉到步驟③。

　　② 當 1 整除 v 時，迴圈執行：

　　　　1）置 v=1 和 $h=h \cdot 1$。

　　　　2）若 $v<r_{min}$，則輸出「不是近似質數」並終止。

　　③ 下一個 1。

（3）若 v 是機率質數，則輸出 h 和 v 並終止。

（4）輸出「不是近似質數」。

13.7　橢圓曲線演算法

13.7.1　橢圓曲線階的計算

對於有限域上隨機的橢圓曲線，其階的計算是一個相當複雜的問題。目前有效的計算方法是 SEA 演算法和 Satoh 演算法。

13.7.2 橢圓曲線上點的尋找

指定有限域上的橢圓曲線，利用下面的演算法可以有效地找出曲線上任意一個非無窮遠點。

1. F_p 上的橢圓曲線

輸入：質數 p，F_p 上一條橢圓曲線 E 的參數 a、b。

輸出：E 上一個非無窮遠點。

（1）選取隨機整數 x，$0 \leqslant x < p$。

（2）置 $\alpha = (x^3 + ax + b) \bmod p$。

（3）若 $\alpha = 0$，則輸出 (x,0) 並終止。

（4）求 $\alpha \bmod p$ 的平方根。

（5）若步驟（4）的輸出是「不存在平方根」，則返回步驟（1）；否則步驟（4）的輸出是整數 y，$0 < y < p$，且 $y^2 \equiv \alpha \pmod{p}$。

（6）輸出 (x,y)。

2. F_{2^m} 上的橢圓曲線

輸入：二元擴域 F_{2^m}，F_{2^m} 上的橢圓曲線 E 的參數 a、b。

輸出：E 上一個非無窮遠點。

（1）在 F_{2^m} 中選取隨機元素 x。

（2）若 x=0，則輸出 $(0, b^{2^{m-1}})$ 並終止。

（3）置 $\alpha = x^3 + ax^2 + b$。

（4）若 $\alpha = 0$，則輸出 (x,0) 並終止。

（5）置 $\beta = x^{-2}\alpha$。

（6）求 z，使得 $z^2 + z = \beta$。

（7）若步驟（6）的輸出是「無解」，則返回步驟（1）；否則步驟（6）的輸出是解 z。

（8）置 $y = x \cdot z$。

（9）輸出 (x,y)。

13.8 曲線範例

13.8.1 F_p 上的橢圓曲線

假設橢圓曲線方程式為：$y^2 = x^3 + ax + b$。

1. 範例 1：F_p-192 曲線

質數 p：

BDB6F4FE 3E8B1D9E 0DA8C0D4 6F4C318C EFE4AFE3 B6B8551F

係數 a：

BB8E5E8F BC115E13 9FE6A814 FE48AAA6 F0ADA1AA 5DF91985

係數 b：

1854BEBD C31B21B7 AEFC80AB 0ECD10D5 B1B3308E 6DBF11C1

基點 G = (x,y)，其階記為 n。

座標 x：

4AD5F704 8DE709AD 51236DE6 5E4D4B48 2C836DC6 E4106640

座標 y：

02BB3A02 D4AAADAC AE24817A 4CA3A1B0 14B52704 32DB27D2

階 n：

BDB6F4FE 3E8B1D9E 0DA8C0D4 0FC96219 5DFAE76F 56564677

2. 範例 2：F_p-256 曲線

質數 p：

8542D69E 4C044F18 E8B92435 BF6FF7DE 45728391 5C45517D 722EDB8B 08F1DFC3

係數 a：

787968B4 FA32C3FD 2417842E 73BBFEFF 2F3C848B 6831D7E0 EC65228B 3937E498

係數 b：

63E4C6D3 B23B0C84 9CF84241 484BFE48 F61D59A5 B16BA06E 6E12D1DA 27C5249A

基點 G = (x;y)，其階記為 n。

座標 x：

421DEBD6 1B62EAB6 746434EB C3CC315E 32220B3B ADD50BDC 4C4E6C14 7FEDD43D

座標 y：

0680512B CBB42C07 D47349D2 153B70C4 E5D7FDFC BFA36EA1 A85841B9 E46E09A2

階 n：

8542D69E 4C044F18 E8B92435 BF6FF7DD 29772063 0485628D 5AE74EE7 C32E79B7

13.8.2 F_{2^m} 上的橢圓曲線

假設橢圓曲線方程式：$y^2+xy = x^3+ax^2+b$。

1. 範例 3：F_{2m}-193 曲線

基域生成多項式：$x^{193}+x^{15}+1$。

係數 a：

0

係數 b：

00 2FE22037 B624DBEB C4C618E1 3FD998B1 A18E1EE0 D05C46FB

基點 G = (x,y)，其階記為 n。

座標 x：

00 D78D47E8 5C936440 71BC1C21 2CF994E4 D21293AA D8060A84

座標 y：

00 615B9E98 A31B7B2F DDEEECB7 6B5D8755 86293725 F9D2FC0C

階 n：

80000000 00000000 00000000 43E9885C 46BF45D8 C5EBF3A1

2. 範例 4：F_{2m}-257 曲線

基域生成多項式：$x^{257}+x^{12}+1$

係數 a：

0

係數 b：

00 E78BCD09 746C2023 78A7E72B 12BCE002 66B9627E CB0B5A25 367AD1AD 4CC6242B

基點 G = (x,y)，其階記為 n。

座標 x：

00 CDB9CA7F 1E6B0441 F658343F 4B10297C 0EF9B649 1082400A 62E7A748 5735FADD

座標 y：

01 3DE74DA6 5951C4D7 6DC89220 D5F7777A 611B1C38 BAE260B1 75951DC8 060C2B3E

階 n：

7FFFFFFF FFFFFFFF FFFFFFFF FFFFFFFF BC972CF7 E6B6F900 945B3C6A 0CF6161D

13.9 橢圓曲線方程式參數的擬隨機生成

13.9.1 F_p 上橢圓曲線方程式參數的擬隨機生成

1. 方式 1

輸入：素域的規模 p。

輸出：位元串 SEED 及 F_p 中的元素 a、b。

（1）任意選擇長度至少為 192 的位元串 SEED。

（2）計算 $H=H_{256}(SEED)$，並記 $H=(h_{255},h_{254},\cdots,h_0)$。

（3）置 $R = \sum_{i=0}^{255} h_i 2^i$。

（4）置 r=R mod p。

（5）任意選擇 F_p 中的元素 a 和 b，使 $r \cdot b^2 \equiv a^3 (mod\ p)$。

（6）若 $(4a^3+27b^2) \bmod p=0$，則轉到步驟（1）。

（7）所選擇的 F_p 上的橢圓曲線為 $E：y^2 = x^3+ax+b$。

（8）輸出 (SEED,a,b)。

2. 方式 2

輸入：素域的規模 p。

輸出：位元串 SEED 及 F_p 中的元素 a、b。

（1）任意選擇長度至少為 192 的位元串 SEED。

（2）計算 H=H256(SEED)，並記 H = $(h_{255},h_{254},\cdots,h_0)$。

（3）置 $R = \sum_{i=0}^{255} h_i 2^i$。

（4）置 r=R mod p。

（5）置 b=r。

（6）取 F_p 中的元素 a 為某個固定值。

（7）若 $(4a^3+27b^2) \bmod p=0$，則轉到步驟（1）。

（8）所選擇的 F_p 上的橢圓曲線為 $E：y^2 = x^3+ax+b$。

（9）輸出 (SEED,a,b)。

13.9.2 F_{2^m} 上橢圓曲線方程式參數的擬隨機生成

輸入：域的規模 $q=2^m$，F_{2^m} 的約化多項式 $f(x)=x^m+f_{m-1}x^{m-1}+\cdots+f_2x^2+f_1x+f_0$（其中 $f_i \in F_2$，i=0,1,$\cdots$,m−1）。

輸出：位元串 SEED 及 F_{2^m} 中的元素 a、b。

（1）任意選擇至少 192 比特長的位元串 SEED。

（2）計算 H=H$_{256}$(SEED)，並記 H=$(h_{255},h_{254},\cdots,h_0)$。

（3）若 i≥256，令 h_i=1，置位元串 HH=$(h_{m-1},h_{m-2},\cdots,h_0)$，b 為與 HH 對應的 F_{2^m} 中的元素。

（4）若 b=0，則轉步驟（1）。

（5）取 a 為 F_{2^m} 中的任意元素。

（6）所選擇的 F_{2^m} 上的橢圓曲線為 E：$y^2+xy=x^3+ax^2+b$。

（7）輸出 (SEED,a,b)。

13.10　橢圓曲線方程式參數的驗證

13.10.1　F_p 上橢圓曲線方程式參數的驗證

1. 方式 1

輸入：位元串 SEED 及 F_p 中的元素 a、b。

輸出：「有效」或「無效」。

（1）計算 $H'=H_{256}(SEED)$，並記 $H'=(h_{255},h_{254},\cdots,h_0)$。

（2）置 $R'=\sum\limits_{i=0}^{255}h_i 2^i$。

（3）置 $r'=R' \bmod p$。

（4）若 $r' \cdot b^2 \equiv a^3 (\bmod p)$，則輸出「有效」；否則輸出「無效」。

2. 方式 2

輸入：位元串 SEED 及 F_p 中的元素 b。

輸出：「有效」或「無效」。

（1）計算 $H'=H_{256}(SEED)$，並記 $H'=(h_{255},h_{254},\cdots,h_0)$。

（2）置 $R'=\sum\limits_{i=0}^{255}h_i 2^i$。

（3）置 $r'=R' \bmod p$。

（4）若 $r'=b$，則輸出「有效」；否則輸出「無效」。

13.10.2　F_{2^m} 上橢圓曲線方程式參數的驗證

輸入：位元串 SEED 及 F_{2^m} 中的元素 b。

輸出：「有效」或「無效」。

（1）計算 $H'=H_{256}(SEED)$，並記 $H'=(h_{255},h_{254},\cdots,h_0)$。

（2）若 $i\geq256$，令 $h_i=1$，置位元串 $HH'=(h_{m-1},h_{m-2},\cdots,h_0)$，$b'$ 為與 HH' 對應的 F_{2^m} 中的元素。

（3）若 $b'=b$，則輸出「有效」；否則輸出「無效」。

SM2 演算法的實現

SM2 國密非對稱演算法屬於橢圓曲線密碼體制。由於 ECC 演算法的計算方式太過容錯，導致 ECC 演算法的效率極低，因此國家密碼管理局推出了 SM2 使用標準，極力推進 ECC 演算法的研究。從本質上講，SM2 演算法就是更安全的 ECC 演算法，只是在簽名、金鑰交換方面不同於 ECDSA、ECDH 等國際標準，採取了更為安全的機制。另外，SM2 推薦了一條 256 位元的曲線作為標準曲線。

所以要學習 SM2，先要弄懂 ECC。但為了本章的獨立性，我們假設讀者沒有學過 ECC 演算法，會對 SM2 演算法所涉及的數學基礎知識介紹，但本章的數學知識介紹和第 8 章有所不同，第 8 章的數學知識是從基礎內容推導出結論公式，而本章直接列出結論定義，不再重複推導。

14.1 為何要推出 SM2 演算法

SM2 演算法是中國基於 ECC 演算法而設計的、更安全的公開金鑰演算法，是非對稱演算法。SM2 演算法是一種更先進、更安全的演算法，在中國的商用密碼系統中被用來替換 RSA 演算法。這樣，各行各業的資訊系統更加安全，畢竟資訊系統採用國產演算法越多越安全可靠。隨著密碼技術和計算技術的發展，目前常用的 1024 位元 RSA 演算法面臨嚴重的安全威脅，中國的密碼管理部門經過研究，決定採用 SM2 演算法替換 RSA 演算法。表 14-1 展示了演算法攻破時間。

⬇ 表 14-1 演算法攻破時間

RSA 金鑰強度	橢圓曲線金鑰強度	攻破時間（年）
512	106	104，已經被攻破
768	132	108，已經被攻破
1024	160	1011
2048	210	1020

我們再看一下演算法性能比較，如表 14-2 所示。

⬇ 表 14-2 演算法性能比較

演 算 法	簽名速度（次 / 秒）	驗簽速度（次 / 秒）
1024 位元 RSA	2792	51224
2048 位元 RSA	455	15122
256 位元 RSA	4095	871

由此可見，SM2 演算法幾乎完勝 RSA 演算法。鑑於目前不少舊的資訊系統採用 RSA 演算法，因此改造這些系統的任務顯得尤為迫切。但是在改造的同時，依舊要保持在介面上相容 RSA 演算法，這是為了與國際上某些裝置和系統進行互聯互通，所以往後一段時間來看，RSA 和 SM2 演算法將共存，即要同時支持。

14.2 SM2 演算法採用的橢圓曲線方程式

一提起橢圓曲線，大家就會想到方程式，橢圓曲線演算法是透過方程式確定的，SM2 演算法採用的橢圓曲線方程式為：

$$y^2 = x^3 + ax + b$$

在 SM2 演算法標準中，透過指定 a、b 係數確定了唯一的標準曲線。同時，為了將曲線映射為加密演算法，SM2 標準中還確定了其他參數供演算法程式使用。

14.3　SM2 演算法的用途

SM2 演算法作為公開金鑰演算法,可以完成數位簽章、加密解密和金鑰交換應用。數位簽章能夠實現對資訊完整性及有效性的驗證。公開金鑰加密演算法能夠實現對資訊的加解密,從而防止秘密資訊洩露。金鑰切換式通訊協定常用於金鑰的管理和協商。

14.4　橢圓曲線密碼體制的不足

橢圓曲線密碼體制以其優勢漸漸取代了 RSA 等傳統的公開金鑰密碼體制,但是因其基於複雜的數學原理,當中採用了一些複雜耗時的運算,ECC 的運算效率需要考慮的影響因素煩瑣複雜,與其他公開金鑰密碼體制相比還有一些不足需要克服:

(1)實現相對複雜

在橢圓曲線密碼體制中有兩個耗時的運算:點乘運算和求逆運算。若是在二進位域的情況下研究橢圓曲線,則很多基於 ECC 的運算都要考慮重新實現。但 RSA 僅是單一的整數模運算,計算簡單。整體來説,對橢圓曲線密碼系統的實現,其複雜程度要大很多。

(2)設計不好,容易導致實際計算速度不理想

雖然 ECC 的金鑰比 RSA 短,理論上運算速度比較快,但因其複雜的結構導致設計不善時容易導致實際運行過程中並沒有特別大的優勢。

(3)複雜的安全參數選取

比起 RSA 使用兩個大質數作為參數,ECC 需要選取一條安全的橢圓曲線作為參數。

14.5 橢圓曲線的研究熱點

由於橢圓曲線密碼體制本身複雜的特性，而形成了一個自下而上的密碼研究系統。橢圓曲線密碼體制的運算層次從上到下共分為 4 層：橢圓曲線密碼協定（數位簽章、資料加密、金鑰交換）、點乘 kP、橢圓曲線點加和倍點以及有限域上的算數運算。層次由下而上，上層呼叫下層，下層是上層的基礎。

基於這 4 層橢圓曲線密碼研究系統，有以下幾個研究熱點：

（1）快速產生橢圓曲線參數。如何快速產生一條安全的橢圓曲線，確定 ECC 所需要的各個參數，在 ECC 系統建立過程中，需要綜合考慮多種因素且計算過程複雜。為了保證系統的安全性，提升運算效率，如何快速產生可用的密碼學中的安全橢圓曲線域參數，一直是密碼學研究者在探索的問題。

（2）橢圓曲線密碼演算法的改進。在數學層面上，橢圓曲線的點加、倍點、點乘 kP 以及有限域算數運算都有一些學術界公認的演算法。但這些演算法並不一定適用於所有的應用情況，需根據具體的應用條件對已有的演算法做出調整和改進。就演算法本身而言，研究的熱點主要是針對模逆和點乘兩個橢圓曲線密碼演算法核心運算的改進，以提升系統整體運算效率。許多學術研究都表現在如何更進一步地平衡演算法運算效率和演算法耗費資源兩個方面。透過對演算法的改進使其更加適用於軟硬體的實現。

（3）橢圓曲線密碼系統的實現。在系統實現方面，一般二進位域適合硬體實現，而軟體的實現通常選擇在質數域上進行設計。軟體的實現需考慮用什麼語言來編寫程式，以及該軟體在什麼設定的硬體平台來運行。程式編寫的好壞取決於它是否能夠極佳地還原演算法本身，運行軟體所基於的硬體平台也是非常重要的因素，二者共同決定橢圓曲線密碼演算法的運算效率。如何設計實現一個安全性好、運行效率高的橢圓曲線密碼系統也一直是人們研究的重點問題。

SM2 演算法所基於的橢圓曲線性質如下：

（1）在有限域上，橢圓曲線在點加運算下組成有限交換群，且其階與基域規模相近。

（2）類似於有限域乘法群中的乘冪運算，橢圓曲線多倍點運算組成一個單向函數。

在多倍點運算中，已知多倍點與基點，求解倍數的問題稱為橢圓曲線離散對數問題。對於一般橢圓曲線的離散對數問題，目前只存在指數級計算複雜度的求解方法。與大數分解問題及有限域上的離散對數問題相比，橢圓曲線離散對數問題的求解難度要大得多。因此，在相同安全程度要求下，橢圓曲線密碼較其他公開金鑰密碼所需的金鑰規模要小得多。

14.6 SM2 演算法中的有限域

這裡列出 SM2 演算法中的有限域 F_q 的描述及其元素的表示，q 是一個奇質數或 2 的方冪。當 q 是奇質數 p 時，要求 p>2191；當 q 是 2 的方冪 2^m 時，要求 m>192 且為質數。

14.6.1 素域 F_q

當 q 是奇質數 p 時，素域 F_q 中的元素用整數 0,1,2,…,p−1 表示。

（1）加法單位是整數 0。

（2）乘法單位是整數 1。

（3）域元素的加法是整數的模 p 加法，即若 a,b∈F_q，則 a+b=(a+b)mod p。

（4）域元素的乘法是整數的模 p 乘法，即若 a,b∈F_q，則 a·b=(a·b)mod p。

14.6.2 二元擴域 F_{2^m}

當 q 是 2 的方冪 2^m 時，二元擴域 F_{2^m} 可以看成 F_2 上的 m 維向量空間，其元素可用長度為 m 的位元串表示。

F_{2^m} 中的元素有多種表示方法，其中常用的兩種方法是多項式基（PB）表示和正規基（NB）表示。基的選擇原則是使得 F_{2^m} 中的運算效率盡可能高。這裡並不規定基的選擇。下面以多項式基底資料表示為例說明二元擴域 F_{2^m}。

設 F_2 上 m 次不可約多項式 $f(x)=x^m+f_{m-1}x^{m-1}+\cdots+f_2x^2+f_1x+f_0$（其中 $f_i \in F_2, i=0,1,\cdots,m-1$）是二元擴域 F_{2^m} 的約化多項式。F_{2^m} 由 F_2 上所有次數低於 m 的多項式組成。多項式集合 $\{x^{m-1},x^{m-2},\cdots,x,1\}$ 是 F_{2^m} 在 F_2 上的一組基，稱為多項式基。F_{2^m} 中的任意一個元素 $a(x)=a_{m-1}x^{m-1}+a_{m-2}x^{m-2}+\cdots+a_1x+a_0$ 在 F_2 上的係數恰好組成了長度為 m 的位元串，用 $a=(a_{m-1},a_{m-2},\cdots,a_1,a_0)$ 表示。

（1）零元用全 0 位元串表示。

（2）乘法單位用位元串 $(00\cdots001)$ 表示。

（3）兩個域元素的加法為位元串的逐位元互斥運算。

（4）域元素 a 和 b 的乘法定義為：設 a 和 b 對應的 F_2 上的多項式為 $a(x)$ 和 $b(x)$，則 $a \cdot b$ 定義為多項式 $(a(x)b(x))\bmod f(x)$ 對應的位元串。

14.7　有限域上的橢圓曲線

有限域 F_q 上的橢圓曲線是由點組成的集合。在仿射座標系下，橢圓曲線上點 P（非無窮遠點）的座標表示為 $P=(x_P,y_P)$，其中 x_P、y_P 為滿足一定方程式的域元素，分別稱為點 P 的 x 座標和 y 座標。我們稱 F_q 為基域。此外，不做特別說明，橢圓曲線上的點均採用仿射座標表示。

14.7.1　F_p 上的橢圓曲線

定義在 F_p（p 是大於 3 的質數）上的橢圓曲線方程式為：

$$y^2 = x^3+ax+b，a,b \in F_p，且 (4a^3+27b^2) \bmod p \neq 0 \qquad (1)$$

橢圓曲線 E(F$_p$) 定義為：

E(F$_q$)={(x,y)|x,y∈F$_p$，且滿足上述方程式（1）∪ {O}，其中 O 是無窮遠點。

橢圓曲線 E(F$_p$) 上的點的數目用 #E(F$_p$) 表示，稱為橢圓曲線 E(F$_p$) 的階。

14.7.2 F_{2^m} 上的橢圓曲線

定義在 F$_{2^m}$ 上的橢圓曲線方程式為：

$$y^2+xy = x^3+ax^2+b，a,b\in F_{2^m}，且 b\neq 0 \tag{2}$$

橢圓曲線 E(F_{2^m}) 定義為：

E(F_{2^m})={(x,y)|x,y∈ F_{2^m}，且滿足方程式（2）∪ {O}，其中 O 是無窮遠點。

橢圓曲線 E(F_{2^m}) 上的點的數目用 #E(F_{2^m}) 表示，稱為橢圓曲線 E(F_{2^m}) 的階。

14.8 橢圓曲線系統參數及其驗證

14.8.1 一般要求

橢圓曲線系統參數是可以公開的，系統的安全性不依賴於對這些參數的保密。通常不規定橢圓曲線系統參數的生成方法，但規定了系統參數的驗證方法。橢圓曲線階的計算和基點的選取方法可參見 13.7 節，曲線參數的生成方法可參見 13.9 節。

橢圓曲線系統參數按照基域的不同可以分為兩種情形：

（1）當基域是 F$_p$（p 為大於 3 的質數）時，F$_p$ 上的橢圓曲線系統參數。

（2）當基域是 F$_{2^m}$ 時，F$_{2^m}$ 上的橢圓曲線系統參數。

14.8.2 F_p 上橢圓曲線系統參數及其驗證

1. F_p 上的橢圓曲線系統參數

F_p 上的橢圓曲線系統參數包括：

（1）域的規模 q=p，p 是大於 3 的質數。

（2）一個長度至少為 192 的位元串 SEED。

（3）F_p 中的兩個元素 a 和 b，它們定義橢圓曲線 E 的方程式：$y^2=x^3+ax+b$。

（4）基點 $G=(x_G,y_G)\in E(F_p)$，$G\neq O$。

（5）基點 G 的階 n（要求：$n>2^{191}$ 且 $n>4p^{1/2}$）。

（6）餘因數 $h=\#E(F_p)=n$。

2. F_p 上的橢圓曲線系統參數的驗證

下面的條件應由橢圓曲線系統參數的生成者加以驗證。橢圓曲線系統參數的使用者可選擇驗證這些條件。

輸入：F_p 上橢圓曲線系統參數的集合。

輸出：若橢圓曲線系統參數是有效的，則輸出「有效」，否則輸出「無效」。

（1）驗證 q=p 是奇質數。

（2）驗證 a、b、x_G 和 y_G 是區間 [0,p−1] 中的整數。

（3）若按照 13.9 節描述的方法擬隨機產生橢圓曲線，驗證 SEED 是長度至少為 192 的位元串，且 a、b 由 SEED 衍生得到。

（4）驗證 $(4a^3+27b^2)\bmod p \neq 0$。

（5）驗證 $y_G^2 \equiv x_G^3 +ax_G+b(\bmod p)$。

（6）驗證 n 是質數，$n>2^{191}$ 且 $n>4p^{1/2}$。

（7）驗證 [n]G=O。

（8）計算 $h'=\left\lfloor (P^{1/2}+1)^2/n \right\rfloor$，並驗證 h=h′。

（9）驗證抗 MOV 攻擊條件和抗異常曲線攻擊條件成立。

（10）若以上任何一個驗證失敗，則輸出「無效」；否則輸出「有效」。

14.8.3 F_{2^m} 上橢圓曲線系統參數及其驗證

1. F_{2^m} 上的橢圓曲線系統參數

F_{2^m} 上的橢圓曲線系統參數包括：

（1）域的規模 $q=2^m$，對 F_{2^m} 中元素標記法（三項式基 TPB、五項式基 PPB 或高斯正規基 GNB）的標識，一個 F_2 上的 m 次約化多項式（若所用的基是 TPB 或 PPB）。

（2）（選項）一個長度至少為 192 的位元串 SEED。

（3）F_{2^m} 中的兩個元素 a 和 b，它們定義橢圓曲線 E 的方程式：
$y^2+xy=x^3+ax^2+b$。

（4）基點 $G=(x_G,y_G) \in E(F_{2^m})$，$G \neq O$。

（5）基點 G 的階 n（要求：$n>2191$ 且 $n>2^{2+m/2}$）。

（6）餘因數 $h=\#E(F_{2^m})=n$。

2. F_{2^m} 上的橢圓曲線系統參數的驗證

下面的條件應由橢圓曲線系統參數的生成者加以驗證。橢圓曲線系統參數的使用者可選擇驗證這些條件。

輸入：F_{2^m} 上的橢圓曲線系統參數的集合。

輸出：若橢圓曲線系統參數是有效的，則輸出「有效」，否則輸出「無效」。

（1）對某個 m，驗證 $q=2^m$；若所用的是 TPB，則驗證約化多項式是 F_2 上的不可約三項式；若所用的是 PPB，則驗證不存在 m 次不可約三項式，且約化多項式是 F_2 上的不可約五項式；若所用的是 GNB，則驗證 m 不能被 8 整除。

（2）驗證 a、b、x_G 和 y_G 是長度為 m 的位元串。

（3）若按照 13.9 節描述的方法擬隨機產生橢圓曲線，驗證 SEED 是長度至少為 192 的位元串，且 a、b 由 SEED 衍生得到。

（4）驗證 $b \neq 0$。

（5）在 F_{2^m} 中驗證 $y_G^2 + x_G y_G = x_G^2 + a\ x_G^2 + b$。

（6）驗證 n 是一個質數，$n>2^{191}$ 且 $n>2^{2+m/2}$。

（7）驗證 [n]G=O。

（8）計算 $h' = \lfloor (2^{m/2}+1)^2 / n \rfloor$，驗證 h=h′。

（9）驗證抗 MOV 攻擊條件成立。

（10）若以上任何一個驗證失敗，則輸出「無效」，否則輸出「有效」。

14.9　金鑰對的生成

輸入：一個有效的 F_q（q=p 且 p 為大於 3 的質數，或 $q=2^m$）上的橢圓曲線系統參數的集合。

輸出：與橢圓曲線系統參數相關的金鑰對 (d,P)。

（1）用隨機數發生器產生整數 $d \in [1,n-2]$。

（2）G 為基點，計算點 P=(xp,yp)=[d]G。

（3）金鑰對是 (d,P)，其中 d 為私密金鑰，P 為公開金鑰。

14.10　公開金鑰的驗證

14.10.1　F_p 上橢圓曲線公開金鑰的驗證

輸入：一個有效的 F_p（p>3 且 p 為質數）上的橢圓曲線系統參數集合及一個相關的公開金鑰 P。

輸出：對於指定的橢圓曲線系統參數，若公開金鑰 P 是有效的，則輸出「有效」，否則輸出「無效」。

（1）驗證 P 不是無窮遠點 O。

（2）驗證公開金鑰 P 的座標 x_P 和 y_P 是域 F_p 中的元素（即驗證 x_P 和 y_P 是區間 [0,p–1] 中的整數）。

（3）驗證 $y_P^2 \equiv x_P^3 +ax_P+b(\mod p)$。

（4）驗證 $[n]P=O$。

（5）若通過了所有驗證，則輸出「有效」，否則輸出「無效」。

14.10.2 F_{2^m} 上橢圓曲線公開金鑰的驗證

輸入：一個有效的 F_{2^m} 上的橢圓曲線系統參數集合及一個相關的公開金鑰 P。

輸出：對於指定的橢圓曲線系統參數，若公開金鑰 P 是有效的，則輸出「有效」，否則輸出「無效」。

（1）驗證 P 不是無窮遠點 O。

（2）驗證公開金鑰 P 的座標 x_P 和 y_P 是域 F_{2^m} 中的元素（驗證 x_P 和 y_P 是長度為 m 的位元串）。

（3）在 F_{2^m} 中驗證 $y_P^2 +x_Py_P= x_P^3 + a_P^2 +b$。

（4）驗證 $[n]P=O$。

（5）若通過了所有驗證，則輸出「有效」，否則輸出「無效」。

注意：公開金鑰的驗證是可選項。

14.11 MIRACL 函數庫入門

學到現在，是不是感覺密碼學的根基其實就是數學，如果要實現密碼學的相關演算法，對應的大數運算的實現必不可少，但要實現這些大數運算並非易事。幸運的是，我們可以站在巨人的肩膀上，利用一些現成的大數運算函數程式庫來實現密碼演算法。這裡我們介紹大名鼎鼎的 MIRACL（Multiprecision Integer and Rational Arithmetic C/C++Library，多精度整數與有理數演算法的 C/C++ 函數庫），這個大數運算函數庫的功能非常強大，無論是大家以後是否有志創造出新的密碼演算法，還是實現目前已有的密碼演算法，該大數運算函數庫都可以利用，這樣很多基礎性的數學功能不必重複了。

MIRACL 是一套由 Shamus Software Ltd. 開發的關於大數運算函數的函數庫，用來設計與大數運算相關的密碼學的應用，包含 RSA 公開密碼學、Diffie-Hellman 金鑰交換（Key Exchange）、AES、DSA 數位簽章，還包含較新的橢圓曲線密碼學（Elliptic Curve Cryptography）等。MIRACL 運算速度快，並提供原始程式碼。國外著名的密碼學函數程式庫還有 GMP、NTL、Crypto++、LibTomCrypt（LibTomMath）、OpenSSL 等。

下面我們簡要說明怎樣在 Windows 平台下使用 MIRACL。

14.11.1 獲取 MIRACL

我們可到 GitHub 上獲取 MIRACL 的原始程式，GitHub 網址是 https://github.com/miracl/MIRACL。下載下來的檔案是 MIRACL-master.zip。

14.11.2 生成靜態程式庫並測試

因為 MIRACL 是開放原始碼的，因此我們可以透過原始程式碼檔案生成一個靜態程式庫，以便在以後的專案中使用這個函數庫。

【例 14.1】生成 MIRACL 靜態程式庫並測試

（1）打開 VC 2017，按快速鍵 Ctrl+Shift+N 打開「新建專案」對話方塊，然後在介面左邊展開 Visual C++ →「Windows 桌面」，在右邊選中「Windows 桌面精靈」，並輸入專案的名稱，比如 mymiracl，如圖 14-1 所示。

圖 14-1

然後點擊「確定」按鈕，此時出現「Windows 桌面專案」對話方塊，在「應用程式類型」下選中「靜態程式庫（.lib）」，並取消選取「預先編譯標頭」核取方塊，如圖 14-2 所示。

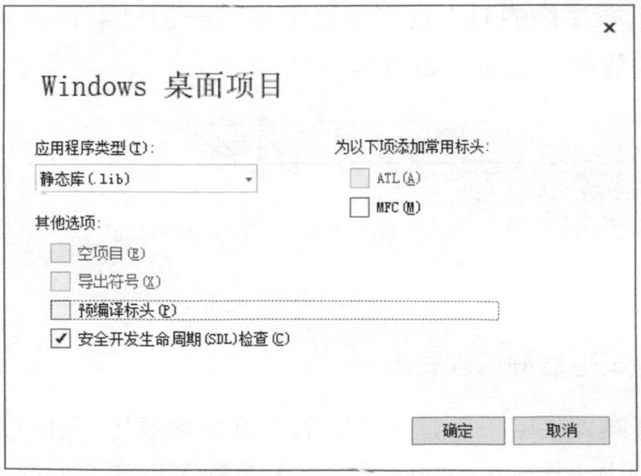

圖 14-2

然後點擊「確定」按鈕，此時一個 Win32 靜態程式庫專案就建立起來了。

（2）把解壓後的 MIRACL 資料夾下的 include 子資料夾下的兩個標頭
檔 miracl.h 和 mirdef.h 複製到本專案目錄下，再把 MIRACL 資料夾下的
source 子資料夾下的 mr 開頭的所有原始檔案（.c）複製到本專案目錄下。

把本專案目錄下的 .h 檔案和 .c 檔案分別加入 VC 專案中，如圖 14-3 所示。

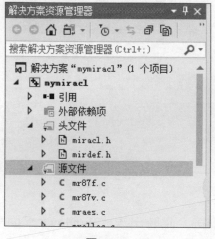

圖 14-3

（3）點擊選單「生成」→「生成解決方案」，稍等片刻，生成成功。此時
可以在解決方案目錄的 Debug 子目錄下看到一個檔案 mymiracl.lib，這就
是我們生成的靜態程式庫，如圖 14-4 所示。

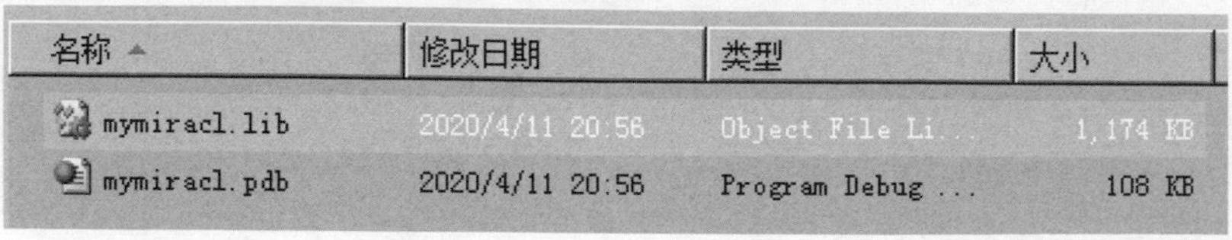

名稱 ▲	修改日期	類型	大小
mymiracl.lib	2020/4/11 20:56	Object File Li...	1,174 KB
mymiracl.pdb	2020/4/11 20:56	Program Debug ...	108 KB

圖 14-4

下面我們來測試這個靜態程式庫。

（4）回到本專案 VC 中，新建一個空的主控台專案，即在「增加新專案」
對話方塊中選中「Windows 桌面精靈」，並輸入專案名 test，如圖 14-5 所
示。

圖 14-5

然後點擊「確定」按鈕，在隨後出現的「Windows 桌面專案」對話方塊的
應用程式類型下選擇「主控台應用程式（.exe）」，並選取「空專案」核取
方塊，再取消選取「預先編譯標頭」核取方塊，如圖 14-6 所示。

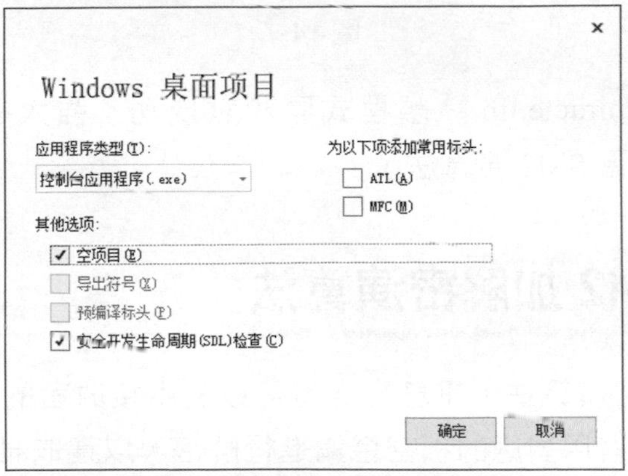

圖 14-6

然後點擊「確定」按鈕，此時一個空的主控台應用程式專案就建立起來
了。我們把 MIRACL 資料夾下的 source 子資料夾下的 brent.c 檔案（注意
是 .c 檔案，不要弄錯了，因為還有一個 brent.cpp 檔案）複製到 test 專案
的專案目錄下，並在 VC 中增加該檔案。

在 VC 中打開 brent.c 可以看到 main 函數，居然都幫我們寫真是貼心啊。
我們可以把 test 專案中自動生成的 test.cpp 刪除掉。

在 brent.c 的開頭增加靜態程式庫包含指令：

```
#pragma comment(lib,"mymiracl.lib")
```

把 mymiracl 專案目錄下的 miracl.h 和 mirdef.h 複製到 test 專案目錄下。

（5）保存專案並運行，運行結果如圖 14-7 所示。

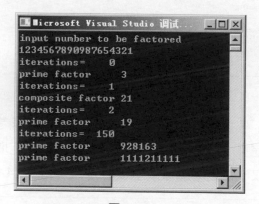

圖 14-7

至此，說明 mymiracle.lib 靜態程式庫測試成功。強大的武器已經準備
好，下面可以學習 SM2 演算法了。

14.12 SM2 加解密演算法

有了 SM2 加解密演算法，訊息發送者可以利用接收者的公開金鑰對訊息
進行加密，接收者用對應的私密金鑰進行解密，以獲取訊息。此外，作為
國家標準公開金鑰加密演算法，還可以為安全產品生產商提供產品和技術
的標準定位以及標準化的參考，提升安全產品的可信性與互通性。

14.12.1　演算法參數

1. 橢圓曲線系統參數

橢圓曲線系統參數包括有限域 F_q 的規模 q（當 $q=2^m$ 時，還包括元素標記法的標識和約化多項式）；定義橢圓曲線 $E(F_q)$ 的方程式的兩個元素 $a,b \in F_q$；$E(F_q)$ 上的基點 $G=(x_G,y_G)(G \neq O)$，其中 x_G 和 y_G 是 F_q 中的兩個元素；G 的階 n 及其他可選項（如 n 的餘因數 h 等）。

橢圓曲線系統參數及其驗證應符合 14.10 節所述內容。

2. 使用者金鑰對

使用者 B 的金鑰對包括其私密金鑰 d_B 和公開金鑰 $P_B=[d_B]G$。

使用者金鑰對的生成演算法與公開金鑰驗證演算法應符合 14.9 節的規定。

14.12.2　輔助函數

SM2 公開金鑰演算法涉及 3 類輔助函數：密碼雜湊函數、金鑰衍生函數和隨機數發生器。這 3 類輔助函數的強弱直接影響加密演算法的安全性。

1. 密碼雜湊函數

必須使用國家密碼管理局批准的密碼雜湊演算法，如 SM3 密碼雜湊演算法。

2. 金鑰衍生函數

金鑰衍生函數的作用是從一個共用的秘密位元串中衍生出金鑰資料。在金鑰協商過程中，金鑰衍生函數作用在金鑰交換所獲的共用秘密位元串上，從中產生所需的工作階段金鑰或進一步加密所需的金鑰資料。

金鑰衍生函數需要呼叫密碼雜湊函數。

設密碼雜湊函數為 H_v，其輸出是長度恰為 v 位元的雜湊值。

金鑰衍生函數 KDF(Z, klen)：

輸入：位元串 Z，整數 klen（表示要獲得的金鑰資料的位元長度，要求該值小於 $(2^{32}-1)v$）。

輸出：長度為 klen 的金鑰資料位元串 K。

（1）初始化一個 32 位元組成的計數器 ct=0x00000001。

（2）對 i 從 1 到 $\lceil klen/v \rceil$ 執行：

  ① 計算 $H_{ai}=H_v(Z\|ct)$。

  ② ct++。

（3）若 klen/v 是整數，令 Ha!$_{\lceil klen/v \rceil}$ =Ha$_{\lceil klen/v \rceil}$，否則令 Ha!$_{\lceil klen/v \rceil}$ 為 Ha$_{\lceil klen/v \rceil}$最左邊的 $(klen-(v\times \lceil klen/v \rceil))$ 位元。

（4）令 K=Ha$_1$||Ha$_2$||…||Ha$_{\lceil klen/v \rceil-1}$ ||Ha!$_{\lceil klen/v \rceil}$。

3. 隨機數發生器

隨機數發生器用來產生隨機數，必須使用國家密碼管理局批准的隨機數發生器。也就是說，產生的隨機數的隨機性要經得起檢驗。

14.12.3 加密演算法及流程

1. 加密演算法

設需要發送的訊息為位元串 M，klen 為 M 的位元長度。

為了對明文 M 進行加密，作為加密者的使用者 A 應實現以下運算步驟：

（1）用隨機數發生器產生隨機數 k∈[1,n-1]。

（2）計算橢圓曲線點 C_1=[k]G=(x_1,y_1)，將 C_1 的資料類型轉為位元串。

（3）計算橢圓曲線點 S=[h]P_B，若 S 是無窮遠點，則顯示出錯並退出。

（4）計算橢圓曲線點 [k]P_B=(x_2,y_2)，將座標 x_2、y_2 的資料類型轉為位元串。

（5）計算 t=KDF($x_2\|y_2$,klen)，若 t 為全 0 位元串，則返回步驟（1）。

（6）計算 C_2=M $\oplus$ t。

（7）計算 C_3=Hash($x_2\|M\|y_2$)。

（8）輸出加密 C=C_1||C_2||C_3。

2. 加密演算法流程圖（見圖 14-8）

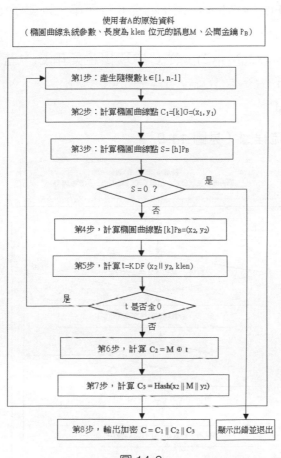

使用者A的原始資料
（橢圓曲線系統參數、長度為 klen 位元的訊息M、公開金鑰 P_B）

第1步：產生隨機數 $k \in [1, n-1]$

第2步：計算橢圓曲線點 $C_1 = [k]G = (x_1, y_1)$

第3步：計算橢圓曲線點 $S = [h]P_B$

$S = 0$?

是

否

第4步，計算橢圓曲線點 $[k]P_B = (x_2, y_2)$

第5步，計算 $t = KDF(x_2 \| y_2, klen)$

t 是否全 0

是

否

第6步，計算 $C_2 = M \oplus t$

第7步，計算 $C_3 = Hash(x_2 \| M \| y_2)$

第8步，輸出加密 $C = C_1 \| C_2 \| C_3$

顯示出錯並退出

圖 14-8

14.12.4 解密演算法及流程

1. 解密演算法

設 klen 為加密中 C_2 的位元長度。

為了對加密 $C = C_1 \| C_2 \| C_3$ 進行解密，作為解密者的使用者 B 應實現以下運算步驟：

（1）從 C 中取出位元串 C_1，將 C_1 的資料類型轉為橢圓曲線上的點，驗證 C_1 是否滿足橢圓曲線方程式，若不滿足則顯示出錯並退出。

（2）計算橢圓曲線點 $S = [h]C_1$，若 S 是無窮遠點，則顯示出錯並退出。

（3）計算 $[d_B]C_1=(x_2,y_2)$，將座標 x_2、y_2 的資料類型轉為位元串。

（4）計算 $t=KDF(x_2||y_2,klen)$，若 t 為全 0 位元串，則顯示出錯並退出。

（5）從 C 中取出位元串 C_2，計算 $M'=C_2 \oplus t$。

（6）計算 $u=Hash(x2||M'||y2)$，從 C 中取出位元串 C_3，若 $u \neq C_3$，則顯示出錯並退出。

（7）輸出明文 M'。

2. 解密演算法流程圖（見圖 14-9）

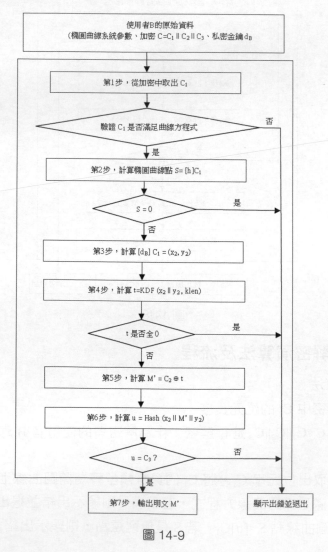

圖 14-9

14.12.5 橢圓曲線訊息加解密範例

1. F_p 上的橢圓曲線訊息加解密範例

假設橢圓曲線方程式為：$y^2=x^3+ax+b$。

範例 1：F_p-256

質數 p：

8542D69E 4C044F18 E8B92435 BF6FF7DE 45728391 5C45517D 722EDB8B 08F1DFC3

係數 a：

787968B4 FA32C3FD 2417842E 73BBFEFF 2F3C848B 6831D7E0 EC65228B 3937E498

係數 b：

63E4C6D3 B23B0C84 9CF84241 484BFE48 F61D59A5 B16BA06E 6E12D1DA 27C5249A

基點 $G=(x_G,y_G)$，其階記為 n。

座標 x_G：

421DEBD6 1B62EAB6 746434EB C3CC315E 32220B3B ADD50BDC 4C4E6C14 7FEDD43D

座標 y_G：

0680512B CBB42C07 D47349D2 153B70C4 E5D7FDFC BFA36EA1 A85841B9 E46E09A2

階 n：

8542D69E 4C044F18 E8B92435 BF6FF7DD 29772063 0485628D 5AE74EE7 C32E79B7

待加密的訊息 M：encryption standard。

訊息 M 的十六進位表示：

656E63 72797074 696F6E20 7374616E 64617264。

私密金鑰 d_B：

1649AB77 A00637BD 5E2EFE28 3FBF3535 34AA7F7C B89463F2 08DDBC29 20BB0DA0

公開金鑰 $P_B=(x_B,y_B)$：

座標 x_B：

435B39CC A8F3B508 C1488AFC 67BE491A 0F7BA07E 581A0E48 49A5CF70 628A7E0A

座標 y_B：
75DDBA78 F15FEECB 4C7895E2 C1CDF5FE 01DEBB2C DBADF453 99CCF77B BA076A42

接下來加密各步驟中的有關值。

產生隨機數 k：
4C62EEFD 6ECFC2B9 5B92FD6C 3D957514 8AFA1742 5546D490 18E5388D 49DD7B4F

計算橢圓曲線點 $C_1=[k]G=(x_1,y_1)$：
座標 x_1：
245C26FB 68B1DDDD B12C4B6B F9F2B6D5 FE60A383 B0D18D1C 4144ABF1 7F6252E7

座標 y_1：
76CB9264 C2A7E88E 52B19903 FDC47378 F605E368 11F5C074 23A24B84 400F01B8

在此 C_1 選用未壓縮的表示形式，點轉換成位元組串的形式為 $PC\|x_1\|y_1$，其中 PC 為單一位元組且 PC=04，仍記為 C1。

計算橢圓曲線點 $[k]PB=(x_2,y_2)$：
座標 x_2：
64D20D27 D0632957 F8028C1E 024F6B02 EDF23102 A566C932 AE8BD613 A8E865FE

座標 y_2：
58D225EC A784AE30 0A81A2D4 8281A828 E1CEDF11 C4219099 84026537 5077BF78

訊息 M 的位元長度 klen=152。

計算 $t=KDF(x_2 \| y_2, klen)$：
006E30 DAE231B0 71DFAD8A A379E902 64491603

計算 $C_2=M \oplus t$：
650053 A89B41C4 18B0C3AA D00D886C 00286467

計算 $C_3=Hash(x_2 \| M \|y_2)$：
$x_2 \| M \| y_2$：
64D20D27 D0632957 F8028C1E 024F6B02 EDF23102 A566C932 AE8BD613 A8E865FE

656E6372 79707469 6F6E2073 74616E64 61726458 D225ECA7 84AE300A 81A2D482

81A828E1 CEDF11C4 21909984 02653750 77BF78

C_3：

9C3D7360 C30156FA B7C80A02 76712DA9 D8094A63 4B766D3A 285E0748 0653426D

輸出加密 $C = C_1 \| C_2 \| C_3$：

04245C26 FB68B1DD DDB12C4B 6BF9F2B6 D5FE60A3 83B0D18D 1C4144AB F17F6252

E776CB92 64C2A7E8 8E52B199 03FDC473 78F605E3 6811F5C0 7423A24B 84400F01

B8650053 A89B41C4 18B0C3AA D00D886C 00286467 9C3D7360 C30156FA B7C80A02

76712DA9 D8094A63 4B766D3A 285E0748 0653426D

接下來解密各步驟中的有關值。

計算橢圓曲線點 $[d_B]C_1=(x_2, y_2)$：

座標 x_2：

64D20D27 D0632957 F8028C1E 024F6B02 EDF23102 A566C932 AE8BD613 A8E865FE

座標 y_2：

58D225EC A784AE30 0A81A2D4 8281A828 E1CEDF11 C4219099 84026537 5077BF78

計算 $t = KDF(x_2 \| y_2, klen)$：

006E30 DAE231B0 71DFAD8A A379E902 64491603

計算 $M'=C_2 \oplus t$：

656E63 72797074 696F6E20 7374616E 64617264

計算 $u=Hash(x_2 \| M' \| y_2)$：

9C3D7360 C30156FA B7C80A02 76712DA9 D8094A63 4B766D3A 285E0748 0653426D

明文 M'：

656E63 72797074 696F6E20 7374616E 64617264

即為：encryption standard

2. F_{2^m} 上的橢圓曲線訊息加解密範例

假設橢圓曲線方程式為：$y^2+xy=x^3+ax^2+b$。

範例 2：F_{2^m} −257

基域生成多項式為：$y^{257}+x^{12}+1$

係數 a：

0

係數 b：

00 E78BCD09 746C2023 78A7E72B 12BCE002 66B9627E CB0B5A25 367AD1AD 4CC6242B

基點 $G=(x_G,y_G)$，其階記為 n。

座標 x_G：

00 CDB9CA7F 1E6B0441 F658343F 4B10297C 0EF9B649 1082400A 62E7A748 5735FADD

座標 y_G：

01 3DE74DA6 5951C4D7 6DC89220 D5F7777A 611B1C38 BAE260B1 75951DC8 060C2B3E

階 n：

7FFFFFFF FFFFFFFF FFFFFFFF FFFFFFFF BC972CF7 E6B6F900 945B3C6A 0CF6161D

待加密的訊息 M：encryption standard。

訊息 M 的十六進位表示：

656E63 72797074 696F6E20 7374616E 64617264。

私密金鑰 d_B：

56A270D1 7377AA9A 367CFA82 E46FA526 7713A9B9 1101D077 7B07FCE0 18C757EB

公開金鑰 $P_B=(x_B,y_B)$：

座標 x_B：

00 A67941E6 DE8A6180 5F7BCFF0 985BB3BE D986F1C2 97E4D888 0D82B821 C624EE57

座標 y_B：

01 93ED5A67 07B59087 81B86084 1085F52E EFA7FE32 9A5C8118 43533A87 4D027271

接下來加密各步驟中的有關值。

產生隨機數 k：

6D3B4971 53E3E925 24E5C122 682DBDC8 705062E2 0B917A5F 8FCDB8EE 4C66663D

計算橢圓曲線點 $C_1=[k]G=(x_1,y_1)$：

座標 x1：

01 9D236DDB 305009AD 52C51BB9 32709BD5 34D476FB B7B0DF95 42A8A4D8 90A3F2E1

座標 y1：

00 B23B938D C0A94D1D F8F42CF4 5D2D6601 BF638C3D 7DE75A29 F02AFB7E 45E91771

在此 C_1 選用未壓縮的表示形式，點轉換成位元組串的形式為 PC$||$ $x_1||$ y_1，其中 PC 為單一位元組且 PC=04，仍記為 C_1。

計算橢圓曲線點 $[k]P_B=(x_2,y_2)$：

座標 x_2：

00 83E628CF 701EE314 1E8873FE 55936ADF 24963F5D C9C64805 66C80F8A 1D8CC51B

座標 y_2：

01 524C647F 0C0412DE FD468BDA 3AE0E5A8 0FCC8F5C 990FEE11 60292923 2DCD9F36

訊息 M 的位元長度 klen=152。

計算 t=KDF($x_2||y_2$,klen)：

983BCF 106AB2DC C92F8AEA C6C60BF2 08BB0117

計算 $C_2=M \oplus t$：

FD55AC 6213C2A8 A040E4CA B5B26A9C FCDA7373 FCDA7373

計算 $C_3=Hash(x_2||M||y_2)$：

$x_2||M||y_2$：

0083E628 CF701EE3 141E8873 FE55936A DF24963F 5DC9C648 0566C80F 8A1D8CC5

```
1B656E63 72797074 696F6E20 7374616E 64617264 01524C64 7F0C0412 DEFD468B
```

```
DA3AE0E5 A80FCC8F 5C990FEE 11602929 232DCD9F 36
```

C3：
```
73A48625 D3758FA3 7B3EAB80 E9CFCABA 665E3199 EA15A1FA 8189D96F 579125E4
```

輸出加密 $C=C_1 \| C_2 \| C_3$：
```
04019D23 6DDB3050 09AD52C5 1BB93270 9BD534D4 76FBB7B0 DF9542A8 A4D890A3
```

```
F2E100B2 3B938DC0 A94D1DF8 F42CF45D 2D6601BF 638C3D7D E75A29F0 2AFB7E45
```

```
E91771FD 55AC6213 C2A8A040 E4CAB5B2 6A9CFCDA 737373A4 8625D375 8FA37B3E
```

```
AB80E9CF CABA665E 3199EA15 A1FA8189 D96F5791 25E4
```

接下來解密各步驟中的有關值。

計算橢圓曲線點 $[d_B]C1=(x_2,y_2)$：

座標 x_2：
```
00 83E628CF 701EE314 1E8873FE 55936ADF 24963F5D C9C64805 66C80F8A 1D8CC51B
```

座標 y_2：
```
01 524C647F 0C0412DE FD468BDA 3AE0E5A8 0FCC8F5C 990FEE11 60292923 2DCD9F36
```

計算 $t=KDF(x_2\|y_2,klen)$：
```
983BCF 106AB2DC C92F8AEA C6C60BF2 98BB0117
```

計算 $M'=C_2 \oplus t$：
```
656E63 72797074 696F6E20 7374616E 64617264
```

計算 $u=Hash(x_2\|M'\|y_2)$：
```
73A48625 D3758FA3 7B3EAB80 E9CFCABA 665E3199 EA15A1FA 8189D96F 579125E4
```

明文 M'：
```
656E63 72797074 696F6E20 7374616E 64617264
```

即為 encryption standard。

14.12.6 用程式實現 SM2 加解密演算法

前面我們介紹了 SM2 加解密演算法的步驟以及範例，下面要正式開始上機實現了。如果對前面的理論有些地方不了解，沒關係，這也很正常，畢竟涉及很多數學知識，而且同一知識，不同人的了解可能會不同，所以導致了解偏差很正常，這在很多學習的場景中都會發生。但我們學電腦的人有一個優勢，就是對於理論不了解的地方，可以透過程式來了解，即透過實現成功的程式來幫助我們了解理論演算法，或邊看理論演算法的步驟，邊對應著程式，就能達到事半功倍的效果。當然，前提是程式按照對應的演算法來實現。

【例 14.2】實現並測試 SM2 加解密演算法

（1）新建一個空的主控台專案，即在「增加新專案」對話方塊中選中「Windows 桌面精靈」，並輸入專案名 test，然後點擊「確定」按鈕，在隨後出現的「Windows 桌面專案」對話方塊的應用程式類型下選擇「主控台應用程式（.exe）」，並選取「空專案」核取方塊，再取消選取「預先編譯標頭」核取方塊，如圖 14-10 所示。

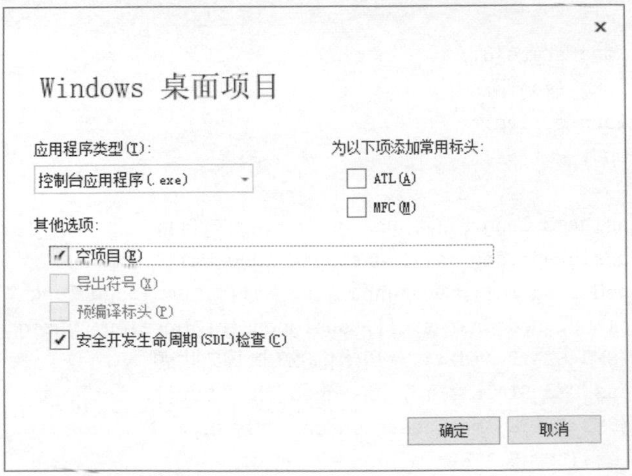

圖 14-10

然後點擊「確定」按鈕，此時一個空的主控台應用程式專案就建立起來了。

（2）在專案中新建一個標頭檔案 **kdf.h**，並輸入程式如下：

```
#include "SM2_ENC.h"
#include <string.h>
#define SM3_len 256
#define SM3_T1 0x79CC4519
#define SM3_T2 0x7A879D8A
#define SM3_IVA 0x7380166f
#define SM3_IVB 0x4914b2b9
#define SM3_IVC 0x172442d7
#define SM3_IVD 0xda8a0600
#define SM3_IVE 0xa96f30bc
#define SM3_IVF 0x163138aa
#define SM3_IVG 0xe38dee4d
#define SM3_IVH 0xb0fb0e4e
/* Various logical functions */
#define SM3_p1(x) (x^SM3_rotl32(x,15)^SM3_rotl32(x,23))
#define SM3_p0(x) (x^SM3_rotl32(x,9)^SM3_rotl32(x,17))
#define SM3_ff0(a,b,c) (a^b^c)
#define SM3_ff1(a,b,c) ((a&b)|(a&c)|(b&c))
#define SM3_gg0(e,f,g) (e^f^g)
#define SM3_gg1(e,f,g) ((e&f)|((~e)&g))
#define SM3_rotl32(x,n) (((x) << n) | ((x) >> (32 - n)))
#define SM3_rotr32(x,n) (((x) >> n) | ((x) << (32 - n)))
typedef struct {
    unsigned long state[8];
    unsigned long length;
    unsigned long curlen;
    unsigned char buf[64];
} SM3_STATE;
void BiToWj(unsigned long Bi[], unsigned long Wj[]);
void WjToWj1(unsigned long Wj[], unsigned long Wj1[]);
void CF(unsigned long Wj[], unsigned long Wj1[], unsigned long V[]);
void BigEndian(unsigned char src[], unsigned int bytelen, unsigned char des[]);
void SM3_init(SM3_STATE *md);   //初始化SM3上下文狀態
void SM3_process(SM3_STATE * md, unsigned char buf[], int len);
void SM3_done(SM3_STATE *md, unsigned char *hash);
void SM3_compress(SM3_STATE * md);
void SM3_256(unsigned char buf[], int len, unsigned char hash[]);
void SM3_KDF(unsigned char *Z, unsigned short zlen, unsigned short klen,
unsigned char *K);
```

其中，函數 SM3_init 用於初始化 SM3 上下文狀態，相當於 SM3 三部曲中的第一步；函數 SM3_process 處理訊息中前面 len/64 個區塊，相當於 SM3 三部曲中的第 2 步；函數 SM3_done 用於處理剩下的訊息內容，並輸出結果，相當於 SM3 三部曲中的最後一步。函數 SM3_compress 由 SM3_process 和 SM3_done 呼叫，用於壓縮單一訊息區塊。BiToW 由 SM3_compress 呼叫，用於 Bi 到 W 的轉換。WToW1 由 SM3_compress 呼叫，用於 W 到 W' 的轉換。CF 由 SM3_compress 呼叫，用於計算 CF。函數 BigEndian 由 SM3_compress 呼叫，用於將小端 CPU 位元組序轉為大端。SM3_KDF 是金鑰衍生函數，裡面呼叫 SM3_init、SM3_process 和 SM3_done，用來生成金鑰串流。

下面我們來實現這些函數，在專案中新建一個原始檔案 kdf.c，並輸入程式如下：

```
#include "kdf.h"
/***************************************************************
Function: BiToW
Description: calculate W from Bi
Calls:
Called By: SM3_compress
Input: Bi[16] //a block of a message
Output: W[68]
Return: null
Others:
***************************************************************/
void BiToW(unsigned long Bi[], unsigned long W[])
{
    int i;
    unsigned long tmp;
    for (i = 0; i <= 15; i++)
    {
        W[i] = Bi[i];
    }
    for (i = 16; i <= 67; i++)
    {
        tmp = W[i - 16]
            ^ W[i - 9]
            ^ SM3_rotl32(W[i - 3], 15);
```

```
        W[i] = SM3_p1(tmp)
            ^ (SM3_rotl32(W[i - 13], 7))
            ^ W[i - 6];
    }
}
/********************************************************************
Function: WToW1
Description: calculate W1 from W
Calls:
Called By: SM3_compress
Input: W[68]
Output: W1[64]
Return: null
Others:
********************************************************************/
void WToW1(unsigned long W[], unsigned long W1[])
{
    int i;
    for (i = 0; i <= 63; i++)
    {
        W1[i] = W[i] ^ W[i + 4];
    }
}
/********************************************************************
Function: CF
Description: calculate the CF compress function and update V
Calls:
Called By: SM3_compress
Input: W[68]
W1[64]
V[8]
Output: V[8]
Return: null
Others:
********************************************************************/
void CF(unsigned long W[], unsigned long W1[], unsigned long V[])
{
    unsigned long SS1;
    unsigned long SS2;
    unsigned long TT1;
    unsigned long TT2;
    unsigned long A, B, C, D, E, F, G, H;
    unsigned long T = SM3_T1;
```

```
unsigned long FF;
unsigned long GG;
int j;
//reg init,set ABCDEFGH=V0
A = V[0];
B = V[1];
C = V[2];
D = V[3];
E = V[4];
F = V[5];
G = V[6];
H = V[7];
for (j = 0; j <= 63; j++)
{
    //SS1
    if (j == 0)
    {
        T = SM3_T1;
    }
    else if (j == 16)
    {
        T = SM3_rotl32(SM3_T2, 16);
    }
    else
    {
        T = SM3_rotl32(T, 1);
    }
    SS1 = SM3_rotl32((SM3_rotl32(A, 12) + E + T), 7);
    //SS2
    SS2 = SS1 ^ SM3_rotl32(A, 12);
    //TT1
    if (j <= 15)
    {
        FF = SM3_ff0(A, B, C);
    }
    else
    {
        FF = SM3_ff1(A, B, C);
    }
    TT1 = FF + D + SS2 + *W1;
    W1++;
    //TT2
    if (j <= 15)
```

```
            {
                GG = SM3_gg0(E, F, G);
            }
            else
            {
                GG = SM3_gg1(E, F, G);
            }
            TT2 = GG + H + SS1 + *W;
            W++;
            //D
            D = C;
            //C
            C = SM3_rotl32(B, 9);
            //B
            B = A;
            //A
            A = TT1;
            //H
        H = G;
            //G
            G = SM3_rotl32(F, 19);
            //F
            F = E;
            //E
            E = SM3_p0(TT2);
        }
        //update V
        V[0] = A ^ V[0];
        V[1] = B ^ V[1];
        V[2] = C ^ V[2];
        V[3] = D ^ V[3];
        V[4] = E ^ V[4];
        V[5] = F ^ V[5];
        V[6] = G ^ V[6];
        V[7] = H ^ V[7];
}
/******************************************************************************
Function: BigEndian
Description: unsigned int endian converse.GM/T 0004-2012 requires to use big-
endian.
if CPU uses little-endian, BigEndian function is a necessary
call to change the little-endian format into big-endian format.
Calls:
```

```
Called By: SM3_compress, SM3_done
Input: src[bytelen]
bytelen
Output: des[bytelen]
Return: null
Others: src and des could implies the same address
*************************************************************************/
void BigEndian(unsigned char src[], unsigned int bytelen, unsigned char des[])
{
    unsigned char tmp = 0;
    unsigned long i = 0;
    for (i = 0; i < bytelen / 4; i++)
    {
        tmp = des[4 * i];
        des[4 * i] = src[4 * i + 3];
        src[4 * i + 3] = tmp;
        tmp = des[4 * i + 1];
        des[4 * i + 1] = src[4 * i + 2];
        des[4 * i + 2] = tmp;
    }
}
/*************************************************************************
Function: SM3_init
Description: initiate SM3 state
Calls:
Called By: SM3_256
Input: SM3_STATE *md
Output: SM3_STATE *md
Return: null
Others:
*************************************************************************/
void SM3_init(SM3_STATE *md)
{
    md->curlen = md->length = 0;
    md->state[0] = SM3_IVA;
    md->state[1] = SM3_IVB;
    md->state[2] = SM3_IVC;
    md->state[3] = SM3_IVD;
    md->state[4] = SM3_IVE;
    md->state[5] = SM3_IVF;
    md->state[6] = SM3_IVG;
    md->state[7] = SM3_IVH;
}
```

```
/*****************************************************************************
Function: SM3_compress
Description: compress a single block of message
Calls: BigEndian
BiToW
WToW1
CF
Called By: SM3_256
Input: SM3_STATE *md
Output: SM3_STATE *md
Return: null
Others:
*****************************************************************************/
void SM3_compress(SM3_STATE * md)
{
    unsigned long W[68];
    unsigned long W1[64];
    //if CPU uses little-endian, BigEndian function is a necessary call
    BigEndian(md->buf, 64, md->buf);
    BiToW((unsigned long *)md->buf, W);
    WToW1(W, W1);
    CF(W, W1, md->state);
}
/*****************************************************************************
Function: SM3_process
Description: compress the first (len/64) blocks of message
Calls: SM3_compress
Called By: SM3_256
Input: SM3_STATE *md
unsigned char buf[len] //the input message
int len //bytelen of message
Output: SM3_STATE *md
Return: null
Others:
*****************************************************************************/
void SM3_process(SM3_STATE * md, unsigned char *buf, int len)
{
    while (len--)
    {
        /* copy byte */
        md->buf[md->curlen] = *buf++;
        md->curlen++;
        /* is 64 bytes full? */
```

```
            if (md->curlen == 64)
            {
                SM3_compress(md);
                md->length += 512;
                md->curlen = 0;
            }
        }
}
/***************************************************************************
Function: SM3_done
Description: compress the rest message that the SM3_process has left behind
Calls: SM3_compress
Called By: SM3_256
Input: SM3_STATE *md
Output: unsigned char *hash
Return: null
Others:
***************************************************************************/
void SM3_done(SM3_STATE *md, unsigned char hash[])
{
    int i;
    unsigned char tmp = 0;
    /* increase the bit length of the message */
    md->length += md->curlen << 3;
    /* append the '1' bit */
    md->buf[md->curlen] = 0x80;
    md->curlen++;
    /* if the length is currently above 56 bytes, appends zeros till
    it reaches 64 bytes, compress the current block, creat a new
    block by appending zeros and length,and then compress it
    */
    if (md->curlen > 56)
    {
        for (; md->curlen < 64;)
        {
            md->buf[md->curlen] = 0;
            md->curlen++;
        }
        SM3_compress(md);
        md->curlen = 0;
    }
    /* if the length is less than 56 bytes, pad upto 56 bytes of zeroes */
    for (; md->curlen < 56;)
```

```
    {
        md->buf[md->curlen] = 0;
        md->curlen++;
    }
    /* since all messages are under 2^32 bits we mark the top bits zero */
    for (i = 56; i < 60; i++)
    {
        md->buf[i] = 0;
    }
    /* append length */
    md->buf[63] = md->length & 0xff;
    md->buf[62] = (md->length >> 8) & 0xff;
    md->buf[61] = (md->length >> 16) & 0xff;
    md->buf[60] = (md->length >> 24) & 0xff;
    SM3_compress(md);
    /* copy output */
    memcpy(hash, md->state, SM3_len / 8);
    BigEndian(hash, SM3_len / 8, hash);//if CPU uses little-endian,
BigEndian function is a necessary call
}
/****************************************************************************
Function: SM3_256
Description: calculate a hash value from a given message
Calls: SM3_init
SM3_process
SM3_done
Called By:
Input: unsigned char buf[len] //the input message
int len //bytelen of the message
Output: unsigned char hash[32]
Return: null
Others:
****************************************************************************/
void SM3_256(unsigned char buf[], int len, unsigned char hash[])
{
    SM3_STATE md;
    SM3_init(&md);
    SM3_process(&md, buf, len);
    SM3_done(&md, hash);
}
/****************************************************************************
Function: SM3_KDF
Description: key derivation function
```

```
Calls: SM3_init
SM3_process
SM3_done
Called By:
Input: unsigned char Z[zlen]
unsigned short zlen //bytelen of Z
unsigned short klen //bytelen of K
Output: unsigned char K[klen] //shared secret key
Return: null
Others:
****************************************************************************/
void SM3_KDF(unsigned char Z[], unsigned short zlen, unsigned short klen,
unsigned char K[])
{
    unsigned short i, j, t;
    unsigned int bitklen;
    SM3_STATE md;
    unsigned char Ha[SM2_NUMWORD];
    unsigned char ct[4] = { 0,0,0,1 };
    bitklen = klen * 8;
    if (bitklen%SM2_NUMBITS)
        t = bitklen / SM2_NUMBITS + 1;
    else
        t = bitklen / SM2_NUMBITS;
    //s4: K=Ha1||Ha2||...
    for (i = 1; i < t; i++)
    {
        //s2: Hai=Hv(Z||ct)
        SM3_init(&md);
        SM3_process(&md, Z, zlen);
        SM3_process(&md, ct, 4);
        SM3_done(&md, Ha);
        memcpy((K + SM2_NUMWORD * (i - 1)), Ha, SM2_NUMWORD);
        if (ct[3] == 0xff)
        {
            ct[3] = 0;
            if (ct[2] == 0xff)
            {
                ct[2] = 0;
                if (ct[1] == 0xff)
                {
                    ct[1] = 0;
                    ct[0]++;
```

```
            }
            else ct[1]++;
        }
        else ct[2]++;
    }
    else ct[3]++;
}
//s3: klen/v非整數的處理
SM3_init(&md);
SM3_process(&md, Z, zlen);
SM3_process(&md, ct, 4);
SM3_done(&md, Ha);
if (bitklen%SM2_NUMBITS)
{
    i = (SM2_NUMBITS - bitklen + SM2_NUMBITS * (bitklen / SM2_NUMBITS)) / 8;
    j = (bitklen - SM2_NUMBITS * (bitklen / SM2_NUMBITS)) / 8;
    memcpy((K + SM2_NUMWORD * (t - 1)), Ha, j);
}
else
{
    memcpy((K + SM2_NUMWORD * (t - 1)), Ha, SM2_NUMWORD);
}
}
```

這個標頭檔案裡也包含一些簡單函數的實現。演算法原理都是金鑰衍生函數 KDF 的實現，其中，SM2_ENC.h 是供對外呼叫的加解密函數的宣告，也是我們在專案中新建的標頭檔案。

在專案新建一個標頭檔案 SM2_ENC.h，程式如下：

```
#pragma once   //為了防止重複包含

#include "miracl.h"
#define ECC_WORDSIZE 8
#define SM2_NUMBITS 256
#define SM2_NUMWORD (SM2_NUMBITS/ECC_WORDSIZE) //32
#define ERR_INFINITY_POINT 0x00000001
#define ERR_NOT_VALID_ELEMENT 0x00000002
#define ERR_NOT_VALID_POINT 0x00000003
#define ERR_ORDER 0x00000004
#define ERR_ARRAY_NULL 0x00000005
#define ERR_C3_MATCH 0x00000006
```

```
#define ERR_ECURVE_INIT 0x00000007
#define ERR_SELFTEST_KG 0x00000008
#define ERR_SELFTEST_ENC 0x00000009
#define ERR_SELFTEST_DEC 0x0000000A


extern unsigned char SM2_p[32];
extern unsigned char SM2_a[32];
extern unsigned char SM2_b[32];
extern unsigned char SM2_n[32];
extern unsigned char SM2_Gx[32];
extern unsigned char SM2_Gy[32];
extern unsigned char SM2_h[32];


big para_p, para_a, para_b, para_n, para_Gx, para_Gy, para_h;
epoint *G;
miracl *mip;
int Test_Point(epoint* point);
int Test_PubKey(epoint *pubKey);
int Test_Null(unsigned char array[], int len);
int SM2_Init();
int SM2_KeyGeneration(big priKey, epoint *pubKey);
int SM2_Encrypt(unsigned char* randK, epoint *pubKey, unsigned char M[],
int klen, unsigned char C[]);
int SM2_Decrypt(big dB, unsigned char C[], int Clen, unsigned char M[]);
int SM2_ENC_SelfTest();
```

其中，SM2_ENC_SelfTest 用來自測 SM2 加解密演算法。

在專案新建一個標頭檔案 SM2_ENC.c，程式如下：

```
#include "miracl.h"
#include "mirdef.h"
#include "SM2_ENC.h"
#include "kdf.h"

#pragma comment(lib,"mymiracl.lib")   //匯入大數靜態程式庫

unsigned char SM2_p[32] = { 0xFF,0xFF,0xFF,0xFE,0xFF,0xFF,0xFF,0xFF,0xFF,0xFF,
0xFF,0xFF,0xFF,0xFF,0xFF,0xFF,0xFF,0xFF,0x00,0x00,0x00,0x00,0xFF,
0xFF,0xFF,0xFF,0xFF,0xFF,0xFF };
unsigned char SM2_a[32] = { 0xFF,0xFF,0xFF,0xFE,0xFF,0xFF,0xFF,0xFF,0xFF,0xFF,
0xFF,0xFF,0xFF,0xFF,0xFF,0xFF,0xFF,0xFF,0x00,0x00,0x00,0x00,0xFF,
0xFF,0xFF,0xFF,0xFF,0xFF,0xFC };
```

```
unsigned char SM2_b[32] = { 0x28,0xE9,0xFA,0x9E,0x9D,0x9F,0x5E,0x34,0x4D,0x5A,
0x9E,0x4B,0xCF,0x65,0x09,0xA7,0xF3,0x97,0x89,0xF5,0x15,0xAB,0x8F,0x92,0xDD,
0xBC,0xBD,0x41,0x4D,0x94,0x0E,0x93 };
unsigned char SM2_n[32] = { 0xFF,0xFF,0xFF,0xFE,0xFF,0xFF,0xFF,0xFF,0xFF,0xFF,
0xFF,0xFF,0xFF,0xFF,0xFF,0xFF,0x72,0x03,0xDF,0x6B,0x21,0xC6,0x05,0x2B,0x53,
0xBB,0xF4,0x09,0x39,0xD5,0x41,0x23 };
unsigned char SM2_Gx[32] = { 0x32,0xC4,0xAE,0x2C,0x1F,0x19,0x81,0x19,0x5F,
0x99,0x04,0x46,0x6A,0x39,0xC9,0x94,0x8F,0xE3,0x0B,0xBF,0xF2,0x66,0x0B,0xE1,
0x71,0x5A,0x45,0x89,0x33,0x4C,0x74,0xC7 };
unsigned char SM2_Gy[32] = { 0xBC,0x37,0x36,0xA2,0xF4,0xF6,0x77,0x9C,0x59,
0xBD,0xCE,0xE3,0x6B,0x69,0x21,0x53,0xD0,0xA9,0x87,0x7C,0xC6,0x2A,0x47,0x40,
0x02,0xDF,0x32,0xE5,0x21,0x39,0xF0,0xA0 };
unsigned char SM2_h[32] = { 0x00,0x00,0x00,0x00,0x00,0x00,0x00,0x00,0x00,0x00,
0x00,0x00,0x00,0x00,0x00,0x00,0x00,0x00,0x00,0x00,0x00,0x00,0x00,0x00,0x00,
0x00,0x00,0x00,0x00,0x00,0x00,0x01 };


/******************************************************************
Function: Test_Point
Description: test if the given point is on SM2 curve
Calls:
Called By: SM2_Decrypt, Test_PubKey
Input: point
Output: null
Return: 0: sucess
3: not a valid point on curve
Others:
******************************************************************/
int Test_Point(epoint* point)
{
    big x, y, x_3, tmp;
    x = mirvar(0);
    y = mirvar(0);
    x_3 = mirvar(0);
    tmp = mirvar(0);
    //test if y^2=x^3+ax+b
    epoint_get(point, x, y);
    power(x, 3, para_p, x_3); //x_3=x^3 mod p
    multiply(x, para_a, x); //x=a*x
    divide(x, para_p, tmp); //x=a*x mod p , tmp=a*x/p
    add(x_3, x, x); //x=x^3+ax
    add(x, para_b, x); //x=x^3+ax+b
```

```
    divide(x, para_p, tmp); //x=x^3+ax+b mod p
    power(y, 2, para_p, y); //y=y^2 mod p
    if (mr_compare(x, y) != 0)
        return ERR_NOT_VALID_POINT;
    else
        return 0;
}
/*****************************************************************
Function: SM2_TestPubKey
Description: test if the given point is valid
Calls:
Called By: SM2_Decrypt
Input: pubKey //a point
Output: null
Return: 0: sucess
1: a point at infinity
2: X or Y coordinate is beyond Fq
3: not a valid point on curve
4: not a point of order n
Others:
*****************************************************************/
int Test_PubKey(epoint *pubKey)
{
    big x, y, x_3, tmp;
    epoint *nP;
    x = mirvar(0);
    y = mirvar(0);
    x_3 = mirvar(0);
    tmp = mirvar(0);
    nP = epoint_init();
    //test if the pubKey is the point at infinity
    if (point_at_infinity(pubKey))// if pubKey is point at infinity, return error;
        return ERR_INFINITY_POINT;
    //test if x<p and y<p both hold
    epoint_get(pubKey, x, y);
    if ((mr_compare(x, para_p) != -1) || (mr_compare(y, para_p) != -1))
        return ERR_NOT_VALID_ELEMENT;
    if (Test_Point(pubKey) != 0)
        return ERR_NOT_VALID_POINT;
    //test if the order of pubKey is equal to n
    ecurve_mult(para_n, pubKey, nP); // nP=[n]P
```

```
    if (!point_at_infinity(nP)) // if np is point NOT at infinity, return error;
        return ERR_ORDER;
    return 0;
}
/*******************************************************************
Function: Test_Null
Description: test if the given array is all zero
Calls:
Called By: SM2_Encrypt
Input: array[len]
len //byte len of the array
Output: null
Return: 0: the given array is not all zero
1: the given array is all zero
Others:
*******************************************************************/
int Test_Null(unsigned char array[], int len)
{
    int i = 0;
    for (i = 0; i < len; i++)
    {
        if (array[i] != 0x00)
            return 0;
    }
    return 1;
}
/*******************************************************************
Function: SM2_Init
Description: Initiate SM2 curve
Calls: MIRACL functions
Called By:
Input: null
Output: null
Return: 0: sucess;
7: paremeter error;
4: the given point G is not a point of order n
Others:
*******************************************************************/
int SM2_Init()
{
    epoint *nG;
    para_p = mirvar(0);
    para_a = mirvar(0);
```

```
    para_b = mirvar(0);
    para_n = mirvar(0);
    para_Gx = mirvar(0);
    para_Gy = mirvar(0);
    para_h = mirvar(0);
    G = epoint_init();
    nG = epoint_init();
    bytes_to_big(SM2_NUMWORD, SM2_p, para_p);
    bytes_to_big(SM2_NUMWORD, SM2_a, para_a);
    bytes_to_big(SM2_NUMWORD, SM2_b, para_b);
    bytes_to_big(SM2_NUMWORD, SM2_n, para_n);
    bytes_to_big(SM2_NUMWORD, SM2_Gx, para_Gx);
    bytes_to_big(SM2_NUMWORD, SM2_Gy, para_Gy);
    bytes_to_big(SM2_NUMWORD, SM2_h, para_h);
    ecurve_init(para_a, para_b, para_p, MR_PROJECTIVE);//Initialises GF(p)
elliptic curve.
    //MR_PROJECTIVE specifying projective coordinates
        if (!epoint_set(para_Gx, para_Gy, 0, G))//initialise point G
        {
            return ERR_ECURVE_INIT;
        }
    ecurve_mult(para_n, G, nG);
    if (!point_at_infinity(nG)) //test if the order of the point is n
    {
        return ERR_ORDER;
    }
    return 0;
}
/********************************************************************
Function: SM2_KeyGeneration
Description: calculate a pubKey out of a given priKey
Calls: SM2_TestPubKey
Called By:
Input: priKey // a big number lies in[1,n-2]
Output: pubKey // pubKey=[priKey]G
Return: 0: sucess
1: fail
Others:
********************************************************************/
int SM2_KeyGeneration(big priKey, epoint *pubKey)
{
```

```
    int i = 0;
    big x, y;
    x = mirvar(0);
    y = mirvar(0);
    ecurve_mult(priKey, G, pubKey);//透過大數和基點產生公開金鑰
    epoint_get(pubKey, x, y);
  if (Test_PubKey(pubKey) != 0)
        return 1;
    else
        return 0;
}
/*******************************************************************
Function: SM2_Encrypt
Description: SM2 encryption
Calls: SM2_KDF,Test_null,Test_Point,SM3_init,SM3_process,SM3_done
Called By:
Input: randK[SM2_NUMWORD] // a random number K lies in [1,n-1]
pubKey // public key of the cipher receiver
M[klen] // original message
klen // byte len of original message
Output: C[klen+SM2_NUMWORD*3] // cipher C1||C3||C2
Return: 0: sucess
1: S is point at infinity
5: the KDF output is all zero
Others:
*******************************************************************/
int SM2_Encrypt(unsigned char* randK, epoint *pubKey, unsigned char M[], int
klen, unsigned char C[])
{
    big C1x, C1y, x2, y2, rand;
    epoint *C1, *kP, *S;
    int i = 0;
    unsigned char x2y2[SM2_NUMWORD * 2] = { 0 };
    SM3_STATE md;
    C1x = mirvar(0);
    C1y = mirvar(0);
    x2 = mirvar(0);
    y2 = mirvar(0);
    rand = mirvar(0);
    C1 = epoint_init();
    kP = epoint_init();
```

```
    S = epoint_init();
    //Step2. calculate C1=[k]G=(rGx,rGy)
    bytes_to_big(SM2_NUMWORD, randK, rand);
    ecurve_mult(rand, G, C1); //C1=[k]G
    epoint_get(C1, C1x, C1y);
    big_to_bytes(SM2_NUMWORD, C1x, C, 1);
    big_to_bytes(SM2_NUMWORD, C1y, C + SM2_NUMWORD, 1);
    //Step3. test if S=[h]pubKey if the point at infinity
    ecurve_mult(para_h, pubKey, S);
    if (point_at_infinity(S))// if S is point at infinity, return error;
        return ERR_INFINITY_POINT;
    //Step4. calculate [k]PB=(x2,y2)
    ecurve_mult(rand, pubKey, kP); //kP=[k]P
    epoint_get(kP, x2, y2);
    //Step5. KDF(x2||y2,klen)
    big_to_bytes(SM2_NUMWORD, x2, x2y2, 1);
    big_to_bytes(SM2_NUMWORD, y2, x2y2 + SM2_NUMWORD, 1);
    SM3_KDF(x2y2, SM2_NUMWORD * 2, klen, C + SM2_NUMWORD * 3);
    if (Test_Null(C + SM2_NUMWORD * 3, klen) != 0)
        return ERR_ARRAY_NULL;
    //Step6. C2=M^t
    for (i = 0; i < klen; i++)
    {
        C[SM2_NUMWORD * 3 + i] = M[i] ^ C[SM2_NUMWORD * 3 + i];
    }
    //Step7. C3=hash(x2,M,y2)
    SM3_init(&md);
    SM3_process(&md, x2y2, SM2_NUMWORD);
    SM3_process(&md, M, klen);
    SM3_process(&md, x2y2 + SM2_NUMWORD, SM2_NUMWORD);
    SM3_done(&md, C + SM2_NUMWORD * 2);
    return 0;
}
/******************************************************************
Function: SM2_Decrypt
Description: SM2 decryption
Calls: SM2_KDF,Test_Point,SM3_init,SM3_process,SM3_done
Called By:
Input: dB // a big number lies in [1,n-2]
pubKey // [dB]G
C[Clen] // cipher C1||C3||C2
```

```
Clen // byte len of cipher
Output: M[Clen-SM2_NUMWORD*3] // decrypted data
Return: 0: sucess
1: S is a point at finity
3: C1 is not a valid point
5: KDF output is all zero
6: C3 does not match
Others:
*******************************************************************/
int SM2_Decrypt(big dB, unsigned char C[], int Clen, unsigned char M[])
{
    SM3_STATE md;
    int i = 0;
    unsigned char x2y2[SM2_NUMWORD * 2] = { 0 };
    unsigned char hash[SM2_NUMWORD] = { 0 };
    big C1x, C1y, x2, y2;
    epoint *C1, *S, *dBC1;
    C1x = mirvar(0);
    C1y = mirvar(0);
    x2 = mirvar(0);
    y2 = mirvar(0);
    C1 = epoint_init();
    S = epoint_init();
    dBC1 = epoint_init();
    //Step1. test if C1 fits the curve
    bytes_to_big(SM2_NUMWORD, C, C1x);
    bytes_to_big(SM2_NUMWORD, C + SM2_NUMWORD, C1y);
    epoint_set(C1x, C1y, 0, C1);
    i = Test_Point(C1);
    if (i != 0)
        return i;
    //Step2. S=[h]C1 and test if S is the point at infinity
    ecurve_mult(para_h, C1, S);
    if (point_at_infinity(S))// if S is point at infinity, return error;
        return ERR_INFINITY_POINT;
    //Step3. [dB]C1=(x2,y2)
    ecurve_mult(dB, C1, dBC1);
    epoint_get(dBC1, x2, y2);
    big_to_bytes(SM2_NUMWORD, x2, x2y2, 1);
    big_to_bytes(SM2_NUMWORD, y2, x2y2 + SM2_NUMWORD, 1);
    //Step4. t=KDF(x2||y2,klen)
```

```
    SM3_KDF(x2y2, SM2_NUMWORD * 2, Clen - SM2_NUMWORD * 3, M);
    if (Test_Null(M, Clen - SM2_NUMWORD * 3) != 0)
         return ERR_ARRAY_NULL;
    //Step5. M=C2^t
    for (i = 0; i < Clen - SM2_NUMWORD * 3; i++)
        M[i] = M[i] ^ C[SM2_NUMWORD * 3 + i];
    //Step6. hash(x2,m,y2)
    SM3_init(&md);
    SM3_process(&md, x2y2, SM2_NUMWORD);
    SM3_process(&md, M, Clen - SM2_NUMWORD * 3);
    SM3_process(&md, x2y2 + SM2_NUMWORD, SM2_NUMWORD);
    SM3_done(&md, hash);
    if (memcmp(hash, C + SM2_NUMWORD * 2, SM2_NUMWORD) != 0)
         return ERR_C3_MATCH;
    else
         return 0;
}
/****************************************************************
Function: SM2_ENC_SelfTest
Description: test whether the SM2 calculation is correct by comparing the
result with the standard data
Calls: SM2_init,SM2_ENC,SM2_DEC
Called By:
Input: NULL
Output: NULL
Return: 0: sucess
1: S is a point at finity
2: X or Y coordinate is beyond Fq
3: not a valid point on curve
4: the given point G is not a point of order n
5: KDF output is all zero
6: C3 does not match
8: public key generation error
9: SM2 encryption error
a: SM2 decryption error
Others:
****************************************************************/
int SM2_ENC_SelfTest()
{
    int tmp = 0, i = 0;
    unsigned char Cipher[115] = { 0 };
```

```
unsigned char M[19] = { 0 };
unsigned char kGxy[SM2_NUMWORD * 2] = { 0 };
big ks, x, y;
epoint *kG;
//standard data
unsigned char std_priKey[32] = { 0x39,0x45,0x20,0x8F,0x7B,0x21,0x44,0xB1,
    0x3F,0x36,0xE3,0x8A,0xC6,0xD3,0x9F,0x95,0x88,0x93,0x93,0x69,0x28,0x60,
    0xB5,0x1A,0x42,0xFB,0x81,0xEF,0x4D,0xF7,0xC5,0xB8 };
unsigned char std_pubKey[64] = { 0x09,0xF9,0xDF,0x31,0x1E,0x54,0x21,0xA1,
    0x50,0xDD,0x7D,0x16,0x1E,0x4B,0xC5,0xC6,0x72,0x17,0x9F,0xAD,0x18,0x33,
    0xFC,0x07,0x6B,0xB0,0x8F,0xF3,0x56,0xF3,0x50,0x20,0xCC,0xEA,0x49,0x0C,
    0xE2,0x67,0x75,0xA5,0x2D,0xC6,0xEA,0x71,0x8C,0xC1,0xAA,0x60,0x0A,0xED,
    0x05,0xFB,0xF3,0x5E,0x08,0x4A,0x66,0x32,0xF6,0x07,0x2D,0xA9,0xAD,0x13 };
unsigned char std_rand[32] = { 0x59,0x27,0x6E,0x27,0xD5,0x06,0x86,0x1A,
    0x16,0x68,0x0F,0x3A,0xD9,0xC0,0x2D,0xCC,0xEF,0x3C,0xC1,0xFA,0x3C,0xDB,
    0xE4,0xCE,0x6D,0x54,0xB8,0x0D,0xEA,0xC1,0xBC,0x21 };
unsigned char std_Message[19] = { 0x65,0x6E,0x63,0x72,0x79,0x70,0x74,0x69,
    0x6F,0x6E,0x20,0x73,0x74,0x61,0x6E,0x64,0x61,0x72,0x64 };
unsigned char std_Cipher[115] = { 0x04,0xEB,0xFC,0x71,0x8E,0x8D,0x17,0x98,
    0x62,0x04,0x32,0x26,0x8E,0x77,0xFE,0xB6,0x41,0x5E,0x2E,0xDE,0x0E,0x07,
    0x3C,0x0F,0x4F,0x64,0x0E,0xCD,0x2E,0x14,0x9A,0x73,0xE8,0x58,0xF9,0xD8,
    0x1E,0x54,0x30,0xA5,0x7B,0x36,0xDA,0xAB,0x8F,0x95,0x0A,0x3C,0x64,0xE6,
    0xEE,0x6A,0x63,0x09,0x4D,0x99,0x28,0x3A,0xFF,0x76,0x7E,0x12,0x4D,0xF0,
    0x59,0x98,0x3C,0x18,0xF8,0x09,0xE2,0x62,0x92,0x3C,0x53,0xAE,0xC2,0x95,
    0xD3,0x03,0x83,0xB5,0x4E,0x39,0xD6,0x09,0xD1,0x60,0xAF,0xCB,0x19,0x08,
    0xD0,0xBD,0x87,0x66,0x21,0x88,0x6C,0xA9,0x89,0xCA,0x9C,0x7D,0x58,0x08,
    0x73,0x07,0xCA,0x93,0x09,0x2D,0x65,0x1E,0xFA };
mip = mirsys(1000, 16);
mip->IOBASE = 16;
x = mirvar(0);
y = mirvar(0);
ks = mirvar(0);
kG = epoint_init();
bytes_to_big(32, std_priKey, ks); //ks is the standard private key
//initiate SM2 curve
SM2_Init();
//generate key pair
tmp = SM2_KeyGeneration(ks, kG);
if (tmp != 0)
    return tmp;
epoint_get(kG, x, y);
```

```c
big_to_bytes(SM2_NUMWORD, x, kGxy, 1);
big_to_bytes(SM2_NUMWORD, y, kGxy + SM2_NUMWORD, 1);
if (memcmp(kGxy, std_pubKey, SM2_NUMWORD * 2) != 0)
    return ERR_SELFTEST_KG;
puts("原文：");
for (i = 0; i < 19; i++)
{
    if (i > 0 && i % 8 == 0) printf("\n");
    printf("0x%x,", std_Message[i]);
}
//encrypt data and compare the result with the standard data
tmp = SM2_Encrypt(std_rand, kG, std_Message, 19, Cipher);
if (tmp != 0)
    return tmp;
if (memcmp(Cipher, std_Cipher, 19 + SM2_NUMWORD * 3) != 0)
     return ERR_SELFTEST_ENC;

puts("\n\n加密：");
for (i = 0; i < 19 + SM2_NUMWORD * 3; i++)
{
    if (i > 0 && i % 8 == 0) printf("\n");
    printf("0x%x,", Cipher[i]);
}

//decrypt cipher and compare the result with the standard data
tmp = SM2_Decrypt(ks, Cipher, 115, M);
if (tmp != 0)
    return tmp;

puts("\n\n解密結果：");
for (i = 0; i < 19; i++)
{
    if (i>0&&i%8 == 0) printf("\n");
    printf("0x%x,", M[i]);
}

if (memcmp(M, std_Message, 19) != 0)
    return ERR_SELFTEST_DEC;
puts("\n解密成功");

return 0;
}
```

其中，SM2_Encrypt 是加密函數，加密出來的結果長度是明文長度 +96
（SM2_NUMWORD * 3）。SM2_Decrypt 是解密函數。SM2_ENC_SelfTest
中對一個位元組陣列 std_Message 進行了加密，並隨後解密，解密結果和
原文比較來判斷是否解密成功。在程式中，我們用到了大數庫 MIRACL，
因此需要在開頭匯入靜態程式庫 mymiracl.lib，記得要把 mymiracl.lib 從
上例的 test 專案目錄下複製到本例的專案目錄下，同時還要複製兩個標頭
檔 miracl.h 和 mirdef.h 到本例專案目錄下。

最後，新建一個測試檔案 test.c 到專案中，並輸入程式如下：

```
#include "SM2_ENC.h"
void main()
{
    SM2_ENC_SelfTest();
}
```

程式很簡單，直接呼叫 SM2 加解密自測函數 SM2_ENC_SelfTest。

（3）保存專案並運行，運行結果如圖 14-11 所示。

圖 14-11

14.13 SM2 數位簽章

數位簽章（Digital Signature）是附加在資料單元（訊息）上的一些資料，或是對資料單元進行密碼變換的結果，當正常應用時提供服務：①資料來源的確認；②資料完整性的驗證；③簽名者不可否認的保證。

數位簽章演算法由一個簽名者對資料產生數位簽章，並由一個驗證者驗證簽名的可靠性。每個簽名者都有一個公開金鑰和一個私密金鑰，其中私密金鑰用於產生簽名，驗證者用簽名者的公開金鑰驗證簽名。在簽名生成過程之前，要用密碼雜湊函數對 M（包含 ZA 和待簽訊息 M）進行壓縮；在驗證過程之前，要用密碼雜湊函數對 M'（包含 ZA 和驗證訊息 M'）進行壓縮。

14.13.1 演算法參數

1. 橢圓曲線系統參數

橢圓曲線系統參數包括有限域 F_q 的規模 q（當 $q=2^m$ 時，還包括元素標記法的標識和約化多項式）；定義橢圓曲線 $E(F_q)$ 的方程式的兩個元素 $a,b \in F_q$；$E(F_q)$ 上的基點 $G=(x_G,y_G)(G \neq O)$，其中 x_G 和 y_G 是 F_q 中的兩個元素；G 的階 n 及其他可選項（如 n 的餘因數 h 等）。

橢圓曲線系統參數及其驗證應符合 14.10 節所述內容。

2. 使用者金鑰對

使用者 A 的金鑰對包括其私密金鑰 d_A 和公開金鑰 $P_A=[d_A]G=(x_A,y_A)$。

使用者金鑰對的生成演算法與公開金鑰驗證演算法應符合 14.9 節的規定。

14.13.2 輔助函數

在 SM2 簽名演算法中，涉及兩類輔助函數：密碼雜湊函數與隨機數發生器。

1. 密碼雜湊函數

必須使用國家密碼管理局批准的密碼雜湊演算法,如 SM3 密碼雜湊演算法。

2. 隨機數發生器

隨機數發生器用來產生隨機數,必須使用國家密碼管理局批准的隨機數發生器。也就是說,產生的隨機數的隨機性要經得起檢驗。

3. 使用者其他資訊

作為簽名者的使用者 A 具有長度為 $entlen_A$ 位元的可辨別標識 ID_A,記 $ENTL_A$ 是由整數 $entlen_A$ 轉換而成的 2 位元組,在 SM2 數位簽章演算法中,簽名者和驗證者都需要用密碼雜湊函數求得使用者 A 的雜湊值 Z_A。在具體實現中,將橢圓曲線方程式參數 a、b、G 的座標 x_G、y_G 和 P_A 的座標 x_A、y_A 的資料類型轉為位元串,$Z_A = H_{256}(ENTL_A||ID_A||a||b||x_G||y_G||x_A||y_A)$。

14.13.3 數位簽章的生成演算法及流程

1. 數位簽章的生成演算法

設待簽名的訊息為 M,為了獲取訊息 M 的數位簽章 (r,s),作為簽名者的使用者 A 應實現以下運算步驟:

(1)置 $\bar{M} = Z_A||M$。

(2)計算 e=Hv($\bar{M}$),將 e 的資料類型轉為整數。

(3)用隨機數發生器產生隨機數 $k \in [1,n-1]$。

(4)計算橢圓曲線點 $(x_1,y_1)=[k]G$,將 x_1 的資料類型轉為整數。

(5)計算 $r=(e+x_1) \bmod n$,若 r=0 或 r+k=n,則返回步驟(3)。

(6)計算 $s=((1+d_A)^{-1} \cdot (k-r*d_A)) \bmod n$,若 s=0,則返回步驟(3)。

(7)將 r、s 的資料類型轉為位元組串,訊息 M 的簽名為 (r,s)。

2. 數位簽章生成演算法流程（見圖 14-12 所示）

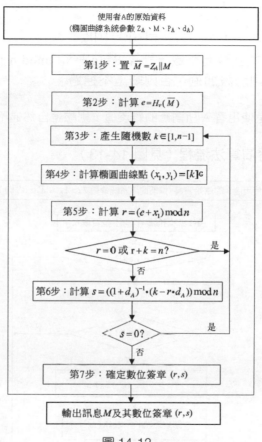

圖 14-12

14.13.4 數位簽章的驗證演算法及流程

1. 數位簽章的驗證演算法

為了檢驗收到的訊息 M′ 及其數位簽章 (r′,s′)，作為驗證者的使用者 B 應實現以下運算步驟：

（1）檢驗 r′∈[1,n-1] 是否成立，若不成立，則驗證不通過。

（2）檢驗 s′∈[1,n-1] 是否成立，若不成立，則驗證不通過。

（3）置 $\overline{M}'$ =Z_A||M′。

（4）計算 e′=Hv($\overline{M}'$)，將 e′ 的資料類型轉為整數。

（5）將 r'、s' 的資料類型轉為整數，計算 $t=(r'+s')\bmod n$，若 $t=0$，則驗證不通過。

（6）計算橢圓曲線點（ x_1' , y_1' ）$=[s']G+[t]P_A$。

（7）將 x_1' 的資料類型轉為整數，計算 $R=(e'+x_1')\bmod n$，檢驗 $R=r'$ 是否成立，若成立則驗證通過，否則驗證不通過。

注意：如果 Z_A 不是使用者 A 所對應的雜湊值，則驗證自然通不過。

2. 數位簽章驗證演算法流程（見圖 14-13）

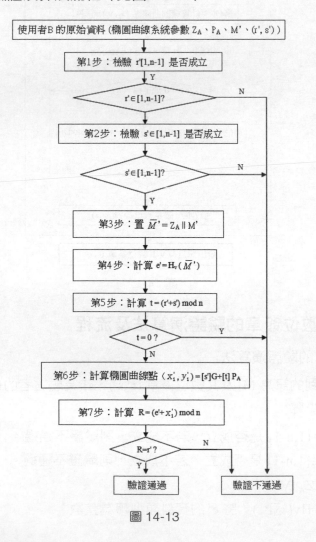

圖 14-13

14.13.5 數位簽章與驗證範例

這裡我們選用密碼雜湊函數 SM3，其輸入是長度小於 2^{64} 的訊息位元串，輸出是長度為 256 位元的雜湊值，記為 $H_{256}()$。

在範例中，所有用 16 進位表示的數，左邊為高位，右邊為低位。訊息採用 ASCII 編碼。

設使用者 A 的身份是：ALICE123@YAHOO.COM。用 ASCII 編碼記 ID_A：414C 49434531 32334059 41484F4F 2E434F4D。$ENTL_A$=0090。

1. F_p 上的橢圓曲線數位簽章

假設橢圓曲線方程式為：$y^2 = x^3 + ax + b$。

範例 1：F_p-256

質數 p：
8542D69E 4C044F18 E8B92435 BF6FF7DE 45728391 5C45517D 722EDB8B 08F1DFC3

係數 a：
787968B4 FA32C3FD 2417842E 73BBFEFF 2F3C848B 6831D7E0 EC65228B 3937E498

係數 b：
63E4C6D3 B23B0C84 9CE84241 484BFE48 F61D59A5 B16BA06E 6E12D1DA 27C5249A

基點 $G=(x_G,y_G)$，其階記為 n。

座標 x_G：
421DEBD6 1B62EAB6 746434EB C3CC315E 32220B3B ADD50BDC 4C4E6C14 7FEDD43D

座標 y_G：
0680512B CBB42C07 D47349D2 153B70C4 E5D7FDFC BFA36EA1 A85841B9 E46E09A2

階 n：
8542D69E 4C044E18 E8B92435 BE6FE7DD 29772063 0485628D 5AE74EE7 C32E79B7

待簽名的訊息 M：message digest。

私密金鑰 d_A：

128B2FA8 BD433c6C 068C8D80 3DEF7979 2A519A55 171B1B65 0c23661D 15897263

公開金鑰 $P_A=(x_A,y_A)$：

座標 x_A：

0AE4C779 8AA0F119 471BEE11 825BE462 02BB79E2 A5844495 E97c04FF 4DE2548A

座標 y_A：

7C0240F8 8F1CD4E1 6352A73C 17B7F16F 07353E53 A176D684 A9FE0C6B B798E857

雜湊值 $Z_A=H_{256}(\ ENTL_A \parallel ID_A \parallel a \parallel b \parallel x_G \parallel y_G \parallel x_A \parallel y_A)$。

Z_A：

F4A38489 E32B45B6 F876E3AC 2168CA39 2362DC8F 23459c1D 1146FC3D BEB7BC9A

接下來簽名各步驟中的有關值。

$\bar{M}' =Z_A\|M$：

F4A38489 E32B45B6 F876E3AC 2168CA39 2362DC8F 23459C1D 1146FC3D 1146FC3D
BFB7BC9A 6D657373 61676520 64696765 7374

密碼雜湊函數值 $e=H_{256}(\ \bar{M}\ )$：

B524F552 CD82B8B0 28476E00 5C377FB1 9A87E6FC 682D48BB 5D42E3D9 B9EFFE76

產生隨機數 k：

6CB28D99 385C175C 94F94E93 4817663F C176D925 DD72B727 260DBAAE 1FB2F96F

計算橢圓曲線點 $(x_1,y_1)=[k]G$：

座標 x_1：

110FCDA5 7615705D 5E7B9324 AC4B856D 23E6D918 8B2AE477 59514657 CE25D112

座標 y_1：

1C65D68A 4A08601D F24B431E 0CAB4EBE 084772B3 817E8581 1A8510B2 DF7ECA1A

計算 $r=(e+ x_1) \bmod n$：

40F1EC59 F793D9F4 9E09DCEF 49130D41 94F79FB1 EED2CAA5 5BACDB49 C4E755D1

$(1 + dA)^{-1}$：

79BFCF30 52C80DA7 B939E0C6 914A18CB B2D96D85 55256E83 122743A7 D4F5F956

計算 $s = ((1 + dA)^{-1} \cdot (k - r \cdot d_A)) \bmod n$：

6FC6DAC3 2C5D5CF1 0C77DFB2 0F7C2EB6 67A45787 2FB09EC5 6327A67E C7DEEBE7

訊息 M 的簽名為 (r,s)：

值 r：

40F1EC59 F793D9F4 9E09DCEF 49130D41 94F79FB1 EED2CAA5 5BACDB49 C4E755D1

值 s：

6FC6DAC3 2C5D5CF1 0C77DFB2 0F7C2EB6 67A45787 2FB09EC5 6327A67E C7DEEBE7

接下來驗證各步驟中的有關值。

密碼雜湊函數值 $e'=H_{256}(M')$：

B524F552 CD82B8B0 28476E00 5C377FB1 9A87E6FC 682D48BB 5D42E3D9 B9EFFE76

計算 $t=(r'+s') \bmod n$：

2B75F07E D7ECE7CC C1C8986B 991F441A D324D6D6 19FE06DD 63ED32E0 C997C801

計算橢圓曲線點 $(x_0',y_0')=[s']G$

座標 x_0'：

7DEACE5F D121BC38 5A3C6317 249F413D 28C17291 A60DFD83 B835A453 92D22B0A

座標 y_0'：

2E49D5E5 279E5FA9 1E71FD8F 693A64A3 C4A94611 15A4FC9D 79F34EDC 8BDDEBD0

計算橢圓曲線點 $(x_{00}',y_{00}')=[t]P_A$：

座標 x_{00}'：

1657FA75 BF2ADCDC 3C1F6CF0 5AB7B45E 04D3ACBE 8E4085CF A669CB25 64F17A9F

座標 y_{00}'：

19F0115F 21E16D2F 5C3A485F 8575A128 BBCDDF80 296A62F6 AC2EB842 DD058E50

計算橢圓曲線點（x_1'，y_1'）=[s']G+[t]P_A：

座標 x_1'：
110FCDA5 7615705D 5E7B9324 AC4B856D 23E6D918 8B2AE477 59514657 CE25D112

座標 y_1'：
1C65D68A 4A08601D F24B431E 0CAB4EBE 084772B3 817E8581 1A8510B2 DF7ECA1A

計算 R=(e'+ x_1')mod n：
40F1EC59 F793D9F4 9E09DCEF 49130D41 94F79FB1 EED2CAA5 5BACDB49 C4E755D1

2. F_{2^m} 上的橢圓曲線數位簽章

橢圓曲線方程式為：$y^2+xy=x^3+ax^2+b$。

範例 2：F_{2^m} -257

基域生成多項式：$x^{257} + x^{12} +1$。

係數 a：
0

係數 b：
00 E78BCD09 746C2023 78A7E72B 12BCE002 66B9627E CB0B5A25 367AD1AD 4CC6242B

基點 G=(x_G,y_G)，其階記為 n。

座標 x_G：
00 CDB9CA7F 1E6B0441 F658343F 4B10297C 0EF9B649 1082400A 62E7A748 5735FADD

座標 y_G：
01 3DE74DA6 5951C4D7 6DC89220 D5F7777A 611B1C38 BAE260B1 75951DC8 060C2B3E

階 n：
7FFFFFFF FFFFFFFF FFFFFFFF FFFFFFFF BC972CF7 E6B6F900 945B3C6A 0CF6161D

待簽名的訊息 M：message digest。

私密金鑰 d_A：
771EF3DB FF5F1CDC 32B9C572 93047619 1998B2BF 7CB981D7 F5B39202 645F0931

公開金鑰 $P_A = (x_A, y_A)$：

座標 x_A：

01 65961645 281A8626 607B917F 657D7E93 82F1EA5C D931F40F 6627F357 542653B2

座標 y_A：

01 68652213 0D590FB8 DE635D8F CA715CC6 BF3D05BE F3F75DA5 D5434544 48166612

雜湊值 $Z_A = H_{256}(ENTL_A \| ID_A \| a \| b \| x_G \| y_G \| x_A \| y_A)$。

Z_A：

26352AF8 2EC19F20 7BBC6F94 74E11E90 CE0F7DDA CE03B27F 801817E8 97A81FD5

接下來簽名各步驟中的有關值。

$\overline{M} = Z_A \| M$：

26352AF8 2EC19F20 7BBC6F94 74E11E90 CE0F7DDA CE03B27F 801817E8 97A81FD5
6D657373 61676520 64696765 7374

密碼雜湊函數值 $e = H_{256}(\overline{M})$：

AD673CBD A3114171 29A9EAA5 F9AB1AA1 633AD477 18A84DFD 46C17C6F A0AA3B12

產生隨機數 k：

36CD79FC 8E24B735 7A8A7B4A 46D454C3 97703D64 98158C60 5399B341 ADA186D6

計算橢圓曲線點 $(x_1, y_1) = [k]G$：

座標 x_1：

00 3FD87D69 47A15F94 25B32EDD 39381ADF D5E71CD4 BB357E3C 6A6E0397 EEA7CD66

座標 y_1：

00 80771114 6D73951E 9EB373A6 58214054 B7B56D1D 50B4CD6E B32ED387 A65AA6A2

計算 $r = (e + x_1) \bmod n$：

6D3FBA26 EAB2A105 4F5D1983 32E33581 7C8AC453 ED26D339 1CD4439D 825BF25B

$(1 + dA)^{-1}$：

73AF2954 F951A9DF F5B4C8F7 119DAA1C 230C9BAD E60568D0 5BC3F432 1E1F4260

計算 $s = ((1+d_A)^{-1} \cdot (k-r \cdot d_A))\bmod n$：

3124C568 8D95F0A1 0252A9BE D033BEC8 4439DA38 4621B6D6 FAD77F94 B74A9556

訊息 M 的簽名為 (r,s)：

值 r：

6D3FBA26 EAB2A105 4F5D1983 32E33581 7C8AC453 ED26D339 1CD4439D 825BF25B

值 s：

3124C568 8D95F0A1 0252A9BE D033BEC8 4439DA38 4621B6D6 FAD77F94 B74A9556

接下來驗證各步驟中的有關值。

密碼雜湊函數值 $e'=H_{256}(\bar{M}')$：

AD673CBD A3114171 29A9EAA5 F9AB1AA1 633AD477 18A84DFD 46C17C6F A0AA3B12

計算 $t=(r'+s')\bmod n$：

1E647F8F 784891A6 51AFC342 0316F44A 042D7194 4C91910F 835086C8 2CB07194

計算橢圓曲線點 (x_0' , y_0')=[s']G：

座標 x_0'：

00 252CF6B6 3A044FCE 553EAA77 3E1E9264 44E0DAA1 0E4B8873 89D11552 EA6418F7

座標 y_0'：

00 776F3C5D B3A0D312 9EAE44E0 21C28667 92E4264B E1BEEBCA 3B8159DC A382653A

計算橢圓曲線點 (x_{00}' , y_{00}')=[t]P_A：

座標 x_{00}'：

00 07DA3F04 0EFB9C28 1BE107EC C389F56F E76A680B B5FDEE1D D554DC11
EB477C88

座標 y_{00}'：

01 7BA2845D C65945C3 D48926C7 0C953A1A F29CE2E1 9A7EEE6B E0269FB4 803CA68B

計算橢圓曲線點計算橢圓曲線點 (x_1' , y_1')=[s']G +[t]P_A：

座標 x_1'：

00 3FD87D69 47A15F94 25B32EDD 39381ADF D5E71CD4 BB357E3C 6A6E0397 EEA7CD66

座標 y'_1：

00 80771114 6D73951E 9EB373A6 58214054 B7B56D1D 50B4CD6E B32ED387 A65AA6A2

計算 $R=(e'+ x'_1)\bmod n$：

6D3FBA26 EAB2A105 4F5D1983 32E33581 7C8AC453 ED26D339 1CD4439D 825BF25B

14.13.6 用程式實現 SM2 簽名驗簽演算法

【例 14.3】實現並測試 SM2 簽名驗簽

（1）新建一個空的主控台專案，即在「增加新專案」對話方塊中選中「Windows 桌面精靈」，並輸入專案名 test，然後點擊「確定」按鈕，在隨後出現的「Windows 桌面專案」對話方塊的應用程式類型下選擇「主控台應用程式（.exe）」，並選取「空專案」核取方塊，再取消選取「預先編譯標頭」核取方塊，如圖 14-14 所示。

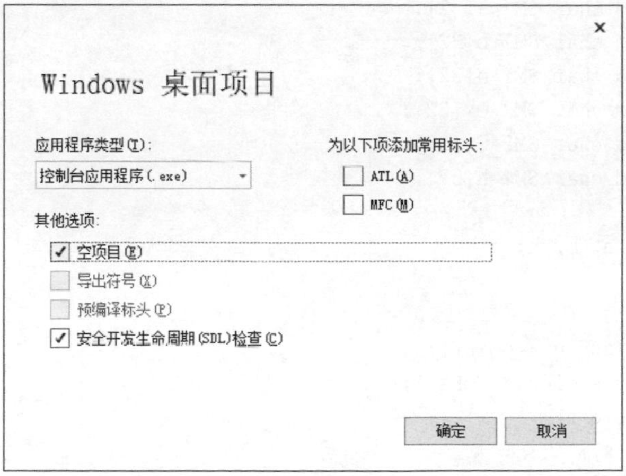

圖 14-14

然後點擊「確定」按鈕，此時一個空的主控台應用程式專案就建立起來了。

（2）在專案中新建標頭檔 kdf.h 和 kdf.c，這兩個檔案的程式和上例是一樣的。在專案中新建一個標頭檔案 SM2_sv.h，程式如下：

```c
#include<string.h>
#include<malloc.h>
#include "miracl.h"
#define SM2_WORDSIZE 8
#define SM2_NUMBITS 256
#define SM2_NUMWORD (SM2_NUMBITS/SM2_WORDSIZE) //32
#define ERR_ECURVE_INIT 0x00000001
#define ERR_INFINITY_POINT 0x00000002
#define ERR_NOT_VALID_POINT 0x00000003
#define ERR_ORDER 0x00000004
#define ERR_NOT_VALID_ELEMENT 0x00000005
#define ERR_GENERATE_R 0x00000006
#define ERR_GENERATE_S 0x00000007
#define ERR_OUTRANGE_R 0x00000008
#define ERR_OUTRANGE_S 0x00000009
#define ERR_GENERATE_T 0x0000000A
#define ERR_PUBKEY_INIT 0x0000000B
#define ERR_DATA_MEMCMP 0x0000000C

extern unsigned char SM2_p[32];
extern unsigned char SM2_a[32];
extern unsigned char SM2_b[32];
extern unsigned char SM2_n[32];
extern unsigned char SM2_Gx[32];
extern unsigned char SM2_Gy[32];
extern unsigned char SM2_h[32];

big Gx, Gy, p, a, b, n;
epoint *G, *nG;
int SM2_Init();
int Test_Point(epoint* point);
int Test_PubKey(epoint *pubKey);
int Test_Zero(big x);
int Test_n(big x);
int Test_Range(big x);
int SM2_KeyGeneration(unsigned char PriKey[], unsigned char Px[], unsigned
char Py[]);
int SM2_Sign(unsigned char *message, int len, unsigned char ZA[], unsigned
char rand[], unsigned char d[], unsigned char R[], unsigned char S[]);
int SM2_Verify(unsigned char *message, int len, unsigned char ZA[], unsigned
char Px[], unsigned char Py[], unsigned char R[], unsigned char S[]);
int SM2_SelfCheck();
```

其中，SM2_Init 用於初始化曲線，Test_Point 用於測試指定的點是否在橢圓曲線上，Test_PubKey 函數檢查公開金鑰是否有效，Test_Zero 函數檢查大數 x 是否等於 0，SM2_Sign 是簽名函數，Test_n 函數檢查大數 x 是否等於 n，函數 Test_Range 用於測試大數 x 是否在 [1,n-1] 範圍內，函數 SM2_KeyGeneration 用於生成公開金鑰，SM2_Verify 是驗簽函數，SM2_SelfCheck 是自檢函數。

下面來實現這些函數，在專案中新建 SM2_sv.c 檔案，並增加程式如下：

```c
#include "SM2_sv.h"
#include "KDF.h"

#pragma comment(lib,"mymiracl.lib")

unsigned char SM2_p[32] = { 0xff,0xff,0xff,0xfe,0xff,0xff,0xff,0xff,0xff,0xff,
    0xff,0xff,0xff,0xff,0xff,0xff,0xff,0xff,0xff,0xff,0x00,0x00,0x00,0x00,
    0xff,0xff,0xff,0xff, 0xff,0xff,0xff,0xff };
unsigned char SM2_a[32] = { 0xff,0xff,0xff,0xfe,0xff,0xff,0xff,0xff,0xff,0xff,
    0xff,0xff,0xff,0xff,0xff,0xff,0xff,0xff,0xff,0xff,0x00,0x00,0x00,0x00,
    0xff,0xff,0xff,0xff, 0xff,0xff,0xff,0xfc };
unsigned char SM2_b[32] = { 0x28,0xe9,0xfa,0x9e, 0x9d,0x9f,0x5e,0x34,0x4d,
    0x5a,0x9e,0x4b,0xcf,0x65,0x09,0xa7,0xf3,0x97,0x89,0xf5,0x15,0xab,0x8f,
    0x92, 0xdd,0xbc,0xbd,0x41,0x4d,0x94,0x0e,0x93 };
unsigned char SM2_Gx[32] = { 0x32,0xc4,0xae,0x2c, 0x1f,0x19,0x81,0x19,0x5f,
    0x99,0x04,0x46,0x6a,0x39,0xc9,0x94,0x8f,0xe3,0x0b,0xbf,0xf2,0x66,0x0b,
    0xe1,0x71,0x5a,0x45,0x89,0x33,0x4c,0x74,0xc7 };
unsigned char SM2_Gy[32] = { 0xbc,0x37,0x36,0xa2,0xf4,0xf6,0x77,0x9c,0x59,
    0xbd,0xce,0xe3,0x6b,0x69,0x21,0x53,0xd0,0xa9,0x87,0x7c,0xc6,0x2a,0x47,
    0x40,0x02,0xdf,0x32,0xe5,0x21,0x39,0xf0,0xa0 };
unsigned char SM2_n[32] = { 0xff,0xff,0xff,0xfe,0xff,0xff,0xff,0xff,0xff,0xff,
    0xff,0xff,0xff,0xff,0xff,0xff,0x72,0x03,0xdf,0x6b,0x21,0xc6,0x05,0x2b,
    0x53,0xbb,0xf4,0x09,0x39,0xd5,0x41,0x23 };

/************************************************************
Function: SM2_Init
Description: Initiate SM2 curve
Calls: MIRACL functions
Called By: SM2_KeyGeneration,SM2_Sign,SM2_Verify,SM2_SelfCheck
Input: null
Output: null
Return: 0: sucess;
```

```
1: parameter initialization error;
4: the given point G is not a point of order n
Others:
******************************************************************/
int SM2_Init()
{
    Gx = mirvar(0);
    Gy = mirvar(0);
    p = mirvar(0);
    a = mirvar(0);
    b = mirvar(0);
    n = mirvar(0);
    bytes_to_big(SM2_NUMWORD, SM2_Gx, Gx);
    bytes_to_big(SM2_NUMWORD, SM2_Gy, Gy);
    bytes_to_big(SM2_NUMWORD, SM2_p, p);
    bytes_to_big(SM2_NUMWORD, SM2_a, a);
    bytes_to_big(SM2_NUMWORD, SM2_b, b);
    bytes_to_big(SM2_NUMWORD, SM2_n, n);
    ecurve_init(a, b, p, MR_PROJECTIVE);
    G = epoint_init();
    nG = epoint_init();
    if (!epoint_set(Gx, Gy, 0, G))//initialise point G
    {
        return ERR_ECURVE_INIT;
    }
    ecurve_mult(n, G, nG);
    if (!point_at_infinity(nG)) //test if the order of the point is n
    {
        return ERR_ORDER;
    }
    return 0;
}
/******************************************************************
Function: Test_Point
Description: test if the given point is on SM2 curve
Calls:
Called By: SM2_KeyGeneration
Input: point
Output: null
Return: 0: sucess
3: not a valid point on curve
Others:
******************************************************************/
```

```
int Test_Point(epoint* point)
{
    big x, y, x_3, tmp;
    x = mirvar(0);
    y = mirvar(0);
    x_3 = mirvar(0);
    tmp = mirvar(0);
    //test if y^2=x^3+ax+b
    epoint_get(point, x, y);
    power(x, 3, p, x_3); //x_3=x^3 mod p
    multiply(x, a, x); //x=a*x
    divide(x, p, tmp); //x=a*x mod p , tmp=a*x/p
    add(x_3, x, x); //x=x^3+ax
    add(x, b, x); //x=x^3+ax+b
    divide(x, p, tmp); //x=x^3+ax+b mod p
    power(y, 2, p, y); //y=y^2 mod p
    if (mr_compare(x, y) != 0)
        return ERR_NOT_VALID_POINT;
    else
        return 0;
}
/*****************************************************************
Function: Test_PubKey
Description: test if the given public key is valid
Calls:
Called By: SM2_KeyGeneration
Input: pubKey //a point
Output: null
Return: 0: sucess
2: a point at infinity
5: X or Y coordinate is beyond Fq
3: not a valid point on curve
4: not a point of order n
Others:
*****************************************************************/
int Test_PubKey(epoint *pubKey)
{
    big x, y, x_3, tmp;
    epoint *nP;
    x = mirvar(0);
    y = mirvar(0);
    x_3 = mirvar(0);
    tmp = mirvar(0);
```

```
    nP = epoint_init();
    //test if the pubKey is the point at infinity
    if (point_at_infinity(pubKey))//if pubKey is point at infinity, return error;
        return ERR_INFINITY_POINT;
    //test if x<p and y<p both hold
    epoint_get(pubKey, x, y);
    if ((mr_compare(x, p) != -1) || (mr_compare(y, p) != -1))
        return ERR_NOT_VALID_ELEMENT;
    if (Test_Point(pubKey) != 0)
        return ERR_NOT_VALID_POINT;
    //test if the order of pubKey is equal to n
    ecurve_mult(n, pubKey, nP); // nP=[n]P
    if (!point_at_infinity(nP)) // if np is point NOT at infinity, return error;
        return ERR_ORDER;
    return 0;
}
/******************************************************************
Function: Test_Zero
Description: test if the big x is zero
Calls:
Called By: SM2_Sign
Input: pubKey //a point
Output: null
Return: 0: x!=0
1: x==0
Others:
******************************************************************/
int Test_Zero(big x)
{
    big zero;
    zero = mirvar(0);
    if (mr_compare(x, zero) == 0)
        return 1;
    else return 0;
}
/******************************************************************
Function: Test_n
Description: test if the big x is order n
Calls:
Called By: SM2_Sign
Input: big x //a miracl data type
Output: null
Return: 0: sucess
```

```
1: x==n,fail
Others:
****************************************************************/
int Test_n(big x)
{
    // bytes_to_big(32,SM2_n,n);
    if (mr_compare(x, n) == 0)
        return 1;
    else return 0;
}
/****************************************************************
Function: Test_Range
Description: test if the big x belong to the range[1,n-1]
Calls:
Called By: SM2_Verify
Input: big x ///a miracl data type
Output: null
Return: 0: sucess
1: fail
Others:
****************************************************************/
int Test_Range(big x)
{
    big one, decr_n;
    one = mirvar(0);
    decr_n = mirvar(0);
    convert(1, one);
    decr(n, 1, decr_n);
    if ((mr_compare(x, one) < 0) | (mr_compare(x, decr_n) > 0))
        return 1;
    return 0;
}
/****************************************************************
Function: SM2_KeyGeneration
Description: calculate a pubKey out of a given priKey
Calls: SM2_SelfCheck()
Called By: SM2_Init()
Input: priKey // a big number lies in[1,n-2]
Output: pubKey // pubKey=[priKey]G
Return: 0: sucess
2: a point at infinity
5: X or Y coordinate is beyond Fq
3: not a valid point on curve
```

```
4: not a point of order n
Others:
*********************************************************************/
int SM2_KeyGeneration(unsigned char PriKey[], unsigned char Px[], unsigned
char Py[])
{
    int i = 0;
    big d, PAx, PAy;
    epoint *PA;
    SM2_Init();
    PA = epoint_init();
    d = mirvar(0);
    PAx = mirvar(0);
    PAy = mirvar(0);
    bytes_to_big(SM2_NUMWORD, PriKey, d);
    ecurve_mult(d, G, PA);
    epoint_get(PA, PAx, PAy);
    big_to_bytes(SM2_NUMWORD, PAx, Px, TRUE);
    big_to_bytes(SM2_NUMWORD, PAy, Py, TRUE);
    i = Test_PubKey(PA);
    if (i)
        return i;
    else
        return 0;
}
/*********************************************************************
Function: SM2_Sign
Description: SM2 signature algorithm
Calls: SM2_Init(),Test_Zero(),Test_n(), SM3_256()
Called By: SM2_SelfCheck()
Input: message //the message to be signed
len //the length of message
ZA // ZA=Hash(ENTLA|| IDA|| a|| b|| Gx || Gy || xA|| yA)
rand //a random number K lies in [1,n-1]
d //the private key
Output: R,S //signature result
Return: 0: sucess
1: parameter initialization error;
4: the given point G is not a point of order n
6: the signed r equals 0 or r+rand equals n
7 the signed s equals 0
Others:
*********************************************************************/
```

```c
int SM2_Sign(unsigned char *message, int len, unsigned char ZA[], unsigned
char rand[], unsigned char d[], unsigned char R[], unsigned char S[])
{
    unsigned char hash[SM3_len / 8];
    int M_len = len + SM3_len / 8;
    unsigned char *M = NULL;
    int i;
    big dA, r, s, e, k, KGx, KGy;
    big rem, rk, z1, z2;
    epoint *KG;
    i = SM2_Init();
    if (i) return i;
    //initiate
    dA = mirvar(0);
    e = mirvar(0);
    k = mirvar(0);
    KGx = mirvar(0);
    KGy = mirvar(0);
    r = mirvar(0);
    s = mirvar(0);
    rem = mirvar(0);
    rk = mirvar(0);
    z1 = mirvar(0);
    z2 = mirvar(0);
    bytes_to_big(SM2_NUMWORD, d, dA);//cinstr(dA,d);
    KG = epoint_init();
    //step1,set M=ZA||M
    M = (char *)malloc(sizeof(char)*(M_len + 1));
    memcpy(M, ZA, SM3_len / 8);
    memcpy(M + SM3_len / 8, message, len);
    //stcp2,generate e=H(M)
    SM3_256(M, M_len, hash);
    bytes_to_big(SM3_len / 8, hash, e);
    //step3:generate k
    bytes_to_big(SM3_len / 8, rand, k);
    //step4:calculate kG
    ecurve_mult(k, G, KG);
    //step5:calculate r
    epoint_get(KG, KGx, KGy);
    add(e, KGx, r);
    divide(r, n, rem);
    //judge r=0 or n+k=n?
    add(r, k, rk);
```

```
    if (Test_Zero(r) | Test_n(rk))
        return ERR_GENERATE_R;
    //step6:generate s
    incr(dA, 1, z1);
    xgcd(z1, n, z1, z1, z1);
    multiply(r, dA, z2);
    divide(z2, n, rem);
    subtract(k, z2, z2);
    add(z2, n, z2);
    multiply(z1, z2, s);
    divide(s, n, rem);
    //judge s=0?
    if (Test_Zero(s))
        return ERR_GENERATE_S;
    big_to_bytes(SM2_NUMWORD, r, R, TRUE);
    big_to_bytes(SM2_NUMWORD, s, S, TRUE);
    free(M);
    return 0;
}
/*******************************************************************
Function: SM2_Verify
Description: SM2 verification algorithm
Calls: SM2_Init(),Test_Range(), Test_Zero(),SM3_256()
Called By: SM2_SelfCheck()
Input: message //the message to be signed
len //the length of message
ZA //ZA=Hash(ENTLA|| IDA|| a|| b|| Gx || Gy || xA|| yA)
Px,Py //the public key
R,S //signature result
Output:
Return: 0: sucess
1: parameter initialization error;
4: the given point G is not a point of order n
B: public key error
8: the signed R out of range [1,n-1]
9: the signed S out of range [1,n-1]
A: the intermediate data t equals 0
C: verification fail
Others:
********************************************************************/
int SM2_Verify(unsigned char *message, int len, unsigned char ZA[], unsigned
char Px[], unsigned char Py[], unsigned char R[], unsigned char S[])
{
```

```
unsigned char hash[SM3_len / 8];
int M_len = len + SM3_len / 8;
unsigned char *M = NULL;
int i;
big PAx, PAy, r, s, e, t, rem, x1, y1;
big RR;
epoint *PA, *sG, *tPA;
i = SM2_Init();
if (i) return i;
PAx = mirvar(0);
PAy = mirvar(0);
r = mirvar(0);
s = mirvar(0);
e = mirvar(0);
t = mirvar(0);
x1 = mirvar(0);
y1 = mirvar(0);
rem = mirvar(0);
RR = mirvar(0);
PA = epoint_init();
sG = epoint_init();
tPA = epoint_init();
bytes_to_big(SM2_NUMWORD, Px, PAx);
bytes_to_big(SM2_NUMWORD, Py, PAy);
bytes_to_big(SM2_NUMWORD, R, r);
bytes_to_big(SM2_NUMWORD, S, s);
if (!epoint_set(PAx, PAy, 0, PA))//initialise public key
{
     return ERR_PUBKEY_INIT;
}
//step1: test if r belong to [1,n-1]
if (Test_Range(r))
     return ERR_OUTRANGE_R;
//step2: test if s belong to [1,n-1]
if (Test_Range(s))
     return ERR_OUTRANGE_S;
//step3,generate M
M = (char *)malloc(sizeof(char)*(M_len + 1));
memcpy(M, ZA, SM3_len / 8);
memcpy(M + SM3_len / 8, message, len);
//step4,generate e=H(M)
SM3_256(M, M_len, hash);
bytes_to_big(SM3_len / 8, hash, e);
```

```
    //step5:generate t
    add(r, s, t);
    divide(t, n, rem);
    if (Test_Zero(t))
         return ERR_GENERATE_T;
    //step 6: generate(x1,y1)
    ecurve_mult(s, G, sG);
    ecurve_mult(t, PA, tPA);
    ecurve_add(sG, tPA);
    epoint_get(tPA, x1, y1);
    //step7:generate RR
    add(e, x1, RR);
    divide(RR, n, rem);
    free(M);
    if (mr_compare(RR, r) == 0)
         return 0;
    else
         return ERR_DATA_MEMCMP;
}
/****************************************************************
Function: SM2_SelfCheck
Description: SM2 self check
Calls: SM2_Init(), SM2_KeyGeneration,SM2_Sign, SM2_Verify,SM3_256()
Called By:
Input:
Output:
Return: 0: sucess
1: paremeter initialization error
2: a point at infinity
5: X or Y coordinate is beyond Fq
3: not a valid point on curve
4: not a point of order n
B: public key error
8: the signed R out of range [1,n-1]
9: the signed S out of range [1,n-1]
A: the intermediate data t equals 0
C: verification fail
Others:
****************************************************************/
int SM2_SelfCheck()
{
    //the private key
    unsigned char dA[32] = { 0x39,0x45,0x20,0x8f,0x7b,0x21,0x44,0xb1,0x3f,
```

```
    0x36,0xe3,0x8a,0xc6,0xd3,0x9f,0x95,0x88,0x93,0x93,0x69,0x28,0x60,0xb5,
    0x1a,0x42,0xfb,0x81,0xef,0x4d,0xf7,0xc5,0xb8 };
unsigned char rand[32] = { 0x59,0x27,0x6E,0x27,0xD5,0x06,0x86,0x1A,0x16,
    0x68,0x0F,0x3A,0xD9,0xC0,0x2D,0xCC,0xEF,0x3C,0xC1,0xFA,0x3C,0xDB,0xE4,
    0xCE,0x6D,0x54,0xB8,0x0D,0xEA,0xC1,0xBC,0x21 };
//the public key
/* unsigned char xA[32]={0x09,0xf9,0xdf,0x31,0x1e,0x54,0x21,0xa1,0x50,
0xdd,0x7d,0x16,0x1e,0x4b,0xc5,0xc6,0x72,0x17,0x9f,0xad,0x18,0x33,0xfc,
0x07,0x6b,0xb0,0x8f,0xf3,0x56,0xf3,0x50,0x20};
unsigned char yA[32]={0xcc,0xea,0x49,0x0c,0xe2,0x67,0x75,0xa5,0x2d,0xc6,
0xea,0x71,0x8c,0xc1,0xaa,0x60,0x0a,0xed,0x05,0xfb,0xf3,0x5e,0x08,0x4a,
0x66,0x32,0xf6,0x07,0x2d,0xa9,0xad,0x13};*/
unsigned char xA[32], yA[32];
unsigned char r[32], s[32];// Signature
unsigned char IDA[16] = { 0x31,0x32,0x33,0x34,0x35,0x36,0x37,0x38,0x31,
0x32,0x33,0x34,0x35,0x36,0x37,0x38 };  //ASCII code of userA's identification
int IDA_len = 16;
unsigned char ENTLA[2] = { 0x00,0x80 };//the length of userA's
identification,presentation in ASCII code
unsigned char *message = "message digest";//the message to be signed
int len = strlen(message);//the length of message
unsigned char ZA[SM3_len / 8];//ZA=Hash(ENTLA|| IDA|| a|| b|| Gx || Gy ||
xA|| yA)
unsigned char Msg[210]; //210=IDA_len+2+SM2_NUMWORD*6
int temp;
miracl *mip = mirsys(10000, 16);
mip->IOBASE = 16;
temp = SM2_KeyGeneration(dA, xA, yA);
if (temp)
    return temp;
// ENTLA|| IDA|| a|| b|| Gx || Gy || xA|| yA
memcpy(Msg, ENTLA, 2);
memcpy(Msg + 2, IDA, IDA_len);
memcpy(Msg + 2 + IDA_len, SM2_a, SM2_NUMWORD);
memcpy(Msg + 2 + IDA_len + SM2_NUMWORD, SM2_b, SM2_NUMWORD);
memcpy(Msg + 2 + IDA_len + SM2_NUMWORD * 2, SM2_Gx, SM2_NUMWORD);
memcpy(Msg + 2 + IDA_len + SM2_NUMWORD * 3, SM2_Gy, SM2_NUMWORD);
memcpy(Msg + 2 + IDA_len + SM2_NUMWORD * 4, xA, SM2_NUMWORD);
memcpy(Msg + 2 + IDA_len + SM2_NUMWORD * 5, yA, SM2_NUMWORD);
SM3_256(Msg, 210, ZA);
temp = SM2_Sign(message, len, ZA, rand, dA, r, s);
if (temp)
    return temp;
```

```
    temp = SM2_Verify(message, len, ZA, xA, yA, r, s);
    if (temp)
        return temp;
    return 0;
}
```

演算法原理我們不再贅述，前面介紹演算法步驟的時候已經說得很詳細了，對照著看，相信讀者能看得懂。

最後在專案中加入一個測試檔案 test.c，程式如下：

```
#include "SM2_sv.h"

void main()
{
    if (SM2_SelfCheck())
    {
        puts("SM2簽名驗簽出錯");
        return;
    }
    puts("SM2簽名驗簽成功");
}
```

我們直接呼叫自測函數 SM2_SelfCheck 來測試 SM2 簽名驗簽功能，該函數返回 0 時，表示簽名驗簽正確。

接著，把上例的 miracl.h、mirdef.h 和 mymiracl.lib 檔案複製到本專案目錄下。

（3）保存專案並運行，運行結果如圖 14-15 所示。

圖 14-15

伴隨著孫露的《星語心願》，行文至此，我們要說再見了。本來想把金鑰協商也加入本章，但篇幅已經不允許了。只能考慮再版的時候加入該主題，以此來完整 SM2 演算法。

本書介紹的密碼學只是密碼領域中的滄海一粟，但都是比較流行且工作中會用到的演算法知識。本書能夠引領讀者入門，密碼學的子領域很廣，很多東西有待於讀者入門後自己探索。